Herbert Schlitt

Systemtheorie für stochastische Prozesse

Statistische Grundlagen
Systemdynamik
Kalman-Filter

Mit 152 Abbildungen

Springer-Verlag Berlin Heidelberg GmbH

Prof. Dr. phil. nat. Herbert Schlitt
Institut und Lehrstuhl für Regelungstechnik
Universität Erlangen-Nürnberg

ISBN 978-3-662-10201-5

CIP-Kurztitelaufnahme der Deutschen Bibliothek
Schlitt, Herbert: Systemtheorie für stochastische Prozesse : Statistische Grundlagen,
Systemdynamik, Kalman-Filter / Herbert Schlitt.
ISBN 978-3-662-10201-5   ISBN 978-3-662-10200-8 (eBook)
DOI 10.1007/978-3-662-10200-8

Satz: Macmillan India Ltd., Bangalore 25;

Bindearbeiten: Lüderitz & Bauer, Berlin.
62/3020-5 4 3 2 1 0 – Gedruckt auf säurefreiem Papier

Vorwort

Dieses Buch hat einen Vorgänger, dessen Erscheinen rund dreißig Jahre zurückliegt: Die „Systemtheorie für regellose Vorgänge", ebenfalls gestaltet vom Springer-Verlag und 1960 auf den Büchermarkt gebracht.

Es entstand in einer Zeit, in der man der analytischen Einbeziehung „zufälliger" Signale und Geräusche in systemtheoretische Beschreibungen nicht mehr aus dem Wege gehen konnte, weil sich einerseits der Wunsch nach detaillierterem Modellieren wissenschaftlich-technischer Phänomene verstärkte und andererseits zunehmend verfeinerte technische Realisierungen die Genauigkeitsansprüche so hoch trieben, daß man statistische Einflüsse wie Störgeräusche und dergleichen nicht mehr einfach hinnehmen konnte. Diese Aussage gilt insbesondere für den Entwurf moderner Konzepte der Regelungstechnik, wobei die Entwicklung einer leistungsfähigen Meßtechnik der Prozeßperipherie in die gleiche Richtung geführt hat. Etwas anders ist die Situation in der Nachrichtentechnik, um eine verwandte ingenieurwissenschaftliche Disziplin zu nennen, die aufgrund ihrer wesenseigenen Fragestellungen schon viel früher den Einfluß von zufälligen Störungen beachtet, beschrieben und bekämpft hat.

Was vor rund dreißig Jahren überwiegend noch als das Aufkeimen eines weiteren Spezialgebietes zur Behandlung einiger Sonderfragen am Rande erscheinen mochte, hat sich zu einem weit fachübergreifenden Problembereich entwickelt. In einer unumgänglichen allgemeineren Rückschau handelt es sich allerdings nur innerhalb der Ingenieurwissenschaften um eine Neubelebung und Weiterentwicklung, während in der Physik die Notwendigkeit zu statistischen Betrachtungsweisen unverkennbar spätestens mit den Deutungsversuchen zum Zweiten Hauptsatz der Wärmelehre durch Boltzmann et al. einsetzte und mit der Durchdringung der Strahlungsgesetze durch die Forscher um Max Planck sowie die epochemachende Entwicklung der Quantenphysik zu Beginn unseres Jahrhunderts zum unverzichtbaren Bestand des physikalischen Denkens unserer Zeit geworden ist.

In dem sich etablierenden Gebiet der Synergetik und in der sogenannten „Chaosforschung" scheinen Entwicklungslinien der Theoretischen Physik und der vornehmlich von den Ingenieurwissenschaften hervorgebrachten modernen Systemdynamik einen konvergierenden Trend aufzuweisen, in wohltuendem Gegensatz zu der Divergenz anderer Forschungsrichtungen.

Im Hinblick auf den ausführlichen Leitfaden für den Leser zum Stoff und dem Gesamtkonzept des vorliegenden Buches seien hier noch einige Bemerkungen erlaubt, die sich nicht auf den physikalisch-technischen Bereich beziehen, sondern das Wirken zufälliger Einflüsse in allgemeinere Zusammenhänge stellen.

Im Fortgang des zeitlichen Geschehens nennen wir all das Vergangenheit, was fixiert bzw. dokumentiert vorliegt und allenfalls durch neue Einsichten nachträglich eine modifizierte Interpretation erfahren kann, ohne daß das Vergangene eine faktische Veränderung erfährt. Die Zukunft andererseits ist prinzipiell offen, was bereichsweise eine Änderung der klassischen Auffassung von Kausalität und Determiniertheit zur Folge hat. Einerseits bedeutet die Zukunft für uns das Abschätzen des Möglichen, in vielen Fällen belegbar mit Wahrscheinlichkeiten; andererseits bestehen für die Entwicklung „im Großen" bekannte Gesetze des Werdens und des Vergehens – um Formulierungen von Prigogine aufzugreifen –, die wir zumindest für sehr „große" Zeiträume (gemessen an der mittleren Lebensspanne) als unveränderlich ansehen, d. h. Veränderungen belegen wir mit einer extrem geringen Wahrscheinlichkeit.

Vor diesem Hintergrund wird hier nicht der naheliegende Versuch unternommen, den Begriff „Gegenwart" zu definieren: Er verliert sich in einer nicht scharf begrenzten zeitlichen Zone des Wahrnehmens und Handelns und ist sicherlich nicht mit einer oberflächlichen Bezeichnung als „Schnitt zwischen Vergangenheit und Zukunft" abzutun; schon allein das meist nicht separierbare Zusammenwirken von Determiniertheit und Zufall verbietet eine solche sprachliche und begriffliche Verkürzung dessen, was wir mit „Gegenwart" umschreiben, zu einer Art von Momentaufnahme. Dem hier möglicherweise irritierten Leser sei gesagt, daß diese Überlegungen keinen Widerspruch zu der Möglichkeit bedeuten, genau einen Zeitpunkt zu definieren und alles Davorliegende Vergangenheit, alles Nachfolgende Zukunft zu nennen.

Einige weitere Gesichtspunkte mögen das vorliegende Umfeld beleuchten: Kein Lebewesen entwickelt sich exakt nach einer deterministischen Struktur, vielmehr führen zufällige Einflüsse zu einer Art „stochastischer Symmetrie", oder anders ausgedrückt, die Struktursymmetrien des Lebendigen besitzen immer zufällige Elemente, die nicht zuletzt etwas zu der Ästhetik des Lebendigen beitragen. Thomas Mann hat dies in seinem „Zauberberg" poetisch umschrieben: Beim Anblick vollkommen symmetrischer Schneeflocken läßt er die Hauptperson meditieren „... dem Leben schaudert vor der genauen Richtigkeit ...".

In diesem Zusammenhang beachte man auch, daß Mutationen im Makrobereich der Biologie zufällige Ereignisse sind, denen man jedoch keine bestimmten Wahrscheinlichkeiten im Sinne erwarteter oder absehbarer Möglichkeiten zuordnen kann. Sie sind ursächlich nicht erklärbare Phänomene, also nicht im quantifizierbaren Sinn „statistische Ereignisse", weil man keine definitiven Bedingungen für die Möglichkeit von biologischen Mutationen angeben kann.

Wozu sollen derart weitab von dem konkreten Stoff des Buches liegende Hinweise dienen?

Sie kennzeichnen ein in der Tat umfassendes Grundphänomen: Die immer vorhandene Verflechtung deterministischer und zufälliger Komponenten bei allen Entwicklungsvorgängen in Natur und Technik. Naturwissenschaftliches Denken des Menschen schließt die Notwendigkeit zum separierenden, isolierenden Analysieren ein und hat, von ungezählten Vorläufern abgesehen, als besonders repräsentativ und folgenreich den Determinismus in Gestalt der Newtonschen Dynamik hervorgebracht; Separierbarkeit und Isolierbarkeit sind aber den Naturvorgängen nicht wesenseigen. Die Entwicklung in der Zeit nach Newton hat mit einem ersten großen Höhepunkt in der Wärmelehre, einem weiteren mit der Quantentheorie, die Notwendigkeit zur statistischen Betrachtungsweise erbracht und gleichzeitig ihre Verschmelzung gefordert. Dynamik und Statistik sind keine Spezialbegriffe, sondern Universalbegriffe und führen somit nicht zu einer Verengung durch ihren wissenschaftlichen Bezug – eine Gefahr beim Gebrauch der Sprache, auf den Werner Heisenberg einmal aufmerksam gemacht hat.

Mit einer „Systemtheorie für stochastische Prozesse" soll der Versuch unternommen werden, einen noch überschaubaren Ausschnitt aus dem uns umgebenden komplexen Gesamtgeschehen darzustellen, unvermeidbar mit den Hilfsmitteln des Separierens und Isolierens, aber nicht verengt auf Aspekte der Technik und des „Machbaren".

In diesem Sinne soll das nunmehr vorliegende Nachfolgewerk über das *Verfügungswissen* hinaus einiges an *Orientierungswissen* vermitteln, das bei der heutigen schnellebigen Entwicklung in seiner Bedeutung für Forschung, Lehre und Weiterbildung oft nicht die nötige Beachtung findet.

Die Konsequenzen hieraus beeinflussen nicht nur die individuelle Auswahl des Stoffes, sondern auch die Art der Darbietung. Nicht zuletzt ist in den zurückliegenden Jahrzehnten das gesamte begriffliche Umfeld deutlicher geworden, Entwicklungsgänge in verschiedensten Anwendungsbereichen sind aus der Distanz sichtbar geworden. Neue fachübergreifende Querverbindungen haben sich entwickelt, ihren Einfluß auf Begriffsbildungen genommen und gelegentlich Grenzen der sprachlichen Formulierbarkeit aufgezeigt.

In den großen miteinander verknüpften Teilbereichen, die man etwa durch die Begriffe Dynamik, Entwicklung, Zeit und statistische Modellierung grob andeuten kann, hat sich nicht nur der Bestand an formal-mathematischem und technisch umgesetztem Wissen vergrößert; eine nicht zu unterschätzende Rolle spielt zunehmend die sprachliche Ausformung, insbesondere in einer Zeit, in der die Sprache unverkennbar einer Verarmung zugunsten formaler Kommunikationsmittel ausgesetzt ist.

Diese Grundüberlegungen haben mich dazu ermutigt, die formal-mathematischen Aussagen und Entwicklungsgänge für den Leser in das sprachliche und begriffliche Umfeld einzubetten in der Hoffnung, daß das Buch nicht nur zum Nachschlagen von Formelausdrücken benutzt, sondern vielmehr *gelesen* werden möge, wo immer zahlreiche Gelegenheiten dazu geboten werden.

Das neue Buch verdankt seine Entstehung zum einen dem eingangs genannten Vorläufer, der noch heute die freundliche Aufnahme bei seinen Lesern findet; zum anderen erfordern die erwähnten, weit gefächerten Entwicklungen der Theorie und der Anwendungen eine Verlagerung von Schwerpunkten sowie eine Neuorientierung, so daß das nunmehr vorliegende Nachfolgewerk nicht mehr den Charakter einer Zweitauflage haben kann.

Für die didaktische Aufbereitung des Stoffes bei vertretbarem Gesamtumfang bedeutet dies eine deutliche Straffung der Grundlagen aus der allgemeinen Statistik zugunsten interessanterer physikalischer Aspekte und typischer Probleme bei den Verknüpfungen zwischen Dynamik und Statistik, eingebettet in allgemeinere Fragestellungen, angereichert durch einen Rückblick auf einige Entwicklungslinien dieser beiden großen Bereiche.

Auch ein solches Buch ist nicht ausschließlich das Werk eines einzelnen; es entstand vielmehr im Wechselspiel zwischen Forschung und Lehre, befruchtet durch reichhaltigen Gedankenaustausch mit meinen bewährten Mitarbeitern. Herr Dr.-Ing. habil. Franz Dittrich hat mir viele Ratschläge und Verbesserungshinweise zu den beiden ersten Teilen des Buches gegeben, während ich den Herren Dr.-Ing. Peter Hippe und Dr.-Ing. Christoph Wurmthaler sehr für die unmittelbare Umsetzung ihrer wissenschaftlichen Originalarbeiten zum Beobachterproblem und zu dem Kalman-Filterentwurf im Frequenzbereich zu danken habe; auch hierbei ist vieles durch intensive Diskussionen zustande gekommen.

Bei der Durchsicht der zahlreichen Textstellen hat mir mein Sohn Oliver Schlitt wertvolle Hilfe geleistet. Nicht zu vergessen, wenn auch namentlich nicht mehr vollständig zu benennen, sind viele ehemalige Mitarbeiter meines Institutes, die über die Jahre durch ihre Beteiligung an Vorlesungen und Übungen zur didaktischen Ausformung des Stoffes beigetragen haben.

Erlangen, im Herbst 1992   Herbert Schlitt

Inhaltsverzeichnis

II Stochastische Signale in linearen Systemen

III Kalman-Filter

I Grundlagen zur statistischen Beschreibung von Vorgängen

1 Einleitung

Wenn man von den weit zurückliegenden Ursprüngen und ersten Quellen
absieht, dann hat der gegenwärtige hohe Stand gesicherter Erfahrungen und
analytischer Fundierung der statistischen Verfahren in den unterschiedlichsten
Anwendungsbereichen seine Wurzeln in grundlegenden Arbeiten gegen Ende
des vorigen und in den ersten Jahrzehnten unseres Jahrhunderts. In der Physik
besteht der offenkundigste Zugang zu statistischen Phänomenen in den
Überlegungen zum Aufbau einer systematischen Thermodynamik, die anfänglich noch eine „Thermostatik" war. Ausgehend von geordneten Erfahrungen mit Wärme, Temperatur und chemischen Reaktionen bildete sich – mit
älteren Vorläufern über erste Gedanken zu gewissen Erhaltungsprinzipien – der
I. Hauptsatz als Verallgemeinerung von Erfahrungen aus, die auf die klassische
reibungsfreie Mechanik Newtons zurückgehen, während der sicherlich be-
deutendere II. Hauptsatz das Wesen der irreversiblen Prozesse erfaßte und über
Boltzmann (1871 und 1879) eine Formulierung mit Hilfe des Wahrscheinlichkeitsbegriffs erfuhr. Die bis heute unbestrittene Universalität des II. Hauptsatzes
hat Gibbs (1902) damit erklärt, daß dieser Satz an keine bestimmte Modellvorstellung im Mikrobereich des molekularen Geschehens gebunden ist.

Die hier hervorgehobene Bedeutung der Entwicklung der Wärmelehre im
Sinne einer „statistischen Wärmetheorie" ist insofern bemerkenswert, als die
physikalische Forschung – pauschal gesehen – noch bis zum Ende des 19. Jahrhunderts durch die Suche nach streng deterministischen Gesetzmäßigkeiten
geprägt war, wobei man lange Zeit fälschlicherweise Determinismus mit Kausalität gleichsetzte. Letztlich hat erst der konsequente Ausbau der Quanten-
mechanik diesen Irrtum ausgeräumt [66].

Es liegt in der Natur der angesprochenen Phänomene, daß der aus dem
alltäglichen Sprachgebrauch stammende Begriff „Zufall" eine dominierende
Rolle spielt, und in diesem Zusammenhang sei doch noch auf eine der ältesten
Quellen Bezug genommen: Demokrit, dem erste Gedanken über das Atom
zugeschrieben werden (ca. 420 v.Chr.), leugnet schlichtweg zufällige Ereignisse;
so behauptet er, „. . . Atome fielen im leeren Raum ausschließlich nach Gesetzen der Notwendigkeit". Im Anschluß an diese Gedanken zum Verhalten
kleinster Teilchen und in diesem Sinne „elementarer Ereignisse" ist es bemerkenswert, daß die viel später entwickelten Überlegungen auf der Grundlage von
Wahrscheinlichkeitsaussagen prinzipiell keine Möglichkeit bieten, einen Einzel-
fall zu determinieren.

Wenden wir uns nun wieder den Jahren um 1900 zu: Eine der fundamentalsten Arbeiten von Einstein (1905) zeigt die mathematische Beschreibung der Brownschen Molekularbewegung als Beispiel für einen Zufallsprozeß [24]. Es ist bemerkenswert und vielleicht charakteristisch für den Umbruch im physikalischen Denken dieser Zeit, daß Einstein sich dem Wirken von „zufälligen" Einflüssen auf das physikalische Geschehen mit einer gewissen Starrheit widersetzt hat, sicherlich nicht unbeeinflußt von Poincaré, der grundsätzlich auf dem rein deterministischen Charakter physikalischer Gesetzmäßigkeiten beharrte.

Eine Münchner Gruppe von Naturwissenschaftlern und Philosophen [67] hat 1988 eine nahezu vollständige Zusammenstellung der Entwicklungslinien des Begriffs „Zufall" erarbeitet, in der sich folgende Unterscheidungen abzeichnen: Zum einen zufällige Vorgänge, die kausal determiniert sind, jedoch wegen der Komplexität der Kausalketten nicht im deterministischen Sinn analytisch beschrieben werden können; sie spielen in der Praxis eine sehr große Rolle. Zum anderen ist der Zufall im Spiel bei zahlreichen, im Großen ähnlich ablaufenden Prozessen, eingeschränkt durch Wahrscheinlichkeitsgesetze, die insofern „determinierend" wirken, als sie Aussagen über die Häufigkeit von Ereignissen treffen. Dies sind Vorgänge, die wir durch Verteilungen und Erwartungswerte beschreiben und somit zu quantifizieren versuchen, was unter bestimmten Bedingungen nicht nur möglich ist, sondern mit einer angebbaren Wahrscheinlichkeit erwartet werden kann.

Schließlich sieht man das Wirken des Zufalls im Rahmen völliger Unordnung, Gesetzlosigkeit und „ontologischer Akausalität", um eine philosophische Kategorie zu benutzen. An diesen Bereich knüpft die moderne „Chaosforschung" an, mit der neuartige Denkansätze, vornehmlich der Theoretischen Physik und der Biologie, Erklärungen für Phänomene geben und erwarten lassen, die der „Welt des Komplexen" angehören [7, 8, 9].

In diesem Sinne scheint in der jüngsten Entwicklung die schwindende Vorstellung einer allgemeinen Vorausbestimmbarkeit durch den Begriff der *symmetriebrechenden zeitlichen Entwicklung* eines „komplexen" Systems verdrängt zu werden.

Welchem Ziel sollen diese sehr weit gefaßten einleitenden Bemerkungen dienen?

Jede lehrbuchartige Darstellung eines Wissensgebietes ist beeinflußt von der zeitlichen Entfaltung, von dem jeweils gegenwärtigen Umfeld und von der Akzentsetzung des Autors. Die jüngere Vergangenheit und die gegenwärtige Entwicklung sind gegründet auf einer festen Verbindung zwischen Statistik und Dynamik. Hiermit wird bewußt eine zunächst aus didaktischen Gründen erforderliche begriffliche Trennungslinie gezogen, die keinen Widerspruch zu der genannten Verbindung bedeutet, die übrigens nicht immer bestand, sondern aus geradezu „klassischen" Gegensätzlichkeiten hervorging (s. Abschn. 14). Die statistischen Eigenschaften kommen ausschließlich in den Signalen, in stochastischen Prozessen, gegebenenfalls in zugehörigen Modellvorstellungen über ihre Entstehung (s. Abschn. 3) zum Tragen, während die Systeme als determiniert, kausal und – von wenigen Ausnahmen abgesehen – als stabil vorausgesetzt werden. Nur mit dieser übrigens weitestgehend realistischen Zuordnung der statistischen Phänomene läßt sich mit vertretbarem mathematischem Aufwand beschreiben, wie regellose Signale von Systemen beeinflußt, verändert bzw. in gewünschter Weise gefiltert werden können.

Einige abschließende Bemerkungen zum Begriff „Zufall" seien hier noch angefügt: In den ersten Abschnitten des Buches werden die analytisch erfaßbaren Eigenschaften von Prozessen vorgestellt, die nur durch statistische Gesetzmäßigkeiten bestimmbar sind. Dabei wird ganz bewußt auf den Terminus „Zufall" verzichtet; denn eingehende Studien neuerer Arbeiten aus verschiedenen Anwendungsbereichen zeigen, daß sich dem Wort „Zufall" keine allgemein verbindliche Semantik zuordnen läßt [67].

Es ist vielmehr sprachlich und begrifflich einwandfrei, von Ereignissen und Prozessen zu sprechen, die durch Wahrscheinlichkeitsgesetze beschrieben werden: Genau in diesem Sinne darf man dann verkürzend das Adjektiv „zufällig" verwenden, ohne den Begriff „Zufall" definiert zu haben. Der Leser, der hierin eine sprachliche Akrobatik zu sehen glaubt, sei darauf aufmerksam gemacht, daß mit einer derartigen Vereinbarung eine grundlegende Frage beiseite geschoben wird, die nach dem gegenwärtigen Wissensstand und wohl auch künftig nicht zu beantworten ist, obgleich sie von allgemeinem Interesse ist: Welche Vorgänge sind de facto zweifelsfrei rein zufällig?

Die Vorüberlegungen ließen ja schon erkennen, daß man viele Phänomene einfach als „zufällig" im Sinne der obigen Sprachregelung *deklarieren* muß, weil sich die Komplexität ihrer Kausalketten einer analytischen Beschreibung entzieht; solche Vorgänge sind aber determiniert. Derartige Erfahrungen sind natürlich nicht auf den Bereich der Naturwissenschaften beschränkt: so trifft Marie v. Ebner-Eschenbach den Kern solcher Erfahrungen mit ihrem Aphorismus: „Der Zufall ist die in Schleier gehüllte Notwendigkeit".

In diesem Zusammenhang fällt auch beim Studium neuerer Arbeiten auf, daß eine deutliche Mehrheit von Autoren – darunter ganz prominente und richtungweisende – den „Zufall" überhaupt nicht definieren, sondern allenfalls problemangepaßt umschreiben. Fast kurios muten zwei extrem gegensätzliche Auffassungen an: Der Biochemiker Schoffeniels geht so weit zu behaupten, „Zufall" sei „Nicht Wissen" und läßt damit im Prinzip die bis heute nicht ernsthaft bestrittene Rolle des Zufalls in der Quantenphysik außer Acht; damit begibt er sich in offenkundigen Gegensatz zu Monod, der dem Zufall ganz allgemein eine zentrale, evolutorische Bedeutung zuweist (zitiert in [67]).

Kehren wir mit einer Schlußbemerkung zur Physik zurück: Reale deterministische Systeme sind immer statistischen Störeinflüssen ausgesetzt, wodurch ein gewisser Anteil an *Irreversibilität der Prozeßabläufe* entsteht; ebenso enthält jeder Meßprozeß ein Element an Irreversibilität, jede Messung vergrößert die Entropie eines Systems – womit man wieder an die Universalität des II. Hauptsatzes erinnert wird, dessen Gültigkeit nicht auf die Physik beschränkt ist.

Hier zeigt sich ein weiteres Mal, wie wichtig die vereinbarte Abgrenzung von Zufallsprozessen als Signalen gegenüber Systemen ist; nur auf dieser Grundlage läßt sich eine „Systemtheorie für stochastische Prozesse" aufbauen und für die Behandlung optimaler Filterprobleme nach Kalman heranziehen. Der zweite und der dritte Hauptteil des vorliegenden Buches haben diese Probleme zum Gegenstand.

Leitfaden für den Leser

In Anbetracht der Vielschichtigkeit des vorliegenden Stoffes wird dem Leser eine Orientierung angeboten, die ihm das Erkennen von Zusammenhängen, Schwerpunkten sowie des eigenen Standortes erleichtern soll, und auf die er bei der Durcharbeitung des Stoffes immer wieder zurückgreifen kann.

Der Teil I
stellt einige Grundlagen vor, die in den meisten einschlägigen Studiengängen in mathematischen Vorlesungen vor dem Vorexamen – allerdings wohl mit anderen Schwerpunktsetzungen – angeboten werden: Es geht um die Begriffe Zufallsvariable, Wahrscheinlichkeiten, Verteilungen, Verteilungsdichten sowie daraus ableitbare Parameter (2.1 bis 2.3 und 4.1 bis 4.6).

Die formal-mathematischen Definitionen werden, wo immer es möglich und sinnvoll ist, durch begriffliche und anwendungsorientierte Erläuterungen vorbereitet bzw. ergänzt. So wird der Wahrscheinlichkeitsbegriff unterlegt durch die quantitative Formulierung des Möglichen, dieses wiederum abgegrenzt durch wohldefinierte Bedingungen und Voraussetzungen. In diesem allgemeinen Rahmen gibt es immer nur bedingte Wahrscheinlichkeiten; wenn jedoch solche Bedingungen in einer analytisch fixierten Form in die Wahrscheinlichkeitsaussagen einbezogen werden, dann versteht man unter einer „bedingten Wahrscheinlichkeit" einen festen, eindeutig bestimmten Terminus (4.5). Er spielt eine grundlegende Rolle bei Schätzverfahren, die in einigen folgenden Abschnitten behandelt werden (6.1 bis 6.5 und 15.1 bis 15.3).

Die Beispiele für Verteilungsdichtefunktionen sind betont physikalisch ausgerichtet und lassen bereits vieles von der Entwicklung und Einbindung statistischer Überlegungen in physikalische Vorstellungen und Modellierungen erkennen (3.1 bis 3.7).

Für den gesamten Stoff des Buches spielen stochastische Prozesse eine grundlegende Rolle: Sie werden in ihren verschiedenen Varianten in den Abschn. 5.1 bis 5.9 eingeführt und anschließend konkret gekennzeichnet durch Verteilungen, Korrelationsfunktionen und spektrale Leistungsdichten. Hier wird auch für spätere Anwendungen das *weiße Geräusch* als entarteter, technisch nicht realisierbarer Prozeß eingeführt; insbesondere im Teil III über Kalman-Filter spielen solche Prozesse eine herausragende Rolle.

Ebenfalls vorbereitend für diese Überlegungen werden in den Abschn. 6.1 bis 6.5 Möglichkeiten zur Schätzung statistischer Parameter angegeben. Schließlich werden als Abrundung der Grundlagen zur statistischen Beschreibung von Vorgängen die vektoriellen Zufallsprozesse eingeführt (7.1 bis 7.5), so daß der Weg bereitet ist für das Arbeiten mit Zustandsvektoren, die als Realisierungen vektorieller stochastischer Prozesse zu interpretieren sind.

Insgesamt ist jetzt folgendes Begriffsgefüge aus Definitionen und Querverbindungen aufgebaut:

- Zufallsvariablen mit ihren Verteilungen und daraus ableitbaren Parametern;
- Stochastische Prozesse, gekennzeichnet durch Verteilungen, Korrelationsfunktionen und Leistungsdichtespektren sowie Verbundeigenschaften verschiedener Prozesse in Gestalt von Verbundverteilungen, Kreuzkorrelationsfunktionen und Kreuzleistungsdichtespektren;
- Vorschriften zur Gewinnung von Schätzwerten für statistische Parameter;
- Vektorielle Zufallsprozesse mit ihren Charakteristika wie Auto-und Kreuzkovarianzmatrizen;

Die skalaren und vektoriellen Mittelwerte, ebenso Streuungen, Kovarianzen und Korrelationskoeffizienten sind konstante Prozeßparameter, wenn die Prozesse ergodisch und damit stationär sind. Im Gegensatz dazu sind Korrelationsfunktionen und Kovarianzmatrizen ergodischer Prozesse von einer Zeitdifferenz abhängig, die zugehörigen spektralen Leistungsdichten sind Funktionen der Frequenz. Hier ergeben sich erste Zusammenhänge mit Begriffen der Dynamik, die jedoch in diesem Stadium noch nicht vollständig ausformulierbar sind.

Der Teil II
ist den typischen Problemen der Systemtheorie für stochastische Prozesse gewidmet, sozusagen umrahmt von dem Teil I mit den wichtigsten Grundlagen zur Prozeßbeschreibung und dem Teil III über eines der wichtigsten und technisch vielgestaltigsten Anwendungsgebiete, der modellgestützten Filterung nach Kalman.

Zu Beginn werden in den Abschn. 8.1 bis 8.4 die wichtigsten Grundlagen der Theorie linearer Systeme mit deterministischer Erregung zusammengestellt: Der allgemeine zeitvariante Fall, der konkreter behandelbare zeitinvariante Fall, die jeweiligen Zustandsdarstellungen mit den allgemein bevorzugten Normalformen und Grundstrukturen für zeitkontinuierliche und diskrete Systeme.

Die zentrale Problematik entsteht, wenn die Systeme mit stochastischen Signalen beaufschlagt werden; denn bezugnehmend auf die in Teil I eingeführten Eigenschaften stochastischer Prozesse gelten schon die Zustandsgleichungen und deren allgemeine Lösung nicht mehr in der herkömmlichen Schreibweise (9.1 und 9.2).

Begrifflich ohne besondere Schwierigkeiten lassen sich die Kennfunktionen stochastischer Signale mit den jeweiligen Systemfunktionen verknüpfen, sowohl im Zeitbereich (9.2 bis 9.9) als auch im Frequenzbereich (10.1 bis 10.8). Technische Anwendungen finden die vielfältigen Beziehungen u.a. bei der Systemanalyse mit Breitbandgeräuschen (9.7) und, besonders ausführlich dargestellt, bei der Filterung bzw. Modellierung von Geräuschen mit vorgegebenen spektralen Eigenschaften, dem sogenannten Formfilterproblem (11.1 bis 11.6).

An dieser Stelle lohnt sich eine kurze Positionsbestimmung: Die Verknüpfungen von Kennfunktionen stochastischer Prozesse mit Systemfunktionen lassen noch nicht hinreichend deutlich erkennen, was man unmittelbar unter der dynamischen Reaktion linearer (vorzugsweise zeitinvarianter) Systeme auf stochastische Erregungen zu verstehen hat. Im Grunde ist hier ein neuer Denkansatz zweckmäßig. Weder das Superpositionsintegral noch die Zustandsgleichungen sind für Musterfunktionen stochastischer Prozesse als Eingangssignale konkret auswertbar; die Kennzeichnung eines solchen Signals etwa durch $z(t) \in z(e; t)$ hat nur symbolischen Wert. Damit verlagert sich die Frage nach dem Einschwingverhalten von den zeitlichen Verläufen der Signale weg zu der modifizierten Frage nach dem Einschwingen bestimmter Geräuschparameter wie dem linearen Mittelwert und der Varianz: Sie führt unmittelbar auf die dynamischen Entwicklungsgleichungen dieser Parameter, die nunmehr dynamische Verknüpfungen von Geräuschparametern mit Systemeigenschaften darstellen, jeweils ausgehend von der Zustandsdifferentialgleichung, die durch geeignete Erwartungswertbildungen modifizierte Formen annimmt, dem betreffenden Parameter angepaßt.

Diese Überlegungen (Abschn. 12.1 bis 12.4) finden eine gewisse formale Vollendung in Gestalt der Fokker-Planck-Gleichung, einer partiellen Differentialgleichung zur statistischen Modellierung der dynamischen Entwicklung einer Verteilungsdichtefunktion. Sie wird in Abschn. 17.3 hergeleitet, vorbereitet durch eine Einführung in Markoff-Prozesse (13.1 bis 13.6) und interpretiert sowie ergänzt unter physikalischen Aspekten in den anschließenden Abschn. 13.8 bis 13.12.

An dieser Stelle der Gedankenführung drängt sich ein Rückblick auf die historische Entwicklung des Zusammenspiels zwischen Dynamik und Statistik geradezu auf. Ausgehend von der begrifflichen und analytischen Beschreibung thermischer Systeme führt der Weg über reversible und irreversible Vorgänge, den Einfluß von Fluktuationen und von statistischen Anfangsbedingungen zu einigen Ausführungen über den Zeitbegriff und den Zweiten Hauptsatz (nicht nur der Thermodynamik) zu zeitgemäßen Überlegungen, die abschließend zu dem Begriff der komplexen Systeme überleiten. Damit stehen diese historischen Entwicklungslinien zur Förderung einer Gesamtschau an einer Stelle des Buches, an der sie sich von selbst ergeben, und nicht als ein Vorspann oder ein Schlußkapitel, das man voreilig als verzierende Zugabe mißdeuten könnte.

Die folgende Zusammenstellung enthält die wichtigsten Ergebnisse von Teil II (allgemein vektoriell mit skalaren Sonderfällen):

● Zustandsdarstellung linearer zeitkontinuierlicher und zeitdiskreter Systeme;

- Verknüpfung von Korrelationsmatrizen und Leistungsdichtespektren mit Systemfunktionen wie Übertragungsmatrix und Fundamentalmatrix im Zeitbereich und im Frequenzbereich;
- Filterung und Modellierung von Geräuschen, Formfilter;
- Dynamische Entwicklungsgleichungen für den vektoriellen linearen Mittelwert und die Kovarianzmatrix des Zustandsvektors zur Charakterisierung von Einschwingvorgängen bei stochastischer Systemerregung;
- Markoff-Prozesse, statistische Modellierung, Aufenthaltswahrscheinlichkeiten und Übergangswahrscheinlichkeiten;
- Gleichungen von Smoluchowski, Fokker-Planck, Langevin, Mastergleichung, zugehörige Lösungen;
- Historischer Entwicklungsgang, konservative und dissipative Systeme, Einfluß von Fluktuationen und statistischen Anfangsbedingungen, Zeitbegriff und Zweiter Hauptsatz, allgemeiner Ansatz zur Verknüpfung von Dynamik mit Statistik nach Nicolis und Prigogine.

Mit dieser Auswahl an Grundwissen aus zwei großen Erfahrungsbereichen der Naturwissenschaften und der Technik sollte der Leser das Rüstzeug besitzen, mit dem er zeitgemäße Probleme der statistischen Modellierung, der modellgestützten Beobachtung und Filterung sowie weiterführende Fragen der Verschmelzung von Systementwicklung und Zufallsphänomenen, etwa in dem sich entfaltenden Wissenschaftszweig der Synergetik, angehen kann. Repräsentativ für die Lösung technischer Probleme auf den hiermit gelegten Grundlagen wird im letzten Teil des Buches das weitreichende Beobachterprinzip unter dem Einfluß stochastischer Vorgänge favorisiert.

Der Teil III
soll den Leser – von einem bewußt breit angelegten Grundkonzept ausgehend – in die Theorie und einige repräsentative Anwendungsfälle der modellgestützten Filterung einführen. Als Stichwörter zur Anknüpfung an die beiden voranstehenden Teile I und II des Buches sind zu nennen: Der weiße stochastische Prozeß, die Zustandsbeschreibung linearer Systeme, der Modellbegriff, die Differentialgleichung für die dynamische Entwicklung der Kovarianz, das allgemeine Beobachterprinzip sowie die Schätzung von Zustandsgrößen aufgrund vorgegebener Kriterien.

Von der historischen Entwicklung her, die hier mit einer kurzen Vorstellung von Wieners Ideen einsetzt, geht es vorerst um Filterprobleme mit dem Ziel der Minimierung von Störgeräuschauswirkungen (15.1 bis 16.5). Hierbei wird u.a. Bezug auf die Möglichkeiten der Produktdarstellung von Geräuschleistungsspektren in den Abschn. 11.1 bis 11.3 genommen.

Es waren nicht zuletzt die hiermit verbundenen Schwierigkeiten und für den technischen Einsatz gravierenden Einschränkungen, die Kalman zu einer radikalen Neuformulierung des allgemeinen Filter-Problems für eine reichhaltige Palette technischer Anwendungen unter Ausschöpfung moderner digitaler Rechenverfahren geführt haben.

In den Abschn. 17.1 bis 17.7 werden die Gleichungen für den Kalman-Filterentwurf hergeleitet und die Schätzfehler sowie die Filterstabilität diskutiert, wobei vom allgemeinen Ansatz her zeitvariante Grundsysteme und instationäre Prozesse zugelassen sind – für den praktischen Einsatz u.U. wichtige Voraussetzungen, die bei dem Wienerschen Filter nicht berücksichtigt werden können. Das Entwurfsverfahren wird erheblich vereinfacht, wenn man sich auf zeitinvariante Grundsysteme und ergodische Prozesse beschränken kann. Solche Fälle sowie die praktische Problematik der Anfangsbedingungen und erste Beispiele bilden den Stoff der Abschn. 18.1 bis 18.8, ergänzt um einige Zusatzüberlegungen zur Riccati-Gleichung in den Abschn. 19.1 bis 19.4.

Nach einem gestrafften Ausblick auf Verfahren zur Signalvorhersage (20.1 bis 20.4) werden die Filterentwurfsgleichungen für das allgemeine Grundsystem zweiter Ordnung behandelt, wobei sich aufgrund der nichtlinearen Riccati-Gleichung eine erhebliche Steigerung des Entwurfsaufwandes gegenüber Grundsystemen erster Ordnung ergibt, von trivialen Besetzungen der Systemmatrix abgesehen.

Diese Verhältnisse werden besonders deutlich bei der Vorstellung anwendungsorientierter Beispiele in den Abschn. 22.1 bis 22.4, in denen auch allgemeinere Gesichtspunkte weiterentwickelt werden, etwa die Einbeziehung nichtlinearer Grundsysteme durch geeignete Linearisierungsansätze.

Schwierigkeitsgrad, Aufwand und Allgemeinheit der Aussagen werden deutlich umfangreicher, wenn man zum Entwurf von Kalman-Beobachtern reduzierter Ordnungen übergeht (23.1 bis 23.9). Hierbei wird auf Zusammenhänge mit dem Entwurf von Zustandsregelungen hingewiesen, die auf das sogenannte *Separationsprinzip*, auf die Unabhängigkeit von Reglerentwurf und Filterentwurf führen (23.10).

Den Hintergrund zu all diesen Überlegungen bildet das allgemeine Beobachterkonzept, eine modellgestützte Struktur eines Folgesystems mit Korrektur des Systemmodells. Erst die Festlegung eines Auslegungskriteriums für diese Modellkorrektur bestimmt den spezielleren Charakter des Beobachters: Im deterministischen Fall ergibt sich ein Luenberger-Beobachter mit vorgegebener Dynamik, im Fall eines statistischen Kriteriums ein Kalman-Beobachter bzw. -Filter zur Minimierung der Auswirkung von Meßgeräuschen auf die Zustandsgrößen.

Auf dieser gemeinsamen Grundlage sind die Entwurfsverfahren im Frequenzbereich aufgebaut (24.1 bis 24.7), die etwas anspruchsvollere Voraussetzungen bei dem Leser mobilisieren.

In den Abschn. 25.1 bis 25.6 wird der Entwurf zeitdiskret arbeitender Kalman-Filter vorgestellt, womit sich der Kreis zu Kalmans erster Originalarbeit zu diesem Problembereich schließt. Auch hier stellt das Filter reduzierter Ordnung den allgemeineren Fall dar, und hier setzt dann auch der zugehörige Filterentwurf in der z-Ebene ein, wobei viele Teilergebnisse von den Entwurfsverfahren für das kontinuierlich arbeitende Filter in der s-Ebene in modifizierter Form übernommen werden können. Damit ist auch für den Kalman-Filterentwurf eine gewisse Vervollständigung gegeben (zeitkontinuierlich, zeitdiskret,

Frequenzbereichsentwurf in der s-Ebene und in der z-Ebene), wie man sie von anderen Problemstellungen der Systemtheorie her kennt.

Der gedankliche Hintergrund korrigierter bzw. korrigierender Modelle reicht weit über technische Konzepte und Ansätze hinaus in die unterschiedlichsten Bereiche mit selbstregulierenden Mechanismen und Kreisstrukturen. Als Beispiel seien nur Lern- und Anpassungsvorgänge im menschlichen Gehirn erwähnt, wo angeborene und erworbene Grundmuster (als Modelle) durch neue Erfahrungen korrigiert und modifiziert werden: Ein Großteil unserer Erfahrungen realisiert sich in modellgestützten Entscheidungen und in modellgestütztem Handeln. Im Hintergrund besteht also ein ganz fundamentaler Problembereich der allgemeinen Modellbildung, dessen bloße Erwähnung den einen oder anderen Leser ermutigen mag, sich auch für andere Problemfelder zu interessieren, bei denen eine Synthese aus Zufall (im Sinne von kontingenten Ereignissen) und Notwendigkeit (im Sinne der klassischen Dynamik) entwicklungsbestimmend ist.

2 Verteilungen und Erwartungswerte bei einer Zufallsvariablen

Zahlreiche Phänomene in den unterschiedlichsten Erfahrungs- und Forschungsgebieten beruhen de facto oder wenigstens modellmäßig auf bestimmten physikalischen Mikrovorgängen oder Elementarergebnissen. Diese sind zwar charakteristisch für das jeweilige Phänomen, etwa den Zerfall eines einzelnen Atoms, die Wärmebewegung eines Gasmoleküls oder makroskopisch für das Ergebnis eines Wurfs mit einem Würfel; sie reichen jedoch nicht aus zur Beschreibung der Gesamtphänomene wie des radioaktiven Zerfalls einer bestimmten Masse, der Temperatur und des Druckes eines Gases oder des gesamten Spiels mit einem Würfel.

Derartige Elementarergebnisse sind im einzelnen nicht vorhersagbar, und zwar aus oft sehr unterschiedlichen Gründen: Einerseits kennt die Quantenphysik Elementarergebnisse, die nach heutiger Auffassung prinzipiell unvorhersagbar sind, andererseits gibt es Grenzen der Beobachtbarkeit von Elementarvorgängen; schließlich ist der einzelne Wurf mit einem Würfel sehr wohl ein determinierter mechanischer Vorgang, der nur deshalb als „zufällig" deklariert wird, weil sein Bewegungsablauf viel zu verwickelt ist, als daß man ihn mit den bekannten Gesetzen der Mechanik beschreiben könnte, wobei die Schwierigkeit bereits bei der Unmöglichkeit beliebig genauer Angaben und damit der Reproduzierbarkeit der Anfangsbedingungen beginnt.

Die zunächst noch ungeordnete Gesamtheit solcher „Ergebnisse" bildet die Grundlage für bestimmte Zusammenfassungen und Auswahlvorschriften, die man „Ereignisse" nennt. Sie treten unter den jeweiligen Bedingungen nur mit einer gewissen Wahrscheinlichkeit auf, d.h. im folgenden geht es um die mathematisch-formale Beschreibung von Möglichkeiten mit unterschiedlichen Gewichtungen.

2.1 Ereignisse und Zufallsvariablen

Zur begrifflichen Grundlegung betrachte man ein geeignetes physikalisches Experiment, das unter konstanten Versuchsbedingungen stattfindet und beliebig oft wiederholbar ist; jede Ausführung des Experimentes liefere genau ein Ergebnis. Auf diese Weise entsteht eine abzählbare Menge aller möglichen

Ergebnisse:

$$E := \{e_1, e_2, \ldots, e_N\} \,.$$

Der prinzipielle Charakter der Versuchsergebnisse e_i ist durch die Eigenschaften des physikalischen Vorgangs bekannt, aber das jeweilige Einzelergebnis ist nicht vorhersagbar, es tritt vielmehr nur mit einer gewissen Wahrscheinlichkeit ein.

Beispielhaft hierfür ist das Spiel mit einem symmetrischen Würfel, dessen Schwerpunkt im geometrischen Mittelpunkt liegt. Die möglichen Ergebnisse in Gestalt der oben liegenden Augenzahlen 1 bis 6 kommen zwar durch determinierte Einzelwürfe zustande, aber aus den bereits genannten Gründen geht die Vorhersagbarkeit der einzelnen Wurfsergebnisse verloren, und man ist zu einer statistischen Beschreibung gezwungen: Die Ergebnisse $v = 1, 2, \ldots, 6$ bilden die Menge der möglichen Ergebnisse, und die Durchführung einer hinreichend großen Anzahl n von Würfelvorgängen zeigt, daß die Ergebnisse alle mit der gleichen „relativen Häufigkeit"

$$H_n(v) = \frac{k(v)}{n}$$

auftreten; k gibt an, wie oft sich dabei das Ergebnis v einstellt. Die relative Häufigkeit stellt im Hinblick auf ihre Bildung bei zahlreichen anderen Versuchen einen begrifflichen Vorläufer der Wahrscheinlichkeit dar; in gewissen Fällen strebt sogar $H_n(v)$ für $n \to \infty$ gegen die Wahrscheinlichkeit.

Als verallgemeinerungsfähige Grundlage zur Definition der Wahrscheinlichkeit, wie es v. Mises vorschwebte, ist die relative Häufigkeit jedoch nicht verwendbar; vielmehr müssen die Axiome von Kolmogoroff zugrundegelegt werden, wie die folgenden Ausführungen zeigen.

Einführung der Zufallsvariablen

Die Vielfalt praktischer Vorgänge mit nicht vorhersagbarem Verlauf bzw. Ergebnis ist so groß, daß der geschilderte erste gedankliche Zugang wesentlicher Erweiterungen und Verallgemeinerungen bedarf. In zahlreichen Anwendungen besteht die Ergebnismenge nicht aus Zahlen wie beim Würfelspiel, vielmehr haben die zufälligen Ergebnisse unterschiedliche physikalische Eigenschaften.

Um eine versuchsunabhängige Symbolik zu gewährleisten, ordnet man den Ergebnissen nach der Vorschrift

$$E \xrightarrow{\ x\ } \mathbb{R}$$

reelle Zahlen zu. Dadurch entsteht eine auf der Ergebnismenge E definierte Funktion $x(e)$, die „Zufallsvariable" genannt wird, wenn die Ungleichung

$$x(e) \le u$$

eine Teilmenge von E definiert, der als Ereignis eine Wahrscheinlichkeit zugeordnet werden kann. Man nennt $x(e_i) = x_i$ eine „Zufallsgröße" oder eine „Realisierung der Zufallsvariablen". Bei dem eingangs beschriebenen Würfelspiel ist die Zufallsvariable eine Funktion, die bei jedem Wurf einen der Werte 1 bis 6 annimmt. Allgemein wird gefordert, daß die Zufallsvariable mit einer von Null verschiedenen Wahrscheinlichkeit nur endliche Werte annehmen kann, ferner wird sie in vielen Fällen dimensionsbehaftet sein.

Die Abgrenzung einer Teilmenge von E kann auch durch andere Vorschriften erfolgen, z.B. durch die Forderung $a < x(e) \leq b$ mit gegebenen Konstanten a und b. Zusammenfassend wird festgehalten: Ungleichungen der angegebenen Art definieren Ereignisse, und in ausführlicher Schreibung ist beispielsweise ein Ereignis „A" definiert durch

$$A = \{e: -\infty < x(e) \leq u, e \in E, u \in \mathbb{R}\} \,,$$

abgekürzt in der Form $A = \{x(e) \leq u\}$; ein anderes Ereignis „B" laute in ausführlicher Schreibung

$$B = \{e: a < x(e) \leq b, e \in E, a, b \in \mathbb{R}\} \,,$$

abgekürzt in der Form $B = \{a < x(e) \leq b\}$. Die jeweiligen Ereignisse sind also durch diejenigen Ergebnisse e aus E definiert, die der angegebenen Ungleichung genügen.

Vor diesem Hintergrund bildet man folgendes System F von Teilmengen (als zufällige Ereignisse) von E:

1. Das System F enthält als Element die gesamte Ergebnismenge E, bezeichnet als Ereignis „S".
2. Sind A und B Teilmengen von E und Elemente von F, so sind auch die Mengen $A \cup B$, $A \cap B$ sowie $\bar{A}$ und $\bar{B}$ Elemente von F. Dabei enthält die Vereinigungsmenge $A \cup B$ diejenigen Elemente von E, die entweder in A oder in B oder in A und in B vorkommen; die Schnittmenge $A \cap B$ enthält diejenigen Elemente von E, die sowohl in A als auch in B vorkommen. Die Elemente von E, die nicht in A enthalten sind, werden mit $\bar{A}$ bezeichnet, entsprechendes gilt für die Menge $\bar{B}$. Schließlich enthält F noch die Menge $\bar{E}$, die leere Menge O. Die somit definierte Menge F nennt man ein Borelsches Ereignisfeld.

2.2 Wahrscheinlichkeit und Verteilungsfunktion

Die Kennzeichnung der statistischen Eigenschaften eines Experimentes mit zufälligen Ergebnissen erfolgt nicht unmittelbar durch die Beurteilung der in E zusammengefaßten Ergebnisse und der darauf definierten Ereignisse in F, sondern durch ein „Maß" für das Eintreten der Ereignisse, nämlich ihre Wahrscheinlichkeit „W".

Die statistische Definition der Wahrscheinlichkeit ist auf die folgenden drei Axiome von Kolmogoroff [68] gegründet:

I. Jedem zufälligen Ereignis A wird eine reelle, nicht negative Zahl, seine Wahrscheinlichkeit $W(A) \geq 0$ zugeordnet.

II. Das sogenannte „sichere Ereignis" S besitzt die Wahrscheinlichkeit $W(S) = 1$.

III. a) Wenn $A_i \cap A_j = O$, $i \neq j$, $j = 1, 2, \ldots, n$, dann gilt

$$W(A_1 \cup A_2 \cup \ldots \cup A_n) = W(A_1) + W(A_2) + \ldots + W(A_n) \, .$$

b) Wenn $A_i \cap A_j = O$, $i \neq j$, $j = 1, 2, \ldots, n, \ldots$, dann gilt

$$W(A_1 \cup A_2 \cup \ldots \cup A_n \cup \ldots) = W(A_1) + W(A_2) + \ldots + W(A_n) + \ldots .$$

Aus diesen Axiomen lassen sich mit geringem Aufwand folgende Aussagen herleiten:

a) Die Wahrscheinlichkeit des „unmöglichen Ereignisses" ist gleich Null.
b) $0 \leq W(A) \leq 1$
c) $W(\bar{A}) = 1 - W(A)$
d) $W(A \cup B) = W(A) + W(B) - W(A \cap B)$, folglich gilt

$$W(A \cup B) \leq W(A) + W(B) \, .$$

Von größerer Bedeutung für die folgenden Überlegungen ist jedoch die Tatsache, daß sich die drei Axiome in den Eigenschaften der Verteilungsfunktion widerspiegeln, die über die Wahrscheinlichkeit für das Eintreten des Ereignisses $A = \{x(e) \leq u\}$ folgendermaßen eingeführt wird: Man variiert die Schranke u über den gesamten Wertebereich der Zufallsvariablen $x(e)$ und erhält dadurch eine Funktion

$$P_x(u) := W\{x(e) \leq u\} \, ; \tag{2.1}$$

sie gibt die Wahrscheinlichkeit dafür an, daß die Ungleichung $x(e) \leq u$ erfüllt ist und ordnet somit dem Ereignis A eine Zahl zu, eben die Wahrscheinlichkeit $W(A)$ nach dem Axiom I.

Diese Verteilungsfunktion hat die folgenden allgemeinen Eigenschaften:

a) $0 \leq P_x(u) \leq 1$
b) Für $u_2 > u_1$ ist $P_x(u_2) \geq P_x(u_1)$, d.h. die Funktion $P_x(u)$ wächst monoton von 0 nach 1.
c) Die Wahrscheinlichkeit für das Eintreten des Ereignisses $\{a < x(e) \leq b\}$ ist gegeben durch

$$W\{a < x(e) \leq b\} = P_x(b) - P_x(a) \, .$$

d) Die Wahrscheinlichkeit dafür, daß die Zufallsvariable genau einen Wert c annimmt, ist gegeben durch

$$W\{x(e) = c\} = P_x(c + 0) - P_x(c - 0) \, ;$$

das heißt, bei unstetigen Verteilungen nimmt $W\{x(e) = c\}$ den Wert der Sprunghöhe bei c an, bei stetigen Verteilungen ist die „Punktwahrscheinlichkeit" $W\{x(e) = c\} = 0$.

2.3 Zusammenhänge zwischen Verteilungsfunktionen und Verteilungsdichtefunktionen

Wie bereits angemerkt, beruhen die folgenden Ausführungen auf den in Abschn. 2.2 eingeführten Axiomen; bei den analytischen Formulierungen muß jedoch zwischen kontinuierlichen und diskreten Zufallsvariablen unterschieden werden.

2.3.1 Kontinuierliche Zufallsvariablen

Die Einbeziehung der Wahrscheinlichkeit in die analytischen Zusammenhänge führt unmittelbar zur Verteilungsfunktion $P_x(u)$. Für die weiterführenden Überlegungen spielt jedoch deren Ableitung nach u, die Verteilungsdichtefunktion

$$p_x(u) = \frac{\mathrm{d}}{\mathrm{d}u} P_x(u) \tag{2.2}$$

die dominierende Rolle. Diese Funktion besitzt die folgenden allgemeinen Eigenschaften:

$$\text{a)} \quad \int_{-\infty}^{u} p_x(z)\mathrm{d}z = P_x(u) \tag{2.3}$$

$$\text{b)} \quad \int_{-\infty}^{+\infty} p_x(u)\mathrm{d}u = 1 \quad \text{(vgl. Axiom II)} \tag{2.4}$$

c) $p_x(u) \geq 0$ für alle u (vgl. Axiom I)

$$\text{d)} \quad W\{a < x(e) \leq b\} = \int_{a}^{b} p_x(u)\mathrm{d}u = P_x(b) - P_x(a) \tag{2.5}$$

Die Gl. (2.2) ist problemlos verwendbar, wenn kontinuierliche Zufallsvariablen mit differenzierbaren Verteilungsfunktionen vorliegen, Bild 2.1 zeigt prinzipiell mögliche Verläufe dieser Funktionen, die bei einem Experiment empirisch ermittelt worden seien.

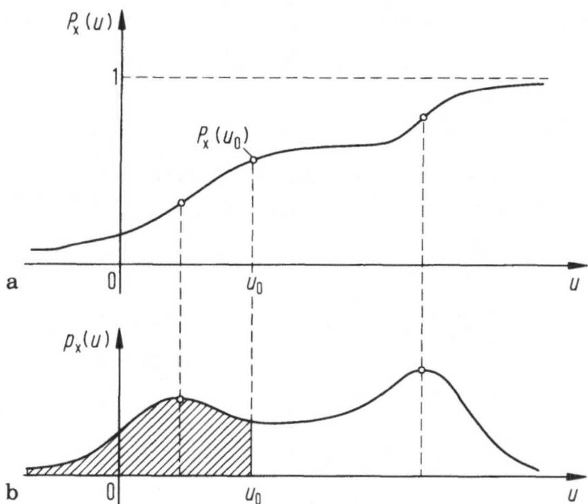

Bild 2.1. Prinzipieller Verlauf einer kontinuierlichen Verteilungsfunktion (a) und der zugehörigen Dichtefunktion (b)

Erwartungswerte bei einer kontinuierlichen Zufallsvariablen

Die größere praktische Bedeutung der Verteilungsdichtefunktion beruht u.a. darauf, daß sich aus ihr durch Erwartungswertbildung bestimmte statistische Kenngrößen berechnen lassen, die neben den Verteilungen selbst zur Charakterisierung von Zufallsvariablen und später auch von Zufallsprozessen erforderlich bzw. zweckmäßig sind. Erwartungswerte ergeben sich als lineare Operationen auf dem Ergebnisfeld E. Den allgemeinsten Erwartungswert kann man für eine Funktion $f[x(e)]$ der Zufallsvariablen bilden:

$$\mathscr{E}\{f[x(e)]\} := \int_{-\infty}^{+\infty} f(u) \cdot p_x(u)\,\mathrm{d}u \, , \qquad (2.6)$$

und für $f(u) = 1$ folgt die allgemeine Normierungseigenschaft (2.4). Von besonderer Bedeutung sind die Erwartungswerte für Potenzen von u, wobei sich für $f(u) = u$ der lineare Mittelwert ergibt:

$$\mathscr{E}\{x(e)\} = \int_{-\infty}^{+\infty} u \cdot p_x(u)\,\mathrm{d}u = \mu_x \ \text{(als „Ergebniserwartung")} \, . \qquad (2.7)$$

Er stellt den Sonderfall des Erwartungswertes

$$\mathscr{E}\{x^n(e)\} = \int_{-\infty}^{+\infty} u^n \cdot p_x(u)\,\mathrm{d}u$$

für $n = 1$ dar, und man erhält entsprechend für $n = 2$ den quadratischen Mittelwert

$$\mathscr{E}\{x^2(e)\} = \int_{-\infty}^{+\infty} u^2 p_x(u)\,\mathrm{d}u = q_x^2 \, . \qquad (2.8)$$

Die mittlere quadratische Abweichung gegenüber einer Konstanten a wird per def.:

$$\mathscr{E}\{[x(e) - a]^2\} = \int_{-\infty}^{+\infty} (u - a)^2 p_\mathrm{x}(u)\mathrm{d}u \ .$$

Das Minimum dieser Abweichung ergibt sich durch die Forderung

$$\frac{\partial}{\partial a}\mathscr{E}\{[x(e) - a]^2\} = 0$$

$$\int_{-\infty}^{+\infty} (u - a)p_\mathrm{x}(u)\mathrm{d}u = 0$$

$$a \cdot \int_{-\infty}^{+\infty} p_\mathrm{x}(u)\mathrm{d}u = \int_{-\infty}^{+\infty} u \cdot p_\mathrm{x}(u)\mathrm{d}u \ ,$$

wegen der Normierungseigenschaft der Verteilungsdichte ergibt sich also für a der lineare Mittelwert μ_x, und der zugehörige Erwartungswert ist das Streuungsquadrat oder die Varianz:

$$\mathscr{E}\{[x(e) - \mu_\mathrm{x}]^2\} = \sigma_\mathrm{x}^2 \ , \tag{2.9}$$

eine einfache Zwischenrechnung führt auf den Zusammenhang

$$\sigma_\mathrm{x}^2 = q_\mathrm{x}^2 - \mu_\mathrm{x}^2 \ . \tag{2.10}$$

Momente höherer Ordnung sind für die weiteren Überlegungen nicht von Interesse.

Abschließend wird noch ein zunächst etwas abstrakt anmutender Erwartungswert angegeben:

$$\mathscr{E}\{\mathrm{e}^{\mathrm{j}\omega x(e)}\} = \int_{-\infty}^{+\infty} \mathrm{e}^{\mathrm{j}\omega u} \cdot p_\mathrm{x}(u)\mathrm{d}u = \chi_\mathrm{x}(\mathrm{j}\omega) \ , \tag{2.11}$$

die sogenannte charakteristische Funktion, aus der man ebenfalls Erwartungswerte bilden kann, allerdings durch eine anders geartete Vorschrift:

$$\mathscr{E}\{x^n(e)\} = (\mathrm{j})^n \cdot \frac{\mathrm{d}^n}{\mathrm{d}\omega^n} \chi_\mathrm{x}(\mathrm{j}\omega)|_{\omega=0} \ .$$

Aus der Definitionsgleichung für $\chi_\mathrm{x}(\mathrm{j}\omega)$ folgt unmittelbar, daß die Fourier-Transformierte der Verteilungsdichtefunktion die konjugiert komplexe Funktion zur charakteristischen Funktion ist:

$$\int_{-\infty}^{+\infty} p_\mathrm{x}(u) \cdot \mathrm{e}^{-\mathrm{j}\omega u}\, \mathrm{d}u = \chi_\mathrm{x}^*(\mathrm{j}\omega) \ . \tag{2.12}$$

2.3.2 Diskrete Zufallsvariablen

Bei einem Experiment möge sich eine empirisch ermittelte Verteilungsfunktion $P_\mathrm{x}(u)$ nach Bild 2.2 ergeben haben, die man formal als

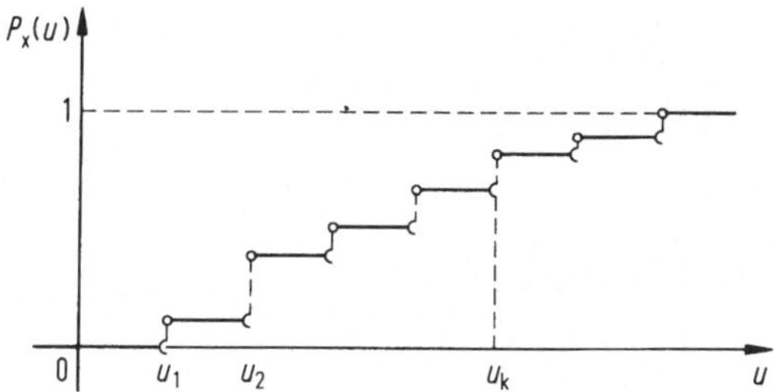

Bild 2.2. Verteilungsfunktion einer diskreten Zufallsvariablen

$$P_x(u) = \sum_v p_v \cdot 1(u - u_v) \tag{2.13}$$

anschreiben kann. Dabei sind die p_v die jeweiligen Gewichtungen an den Stellen $u = u_v$ und gleichzeitig die zugehörigen Sprunghöhen der Verteilungsfunktion $P_x(u)$. Die Dichtefunktion wird diskret und erhält unter Verwendung der Diracschen Deltafunktion die Form

$$p_x(u) = \sum_v p_v \cdot \delta(u - u_v) \,, \tag{2.14}$$

die man durch Bild 2.3 zu veranschaulichen pflegt. Damit ergibt sich auch im diskreten Fall der bekannte Zusammenhang

$$P_x(u) = \int\limits_{-\infty}^{u} p(z)\,\mathrm{d}z$$

$$= \sum_v p_v \cdot \int\limits_{-\infty}^{u} \delta(z - u_v)\,\mathrm{d}z, \quad v \text{ so,} \quad \text{daß } u_v \le u \,,$$

$$P_x(u) = \sum_v p_v \cdot 1(u - u_v) \,. \tag{2.15}$$

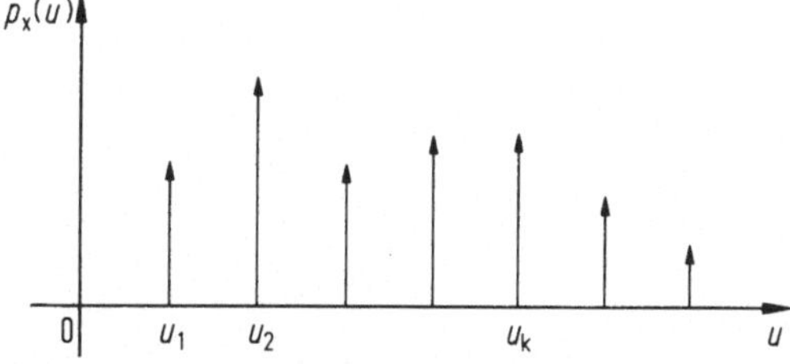

Bild 2.3. Anschauliche Darstellung der Verteilungsdichtefunktion nach Gl. (2.14)

Wenn insgesamt n diskrete Werte vorliegen, ergibt sich wieder die allgemeine Normierungseigenschaft

$$\sum_{v=1}^{n} p_v = 1 \; . \tag{2.16}$$

Der lineare Mittelwert folgt aus dem allgemeinen Ansatz

$$\mu_x = \int_{-\infty}^{+\infty} u \cdot p_x(u)\, du = \int_{-\infty}^{+\infty} u \sum_v p_v \cdot \delta(u - u_v)\, du$$

$$= \sum_v p_v \cdot \int_{-\infty}^{+\infty} u \cdot \delta(u - u_v)\, du$$

$$\mu_x = \sum_v p_v \cdot u_v \; ; \tag{2.17}$$

entsprechend findet man für die Varianz den Ausdruck

$$\sigma_x^2 = \sum_v p_v \cdot (u - \mu_x)^2 \; . \tag{2.18}$$

3 Physikalische Beispiele für Verteilungsdichten

3.1 Vorbemerkung

Die bisher zusammengestellten allgemeinen Eigenschaften von Verteilungsfunktionen und Dichtefunktionen enthalten keinen Hinweis zur konkreten Bestimmung solcher Funktionen. Für den Zugang bieten sich im Wesentlichen zwei sehr unterschiedliche Wege an:

a) Wenn man sich lediglich auf Meßergebnisse in Gestalt von Zahlenwerten abstützen kann, ohne dem Wesen eines beliebig oft beobachtbaren Phänomens oder eines unter konstanten Bedingungen wiederholbaren Versuches nachgehen zu können, macht man sich die Häufigkeitsinterpretation der Wahrscheinlichkeit zunutze: Tritt bei n Realisierungen ein Ereignis A genau k-mal auf, dann bildet man das Verhältnis

$$H_\mathrm{n}(A) = \frac{1}{n} \cdot k(A) \,, \tag{3.1}$$

die relative Häufigkeit, die im (gedachten) Grenzfall $n \to \infty$ gegen die Wahrscheinlichkeit $W(A)$ konvergieren kann (vgl. Abschn. 2.1).

b) Viele physikalische (und nicht nur solche) Größen kommen durch die Überlagerung sehr zahlreicher Elementarvorgänge im molekularen oder auch im atomaren Bereich zustande. Hier kann man versuchen, eine Phänomenbeschreibung auf dem Wege einer *Modellbildung* vorzunehmen.

Dazu sind jedoch von Fall zu Fall sehr konkrete Vorstellungen und Begründungen für das jeweilige Geschehen erforderlich: Klassisch gewordene Beispiele sind das Temperaturmodell der Wärmelehre, die Brownsche Molekularbewegung (vgl. Abschn. 13.9), der radioaktive Zerfall, Strahlungsvorgänge und dergleichen mehr. Hierbei betreibt man in erster Linie *Physik*, *Biologie* oder anderes, jedenfalls *nicht primär Statistik*; diese kommt vielmehr erst bei der Frage nach dem Zusammenwirken zahlreicher Elementarprozesse, eben den „Überlagerungsgesetzen", ins Spiel. Die folgenden Abschnitte bringen einige charakteristische Beispiele für bewährte Modellbildungen der Physik.

3.2 Der Boltzmann-Faktor
und die Maxwellsche Verteilungsdichte

Zur statistischen Modellierung des Verhaltens der Gesamtheit von N Molekülen eines idealen Gases im thermischen Gleichgewicht setzt man zunächst allgemein den sogenannten Boltzmann-Faktor

$$B = \mathrm{e}^{-E/kT}$$

an, wobei E die jeweils beteiligte Energieform, T die absolute Temperatur und $k = 1{,}38054 \cdot 10^{-23}\ J/K$ die Boltzmann-Konstante bedeuten [3].

a) Mit der potentiellen Energie $E_p = mgh$ eines Gasmoleküls der Masse m im Schwerefeld ergibt sich sofort die barometrische Höhenformel für die Teilchenzahldichte als Funktion der Höhe h:

$$n(h) = n_0 \cdot \mathrm{e}^{-mgh/kT} \ .$$

b) Zur Herleitung der Maxwellschen Geschwindigkeitsverteilungsdichte setzt man den Boltzmann-Faktor mit der kinetischen Energie $E_k = \tfrac{1}{2}mv_x^2$ für eine Geschwindigkeitskomponente v_x im Raum an:

$$p_{v_x}(u) = c_x \cdot \mathrm{e}^{-\frac{m}{2kT}u^2} \ ,$$

wobei die Konstante c_x über die Normierungseigenschaft zu bestimmen ist:

$$c_x \cdot \int_{-\infty}^{+\infty} \mathrm{e}^{-\frac{m}{2kT}u^2}\, \mathrm{d}u = 1 \ ,$$

$$c_x \cdot \sqrt{\frac{2kT}{m}} \cdot \int_{-\infty}^{+\infty} \mathrm{e}^{-z^2}\, \mathrm{d}z = 1 \ .$$

Das Integral hat den Wert $\sqrt{\pi}$, also wird die Konstante

$$c_x = \sqrt{\frac{m}{2\pi kT}} \ ,$$

und für eine der drei cartesischen Geschwindigkeitskoordinaten ergibt sich eine Gaußsche Verteilungsdichte

$$p_{v_x}(u) = \frac{1}{\sqrt{2\pi kT/m}} \cdot \mathrm{e}^{-\frac{m}{2kT}u^2} \ ,$$

auf die in Abschn. 3.7 näher eingegangen wird.

Die Anzahl $\mathrm{d}N_u$ von Molekülen, deren Geschwindigkeit in dem differentiellen Bereich $\mathrm{d}u = \mathrm{d}u_x\, \mathrm{d}u_y\, \mathrm{d}u_z$ zwischen u und $u + \mathrm{d}u$ liegt, ist gegeben durch den Ansatz

$$\mathrm{d}N_u = N \cdot p_v(u)\, \mathrm{d}u \ ,$$

wobei N die Gesamtzahl der Moleküle ist. Für das cartesische Raumelement $\mathrm{d}u$ ergibt sich das zugehörige Element $\mathrm{d}N_\mathrm{u}$ zu

$$\mathrm{d}N_\mathrm{u} = c \cdot \mathrm{e}^{-\frac{m}{2\mathrm{k}T} \cdot (u_x^2 + u_y^2 + u_z^2)} \mathrm{d}u_x \, \mathrm{d}u_y \, \mathrm{d}u_z \, ,$$

und die Dreifachintegration führt auf die Gesamtzahl

$$N = c \cdot \frac{1}{\sqrt{(m/2\mathrm{k}T)^3}} \cdot \iiint\limits_{-\infty}^{+\infty} \mathrm{e}^{-(x^2 + y^2 + z^2)} \mathrm{d}x \, \mathrm{d}y \, \mathrm{d}z \, .$$

Das Dreifachintegral hat den Wert $\sqrt{\pi^3}$, folglich liefert auch hier die Normierungseigenschaft der Verteilungsdichte die Integrationskonstante:

$$c = N \cdot \left(\frac{m}{2\pi \mathrm{k}T} \right)^{3/2} .$$

Führt man anstelle des cartesischen Raumelementes das Kugelschalenelement $4\pi u^2 \, \mathrm{d}u$ ein, so erhält man unmittelbar die gesuchte Geschwindigkeitsverteilungsdichte

$$p_\mathrm{v}(u) = \sqrt{\frac{2}{\pi}} \cdot \left(\frac{m}{\mathrm{k}T} \right)^{3/2} \cdot u^2 \cdot \mathrm{e}^{-\frac{m}{2\mathrm{k}T} u^2} . \tag{3.2}$$

Bild 3.1 zeigt zwei charakteristische Verläufe dieser Funktion für zwei Temperaturen $T_2 > T_1$ als Parameter. Die Verteilungsdichtefunktion verläuft nicht symmetrisch zu ihrem Maximum, dem wahrscheinlichsten Wert der Geschwindigkeit bei

$$u_\mathrm{m} = \sqrt{\frac{2\mathrm{k}T}{m}} \, ,$$

folglich liegt der lineare Mittelwert an einer anderen Stelle,

$$\mu_\mathrm{v} = \frac{2}{\sqrt{\pi}} \cdot \sqrt{\frac{2\mathrm{k}T}{m}} \approx 1{,}13 \, u_\mathrm{m} \, ;$$

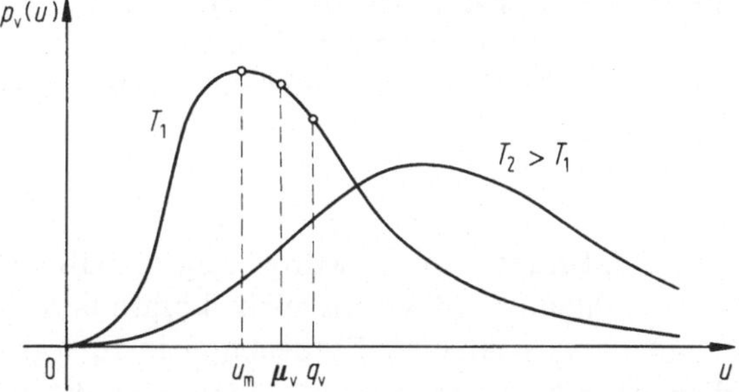

Bild 3.1. Maxwellsche Verteilungsdichte der Teilchengeschwindigkeit für zwei Temperaturen

schließlich ergibt sich die Wurzel aus dem mittleren Geschwindigkeitsquadrat zu

$$q_v = \sqrt{\frac{3}{2}} \cdot \sqrt{\frac{2kT}{m}} \approx 1{,}23\, u_m \,,$$

so daß gilt $u_m < \mu_v < q_v$.

3.3   Die spektrale Intensitätsdichte der schwarzen Strahlung

Die Strahlung von Teilchen in einem schwarzen Hohlraum zeigt eine „quasikontinuierliche" Verteilung der Intensität I über der Frequenz u. Bezeichnet man mit n_a die Teilchendichte der angeregten Atome und mit n_0 die der nicht angeregten, dann modelliert man wieder mit dem Boltzmannschen Ansatz

$$n_a(u) = n_0 \cdot e^{-hu/kT}$$

und geht von folgenden Bilanztermen aus, die auf die Raumeinheit (cm^3) bezogen sind [3]:

- Anzahl der Absorptionen: $\gamma \cdot n_0 \cdot p_I(u, T)\, du,$
- Anzahl der spontanen Emissionen: $\beta \cdot n_a,$
- Anzahl der erzwungenen Emissionen: $\gamma \cdot n_a \cdot p_I(u, T)\, du.$

Das Strahlungsgleichgewicht für Emission und Absorption lautet

$$\beta \cdot n_a + \gamma \cdot n_a \cdot p_I(u, T)\, du = \gamma \cdot n_0 \cdot p_I(u, T)\, du \,.$$

Setzt man für $n_a(u)$ den Boltzmannschen Ansatz ein, so fällt die Zahl n_0 heraus, und man erhält die Plancksche Verteilungsdichtefunktion

$$p_I(u, T) = \frac{4\pi h}{c^3} \cdot \frac{u^3}{e^{hu/kT} - 1} \quad \text{mit } \frac{\beta}{\gamma} = 4\pi h \cdot \left(\frac{u}{c}\right)^3 . \tag{3.3}$$

Für sehr niedrige Frequenzen $u \ll kT/h$ ergibt sich daraus das Strahlungsgesetz von Rayleigh und Jeans, für sehr hohe Frequenzen $u \gg kT/h$ das Wiensche Strahlungsgesetz. Beide Näherungen waren schon vor der Formulierung des umfassenden Planckschen Gesetzes bekannt und haben dessen Entdeckung gefördert. Bild 3.2 zeigt die prinzipiellen Verläufe der Intensitätsverteilungsdichte für drei verschiedene Temperaturen.

Hinweis:

Eine sehr starke Verfeinerung des Maßstabes von u würde zeigen, daß die Energie eines mit der Frequenz u strahlenden Elektrons nicht kontinuierlich emittiert wird, sondern nach Plancks entscheidender Entdeckung in Energiequanten vom Betrag $h \cdot u$, folglich ist $p_x(u, T)$ in diesem „Quantenmaßstab" nicht kontinuierlich, sondern diskret.

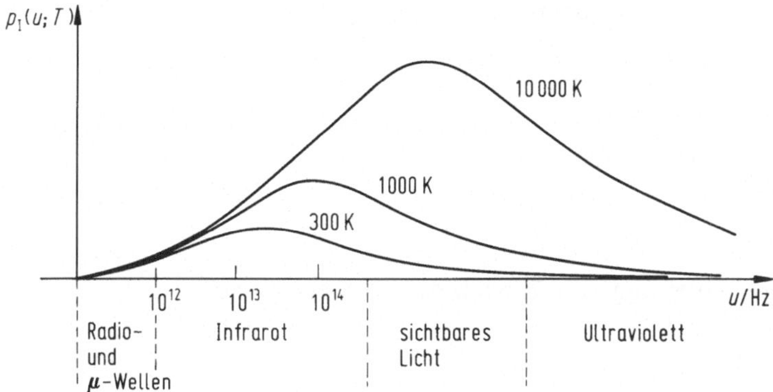

Bild 3.2. Qualitativer Verlauf der spektralen Intensitätsdichte der schwarzen Strahlung für drei Temperaturen mit groben Orientierungsangaben (nicht maßstabsgerecht)

Andererseits zeigt eine einfache Abschätzung, daß beispielsweise im Bereich des sichtbaren Lichtes bei etwa $5 \cdot 10^{14}$ Hz (dort liegt das Strahlungsmaximum der Sonne) die Energie nur ca. $3 \cdot 10^{-19}$ J beträgt. Das bedeutet: Durch die Überlagerung außerordentlich zahlreicher gequantelter Elementarprozesse entsteht ein makroskopischer Vorgang, der nur noch durch statistische Eigenschaften beschrieben wird, eben die im makroskopischen Maßstab geltende „glatte" Verteilungsdichtefunktion der Gesamtstrahlung.

3.4 Die Schrödinger-Gleichung der Wellenmechanik

Die Newtonsche Mechanik stellt Gleichungen zur Verfügung, mit denen man Ort und Impuls eines Teilchens in irgendeinem Bewegungszustand berechnen kann. In diesem Rahmen gilt der Energiesatz [4] in der Form

$$\frac{p^2}{2m} + U - E = 0 \, ,$$

wobei p den Impuls, m die Teilchenmasse, U die nur vom Ort abhängige potentielle Energie und E die Gesamtenergie bedeuten.

Schrödinger beschreibt das „Teilchen" durch eine Wellenfunktion $\Psi(x, y, z; t)$, von der im folgenden nur eine der Ortskoordinaten mitgeführt wird:

$$\Psi(x, t) = e^{j(kx - \omega t)} \, .$$

Diese Funktion ist nicht meßbar, aber über den Wahrscheinlichkeitsbegriff interpretierbar. Wir bestimmen zuvor die Differentialgleichung, der die Wellenfunktion bei Beschränkung auf nur eine Ortskoordinate genügt. Durch

Ableitung des Wellenansatzes nach der Zeit erhält man

$$\mathrm{j} \cdot \frac{\partial \Psi}{\partial t} = \omega \cdot \Psi \,,$$

und daraus die Kreisfrequenz

$$\omega = \mathrm{j} \cdot \frac{1}{\Psi} \cdot \frac{\partial \Psi}{\partial t} \,.$$

Durch zweimalige Ableitung von Ψ nach dem Ort ergibt sich

$$\frac{\partial^2 \Psi}{\partial x^2} = - k^2 \cdot \Psi \,.$$

Nun kann man den klassischen Newtonschen Ansatz in eine Beziehung für ein Teilchen mit der Energie $E = \hbar \cdot \omega$ und dem Impuls $p = \hbar \cdot k$ mit $\hbar = h/2\pi$ (h: Plancksches Wirkungsquantum) überführen: Mit dem gefundenen Ausdruck für die Kreisfrequenz wird die Gesamtenergie

$$E = \mathrm{j} \cdot \hbar \cdot \frac{1}{\Psi} \cdot \frac{\partial \Psi}{\partial t}, \quad \text{ferner gilt}$$

$$p^2 = \hbar^2 \cdot k^2 = - \hbar^2 \cdot \frac{1}{\Psi} \cdot \frac{\partial^2 \Psi}{\partial x^2} \,,$$

und durch Einsetzen in den klassischen Ansatz erhält man die Schrödinger-Gleichung für eine Ortskoordinate:

$$\frac{\hbar^2}{2m} \cdot \frac{\partial^2 \Psi}{\partial x^2} + \mathrm{j} \cdot \hbar \cdot \frac{\partial \Psi}{\partial t} = U \cdot \Psi \,. \tag{3.4}$$

Die Wellenfunktion ist weder anschaulich noch meßbar, aber ihr Betragsquadrat ist eine *Wahrscheinlichkeitsdichte* mit der Normierungseigenschaft

$$\iiint\limits_{\text{Raum } R} |\Psi|^2 \, \mathrm{d}x \, \mathrm{d}y \, \mathrm{d}z = 1 \,,$$

die besagt, daß sich mit der Wahrscheinlichkeit 1 ein Elementarteilchen im Raum R befindet. Mit Hilfe der Wellenfunktion kann man also die Wahrscheinlichkeit dafür angeben, daß sich das Teilchen in einem differentiellen Raumelement $\mathrm{d}R = \mathrm{d}x \, \mathrm{d}y \, \mathrm{d}z$ aufhält, ausgedrückt durch den Zusammenhang

$$\mathrm{d}P = |\Psi|^2 \, \mathrm{d}R \,.$$

In der Schrödingergleichung kommt der bekannte Dualismus zwischen Wellen- und Korpuskelvorstellung zum Ausdruck, den Heisenberg in Gestalt der Unschärferelationen formuliert hat:

$$\Delta x \cdot \Delta I_\mathrm{x} \geq \hbar \text{ für den Ort } x \text{ und den Impuls } I_\mathrm{x} \,,$$

$$\Delta t \cdot \Delta E_\mathrm{x} \geq \hbar \text{ für die Zeit } t \text{ und die Energie } E_\mathrm{x} \,.$$

Nach dem gegenwärtigen Stand der Erkenntnis sieht es so aus, als seien der Quantenbereich und die sogenannten chaotischen Systeme diejenigen, in denen nicht vorhersagbare – und in diesem Sinn „zufällige" – Ereignisse nicht auf irgendwelche komplizierten Kausalketten zurückführbar sind.

Zur Interpretation der Wellenfunktion:

Während die klassische Physik eine deutliche Trennung zwischen Objekt und Beobachtungsmittel (Meßvorrichtung) ermöglicht, ist ein Quantenphänomen eine nicht mehr trennbare *Ganzheit* von Quantenobjekt und Meßvorrichtung; in verallgemeinerter Formulierung wird der Beobachter Bestandteil des Systems, und die Messung verändert das Meßobjekt.

Die Wellenfunktion stellt nicht die Eigenschaft von Dingen dar, sondern sie gibt eine Voraussage über mögliche Meßergebnisse; in einer Formulierung von Heisenberg bedeutet das „Mögliche" eine „Tendenz zu einem Geschehen". Die Schrödinger-Gleichung beschreibt ein Quantenobjekt durch eine Wellenfunktion; diese gibt die Wahrscheinlichkeit dafür an, daß eine physikalische Eigenschaft nach Durchführung einer Messung einen ihrer möglichen Werte tatsächlich annimmt, d.h. die im Wahrscheinlichkeitsbegriff enthaltene Ungewißheit wird erst durch die Messung zu einer realen Aussage und somit zu einer dokumentierbaren Eigenschaft des Quantenobjektes.

Beispielsweise sei A das interessierende Quantenmerkmal, das n mögliche Werte $m_1, m_2, \ldots, m_n$ mit den Wahrscheinlichkeiten $|\Psi_1|^2, |\Psi_2|^2, \ldots, |\Psi_n|^2$ für die n Meßergebnisse annehmen kann, formal gekennzeichnet durch die zugehörige Wellenfunktion als Lösung der Schrödinger-Gleichung. Wenn nun eine Messung den möglichen Wert m_k ergibt, dann ist die *vor* der Messung geltende Wahrscheinlichkeitsverteilung $\{|\Psi_1|^2, |\Psi_2|^2, \ldots, |\Psi_n|^2\}$ entartet zu der Form $\{0, 0, \ldots, 0, 1, 0, \ldots, 0\}$ mit $|\Psi_k|^2 = 1$ *nach* der Messung: Man spricht von der „Reduktion" oder von dem „Kollabieren" der Wellenfunktion; die a priori-Wahrscheinlichkeitsverteilung der möglichen Meßergebnisse ist zusammengebrochen in die entartete Form, bestehend aus lauter Nullen und dem Zahlenwert 1 für das erhaltene Meßergebnis m_k. Das „Kollabieren" der Wellenfunktion ist kein physikalisches Ereignis im Gegenständlichen; es ist im Grunde genommen vergleichbar mit dem Aspekt des Würfelspiels, bei dem das mit einer Wahrscheinlichkeit 1/6 erwartete Eintreffen der Augenzahl 2 zu $p(2) = 1$, $p(u) = 0$, $u = 1, 3, 4, 5, 6$ führt. Die hier grob umrissene Interpretation steht auf der Grundlage der sogenannten „Kopenhagener Deutung" des Quantenbeschreibungsproblems, das entscheidend auf Bohr zurückgeht und neben anderen Deutungen derzeit am weitesten verbreitet ist. Einstein hat die Wahrscheinlichkeitsinterpretation abgelehnt; in diesem Zusammenhang schrieb er in einem Brief an Max Born 1926 den oft zitierten Ausspruch „. . . der Alte würfelt nicht" [81].

In den anschließenden beiden Abschnitten werden zwei Verteilungsdichten angegeben, die vorwiegend im technischen Bereich weite Verbreitung gefunden haben. Sie sind an keine bestimmte physikalische Modellvorstellung gebunden (was nicht ausschließt, daß es fallweise eine solche geben mag) und können deshalb durch geeignete Definition ihrer Verteilungsparameter an unterschiedliche Probleme angepaßt werden.

3.5 Die Poissonsche Verteilungsdichte

Bild 3.3 zeigt eine Musterfunktion $s(t)$ als Rechteckschwingung mit Poisson-verteilten Nulldurchgängen. Bezeichnet x die Anzahl der Nulldurchgänge in einem Zeitintervall T und λ ihre mittlere Anzahl pro Zeiteinheit, dann gilt

$$W\{x(e) = k \text{ in } T\} = \frac{(\lambda T)^k}{k!} \cdot e^{-\lambda T},$$

wobei $x(e)$ eine diskrete Zufallvariable ist, folglich hat die Verteilungsfunktion die analytische Form

$$P_x(u; T) = e^{-\lambda T} \cdot \sum_{n=0}^{\infty} \frac{(\lambda T)^n}{n!} \cdot 1(u - n),$$

dabei ist T (neben λ) ein Parameter der Verteilung. Die zugehörige Dichtefunktion erhält man entsprechend Abschn. 2.3.2 zu

$$p_x(u; T) = e^{-\lambda T} \cdot \sum_{n=0}^{\infty} \frac{(\lambda T)^n}{n!} \cdot \delta(u - n) \tag{3.5}$$

mit der in Bild 3.4 gezeigten graphischen Darstellung für einen festen Wert des Parameters T [5].

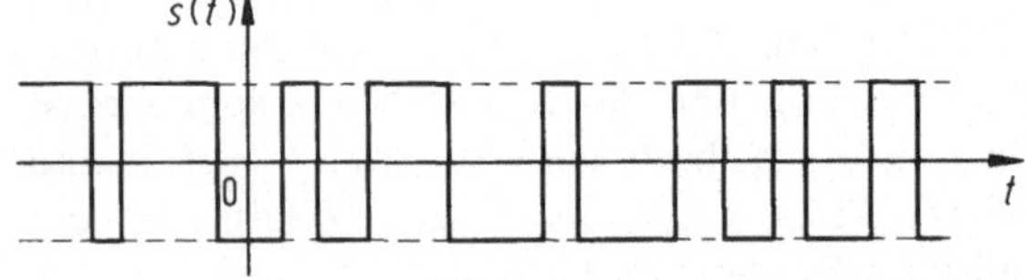

Bild 3.3. Rechteckschwingung mit Poisson-verteilten Nulldurchgängen

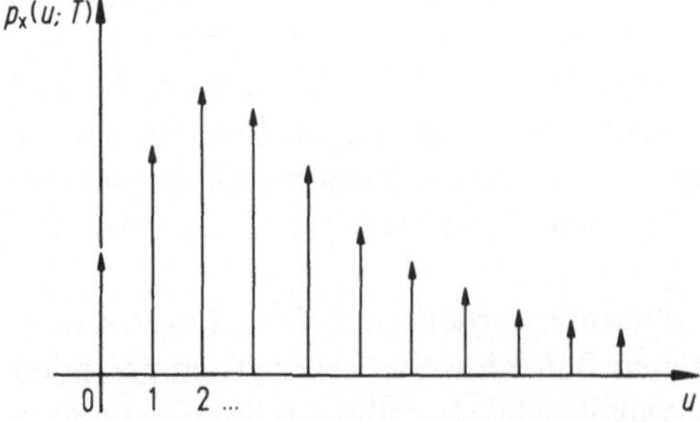

Bild 3.4. Poissonsche Verteilungsdichte für einen festen Wert des Parameters T

Den linearen Mittelwert berechnet man über den allgemeinen Ansatz

$$\mu_x = \int\limits_{-\infty}^{+\infty} u \cdot p_x(u; T)\, \mathrm{d}u$$

$$= \mathrm{e}^{-\lambda T} \cdot \sum_{n=0}^{\infty} \frac{(\lambda T)^n}{n!} \cdot \int\limits_{-\infty}^{+\infty} u \cdot \delta(u - n)\, \mathrm{d}u$$

$$= \mathrm{e}^{-\lambda T} \cdot \sum_{n=0}^{\infty} \frac{(\lambda T)^n}{n!} \cdot n$$

$$= \lambda T \cdot \mathrm{e}^{-\lambda T} \cdot \sum_{n=0}^{\infty} \frac{(\lambda T)^{n-1}}{n!} \cdot n \,,$$

$$\mu_x = \lambda T \,.$$

Durch einen entsprechenden Ansatz findet man den quadratischen Mittelwert

$$q_x^2 = (\lambda T)^2 + \lambda T \quad (\lambda T \text{ ist dimensionslos})$$

und damit die Varianz

$$\sigma_x^2 = \lambda T \,.$$

3.6 Die Gleichverteilungsdichte

Die Einführung dieser besonders einfachen Dichtefunktion kann man anhand eines sehr anschaulichen Beispiels vornehmen: Wenn feststeht, daß zwischen zwei Zeitpunkten $t_1 \triangleq u_1$ und $t_2 \triangleq u_2$ ein Telefonanruf ankommt, dann sind – ohne Zusatzinformation über den Anrufer – alle Zeitpunkte innerhalb des Intervalls $t_2 - t_1$ mit gleicher Wahrscheinlichkeit behaftet. Dies äußert sich in der Gleichverteilungsdichtefunktion $p_t(u)$ für die Anrufzeit t nach Bild 3.5 mit der einfachen analytischen Form

$$p_t(u) = \begin{cases} \dfrac{1}{t_2 - t_1} & \text{für } t_1 \leq u \leq t_2 \\[2mm] 0 & \text{sonst .} \end{cases} \tag{3.6a}$$

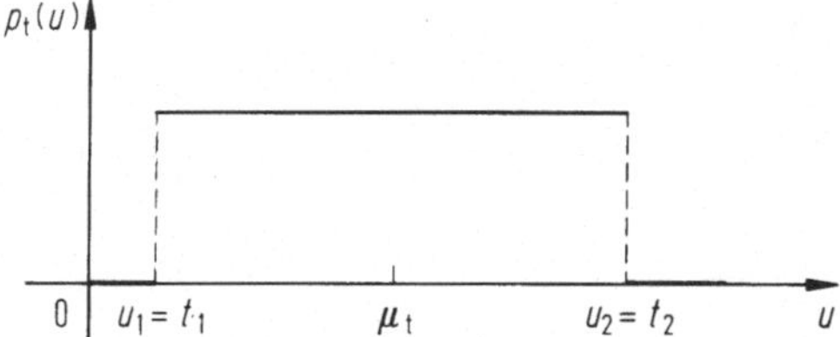

Bild 3.5. Gleichverteilungsdichte für das Intervall $u_1 \leq u \leq u_2$

Der lineare Mittelwert wird

$$\mu_t = \frac{1}{2}(t_2 - t_1)\,,$$

und der quadratische Mittelwert

$$q_t^2 = \int\limits_{t_1}^{t_2} \frac{u^2}{t_2 - t_1}\,\mathrm{d}u = \frac{1}{3}(t_1^2 + t_1 t_2 + t_2^2)\,.$$

Führt man die Substitution $\tau = \frac{1}{2}(t_2 - t_1)$ ein, so ergibt sich

$$q_t^2 = \mu_t^2 + \frac{1}{3}\tau^2\,.$$

Die in Bild 3.6 gezeigte Verteilungsfunktion hat die analytische Form

$$P_t(u) = \begin{cases} 0 & \text{für } u < t_1 \\[2mm] \dfrac{u - t_1}{t_2 - t_1} & \text{für } t_1 \le u \le t_2 \\[2mm] 1 & \text{für } u > t_2 \end{cases} \tag{3.6b}$$

Man erkennt sehr anschaulich, wie mit fortschreitender Zeit die Wahrscheinlichkeit eines Anrufs linear von 0 auf 1 zunimmt.

Hinweis:

Würde man die Situation des Anrufers in dem Zeitintervall $t_1 \dots t_2$ beliebig genau kennen, dann läge überhaupt keine Frage nach der Wahrscheinlichkeit des Anrufs vor, weil dann der Zeitpunkt des Anrufs genau bekannt wäre; man könnte sagen, hier beruhe die „Zufälligkeit" einfach auf Unkenntnis.

Schließlich sei noch ein Hinweis auf einen ganz anderen Anwendungsfall gegeben: Bei nachrichtentechnischen Problemen kommen gelegentlich Schwingungsansätze der Form

$$s(e; t) = s_0 \sin[\omega_0 t + \varphi(e)]$$

vor, wobei $\varphi(e)$ als Zufallsvariable den Phasenwinkel bedeutet, der eine Gleichverteilung über einen bestimmten Winkelbereich aufweist [6].

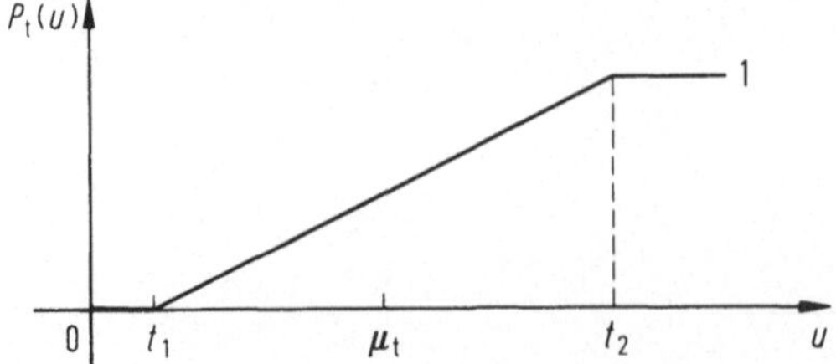

Bild 3.6. Verteilungsfunktion zur Gleichverteilungsdichte

3.7 Die Gaußsche Verteilungsdichte

Die in den voranstehenden Abschnitten vorgestellten Verteilungsdichten können die Vielfalt solcher Funktionen allenfalls nur andeuten; eine weitergehende Zusammenstellung dient nicht der Zielsetzung des vorliegenden Buches.
Stattdessen wird auf allgemeinere Gesichtspunkte hingewiesen, die nicht unbedingt an physikalisch-technische Modellvorstellungen gebunden sind; so gibt es
Verteilungsdichten, die in festen analytischen Beziehungen zueinander stehen
oder durch bestimmte Transformationen ihrer unabhängigen Variablen auseinander hervorgehen.

Andererseits gibt es Dichtefunktionen, die erst durch ein bestimmtes Grenzverhalten in andere übergehen, gelegentlich gelten solche Grenzübergänge primär für die Verteilungsfunktionen. Vor diesem Hintergrund wird abschließend
die Gaußsche Verteilungsdichte eingeführt, die schon bei der Modellbildung für
die Maxwellsche Geschwindigkeitsverteilung einer Komponente in Abschn. 3.2
aufgetaucht ist, und zwar über den Boltzmann-Faktor. Sie spielt sehr allgemein
eine dominierende Rolle bei der Überlagerung sehr zahlreicher unabhängiger
Elementarvorgänge; die analytische Formulierung hierzu wird Gegenstand des
„zentralen Grenzwertsatzes" in Abschn. 4.6 sein.

Es gibt einen weiteren Gesichtspunkt zum Hervorheben der Bedeutung der
Gauß-Verteilung, der für zahlreiche Filterprobleme von großer Wichtigkeit ist:
Wenn ein lineares zeitinvariantes System mit einem Gauß-verteilten Geräusch
angeregt wird, dann stellt sich ein Ausgangsgeräusch ein, das wiederum Gauß-
verteilt ist. Bestimmte optimal arbeitende Filter können in ihrer Wirkung nicht

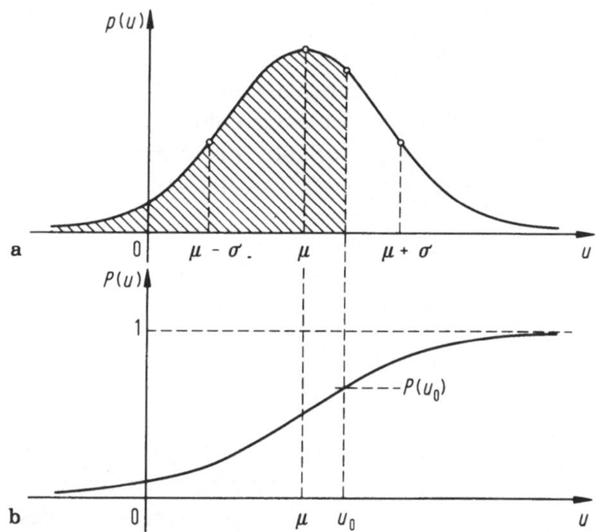

Bild 3.7. Gaußsche Verteilungsdichtefunktion (a) und zugehörige Verteilungsfunktion (b)

mehr verbessert werden – etwa durch nichtlineare Komponenten –, wenn Gaußsche Prozesse zu filtern sind, vgl. Teil III dieses Buches über Kalman-Filter.

Die zur Diskussion stehende Verteilungsdichtefunktion hat die analytische Form

$$p(u) = \frac{1}{\sqrt{2\pi}\,\sigma} \cdot \exp\left[-\frac{(u - \mu)^2}{2\sigma^2} \right] . \tag{3.7}$$

Bild 3.7a zeigt den bezüglich des linearen Mittelwertes μ symmetrischen Verlauf der Funktion; der Wert, der mit der größten Wahrscheinlichkeit vorkommt, ist offensichtlich der lineare Mittelwert μ, und an dieser Stelle hat die Verteilungsfunktion $P(u)$ ihren Wendepunkt (Teilbild b). Die Wendepunkte der Dichtefunktion liegen bei $\mu - \sigma$ und $\mu + \sigma$, ansonsten besitzen auch diese beiden Funktionen die in Abschn. 2.3.1 zusammengestellten Eigenschaften.

Den Teilbildern ist auch der Zusammenhang zwischen $p(u)$ und $P(u)$ anschaulich zu entnehmen, es gilt

$$P(u) = \frac{1}{\sqrt{2\pi}\,\sigma} \cdot \int_{-\infty}^{u} \exp\left[-\frac{(v - \mu)^2}{2\sigma^2} \right] dv . \tag{3.8}$$

Wegen der vielseitigen praktischen Bedeutung benutzt man die Gauß-Verteilungen auch in einer Form mit standardisierter Variablen $(u - \mu)/\sigma = z$; dies hat zur Folge, daß die Dichtefunktion $p(u)$ übergeht in

$$\varphi(z) = \frac{1}{\sqrt{2\pi}} \cdot \exp\left(-\frac{1}{2} z^2 \right) , \tag{3.9}$$

so daß der Mittelwert $\mu_z = 0$ und die Streuung $\sigma_z = 1$ werden. Man nennt Zufallsgrößen mit dieser Verteilungsdichte auch „normalverteilt", ein Terminus, der sich weitgehend auch für die nicht normierte Grundform der Gauß-Verteilung durchgesetzt hat. Die Normalform erlaubt die Benutzung von Tabellen für die beiden Funktionen $\varphi(z)$ und $\phi(z)$, wobei folgende Zusammenhänge gelten:

$$p(u) = \frac{1}{\sigma} \cdot \varphi(u) ,$$

$$P(u) = \phi\left(\frac{u - \mu}{\sigma} \right) .$$

Abschließend sei noch vermerkt, daß die weite Verbreitung der Gauß-Verteilung u.a. ihren Grund darin hat, daß sie sich auch dann noch als Grenzverteilung bei der Überlagerung hinreichend vieler Teilvorgänge ergibt, wenn diese je für sich keinen Gauß-Charakter besitzen. Dieser Sachverhalt ist eine Aussage des bereits erwähnten zentralen Grenzwertsatzes (s. Abschn. 4.6).

4 Verteilungen und Erwartungswerte bei zwei Zufallsvariablen

4.1 Ereignisse, Verteilungen und Verteilungsdichten

Für zwei auf demselben Ergebnisfeld definierte Ereignisse $A = \{e: x(e) \leq u\}$, $B = \{e: y(e) \leq v\}$ sei die sogenannte Verbundwahrscheinlichkeit $W(A \cap B)$ bekannt; dann definiert man die zugehörige zweidimensionale Verbundverteilungsfunktion

$$P_{x,y}(u, v) := W[\{e: x(e) \leq u\} \cap \{e: y(e) \leq v\}] \,. \tag{4.1}$$

Sie besitzt wiederum eine Reihe allgemeiner Eigenschaften und zeigt enge Verwandtschaft zu den beiden Randverteilungen $P_x(u)$ und $P_y(v)$:

a) $P_{x,y}(-\infty, -\infty) = 0$, $\quad P_{x,y}(u, -\infty) = 0$, $\quad P_{x,y}(-\infty, v) = 0$,
   d.h. wenn wenigstens eine der beiden unabhängigen Veränderlichen u, v gegen $-\infty$ geht, strebt die Verbundverteilung gegen Null.
b) $P_{x,y}(\infty, \infty) = 1$,
   die Verbundverteilungsfunktion wächst monoton in beiden Veränderlichen von 0 nach 1.
c) Aus $P_{x,y}(u, v)$ ergeben sich die beiden Randverteilungen $P_x(u) = P_{x,y}(u, \infty)$ und $P_y(v) = P_{x,y}(\infty, v)$.
d) Wenn sich die Verbundverteilung als Produkt der beiden Randverteilungen darstellen läßt, wenn also gilt

$$P_{x,y}(u, v) = P_x(u) \cdot P_y(v) \quad \text{für alle } u, v \,, \tag{4.2}$$

dann nennt man die beiden Ereignisse A, B und damit die beiden Zufallsvariablen $x(e)$ und $y(e)$ *statistisch unabhängig voneinander*; dieser Begriff wird eine zentrale Rolle spielen,

Die zugehörigen Verteilungsdichtefunktionen

Entsprechend dem eindimensionalen Fall gilt jetzt

$$p_{x,y}(u, v) = \frac{\partial^2}{\partial u \, \partial v} P_{x,y}(u, v) \,, \tag{4.3}$$

dies ist die zweidimensionale Verbundverteilungsdichte mit den folgenden allgemeinen Eigenschaften:

a) $\displaystyle P_{x,y}(u, v) = \int\limits_{-\infty}^{v} \int\limits_{-\infty}^{u} p_{x,y}(r, s)\,\mathrm{d}r\,\mathrm{d}s$

b) Für die Randverteilungsdichten gilt

$$p_x(u) = \int\limits_{-\infty}^{+\infty} p_{x,y}(u, v)\,\mathrm{d}v \qquad \text{und} \qquad p_y(v) = \int\limits_{-\infty}^{+\infty} p_{x,y}(u, v)\,\mathrm{d}u\ .$$

c) Gleichwertig zu der Aussage (4.2) gilt für statistisch unabhängige Zufallsvariablen die Produktform auch für die Dichtefunktionen:

$$p_{x,y}(u, v) = p_x(u) \cdot p_y(v)\ . \tag{4.4}$$

Die Beziehungen (4.2) und (4.4) sind notwendig und hinreichend für statistische Unabhängigkeit.

4.2 Erwartungswerte bei zwei kontinuierlichen Zufallsvariablen

In Verallgemeinerung des eindimensionalen Falles kann man den Erwartungswert für eine beliebige Funktion der beiden Zufallsvariablen bilden; für die weiteren Überlegungen sind jedoch nur bestimmte Funktionen von Interesse, zunächst die ebenfalls noch sehr allgemeine Produktform $f(x) \cdot g(y)$ mit ansonsten beliebigen Funktionen f und g. So ist der Produkterwartungswert in der Form

$$\mathscr{E}\{f[x(e)] \cdot g[y(e)]\} = \mathscr{E}\{f[x(e)]\} \cdot \mathscr{E}\{g[y(e)]\} \tag{4.5}$$

notwendig und hinreichend für die statistische Unabhängigkeit der Zufallsvariablen, wenn er für *beliebige* $f(x)$ und $g(y)$ besteht, was allerdings praktisch nicht nachvollziehbar ist. Von Bedeutung für die Anwendungen ist insbesondere der Erwartungswert einer Linearkombination der beiden Zufallsvariablen:

$$\mathscr{E}\{ax(e) + by(e)\} = a \cdot \int\limits_{-\infty}^{+\infty} u \cdot \int\limits_{-\infty}^{+\infty} p_{x,y}(u, v)\,\mathrm{d}v\,\mathrm{d}u + b \cdot \int\limits_{-\infty}^{+\infty} v \cdot \int\limits_{-\infty}^{+\infty} p_{x,y}(u, v)\,\mathrm{d}u\,\mathrm{d}v$$

$$= a \cdot \mathscr{E}\{x(e)\} + b \cdot \mathscr{E}\{y(e)\}\ . \tag{4.6}$$

Kovarianz und Korrelation

Zwei Zufallsvariablen $x(e)$ und $y(e)$, die über dem gleichen Ergebnisfeld definiert sind, können eine „statistische Verwandtschaft" miteinander besitzen, die in dem Bereich zwischen vollständiger Unabhängigkeit einerseits und deterministisch beschreibbarer Abhängigkeit andererseits zu suchen ist [6]. Als Kenngröße für diese statistische Verwandtschaft dient die Kovarianz mit der Definitionsgleichung

$$\mathrm{cov}\{x(e), y(e)\} := \mathscr{E}\{[x(e) - \mu_x] \cdot [y(e) - \mu_y]\}$$
$$= \mathscr{E}\{x(e) \cdot y(e)\} - \mu_x \mu_y \equiv \sigma_{xy}^2 \, . \tag{4.7}$$

Dazu ist der einfachste Produkterwartungswert über das Doppelintegral

$$\mathscr{E}\{x(e) \cdot y(e)\} = \int\limits_{-\infty}^{+\infty}\!\!\!\int u \cdot v \cdot p_{x,y}(u, v)\, \mathrm{d}u\, \mathrm{d}v$$

zu bilden. Wenn für zwei Zufallsvariablen

$$\mathrm{cov}\{x(e), y(e)\} = 0$$

gilt, dann nennt man sie „nicht miteinander korreliert", und es wird

$$\mathscr{E}\{x(e) \cdot y(e)\} = \mathscr{E}\{x(e)\} \cdot \mathscr{E}\{y(e)\} = \mu_x \mu_y \, . \tag{4.8}$$

Dies ist offenbar ein Sonderfall der allgemeineren statistischen Unabhängigkeit nach Gl. (4.5), d.h. zwei statistisch unabhängige Zufallsvariablen sind auch nicht miteinander korreliert. Dieser Satz ist jedoch im allgemeinen nicht umkehrbar, eine Ausnahme bilden die Gauß-verteilten Zufallsvariablen.

Für spätere Anwendungen werden noch folgende Aussagen zusammengestellt:

- Wenn $x(e)$ und $y(e)$ nicht miteinander korreliert sind und wenigstens einer der beiden linearen Mittelwerte μ_x, μ_y gleich Null ist, dann folgt aus Gl. (4.7)

$$\mathscr{E}\{x(e) \cdot y(e)\} = 0 \, ,$$

und die beiden Zufallsvariablen heißen „orthogonal" zueinander.
- Auch für den Korrelationsbegriff gibt es eine normierte Form: Man nennt

$$\rho = \frac{1}{\sigma_x \sigma_y} \cdot \mathrm{cov}\{x(e), y(e)\} = \frac{\sigma_{xy}^2}{\sigma_x \sigma_y} \tag{4.9}$$

den „Korrelationskoeffizienten", dessen Zahlenwerte durch die Normierung auf das Produkt der Streuungen nur im Bereich $-1 \leq \rho \leq +1$ liegen.
- Für verschiedene Anwendungen interessiert noch die Varianz der Linearkombination $ax(e) + by(e)$ zweier mittelwertfreier Zufallsvariablen, die miteinander korreliert sind; die einfache Berechnung der zugehörigen Erwartungswerte führt auf

$$\mathscr{E}\{[ax(e) + by(e)]^2\} = a^2 \sigma_x^2 + b^2 \sigma_y^2 + 2ab\rho\sigma_x\sigma_y \, , \tag{4.10}$$

wobei ρ das Maß für die Korrelation darstellt: Bei „unkorrelierten" Zufallsvariablen wird die Varianz der Summe gleich der Summe der Einzelvarianzen.

In diesem Zusammenhang interessiert noch die Verteilungsdichtefunktion für die Linearkombination $z(e) = ax(e) + by(e)$ unter der vereinfachenden

Voraussetzung, daß $x(e)$ und $y(e)$ nicht miteinander korreliert sind. Eine einfache Zwischenrechnung [6] führt auf folgenden Zusammenhang zwischen den Dichtefunktionen $p_x(u)$, $p_y(v)$ und dem gesuchten $p_z(u)$:

$$p_z(u) = \frac{1}{a} \cdot \int\limits_{-\infty}^{+\infty} p_x\left[\frac{1}{a}\cdot(u - bv)\right] \cdot p_y(v)\, dv \; ,$$

für den Fall $a = b = 1$ ergibt sich hieraus die Faltungsbeziehung

$$p_z(u) = \int\limits_{-\infty}^{+\infty} p_x(u - v)\cdot p_y(v)\, dv \; .$$

Für Gauß-verteilte Zufallsvariablen findet man

$$p_z(u) = \frac{1}{\sqrt{2\pi(\sigma_x^2 + \sigma_y^2)}} \cdot \exp\left\{-\frac{u^2}{2(\sigma_x^2 + \sigma_y^2)}\right\} , \tag{4.11}$$

also wieder eine Gauß-Verteilungsdichte mit der Summenstreuung

$$\sigma_z = \sqrt{\sigma_x^2 + \sigma_y^2} \; .$$

- Wenn zwischen zwei Zufallsvariablen der Zusammenhang $y(e) = \lambda \cdot x(e)$ mit $\mu_x = 0$ besteht, dann kann man den Proportionalitätsfaktor mit Hilfe der Gl. (4.9) bestimmen:

$$\mathscr{E}\{x(e)\cdot y(e)\} = \lambda\cdot\mathscr{E}\{x^2(e)\}$$

$$\rho\cdot\sigma_x\sigma_y = \lambda\cdot\sigma_x^2$$

$$\lambda = \rho\cdot\frac{\sigma_y}{\sigma_x} \; . \tag{4.12}$$

Der proportionale Zusammenhang zwischen $x(e)$ und $y(e)$ äußert sich also erwartungsgemäß darin, daß das zunächst unbestimmt angesetzte λ gleich dem bekannten „Regressionskoeffizienten" r wird [6]:

$$\lambda = \rho\cdot\frac{\sigma_y}{\sigma_x} = \frac{\sigma_{xy}^2}{\sigma_x^2} = r \; .$$

4.3 Die Gaußsche Verbundverteilungsdichte

Vorweg sei erwähnt, daß es gemessen an der Vielzahl von physikalischen und sonstigen Zufallsvariablen, die über gewisse Systemeigenschaften miteinander korreliert sind, nur sehr wenige analytisch formulierbare Verbundverteilungsdichten gibt. Auch hier ist jedoch die Gaußsche Funktion wohl die wichtigste;

sie hat die analytisch sehr übersichtliche Form

$$p_{x,y}(u, v) = \frac{1}{2\pi\sigma_x\sigma_y \cdot \sqrt{1 - \rho^2}} \cdot$$

$$\cdot \exp\left\{-\frac{1}{2(1 - \rho^2)} \cdot \left[\left(\frac{u - \mu_x}{\sigma_x}\right)^2 + \left(\frac{v - \mu_y}{\sigma_y}\right)^2 \right.\right.$$

$$\left.\left. - 2\rho\frac{u - \mu_x}{\sigma_x} \cdot \frac{v - \mu_y}{\sigma_y}\right]\right\} \tag{4.13}$$

Man erkennt leicht den Fall nicht miteinander korrelierter Zufallsvariablen für $\rho = 0$ mit der Konsequenz

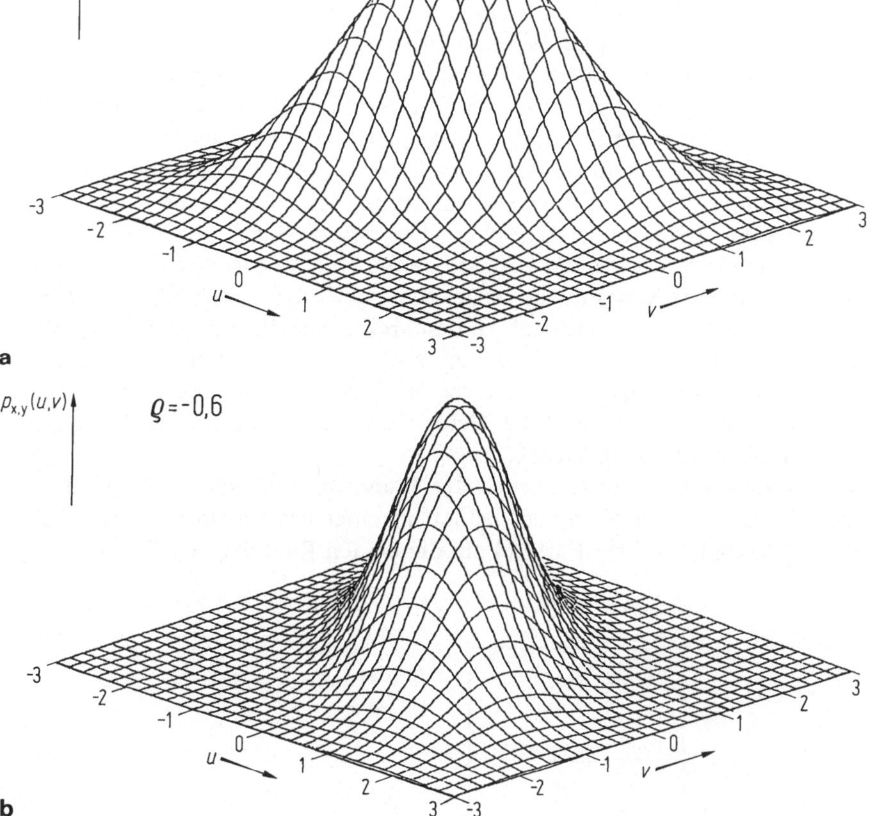

Bild 4.1. Gaußsche Verbundverteilungsdichtefunktionen für $\mu_x = \mu_y = 0$, $\sigma_x = \sigma_y = 1$, **a** für $\rho = 0{,}6$, **b** für $\rho = -0{,}6$

$$p_{x,y}(u, v) = p_x(u) \cdot p_y(v) \, ,$$

und dies besagt, wie bereits angedeutet: Wenn zwei Gauß-verteilte Zufallsvariablen nicht miteinander korreliert sind, dann sind sie auch statistisch unabhängig voneinander. Die Bilder 4.1a und b zeigen die zweidimensionalen Verbundverteilungsdichten für die Fälle $\rho = 0,6$ und $\rho = -0,6$.

4.4 Wahrscheinlichkeit und Entropie

Im historischen Rückblick gibt es zwei große physikalische Bereiche, in denen der Wahrscheinlichkeitsbegriff fundamentale Bedeutung erlangt hat: Die Wärmelehre und die Quantenphysik. Nachdem in Abschn. 3.4 die Schrödinger-Gleichung und die Wahrscheinlichkeitsinterpretation der Wellenfunktion behandelt worden sind, wird im folgenden der Zusammenhang zwischen dem „Gewicht" w eines Zustandes und der Entropie hergestellt.

Die Entwicklung der Wärmelehre hat gezeigt, daß Zustandsgrößen von Wärmesystemen wie Temperatur, Entropie u.s.w. Mittelwerte repräsentieren, die durch Überlagerung und Wechselwirkung sehr zahlreicher Vorgänge im Mikrobereich zustandekommen. Obgleich der Temperaturbegriff allgemein der geläufigere von beiden ist, hat doch die Entropie die grundlegendere Bedeutung [4]: Die Temperaturdefinition ist ursprünglich auf *Gleichgewichtszustände* beschränkt, die Entropie kennzeichnet *Ausgleichsvorgänge* und legt bei irreversiblen Prozessen die zeitliche Entwicklungsrichtung fest, über die der I. Hauptsatz nichts aussagt. In ihrer statistischen Definition spielt die Entropie eine Schlüsselrolle für das Auftreten von Schwankungen als Grundphänomenen für selbstorganisierende Systeme, die in der Synergetik behandelt werden [7, 8].

Wir behandeln einen statistisch zu beschreibenden Vorgang am Beispiel der irreversiblen Diffusion zweier Gase ineinander, die durch von außen erzwungene Anfangsbedingungen in den zwei Hälften eines Behälters voneinander getrennt gehalten werden, Bild 4.2. Beide Gase haben die gleiche Temperatur und stehen unter gleichem Druck.

Unmittelbar nach dem Entfernen der Trennwand befinden sich beide Gase in einem gemeinsamen Volumen, jedoch in einer extrem unwahrscheinlichen (Anfangs-) Verteilung ihrer Partikel auf die beiden Raumhälften. Die Folge ist

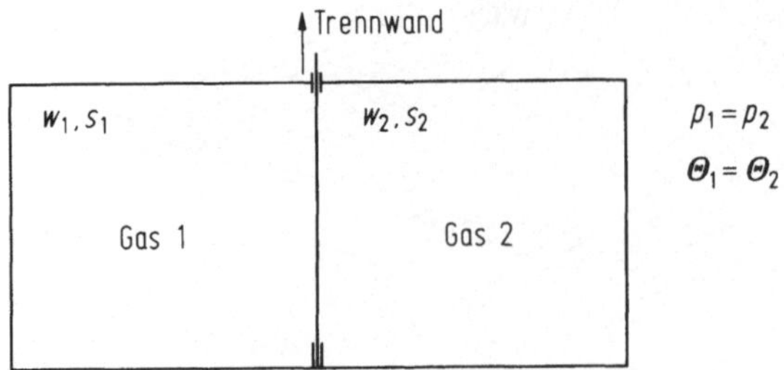

Bild 4.2. Ausgangssituation zur Diffusion zweier Gase

das Einsetzen eines Diffusionsvorganges, der die unwahrscheinliche Anfangs-
verteilung der Gaspartikeln abbaut und über eine Folge von wahrscheinlicheren
Zwischenzuständen in ein statistisches Gleichgewicht führt, in welchem beide
Gase über den gesamten Behälterraum gleichverteilt sind. Dies schließt nicht
aus, daß sich vorübergehende lokale Abweichungen von diesem Zustand bilden.
Technisch gesehen würde das Gesamtsystem durchaus nicht „gleichmäßig" vom
Anfangszustand in seinen neuen Gleichgewichtszustand übergehen, sondern
recht komplizierte Zwischenstadien durchlaufen; dieses Problem zeigt sich in
der Praxis sehr deutlich, wenn Gase miteinander durchmischt werden sollen.

Eine analytische Behandlung der Diffusion wird an dieser Stelle auf die
Charakterisierung des neuen Gleichgewichtszustandes beschränkt. Den dynamischen Übergangsprozeß versuchte schon Boltzmann zu beschreiben in seinem
Bemühen, die damals bekannte Wärmelehre im Sinne einer „Thermostatik" in
eine „Thermodynamik" zu verallgemeinern [9]; auf Diffusionsvorgänge wird in
allgemeinerem Zusammenhang mit Ausbreitungsgleichungen in den Kapiteln
13 und 14 eingegangen.

Die Systembeschreibung geht aus von der Charakterisierung der noch
getrennten Gase durch zwei nicht normierte Zahlen w_1 und w_2 im Sinne von
Gewichten ihrer Zustände (das sind jeweils die Anzahlen der Komplexionen von
Mikrozuständen, die zu dem gleichen makroskopischen Zustand führen), ferner
durch ihre Einzelentropien S_1 und S_2 vor dem Entfernen der Trennwand.
Wegen der gegenseitigen Unabhängigkeit der beiden Teilsysteme ist das Gewicht w des Gesamtsystems gegeben durch das Produkt $w = w_1 \cdot w_2$, während
die Gesamtentropie S aus der Summe der Einzelentropien besteht, $S = S_1 + S_2$.
Im folgenden soll nun die Entropie des Systems in seinem neuen Gleichgewichtszustand durch das thermodynamische Gewicht w ausgedrückt werden. Dazu
wird eine Funktion f gesucht, welche die Funktionalgleichung

$$f(w_1 \cdot w_2) = f(w_1) + f(w_2)$$

erfüllt. Bis auf eine Konstante kann man hier schon einen logarithmischen
Zusammenhang anschreiben; wegen der allgemeineren Bedeutung wird jedoch
der Weg über die Bestimmung von f durch eine Differentialgleichung angegeben. Dazu setze man

$$w_1 \cdot w_2 = u, \qquad \text{folglich wird } \frac{\partial u}{\partial w_1} = w_2, \qquad \frac{\partial u}{\partial w_2} = w_1 \,,$$

und man differenziere die Funktionalgleichung nach w_1, anschließend nach w_2:

$$f(u) = f(w_1) + f(w_2) \left.\right|\; \frac{\partial}{\partial w_1}$$

$$\frac{\mathrm{d}f}{\mathrm{d}u} \cdot \frac{\partial u}{\partial w_1} = \frac{\mathrm{d}f}{\mathrm{d}w_1} \left.\right|\; \frac{\partial}{\partial w_2}$$

$$\frac{\mathrm{d}^2 f}{\mathrm{d}u^2} \cdot \frac{\partial u}{\partial w_2} \cdot \frac{\partial u}{\partial w_1} + \frac{\mathrm{d}f}{\mathrm{d}u} \cdot \frac{\partial}{\partial w_2} \left\{ \frac{\partial u}{\partial w_1} \right\} = 0 \,.$$

Andererseits gilt

$$\frac{\partial u}{\partial w_1} \cdot \frac{\partial u}{\partial w_2} = w_1 w_2 = u, \qquad \text{und} \qquad \text{mit} \; \frac{\partial}{w_2} \left\{ \frac{\partial u}{\partial w_1} \right\} = 1$$

erhält man für die gesuchte Funktion die nichtlineare Differentialgleichung zweiter Ordnung

$$u \cdot \frac{\mathrm{d}^2 f}{\mathrm{d}u^2} + \frac{\mathrm{d}f}{\mathrm{d}u} = 0 \; .$$

Mit der Substitution $\dfrac{\mathrm{d}f}{\mathrm{d}u} = g(u)$ erhält man durch Trennung der Veränderlichen die Lösung $f(u)$ und damit

$$S(w) = \mathrm{k} \cdot \ln w$$

für die Entropie des neuen Gleichgewichtszustandes (vgl. Abschn. 14); eine physikalische Zusatzbetrachtung zeigt, daß k die Boltzmannkonstante $\mathrm{k} = 1{,}38 \cdot 10^{-23} \, J/K$ ist.

4.5   Bedingte Wahrscheinlichkeiten und ihre Verteilungen

Alle analytisch formulierbaren Wahrscheinlichkeiten als Aussagen über Möglichkeiten sind an Bedingungen geknüpft [2]. Der Terminus „bedingte Wahrscheinlichkeit" ist jedoch vorbehalten für Fälle, in welchen eine oder mehrere der immer vorhandenen Bedingungen explizit in die analytische Formulierung der betreffenden Wahrscheinlichkeit und damit der Verteilungsfunktion eingehen.

Damit wird kein neuer Wahrscheinlichkeitsbegriff eingeführt, und das bedeutet, daß die nachfolgend definierten Verteilungsfunktionen und ihre Dichtefunktionen alle bekannten Eigenschaften dieser Funktionen besitzen, vgl. Abschn. 2.3 und 4.1. Die Ausgangsbasis für die Definition der bedingten Wahrscheinlichkeit bilden zwei Ereignisse A, B, die auf dem Ergebnisfeld E definiert sind, und denen die Wahrscheinlichkeiten $W(A)$, $W(B)$ sowie die Verbundwahrscheinlichkeit $W(A \cap B)$ zugeordnet sind. Die Wahrscheinlichkeit des Eintretens von A unter der Bedingung, daß B mit der Wahrscheinlichkeit $W(B)$ eintritt, wird gegeben durch die bedingte Wahrscheinlichkeit

$$W(A \,|\, B) = \frac{1}{W(B)} \cdot W(A \cap B) \,, \tag{4.14a}$$

und durch formales Vertauschen von A und B wird entsprechend

$$W(B \,|\, A) = \frac{1}{W(A)} \cdot W(A \cap B) \,. \tag{4.14b}$$

Diese unanschaulichen Definitionen lassen sich gut plausibel machen. Zunächst führt die Annahme statistisch unabhängiger Ereignisse A, B mit

$W(A \cap B) = W(A) \cdot W(B)$ auf die vertrauten Ergebnisse

$$W(A \,|\, B) = W(A) \qquad \text{und} \qquad W(B \,|\, A) = W(B) \,,$$

die besagen, daß jeweils B bzw. A gar keinen Bedingungscharakter besitzen. Die Bedeutung der Quotientenbildung in Gl. (4.14a) und (4.14b) kann man über den Begriff der *relativen Häufigkeiten* einsichtig machen:

In einem Experiment sollen insgesamt n mögliche, gleichwahrscheinliche Ereignisse zugelassen sein, und zwar

- in k Fällen das Ereignis A,
- in l Fällen das Ereignis B,
- in m Fällen das Doppelereignis $(A \cap B)$, d.h. sowohl A als auch B.

Gesucht ist die relative Häufigkeit für das Eintreten von A unter der Bedingung, daß B mit der relativen Häufigkeit

$$H_n(B) = \frac{l(B)}{n}$$

eintritt. In sinngemäßer Bezeichnung gilt dann

$$H_n(A) = \frac{k(A)}{n} \qquad \text{und} \qquad H_n(A \cap B) = \frac{m(A, B)}{n} \,.$$

Bezeichnet man die gesuchte bedingte relative Häufigkeit mit $H_1(A \,|\, B)$, so braucht man nur zu beachten, daß die gestellte Bedingung die Zahl der möglichen Fälle auf l einschränkt; unter diesen gibt es noch m Fälle, in denen das Ereignis A eintritt, folglich wird

$$H_1(A \,|\, B) = \frac{m(A, B)}{l} \,,$$

und durch Erweitern mit $\dfrac{1}{n}$ ergibt sich der Zusammenhang

$$\frac{m}{l} = \frac{m/n}{l/n} \text{ oder}$$

$$H_1(A \,|\, B) = \frac{H_n(A \cap B)}{H_n(B)} \,,$$

womit eine Beziehung zwischen den drei relativen Häufigkeiten hergestellt ist. Durch formales Vertauschen von A und B ergibt die gleiche Überlegung den entsprechenden Ausdruck für $H_k(B \,|\, A)$.

Die Betonung des *Plausibilitätscharakters* dieser Zusatzüberlegung erfolgt, weil die relative Häufigkeit nicht zur allgemeinen Definition der Wahrscheinlichkeit herangezogen werden kann, was v. Mises sich ursprünglich erhoffte. Man muß allerdings darauf hinweisen, daß die Funktionen $H_n(.)$ die Axiome von Kolmogoroff erfüllen, und daß es Fälle gibt, in welchen $H_n(.)$ für $n \to \infty$ gegen die Wahrscheinlichkeit der betreffenden Ereignisse konvergiert.

Diese Zusatzüberlegung weist noch auf folgendes hin: Die Zulassung des Wertebereichs $0 \ldots 1$ für die Wahrscheinlichkeiten $W(A)$, $W(B)$ und $W(A|B)$, $W(B|A)$ hat eine Bereichseinschränkung für die Verbundwahrscheinlichkeit $W(A \cap B)$ zur Folge; ließe man dies außer Acht, so würden sich nicht erlaubte Werte >1 für die bedingten Wahrscheinlichkeiten ergeben. Für sie gelten die Axiome von Kolmogoroff in der Form

- $W(A|B) \geq 0$
- $W(S|B) = 1$
- $W(A_1 \cup A_2 \cup \ldots |B) = W(A_1|B) + W(A_2|B) + \ldots$ für disjunkte Ereignisse $A_1, A_2, \ldots$.

Im folgenden werden Aussagen zusammengestellt, die sich mit Hilfe bedingter Wahrscheinlichkeiten formulieren lassen und auf die in den Anwendungen zurückgegriffen wird.

Die beiden Ergebnisse (4.14a) und (4.14b) faßt man zusammen zu dem „Multiplikationssatz" für das gemeinsame Eintreten von A und B:

$$W(A \cap B) = W(A) \cdot W(B|A) = W(B) \cdot W(A|B) \tag{4.15}$$

mit der folgenden Verallgemeinerung: Wenn das Eintreten des Ereignisses A unter zwei sich gegenseitig ausschließenden Bedingungen B_1 und B_2 mit den bedingten Wahrscheinlichkeiten $W(A|B_1)$, $W(A|B_2)$ möglich ist, dann gilt der „Satz von der totalen Wahrschejnlichkeit":

$$W(A) = W(B_1) \cdot W(A|B_1) + W(B_2) \cdot W(A|B_2) . \tag{4.16}$$

Dieser Satz spielt eine wichtige Rolle bei der statistischen Modellierung von physikalischen Ausbreitungsvorgängen.

Wenn die beiden Ereignisse A, B einander ausschließen, dann wird $W(A \cap B) = 0$, folglich sind auch die beiden bedingten Wahrscheinlichkeiten $W(A|B)$ und $W(B|A)$ gleich Null, wobei $W(A) \neq 0$ und $W(B) \neq 0$ angenommen ist.

Auch bei gegebenen bedingten Wahrscheinlichkeiten arbeitet man vorzugsweise mit den zugehörigen Verteilungsfunktionen; so gehen mit der Definition

$$P_{x|y}(u|v) := W(\{e: x(e) \leq u\} | \{e: y(e) \leq v\})$$

die Gl. (4.14a) und (4.14b) über in

$$P_{x|y}(u|v) = \frac{P_{x,y}(u, v)}{P_y(v)} , \tag{4.17a}$$

$$P_{y|x}(v|u) = \frac{P_{x,y}(u, v)}{P_x(u)} . \tag{4.17b}$$

Durch einen geeigneten Grenzübergang [5] läßt sich zeigen, daß die Bedingung bei kontinuierlichen Variablen auch die Form $B: \{y(e) = v\}$ bzw. $A: \{x(e) = u\}$ haben darf. Für die bedingten Verteilungsdichtefunktionen erhält man

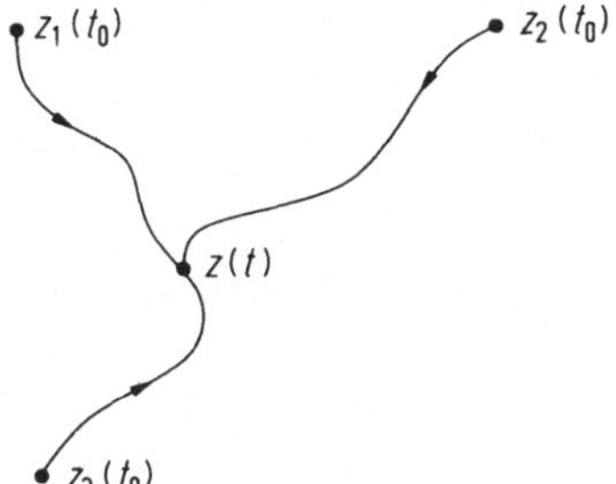

Bild 4.3. Zur Beschreibung der Bewegung eines Teilchens durch bedingte Wahrscheinlichkeiten

$$p_{x|y}(u \mid v) = \frac{p_{x,y}(u, v)}{p_y(v)} \, , \tag{4.18a}$$

$$p_{y|x}(v \mid u) = \frac{p_{x,y}(u, v)}{p_x(u)} \, . \tag{4.18b}$$

Das Bild 4.3 veranschaulicht einen typischen Anwendungsfall: Zur Beschreibung der Wahrscheinlichkeit, daß sich ein Teilchen eines Gases zum Zeitpunkt t an einem Ort $z(t)$ befindet unter der Bedingung, daß es sich zur Zeit t_0 an einem Ort $z_i(t_0)$ aufgehalten hat, benutzt man die bedingte Verteilungsdichtefunktion in der modifizierten Schreibweise

$$p_{z|z_i}[u(t) \mid z_i(t_0)] = p(z, t \mid z_i, t_0) \, .$$

Mit Hilfe der bedingten Verteilungsdichtefunktionen lassen sich in gewohnter Weise Erwartungswerte bilden. Im Hinblick auf die Verwendung bei der Gewinnung optimaler Schätzwerte (Abschn. 15.2) interessiert der bedingte Erwartungswert von $y(e)$ unter der Bedingung $x(e) = u$, formal geschrieben als

$$\mathscr{E}\{y(e) \mid x(e) = u\} = \int\limits_{-\infty}^{+\infty} v \cdot p_y(v \mid x(e) = u)\,\mathrm{d}v = f(u) \, , \tag{4.19}$$

dieser Erwartungswert ist also eine Funktion von u. Zwischen dem gewöhnlichen und dem bedingten Erwartungswert besteht ein übersichtlicher Zusammenhang, der anschließend entwickelt wird. Man ersetzt in der Definitionsgleichung

$$\mu_x = \int\limits_{-\infty}^{+\infty} u \cdot p_x(u)\,\mathrm{d}u$$

die Verteilungsdichtefunktion durch die Randverteilungsdichte der Verbundverteilungsdichte,

$$p_x(u) = \int\limits_{-\infty}^{+\infty} p_{x,y}(u, v)\,\mathrm{d}v$$

und erhält mit Gl. (4.18a) zunächst

$$\mu_x = \iint\limits_{-\infty}^{+\infty} u \cdot p_{x|y}(u|v)\,du \cdot p_y(v)\,dv \; .$$

Das Integral über u ist der bedingte Erwartungswert $\mu_{x|y}(v)$ als Funktion von v, folglich besteht der Zusammenhang

$$\mu_x = \int\limits_{-\infty}^{+\infty} \mu_{x|y}(v) p_y(v)\,dv \; .$$

Beispiel: Die bedingte Gauß-Verteilungsdichte

Aus dem allgemeinen Zusammenhang nach Gl. (4.18b)

$$p_{y|x}(v|u) = \frac{1}{p_x(u)} \cdot p_{x,y}(u, v)$$

findet man durch Einsetzen der Gaußschen Verbundverteilungsdichtefunktion und der Randfunktion nach einfacher Zwischenrechnung

$$p_{y|x}(v|u) = \frac{1}{\sigma_y \cdot \sqrt{2\pi(1-\rho^2)}} \cdot \exp\left\{ -\frac{1}{2\sigma_y^2(1-\rho^2)} \cdot \left[v - \mu_y - \frac{\sigma_y}{\sigma_x} \cdot (u-\mu_x) \right]^2 \right\}$$

$$(4.20)$$

mit dem bedingten Erwartungswert als Funktion von u:

$$\mathscr{E}\{ y(e)\,|\,x(e)=u \} = \mu_y + \rho \cdot \frac{\sigma_y}{\sigma_x} \cdot (u-\mu_x)$$

$$\rightarrow \rho \cdot \frac{\sigma_y}{\sigma_x} \cdot u \quad \text{für } \mu_x = 0 \quad \text{und} \quad \mu_y = 0 \; . \tag{4.21}$$

Der quadratische Mittelwert ergibt sich zu

$$\mathscr{E}\{ y^2(e)\,|\,x(e)=u \} = \sigma_y^2 \cdot (1-\rho^2) + \left(\rho \cdot \frac{\sigma_y}{\sigma_x} \right)^2 \cdot u^2 \; , \tag{4.22}$$

ebenfalls als Funktion von u. Der allgemein gültige Zusammenhang zwischen Varianz, quadratischem- und linearem Mittelwert führt für $\mu_y = 0$, $\mu_x = 0$ auf

$$\sigma_{y|x}^2 = \sigma_y^2 \cdot (1-\rho^2) \; ,$$

unabhängig von u. Schließlich kann man über den bedingten Erwartungswert sehr einfach den *Produkterwartungswert* berechnen, der zur Verbundverteilungsdichte gehört:

$$\mathscr{E}\{ x(e) \cdot y(e) \} = \iint\limits_{-\infty}^{+\infty} uv\, p_{x,y}(u, v)\,du\,dv$$

$$= \int\limits_{-\infty}^{+\infty} u\,p_x(u) \cdot \int\limits_{-\infty}^{+\infty} v\,p_y(v|u)\,dv\,du \; ,$$

und mit

$$\int\limits_{-\infty}^{+\infty} v\, p_y(v\,|\,u)\, \mathrm{d}v = \mathscr{E}\{y(e)\,|\,x(e) = u\} = \rho \cdot \frac{\sigma_y}{\sigma_x} \cdot u$$

aus Gl. (4.21) erhält man

$$\mathscr{E}\{x(e) \cdot y(e)\} = \rho \cdot \frac{\sigma_y}{\sigma_x} \cdot \int\limits_{-\infty}^{+\infty} u^2\, p_x(u)\, \mathrm{d}u = \rho \cdot \frac{\sigma_y}{\sigma_x} \cdot \mathscr{E}\{x^2(e)\} = \rho\sigma_x\sigma_y \ .$$

4.6　Einige Ergebnisse für n Zufallsvariablen. Der zentrale Grenzwertsatz

Spätestens bei der Verallgemeinerung der bisherigen Aussagen über skalare Zufallsvariablen auf Zufallsvektoren benötigt man die Ergebnisse für die Fälle, in denen mehrere Zufallsvariablen $x_1(e), x_2(e), \ldots, x_n(e)$ im Spiel sind. Dazu werden zunächst die folgenden Angaben gemacht:

- *Statistische Unabhängigkeit:*
  Gegeben seien n Zufallsvariablen $x_1(e), x_2(e), \ldots, x_n(e)$; diese sind genau dann statistisch unabhängig voneinander, wenn für die n-dimensionale Verteilungsfunktion gilt:

$$P_{x_1 \ldots x_n}(u_1, \ldots, u_n) = P_{x_1}(u_1) \cdot P_{x_2}(u_2) \cdot \ldots \cdot P_{x_n}(u_n)$$

  und damit die zugehörige Produktform auch für die Verteilungsdichtefunktion. Eine unmittelbare Konsequenz daraus besagt, daß

$$\mathscr{E}\{x_1(e) \cdot x_2(e) \cdot \ldots \cdot x_n(e)\} = \mu_{x_1} \cdot \mu_{x_2} \cdot \ldots \cdot \mu_{x_n}$$

  wird, daß also die n Zufallsvariablen *nicht miteinander korreliert* sind. Mit diesen Grundlagen lassen sich besonders übersichtliche Aussagen treffen über die

- *Summe von n Zufallsvariablen:* $z(e) = x_1(e) + x_2(e) + \ldots + x_n(e)$:
  a) Ohne zusätzliche Annahmen folgt für den linearen Mittelwert

$$\mu_z = \mu_1 + \mu_2 + \ldots + \mu_n \ .$$

  b) Wenn die Zufallsvariablen nicht miteinander korreliert sind, dann gilt zusätzlich für die Varianzen:

$$\sigma_z^2 = \sigma_1^2 + \sigma_2^2 + \ldots + \sigma_n^2 \ .$$

  c) Die weitergehende Voraussetzung der *statistischen Unabhängigkeit* führt zu einer dritten Eigenschaft:

$$p_z(u) = p_{x_1}(u) * p_{x_2}(u) * \ldots * p_{x_n}(u) \ .$$

Diese letzte Aussage bedeutet eine Verallgemeinerung der Faltungsbeziehung für die Verteilungsdichtefunktion der Summe zweier Zufallsvariablen (Abschn. 4.2). Es folgt ferner die Aussage: Wenn jede der n Variablen Gauß-verteilt ist, dann gilt dies auch für die Summe $z(e)$.

- *Der zentrale Grenzwertsatz*

Die n-fache Faltung zur Berechnung der Verteilungsdichte der Summe $z(e)$ läßt die Frage aufkommen, ob man unter gewissen Bedingungen die Annahme Gauß-verteilter Zufallsvariablen $x_i(e)$ fallen lassen kann und welche Verteilung sich dann einstellt.

Die Formulierung dieser Frage enthält schon einen ersten Hinweis: Der Verzicht auf Gauß-verteilte Zufallsvariablen $x_i(e)$ führt zu einer allgemeineren Aussage über die Wahrscheinlichkeitsverteilung $P_z(u)$ und nur mit gewissen Einschränkungen (auf kontinuierliche Variablen) auch über die Verteilungsdichte:

Gegeben seien n Zufallsvariablen $x_1(e), x_2(e), \ldots, x_n(e)$ mit beliebigen Verteilungen $P_{x_1}(u), P_{x_2}(u), \ldots, P_{x_n}(u)$ und linearen Mittelwerten μ_v sowie Varianzen σ_v^2. Unter den hinreichenden Bedingungen

$$\sigma_v^2 \geq \alpha > 0,$$

$$\mathscr{E}\{|x_v(e) - \mu_v|^3\} \leq \beta < \infty$$

ist die Zufallsvariable

$$z(e) := \frac{1}{\sqrt{\sum\limits_{v=1}^{n} \sigma_v^2}} \cdot \sum\limits_{v=1}^{n} [x_v(e) - \mu_v] \quad \text{für } n \to \infty$$

asymptotisch normalverteilt mit $\mu_z \to 0$ und $\sigma_z \to 1$.

Diese Grenzeigenschaft ist ein Grund für das häufige Vorkommen der Gauß-Verteilung in der Natur bzw. für die Modellierbarkeit zahlreicher zufälliger Phänomene durch eine Gauß-Verteilung.

5 Stochastische Prozesse

5.1 Grundlegende Definitionen

In den einleitenden Bemerkungen zu Kap. 2 wurde schon festgestellt, daß im Zusammenhang mit dem dynamischen Verhalten von Systemen zahlreiche Fragen auftauchen werden, zu deren Behandlung die Einführung von stochastischen Prozessen erforderlich ist. Wir kennzeichnen einen derartigen Prozeß durch die Notierung „$x(e; t)$", wobei zu der ausführlich behandelten Variablen e des Ergebnisfeldes E noch die *Zeit* als zweite unabhängige Veränderliche hinzukommt, so daß man ausführlich schreiben kann:

$$x(e; t) := x[e \in E, t \,|\, -\infty \leq t \leq \infty] \,.$$

Zum Anschluß an die bisherigen Überlegungen ist zunächst festzuhalten, daß Ereignisse jetzt von der Zeit abhängig sind, z.B. $A: \{x(e; t) \leq u\}$ mit der Wahrscheinlichkeitsverteilung

$$P_x(u, t) = W[x(e; t) \leq u] \tag{5.1}$$

und der zugehörigen Verteilungsdichte $p_x(u, t)$. An den Anfang der Überlegungen stellen wir die folgende begriffliche Gliederung:

- $x(e; t)$: t kontinuierlich,   zeitkontinuierlicher Prozeß
  t diskret,   zeitdiskreter Prozeß

- festes $t = t_j$:   Zufallsvariable $x(e; t_j) = x_j(e)$

- festes $e = e_i$:   Musterfunktion $x(e_i; t) = x_i(t)$

- festes t_j und festes e_i: Zufallsgröße (Zahlenwert)

Im weiteren beschäftigen wir uns mit zeitkontinuierlichen Prozessen, die den Anschluß an die Systemdynamik ermöglichen. Bild 5.1 veranschaulicht Zuordnungen zwischen Musterfunktionen und Zufallszahlen, die auf Zufallsvariablen führen.

Die angestrebte Verbindung von Statistik mit Dynamik wird bereits bei den einfachsten Erwartungswerten erkennbar:

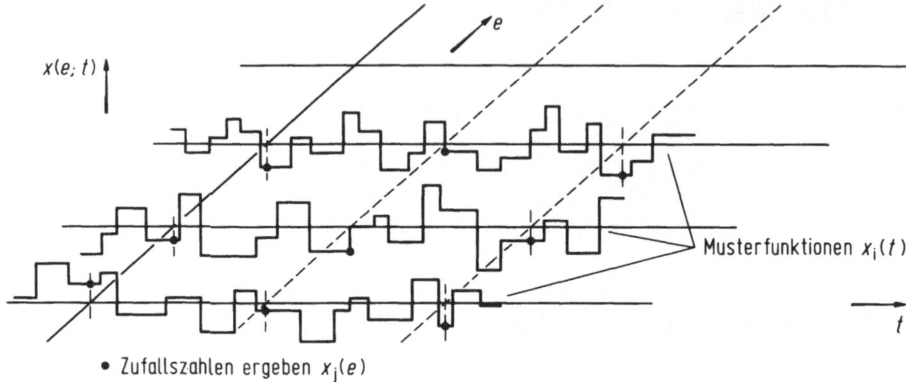

Bild 5.1. Schematische Veranschaulichung eines Zufallsprozesses durch Musterfunktionen und Zufallszahlen nach [19]

$$\mathscr{E}\{x(e; t)\} = \int\limits_{-\infty}^{+\infty} u\, p_x(u, t)\, du = \mu_x(t)\, ,$$

$$\mathscr{E}\{x^2(e; t)\} = \int\limits_{-\infty}^{+\infty} u^2 p_x(u, t)\, du = q_x^2(t)\, ,$$

$$\mathscr{E}\{[x(e; t) - \mu_x(t)]^2\} = \sigma_x^2(t) = q_x^2(t) - \mu_x^2(t)\, .$$

Hier entsteht unmittelbar die Frage, wie sich die zeitvarianten Parameter $\mu_x(t)$ und $\sigma_x(t)$ in Abhängigkeit von der Dynamik eines Systems *zeitlich entwickeln*: Dies ist ein wesentlicher Bestandteil der Systemtheorie stochastischer Prozesse.

5.2   Auto- und Kreuzkorrelationsfunktionen

Vorbemerkung: Der in Abschn. 4.2 eingeführte Korrelationsbegriff für Zufallsvariablen blieb beschränkt auf die Angabe von *Zahlen*, beim Korrelationskoeffizienten auf den Bereich zwischen -1 und $+1$ als Maß für die „statistische Verwandtschaft" zweier Zufallsvariablen. Zwei „gleiche" stochastische Prozesse gibt es grundsätzlich nicht; ein trivialer Sonderfall ist die *Identität*, bei der eben ein einziger Prozeß mit zweifacher Notation vorliegt. Sinnvoll dagegen ist die *Äquivalenz zweier Prozesse*: $x_a(e; t)$ und $x_b(e; t)$ heißen *stochastisch äquivalent*, wenn sie gleiche Verteilungen besitzen; dies bedeutet nicht identische zeitliche Verläufe entsprechender Musterfunktionen. Schließlich sei noch vermerkt, daß eine Korrelation zwischen zwei Prozessen über das gemeinsame Ergebnisfeld zustandekommen kann. Damit ist der begriffliche Hintergrund für die anschließenden Ausführungen dargelegt.

5.2.1 Definition der Autokorrelationsfunktion als Erwartungswert

Aus einem stochastischen Prozeß entstehen für zwei beliebige Zeitpunkte t_1, t_2 zwei Zufallsvariablen $x_1(e; t_1)$ und $x_2(e; t_2)$, deren statistische Verbundeigenschaften durch die Verteilungsfunktion

$$P_{x_1, x_2}(u_1, t_1; u_2, t_2) := W[\{e: x(e; t_1) \le u_1\} \cap \{e: x(e; t_2) \le u_2\}] \qquad (5.2)$$

gegeben sind. Mit der zugehörigen Verteilungsdichtefunktion kann man wie bisher die verschiedenen Erwartungswerte bilden; der wichtigste ist der Produkterwartungswert

$$\mathscr{E}\{x(e; t_1) \cdot x(e; t_2)\} = \int\!\!\!\int_{-\infty}^{+\infty} u_1 u_2 \cdot p_{x_1, x_2}(u_1, t_1; u_2, t_2)\, du_1\, du_2$$

$$= \phi_x(t_1, t_2)\,, \qquad (5.3)$$

die Autokorrelationsfunktion des allgemeinen instationären Prozesses $x(e; t)$. Die Verallgemeinerung des Korrelations-Zahlenwertes führt also über zwei Zufallsvariablen aus einem Prozeß zu einer Funktion von zwei Veränderlichen t_1, t_2.

5.2.2 Definition der Kreuzkorrelationsfunktion als Erwartungswert

Gegeben sind jetzt zwei instationäre Prozesse $x(e; t)$ und $y(e; t)$, definiert über dem gemeinsamen Ergebnisfeld E, wodurch überhaupt eine Korrelation zwischen den beiden Prozessen ermöglicht wird, nicht aber notwendig vorhanden ist. Wenn man beide Prozesse zum gleichen Zeitpunkt $t = t_k$ betrachtet, so entstehen zwei Zufallsvariablen, deren eventuell vorhandene Korrelation lediglich durch einen Zahlenwert charakterisiert wird. Greift man hingegen zwei verschiedene Zeitpunkte t_1, t_2 heraus, so erhält man über die Verbundverteilungsfunktion

$$P_{x, y}(u, t_1; v, t_2) := W[\{e: x(e; t_1) \le u\} \cap \{e: y(e; t_2) \le v\}]$$

mit der zugehörigen Verteilungsdichtefunktion den Produkterwartungswert

$$\mathscr{E}\{x(e; t_1) \cdot y(e; t_2)\} = \int\!\!\!\int_{-\infty}^{+\infty} uv \cdot p_{x, y}(u, t_1; v, t_2)\, du\, dv$$

$$= \phi_{xy}(t_1, t_2)\,, \qquad (5.4)$$

die Kreuzkorrelationsfunktion der instationären Prozesse $x(e; t)$, $y(e; t)$ wiederum als Funktion zweier Zeitpunkte t_1, t_2.

5.3 Stationäre Prozesse

Bei zahlreichen physikalischen und technischen Vorgängen, die man durch stochastische Prozesse modellieren kann, sind die äußeren Bedingungen über lange Zeitabschnitte konstant, so daß beispielsweise die zugehörige Verteilung sowie die elementaren Kennwerte μ und σ nicht von der Zeit abhängig sind. Diese empirische Erfahrung kann man im Bereich der Theorie verallgemeinern:

- Ein Prozeß $x(e; t)$ heißt *stationär im weiteren, Sinn* wenn seine Verteilungsgesetze invariant sind gegen eine zeitliche Verschiebung, das bedeutet für die Formulierung der Verteilungsdichtefunktion:

$$p_{x_1 \dots x_n}(u_1, t_1; \dots; u_n, t_n) = p_{x_1 \dots x_n}(u_1, t_1 + t_0; \dots; u_n, t_n + t_0) \, .$$

Der Hinweis auf den theoretischen Charakter dieser „Stationarität der Ordnung n" soll zum Ausdruck bringen, daß ein praktischer Nachweis der Stationarität höherer Ordnung jenseits der realen Möglichkeiten liegt. Darauf abhebend werden die folgenden Aussagen auf die praktisch relevanten Ordnungen $n = 1$ und $n = 2$ beschränkt.

Für den Fall $n = 1$

bedeutet Stationarität, daß die Verteilungsdichtefunktion

$$p_x(u, t) = p_x(u, t - t_0) = p_x(u)$$

und somit unabhängig von der Zeit wird; die Konsequenz daraus ist die Zeitinvarianz der einfachen Erwartungswerte μ_x und σ_x als Momente von $p_x(u)$.

Für den Fall $n = 2$

bedeutet Stationarität, daß die zweidimensionale Verteilungsdichtefunktion

$$p_{x_1, x_2}(u_1, t_1; u_2, t_2) = p_{x_1, x_2}(u_1, t_1 - t_0; u_2, t_2 - t_0)$$
$$= p_{x_1, x_2}(u_1, u_2; t_2 - t_1), \quad t_2 > t_1 \, ,$$

nur von der Differenz $\tau = t_2 - t_1$ der beiden Zeitpunkte abhängt. Für die Autokorrelationsfunktion $\phi(t_1, t_2)$ hat dies die wichtige Konsequenz, daß sie ebenfalls nur eine Funktion der Differenz τ wird:

$$\mathscr{E}\{x(e; t) \cdot x(e; t + \tau)\} = \phi_x(\tau) \, . \tag{5.5}$$

Für zwei *verbundstationäre* Prozesse $x(e; t)$, $y(e; t)$ gilt darüber hinaus:

$$p_{x, y}(u, t_1; v, t_2) = p_{x, y}(u, v; \tau) \, ,$$

folglich wird die Kreuzkorrelationsfunktion

$$\mathscr{E}\{x(e; t) \cdot y(e; t + \tau)\} = \phi_{xy}(\tau) \, . \tag{5.6}$$

In vielen Fällen ist es zweckmäßig, für nicht mittelwertfreie Prozesse anstelle der Korrelationsfunktionen $\phi_x(\tau)$, $\phi_{xy}(\tau)$ die *Kovarianzfunktionen*

$$C_x(\tau) := \mathscr{E}\{[x(e; t) - \mu_x] \cdot [x(e; t + \tau) - \mu_x]\}$$
$$= \phi_x(\tau) - \mu_x^2 \quad \text{und} \tag{5.7}$$
$$C_{xy}(\tau) := \mathscr{E}\{[x(e; t) - \mu_x] \cdot [y(e; t + \tau) - \mu_y]\}$$
$$= \phi_{xy}(\tau) - \mu_x \mu_y \tag{5.8}$$

einzuführen.

Wie bereits vermerkt, gibt es zahlreiche Anwendungen, bei welchen Stationarität bis zur zweiten Ordnung angenommen werden bzw. sogar nachgewiesen werden kann, das bedeutet

$$\mu = \text{const} \quad \text{und} \quad \phi = \phi(\tau)$$

für die Modellierung durch sogenannte „kovarianzstationäre" Prozesse. Abschließend sei noch angemerkt, daß man die Stationarität eines Prozesses nicht nach dem zeitlichen Verlauf einzelner Musterfunktionen beurteilen kann; es gibt in konkreten Fällen lediglich gewisse empirische Hinweise, die mit Bild 5.2 angedeutet werden sollen: Wenn überhaupt, dann kann man allenfalls vergleichende Aussagen für bestimmte Zeitintervalle treffen; mit diesen deutlichen Einschränkungen kann man den Musterfunktionen in Bild 5.2 entnehmen, daß im Intervall $t_1 \leq t \leq t_2$ die Funktion $x_i(t)$ auf einen konstanten Mittelwert und eine konstante Streuung schließen läßt, was für den Teilverlauf von $y_i(t)$ nicht abzusehen ist. Hier zeigen sich deutlich die Grenzen derartiger Aussagen: Für ein wesentlich größeres Zeitintervall ließen sich eventuell auch für die Musterfunktion $y_i(t)$ in etwa konstante Werte für Mittelwert und Streuung angeben, weil mit zunehmender Größe des Zeitintervalls die Schwankungen in der Feinstruktur von $y_i(t)$ immer weniger ins Gewicht fallen; damit muß aber eine solche spekulative Zwischenbetrachtung schon abgeschlossen werden.

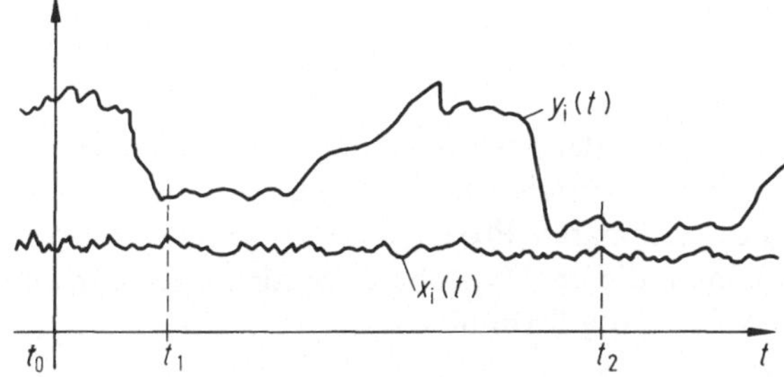

Bild 5.2. Zwei Musterfunktionen von deutlich unterschiedlichen Prozessen

5.4 Ergodische Prozesse

Mit der Begründung der statistischen Wärmelehre gegen Ende des 19. Jahrhunderts wurden formal-mathematische Überlegungen zunehmend ergänzt durch gewisse empirische Erfahrungen und Postulate, die für eine nachvollziehbare statistische Modellierung physikalischer Phänomene unerläßlich sind.

In der statistischen Wärmelehre werden die makroskopischen Eigenschaften eines Gases wie Energie, Druck, Temperatur als Mittelwerte eingeführt, mit denen man das Zusammenwirken sehr zahlreicher Mikrozustände des jeweiligen Gases (als System aufgefaßt) beschreibt. Dabei nimmt man an, daß das System im Laufe der Zeit sämtliche Mikrozustände annimmt, die mit den makroskopischen Bedingungen verträglich sind. Diese Annahme besagt, daß jeder Punkt der Energiefläche des Phasenraums einem zu irgendeinem Zeitpunkt realisierten Zustand des Systems entspricht. Ein derartiges Systemverhalten ist nicht in der formulierten Allgemeinheit nachweisbar, daher kleidet man es in die Gestalt eines Postulates, die sogenannte *Ergodenhypothese*. Unseren Überlegungen kommt man näher, wenn man eine für die statistische Betrachtung ausreichende, abgeschwächte Form der allgemeinen Ergodenhypothese zugrundelegt: Danach genügt es, daß die Phasenkurve jedem Punkt der Energiefläche beliebig nahekommt.

Die Phasenkurve beschreibt die zeitliche Folge von Systemzuständen im Phasenraum, sie schließt somit begrifflich an eine Musterfunktion eines Prozesses an, von dem Stationarität vorausgesetzt werden muß.

Der nachfolgenden Formulierung der Ergodenhypothese für unsere Zwecke liegt rein formal eine Frage zugrunde, die sich eigentlich schon an früherer Stelle aufdrängen konnte: Der stochastische Prozeß hat zwei wesensverschiedene unabhängige Veränderliche e und t; alle bisher durchgeführten Erwartungswertbildungen bezogen sich auf die Elemente e des Ergebnisfeldes, wobei t die Rolle eines Parameters spielte. Es liegt die Frage nahe, ob man durch eine vermutlich wesentlich andere Operation bezüglich der Veränderlichen t zu gleichwertigen Aussagen über den Prozeß, konkret zu den gleichen Kenngrößen wie μ_x, σ_x und den Korrelationsfunktionen gelangen kann. Vor diesem Hintergrund besagt die

Ergodenhypothese:

Die *Erwartungswerte* bezüglich der Veränderlichen e stimmen mit Wahrscheinlichkeit 1 mit entsprechenden *zeitlichen Mittelwerten* überein, die anhand einer beliebigen Musterfunktion $x_i(t)$ des stationären Prozesses $x(e; t)$ gebildet werden.

Die konkreten Folgerungen aus dieser Hypothese werden hier für die Erwartungswerte bis zur zweiten Ordnung formuliert:

● *Für den linearen Mittelwert gilt*

$$\mathscr{E}\{x(e; t)\} \overset{!}{=} \lim_{T \to \infty} \frac{1}{2T} \cdot \int\limits_{-T}^{+T} x_i(t)\,\mathrm{d}t \ . \tag{5.9}$$

Die zusätzliche Aussage, daß diese Äquivalenz nur mit der Wahrscheinlichkeit 1 gilt, bedeutet, daß für einzelne Musterfunktionen (oder auch für mehrere) die zeitlichen Mittelwerte nicht mit dem Erwartungswert übereinzustimmen brauchen, d.h. die Gl. (5.9) gilt für „fast alle" Musterfunktionen des Prozesses.

Zunächst wird die Hypothese (5.9) näher untersucht; dazu dient der folgende naheliegende Gedankengang: Bildet man für den gesamten Prozeß den zeitlichen Mittelwert

$$\lim_{T \to \infty} \frac{1}{2T} \cdot \int\limits_{-T}^{+T} x(e; t)\,\mathrm{d}t \equiv m(e) \ ,$$

so erhält man mit $m(e)$ eine Zufallsvariable. Nach der Ergodenhypothese ergibt sich daraus durch Erwartungswertbildung bezüglich e:

$$\mathscr{E}\{m(e)\} = \lim_{T \to \infty} \frac{1}{2T} \cdot \int_{-T}^{+T} \mathscr{E}\{x(e; t)\}\, \mathrm{d}t = \mathscr{E}\{x(e; t)\}\,,$$

also der bekannte lineare Mittelwert μ_x.

● *Die Kovarianzfunktion*

wird über die Äquivalenzforderung

$$\mathscr{E}\{[x(e; t) - \mu_x] \cdot [x(e; t + \tau) - \mu_x]\}$$
$$\overset{!}{=} \lim_{T \to \infty} \frac{1}{2T} \cdot \int_{-T}^{+T} [x_i(t) - \mu_x] \cdot [x_i(t + \tau) - \mu_x]\, \mathrm{d}t \qquad (5.10)$$

mit Wahrscheinlichkeit 1 eingeführt.

Prozesse mit den Eigenschaften (5.9) und (5.10) nennt man „kovarianzergodisch"; sie spielen in den Anwendungen eine wichtige Rolle, insbesondere bei dem Entwurf von Kalman-Filtern im Teil III des Buches. Die beiden Ergoden-Eigenschaften (5.9) und (5.10) verdeutlichen noch einen Aspekt stationärer Prozesse: Für die zeitlichen Mittelwertbildungen werden jeweils Musterfunktionen $x_i(t)$ über den gesamten Wertebereich $-\infty \le t \le \infty$ integriert; *Stationarität* bedeutet hierbei, daß die Musterfunktionen nicht „geschaltet" werden dürfen, denn dies würde zu einer überlagerten Dynamik und damit zu Instationarität führen. Bei stationären Prozessen ist kein Zeitpunkt vor allen anderen ausgezeichnet; dies mag vereinfachend anmuten, es bedeutet jedoch, daß die gesamte Vergangenheit eines Prozesses bezüglich eines gewählten Zeitpunktes von Einfluß auf den künftigen Prozeßverlauf ist.

5.5 Allgemeine Eigenschaften der Autokorrelationsfunktion

In Anlehnung an Gl. (5.10) ergibt sich die Definitionsgleichung der Autokorrelationsfunktion über eine zeitliche Mittelung aus der Vorschrift

$$\phi_x(\tau) = \lim_{T \to \infty} \frac{1}{2T} \cdot \int_{-T}^{+T} x(t) \cdot x(t + \tau)\, \mathrm{d}t\,, \qquad (5.11a)$$

wofür man auch die abgekürzte Schreibung

$$\phi_x(\tau) = \overline{x(t) \cdot x(t + \tau)}$$

verwendet. Diese Funktion hat allgemein die Dimension eines Amplitudenquadrates. In Verbindung mit Bild 5.3 erkennt man, daß der zeitliche Mittelwert über das Produkt $x(t) \cdot x(t + \tau_1)$ genau *einen* Wert der Autokorrelationsfunktion liefert, nämlich $\phi_x(\tau_1)$ für die zeitliche Verschiebung $\tau = \tau_1$. Im folgenden

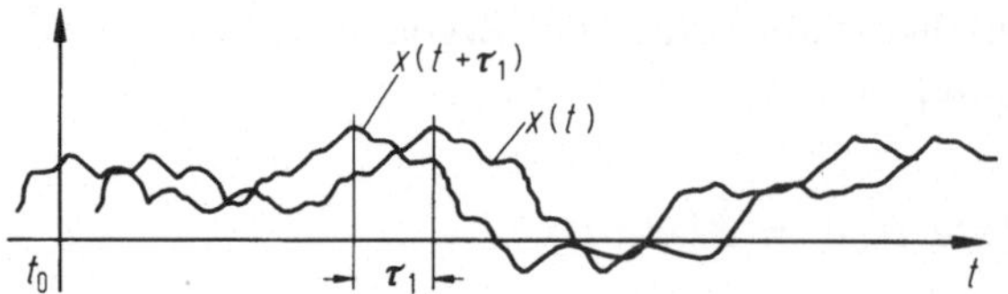

Bild 5.3. Zwei zeitlich gegeneinander verschobene (ansonsten identische) Musterfunktionen

werden allgemeine Eigenschaften von Autokorrelationsfunktionen zusammengestellt:

a) $\phi_x(\tau)$ ist eine gerade Funktion von τ:

$$\phi_x(\tau) = \overline{x(t) \cdot x(t + \tau)} = \overline{x(t - \tau) \cdot x(t)}$$
$$= \overline{x(t) \cdot x(t - \tau)} = \phi_x(-\tau) \ .$$

b) Für $\tau = 0$ ergibt sich der quadratische Mittelwert

$$\phi_x(0) = \lim_{T \to \infty} \frac{1}{2T} \cdot \int_{-T}^{+T} x^2(t)\,\mathrm{d}t = \overline{x^2(t)} = q_x^2 \ .$$

c) Für $\tau \to \infty$ ergibt sich das Quadrat des linearen Mittelwertes. Zum
Nachweis dieser Eigenschaft greift man auf die ergodischen Prozeßeigenschaften
zurück, wonach man mit Wahrscheinlichkeit 1 die gleiche Korrelationsfunktion
durch eine Erwartungswertbildung bezüglich e gewinnen kann. Wenn sich für
beliebig große τ statistische Unabhängigkeit zwischen $x(e; t)$ und $x(e; t + \tau)$
einstellt, dann gilt mit den Ergebnissen von Abschn. 4.2:

$$\phi_x(\tau) = \mathscr{E}\{x(e; t) \cdot x(e; t + \tau)\}$$
$$\to \mathscr{E}\{x(e; t)\} \cdot \mathscr{E}\{x(e; t + \tau)\} \quad \text{für } \tau \to \infty \ .$$

Da wegen der Stationarität der Erwartungswert unabhängig von einer zeitlichen
Verschiebung ist, wird im betrachteten Grenzfall

$$\phi_x(\tau \to \infty) = \mu_x^2 \ .$$

d) Der Betrag von $\phi(\tau)$ kann für kein τ größer werden als $\phi(0)$. Zum
Nachweis dieser Eigenschaft geht man aus von dem Ansatz

$$0 \le [x(t) \pm x(t + \tau)]^2 = x^2(t) \pm 2x(t) \cdot x(t + \tau) + x^2(t + \tau) \ ,$$

aus dem durch zeitliche Mittelwertbildung und Beachtung der Beziehung

$$\overline{x^2(t)} = \overline{x^2(t + \tau)} = \phi_x(0)$$

unmittelbar die Behauptung folgt:

$$|\phi_x(\tau)| \le \phi_x(0) \ .$$

In Bild 5.4 ist der prinzipiell mögliche Verlauf einer Autokorrelationsfunktion mit
den zugehörigen Parametern dargestellt. Verschiebt man die τ-Achse um μ_x^2 nach
oben, so ergibt sich der im übrigen unveränderte Verlauf der *Kovarianzfunktion*

$$C_x(\tau) = \phi_x(\tau) - \mu_x^2 \quad \text{mit } C_x(0) = \sigma_x^2 \ . \tag{5.12a}$$

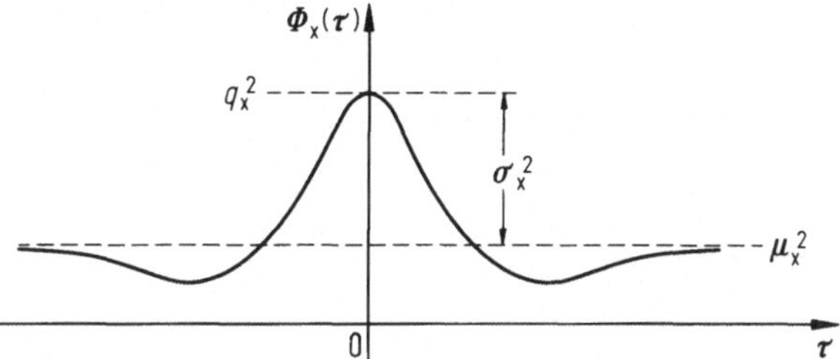

Bild 5.4. Prinzipieller Verlauf einer Autokorrelationsfunktion mit den charakteristischen Parametern

In vielen Fällen arbeitet man auch mit den *normierten* Funktionen

$$\varphi_x(\tau) = \frac{1}{\sigma_x^2} \cdot \phi_x(\tau) \quad \text{und} \tag{5.11b}$$

$$C_x(\tau) = \frac{1}{\sigma_x^2} \cdot [\phi_x(\tau) - \mu_x^2] \; . \tag{5.12b}$$

Für die Zusammenhänge mit der Systemtheorie ist von Interesse, daß der Korrelationsbegriff nicht auf stochastische Vorgänge beschränkt ist. So erhält man einen weiteren Einblick in das Wesen der Korrelation, wenn man deterministische Signale einbezieht.

● *Periodische Signale*

Aus einem ergodischen Prozeß $s(e; t) = s_0 \cdot \sin [\omega_0 t + \alpha(e)]$ mit gleichverteiltem Phasenwinkel $\alpha(e)$ in $[0; 2\pi]$ gewinnt man eine Musterfunktion $s(t) = s_0 \cdot \sin [\omega_0 t + \alpha_i]$, und ihre Autokorrelationsfunktion ist definiert als

$$\phi_s(\tau) = \frac{1}{2T_0} \cdot \int_{-T_0}^{+T_0} s(t) \cdot s(t + \tau)\,\mathrm{d}t \; ,$$

wobei wegen der Periodizität von $s(t)$ der Limes für $T_0 \to \infty$ nicht von Interesse ist. Durch Einsetzen erhält man nach einfacher Zwischenrechnung

$$\phi_s(\tau) = \frac{s_0^2}{2} \cdot \cos \omega_0 \tau \; .$$

Dieses Ergebnis enthält eine wichtige, auf kompliziertere Signalverläufe verallgemeinerungsfähige Aussage: Durch die Korrelation geht die Anfangsphase verloren; weiterhin erkennt man, daß bei der einfachen harmonischen Schwingung die Kurvenform erhalten bleibt. Dies gilt nicht mehr für die Überlagerung von mindestens zwei harmonischen Schwingungen.

● *Aperiodische Signale*

Gegeben sei ein zu $t = 0$ unsymmetrisch gelegener Rechteckimpuls nach Bild 5.5a, analytisch beschreibbar durch

$$g(t) = g_0 \cdot [1(t + t_0) - 1(t - 2T + t_0)] \; .$$

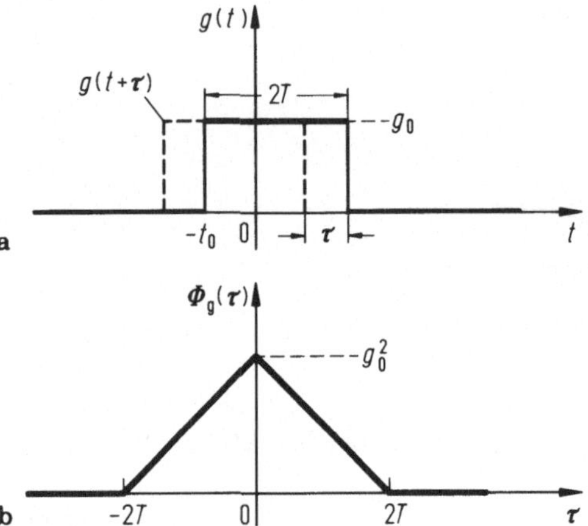

Bild 5.5. Asymmetrisches Rechtecksignal (**a**) und zugehörige Autokorrelationsfunktion (**b**)

Die Autokorrelationsfunktion dieses Impulses wird

$$\phi_g(\tau) = \frac{1}{2T} \cdot \int\limits_{-t_0}^{2T-t_0-\tau} g(t) \cdot g(t+\tau)\,\mathrm{d}t$$

$$\phi_g(\tau) = g_0^2 \cdot \left(1 - \frac{|\tau|}{2T}\right), \quad |\tau| \leq 2T \tag{5.13}$$

mit dem in Bild 5.5b gezeigten Verlauf eines Dreieckimpulses. Die Autokorrelationsfunktion (5.13) wurde gewählt, weil sie in anderen Zusammenhängen eine besondere Rolle spielt (s. Abschn. 6.5).

5.6 Allgemeine Eigenschaften der Kreuzkorrelationsfunktion

Für zwei ergodische Prozesse $x(e; t)$, $y(e; t)$ gilt die Äquivalenz

$$\mathscr{E}\left\{[x(e; t) - \mu_x]\cdot[y(e; t+\tau) - \mu_y]\right\}$$

$$\overset{!}{=} \lim_{T\to\infty} \frac{1}{2T} \cdot \int\limits_{-T}^{+T} [x(t) - \mu_x]\cdot[y(t+\tau) - \mu_y]\,\mathrm{d}t \tag{5.14}$$

mit Wahrscheinlichkeit 1.

In Anlehnung hieran definiert man die Kreuzkorrelationsfunktion durch die zeitliche Mittelwertbildung

$$\phi_{xy}(\tau) = \lim_{T\to\infty} \frac{1}{2T} \cdot \int\limits_{-T}^{+T} x(t) \cdot y(t+\tau)\,\mathrm{d}t$$

$$= \overline{x(t) \cdot y(t+\tau)}\,. \tag{5.15a}$$

Diese Funktion als Maß für die statistische Verwandtschaft zweier Prozesse hat die folgenden allgemeinen Eigenschaften:

a) $\phi_{xy}(\tau)$ ist weder gerade noch ungerade in τ, vielmehr gilt

$$\phi_{yx}(\tau) = \overline{y(t) \cdot x(t + \tau)} = \overline{y(t - \tau) \cdot x(t)}$$
$$= \overline{x(t) \cdot y(t - \tau)} = \phi_{xy}(-\tau) \,.$$

b) Für $\tau = 0$ ergibt sich der Produktmittelwert

$$\phi_{xy}(0) = \overline{x(t) \cdot y(t)} \,.$$

c) Für $\tau \to \infty$ ergibt sich über die gleiche Schlußweise wie zur Gewinnung von $\phi_x(\tau \to \infty)$ das Produkt der beiden linearen Mittelwerte:

$$\phi_{xy}(\tau \to \infty) = \mathscr{E}\{x(e; t)\} \cdot \mathscr{E}\{ y(e; t + \tau)\} = \mu_x \mu_y \,,$$

und damit bestätigt sich der aus Gl. (4.7) bekannte Zusammenhang

$$C_{xy}(0) = \phi_{xy}(0) - \mu_x \mu_y$$

$$\sigma_{xy}^2 = \overline{x(t) \cdot y(t)} - \mu_x \mu_y \,.$$

d) Für die Kreuzkorrelationsfunktion gilt die Abschätzung

$$|\phi_{xy}(\tau)| \leq \frac{1}{2}(q_x^2 + q_y^2) \,;$$

das Maximum der Funktion liegt im allgemeinen nicht bei $\tau = 0$: Bild 5.6 zeigt einen prinzipiell möglichen Verlauf einer Kreuzkorrelationsfunktion. Man erkennt, daß sich durch Verlagerung der τ-Achse um $\mu_x \mu_y$ nach oben der im übrigen unveränderte Verlauf der Kreuzkovarianzfunktion

$$C_{xy}(\tau) = \phi_{xy}(\tau) - \mu_x \mu_y \tag{5.16a}$$

ergibt. Ähnlich wie bei der Autokorrelationsfunktion arbeitet man auch hier gelegentlich mit den *normierten* Funktionen

$$\varphi_{xy}(\tau) = \frac{1}{\sigma_{xy}^2} \cdot \phi_{xy}(\tau) \text{ und} \tag{5.15b}$$

$$c_{xy}(\tau) = \frac{1}{\sigma_{xy}^2} \cdot [\phi_{xy}(\tau) - \mu_x \mu_y] \,. \tag{5.16b}$$

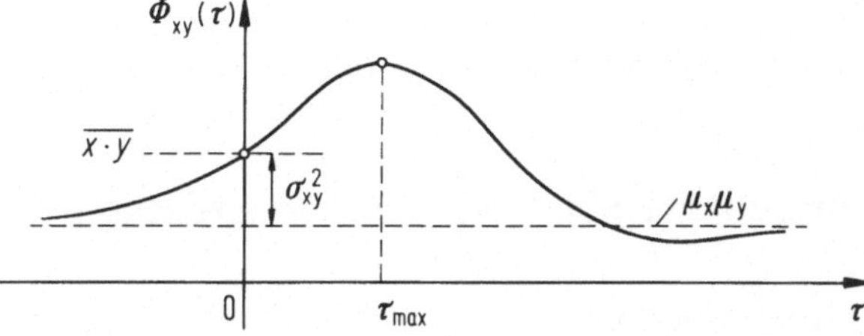

Bild 5.6. Möglicher Verlauf einer Kreuzkorrelationsfunktion mit den charakteristischen Parametern

Bei der Anwendung auf harmonische Signale zeigt die Kreuzkorrelation ein deutlich anderes Ergebnis als die Autokorrelation: Setzt man die beiden Signale

$$s_1(t) = s_{01} \sin \omega_0 t \,,$$

$$s_2(t) = s_{02} \sin(\omega_0 t + \alpha)$$

an, so ergibt sich nach einfacher Zwischenrechnung

$$\phi_{s_1 s_2}(\tau) = \frac{s_{01} s_{02}}{2} \cdot \cos(\omega_0 \tau + \alpha) \,,$$

die Anfangsphase bleibt also bei der Kreuzkorrelation erhalten; diese Eigenschaft hat entscheidende Konsequenzen für die Verknüpfungen mit der Systemtheorie (insbes. Abschn. 9.7). Das Ergebnis gibt andererseits Veranlassung zu dem Hinweis, daß im allgemeinen aus dem Verlauf der Korrelationsfunktionen nicht auf den Verlauf der Signalfunktionen geschlossen werden kann; ferner mag in diesem Zusammenhang interessieren, daß das menschliche Gehör bei aller Komplexität dieses Sinnesorgans keine Phasenbeziehungen wahrnimmt.

Die Kovarianzfunktion einer Summe

Gegeben sei der ergodische Summenprozeß

$$z(e; t) = x(e; t) + y(e; t) \,.$$

Über zeitliche Mittelwertbildungen anhand von Musterfunktionen

$$z_i(t) = x_i(t) + y_i(t)$$

gewinnt man die Kovarianzfunktion

$$C_z(\tau) = C_x(\tau) + C_y(\tau) + C_{xy}(\tau) + C_{yx}(\tau) \,.$$

Dieses Ergebnis ist in mehrfacher Hinsicht interessant: Zum einen zeigt es, daß neben den Kovarianzfunktionen der Summanden noch zwei Kreuzkovarianzfunktionen auftreten, die man nicht weiter zusammenfassen kann. Sie sind weder gerade noch ungerade Funktionen von τ, aber ihre Summe muß eine gerade Funktion sein, denn für das Ergebnis gilt $C_z(\tau) = C_z(-\tau)$.

Zum anderen erkennt man, daß die Autokorrelationsfunktion der Summe verträglich ist mit Gl. (4.10):

$$C_z(0) = C_x(0) + C_y(0) + C_{xy}(0) + C_{yx}(0)$$

$$= \sigma_x^2 + \sigma_y^2 + 2C_{xy}(0)$$

wobei nach Gl. (4.9) noch $\sigma_{xy}^2 = \rho \sigma_x \sigma_y$ gesetzt werden kann.

5.7 Die spektrale Leistungsdichte eines ergodischen Prozesses

Der Nullwert der Autokorrelationsfunktion

$$\phi_x(0) = q_x^2$$

stellt die Gesamtleistung des Prozesses $x(e; t)$ dar, wenn man von problemspezifischen Konstanten absieht. Ähnlich wie in anderen Gebieten der Physik Energiedichten, Stromdichten, Flußdichten definiert werden, so kann man auch im vorliegenden Fall eine Leistungsdichte $S_x(\omega)$ so einführen, daß die Gesamtleistung durch Integration über die Dichtefunktion entsteht:

$$q_x^2 = \int\limits_0^\infty S_x(\omega)\,d\omega \; .$$

Damit entstehen die Fragen, wie die spektrale Leistungsdichte mit dem Prozeß und mit seiner Autokorrelationsfunktion zusammenhängt. Beide Fragen lassen sich über den folgenden Weg gemeinsam beantworten, wobei vorläufig Mittelwertfreiheit des Prozesses angenommen wird.

Man betrachtet zunächst den Prozeßausschnitt

$$x_T(e; t) := \begin{cases} x(e; t) & \text{für } -T \leq t \leq T \\ 0 & \text{sonst} \end{cases}$$

mit den folgenden Eigenschaften:

- $x(e; t)$ sei ergodisch, $\mu_x = 0$, σ_x^2 beschränkt,
- $x_T(e; t)$ sei absolut integrierbar bezüglich t, d.h.

$$\int\limits_{-T}^{+T} |x_T(e; t)|\,dt \leq k(e) < \infty \; .$$

Damit ist die hinreichende Bedingung für die Existenz des Fourier-Integrals

$$\frac{1}{\sqrt{2\pi}} \cdot \int\limits_{-\infty}^{+\infty} x_T(e; t) \cdot e^{-j\omega t}\,dt \equiv a_T(e; \omega)$$

erfüllt, das den Prozeßausschnitt im Frequenzbereich beschreibt; an die Stelle des Ordnungsparameters t im Zeitbereich tritt jetzt die Kreisfrequenz ω.

Nach einem Theorem von Parseval kann man den Leistungsinhalt des Prozeßausschnittes sowohl als Integral über t als auch ein entsprechendes über ω darstellen:

$$\frac{1}{2T} \cdot \int\limits_{-T}^{+T} x^2(t)\,dt = \int\limits_0^\infty \frac{1}{T} \cdot |a_T(e; \omega)|^2\,d\omega \; ,$$

wobei von dem Integral auf der linken Seite bekannt ist, daß es wegen der vorausgesetzten Ergodizität für eine beliebige Musterfunktion im Grenzfall $T \to \infty$ die Gesamtleistung des Prozesses ergibt.

Für die rechte Seite führt man die zusätzlich von T abhängige Zufallsvariable

$$\hat{S}_x(e; \omega, T) := \frac{1}{T} \cdot |a_T(e; \omega)|^2$$

ein. Nun ist zu prüfen, was eine Erwartungswertbildung auf beiden Seiten ergibt:

$$\mathcal{E}\{\hat{S}_x(e;\omega,T)\} = \mathcal{E}\left\{\frac{1}{T}\cdot|a_T(e;\omega)|^2\right\}\,.$$

Wir verfolgen zunächst die rechte Seite, setzen für $a_T(e;\omega)$ das Fourier-Integral ein:

$$\frac{1}{T}\cdot|a_T(e;\omega)|^2 = \mathcal{E}\left\{\frac{1}{T}\cdot\left|\frac{1}{\sqrt{2\pi}}\cdot\int_{-T}^{+T} x(e;t)\cdot e^{-j\omega t}\,dt\right|^2\right\}$$

und schreiben das Betragsquadrat auf der rechten Seite als ein Doppelintegral mit der Abkürzung

$$I(\omega,T) = \frac{1}{2\pi T}\cdot\int_{-T}^{+T}\mathcal{E}\{x(e;r)\cdot x(e;s)\}\cdot e^{-j\omega(r-s)}\,dr\,ds$$

$$= \frac{1}{2\pi T}\cdot\int_{-T}^{+T}\phi_x(r-s)\cdot e^{-j\omega(r-s)}\,dr\,ds\,.$$

Für das Doppelintegral gilt die folgende allgemeine Überführung in ein Einfachintegral:

$$\iint_{-T}^{+T} f(r-s)\,dr\,ds = 2T\cdot\int_{-2T}^{+2T}\left(1-\frac{|\tau|}{2T}\right)\cdot f(\tau)\,d\tau\,, \tag{5.17}$$

und damit wird

$$I(\omega,T) = \frac{1}{\pi}\cdot\int_{-2T}^{+2T}\left(1-\frac{|\tau|}{2T}\right)\cdot\phi_x(\tau)\cdot e^{-j\omega\tau}\,d\tau\,.$$

Vollzieht man den Grenzübergang $T\to\infty$, so wird

$$\lim_{T\to\infty} I(\omega,T) = \frac{1}{\pi}\cdot\int_{-\infty}^{+\infty}\phi_x(\tau)\cdot e^{-j\omega\tau}\,d\tau - \lim_{T\to\infty}\frac{1}{\pi}\cdot\int_{-2T}^{+2T}\frac{|\tau|}{2T}\cdot\phi_x(\tau)\cdot e^{-j\omega\tau}\,d\tau\,.$$

Der zweite Term wird Null, wenn die Bedingung

$$\int_{-\infty}^{+\infty}|\tau|\cdot\phi_x(\tau)\,d\tau \le k < \infty$$

erfüllt ist; berücksichtigt man noch die linke Seite der Ansatzgleichung, so erhält man zwei Ergebnisse:

$$\bullet\ \hat{S}_x(\omega) = \lim_{T\to\infty}\mathcal{E}\left\{\frac{1}{T}\cdot|a_T(e;\omega)|^2\right\}\,, \tag{5.18}$$

dies ist über die Fourier-Transformation der Zusammenhang zwischen der spektralen Leistungsdichte und dem Prozeß $x(e; t)$.

$$\bullet \quad S_x(\omega) = \frac{1}{\pi} \cdot \int\limits_{-\infty}^{+\infty} \phi_x(\tau) \cdot e^{-j\omega\tau}\, d\tau \; , \tag{5.19a}$$

die spektrale Leistungsdichte als Fourier-Transformierte der Autokorrelationsfunktion mit der Umkehrrelation

$$\phi_x(\tau) = \frac{1}{2} \cdot \int\limits_{-\infty}^{+\infty} S_x(\omega) \cdot e^{j\omega\tau}\, d\omega \; . \tag{5.19b}$$

Die beiden Ergebnisse (5.19a) und (5.19b) bilden die „Wiener-Khintchine-Transformationen".

Hinweise:

- Die in Gl. (5.17) auftretende Gewichtung ist die Autokorrelationsfunktion nach Gl. (5.13) des Rechteckimpulses für $g_0 = 1$, jetzt symmetrisch zu $t = 0$ gelegen.
- Der Ausdruck

$$\hat{S}_x(e; \omega, T) = \frac{1}{T} \cdot |a_T(e; \omega)|^2 \; ,$$

das sogenannte Periodogramm, ist ein *Schätzwert* für die spektrale Leistungsdichte bei endlicher Integrationszeit; die damit eingeführte Funktion liefert eine asymptotisch erwartungstreue Schätzung (s. Abschn. 6.2.1), das besagt

$$\lim_{T \to \infty} \mathscr{E}\{\hat{S}_x(e; \omega, T\} = S_x(\omega) \; .$$

- Die Autokorrelationsfunktion ist eine gerade Funktion, und die spektrale Wirkleistungsdichte ist eine reelle, gerade Funktion von ω. Daher kann man die Wiener-Khintchine-Transformationen auch in den reellen Formen benutzen:

$$S_x(\omega) = \frac{2}{\pi} \cdot \int\limits_{0}^{\infty} \phi_x(\tau) \cos \omega\tau \, d\tau \tag{5.20a}$$

$$\phi_x(\tau) = \int\limits_{0}^{\infty} S_x(\omega) \cos \omega\tau \, d\omega \tag{5.20b}$$

mit dem eingangs angesetzten Fall für $\tau = 0$:

$$\phi_x(0) = \sigma_x^2 = \int\limits_{0}^{\infty} S_x(\omega) \, d\omega \; . \tag{5.21}$$

- Läßt man die eingangs getroffene Voraussetzung $\mu_x = 0$ fallen, so erhält man über den Zusammenhang nach Gl. (5.12a)

$$\phi_x(\tau) = C_x(\tau) + \mu_x^2$$

durch Anwendung der Transformation (5.19a) das Ergebnis

$$S_x(\omega) = \frac{1}{\pi} \cdot \int\limits_{-\infty}^{+\infty} C_x(\tau) \cdot e^{-j\omega\tau}\, d\tau + \frac{\mu_x^2}{\pi} \cdot \int\limits_{-\infty}^{+\infty} e^{-j\omega\tau}\, d\tau \ .$$

Für das uneigentliche Integral im zweiten Summanden gilt [6] der Zusammenhang mit der Deltafunktion

$$\int\limits_{-\infty}^{+\infty} e^{-j\omega\tau}\, d\tau = 2\pi \cdot \delta(\omega) \ ,$$

folglich enthält das Leistungsdichtespektrum einen entarteten Term zur Kennzeichnung des Mittelwertanteils:

$$S_x(\omega) = \frac{1}{\pi} \cdot \int\limits_{-\infty}^{+\infty} C_x(\tau) \cdot e^{-j\omega\tau}\, d\tau + 2\mu_x^2 \cdot \delta(\omega) \ .$$

● *Ein grundlegendes Beispiel*

In den Anwendungen kommen häufig Modellierungen durch Prozesse vor, die eine exponentielle Autokorrelationsfunktion der allgemeinen Form

$$\phi(\tau) = \phi(0) \cdot e^{-\alpha|\tau|} \tag{5.22a}$$

besitzen [6]. Unterwirft man diese Funktion der Transformation (5.19a), so erhält man die zugehörige spektrale Leistungsdichte

$$S(\omega) = \frac{2}{\pi} \cdot \phi(0) \cdot \frac{\alpha}{\alpha^2 + \omega^2} \ , \tag{5.22b}$$

die Bilder 5.7a und 5.7b zeigen die zugehörigen Funktionsverläufe.

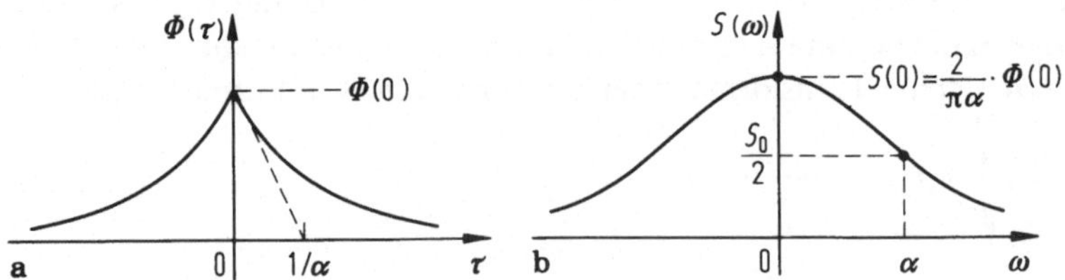

Bild 5.7. Exponentielle Autokorrelationsfunktion (**a**) und zugehörige spektrale Leistungsdichte (**b**)

5.8 Kreuzleistungsdichtespektren ergodischer Prozesse

Die Autokovarianzfunktion der Summe zweier miteinander korrelierter Prozesse besteht (s. Abschn. 5.6) aus vier Termen,

$$C_z(\tau) = C_x(\tau) + C_y(\tau) + C_{xy}(\tau) + C_{yx}(\tau) \ ,$$

zu denen über die Wiener-Khintchine-Transformation vier Spektralfunktionen bestimmt werden können. Dabei entstehen außer den beiden reellen

Wirkleistungsspektren zwei Kreuzleistungsspektren:

$$S_{xy}(j\omega) = \frac{1}{\pi} \cdot \int\limits_{-\infty}^{+\infty} C_{xy}(\tau) \cdot e^{-j\omega\tau} \, d\tau \quad \text{und} \tag{5.23a}$$

$$S_{yx}(j\omega) = \frac{1}{\pi} \cdot \int\limits_{-\infty}^{+\infty} C_{yx}(\tau) \cdot e^{-j\omega\tau} \, d\tau \; . \tag{5.24}$$

Da die Kreuzkorrelationsfunktionen weder gerade noch ungerade in τ sind, ergeben sich *komplexe Kreuzleistungsspektren*, so daß die Wiener-Khintchine-Transformationen nur in den komplexen Formen angesetzt werden können.

Übernimmt man andererseits die Vorgehensweise zur Herleitung des Wirkleistungsspektrums, so kommt man über den Prozeß $z(e; t) = x(e; t) + y(e; t)$ durch Fourier-Transformation der zugehörigen Prozeßausschnitte zu dem Ergebnis

$$S_z(\omega) = S_x(\omega) + S_y(\omega) + S_{xy}(j\omega) + S_{yx}(j\omega)$$

mit den Definitionsgleichungen

$$S_{xy}(j\omega) = \lim_{T \to \infty} \mathscr{E} \left\{ \frac{1}{T} a_T^*(e; \omega) \cdot b_T(e; \omega) \right\}, \tag{5.25}$$

$$S_{yx}(j\omega) = \lim_{T \to \infty} \mathscr{E} \left\{ \frac{1}{T} a_T(e; \omega) \cdot b_T^*(e; \omega) \right\} \tag{5.26}$$

mit $a_T^*(e; \omega) = a_T(e; -\omega)$ und $b_T^*(e; \omega) = b_T(e; -\omega)$.

Die Kreuzleistungsspektren haben die folgenden allgemeinen Eigenschaften:

a) $S_{xy}^*(j\omega) = S_{yx}(j\omega)$

b) Die Realteile sind gerade Funktionen, die Imaginärteile sind ungerade Funktionen von ω

c) $S_{xy}(j\omega) + S_{yx}(j\omega) = 2\,\mathrm{Re}\,S_{xy}(j\omega)$

d) Die Umkehrrelation zu (5.23a) nach Wiener-Khintchine lautet

$$C_{xy}(\tau) = \frac{1}{2} \cdot \int\limits_{-\infty}^{+\infty} S_{xy}(j\omega) \cdot e^{j\omega\tau} \, d\omega \tag{5.23b}$$

e) Für systemtheoretische Überlegungen ist festzuhalten, daß die Kreuzleistungsspektren die *gleiche Phaseninformation* enthalten wie die zugehörigen Kreuzkorrelationsfunktionen. Das Argument $(j\omega)$ wird zur deutlichen Unterscheidung von Wirkleistungsspektren eingeführt, die *reelle* Funktionen von ω sind.

5.9 Weißes Geräusch
als entartetes stochastisches Eingangssignal

Ähnlich wie im deterministischen Fall wird man auch bei stochastischer Systemerregung nach standardisierbaren Signalmodellen suchen; hier findet man jedoch wegen des regellosen zeitlichen Verlaufs stochastischer Musterfunktionen keinen Zugang zu reproduzierbaren Signalverläufen.

Damit ist man darauf angewiesen, bestimmte Geräuschtypen nicht durch ihren zeitlichen Verlauf, sondern durch statistische Kennfunktionen wie Autokorrelationsfunktion oder spektrale Leistungsdichte zu charakterisieren, denn nur derartige Funktionen haben reproduzierbare Eigenschaften.

Man findet einen bemerkenswerten Übergang von deterministischer zu stochastischer Erregung, wenn man von dem Amplitudenspektrum der als Signal nicht realisierbaren Deltafunktion ausgeht: Dieses Spektrum wird durch eine Konstante für alle Frequenzen charakterisiert. Man operiert in diesem Sinn auch bei stochastischer Erregung mit einem entarteten, nicht realisierbaren Prozeß $w(e; t)$, dessen Wirkleistungsspektrum durch den Ansatz

$$S_{\mathrm{w}}(\omega) = S_0 \quad \text{für alle } \omega \tag{5.27a}$$

bestimmt ist, Bild 5.8a. Die physikalische Irrealität eines derartigen Prozesses zeigt sich schon daran, daß seine Gesamtleistung nicht beschränkt wäre; dies führt zu einer entsprechend entarteten Autokorrelationsfunktion, symbolisch in Bild 5.8b angedeutet:

$$\phi_{\mathrm{w}}(\tau) = \frac{1}{2} \cdot \int_{-\infty}^{+\infty} S_{\mathrm{w}}(\omega) \cdot e^{j\omega\tau}\, d\omega$$

$$= \frac{1}{2} S_0 \cdot \int_{-\infty}^{+\infty} e^{j\omega\tau}\, d\omega = \pi S_0 \cdot \delta(\tau)\,. \tag{5.27b}$$

Obwohl sich dieses Ergebnis sprachlich formulieren läßt, bleibt es doch unanschaulich: Der Charakter dieses Geräuschs ist so extrem entartet, daß beliebig eng benachbarte Momentanwerte von $w(e; t)$ nicht miteinander korreliert sind. Die im Spektralbereich durch eine konstante Wirkleistungsdichte gekennzeichnete Entartung hat zu der nicht ganz befriedigenden, dennoch international gebräuchlichen Bezeichnung „weißes Geräusch" geführt; unbefriedigend u.a. deshalb, weil das „weiße" Sonnenlicht, von dem die Bezeichnung übernommen ist, gar kein frequenzunabhängiges optisches Spektrum besitzt.

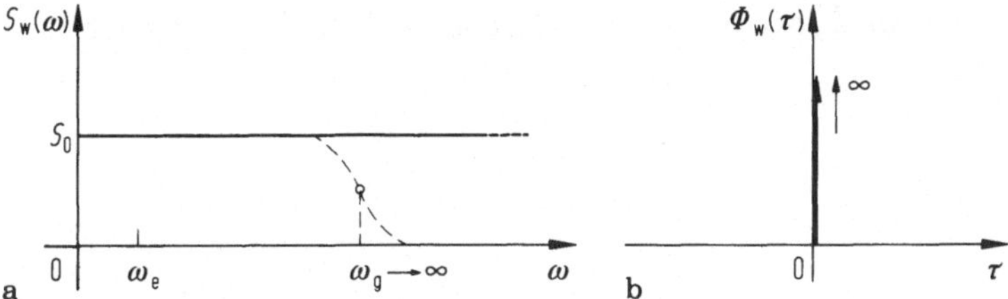

Bild 5.8. Spektrale Leistungsdichte eines weißen Geräuschs als Grenzfall eines Breitbandgeräuschs (**a**) und zugehörige entartete Autokorrelationsfunktion (**b**)

Technisch-physikalische Näherung

Im Experimentalbereich kann man ein „weißes Geräusch" durch eine Quelle annähern, deren Signalspektrum im wesentlichen zwei Eigenschaften aufweist:

- Die spektrale Leistungsdichte soll über einen möglichst großen Frequenzbereich praktisch konstant sein; damit wird ein prinzipiell realisierbares Breitbandgeräusch gefordert.
- Die obere Eckfrequenz ω_g des Geräuschs soll hinreichend groß sein gegen die obere Eckfrequenz ω_e des anzuregenden Systems, s. Bild 5.8a.

Für das formale Arbeiten mit weißen Geräuschen wird hier folgende sprachlich-begriffliche Vereinbarung getroffen:

Ein System wird angeregt mit einem (sehr oft Gauß-verteilten) realen Breitbandgeräusch, für die analytische Behandlung *modelliert* durch einen *idealen weißen Prozeß* $w(e; t)$ mit den folgenden formalen Eigenschaften:

Im allgemeinsten instationären Fall geschieht die Kennzeichnung durch die Angaben zum linearen Mittelwert und zur Kovarianzfunktion in der Form

$$\mu_w(t) = \mathscr{E}\{w(e; t)\}, \text{ überwiegend zu Null angesetzt},$$

$$V_w(t_1, t_2) = \mathscr{E}\{w(e; t_1) \cdot w(e; t_2)\} = \Psi_w(t_1) \cdot \delta(t_1 - t_2).$$

Im einfacheren *stationären Fall* wird ein weißes Geräusch gekennzeichnet durch die Angaben

$$\mu_w, \text{ überwiegend zu Null angesetzt},$$

$$V_w(\tau) = \Psi_w \cdot \delta(\tau) \quad \text{mit } \Psi_w = \pi S_0,$$

$$S_w(\omega) = S_0.$$

Damit ist eine sichere Grundlage für weitere Geräuschmodellierungen gelegt, wobei die Frage nach der Realisierbarkeit eines „weißen" Prozesses nicht mehr relevant ist. Darüber hinaus lassen sich die Angaben an passender Stelle auf vektorielle Größen verallgemeinern.

6 Schätzung von Kennwerten statistischer Vorgänge

6.1 Schätzfunktion für den linearen Mittelwert

In zahlreichen technischen Anwendungen liegen Meßwerte in Gestalt von Zahlenfolgen oder von Abtastwerten kontinuierlicher Signale vor, Bild 6.1 zeigt eine Musterfunktion eines ergodischen Prozesses, der eine Gauß-Verteilung besitzen möge. Während der Meßzeit $T = n \cdot \Delta t$ wird in n äquidistanten Zeitpunkten abgetastet, so daß zur Weiterverarbeitung n Zufallsgrößen $x(t_k)$ entstehen, mit denen man nicht die wahren Prozeßkennwerte gewinnen kann, sondern nur sogenannte Schätzwerte für diese.

So schätzt man den linearen Mittelwert über den naheliegenden Ansatz der *Schätzfunktion*

$$\hat{\mu}(n) = \frac{1}{n} \cdot \sum_{k=1}^{n} x(t_k) \, . \tag{6.1}$$

Die Abtastpunkte sollen vorläufig so weit auseinanderliegen, daß zwischen den Meßwerten $x(t_k)$ nur eine sehr geringe Korrelation besteht, die analytisch nicht einbezogen wird. Dies hat für weitergehende Überlegungen den Vorteil, daß man praktisch mit voneinander unabhängigen Werten operieren kann.

Dessenungeachtet kann man leicht erkennen, welcher Grenzfall sich einstellt, wenn bei festem T die Abtastzeitpunkte immer dichter aufeinander folgen:

$$\lim_{\substack{\Delta t \to 0 \\ n \to \infty}} \frac{1}{n} \cdot \frac{1}{\Delta t} \cdot \sum_{k=1}^{n} x(k \cdot \Delta t) \cdot \Delta t = \frac{1}{T} \cdot \int_{0}^{T} x(t) \, \mathrm{d}t \, .$$

mit den Nebenbedingungen $n \cdot \Delta t = T$ und $k \cdot \Delta t = \tau$.

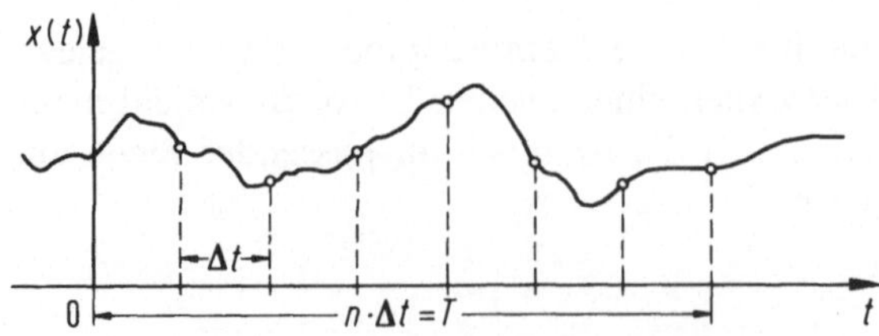

Bild 6.1. Musterfunktion eines ergodischen Prozesses mit Abtastwerten

Damit ist der Übergang zu einer Schätzfunktion $\hat{\mu}(T)$ für den kontinuierlichen Teilverlauf der Musterfunktion im Meßintervall vollzogen, wobei natürlich die anfängliche Voraussetzung unabhängiger Meßwerte verlorengegangen ist, weil mit abnehmendem Δt die gegenseitige Korrelation der Meßwerte zunimmt; als Maß für diese Korrelation wurde ja die Funktion $\phi(k \cdot \Delta t)$ mit Gl. (5.11a) eingeführt.

Schätzungen für die wahren Prozeßkennwerte entstehen aus einer Musterfolge $x(k)$ durch geeignete Schätzfunktionen, deren Eignung zur Gewinnung des Schätzwertes mittels bestimmter Kriterien überprüft werden muß. Es hat sich im fachlichen Sprachgebrauch eingebürgert, in diesem Zusammenhang von der *Qualität eines Schätzwertes* zu sprechen, obgleich damit die *Eigenschaften der Funktion* beurteilt werden, die zu dem Schätzwert führt.

6.2 Kriterien zur Beurteilung von Schätzungen

Ohne nähere Festlegung sei Q der wahre Kennwert; ein einzelner Schätzwert $\hat{Q}$, der über eine geeignete Funktion aus einer Folge $x(k)$, $k = 1, 2, \ldots, n$, gewonnen wird, ist ein fester Zahlenwert

$$\hat{Q}_n \equiv S_n[x(k)] \ .$$

Da der wahre Kennwert nicht bekannt ist, muß eine geeignete Vorgehensweise zur Beurteilung des Schätzwertes entwickelt werden.

Dazu muß $x(k)$ als Ausschnitt einer Musterfolge in einen diskreten Prozeß $x(e; k)$ eingebettet und die Schätzvorschrift S_n auf den Ausschnitt

$$x_n(e; k) = \begin{cases} x(e; t) & \text{für } 1 \leq k \leq n \\ 0 & \text{sonst} \end{cases}$$

angewandt werden. Damit erhält man über die Abhängigkeit von e eine Zufallsvariable

$$\hat{Q}_n(e) = S_n[x_n(e; k)] \equiv S_n[x(e; k)] \ .$$

Im Prinzip werden die statistischen Eigenschaften dieser Zufallsvariablen durch ihre Verteilungsdichtefunktionen beschrieben. Von einigen Grundtypen solcher Dichtefunktionen abgesehen [10] sind in vielen praktischen Anwendungen die Verteilungsdichten von Schätzwerten nicht bekannt oder nur mit unangemessen hohem Aufwand bestimmbar, so daß man Beurteilungskriterien zur Hand haben muß, die nicht auf derartige Verteilungsdichtefunktionen Bezug nehmen.

6.2.1 Erwartungstreue

Das einfachste Gütemaß für eine Schätzung erhält man, wenn man die Abweichung zwischen dem Erwartungswert der Zufallsvariablen und dem nicht bekannten wahren Kennwert formal ansetzt:

$$b\{\hat{Q}_n(e)\} := \mathscr{E}\{\hat{Q}_n(e)\} - Q$$

als Maß dafür, wie weit ein Schätzwert im Mittel von dem wahren Kennwert abweicht. Man nennt die Schätzung „erwartungstreu", wenn

$$b\{\hat{Q}_n(e)\} = 0 \quad \text{und damit } \mathscr{E}\{\hat{Q}_n(e)\} = Q \tag{6.2a}$$

ist, und im theoretischen Grenzfall $n \to \infty$ „asymptotisch erwartungstreu", wenn gilt

$$\lim_{n \to \infty} b\{\hat{Q}_n(e)\} = 0 \, . \tag{6.2b}$$

6.2.2 Konsistenz

Definitionsgemäß erhält man die Varianz der Zufallsvariablen $\hat{Q}_n(e)$ als die mittlere quadratische Abweichung

$$\begin{aligned}
\text{var}\{\hat{Q}_n(e)\} &= \mathscr{E}\{[\hat{Q}_n(e) - \mathscr{E}\{\hat{Q}_n(e)\}]^2\} \\
&= q^2\{\hat{Q}_n(e)\} - b^2\{\hat{Q}_n(e)\} \, .
\end{aligned}$$

Damit hat man wie bisher ein Maß für die Streuung der Schätzwerte um den Erwartungswert.

Man nennt eine Schätzung „konsistent", wenn gilt

$$\lim_{n \to \infty} W[|\hat{Q}_n(e) - Q| \geq \varepsilon] = 0, \quad \varepsilon > 0, \text{ beliebig klein} \, .$$

Da man die Wahrscheinlichkeitsverteilung im allgemeinen nicht kennt, begnügt man sich mit einer aus dieser Forderung der statistischen Konvergenz ableitbaren *hinreichenden Bedingung* für die Konsistenz der Schätzung:

$$\lim_{n \to \infty} \mathscr{E}\{[\hat{Q}_n(e) - Q]^2\} = 0 \tag{6.3}$$

oder in Kurzschreibweise

$$\sigma_{\hat{Q}_n}^2 \to 0 \text{ und } b_{\hat{Q}_n} \to 0 \, .$$

Überprüfung der Schätzfunktion für den linearen Mittelwert

Nach den allgemeinen Überlegungen zur Qualität von Schätzungen wird aus dem Ansatz (6.1) der Erwartungswert der Zufallsvariablen

$$\begin{aligned}
\mathscr{E}\{\hat{\mu}(n)\} &= \mathscr{E}\left\{\frac{1}{n} \cdot \sum_{k=1}^{n} x(e; k)\right\} \\
&= \frac{1}{n} \cdot \sum_{k=1}^{n} \mathscr{E}\{x(e; k)\} = \mu_x, \text{ unabhängig von } n \, ,
\end{aligned}$$

also ist die Schätzung erwartungstreu.

Rekursiver Schätzalgorithmus für den linearen Mittelwert

Die angesetzte Schätzfunktion ist unabhängig vom sogenannten „Stichprobenumfang" n; sowohl für das tiefere Verständnis von Schätzungen als auch für die Auswertung durch Rechenprogramme ist es von Interesse, wie sich ein mit $n - 1$ Abtastwerten gebildeter Schätzwert durch die Hinzunahme eines weiteren Abtastwertes x_n ändert. Dazu formt man die Schätzfunktion nach Gl. (6.1) folgendermaßen identisch um:

$$\hat{\mu}(n) = \frac{1}{n} \cdot \sum_{k=1}^{n} x_k$$

$$= \frac{n-1}{n} \cdot \frac{1}{n-1} \cdot \sum_{k=1}^{n-1} x_k + \frac{1}{n} \cdot x_n$$

$$= \frac{n-1}{n} \cdot \hat{\mu}(n-1) + \frac{1}{n} \cdot x_n$$

mit der endgültigen Form

$$\hat{\mu}(n) = \hat{\mu}(n-1) + \frac{1}{n} \cdot [x_n - \hat{\mu}(n-1)] \, . \tag{6.4}$$

Der verbesserte Schätzwert setzt sich also zusammen aus dem vorhergehenden und der mit $1/n$ gewichteten Differenz aus neuem Meßwert und vorherigem Schätzwert. Der *rekursive Charakter* dieses Algorithmus wird veranschaulicht, wenn man ihn in eine Struktur gemäß Bild 6.2 umsetzt.

Der Nachweis der Konsistenz der Schätzung nach Gl. (6.1) erfolgt unter der Annahme, daß die Meßwerte statistisch unabhängig voneinander sind (s. Hinweis am Anfang dieses Abschnitts) und daß

$$\mathscr{E}\{\hat{\mu}_n(e)\} = \mu_x$$

ist. Man findet durch Einsetzen der erwartungstreuen Schätzfunktion:

$$\sigma_{\hat{\mu}_n}^2 = \mathscr{E}\left\{ \left[\frac{1}{n} \cdot \sum_{k=1}^{n} x(e; k) - \mu_x \right]^2 \right\}$$

$$= \frac{1}{n^2} \cdot \mathscr{E}\left\{ \sum_{k=1}^{n} [x(e; k) - \mu_x]^2 \right\},$$

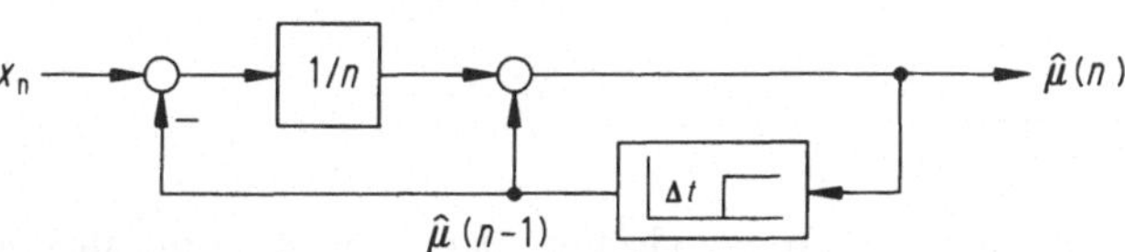

Bild 6.2. Struktur zu der Rekursionsvorschrift nach Gl. (6.4)

weil die Erwartungswerte über die Produkte $x_i x_j$ für $i \neq j$ verschwinden. Die weitere Rechnung ergibt

$$\sigma^2_{\hat{\mu}_n} = \frac{1}{n^2} \cdot \sum_{k=1}^{n} \mathscr{E}\left\{[x(e; k) - \mu_x]^2\right\}$$

$$\sigma^2_{\hat{\mu}_n} = \frac{1}{n} \cdot \sigma^2_x \to 0 \quad \text{für } n \to \infty \; , \tag{6.5}$$

die Schätzung ist also auch konsistent.

6.3 Schätzung der Varianz von Abtastwerten

6.3.1 Nicht korrelierte Abtastwerte

Außer dem Schätzwert für den linearen Mittelwert der Abtastwerte interessiert noch ein Schätzwert für deren Varianz, wofür man den Ansatz

$$\hat{\sigma}^2_n(e) := \frac{1}{n-1} \cdot \sum_{k=1}^{n} [x(e; k) - \hat{\mu}_n]^2 \tag{6.6}$$

verwendet. Auch hier stellt sich die Frage nach der Güte dieser Schätzfunktion, zu beurteilen nach den Kriterien der Erwartungstreue und der Konsistenz. Der Nachweis dieser beiden Eigenschaften wird hier nicht mehr geführt; man kommt nach einigen identischen Umformungen der Schätzfunktion (6.6) auf die folgenden Ergebnisse:

- $\mathscr{E}\left\{\hat{\sigma}^2_n(e)\right\} = \sigma^2_x$, das bedeutet Erwartungstreue, und

- $\mathrm{var}\left\{\hat{\sigma}^2_n(e)\right\} = \dfrac{2}{n-1} \cdot \sigma^4_x \to 0 \quad \text{für } n \to \infty \; ,$

und dies bedeutet zusammen mit der Erwartungstreue Konsistenz.

Auch für die Berechnung der Varianz der Abtastwerte kann man eine Rekursionsformel entwickeln:

$$\hat{\sigma}^2(n) = \frac{n-2}{n-1} \cdot \hat{\sigma}^2(n-1) + \frac{1}{n} \cdot [\hat{\mu}(n-1) - x_n]^2 \; . \tag{6.7}$$

Dieses Ergebnis zeigt wiederum, wie sich die Hinzunahme eines weiteren Abtastwertes x_n auf die Schätzung auswirkt.

6.3.2 Korrelierte Abtastwerte

Die Gl. (6.5) zeigt einen Zusammenhang zwischen der Varianz und ihrem Schätzwert unter der Annahme, daß die Abtastwerte $x_k = x(k \cdot \Delta t)$ für hinreichend große Δt praktisch nicht miteinander korreliert sind; gerade darauf beruht die Einfachheit dieses Zusammenhangs.

Im Gegensatz dazu beruhen die folgenden Angaben auf der Verwendung von enger benachbarten Abtastwerten, deren Kohärenz durch die Kovarianzfunktion gegeben sei. Nach einer hier nicht durchgeführten Herleitung [11] ergibt sich für die Varianz des Abtastmittelwertes aus n Meßwerten der folgende Ausdruck:

$$\sigma_{\hat{\mu}}^2(n) = \frac{1}{n} \cdot \sigma_x^2 + \frac{2}{T} \cdot \sum_{k=1}^{n} \left(1 - \frac{k \cdot \Delta t}{T} \right) \cdot C_x(k \cdot \Delta t) \cdot \Delta t \ . \tag{6.8}$$

Dieser Ausdruck enthält als ersten Term wieder den Schätzwert bei statistisch unabhängigen Abtastwerten, und man sollte hier etwas distanzierter folgenden Gesichtspunkt bedenken: Mit zunehmendem Δt nähert man sich zwar immer mehr dem einfachen Zusammenhang (6.5); damit verzichtet man aber andererseits zunehmend auf statistische Prozeßeigenschaften, die mit der Kovarianzfunktion gegeben sind, d.h. mit zunehmendem Abstand der Abtastungen sind die Zufallsgrößen immer weniger prozeß-spezifisch, *ihre Herkunft verliert an Profil.* Hier liegt also in praktischen Fällen ein Ermessensspielraum, der sich nicht allgemein festlegen läßt.

Wir wenden uns in Abschn. 6.5 den Eigenschaften *kontinuierlicher* Schätzfunktionen zu und werden dabei das Grenzverhalten der Beziehung (6.8) für $\Delta t \to 0$, $n \to \infty$ mit den Nebenbedingungen $n \cdot \Delta t = T$ und $k \cdot \Delta t = \tau$ kennenlernen.

6.4 Optimale Verknüpfung von zwei Zufallsvariablen

Nachdem wir die Frage nach der Auswirkung der Hinzunahme eines neuen Meßwertes auf den jeweiligen Schätzwert durch Angabe von zwei Rekursionsformeln behandelt haben, werden wir jetzt im Hinblick auf die Schätzverfahren nach Kalman einen anderen Gesichtspunkt hervorheben [12].

Gegeben seien zwei statistisch unabhängige Zufallsvariablen $y(e; t_1) = y_1(e)$, $y(e; t_2) = y_2(e)$, die aus einem Gauß-verteilten ergodischen Prozeß $y(e; t)$ zu zwei hinreichend weit auseinanderliegenden Zeitpunkten t_1, t_2 entstanden sind; außerdem seien die zugehörigen Varianzen $\sigma^2(t_1)$ und $\sigma^2(t_2)$ der Messungen bekannt. Über eine geeignete Schätzfunktion

$$\hat{x}(e; t_2) = f[\, y(e; t_1), y(e; t_2)]$$

sollen die Zufallsvariablen so miteinander verknüpft werden, daß sich ein erwartungstreuer Schätzwert $\hat{x}_{\text{opt}}$ für $x(e; t_2)$ mit *minimaler Varianz* ergibt. Dazu machen wir für die Schätzfunktion den Ansatz

$$\hat{x}(e; t_2) = (1 - K) \cdot y_1(e) + K \cdot y_2(e) \ ,$$

wobei die Erwartungstreue wegen $1 - K + K = 1$ feststeht.

Berechnung der Varianz des Schätzwertes

Definitionsgemäß ist zum Zeitpunkt t_2 die Varianz

$$\sigma_{\hat{x}}^2 = \mathscr{E}\{[\hat{x}(e) - \mathscr{E}\{\hat{x}(e)\}]^2\}\,,$$

und durch Einsetzen der Schätzfunktion ergibt eine einfache Zwischenrechnung in vereinfachter Schreibweise ohne Mitführung des Argumentes e:

$$\sigma_{\hat{x}}^2 = \mathscr{E}\{[(1-K)\cdot y_1 + K\cdot y_2 - [(1-K)\cdot\mathscr{E}\{y_1\} + K\cdot\mathscr{E}\{y_2\}]]^2\}$$
$$= \mathscr{E}\{[(1-K)\cdot(y_1 - \mu_1) + K\cdot(y_2 - \mu_2)]^2\}\,.$$

Da die Erwartungswerte der gemischten Terme $y_i y_j$ für $i \neq j$ nach Voraussetzung verschwinden, verbleiben die quadratischen Terme

$$\sigma_{\hat{x}}^2 = (1-K)^2\cdot\mathscr{E}\{(y_1 - \mu_1)^2\} + K^2\cdot\mathscr{E}\{(y_2 - \mu_2)^2\}$$
$$= (1-K)^2\cdot\sigma_1^2 + K^2\cdot\sigma_2^2\,,$$

wobei die Varianzen auf der rechten Seite gegeben sind, so daß nur noch die Abhängigkeit von dem noch unbestimmten K verbleibt.

Bestimmung des Minimums der Varianz von $\hat{x}$

Da Varianzen positiv definit sind, genügt die Erfüllung der Bedingung

$$\frac{\mathrm{d}}{\mathrm{d}K}\,\sigma_{\hat{x}}^2(K) = 0,\quad \text{folglich wird}$$

$$(1-K)\cdot\sigma_1^2 - K\cdot\sigma_2^2 = 0\,,$$

und daraus ergibt sich die gesuchte *optimale Gewichtung* K_0 zur Erzielung minimaler Varianz des Schätzwertes:

$$K_0(t_2) = \frac{\sigma_1^2}{\sigma_1^2 + \sigma_2^2}\,,$$

und die angesetzte Schätzfunktion geht über in die optimale Form

$$\hat{x}_{\mathrm{opt}} = (1 - K_0)\cdot y_1 + K_0\cdot y_2$$

$$\hat{x}_{\mathrm{opt}} = \frac{1}{\sigma_1^2 + \sigma_2^2}\cdot(\sigma_2^2\cdot y_1 + \sigma_1^2\cdot y_2)\,, \tag{6.9a}$$

die zugehörige minimale Varianz wird nach einfacher Zwischenrechnung

$$\sigma_{\hat{x}m}^2 = \frac{\sigma_1^2\sigma_2^2}{\sigma_1^2 + \sigma_2^2} = \sigma_{\hat{x}}^2(t_2)\,. \tag{6.10}$$

Man kann die optimale Schätzfunktion auf die ausführliche Form

$$\hat{x}_{\mathrm{opt}}(t_2) = y(t_1) + K_0(t_2)\cdot[y(t_2) - y(t_1)] \tag{6.9b}$$

bringen und ihr die in Bild 6.3 gezeigte Struktur zuordnen.

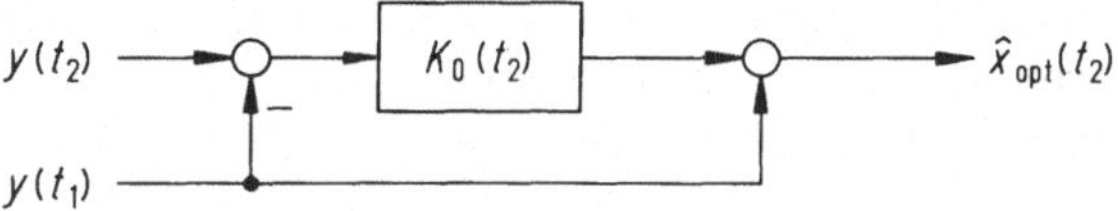

Bild 6.3. Struktur zur Bildung des optimalen Schätzwertes nach Gl. (6.9b)

Interpretation der Ergebnisse

- Aus Gl. (6.9a) folgt: Wenn y_1 mit größerer Streuung behaftet ist als y_2, wenn also $\sigma_1 > \sigma_2$ ist, dann wird y_2 stärker bewertet als y_1 und umgekehrt.
- Aus Gl. (6.10) in der gleichwertigen Form

$$\frac{1}{\sigma_{\hat{x}m}^2} = \frac{1}{\sigma_1^2} + \frac{1}{\sigma_2^2}$$

geht hervor, daß selbst „schlechte" Meßwerte den Schätzwert verbessern. Für den nicht auszuschließenden Fall gleicher Meßwertstreuungen stellt sich mit $K_0(t_2) = 1/2$ ein sehr plausibles Ergebnis ein, nämlich das arithmetische Mittel

$$\hat{x}_{opt}(e) = \frac{1}{2} \cdot [\, y_1(e) + y_2(e)\,], \text{ folglich}$$

$$\mathscr{E}\{\hat{x}_{opt}(e)\} = \frac{1}{2} \cdot (\mu_1 + \mu_2)\,.$$

Man kann feststellen, daß sich hinter der harmlosen Schätzfunktion (6.9b) recht hintergründige Aussagen verbergen, die schon auf die *Grundstruktur der Kalman-Filterung* hinweisen (s. Abschn. 15.1 u. 17.3).

- Die Streuung des Schätzwertes $\hat{x}$ zum Zeitpunkt t_1 ist gleich der Streuung des ersten Meßwertes; nach Einbeziehung des zweiten Meßwertes ergibt sich die minimale Streuung aus Gl. (6.10), und eine einfache Zwischenrechnung führt auf den Zusammenhang

$$\sigma_{\hat{x}}^2(t_2) = \sigma_{\hat{x}}^2(t_1) \cdot [1 - K_0(t_2)]\,. \tag{6.11}$$

6.5 Kontinuierliche Schätzfunktionen

6.5.1 Schätzung des linearen Mittelwertes

Die Ausführungen über die statistische Kennzeichnung von Abtastwerten werden mit dem Übergang zu Schätzungen mit Hilfe kontinuierlicher Funktionen abgeschlossen. In Abschn. 6.1 wurde als Grenzfall schon die Schätzfunktion für den linearen Mittelwert bei endlicher Integrationszeit gewonnen:

$$\hat{\mu}(T) = \frac{1}{T} \cdot \int_0^T x(t)\,\mathrm{d}t\,. \tag{6.12}$$

Der Nachweis der Erwartungstreue kann nur über eine Erwartungswertbildung erfolgen; dazu muß die Einbettung in einen Prozeß vorgenommen werden, und die damit erfolgende Einbeziehung der Variablen e führt auf

$$\mathscr{E}\{\hat{\mu}(e;T)\} = \frac{1}{T}\cdot\int_0^T \mathscr{E}\{x(e;t)\}\,\mathrm{d}t$$

$$= \mathscr{E}\{x(e;t)\} = \mu_x\ .$$

Zur Überprüfung der Konsistenz setzt man die mittlere quadratische Abweichung an, die bei erwartungstreuen Schätzwerten gleich der Varianz ist:

$$\sigma_{\hat{x}}^2(T) = \mathscr{E}\{[\hat{\mu}(e;T) - \mathscr{E}\{\hat{\mu}(e;T)\}]^2\}$$

$$= \mathscr{E}\{\hat{\mu}^2(e;T)\} - \mu_x^2\ .$$

Setzt man hier die Schätzfunktion ein, so erhält man über eine Zwischenrechnung ein Doppelintegral der Form (5.17), wobei andere Integrationsgrenzen zu beachten sind:

$$\sigma_{\hat{\mu}}^2(T) = \frac{1}{T^2}\cdot\int_0^T \int_{-t_1}^{T-t_1} [\phi_x(\tau) - \mu_x^2]\,\mathrm{d}\tau\,\mathrm{d}t_1$$

$$= \frac{2}{T}\cdot\int_0^T \left(1 - \frac{\tau}{T}\right)\cdot C_x(\tau)\,\mathrm{d}\tau\ . \tag{6.13}$$

Unter entsprechenden Bedingungen wie in Abschn. 5.7 strebt diese Varianz für $T \to \infty$ gegen Null, d.h. die Schätzfunktion ergibt eine konsistente Schätzung für den linearen Mittelwert. Die Gl. (6.13) dient jedoch nicht nur zum Nachweis der Konsistenz der Schätzung, sondern auch einem praktischen Zweck, nämlich der *Abschätzung von Meßzeiten*, wie das folgende Beispiel zeigt.

Gegeben sei ein Gauß-verteilter Prozeß mit der Kovarianzfunktion

$$C_x(\tau) = \sigma_x^2\cdot\mathrm{e}^{-\omega_g|\tau|}\ .$$

Anhand einer Musterfunktion $x(t)$ soll die Meßzeit T abgeschätzt werden, die für ein vorgegebenes Verhältnis der Streuungen $\sigma/\sigma_{\hat{\mu}}$ erforderlich ist. Durch Einsetzen der Kovarianzfunktion in Gl. (6.13) ergibt sich

$$\sigma_{\hat{\mu}}^2(T) = \frac{2\sigma_x^2}{T}\cdot\int_0^T \left(1 - \frac{\tau}{T}\right)\cdot\mathrm{e}^{-\omega_g\tau}\,\mathrm{d}\tau \tag{6.14}$$

und daraus das Verhältnis

$$\left(\frac{\sigma_{\hat{\mu}}}{\sigma}\right)^2 = \frac{2}{\omega_g T}\cdot\left[1 - \frac{1}{\omega_g T}\cdot(1 - \mathrm{e}^{-\omega_g T})\right]\ .$$

Für eine Abschätzung genügt das Verhalten für $\omega_g\cdot T \gg 1$,

$$\left(\frac{\sigma_{\hat{\mu}}}{\sigma}\right)^2 \approx \frac{2}{\omega_g \cdot T},$$

und für die Meßzeit $T \equiv T_{\hat{\mu}}$ erhält man

$$T_{\hat{\mu}} \approx \frac{2}{\omega_g} \cdot \left(\frac{\sigma}{\sigma_{\hat{\mu}}}\right)^2 . \tag{6.15}$$

Für ein Geräusch mit der Grenzfrequenz $f_g = 100\,Hz$ und die Forderung, daß $\sigma_{\hat{\mu}}$ ein Prozent von σ betragen soll, erhält man die Meßzeitabschätzung

$$T_{\hat{\mu}} \approx 32\ \text{sec}.$$

6.5.2 Schätzung des quadratischen Mittelwertes

Unter Beibehaltung der bisherigen Prozeßeigenschaften setzt man die naheliegende Schätzfunktion

$$\hat{q}^2(T) := \frac{1}{T} \cdot \int_0^T x^2(t)\, dt \tag{6.16}$$

an und weist wiederum sehr einfach die Erwartungstreue durch Einbeziehung der Variablen e über den Prozeß nach:

$$\mathscr{E}\{\hat{q}^2(e; T)\} = \frac{1}{T} \cdot \int_0^T \mathscr{E}\{x^2(e; t)\}\, dt = q_x^2 .$$

Zur Überprüfung der Konsistenz berechnet man die Varianz des Schätzwertes, die eine Kenngröße 4. Ordnung wird. Für Gauß-verteilte Prozesse kann man dieses Moment folgendermaßen durch die Autokorrelationsfunktion und den linearen Mittelwert des Prozesses darstellen [13]:

$$\mathscr{E}\{x^2(e; t) \cdot x^2(e; t + \tau)\} = 2 \cdot [\phi_x^2(\tau) - \mu_x^4] + q_x^4 ,$$

und eine ähnliche Zwischenrechnung wie in Abschn. 6.5.1 führt auf das Ergebnis

$$\text{var}\{\hat{q}^2(e; T)\} = \frac{4}{T} \cdot \int_0^T \left(1 - \frac{\tau}{T}\right) \cdot [C_x^2(\tau) + \mu_x^2 C_x(\tau)]\, d\tau . \tag{6.17}$$

Unter entsprechenden Voraussetzungen wie in Abschn. 5.7 strebt diese Varianz gegen Null, wenn die Meßzeit $T \to \infty$ geht, folglich liefert die Schätzfunktion (6.16) in Verbindung mit der Erwartungstreue eine konsistente Schätzung für den quadratischen Mittelwert.

Auch die Gl. (6.17) läßt sich zur *Abschätzung einer Meßzeit* verwenden. Zum Vergleich mit der Meßzeitabschätzung für den linearen Mittelwert entsprechend dem Ausdruck (6.15) wird wieder ein Prozeß mit der gleichen exponentiellen Kovarianzfunktion angenommen, zur Vereinfachung der Auswertung wird er mittelwertfrei angesetzt. Man erhält dann das Integral

$$\text{var}\{\hat{q}^2(e;T)\} = \frac{4\sigma_x^2}{T}\cdot\int_0^T\left(1-\frac{\tau}{T}\right)\cdot e^{-2\omega_g\tau}\,d\tau$$

$$= \frac{2\sigma_x^4}{\omega_g\cdot T}\cdot\left[1-\frac{1}{2\,\omega_g\cdot T}\cdot(1-e^{-2\omega_g\cdot T})\right]$$

$$\approx \frac{2}{\omega_g\cdot T}\cdot\sigma_x^4 \quad\text{für}\quad \omega_g\cdot T \gg 1\,.$$

Setzt man für diese Varianz als Moment 4. Ordnung zur Abkürzung λ^4, so erhält man für die Meßzeitabschätzung den Ausdruck

$$T_{\hat{q}^2} \approx \frac{2}{\omega_g}\cdot\left(\frac{\sigma_x}{\lambda}\right)^4\,. \tag{6.18}$$

Zum Vergleich mit dem Zahlenergebnis zur Abschätzung (6.15) bezieht man sich auf die gleichen Geräuschdaten und findet

$$T_{\hat{q}^2} \approx 88 \text{ Stunden} \;\hat{\approx}\; 3\tfrac{1}{2} \text{ Tage}\,.$$

Der enorme Unterschied zwischen den beiden Zahlenergebnissen ist nicht mehr so überraschend wenn man bedenkt, daß man ein Moment 2. Ordnung einem Moment 4. Ordnung bei gleichen Voraussetzungen gegenüberstellt.

Hinweis:

Auf weiterführende Angaben zur Schätzung von Korrelationsfunktionen wird hier bewußt verzichtet, weil sie für die nachfolgenden Überlegungen keine Rolle spielt; hierzu muß auf die speziellere Fachliteratur verwiesen werden [10, 11]. Entsprechendes gilt für die Auswirkung der Abtastung auf die zugehörigen Leistungsdichtespektren; hierzu wird auf die Literatur über digitale Signalverarbeitung verwiesen [14, 15].

7 Vektorielle Zufallsprozesse

7.1 Grundlegende Definitionen

Wenn man n Zufallsprozesse in der Form

$$x(e; t) = \begin{bmatrix} x_1(e; t) \\ x_2(e; t) \\ \vdots \\ x_n(e; t) \end{bmatrix}$$

zusammenfaßt, entsteht ein vektorieller Zufallsprozeß. Nachdem in den vorhergehenden Kapiteln die statistische Beschreibung skalarer Prozesse ausführlich behandelt worden ist, werden nachstehend nur einige wichtige Eigenschaften vektorieller Prozesse zusammengestellt, die für die systemtheoretischen Probleme von Bedeutung sind.

Entsprechend dem skalaren Fall werden die statistischen Eigenschaften vektorieller Zufallsprozesse durch mehrdimensionale Verteilungsfunktionen der Form

$$P_x(u_1, u_2, \ldots, u_n; t) := W[x_1(e; t) \le u_1, x_2(e; t) \le u_2, \ldots, x_n(e; t) \le u_n]$$

beschrieben, und die jeweils interessierenden Erwartungswerte ergeben sich durch Mehrfachintegrationen zwischen den Grenzen $-\infty$ und $+\infty$ aus den Verteilungsdichtefunktionen

$$p_x(u_1, u_2, \ldots, u_n; t) = \frac{\partial^n}{\partial u_1 \partial u_2 \ldots \partial u_n} P_x(u_1, u_2, \ldots, u_n; t) \, .$$

Am einfachsten ist die Bildung des Erwartungswertes

$$\mathscr{E}\{x(e; t)\} = \begin{bmatrix} \mathscr{E}\{x_1(e; t)\} \\ \mathscr{E}\{x_2(e; t)\} \\ \vdots \\ \mathscr{E}\{x_n(e; t)\} \end{bmatrix} = \mu_x(t) \tag{7.1}$$

also des vektoriellen linearen Mittelwertes, der bei instationären Prozessen von der Zeit abhängt.

Bei allen weiteren Angaben werden *kovarianzergodische Vektorprozesse* vorausgesetzt, so daß insbesondere für die Kennzeichnung Gaußscher Prozesse Vollständigkeit gesichert ist. Vornehmlich entstehen Matrizen der allgemeinen Grundform

$$xy^{\mathrm{T}} = \begin{bmatrix} x_1 y_1 & x_1 y_2 & \dots & x_1 y_n \\ x_2 y_1 & x_2 y_2 & \dots & x_2 y_n \\ \vdots & & & \\ x_n y_1 & x_n y_2 & \dots & x_n y_n \end{bmatrix} .$$

Dabei sind für x und y Vektoren der Dimension $(n, 1)$ angenommen. Bei allen nachfolgenden Definitionen, die auch die Fälle $y = x$ einschließen, müssen wie bei skalaren Problemen die jeweiligen Argumente beachtet werden; ganz entsprechend entstehen jetzt

- für $t = t_j$ vektorielle Zufallsvariablen $x_j(e)$,
- für $e = e_i$ vektorielle Musterfunktionen $x_i(t)$.

Unter den genannten Voraussetzungen gelten die folgenden Definitionen, bei denen die Erwartungswertbildung für alle Elemente der jeweiligen Matrizen vorzunehmen ist:

- *Autokorrelationsmatrix*

$$\phi_{\mathrm{x}}(\tau) = \mathscr{E}\{x(e; t) \cdot x^{\mathrm{T}}(e; t + \tau)\} \tag{7.2}$$

- *Kreuzkorrelationsmatrix*

$$\phi_{\mathrm{xy}}(\tau) = \mathscr{E}\{x(e; t) \cdot y^{\mathrm{T}}(e; t + \tau)\} \tag{7.3}$$

- *(Auto-)Kovarianzmatrix*

$$V_{\mathrm{x}}(\tau) = \mathscr{E}\{[x(e; t) - \mu_{\mathrm{x}}] \cdot [x(e; t + \tau) - \mu_{\mathrm{x}}]^{\mathrm{T}}\} \tag{7.4}$$

- *Kreuzkovarianzmatrix*

$$V_{\mathrm{xy}}(\tau) = \mathscr{E}\{[x(e; t) - \mu_{\mathrm{x}}] \cdot [y(e; t + \tau) - \mu_{\mathrm{y}}]^{\mathrm{T}}\} \tag{7.5}$$

Entsprechend den skalaren Fällen bestehen die Zusammenhänge

$$V_{\mathrm{x}}(\tau) = \phi_{\mathrm{x}}(\tau) - \mu_{\mathrm{x}}\mu_{\mathrm{x}}^{\mathrm{T}} \,,$$

$$V_{\mathrm{xy}}(\tau) = \phi_{\mathrm{xy}}(\tau) - \mu_{\mathrm{x}}\mu_{\mathrm{y}}^{\mathrm{T}} \,.$$

7.2 Lineare Transformationen für Gaußsche Zufallsvektoren

Für eine vektorielle Zufallsvariable $x(e)$ mit dem linearen Mittelwert $\mathscr{E}\{x(e)\} = \mu_{\mathrm{x}}$ hat die Kovarianzmatrix die Form

$$V = \begin{bmatrix} \sigma_{x_1}^2 & \sigma_{x_1 x_2}^2 & \dots & \sigma_{x_1 x_n}^2 \\ \vdots & & & \vdots \\ \sigma_{x_n x_1}^2 & \sigma_{x_n x_2}^2 & \dots & \sigma_{x_n}^2 \end{bmatrix}$$

und mit det $V = |V|$ ergibt sich die Gauß-Verteilungsdichte

$$p_{\mathrm{x}}(u) = \frac{1}{(2\pi)^{n/2} \cdot |V|^{1/2}} \cdot \exp\left[-\frac{1}{2}(u - \mu_{\mathrm{x}})^{\mathrm{T}} V^{-1}(u - \mu_{\mathrm{x}}) \right] \tag{7.6}$$

Nun seien zwei Gaußsche Zufallsvektoren $x(e)$, $y(e)$ mit den linearen Mittelwerten μ_{x}, μ_{y} und dem Zusammenhang

$$y(e) = A x(e) \tag{7.7}$$

gegeben. Dann gelten für die Mittelwerte und die Kovarianzmatrizen die Beziehungen

$$\mu_{\mathrm{y}} = A\mu_{\mathrm{x}} \quad \text{und} \tag{7.8}$$

$$V_{\mathrm{y}} = A V_{\mathrm{x}} A^{\mathrm{T}} . \tag{7.9}$$

Haben die beiden Zufallsvektoren die Dimensionen n bzw. m, so ergibt sich mit den Matrizen A: (p, n) und B: (p, m) die Linearkombination

$$z(e) = A x(e) + B y(e) = [A \ B] \cdot \begin{bmatrix} x(e) \\ y(e) \end{bmatrix} \tag{7.10}$$

mit dem linearen Mittelwert

$$u_{\mathrm{z}} = [A \ B] \cdot \begin{bmatrix} \mu_{\mathrm{x}} \\ \mu_{\mathrm{y}} \end{bmatrix} = A\mu_{\mathrm{x}} + B\mu_{\mathrm{y}} \tag{7.11}$$

und der Kovarianzmatrix

$$V_{\mathrm{z}} = [A \ B] \cdot \begin{bmatrix} V_{\mathrm{x}} & V_{\mathrm{xy}} \\ V_{\mathrm{yx}} & V_{\mathrm{y}} \end{bmatrix} \cdot \begin{bmatrix} A^{\mathrm{T}} \\ B^{\mathrm{T}} \end{bmatrix}$$

$$= A V_{\mathrm{x}} A^{\mathrm{T}} + A V_{\mathrm{xy}} B^{\mathrm{T}} + B V_{\mathrm{yx}} A^{\mathrm{T}} + B V_{\mathrm{y}} B^{\mathrm{T}} . \tag{7.12}$$

Für statistisch unabhängige Vektoren verschwinden die Kreuzkovarianzmatrizen.

7.3 Bedingte Gauß-Verteilungsdichtefunktionen

Gegeben sind zwei Zufallsvektoren $x(e)$, Dimension n, und $y(e)$, Dimension m, mit dem linearen Mittelwert für die zusammengefaßten Vektoren

$$\mathscr{E}\left\{ \begin{bmatrix} x(e) \\ y(e) \end{bmatrix} \right\} = \begin{bmatrix} \mu_{\mathrm{x}} \\ \mu_{\mathrm{y}} \end{bmatrix} \equiv \mu$$

und der Kovarianzmatrix V. Mit diesen Vorgaben hat die Gaußsche Verbundverteilungsdichte die Form

$$
p_{x,y}(\boldsymbol{u}, \boldsymbol{v}) = (2\pi)^{-\frac{n+m}{2}} \cdot \begin{vmatrix} V_x & V_{xy} \\ V_{yx} & V_y \end{vmatrix}^{-\frac{1}{2}} \cdot
$$
$$
\cdot \exp\left\{ -\frac{1}{2} \begin{bmatrix} \boldsymbol{u} - \boldsymbol{\mu}_x \\ \boldsymbol{v} - \boldsymbol{\mu}_y \end{bmatrix}^{\mathrm{T}} \cdot \begin{bmatrix} V_x & V_{xy} \\ V_{yx} & V_y \end{bmatrix}^{-1} \cdot \begin{bmatrix} \boldsymbol{u} - \boldsymbol{\mu}_x \\ \boldsymbol{v} - \boldsymbol{\mu}_y \end{bmatrix} \right\} \tag{7.13}
$$

mit den beiden Randverteilungsdichten

$$
p_x(\boldsymbol{u}) = (2\pi)^{-\frac{n}{2}} \cdot |V_x|^{-\frac{1}{2}} \cdot \exp\left\{ -\frac{1}{2}(\boldsymbol{u} - \boldsymbol{\mu}_x)^{\mathrm{T}} \cdot V_x^{-1} \cdot (\boldsymbol{u} - \boldsymbol{\mu}_x) \right\}, \tag{7.14}
$$

$$
p_y(\boldsymbol{v}) = (2\pi)^{-\frac{m}{2}} \cdot |V_y|^{-\frac{1}{2}} \cdot \exp\left\{ -\frac{1}{2}(\boldsymbol{v} - \boldsymbol{\mu}_y)^{\mathrm{T}} \cdot V_y^{-1} \cdot (\boldsymbol{v} - \boldsymbol{\mu}_y) \right\}. \tag{7.15}
$$

Über den allgemeinen Ansatz für die bedingte Verteilungsdichte

$$
p_{x_1 \ldots x_n | y_1 \ldots y_m}(u_1 \ldots u_n | v_1 \ldots v_m) = \frac{p_{x_1 \ldots x_n, y_1 \ldots y_m}(u_1 \ldots u_n, v_1 \ldots v_m)}{p_{y_1 \ldots y_m}(v_1 \ldots v_m)}
$$

$$
\tag{7.16}
$$

erhält man mit den Grundlagen aus Abschn. 4.5 die folgenden bedingten Erwartungswerte und Kovarianzmatrizen:

$$
\boldsymbol{\mu}_{x|y} = \boldsymbol{\mu}_x + V_{xy} V_y^{-1}(\boldsymbol{y} - \boldsymbol{\mu}_y),
$$

$$
\boldsymbol{\mu}_{y|x} = \boldsymbol{\mu}_y + V_{yx} V_x^{-1}(\boldsymbol{x} - \boldsymbol{\mu}_x),
$$

$$
V_{x|y} = V_x - V_{xy} V_y^{-1} V_{yx},
$$

$$
V_{y|x} = V_y - V_{yx} V_x^{-1} V_{xy}.
$$

Im Zusammenhang mit diesen Ergebnissen ist folgender Sachverhalt von Interesse: Bei der Schätzung einer Zufallsvariablen $x(e)$ durch den bedingten Erwartungswert $\boldsymbol{\mu}_{x|y}$ sind der Fehlervektor $\boldsymbol{\varepsilon}(e) := x(e) - \boldsymbol{\mu}_{x|y}$ und der Vektor $y(e)$ *orthogonal* zueinander. Zum Nachweis setzt man folgende Kovarianz an:

$$
\operatorname{cov}\{\boldsymbol{\varepsilon}, \boldsymbol{y}\} = \mathscr{E}\left\{ [\boldsymbol{\varepsilon} - \boldsymbol{\mu}_\varepsilon] \cdot [\boldsymbol{y} - \boldsymbol{\mu}_y]^{\mathrm{T}} \right\}
$$

$$
= \mathscr{E}\left\{ [\boldsymbol{x} - \boldsymbol{\mu}_x - V_{xy} V_y^{-1}(\boldsymbol{y} - \boldsymbol{\mu}_y)] \cdot (\boldsymbol{y} - \boldsymbol{\mu}_y)^{\mathrm{T}} \right\}
$$

$$
= V_{xy} - V_{xy} V_y^{-1} V_y = \boldsymbol{0}.
$$

Eine entsprechende Berechnung ergibt

$$
\operatorname{cov}\{\boldsymbol{\varepsilon}, \mathscr{E}\{x|y\}\} = \boldsymbol{0}.
$$

7.4 Bedingte Kenngrößen zu einer linearen Transformation

Gegeben sind zwei voneinander unabhängige Gauß-verteilte Prozesse $x(e; t)$, $r(e; t)$, $\mu_r = 0$, die über eine Linearkombination

$$y(e; t) = Cx(e; t) + r(e; t) \qquad (7.17)$$

den Prozeß $y(e; t)$ bilden. Die Gaußsche Verbundverteilungsdichte $p_{x,y}(u, v)$ wird gekennzeichnet durch die Kovarianzmatrix

$$V = \begin{bmatrix} V_x & V_{xy} \\ V_{yx} & V_y \end{bmatrix},$$

deren Elemente noch nicht bekannt sind. Gesucht sind der bedingte Erwartungswert und die bedingte Kovarianz zu der Gaußschen Dichtefunktion

$$p_{x|y}(u \mid v) = (2\pi)^{-\frac{n}{2}} \cdot |V_{x|y}|^{-\frac{1}{2}} \cdot \exp\left[-\frac{1}{2}(u - \mu_{x|y})^T V_{x|y}^{-1}(u - \mu_{x|y}) \right].$$

Im ersten Schritt führt man zwei neue Verbundvektoren

$$s(e; t) = \begin{bmatrix} x(e; t) \\ r(e; t) \end{bmatrix}, \qquad \mu_s = \begin{bmatrix} \mu_{x|y} \\ 0 \end{bmatrix} \quad \text{mit } V_s = \begin{bmatrix} V^0 & 0 \\ 0 & V_r \end{bmatrix} \text{sowie}$$

$$z(e; t) = \begin{bmatrix} x(e; t) \\ Cx(e; t) + r(e; t) \end{bmatrix} = M \cdot \begin{bmatrix} x(e; t) \\ r(e; t) \end{bmatrix} \quad \text{mit } M = \begin{bmatrix} I & 0 \\ C & I \end{bmatrix}$$

ein. Daraus folgen unmittelbar der Erwartungswert und die Kovarianzmatrix:

$$\mu_z = M\mu_s$$

$$= \begin{bmatrix} I & 0 \\ C & I \end{bmatrix} \cdot \begin{bmatrix} \mu_{x|y} \\ 0 \end{bmatrix} = \begin{bmatrix} \mu_{x|y} \\ C\mu_{x|y} \end{bmatrix}$$

$$V_z = M V_s M^T$$

$$= \begin{bmatrix} I & 0 \\ C & I \end{bmatrix} \cdot \begin{bmatrix} V^0 & 0 \\ 0 & V_r \end{bmatrix} \cdot \begin{bmatrix} I & C^T \\ 0 & I \end{bmatrix} = \begin{bmatrix} V^0 & V^0 C^T \\ C V^0 & C V^0 C^T + V_r \end{bmatrix}.$$

Damit sind die Elemente der Kovarianzmatrix V bekannt:

$$V_x = V^0 \qquad V_{xy} = V^0 C^T$$

$$V_{yx} = C V^0 \qquad V_y = C V^0 C^T + V_r.$$

Im zweiten Schritt setzt man in die Ausdrücke für den bedingten linearen Mittelwert und die bedingte Kovarianzmatrix die nunmehr bekannten Größen ein; damit wird

$$\mu_{x|y} = \mu_x + V_{xy} V_y^{-1} \cdot (y - \mu_y)$$

$$\mu_{x|y} = \mu_x + V^0 C^T \cdot [C V^0 C^T + V_r]^{-1} \cdot (y - C\mu_x) \qquad (7.18a)$$

und schließlich die bedingte Kovarianz

$$V_{x|y} = V_x - V_{xy} V_y^{-1} V_{yx}$$

$$V_{x|y} = V^0 - V^0 C^T \cdot [C V^0 C^T + V_r]^{-1} \cdot C V^0 \,. \tag{7.19a}$$

Umformungen:

Die beiden Ergebnisse enthalten den Matrixterm

$$K := V^0 C^T \cdot [C V^0 C^T + V_r]^{-1} \,, \tag{7.20}$$

mit dem die beiden bedingten Kenngrößen übergehen in die übersichtlicheren Formen

$$\mu_{x|y} = \mu_x + K \cdot (y - C \mu_x) \,, \tag{7.18b}$$

$$V_{x|y} = V^0 - K C V^0 \,. \tag{7.19b}$$

Diese beiden Ausdrücke sind von grundlegender Bedeutung für optimale Schätzverfahren; sie zeigen den gleichen Aufbau wie die Gl. (6.9b) und (6.11), die sich bei der optimalen Verknüpfung zweier Meßwerte ergeben haben.

7.5 Zusammenhänge für instationäre Prozesse

Im Hinblick auf den Entwurf von Kalman-Filtern werden abschließend zu diesem Kapitel einige Kennfunktionen zur Beschreibung instationärer Prozesse zusammengestellt. Die Korrelationsmatrizen werden jetzt abhängig von zwei verschiedenen Zeitpunkten:

$$\phi_x(t_1, t_2) = \mathscr{E}\{x(e; t_1) \cdot x^T(e; t_2)\} \,, \tag{7.21}$$

$$\phi_{xy}(t_1, t_2) = \mathscr{E}\{x(e; t_1) \cdot y^T(e; t_2)\} \,, \tag{7.22}$$

entsprechend lauten jetzt die Definitionsgleichungen für die Kovarianzmatrizen:

$$V_x(t_1, t_2) = \mathscr{E}\{[x(e; t_1) - \mu_x(t_1)] \cdot [x(e; t_2) - \mu_x(t_2)]^T\} \,, \tag{7.23}$$

$$V_{xy}(t_1, t_2) = \mathscr{E}\{[x(e; t_1) - \mu_x(t_1)] \cdot [y(e; t_2) - \mu_y(t_2)]^T\} \,. \tag{7.24}$$

Auch hier gelten die bekannten Zusammenhänge

$$V_x(t_1, t_2) = \phi_x(t_1, t_2) - \mu_x(t_1)\mu_x^T(t_2),$$

$$V_{xy}(t_1, t_2) = \phi_{xy}(t_1, t_2) - \mu_x(t_1)\mu_y^T(t_2) \,.$$

Ein *instationäres weißes Geräusch* wird in entsprechender Verallgemeinerung charakterisiert durch seine Autokorrelationsmatrix

$$\phi_w(t_1, t_2) = \Psi_w(t_1) \cdot \delta(t_1 - t_2)$$

bzw. durch seine Kovarianzmatrix

$$V_{\mathrm{w}}(t_1, t_2) = \boldsymbol{\Psi}_{\mathrm{w}}(t_1) \cdot \delta(t_1 - t_2) - \boldsymbol{\mu}_{\mathrm{w}}(t_1)\boldsymbol{\mu}_{\mathrm{w}}^{\mathrm{T}}(t_2) \ .$$

Dabei ist die Matrix $\boldsymbol{\Psi}_{\mathrm{w}}(\cdot)$ die Verallgemeinerung der spektralen Kenngröße $\boldsymbol{\Psi}_{\mathrm{w}}$ eines skalaren weißen Geräusches gemäß Abschn. 5.9.

Hinweis:

Für das Arbeiten mit stochastischen Prozessen $x(e; t)$ ist die in Abschn. 5.4 gebrachte *Ergodenhypothese* von fundamentaler Bedeutung: Rein aus der Perspektive der Statistik spielt die Variable e die entscheidende Rolle, auf sie beziehen sich die Wahrscheinlichkeitsverteilungen und die Erwartungswertbildungen; die Variable t tritt dabei ganz in den Hintergrund, solange man es mit *stationären* Prozessen zu tun hat.

Andererseits wird die Rolle der Variablen t als Ordnungsparameter des Prozesses besonders deutlich, wenn man ihn mit der *Zeit* identifiziert, die über den II. Hauptsatz ihren Richtungscharakter erhält und damit aus physikalischer Sicht die Bezeichnung „Prozeß" geradezu fordert. Damit erhalten die Musterfunktionen eines Prozesses, die man aus offensichtlichen Gründen auch „Realisierungen" eines (evt. nur gedachten) Prozesses nennt, ihre besondere Bedeutung als *Bindeglieder zu dynamischen Systemen* und damit zur Systemtheorie für stochastische Prozesse.

Historisch gesehen ist der stochastische Prozeß der Repräsentant für die Aufhebung der klassischen Unvereinbarkeit von Dynamik als der älteren, abgeschlossenen Wissenschaft einerseits und Statistik als der neueren Ansicht zahlreicher Phänomene andererseits (s. Abschn. 14). Hierbei soll eine starke Betonung auf die Verbindung dieser beiden Aspekte gelegt werden; die meisten Aussagen über Eigenschaften von Musterfunktionen sind ohne die Erwartungswertbildungen bezüglich e nicht oder gegebenenfalls nur mit unvergleichbarem Aufwand bzw. unscharfen Formulierungshilfen zu treffen.

II Stochastische Signale in linearen Systemen

Vorbemerkung

Bei den folgenden Überlegungen steht die Verknüpfung von Kennfunktionen für lineare kausale und stabile Systeme mit Kennfunktionen stochastischer Prozesse im Mittelpunkt. Im allgemeinsten Fall, insbesondere im Hinblick auf die Bedeutung in der Theorie der Kalman-Filter, dürfen die Systeme zeitvariant und die Prozesse instationär sein.

Man sollte sich darüber im Klaren sein, daß die Zulassung beliebiger *instationärer* Prozesse analytisch kaum faßbare Konsequenzen hat, weil – von wenigen Spezialfällen abgesehen – keine konkret analytisch auswertbaren Angaben vorliegen. Gerade im Hinblick auf die Kalman-Filterung bedeutet die zugelassene weitgehende Allgemeinheit, daß beim praktischen Einsatz mit hoher Flexibilität gerechnet werden kann, insbesondere bei digitalen und hybriden Realisierungen, wo über eine geeignete Meßperipherie instationäre System- und Umgebungsdaten verarbeitet werden können.

Dem steht eine große Klasse von Anwendungen gegenüber, bei denen *kovarianzergodische* Prozesse vorausgesetzt werden können, und von diesen sind wiederum die Gauß-verteilten von besonderem Interesse, weil zum einen die Verteilungen durch die Erwartungswerte bis zur zweiten Ordnung eindeutig festgelegt sind und zum anderen die Gauß-verteilten Signale durch lineare Filterung keine Veränderung des Verteilungscharakters erfahren.

Die Verarbeitung stochastischer Signale in Systemen mit den einführend genannten Eigenschaften kann man auffassen als *dynamische Transformationen*, beschreibbar durch Differentialgleichungen. Die Transformationsergebnisse hängen im allgemeinen von den momentanen und den zurückliegenden Werten aus der Vergangenheit ab; die Ausgangssignale zeigen pauschal gesprochen eine stärkere innere Kohärenz als die Eingangssignale, was bei Erregung mit weißen Geräuschen besonders augenfällig ist.

Grundlegend für diesen zweiten Hauptabschnitt des Buches ist die Kennzeichnung dynamischer Systeme; sie erfolgt heutzutage vornehmlich durch die Angabe von Zustandsgleichungen in vektorieller Form und deren Lösungen bei gegebenen Anfangsbedingungen. Damit erfaßt man alle Systemeigenschaften, die üblicherweise mit dem Begriff „Einschwingvorgänge" umschrieben werden, dem hier der in mancher Hinsicht allgemeinere Begriff der *zeitlichen Entwicklung eines Systems* gegenübergestellt wird.

Die Zusammenhänge zwischen System- und Signalkennfunktionen waren jahrzehntelang auf *Gleichgewichtszustände* beschränkt und beschrieben somit nur das jeweilige stationäre Verhalten stochastisch erregter Systeme. Erst mit den Arbeiten über die Brownsche Molekularbewegung, die mit den Namen Einstein, Planck, Langevin, Ornstein, Uhlenbeck und Kolmogoroff verknüpft sind, wurden *dynamische Entwicklungen* beschrieben, die über die Gleichungen von Kolmogoroff und Fokker-Planck den Anschluß an die Ausbreitungsgleichungen der Physik (Wärmeleitung, Diffusion, usw.) ermöglichten. Bemerkenswerterweise sind erst mehrere Jahre nach der Veröffentlichung dieser Arbeiten, deren bedeutendste in [16] zusammengestellt sind, einfachere Entwicklungsgleichungen für statistische Kennfunktionen angegeben worden, von denen der Entwicklungsgleichung für die Kovarianz eines stochastischen Prozesses eine herausragende Bedeutung zukommt. Die Entwicklungsgleichungen sind *gewöhnliche* Differentialgleichungen, im Gegensatz zu den Ausbreitungsgleichungen der Physik, die *partielle* Differentialgleichungen sind.

Die Überschaubarkeit und die konkrete Auswertbarkeit der Verknüpfungen zwischen System- und Signaleigenschaften beruhen wesentlich auf der (überwiegend zutreffenden) Annahme, daß statistische Eigenschaften ausschließlich durch den Charakter der Signale ins Spiel kommen; die Systeme werden durchweg als deterministisch beschreibbar vorausgesetzt.

Entsprechend der Zielsetzung des vorliegenden Buches werden im folgenden Abschn. 8 sowie in Abschn. 10.4 nur einige unmittelbar benötigte Grundlagen der allgemeinen Systemtheorie zusammengestellt. Für weitergehende Studien sollte ein einschlägiges Werk herangezogen werden, beispielsweise *Systemtheorie* von Unbehauen [29].

8 Einige Grundlagen
aus der allgemeinen Systemtheorie

Ohne das Anstreben von Vollständigkeit werden einige Gesichtspunkte und Verfahren zur mathematischen Beschreibung linearer Systeme zusammengestellt, die zur Einbindung statistischer Überlegungen unverzichtbar sind. Hervorgehoben werden allgemein der Zeitbereich für die Beschreibung durch Differentialgleichungen, die spektrale Darstellung über die Fourier-Transformation, die Behandlung von Einschwingvorgängen mit Hilfe der Laplace-Transformation sowie die wichtigsten Grundstrukturen der Zustandsdarstellung linearer Systeme. Während große Bereiche der herkömmlichen Systemtheorie für die Behandlung von Differentialgleichungen und Einschwingvorgängen von den Eigenschaften der einseitigen Laplace-Transformation Gebrauch machen, ist die Fourier-Transformation zur spektralen Darstellung von Musterfunktionen stationärer stochastischer Prozesse geeignet, die sich theoretisch über den gesamten Zeitbereich $-\infty < t < \infty$ erstrecken.

Die Beschreibung linearer zeitinvarianter Systeme erfolgt sowohl im Zeitbereich als auch im Frequenzbereich; dabei führen Modellbildungen aufgrund von physikalischen Ansätzen und Bilanzierungen im allgemeinen auf Differentialgleichungen der Form

$$a_n\, y^{(n)}(t) + a_{n-1}\, y^{(n-1)}(t) + \ldots + a_1\, \dot{y}(t) + a_0\, y(t) =$$

$$= b_m\, u^{(m)}(t) + b_{m-1}\, u^{(m-1)}(t) + \ldots + b_1\, \dot{u}(t) + b_0\, u(t)$$

mit reellen Koeffizienten a_ν, b_ν, die Steuergröße ist dabei mit $u(t)$ bezeichnet, die Ausgangsgröße mit $y(t)$, ferner ist $m \leq n$ angenommen. Wenn Ausbreitungs- bzw. Transportvorgänge zu modellieren sind, ergeben sich *partielle* Differentialgleichungen mit zusätzlichen Abhängigkeiten von Ortskoordinaten und entsprechenden örtlichen Ableitungen, auf die im Kap. 13 gesondert eingegangen wird.

Durch die Einführung von Zustandsgrößen geht man zu einer sehr allgemeinen Beschreibung durch Zustandsvektoren und geeignete Matrizen über, in denen die Koeffizienten a_ν, b_ν wieder auftreten; ihre Anordnung ist kennzeichnend für verschiedene „Normalformen" der Zustandsdarstellung.

Unter gewissen Voraussetzungen existieren zum Zeitbereich gleichwertige Systembeschreibungen über lineare Integraltransformationen, die in den Frequenzbereich bzw. allgemeiner in einen Bildbereich führen. Grundlegend hierfür ist die Darstellbarkeit einer für $-\infty < t < \infty$ definierten Zeitfunktion $f(t)$

durch ihre Spektralfunktion $F(\omega)$ über die Fourier-Transformation

$$F(\omega) = \int\limits_{-\infty}^{+\infty} f(t) \cdot e^{-j\omega t}\, dt, \quad -\infty < \omega < \infty.$$

Hinreichend für die Existenz dieses Integrals ist, daß die Zeitfunktion stetig, stückweise glatt und absolut integrierbar ist, d.h.

$$\int\limits_{-\infty}^{+\infty} |f(t)|\, dt \le k < \infty.$$

Die Rücktransformation der Spektralfunktion $F(\omega)$ in den Zeitbereich führt zu der genannten Darstellung der Zeitfunktion durch ihr Spektrum über das Umkehrintegral

$$f(t) = \frac{1}{2\pi} \cdot \int\limits_{-\infty}^{+\infty} F(\omega) \cdot e^{j\omega t}\, d\omega.$$

Historisch bemerkenswert ist die Tatsache, daß die zeitlich älteren Reihenentwicklungen sowie das Integral von Fourier nicht zur spektralen Kennzeichnung von zeitlichen Vorgängen, sondern zur mathematischen Beschreibung periodisch angeordneter Gitterpunkte (stellvertretend für Atome) zur Modellierung fester Körper eingeführt wurde. Erst danach erfolgte die Anwendung auf allgemeine periodische Vorgänge und später die Übernahme zur spektralen Beschreibung von periodischen und aperiodischen Signalfunktionen, primär durch die Nachrichtentechnik.

Die beiden Faktoren 1 und $1/2\pi$ werden bei bestimmten Anwendungen anders aufgeteilt, manchmal symmetrisch, oder beispielsweise wie bei den Relationen zwischen Leistungsdichtespektrum $S(\omega)$ und Autokorrelationsfunktion $\phi(\tau)$ in den Formen

$$S(\omega) = \frac{1}{\pi} \cdot \int\limits_{-\infty}^{+\infty} \phi(\tau) \cdot e^{-j\omega\tau}\, d\tau,$$

$$\phi(\tau) = \frac{1}{2} \cdot \int\limits_{-\infty}^{+\infty} S(\omega) \cdot e^{j\omega\tau}\, d\omega,$$

die von Wiener und Khintchine angegeben wurden (s. Abschn. 5.7). Für gerade Funktionen benutzt man die Fourier-cos-Transformation, für ungerade die Fourier-sin-Transformation.

In der allgemeinen Systemtheorie spielen außer den Signalen die sogenannten Einschaltvorgänge eine wichtige Rolle; sie leiten über zur Klasse der Systemfunktionen, im Zeitbereich vom sehr allgemeinen Grundtyp

$$f(t)\begin{cases} \equiv 0 & \text{für } t < 0 \\ \ne 0 & \text{für } t \ge 0, \end{cases} \quad \text{(für kausale Systeme)}$$

dem man natürlich über die „einseitige" Fourier-Transformation

$$\int_0^\infty f(t)\cdot e^{-j\omega t}\,\mathrm{d}t = F(\omega)$$

ebenfalls eine Spektralfunktion $F(\omega)$ zuordnen kann, auf die wir noch zurückkommen werden.

Unmittelbar zugeschnitten auf die Beschreibung von *Einschwingvorgängen* in einem Bildbereich ist die einseitige Laplace-Transformation

$$\int_0^\infty f(t)\cdot e^{-st}\,\mathrm{d}t = F(s)$$

mit dem komplexen Argument $s = \alpha + j\omega$, definiert für stückweise glatte Zeitfunktionen $f(t)$, integrierbar über $(0, \infty)$ mit einer exponentiellen Wachstumsbeschränkung $|f(t)| \le k\cdot e^{ct}$ mit reellen positiven Konstanten k und c. Das Laplace-Integral konvergiert für alle $\alpha > c$ und führt zu einer analytischen Funktion $F(s)$ mit folgenden Eigenschaften:

- $F(s)$ ist erklärt in der Halbebene für $\alpha > c$ (Bild 8.1);
- $F(s)$ ist eine analytische Funktion von s, die für $|s| \to \infty$ gegen Null strebt und in einer Halbebene mit $\operatorname{Re}(s) \ge c_0$, $c_0 > c$ beschränkt bleibt.

Unter den gegebenen Voraussetzungen existiert offenbar für die Zeitfunktion $f(t)\cdot e^{-\alpha t} \equiv g(t)$ die Spektraldarstellung

$$f(t)\cdot e^{-\alpha t} = \frac{1}{2\pi}\cdot \int_{-\infty}^{+\infty} G(j\omega)\cdot e^{j\omega t}\,\mathrm{d}\omega, \quad t \ge 0\,,$$

$$f(t) = \frac{1}{2\pi}\cdot \int_{-\infty}^{+\infty} F(\alpha + j\omega)\cdot e^{(\alpha + j\omega)t}\,\mathrm{d}\omega\,,$$

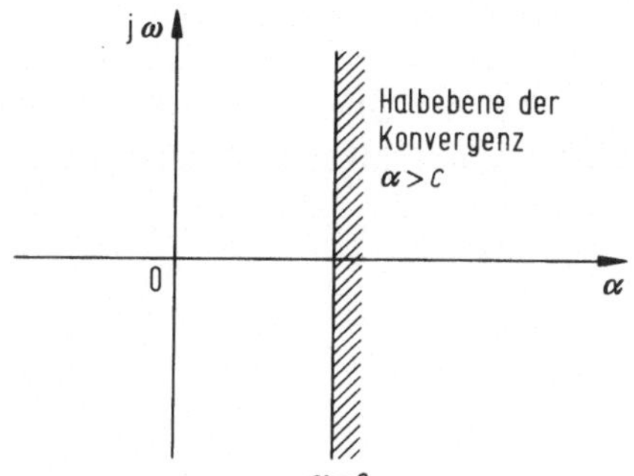

Bild 8.1. Ebene des komplexen Argumentes $s = \alpha + j\omega$ mit Konvergenzhalbebene

und mit $s = \alpha + j\omega$, $d\omega = \dfrac{1}{j} ds$ wird die Umkehrrelation zur Laplace-Transformation:

$$f(t) = \frac{1}{2\pi j} \cdot \int\limits_{\alpha - j\infty}^{\alpha + j\infty} F(s) \cdot e^{st}\, ds, \quad t \geq 0\ .$$

(Die vorstehende Überlegung ist keine mathematische Herleitung des Umkehrintegrals).

Die Auswertung dieser Integrale wird man jedoch in der überwiegenden Zahl der Anwendungen nicht vorzunehmen brauchen, weil im einschlägigen Schrifttum umfangreiche Korrespondenztafeln für die Zuordnungen $F(s) \bullet\!\!-\!\!\circ f(t)$ existieren.

Für zahlreiche Überlegungen interessieren vornehmlich noch die folgenden Eigenschaften der Laplace-Transformation:

- *Die Differentiationsregeln* für die verallgemeinerte Differentiation, wobei die Zeitfunktion bei $t = 0$ und im Bereich $t > 0$ Sprünge haben darf:

$$D\,f(t) \ \circ\!\!-\!\!\bullet\ s \cdot F(s) - f(0-)\ ,$$

$$D^n\,f(t) \ \circ\!\!-\!\!\bullet\ s^n F(s) - s^{n-1}f(0-) - s^{n-2}f'(0-) - \ldots - f^{(n-1)}(0-)\ ;$$

dabei sind die $f^{(v-1)}(0-)$ die linksseitigen Grenzwerte der gewöhnlichen Ableitungen [78].

- *Die Integrationsregel*

$$\int\limits_{0}^{t} f(\tau)\, d\tau \ \circ\!\!-\!\!\bullet\ \frac{1}{s} \cdot F(s)$$

wird u.a. beim Aufstellen von Strukturbildern gebraucht, wo ein Integrierer im Bildbereich mit $1/s$ gekennzeichnet wird.

Die an den Anfang der Überlegungen gestellte gewöhnliche lineare Differentialgleichung mit konstanten Koeffizienten führt bei energiefreien Systemen zu einer Übertragungsfunktion der Form

$$F(s) = \frac{b_m s^m + \ldots + b_1 s + b_0}{a_n s^n + \ldots + a_1 s + a_0} = \frac{Z(s)}{N(s)}, \quad m \leq n\ .$$

Die beiden Polynome $Z(s)$ und $N(s)$ seien teilerfremd, so daß alle Lösungen der charakteristischen Gleichung $N(s) = 0$ auch die Pole der Übertragungsfunktion $F(s)$ sind. Dies braucht nicht immer zuzutreffen, wie das folgende Beispiel zeigt: Zu der Differentialgleichung

$$\ddot{y}(t) + 5\dot{y}(t) + 6y(t) = 2u(t) + \dot{u}(t)$$

gehört die Übertragungsfunktion

$$F(s) = \frac{s + 2}{s^2 + 5s + 6}\ ,$$

und die charakteristische Gleichung

$$s^2 + 5s + 6 = 0$$

hat die beiden reellen Lösungen $s_1 = -2$ und $s_2 = -3$. Die Polynome $Z(s)$ und $N(s)$ haben aber den gemeinsamen Teiler $(s + 2)$, und es stellt sich ein „Klemmenverhalten" des Systems mit der reduzierten Übertragungsfunktion

$$F_R(s) = \frac{1}{s + 3}$$

ein, die nicht mehr die vollständige Systeminformation enthält, sondern nur noch den „regelbaren" Teil. Unter diesem Terminus werden zwei wichtige Systemeigenschaften zusammengefaßt [18], die nachfolgend definiert werden und folgende allgemeine Aussage ermöglichen:

Die Systembeschreibungen durch eine Differentialgleichung und durch die zugehörige Übertragungsfunktion $F(s)$ sind genau dann gleichwertig, wenn das System *vollständig steuerbar* und *vollständig beobachtbar* ist.

Diese beiden Eigenschaften sind schon im Zeitbereich überprüfbar, wo offenbar die *allgemeinere* Aussage gemacht wird: Im Gegensatz zu Übertragungsfunktionen beschreiben Differentialgleichungen auch solche Systeme, die nicht vollständig steuerbar und/oder vollständig beobachtbar sind; Übertragungsfunktionen besagen nichts über die inneren Systemzustände, sie kennzeichnen lediglich das schon genannte „Klemmenverhalten", das gegebenenfalls nur durch eine reduzierte Übertragungsfunktion beschrieben wird, eben wenn $Z(s)$ und $N(s)$ nicht teilerfremd sind.

Nun aber zu den Definitionen der genannten Systemeigenschaften: Ein durch die Zustandsdifferentialgleichung

$$\dot{x}(t) = A\,x(t) + B\,u(t)$$

beschriebenes System ist genau dann *vollständig steuerbar*, wenn die Matrix

$$[B, A\,B, A^2\,B, \dots, A^{n-1}\,B]$$

den Rang n hat.

Ergänzt man die Zustandsdifferentialgleichung durch die Ausgangsgleichung

$$y(t) = C\,x(t)\,,$$

so ist das System genau dann *vollständig beobachtbar*, wenn die Matrix

$$\begin{bmatrix} C \\ CA \\ CA^2 \\ \vdots \\ CA^{n-1} \end{bmatrix}$$

den Rang n hat. (Bei den häufig vorkommenden Systemen mit einem Eingang und einem Ausgang, sog. skalaren Systemen, müssen die Determinanten dieser Matrizen ungleich Null sein).

Den Abschluß zu diesen grundlegenden Vorbemerkungen zur Systembeschreibung möge der folgende Hinweis bilden. Zwischen der Fourier-Transformation und der Laplace-Transformation bestehen gewisse Zusammenhänge, die durch die Lage der Konvergenzabszisse c (s. Bild 8.1) bestimmt werden [79]. Hier interessiert in der gedrängten Zusammenstellung nur der Fall $c < 0$: Dann liegt die imaginäre Achse der s-Ebene innerhalb der Konvergenzhalbebene der Laplace-Transformation, und es gilt der häufig genutzte Zusammenhang

$$F(s)|_{\mathrm{Re}(s)=0} = F(\mathrm{j}\omega)$$

zwischen Übertragungsfunktion $F(s)$ und Frequenzgangfunktion $F(\mathrm{j}\omega)$. In diesem Fall ist also $F(\mathrm{j}\omega)$ *Randfunktion* von $F(s)$, woraus sich die weitgehend bevorzugte Notierung $F(\mathrm{j}\omega)$ für die anfangs eingeführte Fourier-Transformierte $F(\omega)$ erklärt.

Wenn $h(t)$ die Impulsantwort eines kausalen stabilen Systems (Bild 8.2) ist, dann gelten die Zusammenhänge

$$\mathscr{L}\{h(t)\} = F(s) \quad \text{und}$$

$$\mathscr{F}\{h(t)\} = F(\mathrm{j}\omega) \; .$$

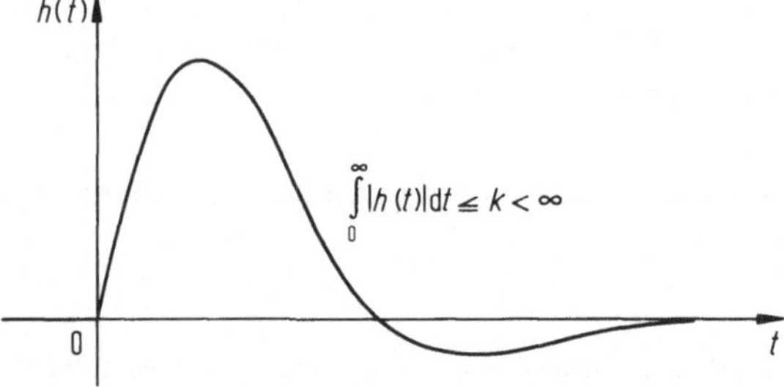

Bild 8.2. Impulsantwort eines kausalen stabilen Systems, $h(t) \equiv 0$ für $t < 0$

Nach diesem kurzen mathematischen Vorspann werden in den folgenden vier Abschnitten einige Angaben zur Beschreibung linearer dynamischer Systeme durch Zustandsgleichungen und deren allgemeiner Lösung im Zeitbereich und im Bildbereich durch Übertragungsmatrizen (bzw. Übertragungsfunktionen) zusammengestellt. Dazu gehören die wichtigsten Grundstrukturen von Systemen sowie eine kurze Einführung in die Beschreibungsmöglichkeiten für zeitdiskrete Systeme.

Mit dieser Auswahl aus den allgemeinen Grundlagen kann anschließend ab Kap. 9 die Systemtheorie für stochastisch erregte Systeme weitgehend lückenlos aufgebaut werden.

Auf die Formulierung von Stabilitätskriterien kann verzichtet werden; sie sind Bestandteile der allgemeinen Systemtheorie und kommen hier nur im Zusammenhang mit dem Begriff der stochastischen Steuerbarkeit und Beobachtbarkeit zur Definition der Stabilität des Kalman-Filters in Abschn. 17.5 zur Sprache.

8.1 Die Zustandsdifferentialgleichung und ihre Lösung

8.1.1 Die Fundamentalmatrix

Wie bereits einleitend erwähnt, ist die vektorielle Zustandsdarstellung die allgemeinste und am weitesten verbreitete Form der Systembeschreibung, die sowohl für lineare als auch für nichtlineare Systeme angesetzt werden kann (s. Abschn. 22.3).

Hier interessiert die lineare Zustandsbeschreibung in der Form

$$\dot{x}(t) = A x(t) + B u(t), \quad x(t_0) \text{ gegeben} , \tag{8.1}$$

mit den konstanten Matrizen A: (n, n) und B: $(n, p < n)$, dem Zustandsvektor $x(t)$: $(n, 1)$ und dem Steuervektor $u(t)$: $(p, 1)$.

Die homogene Differentialgleichung

$$\dot{x}(t) = A x(t)$$

hat die allgemeine Lösung

$$x(t) = \theta(t - t_0) x(t_0) ,$$

wobei die Fundamentalmatrix (Übergangsmatrix)

$$\theta(t - t_0) = e^{A \cdot (t - t_0)}$$

eingeführt wurde. Zur Lösung der inhomogenen Differentialgleichung macht man den Ansatz eines partikulären Integrals

$$x_p(t) = \theta(t) \cdot q(t)$$

und erhält

$$\dot{\theta}(t) q(t) + \theta(t) \dot{q}(t) = A \theta(t) q(t) + B u(t).$$

Mit der Eigenschaft der Fundamentalmatrix

$$\dot{\theta}(t) = A \theta(t) \text{ wird}$$

$$\theta(t) \dot{q}(t) = B u(t)$$

$$\dot{q}(t) = \theta^{-1}(t) B u(t) ,$$

und durch Integration folgt

$$q(t) = \int_{t_0}^{t} \theta^{-1}(\tau) B u(\tau) \, d\tau ,$$

folglich wird die partikuläre Lösung

$$x_p(t) = \theta(t) \int_{t_0}^{t} \theta^{-1}(\tau) B u(\tau) \, d\tau .$$

Damit erhält man die allgemeine Lösung als Summe aus „freier" und „erzwungener" Lösung in der Form

$$x(t) = \theta(t)\, x(0) + \int_{t_0}^{t} \theta(t)\, \theta^{-1}(\tau)\, \boldsymbol{B}\, \boldsymbol{u}(\tau)d\tau \, , \tag{8.2}$$

wobei unter den getroffenen Voraussetzungen gilt:

$$\theta(t)\, \theta^{-1}(\tau) = \theta(t - \tau) \, ,$$

$$\theta(t - t_0) = \sum_{k=0}^{\infty} \frac{1}{k!}\, \boldsymbol{A}^k \cdot (t - t_0)^k \, . \tag{8.3}$$

Weitere Eigenschaften werden im Zusammenhang mit zeitvarianten Systemen angegeben, ausgehend von der Zustandsgleichung

$$\dot{\boldsymbol{x}}(t) = \boldsymbol{A}(t)\boldsymbol{x}(t) + \boldsymbol{B}(t)\boldsymbol{u}(t) \, . \tag{8.4}$$

Ihre allgemeine Lösung

$$\boldsymbol{x}(t) = \theta(t, t_0)\, \boldsymbol{x}(t_0) + \int_{t_0}^{t} \theta(t, \tau)\, \boldsymbol{B}(\tau)\, \boldsymbol{u}(\tau)\mathrm{d}\tau \tag{8.5}$$

wird nicht mehr hergeleitet, sondern verifiziert. Bei zeitvarianten Systemen besteht allgemein nicht mehr der Zusammenhang (8.3), die Fundamentalmatrix hat aber noch folgende Eigenschaften:

- Aus der Transformationseigenschaft $\boldsymbol{x}(t) = \theta(t, t_0)\, \boldsymbol{x}(t_0)$ folgt

$$\frac{\partial}{\partial t}\theta(t, t_0) = \boldsymbol{A}(t)\, \theta(t, t_0) \, . \tag{8.6a}$$

- $\theta(t, t_0)\, \theta(t_0, t) = \theta(t, t) = \boldsymbol{I}$. $\hspace{2cm}$ (8.7)

- Die Fundamentalmatrix ist nicht singulär:

$$\theta^{-1}(t, t_0) = \theta(t_0, t) \, .$$

Aus der Beziehung (8.7) findet man die Ableitung der Fundamentalmatrix nach dem Argument t_0, die in Abschn. 20.3 benötigt werden wird; eine einfache Rechnung zeigt folgendes:

$$\frac{\partial}{\partial t_0}[\theta(t, t_0)\, \theta(t_0, t)] = \boldsymbol{0}$$

$$\frac{\partial}{\partial t_0}\theta(t, t_0) \cdot \theta(t_0, t) + \theta(t, t_0)\frac{\partial}{\partial t_0}\theta(t_0, t) = \boldsymbol{0}$$

$$\frac{\partial}{\partial t_0}\theta(t, t_0) \cdot \theta(t_0, t) + \theta(t, t_0)\boldsymbol{A}(t_0)\theta(t_0, t) = \boldsymbol{0}$$

$$\frac{\partial}{\partial t_0}\theta(t, t_0) = -\, \theta(t, t_0)\boldsymbol{A}(t_0) \, . \tag{8.6b}$$

- Für die drei Zeitpunkte $t_3 > t_2 > t_1$ gilt die Halbgruppeneigenschaft

$$\theta(t_3, t_1) = \theta(t_3, t_2)\, \theta(t_2, t_1)\,,$$

  die zu der Bezeichnung „Übergangsmatrix" hinführt.
- Die Lösung (8.5) erfüllt die Anfangsbedingung:

$$x(t_0) = \theta(t_0, t_0)\, x(t_0) + \int\limits_{t_0}^{t_0} \theta(t_0, \tau)\, B(\tau) u(\tau) \mathrm{d}\tau$$

$$= I\, x(t_0) + 0 = x(t_0)\,.$$

- Die Differentiation von Gl. (8.5) führt auf die Zustandsgleichung (8.1):

$$\dot{x}(t) = \dot{\theta}(t, t_0)\, x(t_0) + \int\limits_{t_0}^{t} \dot{\theta}(t, \tau)\, B(\tau) u(\tau) \mathrm{d}\tau + \theta(t, t)\, B(t)\, u(t)$$

$$= A(t)\, \theta(t, t_0)\, x(t_0) + \int\limits_{t_0}^{t} A(t) \theta(t, \tau)\, B(\tau) u(\tau) \mathrm{d}\tau + B(t) u(t)$$

$$= A(t) \cdot \left\{ \theta(t, t_0) x(t_0) + \int\limits_{t_0}^{t} \theta(t, \tau)\, B(\tau) u(\tau) \mathrm{d}\tau \right\} + B(t) u(t)$$

$$= A(t) x(t) + B(t) u(t)\,.$$

8.1.2 Das Superpositionsintegral

Zahlreiche Überlegungen beziehen sich auf lineare stabile und zeitinvariante
Systeme. Den durch eine skalare Steuerfunktion erzwungenen Anteil der allge-
meinen Lösung der Systemdifferentialgleichung kann man auf die folgende
Form eines Faltungsintegrals bringen:

$$x(t) = \int\limits_{0}^{\infty} h(\tau)\, u(t - \tau) \mathrm{d}\tau\,,$$

wobei $h(t)$ die gedachte Reaktion des Systems auf einen technisch nicht realisierbaren „Impuls" bedeutet, der formal durch die Diracsche Deltafunktion beschrieben wird. Mit diesem idealisierten Impuls, der keine gewöhnliche Funktion mehr ist, sondern eine sogenannte Distribution, können zahlreiche systemtheoretische Zusammenhänge in übersichtlicher Weise hergeleitet werden,
wobei vornehmlich von der „Ausblendeigenschaft" der Deltafunktion Gebrauch
gemacht wird. Einen anschaulichen Zugang zu dieser Pseudofunktion gewinnt
man über die Entartung eines zu $t = t_0$ symmetrisch gelegenen Impulses

endlicher Höhe und Dauer. Für eine solche Deltafunktion $\delta(t)$ und eine im Intervall $a \leq t \leq b$ stetige Funktion $f(t)$ gelten folgende Zuordnungen:

$$\int_a^b f(t) \cdot \delta(t - t_0) \mathrm{d}t = \begin{cases} 0 & \text{für } t_0 < a \text{ und } t_0 > b \\ \frac{1}{2} f(a) & \text{für } t_0 = a \\ \frac{1}{2} f(b) & \text{für } t_0 = b \\ f(t_0) & \text{für } a < t_0 < b \end{cases} \tag{8.8a}$$

$$\int_{-\infty}^{+\infty} \delta(t) \mathrm{d}t = 1 \, . \tag{8.8b}$$

8.1.3 Lösung der Zustandsgleichung durch Laplace-Transformation

Aus der für zeitinvariante Systeme geltenden Zustandsgleichung (8.1) folgt durch Laplace-Transformation bei gegebenem Anfangswert $x(0)$:

$$x(s) = [s \cdot I - A]^{-1} \cdot x(0) + B u(s) \, .$$

Zusammen mit der Ausgangsgleichung

$$y(s) = C x(s)$$

ergibt sich bei verschwindender Anfangsbedingung $x(0) = 0$ die Übertragungsmatrix

$$F(s) = C[s \cdot I - A]^{-1} B \, , \tag{8.9a}$$

die für Systeme mit einem Eingang und einem Ausgang übergeht in die skalare Übertragungsfunktion

$$F(s) = c^{\mathrm{T}}[s \cdot I - A]^{-1} b \, , \tag{8.9b}$$

und die Fundamentalmatrix $\theta(t)$ wird im Bildbereich zu

$$\theta(s) = [s \cdot I - A]^{-1} \, . \tag{8.10}$$

8.2 Adjungierte Systeme

Die Lösung nichtlinearer Differentialgleichungen vom Riccati-Typ wird gelegentlich vereinfacht, wenn man über einen Produktansatz die Inverse zur Kovarianzmatrix bestimmt (s. Abschn. 19). Der Weg führt über die adjungierte Differentialgleichung des Beobachtungsfehlers zu einem Hamiltonschen Gleichungssystem, wobei sich gewisse Reziprozitätseigenschaften zeigen. Als Grundlage zu diesen Überlegungen werden hier einige Zusammenhänge für adjungierte Systeme angegeben.

Formal äußert sich diese Reziprozität, wenn man der homogenen Differentialgleichung

$$\dot{x}(t) = A(t)\,x(t) \tag{8.11}$$

die adjungierte

$$\dot{p}(t) = -\,A^{\mathrm{T}}(t)\,p(t) \tag{8.12}$$

für den Vektor $p(t)$ gegenüberstellt. Während zu (8.11) die Lösung

$$x(t) = \theta(t, t_0)\,x(t_0) \tag{8.13}$$

gehört, setzt man für (8.12) die Lösung

$$p(t) = \theta_{\mathrm{adj}}(t, t_0)\,p(t_0) \tag{8.14}$$

an. Die beiden Fundamentalmatrizen erfüllen die zugehörigen Differentialgleichungen

$$\frac{\partial}{\partial t}\,\theta(t, t_0) = A(t)\,\theta(t, t_0) \quad \text{und}$$

$$\frac{\partial}{\partial t}\,\theta_{\mathrm{adj}}(t, t_0) = -\,A^{\mathrm{T}}(t)\,\theta_{\mathrm{adj}}(t, t_0)\,. \tag{8.15}$$

Bildet man die zeitliche Ableitung des Produktes $p^{\mathrm{T}}(t)x(t)$, so erhält man

$$\frac{\mathrm{d}}{\mathrm{d}t}\left[p^{\mathrm{T}}(t)x(t)\right] = \dot{p}^{\mathrm{T}}(t)x(t) + p^{\mathrm{T}}(t)\dot{x}(t)$$

$$= -\,p^{\mathrm{T}}(t)A(t)x(t) + p^{\mathrm{T}}(t)A(t)x(t) = 0\,,$$

folglich muß das Produkt $p^{\mathrm{T}}(t)x(t)$ eine von t unabhängige Konstante sein:

$$p^{\mathrm{T}}(t)x(t) = \text{const}$$

Hierin äußert sich die Reziprozitätseigenschaft der Zustandsvektoren $x(t)$ und $p(t)$.

Zur Bestimmung der Fundamentalmatrix des adjungierten Systems bildet man die zeitliche Ableitung der Identität

$$\theta(t, t_0)\,\theta(t_0, t) = I\,,$$

$$\dot{\theta}(t, t_0)\,\theta(t_0, t) + \theta(t, t_0)\,\dot{\theta}(t_0, t) = 0\,,$$

und mit der Differentialgleichung

$$\dot{\theta}(t, t_0) = A(t)\,\theta(t, t_0)$$

erhält man das Zwischenergebnis

$$A(t)\,\theta(t, t_0)\,\theta(t_0, t) + \theta(t, t_0)\,\dot{\theta}(t_0, t) = 0\,;$$

hieraus ergibt sich nach einfachen Umformungsschritten

$$\dot{\theta}(t_0, t) = - \theta(t_0, t)\, A(t)\,.$$

Bildet man auf beiden Seiten die Transponierte, so erhält man die gesuchte Differentialgleichung für die Fundamentalmatrix des adjungierten Systems:

$$\dot{\theta}^{T}(t_0, t) = - A^{T}(t)\,\theta^{T}(t_0, t)\,, \tag{8.15a}$$

und ein Vergleich mit (8.15) ergibt den für praktische Lösungsverfahren brauchbaren Zusammenhang zwischen den beiden Fundamentalmatrizen

$$\theta_{\mathrm{adj}}(t, t_0) = \theta^{T}(t_0, t) = [\theta^{T}(t, t_0)]^{-1}\,, \tag{8.16}$$

woran ein weiteres Mal die Reziprozitätseigenschaft deutlich wird [13].

Die Frage nach der *physikalischen Bedeutung* einer adjungierten Differentialgleichung läßt das Problem der „Zeitumkehr" aufkommen, die ja formal verlangt wird. Wie in ähnlich gelagerten Problemen sollte man besser von „Richtungsumkehr" sprechen, denn *nur diese* ist prinzipiell möglich und gegebenenfalls sinnvoll. Dies führt sehr schnell auf die Unterscheidung zwischen konservativen Systemen mit reversiblen Prozeßabläufen und nicht konservativen mit irreversiblen Prozeßabläufen wie beispielsweise die Wärmeentwicklung durch Reibung in der Mechanik. So ist das bekannte Grundgesetz

$$m \cdot \ddot{x}(t) = F \cdot x(t)$$

mit einer Kraft F, die aus einem Potential ableitbar ist [17], invariant gegen Richtungsumkehr, nicht jedoch Vorgänge mit einem Reibungsterm in der Differentialgleichung

$$m \cdot \ddot{x}(t) = - d \cdot \dot{x}(t) - c \cdot x(t)\,.$$

8.3 Grundstrukturen der Zustandsdarstellung

Im folgenden werden verschiedene Möglichkeiten der Zustandsbeschreibung linearer zeitinvarianter Systeme mit einem Eingang $u(t)$ und einem Ausgang $y(t)$ angegeben. Die begriffliche Grundlage hierzu ist die im Prinzip beliebige Wahl der Zustandsgrößen eines Systems, wobei die Ordnung des Systems durch die minimale Anzahl der zur vollständigen Beschreibung erforderlichen Zustandsgrößen gegeben ist.

Die Vorgehensweise bei der Modellbildung durch Bilanzierungsansätze führt im allgemeinen nicht auf eine der folgenden Normalformen. Eine Transformation auf eine dieser Formen kann aufwendig werden, dafür aber auf besonders übersichtliche Matrizen für die weitere Behandlung führen und schon dadurch den Aufwand rechtfertigen.

8.3.1 Die Regelungsnormalform

Zu der Differentialgleichung eines energiefreien Systems

$$y^{(n)}(t) + a_{n-1}\, y^{(n-1)}(t) + \ldots + a_1\, \dot{y}(t) + a_0\, y(t) =$$

$$= b_0 u(t) + b_1 \dot{u}(t) + \ldots + b_{n-1} u^{(n-1)}(t) + b_n u^{(n)}(t)$$

gehört die Übertragungsfunktion

$$F(s) = \frac{b_0 + b_1 s + \ldots + b_{n-1} s^{n-1} + b_n s^n}{a_0 + a_1 s + \ldots + a_{n-1} s^{n-1} + s^n} = \frac{y(s)}{u(s)} \tag{8.17}$$

mit teilerfremden Zähler- und Nennerpolynomen. Definiert man nun die v-te Zustandsgröße über den Ansatz

$$x_v(s) = \frac{s^{v-1}}{a_0 + a_1 s + \ldots + a_{n-1} s^{n-1} + s^n} \cdot u(s), \quad v = 1 \ldots n\,,$$

so gilt für den Zeitbereich

$$\dot{x}_1(t) = x_2(t), \qquad \dot{x}_2(t) = x_3(t), \ldots, \dot{x}_{n-1}(t) = x_n(t)\,,$$

und die n-te Ableitung von $x_1(t)$ wird

$$x_1^{(n)}(t) = \dot{x}_n(t) = -a_0 x_1(t) - a_1 x_2(t) - \ldots - a_{n-1} x_n(t) + u(t)\,.$$

Entsprechend dem Zähler der Übertragungsfunktion ergibt sich für die Ausgangsgröße der Ansatz

$$y(t) = b_0 x_1(t) + b_1 \dot{x}_1(t) + \ldots + b_{n-1} x_1^{(n-1)}(t) + b_n x_1^{(n)}(t)\,.$$

Diese analytischen Schritte führen unmittelbar zu der in Bild 8.3 gezeigten allgemeinen Struktur.

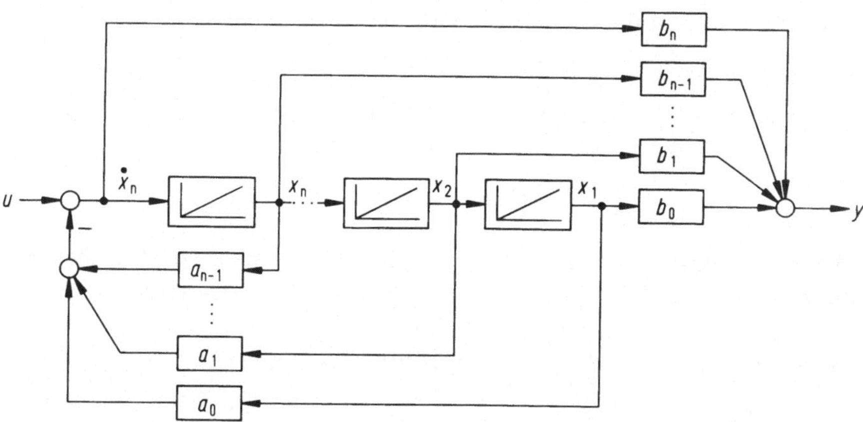

Bild 8.3. Struktur eines linearen zeitinvarianten Systems in Regelungsnormalform

Bevorzugte Grundformen der Systemmatrix ziehen entsprechende Formen der übrigen Matrizen der Zustandsdarstellung nach sich.

Zur Berechnung der Elemente der Ausgangsmatrix c^T setzt man $x_1^{(n)}$ in die Ausgangsgleichung ein und erhält nach Zusammenfassen der Koeffizienten:

$$y(t) = (b_0 - b_n a_0)x_1(t) + (b_1 - b_n a_1)x_2(t) + \ldots +$$
$$+ (b_{n-1} - b_n a_{n-1})x_n(t) + b_n u(t) \ .$$

Damit gehören zu der Systembeschreibung in Regelungsnormalform

$$\dot{x}(t) = A_R x(t) + b_R u(t) \tag{8.18a}$$

$$y(t) = c_R^T x(t) + d_R u(t) \tag{8.18b}$$

die folgenden Matrizen:

$$A_R = \begin{bmatrix} 0 & 1 & 0 & . & . & . & 0 \\ 0 & 0 & 1 & 0 & . & . & . & 0 \\ \vdots & & & & & & \vdots \\ & & & & & & 0 \\ 0 & & . & . & . & 0 & 1 \\ -a_0 & -a_1 & -a_2 & . & . & . & -a_{n-1} \end{bmatrix}, \quad b_R = \begin{bmatrix} 0 \\ 0 \\ \vdots \\ 0 \\ 1 \end{bmatrix},$$

$$c_R^T = [c_0\, c_1\, \ldots\, c_{n-1}] \quad \text{mit } c_k = b_k - b_n a_k, \quad k = 0 \ldots n-1 \ ,$$

und der Durchgang wird charakterisiert durch $d_R = b_n$. Für $b_n = 0$ enthält die Ausgangsmatrix gerade die Zählerkoeffizienten der Übertragungsfunktion (8.17).

8.3.2 Die Beobachtungsnormalform

Ausgehend von der Differentialgleichung n-ter Ordnung und der zugehörigen Übertragungsfunktion findet man zunächst die Zwischenform

$$[a_0 + a_1 s + \ldots + a_{n-1}s^{n-1} + s^n] \cdot y(s) =$$
$$= [b_0 + b_1 s + \ldots + b_{n-1}s^{n-1} + b_n s^n] \cdot u(s)$$
$$s^n \cdot [y(s) - b_n u(s)] + s^{n-1} \cdot [a_{n-1}\, y(s) - b_{n-1} u(s)] + \ldots +$$
$$+ s \cdot [a_1\, y(s) - b_1 u(s)] + a_0\, y(s) - b_0 u(s) = 0 \ .$$

Die Auflösung nach $y(s)$ führt sofort zu der allgemeinen Struktur der Beobachtungsnormalform nach Bild 8.4 entsprechend dem Ausdruck

$$y(s) = \frac{1}{s^n} \cdot [b_0 u(s) - a_0\, y(s)] + \frac{1}{s^{n-1}} \cdot [b_1 u(s) - a_1\, y(s)] + \ldots +$$
$$+ \frac{1}{s} \cdot [b_{n-1}u(s) - a_{n-1}\, y(s)] + b_n u(s) \ .$$

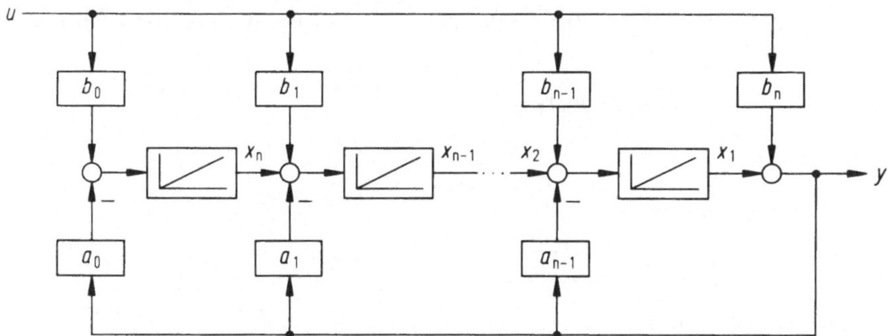

Bild 8.4. Struktur eines linearen zeitinvarianten Systems in Beobachtungsnormalform

Die Ausgangsgrößen der Integrierer sind die Zustandsgrößen $x_1(t), \ldots, x_n(t)$, und damit ergibt sich unmittelbar die Zustandsbeschreibung in Beobachtungsnormalform:

$$\dot{x}(t) = A_B x(t) + b_B u(t) \tag{8.19a}$$

$$y(t) = c_B^T x(t) + d_B u(t) \tag{8.19b}$$

mit den Matrizen

$$A_B = \begin{bmatrix} -a_{n-1} & 1 & 0 & . & . & . & 0 \\ \vdots & & 0 & 1 & . & . & 0 \\ & & & & & & \vdots \\ -a_1 & 0 & . & . & . & & 1 \\ -a_0 & 0 & . & . & . & & 0 \end{bmatrix}, \qquad b_B = \begin{bmatrix} b_{n-1} - b_n a_{n-1} \\ \\ b_1 - b_n a_1 \\ b_0 - b_n a_0 \end{bmatrix},$$

die Elemente von b_B sind also in umgekehrter Reihenfolge identisch mit den Elementen der Ausgangsmatrix c_R^T der Regelungsnormalform. Schließlich ergibt sich noch die Ausgangsmatrix der Beobachtungsnormalform zu

$$c_B^T = [1 \ 0 \ 0 \ \ldots \ 0],$$

und der Durchgang wird charakterisiert durch $d_B = b_n$. Für $b_n = 0$ enthält jetzt der Steuervektor b_B die Zählerkoeffizienten der Übertragungsfunktion. Man beachte, daß rein äußerlich die Zuordnung der Zähler- und Nennerkoeffizienten der Übertragungsfunktion (8.17) zu der Struktur von Bild 8.4 auffällig ist.

- *Transformation einer beliebigen Zustandsdarstellung auf Beobachtungsnormalform*

Gegeben sei die allgemeine Zustandsdarstellung

$$\dot{x}(t) = A\,x(t) + b\,u(t) + g\,z(t)$$

$$y(t) = c^T x(t)$$

etwa als Ergebnis einer Modellbildung; gesucht sind die allgemeinen Matrizen der Beobachtungsnormalform

$$\dot{x}_B(t) = A_B\, x_B(t) + b_B u_B + g_B z_B$$

$$y_B(t) = c_B^T x_B$$

über die Transformation

$$x_B(t) = T\, x(t)\,.$$

Man findet zunächst die allgemeinen Ansätze

$$\dot{x}_B(t) = T A\, T^{-1}\, x_B(t) + T b u_B(t)$$

$$y_B(t) = c^T\, T^{-1}\, x_B(t)\,.$$

Mit den Blockmatrizen

$$Q_B = \begin{bmatrix} c^T \\ c^T A \\ c^T A^2 \\ \vdots \\ c^T A^{n-1} \end{bmatrix}, \qquad Q_B^* = \begin{bmatrix} c_B^T \\ c_B^T A \\ c_B^T A^2 \\ \vdots \\ c_B^T A^{n-1} \end{bmatrix}$$

ergibt sich zunächst

$$Q_B^* = Q_B\, T^{-1}$$

und daraus die Transformationsmatrix

$$T = Q_B^{*-1} \cdot Q_B\,.$$

Für die Matrizen der Beobachtungsnormalform erhält man also die folgenden Ausdrücke:

$$A_B = T A\, T^{-1} = Q_B^{*-1} Q_B A Q_B^{-1} Q_B^*$$

$$b_B = T b \qquad\ \ = Q_B^{*-1} Q_B b$$

$$g_B = T g \qquad\ \ = Q_B^{*-1} Q_B g$$

$$c_B^T = c^T\, T^{-1} \ \ \ = c^T Q_B^{-1} Q_B^*\,.$$

Die Bestimmung der Matrizen wird besonders einfach, wenn man den Fall $n = 2$ auswertet:

$$x_B(t) = \begin{bmatrix} -a_1 & 1 \\ -a_0 & 0 \end{bmatrix} \cdot x_B(t) + \begin{bmatrix} b_{B1} \\ b_{B2} \end{bmatrix} \cdot u_B(t) + \begin{bmatrix} g_{B1} \\ g_{B2} \end{bmatrix} \cdot z_B(t)$$

$$y_B(t) = [1\ \ 0] \cdot x_B(t)\,.$$

Ausgehend von der ursprünglichen Zustandsdarstellung mit den Matrizen

$$A = \begin{bmatrix} a_{11} & a_{12} \\ a_{21} & a_{22} \end{bmatrix}, \qquad b = \begin{bmatrix} b_1 \\ b_2 \end{bmatrix}, \qquad g = \begin{bmatrix} g_1 \\ g_2 \end{bmatrix}, \qquad c^T = [c_1 \; c_2]$$

erhält man für die Matrizen der Beobachtungsnormalform

$$Q_B = \begin{bmatrix} c_1 & \big| & c_2 \\ c_1 a_{11} + c_2 a_{21} & \big| & c_1 a_{12} + c_2 a_{22} \end{bmatrix},$$

$$Q_B^* = \begin{bmatrix} 1 & 0 \\ -a_1 & 1 \end{bmatrix}, \qquad Q_B^{*-1} = \begin{bmatrix} 1 & 0 \\ a_1 & 1 \end{bmatrix}.$$

Daraus ergeben sich die folgenden Teilaufgaben:

- *Bestimmung der Systemmatrix A_B:*

Die Elemente a_1 und a_0 ergeben sich aus der Bedingung, daß die Matrizen A_B und A die gleichen Eigenwerte haben müssen:

$$\det[sI - A_B] = \det[sI - A]$$

$$s^2 + a_1 s + a_0 = s^2 - (a_{11} + a_{22})s + a_{11}a_{22} - a_{12}a_{21},$$

und ein Koeffizientenvergleich führt unmittelbar auf die Matrix

$$A_B = \begin{bmatrix} a_{11} + a_{22} & 1 \\ a_{12}a_{21} - a_{11}a_{22} & 0 \end{bmatrix}$$

- *Bestimmung der Matrizen b_B und g_B:*

Aufgrund des allgemeinen Ansatzes wird die Spaltenmatrix

$$b_B = Q_B^{*-1} Q_B \begin{bmatrix} b_1 \\ b_2 \end{bmatrix}$$

$$= \begin{bmatrix} 1 & 0 \\ a_1 & 1 \end{bmatrix} \cdot \begin{bmatrix} c_1 & \big| & c_2 \\ c_1 a_{11} + c_2 a_{21} & \big| & c_1 a_{12} + c_2 a_{22} \end{bmatrix} \cdot \begin{bmatrix} b_1 \\ b_2 \end{bmatrix}$$

$$= \begin{bmatrix} c_1 & \big| & c_2 \\ a_1 c_1 + c_1 a_{11} + c_2 a_{21} & \big| & a_1 c_2 + c_1 a_{12} + c_2 a_{22} \end{bmatrix} \cdot \begin{bmatrix} b_1 \\ b_2 \end{bmatrix}$$

$$= \begin{bmatrix} c_1 b_1 + c_2 b_2 \\ (c_2 a_{21} - c_1 a_{22})b_1 + (c_1 a_{12} - c_2 a_{11})b_2 \end{bmatrix} \equiv \begin{bmatrix} b_{B1} \\ b_{B2} \end{bmatrix}$$

Durch einen entsprechenden Rechengang erhält man

$$g_B = \begin{bmatrix} c_1 g_1 + c_2 g_2 \\ (c_2 a_{21} - c_1 a_{22})g_1 + (c_1 a_{12} - c_2 a_{22})g_2 \end{bmatrix} \equiv \begin{bmatrix} g_{B1} \\ g_{B2} \end{bmatrix}$$

und schließlich gilt laut Ansatz $c_B^T = [1\ 0]$. Damit sind alle Matrizen der Beobachtungsnormalform für den Fall $n = 2$ bestimmt.

8.3.3 Die Jordansche Normalform

Zunächst werden Systeme mit einfachen Eigenwerten betrachtet, die Übertragungsfunktion liege bereits in Gestalt einer Partialbruchzerlegung vor:

$$F(s) = \frac{r_1}{s - s_1} + \frac{r_2}{s - s_2} + \ldots + \frac{r_n}{s - s_n} + r_0 \,, \tag{8.20}$$

wobei die r_i die zu den Polen gehörigen Residuen sind und ein System mit Durchgang vorliegt, wenn $r_0 \neq 0$ ist, wenn also Zähler – und Nennerpolynom von $F(s)$ vom gleichen Grad sind; r_0 spielt hier die Rolle von b_n im Zählerpolynom der Übertragungsfunktion nach Gl. (8.17). Die zugehörige Struktur besteht aus der in Bild 8.5 gezeigten Parallelschaltung von n Teilsystemen mit P-T_1-Verhalten. Mit den Zustandsgrößen $x_i(t)$ ergeben sich n voneinander entkoppelte Differentialgleichungen 1. Ordnung:

$$\dot{x}_1(t) = s_1 x_1(t) + u(t)$$

$$\dot{x}_2(t) = s_2 x_2(t) + u(t)$$

$$\vdots$$

$$\dot{x}_n(t) = s_n x_n(t) + u(t) \,,$$

die unabhängig voneinander gelöst werden können. Diesem Vorteil stehen jedoch einige Nachteile gegenüber:

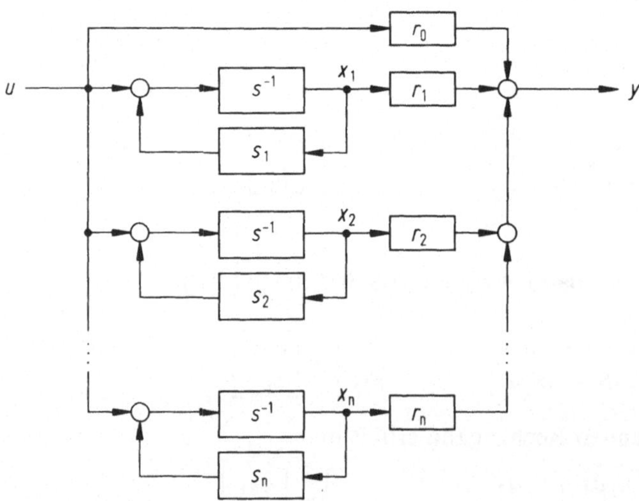

Bild 8.5. Struktur zur Jordanschen Normalform für lineare zeitinvariante Systeme

- Man kann die Jordansche Normalform nicht unmittelbar an einer gegebenen Übertragungsfunktion ablesen, weil diese im allgemeinen nicht schon in Gestalt einer Partialbruchzerlegung vorliegt.
- Die mit der Jordanschen Normalform eingeführten Zustandsvariablen sind im allgemeinen keine reellen physikalischen Zustandsgrößen, wie sie etwa bei Bilanzierungsansätzen auftreten, vielmehr können formal komplexe Zustandsvariablen entstehen.

Im Hinblick auf die bekannten Rechenregeln für Matrizen sind Diagonalmatrizen von erheblichem Vorteil, und bei dem gewählten Ansatz ergibt sich die Systemmatrix in Diagonalform:

$$\dot{x}(t) = \begin{bmatrix} s_1 & 0 & \cdots & 0 \\ 0 & s_2 & & \vdots \\ \vdots & & \ddots & \\ 0 & \cdots & & s_n \end{bmatrix} \cdot x(t) + \begin{bmatrix} 1 \\ 1 \\ \vdots \\ 1 \end{bmatrix} \cdot u(t) \qquad (8.21a)$$

mit der Ausgangsgleichung

$$y(t) = [r_1 \, r_2 \ldots r_n] \cdot x(t) + r_0 \cdot u(t) \,, \qquad (8.21b)$$

die Elemente der Ausgangsmatrix sind also gerade die Residuen der Einfachpole $s_1, \ldots s_n$. Diese Zustandsbeschreibung bietet noch weitere Vorteile:

- Man kann anhand der direkt ablesbaren Eigenwerte unmittelbar Aussagen über die Systemdynamik treffen.
- Die Systemeigenschaften Steuerbarkeit und Beobachtbarkeit (zusammengefaßt zur Eigenschaft Regelbarkeit [18]) sind direkt ablesbar und sind damit nicht wie bei anderen Zustandsbeschreibungen erst über bestimmte Transformationen bzw. über Matrizenauswertungen zugänglich.

Übertragungsfunktionen mit mehrfachen Eigenwerten

Geht man von der Annahme aus, daß o.B.d.A. der erste Pol bei $s = s_1$ ein m-facher Pol sei, so gilt für diesen der Teilansatz

$$F_m(s) = \frac{r_1}{s - s_1} + \frac{r_2}{(s - s_1)^2} + \ldots + \frac{r_m}{(s - s_1)^m} \,,$$

und die Differentialgleichungen für die Zustandsgrößen $x_i(t)$ erhält man ausgehend vom s-Bereich der Laplace-Transformierten über die Gleichungen

$$x_1(s) = \frac{1}{s - s_1} \, u(s) \,,$$

$$x_2(s) = \frac{1}{(s - s_1)^2} \, u(s) = \frac{1}{s - s_1} \, x_1(s)$$

$$\vdots$$

$$x_m(s) = \frac{1}{(s - s_1)^m} \, u(s) = \frac{1}{s - s_1} \, x_{m-1}(s)$$

in folgender Form:

$$\dot{x}_1(t) = s_1 x_1(t) + u(t)$$

$$\dot{x}_2(t) = s_1 x_2(t) + x_1(t)$$

$$\vdots$$

$$\dot{x}_m(t) = s_1 x_m(t) + x_{m-1}(t) .$$

In Matrizenschreibweise ergibt sich die durch den m-fachen Pol s_1 bedingte Teildarstellung

$$\dot{\boldsymbol{x}}_{(1)}(t) = \begin{bmatrix} s_1 & 0 & \cdots & & 0 \\ 1 & s_1 & & & \vdots \\ 0 & 1 & & & \\ \vdots & & \ddots & & 0 \\ 0 & \cdots & 0 & 1 & s_1 \end{bmatrix} \cdot \boldsymbol{x}(t) + \begin{bmatrix} 1 \\ 0 \\ \vdots \\ \\ 0 \end{bmatrix} \cdot u(t) , \tag{8.22a}$$

$$y_{(1)}(t) = [r_1 r_2 \cdots r_m] \cdot \boldsymbol{x}(t) . \tag{8.22b}$$

Die zugehörige Teilstruktur ist in Bild 8.6 gezeigt. Fügt man abschließend die Teildarstellungen (8.21a, b) und (8.22a, b) zusammen, so ergeben sich die folgenden Matrizen:

$$\boldsymbol{A}_\mathrm{J} = \begin{bmatrix} s_1 & 0 & \cdots & & 0 & 0 & & 0 \\ 1 & s_1 & & & & \vdots & & \\ 0 & 1 & & & & & & \\ \vdots & & \ddots & & 0 & & & \\ 0 & \cdots & 0 & 1 & s_1 & 0 & & \\ & & & & & & & \\ 0 & \cdots & & & 0 & s_{m+1} & & \\ \vdots & & & & & & \ddots & 0 \\ 0 & & & & & 0 & & s_n \end{bmatrix} , \quad \boldsymbol{b}_\mathrm{J} = \begin{bmatrix} 1 \\ 0 \\ \vdots \\ \\ 0 \\ \\ 1 \\ \vdots \\ 1 \end{bmatrix} ,$$

$$\boldsymbol{c}_\mathrm{J}^\mathrm{T} = [r_1 \quad \cdots \quad r_m \ ; \ r_{m+1} \quad \cdots \quad r_n], \qquad d_\mathrm{J} = r_0 .$$

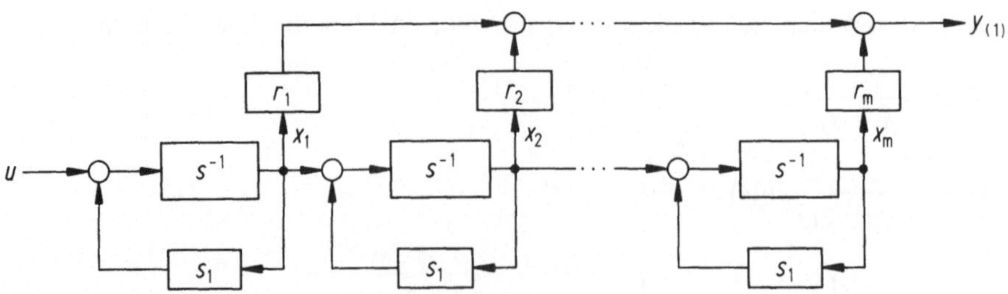

Bild 8.6. Teilstruktur zur Zustandsdarstellung nach den Gleichungen (8.22a, b)

8.4 Beschreibung zeitdiskreter Systeme

Die Übernahme des Zustandsbegriffs in die Beschreibung diskreter Systeme erfolgt sehr allgemein über den „Inhalt eines Speichers" und ist damit sowohl begrifflich als formal abgesichert, nicht notwendig an eine Energieform gebunden. Im Rahmen einer kurzgefaßten Zusammenstellung wird von einem kontinuierlichen linearen und zeitinvarianten System mit der Darstellung

$$\dot{x}(t) = A\,x(t) + b\,u(t), \qquad x(t_0) \text{ gegeben },$$

$$y(t) = c^\mathrm{T} x(t) + d\,u(t)$$

ausgegangen, zu der die allgemeine Lösung

$$x(t) = \mathrm{e}^{A \cdot t} x(t_0) + \int_{t_0}^{t} \mathrm{e}^{A \cdot (t - \tau)} b\,u(\tau)\mathrm{d}\tau$$

mit der Fundamentalmatrix

$$\theta(t) = \mathrm{e}^{A \cdot t}$$

gehört. Ergänzt man dieses System eingangsseitig durch einen D/A-Wandler und ausgangsseitig durch einen A/D-Wandler, so entsteht insgesamt das in Bild 8.7 gezeigte diskontinuierliche System mit der Eingangsfolge $u^*(k)$ und der Ausgangsfolge $y^*(k)$, beschreibbar durch die Gleichungen

$$x^*(k + 1) = A^* x^*(k) + b^* u^*(k) \,, \tag{8.23a}$$

$$y^*(k) = c^{*\mathrm{T}} x^*(k) + d^* u^*(k) \,. \tag{8.23b}$$

Bei gegebenem Anfangswert $x^*(k_0)$ ergeben sich folgende Lösungsschritte für den diskreten Zustandsvektor $x^*(k)$:

$$x^*(k_0 + 1) = A^* x^*(k_0) + b^* u^*(k_0)$$

$$x^*(k_0 + 2) = A^* x^*(k_0 + 1) + b^* u^*(k_0 + 1)$$

$$= A^{*2} x^*(k_0) + A^* b^* u^*(k_0) + b^* u^*(k_0 + 1) \,,$$

und durch vollständige Induktion [14] erhält man für den k-ten Schritt

$$x^*(k) = A^{*k - k_0} \cdot x^*(k_0) + \sum_{v = k_0}^{k - 1} A^{*k - 1 - v} b^* u^*(v) \,. \tag{8.24}$$

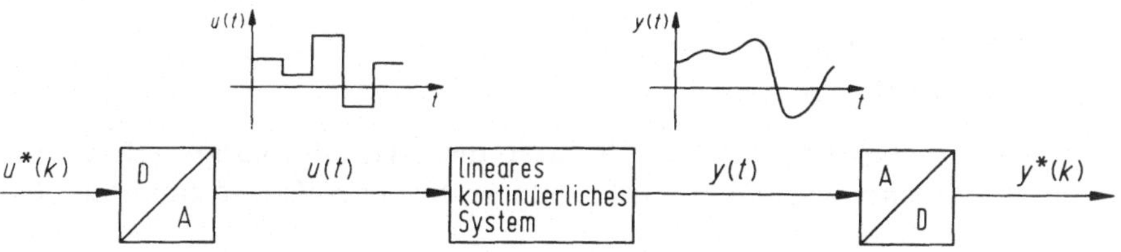

Bild 8.7. Zur Erläuterung der Signalfolgen in einem diskontinuierlichen System

Durch Einsetzen dieses Ergebnisses für $x^*(k)$ in Gl. (8.23b) läßt sich die gesamte Ausgangsfolge anschreiben:

$$y^*(k) = c^{*\mathrm{T}} A^{*k-k_0} \cdot x^*(k_0) + c^{*\mathrm{T}} \cdot \sum_{v=k_0}^{k-1} A^{*k-1-v} \cdot b^* u^*(v) + d^* u^*(k) \, .$$

Wenn man schon die diskrete Systembeschreibung von einem kontinuierlichen System ausgehend entwickelt, was nicht zwingend ist, dann kann man unter bestimmten Voraussetzungen bezüglich $u(t)$ auch noch eine nähere Anbindung der bisher unbestimmt angesetzten Matrizen A^* und b^* an die kontinuierliche Systembeschreibung vornehmen. Dazu setzt man die allgemeine kontinuierliche Lösung zu festen Zeitpunkten $k \cdot T$ und $(k+1) \cdot T$ in folgender Form an:

$$x[(k+1)T] = \mathrm{e}^{A \cdot T} \cdot x(kT) + \int_{kT}^{(k+1)T} \mathrm{e}^{A \cdot [(k+1)T - \tau]} b\, u(\tau)\mathrm{d}\tau \, . \tag{8.25}$$

Hieraus ergeben sich unmittelbar die Systemmatrix

$$A^* = \mathrm{e}^{A \cdot T} \tag{8.26}$$

und die zugehörige Fundamentalmatrix

$$\theta^*(k) = \theta(kT) = \mathrm{e}^{A \cdot kT} = A^{*k} \, , \tag{8.27}$$

$$\theta^*(k+1) = A \cdot \theta^*(k) \, .$$

Das Integral in Gl. (8.25) kann man mit der Annahme einer innerhalb der Zeitdauer T konstanten Steuergröße $u(t)$ weiter auswerten und dadurch einen geschlossenen Ausdruck für die Steuermatrix b^* gewinnen. Mit der Substitution $\tau - kT = v$ ergibt sich die Umformung

$$\int_{kT}^{(k+1)T} \mathrm{e}^{A \cdot [(k+1)T - \tau]} b\, u(\tau)\mathrm{d}\tau = \mathrm{e}^{A \cdot T} \cdot \int_{0}^{T} \mathrm{e}^{-A \cdot v} b\, u(kT + v)\,\mathrm{d}v \, ,$$

wobei $u(kT + v) = u(kT)$ im Intervall $0 \le v \le T$, was einem Halteglied nullter Ordnung entspricht. Damit erhält man

$$\int_{0}^{T} \mathrm{e}^{-Av}\,\mathrm{d}v \cdot b\, u(kT) = [I - \mathrm{e}^{-A \cdot T}] \cdot A^{-1} b\, u(kT) \, ,$$

und Gl. (8.25) lautet in übersichtlicher diskreter Schreibweise:

$$x^*(k+1) = A^* x^*(k) + b^* u^*(k) \tag{8.28}$$

mit der Steuermatrix

$$b^* = [I - \mathrm{e}^{-AT}] \cdot A^{-1} b \, . \tag{8.29}$$

Für die Beschreibung im Bildbereich durch die z-Transformation erhält man aus Gl. (8.28) mit dem Linksverschiebungssatz der z-Transformation [14] zunächst

$$z \cdot [x(z) - x(0)] = A^* x(z) + b^* u(z) \, ,$$

und daraus folgt für verschwindenden Anfangswert

$$x(z) = [z \cdot I - A^*]^{-1} b^* u(z) \,.$$

Zusammen mit der Ausgangsgleichung (8.23b) ergibt sich die skalare z-Übertragungsfunktion von u nach y [20]:

$$F(z) = c^{*\mathrm{T}} [z \cdot I - A^*]^{-1} b^* + d^*$$

$$= \frac{c^{*\mathrm{T}} \cdot \mathrm{adj} [z \cdot I - A^*] b^* + d \cdot \det [z \cdot I - A^*]}{\det [z \cdot I - A^*]} \tag{8.30}$$

oder in Polynomdarstellung

$$F(z) = \frac{b_0 + b_1 z + \ldots + b_n z^n}{a_0 + a_1 z + \ldots + a_{n-1} z^{n-1} + z^n}, \quad d^* = b_n \,. \tag{8.31}$$

Die Matrizen zur Kennzeichnung zeitinvarianter linearer diskreter Systeme können in der gleichen Systematik aufgebaut sein wie im kontinuierlichen Fall, d.h. es gibt auch hier die Regelungsnormalform, die Beobachtungsnormalform und andere im Prinzip gleichwertige Darstellungen. Desgleichen können die zugehörigen Strukturbilder übernommen werden, wobei jedoch die Integratoren der kontinuierlichen Modelle zu ersetzen sind durch Einheitsverschiebungsglieder bei der diskreten Modellierung. Zur Veranschaulichung zeigt Bild 8.8 die Struktur in Beobachtungsnormalform zu der Übertragungsfunktion

$$F(z) = \frac{b_0 + b_1 z + b_2 z^2}{a_0 + a_1 z + z^2} \,,$$

die zugehörigen Matrizen sind wie folgt aufgebaut:

$$A^* = \begin{bmatrix} -a_1 & 1 \\ -a_0 & 0 \end{bmatrix}, \quad b^* = \begin{bmatrix} b_1 - a_1 b_2 \\ b_0 - a_0 b_2 \end{bmatrix},$$

$$c^{*\mathrm{T}} = [1 \quad 0], \quad d^* = b_2 \,.$$

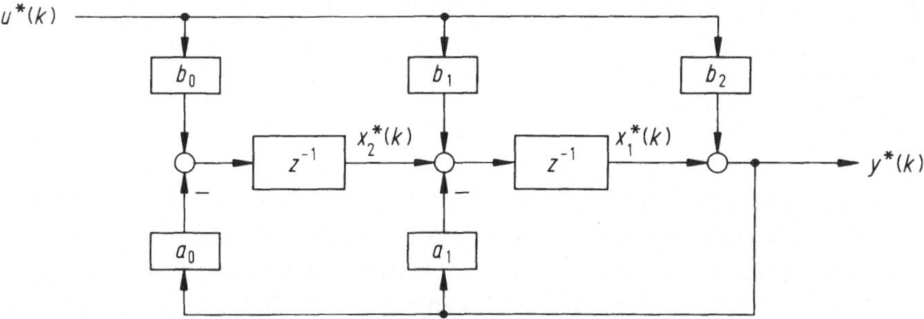

Bild. 8.8. Struktur zur Beobachtungsnormalform für ein zeitdiskretes System 2. Ordnung

9 Zusammenhänge zwischen den Kennfunktionen stochastischer Eingangs- und Ausgangssignale

Bei *stochastischer* Erregung eines linearen zeitinvarianten *deterministischen* Systems kann man zunächst formal von der Zustandsgleichung (8.1) ausgehen. Für die weiteren Überlegungen ist jedoch zu beachten, daß diese Form nur für eine vektorielle Musterfunktion eines Prozesses $x(e; t)$ gilt, so daß die im folgenden erforderlichen Erwartungswertbildungen bezüglich e nicht durchführbar sind.

9.1 Die Zustandsgleichungen bei stochastischer Erregung

Für einen vektoriellen stochastischen Eingangsprozeß $z(e; t)$ gilt die Zustandsgleichung in der Form

$$\dot{x}(e; t) = A(t)\,x(e; t) + G(t)\,z(e; t) \tag{9.1}$$

mit der allgemeinen Lösung entsprechend Gl. (8.2):

$$x(e; t) = \theta(t, t_0)\,x(e; t_0) + \int_{t_0}^{t} \theta(t, \tau)\,G(\tau)\,z(e; \tau)\,\mathrm{d}\tau \ . \tag{9.2}$$

Der Eingangsprozeß sei mittelwertfrei und durch seine Kovarianzmatrix $V_z(t_1, t_2)$ gekennzeichnet. Bei verschwindenden Anfangswerten erhält man die allgemeine vektorielle Form des Superpositionsintegrals

$$x(e; t) = \int_{t_0}^{t} \theta(t, \tau)\,G(\tau)\,z(e; \tau)\,\mathrm{d}\tau \ . \tag{9.3}$$

Die drei angegebenen Beziehungen bedürfen einer besonderen Erläuterung: Für *stochastische Prozesse* müssen Differentiation und Integration *eigens definiert* werden, was anhand der einschlägigen Literatur nachvollzogen werden kann [1], [28]. Bei den anschließenden Überlegungen ist jedoch deutlich zu beachten:

- Die Zustandsgleichungen sind linear
- Differentiationen nach t und Integrationen über τ werden konkret nicht durchgeführt

● Die zu vollziehenden Operationen sind Erwartungswertbildungen bezüglich
  e und führen zu den gleichen Ergebnissen wie bei Verwendung der modifizierten Vorschriften zur Differentiation und Integration stochastischer Prozesse.

Im Hinblick auf die Theorie der Kalman-Filterung muß vorsorglich darauf
hingewiesen werden, daß die Ansätze (9.1), (9.2) und (9.3) in dieser Schreibweise
nicht streng gültig sind, weil bei der Herleitung der Kalman-Entwurfsgleichungen weiße Modellgeräusche angesetzt werden. Auf deren analytische Einbeziehung wird im folgenden Abschnitt eingegangen.

9.2 Stochastische Differentialgleichungen und Integrale

Die Überlegungen gehen aus von einem weißen Geräusch, symbolisiert durch
$z(e; t)$ mit einem frequenzunabhängigen Leistungsdichtespektrum

$$S_z(\omega) = S_0$$

und der entsprechend entarteten Autokorrelationsmatrix

$$\phi(\tau) = \pi S_0 \cdot \delta(\tau), \qquad \pi S_0 \equiv \Psi_0.$$

Beschickt man einen Integrierer mit einem solchen Prozeß, so erhält man einen
Wiener-Prozeß $\beta(e; t)$ mit folgenden Eigenschaften;

$$\dot{\beta}(e; t) = z(e; t), \quad z(e; 0) = 0, \text{ oder in Integralform}$$

$$\beta(e; t) = \int_0^t z(e; \tau)\, d\tau \; .$$

Er ist Gauß-verteilt, mittelwertfrei und besitzt zwar stetige, aber nirgends
differenzierbare Realisierungen, so daß man nur anschreiben kann

$$d\beta(e; t) = z(e; t)\, dt \; .$$

Daraus ergibt sich, daß man die Zustandsgleichungen für ein mit weißem
Geräusch erregtes lineares zeitvariantes System in folgender Form ansetzen
muß [1, 27]:

$$dx(e; t) = A(t)\,x(e; t)\, dt + G(t)\, d\beta(e; t) \; . \tag{9.1a}$$

Die (n, p)-Matrix $G(t)$ enthält stückweise stetige Funktionen, und $\beta(e; t)$ ist ein
p-Vektor. Die stochastische Differentialgleichung (9.1a) hat die allgemeine
Lösung

$$x(e; t) = x(e; t_0) + \int_{t_0}^t A(\tau)\,x(e; \tau)\, d\tau + \int_{t_0}^t G(\tau)\, d\beta(e; \tau) \; ,$$

die ein stochastisches Integral enthält. Mit der auch zu diesem modifizierten Problem existierenden Fundamentalmatrix $\theta(t, t_0)$ setzt man folgende Lösung an:

$$x(e; t) = \theta(t, t_0) \cdot q(e; t) \quad \text{mit}$$

$$q(e; t) = x(e; t_0) + \int_{t_0}^{t} \theta(\tau, t_0)\, G(\tau)\, \mathrm{d}\beta(e; \tau)\ .$$

Dieser Lösungsansatz muß sowohl die Anfangsbedingung als auch die stochastische Differentialgleichung erfüllen; man findet zunächst

$$x(t, t_0) = \theta(t_0, t_0) \cdot q(e; t_0)$$

$$= I \cdot x(e; t_0) + 0 = x(e; t_0)\ .$$

Weiterhin folgt aus dem Lösungsansatz durch Differentiation

$$\mathrm{d}x(e; t) = \frac{\partial \theta(t, t_0)}{\partial t} \cdot q(e; t)\, \mathrm{d}t + \theta(t, t_0) \cdot \mathrm{d}q(e; t_0)\ ,$$

und das stochastische Differential wird zu

$$\mathrm{d}q(e; t) = \theta(t, t_0)\, G(t)\, \mathrm{d}\beta(e; t)\ .$$

Andererseits folgt aus dem Differentialansatz durch Integration:

$$x(e; t) = x(e; t_0) + \int_{t_0}^{t} \frac{\partial \theta(\tau, t_0)}{\partial \tau} \cdot q(e; \tau)\mathrm{d}\tau + \int_{t_0}^{t} \theta(\tau, t_0)\mathrm{d}q(e; \tau)\ .$$

Mit der Differentialgleichung der Fundamentalmatrix

$$\frac{\partial}{\partial \tau} \theta(\tau, t_0) = A(\tau)\, \theta(\tau, t_0)$$

und dem stochastischen Differential ergibt sich durch Einsetzen

$$x(e; t) = x(e; t_0) + \int_{t_0}^{t} A(\tau)\, \theta(\tau, t_0)\, q(e; \tau)\, \mathrm{d}\tau + \int_{t_0}^{t} \theta(\tau, t_0)\, \theta(t_0, \tau)\, G(\tau)\, \mathrm{d}\beta(e; \tau)\ .$$

Andererseits ist

$$\theta(\tau, t_0) \cdot q(e; \tau) = x(e; \tau) \quad \text{und} \quad \theta(\tau, t_0) \cdot \theta(t_0, \tau) = I$$

folglich wird

$$x(e; t) = x(e; t_0) + \int_{t_0}^{t} A(\tau)\, x(e; \tau)\, \mathrm{d}\tau + \int_{t_0}^{t} G(\tau)\, \mathrm{d}\beta(e, \tau)\ ,$$

und dies ist die angesetzte Integralform zu der ursprünglichen stochastischen Differentialgleichung, also die Lösung

$$x(e; t) = \theta(t, t_0)\, x(e; t_0) + \int\limits_{t_0}^{t} \theta(t, \tau)\, G(\tau)\, \mathrm{d}\beta(e; \tau)\ .$$

Eine der ersten physikalisch orientierten Arbeiten mit stochastischen Differentialgleichungen wurde von Langevin [23] zur dynamisch-statistischen Beschreibung der Brownschen Molekularbewegung im Jahre 1908 veröffentlicht. Die von ihm und Einstein eingeführte „statistische Kollisionskraft" mit konstantem Leistungsdichtespektrum ist in der heutigen Terminologie ein weißes Geräusch, zu dem in Abschn. 13.9 weitere Angaben gemacht werden.

In den betreffenden Abschnitten dieses Buches werden vor dem geschilderten Hintergrund die Zustandsgleichungen und deren allgemeine Lösungen bei stochastischer Erregung vereinbarungsgemäß in den Formen (9.1) und (9.2) angesetzt.

9.3 Zusammenhang zwischen den Kovarianzmatrizen V_z und V_x

Mit den zu Beginn dieses Abschnitts getroffenen Annahmen über die Systembeschreibung und die Prozeßeigenschaften erhält man einen ersten allgemeinen Zusammenhang aus der Definitionsgleichung der Kovarianzmatrix

$$V_x(t_1, t_2) = \mathscr{E}\{x(e; t_1) \cdot x^{\mathrm{T}}(e; t_2)\}\ , \tag{9.4}$$

wobei die folgenden beiden Lösungen der Zustandsgleichung bei verschwindenden Anfangsbedingungen einzusetzen sind:

$$x(e; t_1) = \int\limits_{t_0}^{t_1} \theta(t_1, u)\, G(u)\, z(e, u)\, \mathrm{d}u\ ,$$

$$x^{\mathrm{T}}(e, t_2) = \int\limits_{t_0}^{t_2} z^{\mathrm{T}}(e; v)\, G^{\mathrm{T}}(v)\, \theta^{\mathrm{T}}(t_2, v)\, \mathrm{d}v\ .$$

Bild 9.1 zeigt zur Verdeutlichung die Zuordnung der beteiligten Funktionen. Durch Einsetzen der Zwischenergebnisse erhält man über die Erwartungswertbildung nach Gl. (9.4):

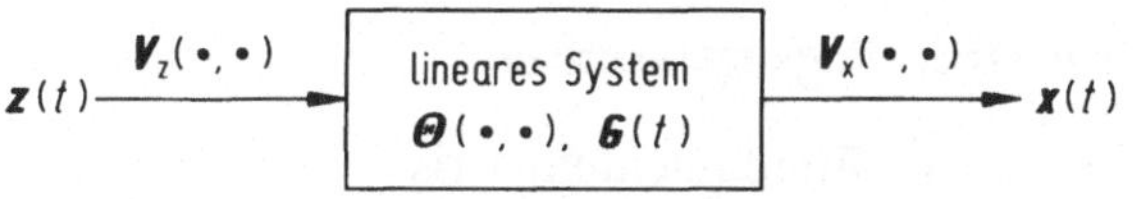

$$z(t) \xrightarrow{\quad V_z(\cdot, \cdot) \quad} \boxed{\begin{array}{c} \text{lineares System} \\ \theta(\cdot, \cdot),\ G(t) \end{array}} \xrightarrow{\quad V_x(\cdot, \cdot) \quad} x(t)$$

Bild 9.1. Stochastisch erregtes lineares zeitvariantes System mit den zugeordneten Kennfunktionen

$$V_x(t_1, t_2) = \mathscr{E}\left\{ \int\limits_{t_0}^{t_1} \theta(t_1, u)\, G(u)\, z(e; u)\, \mathrm{d}u \cdot \int\limits_{t_0}^{t_2} z^T(e, v)\, G^T(v)\, \theta^T(t_2, v)\, \mathrm{d}v \right\},$$

und wegen der Vertauschbarkeit von Integration und Erwartungswertbildung folgt das Ergebnis

$$V_x(t_1, t_2) = \int\limits_{t_0}^{t_1} \int\limits_{t_0}^{t_2} \theta(t_1, u)\, G(u)\, V_z(u, v)\, G^T(v)\, \theta^T(t_2, v)\, \mathrm{d}v\, \mathrm{d}u \,, \tag{9.5}$$

wobei die Abhängigkeit von t_0 nicht mitgeschrieben ist. Erfahrungsgemäß wird man die Kovarianzmatrix V_x nicht über dieses Doppelintegral berechnen; es hat vielmehr eine grundlegende Bedeutung zur Herleitung besser auswertbarer Zusammenhänge, die im folgenden entwickelt werden. Zunächst ersetzt man unter dem Doppelintegral die Matrix V_z des Eingangsgeräuschs $z(e; t) = w(e; t)$ zur deutlichen Kennzeichnung durch die Kovarianzmatrix

$$V_w(u, v) = \Psi_w(u) \cdot \delta(u - v)$$

zur Modellierung eines instationären weißen Eingangsgeräuschs (s. Abschn. 5.9), und mit der Ausblendeigenschaft der Deltafunktion erhält man durch Integration über v den Ausdruck

$$V_x(t_1, t_2) = \int\limits_{t_0}^{t_1} \theta(t_1, u)\, G(u)\, \Psi_w(u)\, G^T(u)\, \theta^T(t_2, u)\, \mathrm{d}u \,. \tag{9.6}$$

Für die weiteren Ausführungen interessiert der Fall $t_1 = t_2 = t$:

$$V_x(t) = \int\limits_{t_0}^{t} \theta(t, u)\, G(u)\, \Psi_w(u)\, G^T(u)\, \theta^T(t, u)\, \mathrm{d}u \,. \tag{9.7}$$

Die konkrete Auswertung dieser allgemeinen Zusammenhänge für zeitvariante Systeme ist natürlich nicht durchführbar, wenn keine analytisch formulierbaren Zeitabhängigkeiten gegeben sind. Anders ist die Situation etwa bei dem praktischen Einsatz von Filtern, die laufend mit Meßdaten einer zeitvarianten Umgebung – beispielsweise in der Luftfahrt – eingespeist werden. Hieraus ergibt sich die Begründung für die folgenden Schritte zur weiteren analytischen Vorgehensweise.

Zeitinvariante Systeme und stationäres Eingangsrauschen

Die nunmehr geltenden Formen für die Fundamentalmatrix

$$\theta(t, u) = \theta(t - u)$$

und für die Kovarianzmatrix

$$V_z(u, v) = V_z(u - v)$$

führen zunächst auf das aus Gl. (9.5) folgende Doppelintegral (mit $t_0 = 0$, o.B.d.A.)

$$V_x(t) = \int_0^\infty \theta(u) \, G \int_0^\infty V_z(t + u - v) \, G^T \theta^T(v) \, dv \, du \; . \tag{9.8}$$

Dies ist ein fundamentales Superpositionsintegral zur Verknüpfung der beiden Kovarianzmatrizen V_z und V_x, auf das wir bei den Beziehungen zwischen den skalaren Kennfunktionen noch zurückkommen werden.

Stationäres weißes Eingangsrauschen

Jetzt wird zur Modellierung eines extrem breitbandigen stationären weißen Geräuschs von dem Kovarianzansatz

$$V_w(t + u - v) = \boldsymbol{\Psi}_w \cdot \delta(t + u - v)$$

ausgegangen, und damit wird aus Gl. (9.8) durch Integration über v:

$$V_x(t) = \int_0^\infty \theta(u) \, G \, \boldsymbol{\Psi}_w \, G^T \, \theta^T(t + u) \, du \; . \tag{9.9}$$

Die weitere Auswertung dieses Zusammenhangs wird bei der skalaren Version in Abschn. 9.6.1 vorgenommen.

9.4 Die Kreuzkovarianzmatrizen V_{zx} und V_{xz}

Mit den unverändert geltenden Zuordnungen von Signal- und Systemkenngrößen geht man aus von der Definitionsgleichung

$$V_{zx}(t_1, t_2) = \mathscr{E}\{z(e; t_1) \cdot x^T(e; t_2)\}$$

und erhält durch Einsetzen der transponierten Lösung der Zustandsgleichung bei verschwindendem Anfangswert:

$$V_{zx}(t_1, t_2) = \mathscr{E}\left\{ z(e; t_1) \cdot \int_{t_0}^{t_2} z^T(e; v) \, G^T(v) \theta^T(t_2, v) \, dv \right\}$$

$$= \int_{t_0}^{t_2} \mathscr{E}\{z(e; t_1) \cdot z^T(e; v)\} \, G^T(v) \, \theta^T(t_2, v) \, dv$$

$$V_{zx}(t_1, t_2) = \int_{t_0}^{t_2} V_z(t_1, v)\, G^{\mathrm{T}}(v)\, \theta^{\mathrm{T}}(t_2, v)\, \mathrm{d}v \; . \tag{9.10}$$

Interessiert man sich auch hier nur für einen Zeitpunkt $t_1 = t_2 = t$, so wird mit $t_0 = 0$ (o.B.d.A.)

$$V_{zx}(t) = \int_{0}^{t} V_z(t, v)\, G^{\mathrm{T}}(v)\, \theta^{\mathrm{T}}(t, v)\, \mathrm{d}v \; . \tag{9.11}$$

9.4.1 Instationäres weißes Eingangsrauschen

Mit der Modellierung eines weißen Geräuschs durch die Kovarianzmatrix

$$V_{\mathrm{w}}(t_1, v) = \Psi_{\mathrm{w}}(t_1) \cdot \delta(t_1 - v)$$

geht die Gl. (9.10) über in

$$V_{\mathrm{wx}}(t_1, t_2) = \int_{t_0}^{t_2} \Psi_{\mathrm{w}}(t_1) \cdot \delta(t_1 - v)\, G^{\mathrm{T}}(v)\, \theta^{\mathrm{T}}(t_2, v)\, \mathrm{d}v$$

$$= \begin{cases} \Psi_{\mathrm{w}}(t_1)\, G^{\mathrm{T}}(t_1)\, \theta^{\mathrm{T}}(t_2, t_1) & \text{für } t_0 < t_1 < t_2 \\ \tfrac{1}{2}\, \Psi_{\mathrm{w}}(t_1)\, G^{\mathrm{T}}(t_1) & \text{für } t_0 < t_1 = t_2 \; . \end{cases} \tag{9.12}$$

Bei der zweiten Zeile ist berücksichtigt, daß die Ausblendung durch die Deltafunktion an der oberen Intervallgrenze $t_1 = t_2$ den Faktor $\tfrac{1}{2}$ liefert, s. Gl. (8.8a), und daß $\theta(t_2, t_2) = I$ ist.

● *Die zugeordnete Kreuzkovarianzmatrix*

Über die Definitionsgleichung

$$V_{\mathrm{xz}}(t_1, t_2) = \mathscr{E}\{x(e; t_1) \cdot z^{\mathrm{T}}(e; t_2)\}$$

kann man auch diese Matrix näher bestimmen; man braucht aber den aufgezeigten Weg nicht zu wiederholen, denn es gilt der allgemeine Zusammenhang

$$V_{\mathrm{xz}}(t_1, t_2) = \mathscr{E}\{z(e; t_2) \cdot x^{\mathrm{T}}(e; t_1)\}^{\mathrm{T}}$$

$$V_{\mathrm{xz}}(t_1, t_2) = V_{zx}^{\mathrm{T}}(t_2, t_1) \; , \tag{9.13}$$

der natürlich nicht auf weiße Geräusche beschränkt ist:

$$V_{\mathrm{xz}}(t_1, t_2) = \int_{t_0}^{t_1} \theta(t_1, v)\, G(v)\, V_z(v, t_2)\, \mathrm{d}v \; . \tag{9.14}$$

Entsprechend den vorstehenden Ergänzungen gilt auch hier für den Fall $t_1 = t_2 = t$ und $t_0 = 0$:

$$V_{xz}(t) = \int\limits_0^t \theta(t, v)\, G(v)\, V_z(v, t)\, \mathrm{d}v \ . \tag{9.15}$$

9.4.2 Verknüpfung der Kreuzkovarianzmatrizen

Es ist zweckmäßig, an dieser Stelle eine weitere Eigenschaft der Kreuzkovarianzmatrizen aufzuzeigen, die bei der Herleitung der Kovarianzentwicklungsgleichung in Abschn. 12.3 gebraucht werden wird.

Mit dem weißen Eingangsrauschen $w(e; t)$ ergibt sich aus der zweiten Zeile der Gl. (9.12) die Matrix

$$V_{wx}(t) = \frac{1}{2}\, \Psi_w(t)\, G^\mathrm{T}(t) \ , \tag{9.16}$$

und über den Zusammenhang

$$V_{xw}(t) = V_{wx}^\mathrm{T}(t)$$

erhält man ohne weitere Rechnung

$$V_{xw}(t) = \frac{1}{2}\, G(t)\, \Psi_w(t) \ . \tag{9.17}$$

Die beiden Zwischenergebnisse (9.16) und (9.17) liefern also für weiße Geräusche die Summe

$$V_{wx}(t) + V_{xw}(t) = \frac{1}{2}\, \Psi_w(t)\, G^\mathrm{T}(t) + \frac{1}{2}\, G(t)\, \Psi_w(t) \ ,$$

und daraus folgt für spätere Verwendung die vereinfachende Beziehung

$$G(t)V_{wx}(t) + V_{xw}(t)G^\mathrm{T}(t) = \frac{1}{2}\, G(t)\, \Psi_w(t)G^\mathrm{T}(t) + \frac{1}{2}\, G(t)\, \Psi_w(t)G^\mathrm{T}(t)$$

$$= G(t)\, \Psi_w(t)G^\mathrm{T}(t) \ . \tag{9.18}$$

In diesem Zusammenhang interessiert noch für einen nicht weißen Prozeß $z(e; t)$ der Erwartungswert

$$\mathscr{E}\left\{G(t)z(e; t) \cdot [G(\tau)z(e; \tau)]^\mathrm{T}\right\} = \mathscr{E}\left\{G(t)z(e; t) \cdot z^\mathrm{T}(e; \tau)\, G^\mathrm{T}(\tau)\right\}$$

$$= G(t) \cdot \mathscr{E}\left\{z(e; t) \cdot z^\mathrm{T}(e; \tau)\right\} \cdot G^\mathrm{T}(\tau)$$

$$= G(t) V_z(t; \tau)G^\mathrm{T}(\tau) \ . \tag{9.19}$$

Daraus folgt für ein weißes Geräusch mit gegebener Kovarianzmatrix $V_w(t, \tau) = \Psi_w(t) \cdot \delta(t - \tau)$ die zugehörige Kreuzkovarianzmatrix für Gw in der Form

$$V_{Gw}(t, \tau) = G(t)\, \Psi_w(t)G^\mathrm{T}(\tau) \cdot \delta(t - \tau) \ .$$

Zeitinvariante Systeme und stationäre Prozesse

Für die Fundamentalmatrix gilt jetzt $\theta(t, v) = \theta(t - v)$, und für kausale stabile Systeme ergeben sich zusammen mit der Prozeßstationarität gegenüber (9.11) und (9.15) einfachere Beziehungen,

$$V_{zx}(t) = \int\limits_{-\infty}^{+\infty} V_z(v)\, G^T \theta^T(t - v)\, dv \,, \tag{9.20}$$

$$V_{xz}(t) = \int\limits_{-\infty}^{+\infty} \theta(t - v)\, G\, V_z(v)\, dv \,, \tag{9.21}$$

auf die bei der Beschreibung im Frequenzbereich zurückgegriffen wird. Abschließend sei darauf hingewiesen, daß diese beiden Kreuzkovarinzmatrizen den gleichen Informationsinhalt besitzen, was bereits aus der direkten Beziehung (9.13) zu entnehmen ist.

9.5 Zusammenhang zwischen V_x und V_{zx}

Das Doppelintegral (9.5) zur Verknüpfung von V_z mit V_x läßt sich auf die folgende Form bringen, wobei die Abhängigkeit von t_0 nicht mitgeschrieben ist:

$$V_x(t_1, t_2) = \int\limits_{t_0}^{t_1} \theta(t_1, u)\, G(u) \int\limits_{t_0}^{t_2} V_z(u, v)\, G^T(v)\, \theta^T(t_2, v)\, dv\, du$$

und man erkennt, daß das innere Integral über v gerade die Matrix V_{zx} nach Gl. (9.10) mit leicht modifizierten Argumenten darstellt:

$$\int\limits_{t_0}^{t_2} V_z(u, v)\, G^T(v)\, \theta^T(t_2, v)\, dv = V_{zx}(u, t_2) \,.$$

Damit läßt sich die Kovarianzmatrix V_x auf eine andere Form bringen:

$$V_x(t_1, t_2) = \int\limits_{t_0}^{t_1} \theta(t_1, u)\, G(u)\, V_{zx}(u, t_2)\, du \,. \tag{9.22}$$

Auch hier interessiert wieder der für die weitere Auswertung wichtigere Fall *zeitinvarianter Systeme* und *stationärer Eingangsgeräusche*; über die Zwischenform für $t_1 = t_2 = t$ und $t_0 = 0$,

$$V_x(t) = \int\limits_{0}^{t} \theta(t, u)\, G(u)\, V_{zx}(u, t)\, du \tag{9.23}$$

erhält man

$$V_{\mathrm{x}}(t) = \int\limits_0^\infty \theta(u)\, \boldsymbol{G}\, V_{\mathrm{zx}}(t - u)\, \mathrm{d}u \tag{9.24}$$

oder die gleichwertige Form

$$V_{\mathrm{x}}(t) = \int\limits_0^\infty V_{\mathrm{xz}}(t - v)\, \boldsymbol{G}^{\mathrm{T}} \theta^{\mathrm{T}}(v)\, \mathrm{d}v \; . \tag{9.25}$$

Wenn bei der allgemeinen Zustandsdarstellung noch eine Ausgangsgleichung der Form

$$y(e; t) = \boldsymbol{C}(t) \cdot \boldsymbol{x}(e; t)$$

zu berücksichtigen ist, dann müssen die betreffenden Ausdrücke noch umgerechnet werden für die entsprechende Indizierung, und es ergeben sich die Matrizen V_{y}, V_{zy}, V_{yz} mit den jeweiligen Argumenten für alle behandelten Kombinationen.

9.6 Zusammenhänge zwischen den skalaren Korrelationsfunktionen

Für zahlreiche praktische Anwendungen genügt es, die skalaren statistischen Kennfunktionen mit den entsprechenden Systemfunktionen zu verknüpfen. Einige Zusammenhänge kann man aus den bereits hergeleiteten Matrix-Beziehungen gewinnen; andererseits kommen im skalaren Bereich gelegentlich zusätzliche Abhängigkeiten vor, so daß sich einige Ansätze lohnen, abgesehen davon, daß im Skalaren nicht auf die Reihenfolge der Funktionen bei der Produktbildung geachtet zu werden braucht. Im übrigen wird auch hier die Vertauschbarkeit von Integrationen und Mittelwertbildungen vorausgesetzt und ausgenutzt. Die folgenden Herleitungen gelten für

- zeitinvariante Systeme und
- kovarianzergodische mittelwertfreie skalare Prozesse, die fallweise Gaußschen Charakter haben.

Die Systeme werden allgemein beschrieben durch eine Zustandsdarstellung mit einer Musterfunktion $z(t) \in z(e; t)$ als Eingangssignal und entsprechend einem Ausgangssignal $y(t) \in y(e; t)$:

$$\dot{\boldsymbol{x}}(t) = \boldsymbol{A}\, \boldsymbol{x}(t) + \boldsymbol{g}\, z(t) \tag{9.26}$$

$$y(t) = \boldsymbol{c}^{\mathrm{T}} \boldsymbol{x}(t) \tag{9.27}$$

mit der allgemeinen Lösung für verschwindende Anfangsbedingungen

$$y(t) = c^{\mathrm{T}} \cdot \int\limits_0^t \boldsymbol{\theta}(t - \tau)\, \boldsymbol{g}\, z(\tau)\, \mathrm{d}\tau. \tag{9.28}$$

Im folgenden wird die Lösung in der leicht modifizierten Form durch das Superpositionsintegral

$$y(t) = \int\limits_0^\infty h(u)\, z(t - u)\, \mathrm{d}u \tag{9.29}$$

mit gegebener Impulsantwort $h(u)$ für stabile kausale Systeme bevorzugt.

Da mittelwertfreie Prozesse vorausgesetzt werden, kann man alle folgenden Überlegungen anhand der Korrelationsfunktionen durchführen, womit der Anschluß an die meist bevorzugten Darstellungen in der einschlägigen Literatur erleichtert wird.

9.6.1 Zusammenhang zwischen den Autokorrelationsfunktionen

Vorbemerkung:

Die Herleitung der verschiedenen Beziehungen erfordert wieder einige Mittelwertbildungen, die wegen der vorausgesetzten Ergodizität der Prozesse entweder als Erwartungswerte oder als zeitliche Mittelwerte gebildet werden können. Von beiden Möglichkeiten wird ohne besondere Hinweise Gebrauch gemacht werden; so gilt also durchweg beispielhaft mit Wahrscheinlichkeit 1:

$$\phi_y(\tau) = \mathscr{E}\{\, y(e; t) \cdot y(e; t + \tau)\} = \lim_{T \to \infty} \frac{1}{2T} \cdot \int\limits_{-T}^{+T} y(t) \cdot y(t + \tau)\, \mathrm{d}t \tag{9.30}$$

für eine beliebige Musterfunktion $y(t)$ des ergodischen Prozesses.

Mit dem Superpositionsintegral (9.29) geht der Erwartungswert nach Gl. (9.30) über in

$$\phi_y(\tau) = \mathscr{E}\left\{ \int\limits_{-\infty}^{+\infty} h(u)\, z(e; t - u)\, \mathrm{d}u \cdot \int\limits_{-\infty}^{+\infty} h(v)\, z(e; t + \tau - v)\, \mathrm{d}v \right\}$$

$$= \int\limits_{-\infty}^{+\infty} h(u) \cdot \int\limits_{-\infty}^{+\infty} h(v) \cdot \mathscr{E}\{ z(e; t - u) \cdot z(e; t + \tau - v)\}\, \mathrm{d}v\, \mathrm{d}u$$

$$\phi_y(\tau) = \int\limits_{-\infty}^{+\infty} h(u) \cdot \int\limits_{-\infty}^{+\infty} h(v) \cdot \phi_z(\tau + u - v)\, \mathrm{d}v\, \mathrm{d}u\,. \tag{9.31}$$

Dies ist ein verallgemeinertes Superpositionsintegral der statistischen Systemtheorie in Gestalt einer zweifachen Faltung der Impulsantwort mit der Autokorrelationsfunktion des Eingangsgeräuschs. Man kann daraus zunächst die Gesamtleistung am Systemausgang berechnen, indem man $\tau = 0$ setzt:

$$\phi_y(0) = \sigma_y^2 = \int\limits_{-\infty}^{+\infty} h(u) \cdot \int\limits_{-\infty}^{+\infty} h(v) \cdot \phi_z(u - v)\, dv\, du \ .$$

Für weißes Eingangsrauschen mit der spektralen Kenngröße Ψ_0 ergibt sich aus (9.31) der Zusammenhang

$$\phi_y(\tau) = \Psi_0 \cdot \int\limits_{-\infty}^{+\infty} h(u)\, h(\tau + u)\, du \ , \tag{9.32}$$

und damit wird die gesamte Ausgangsleistung

$$\sigma_{y\,\mathrm{WG}}^2 = \Psi_0 \cdot \int\limits_0^{\infty} h^2(t)\, dt \ .$$

Die Beziehung (9.31) läßt ferner eine interessante Deutung zu: Mit der Substitution $v = t + u$ geht sie über in

$$\phi_y(\tau) = \int\limits_{-\infty}^{+\infty} h(u) \cdot \int\limits_{-\infty}^{+\infty} h(t + u) \cdot \phi_z(\tau - t)\, dt\, du$$

$$= \int\limits_{-\infty}^{+\infty} \phi_z(\tau - t) \cdot \int\limits_{-\infty}^{+\infty} h(u)\, h(t + u)\, du\, dt \ .$$

Das Integral über u ist gerade die Autokorrelationsfunktion der Impulsantwort des Systems,

$$\int\limits_0^{\infty} h(u)\, h(u + t)\, du = \phi_h(t) \ , \tag{9.33}$$

die man auch „Filterkorrelationsfunktion" nennt. Damit wird (9.31) zu einem Faltungsintegral

$$\phi_y(\tau) = \int\limits_{-\infty}^{+\infty} \phi_h(t)\, \phi_z(\tau - t)\, dt \ . \tag{9.34}$$

9.6.2 Die Kreuzkorrelationsfunktionen ϕ_{zy} und ϕ_{yz}

Für ein lineares System bedeutet die Kreuzkorrelationsfunktion zwischen Eingangs- und Ausgangssignal eine *Systemfunktion*, die durch die Korrelation der beiden Signale über das System zustandekommt, wofür unser Auge – im Gegensatz zum Arbeiten mit deterministischen Signalen – kein Formempfinden besitzt. Es muß also möglich sein, die Funktion ϕ_{zy} über eine Superpositionsbeziehung zwischen der Impulsantwort und der Autokorrelationsfunktion des Eingangsgeräuschs zu bestimmen, woraus sich ein Zugang zu einem statistischen Meßverfahren ergeben sollte. Aus der Definitionsgleichung

$$\phi_{zy}(\tau) = \mathscr{E}\{z(e;t)\cdot y(e;t+\tau)\} \tag{9.35}$$

folgt mit dem Superpositionsintegral für das Argument $t + \tau$:

$$\phi_{zy}(\tau) = \mathscr{E}\left\{z(e;t)\cdot \int_{-\infty}^{+\infty} h(u)\cdot z(e;t+\tau-u)\,\mathrm{d}u\right\}.$$

Mit den generell angenommen Eigenschaften der Vertauschbarkeit der Reihenfolgen von Integrationen und Erwartungswertbildungen ergibt sich

$$\phi_{zy}(\tau) = \int_{-\infty}^{+\infty} h(u)\cdot \mathscr{E}\{z(e;t)\cdot z(e;t+\tau-u)\}\,\mathrm{d}u\,,$$

und dies ist die erwartete Faltungsbeziehung

$$\phi_{zy}(\tau) = \int_{-\infty}^{+\infty} h(u)\cdot \phi_z(\tau-u)\,\mathrm{d}u \tag{9.36}$$

mit ihrem Gegenstück

$$\phi_{yz}(\tau) = \int_{-\infty}^{+\infty} h(u)\cdot \phi_z(\tau+u)\,\mathrm{d}u\,. \tag{9.37}$$

9.7 Systemanalyse mit Breitbandrauschen

Die Superpositionsbeziehung (9.36) macht man sich zunutze, um die Impulsantwort linearer Systeme zu bestimmen, ohne daß ein technisch noch erzeugbarer Impuls als Näherung für den entarteten Delta-Impuls zur Anwendung kommt, der – wenn seine Gesamtenergie überhaupt von dem System „angenommen" würde – unter Umständen den praktisch immer beschränkten Linearitätsbereich des Systems überschreiten würde oder gar zur Zerstörung führen könnte [19].

Die offenkundige „spektrale Verwandtschaft" zwischen idealem Delta-Impuls und dem weißen Geräusch legt es nahe, die Beziehung (9.36) für ein bezüglich des Systems hinreichend breitbandiges Eingangsgeräusch in einer Prozeßrealisierung $w(t)$ anzusetzen, wobei wieder für die Berechnung eine Modellierung durch

$$\phi_w(\tau - u) = \Psi_0 \cdot \delta(\tau - u)$$

anzusetzen ist, die auf einen besonders einfachen Zusammenhang zwischen Kreuzkorrelationsfunktion und Impulsantwort führt:

$$\phi_{wy}(\tau) = \Psi_0 \cdot \int\limits_{-\infty}^{+\infty} h(u) \cdot \delta(\tau - u)\, du$$

$$\phi_{wy}(\tau) = \Psi_0 \cdot h(\tau) \, . \tag{9.38}$$

Dieses Ergebnis bedeutet, daß man gemäß Bild 9.2 durch einen Korrelator die Bestimmung der Impulsantwort des sehr breitbandig erregten Systems vornehmen kann; allerdings nicht in Echtzeit, sondern in Abhängigkeit von der Verschiebungszeit τ. Dadurch wird eine in weiten Grenzen wählbare „Zeitdehnung" gegenüber der laufenden Zeit erreicht. An dieser Stelle zeigt sich auch, warum man bei derartigen Messungen nur *stationäre* Eingangsgeräusche verwenden darf: Ein Charakteristikum dieses Meßverfahrens ist der hohe Aufwand an Meßzeit, denn im Hinblick auf eine vertretbar kleine Streuung der einzelnen zu der jeweiligen Verschiebung gehörigen Meßwerte muß eine hinreichend lange Integrationszeit gewährleistet sein, folglich benötigt man im Labor eine langfristig stationäre Rauschquelle großer Bandbreite.

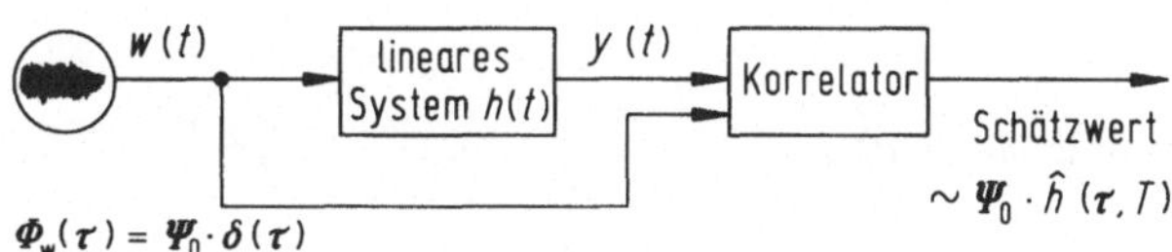

Bild 9.2. Grundlegende Anordnung zur Schätzung von Impulsantworten linearer Systeme durch Korrelation

Das andere hervorstechende Charakteristikum dieses Meßverfahrens besteht in seiner weitgehenden (nur theoretisch vollständigen) Unabhängigkeit von Fremdgeräuschen und Störungen, die nicht mit dem Eingangsrauschen korreliert sind.

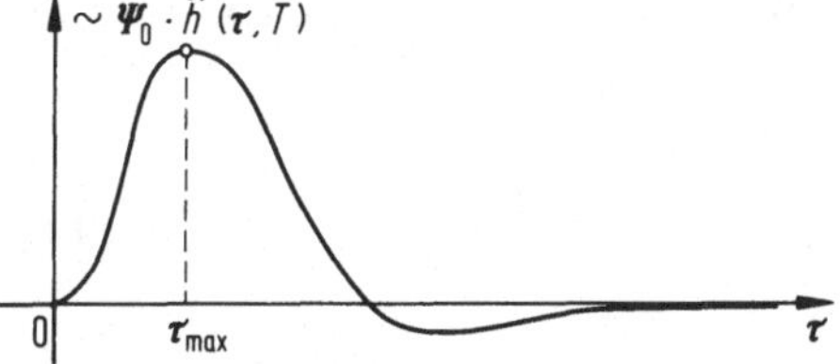

Bild 9.3. Zur Kennzeichnung von Impulsantworten, gewonnen durch Kreuzkorrelation

Schon allein aus diesen hervorgehobenen Gründen liefert der Korrelator nicht die genaue Impulsantwort $h(\tau)$ bis auf eine Konstante, sondern nur einen Schätzwert $\hat{h}(\tau, T)$, der noch von der Integrationszeit T abhängt. Bild 9.3 zeigt einen möglichen Verlauf der gemessenen Impulsantwort eines Systems höherer Ordnung mit Ausgleich. Für das Meßverfahren kann man festhalten, daß die reziproke Bandbreite $1/B$ des Eingangsrauschens hinreichend klein sein muß gegen die Abszisse $\tau_{\max}$ des Maximums von $\hat{h}(\tau, T)$. Im Grenzfall eines weißen Eingangsgeräuschs hieße das $1/B \rightarrow 0$, was mit der Autokorrelationsfunktion $\phi_w(\tau)$ konform geht.

Zum Abschluß dieser Überlegungen, die sich in dem vorgegebenen Rahmen auf das Grundsätzliche beschränken müssen, sei darauf hingewiesen, daß bei Korrelationsverfahren zur Systemanalyse nicht nur Geräusche auf relativ niedrigem Pegel, sondern auch harmonische Signale sowie binäre und allgemein auf digitaler Basis erzeugte Testsignale zur Anwendung kommen. Bei aller Unterschiedlichkeit im Detail ist diesen Verfahren eine geringe Störanfälligkeit gegenüber Fremdgeräuschen gemeinsam, die nicht mit dem Testsignal korreliert sind [20].

9.8   Der Zusammenhang zwischen ϕ_y und ϕ_{zy}

Ein Blick auf die Gl. (9.31) zeigt analog zu dem Matrixzusammenhang (9.8), daß auch im skalaren Fall das Integral über v zu einer weiteren Beziehung zwischen Korrelationsfunktionen führt; offenbar ist

$$\int_{-\infty}^{+\infty} h(v)\, \phi_z(\tau + u - v)\, \mathrm{d}v = \phi_{zy}(\tau + u)\,,$$

was man durch leichte Abänderung der Variablen anhand von Gl. (9.36) bestätigt. Damit geht das Doppelintegral (9.31) über in

$$\phi_y(\tau) = \int_{-\infty}^{+\infty} h(t)\, \phi_{zy}(\tau + t)\, \mathrm{d}t\,. \tag{9.39}$$

Bei diesem Zusammenhang zwischen h und ϕ_{zy} geht erwartungsgemäß die in beiden Funktionen enthaltene Phaseninformation verloren. Gleichwertig mit (9.39) ist der Ausdruck

$$\phi_y(\tau) = \int_{-\infty}^{+\infty} h(t)\, \phi_{yz}(\tau - t)\, \mathrm{d}t\,, \tag{9.40}$$

also eine weitere Faltungsbeziehung. Aus Dimensionsgründen müssen die beiden Formen (9.39) und (9.40) für den Fall $\tau = 0$ auf Darstellungen der Gesamtleistung am Systemausgang führen:

$$\phi(0) = \sigma_y^2 = \int\limits_{-\infty}^{+\infty} h(t)\,\phi_{zy}(t)\,dt\ , \tag{9.41}$$

wobei mit $\phi_{zy}(t) = \phi_{yz}(-t)$ eine allgemeine Eigenschaft der Kreuzkorrelationsfunktionen zum Zuge kommt (s. Abschn. 5.6).

Abschließend zu diesen Ausführungen werden die entwickelten Faltungsbeziehungen noch einmal zusammengestellt, weil sie in unmittelbarem Bezug zu gleichwertigen Beziehungen im Frequenzbereich stehen, die in Abschn. 10 hergeleitet werden:

$$y(t) = h(t) * z(t)\ , \tag{9.29}$$

$$\phi_y(\tau) = \phi_h(\tau) * \phi_z(\tau)\ , \tag{9.34}$$

$$\phi_{zy}(\tau) = h(\tau) * \phi_z(\tau)\ , \tag{9.36}$$

$$\phi_y(\tau) = h(\tau) * \phi_{yz}(\tau)\ . \tag{9.40}$$

9.9 Differentialgleichungen für Korrelationsfunktionen

Ein lineares zeitinvariantes System n-ter Ordnung mit P-Verhalten wird beschrieben durch die Differentialgleichung

$$a_n\,y^{(n)}(t) + a_{n-1}\,y^{(n-1)}(t) + \ldots + a_1\,\dot{y}(t) + a_0\,y(t) = z(t)\ , \tag{9.42}$$

die man für eine stochastische Erregung $z(t) \in z(e;\,t)$ aus den mehrfach genannten Gründen nicht explizit lösen kann. Den naheliegenden Übergang zu Korrelationsfunktionen findet man, indem man beide Seiten der Differentialgleichung für das Argument $t + \tau$ anschreibt, alle Summanden mit $z(t)$ multipliziert und die zeitlichen Mittelwerte bildet; man erhält das Zwischenergebnis

$$a_n\,\phi_{zy^{(n)}}(\tau) + a_{n-1}\,\phi_{zy^{(n-1)}}(\tau) + \ldots + a_1\,\phi_{z\dot{y}}(\tau) + a_0\,\phi_{zy}(\tau) = \phi_z(\tau)\ .$$

Die hier auftretenden Kreuzkorrelationsfunktionen für $z(t)$ und die k-te Ableitung von y nach t können mit Hilfe der Wiener-Khintchine-Transformation auf die k-te Ableitung von $\phi_{zy}(\tau)$ nach τ zurückgeführt werden [21]:

$$\phi_{zy^{(k)}}(\tau) = \lim_{T \to \infty} \frac{1}{2T} \cdot \int\limits_{-T}^{+T} z(t) \cdot \frac{\partial^k}{\partial t^k}\,y(t + \tau)\,dt$$

$$= \frac{1}{2} \cdot \int\limits_{-\infty}^{+\infty} S_{zy}(\omega) \cdot (j\omega)^k \cdot e^{j\omega\tau}\,d\omega$$

$$\phi_{zy^{(k)}}(\tau) = \frac{d^k}{d\tau^k}\,\phi_{zy}(\tau)\ . \tag{9.43}$$

An die Stelle der ursprünglichen Differentialgleichung (9.42) für die Signalfunktionen tritt also der gleiche Typ von Differentialgleichung mit unveränderten Koeffizienten für die Korrelationsfunktionen in der Form

$$a_n \frac{d^n}{d\tau^n}\, \phi_{zy}(\tau) + \ldots + a_1 \frac{d}{d\tau} \phi_{zy}(\tau) + a_0\, \phi_{zy}(\tau) = \phi_z(\tau)\,. \tag{9.44}$$

Unterwirft man alle Terme der Wiener-Khintchine-Transformation, so erhält man im Frequenzbereich den Zusammenhang

$$[a_n(j\omega)^n + \ldots + a_1(j\omega) + a_0] \cdot S_{zy}(j\omega) = S_z(\omega)\,,$$

wobei offensichtlich

$$[a_n(j\omega)^n + \ldots + a_1(j\omega) + a_0]^{-1} = F(j\omega)$$

die Frequenzgangfunktion des Systems ist. In Abschn. 10.3.2 entsteht das gleiche Ergebnis in Gestalt von Gl. (10.10) in anderem Zusammenhang. Darüber hinaus besteht eine offensichtliche Querverbindung zur statistischen Systemanalyse mit stationären Breitbandgeräuschen, s. Abschn. 9.7.

10 Zusammenhänge zwischen den spektralen Kennfunktionen

Wir stellen auch hier die Matrix-Beziehungen an den Anfang der Überlegungen, als Grundlage dient die Zustandsbeschreibung linearer zeitinvarianter stabiler Systeme durch

$$\dot{x}(t) = A x(t) + G z(t) \ . \tag{10.1}$$

Das Eingangsgeräusch $z(t)$ ist Musterfunktion eines kovarianzergodischen mittelwertfreien Prozesses $z(e; t)$, gekennzeichnet durch seine Kovarianzmatrix $V_z(\tau)$.

Bei Anregung durch ein technisch realisierbares Breitbandgeräusch $w(t) \in w(e; t)$ wird zur formalen Vereinfachung der analytischen Umformungen wie bisher eine Modellierung durch ein mittelwertfreies weißes Geräusch angesetzt, gekennzeichnet durch $V_w(\tau) = \Psi_0 \cdot \delta(\tau)$.

10.1 Der Zusammenhang zwischen den Spektralmatrizen $S_z(\omega)$ und $S_x(\omega)$

Für zeitinvariante Systeme und kovarianzergodische Eingangsprozesse ergab sich in Abschn. 9.3 das Doppelintegral (9.8)

$$V_x(t) = \int\limits_{-\infty}^{+\infty} \theta(u)\, G \cdot \int\limits_{-\infty}^{+\infty} V_z(t + u - v)\, G^T \theta^T(v)\, \mathrm{d}v\, \mathrm{d}u \ .$$

Bei der Bildung der Fourier-Transformierten

$$S_x(\omega) = \frac{1}{\pi} \cdot \int\limits_{-\infty}^{+\infty} \mathrm{e}^{-\mathrm{j}\omega t}\, V_x(t)\, \mathrm{d}t$$

muß von der Identität

$$\mathrm{e}^{-\mathrm{j}\omega t} = \mathrm{e}^{-\mathrm{j}\omega(t + u - v)} \cdot \mathrm{e}^{\mathrm{j}\omega u} \cdot \mathrm{e}^{-\mathrm{j}\omega v}$$

Gebrauch gemacht werden, damit die drei Matrizen θ, V_z und θ^T in den Frequenzbereich transformiert werden können. Man erhält zunächst das Dreifachintegral

$$S_z(\omega) = \int\limits_{-\infty}^{+\infty} \mathrm{e}^{-\mathrm{j}\omega t} \cdot \int\limits_{-\infty}^{+\infty} \theta(u) G \cdot \int\limits_{-\infty}^{+\infty} V_z(t + u - v) G^T \theta^T(v)\, \mathrm{d}v\, \mathrm{d}u\, \mathrm{d}t \ ,$$

und mit den üblichen Annahmen über die Vertauschbarkeit der Integrationsreihenfolgen ergibt sich

$$S_x(\omega) = \int\limits_{-\infty}^{+\infty} \theta(u)\,G\cdot\mathrm{e}^{\mathrm{j}\omega t}\cdot \int\limits_{-\infty}^{+\infty} V_z(t+u-v)\cdot\mathrm{e}^{-\mathrm{j}\omega(t+u-v)}\cdot$$

$$\cdot \int\limits_{-\infty}^{+\infty} G^{\mathrm{T}}\theta^{\mathrm{T}}(v)\cdot\mathrm{e}^{-\mathrm{j}\omega v}\,\mathrm{d}v\,\mathrm{d}t\,\mathrm{d}u$$

Nach leichter Umstellung der Differentiale in $\ldots\mathrm{d}u\ldots\mathrm{d}t\ldots\mathrm{d}v$ erhält man die beiden folgenden gleichwertigen Ergebnisse:

$$S_x(\omega) = \theta(-\mathrm{j}\omega)\,G\,S_z(\omega)\,G^{\mathrm{T}}\theta^{\mathrm{T}}(\mathrm{j}\omega) \qquad \text{und} \tag{10.2a}$$

$$S_x(\omega) = \theta(\mathrm{j}\omega)\,G\,S_z(\omega)\,G^{\mathrm{T}}\theta^{\mathrm{T}}(-\mathrm{j}\omega)\,, \tag{10.2b}$$

weil $S_x(\omega) = S_x(-\omega)$ ist. Die beiden gewonnenen Ausdrücke sind Matrix-Beschreibungen der Wirkleistungsdichte am Systemausgang; zur Erinnerung sei angemerkt, daß gemäß Gl. (8.10) im Frequenzbereich

$$\theta(\mathrm{j}\omega) = [\,\mathrm{j}\omega I - A\,]^{-1}$$

anzusetzen ist.

Die Beziehung (10.2b) kann man auch über einen naheliegenden Ansatz auf direktem Weg gewinnen, denn es gilt die Definitionsgleichung

$$S_x(\omega) = \lim_{T\to\infty} \mathscr{E}\left\{\frac{1}{T}\cdot a_{\mathrm{T}}(e;\mathrm{j}\omega)\cdot a_{\mathrm{T}}^{\mathrm{T}}(e;-\mathrm{j}\omega)\right\},$$

wobei nach Abschn. 5.7 der Ausdruck $a_{\mathrm{T}}(e;\mathrm{j}\omega)$ die spektrale Darstellung des Prozeßausschnitts $x_{\mathrm{T}}(e;t)$ bedeutet. Berücksichtigt man noch den Zusammenhang

$$a_{\mathrm{T}}(e;\mathrm{j}\omega) = \theta(\mathrm{j}\omega)\,G c_{\mathrm{T}}(e;\mathrm{j}\omega)\,,$$

wobei $c_{\mathrm{T}}(..)$ sinngemäß zu $z_{\mathrm{T}}(..)$ gehört, so wird

$$S_x(\omega) = \lim_{T\to\infty} \mathscr{E}\left\{\frac{1}{T}\cdot\theta(\mathrm{j}\omega)\,G c_{\mathrm{T}}(e;\mathrm{j}\omega)\cdot c_{\mathrm{T}}^{\mathrm{T}}(e;-\mathrm{j}\omega)\,G^{\mathrm{T}}\theta^{\mathrm{T}}(-\mathrm{j}\omega)\right\}$$

$$= \theta(\mathrm{j}\omega)\,G\cdot\lim_{T\to\infty} \mathscr{E}\left\{\frac{1}{T}\cdot c_{\mathrm{T}}(e;\mathrm{j}\omega)\,c_{\mathrm{T}}^{\mathrm{T}}(e;-\mathrm{j}\omega)\right\}\cdot G^{\mathrm{T}}\theta^{\mathrm{T}}(-\mathrm{j}\omega)\,,$$

und die Beachtung der Definitionsgleichung für $S_z(\omega)$ führt auf den Zusammenhang (10.2b).

10.2 Die Kreuzspektralmatrizen S_{zx} und S_{xz}

Man bildet die Fourier-Transformierte der Gl. (9.20), die für zeitinvariante Systeme und ergodisches Eingangsgeräusch hergeleitet wurde,

$$V_{zx}(t) = \int\limits_{-\infty}^{+\infty} V_z(v)\,G^{\mathrm{T}}\theta^{\mathrm{T}}(t-v)\,\mathrm{d}v\,,$$

und man findet

$$S_{zx}(j\omega) = \frac{1}{\pi} \cdot \int\limits_{-\infty}^{+\infty} e^{-j\omega t} V_{zx}(t)\, dt$$

$$= \int\limits_{-\infty}^{+\infty} e^{-j\omega t} \cdot \int\limits_{-\infty}^{+\infty} V_z(v) \cdot G^T \theta^T(t-v)\, dv\, dt$$

$$= \int\limits_{-\infty}^{+\infty} V_z(v) \cdot e^{-j\omega v} G^T \cdot \int\limits_{-\infty}^{+\infty} \theta^T(t-v) \cdot e^{-j\omega(t-v)}\, dt\, dv$$

$$= \int\limits_{-\infty}^{+\infty} V_z(v)\, e^{-j\omega v}\, dv \cdot G^T \theta^T(j\omega)\,,$$

und daraus folgt der gesuchte Zusammenhang

$$S_{zx}(j\omega) = S_z(\omega) \cdot G^T \theta^T(j\omega)\,. \tag{10.3}$$

Ein Rückblick auf Gl. (10.2a) zeigt, daß man die Wirkleistungsspektralmatrix auch mit S_{zx} verknüpfen kann, denn mit dem Ergebnis (10.3) wird

$$S_x(\omega) = \theta(-j\omega)\, G \cdot S_{zx}(j\omega)\,. \tag{10.4}$$

Aus Gl. (10.3) kann man ohne weiteren Aufwand die zugehörige Kreuzleistungsmatrix S_{xz} angeben:

$$S_{xz}(j\omega) = S_{zx}^T(-j\omega)$$

$$S_{xz}(j\omega) = \theta(-j\omega)\, G \cdot S_z(\omega)\,. \tag{10.5}$$

Diese Beziehung erhält man auch durch Fourier-Transformation aus dem Faltungsintegral (9.21), und ein letzter Zusammenhang ergibt sich aus einem Vergleich der Ergebnisse (10.2a) und (10.5) in der zu erwartenden Form

$$S_x(\omega) = S_{xz}(j\omega) \cdot G^T \theta^T(j\omega)\,. \tag{10.6}$$

Damit sind die wichtigsten Zusammenhänge zwischen den verschiedenen Spektralmatrizen hergeleitet, so daß abschließend zu den Überlegungen im Frequenzbereich noch die skalaren Querverbindungen zusammengestellt werden können.

10.3 Die Zusammenhänge zwischen den skalaren Leistungsdichtespektren

Die verschiedenen in Abschn. 9.6 hergeleiteten Relationen zwischen skalaren Korrelationsfunktionen müssen nun in den Frequenzbereich übertragen werden. Die verbindende Systemfunktion wird jetzt die Frequenzgangfunktion

$$F(j\omega) = c^T \theta(j\omega) \cdot g$$

$$= c^T [j\omega I - A]^{-1} \cdot g\,,$$

die aus der allgemeinen Zustandsbeschreibung für Systeme mit einem Eingang und einem Ausgang hervorgeht.

10.3.1 Die Wirkleistungsspektren S_z und S_y

Wir wollen abweichend von der Vorgehensweise bei den Matrixbeziehungen nicht von Gl. (9.31) ausgehen und ein Dreifachintegral ansetzen, sondern die Faltungsbeziehung (9.34)

$$\phi_y(\tau) = \phi_h(\tau) * \phi_z(\tau)$$

der Fourier-Transformation unterwerfen. Da bei der Bildung von $\phi_h(\tau)$ die Phaseninformation über das System verlorengeht, muß die Fourier-Transformierte der Filterkorrelationsfunktion eine reelle gerade Funktion von ω sein. Eine einfache Zwischenrechnung ergibt die zu erwartende Zuordnung

$$\mathscr{F}\{\phi_h(\tau)\} = F(j\omega) \cdot F^*(j\omega) = |F(j\omega)|^2 \ , \tag{10.7}$$

also eine Wirkleistungsübertragungsfunktion [21], und nach dem Faltungssatz der Fourier-Transformation ergibt sich aus (9.34):

$$S_y(\omega) = |F(j\omega)|^2 \cdot S_z(\omega) \ , \tag{10.8}$$

woraus sich die Gesamtausgangsleistung berechnen läßt,

$$\sigma_y^2 = \int\limits_0^\infty |F(j\omega)|^2 \cdot S_z(\omega)\, d\omega \ . \tag{10.9}$$

10.3.2 Die Kreuzleistungsspektren S_{zy} und S_{yz}

Wir behalten die Ausnutzung von Faltungsbeziehungen bei und finden unmittelbar aus der Gl. (9.36):

$$S_{zy}(j\omega) = F(j\omega) \cdot S_z(\omega) \tag{10.10}$$

und die Entsprechung

$$S_{yz}(j\omega) = F^*(j\omega) \cdot S_z(\omega) \ . \tag{10.11}$$

Hier wird noch einmal der Hinweis gegeben, daß die Schreibweise $S_z(\omega)$, $S_y(\omega)$ auf reelle Wirkleistungsspektren bezogen ist, die reelle gerade Funktionen von ω sind, während die Kreuzleistungsspektren $S_{zy}(j\omega)$ und $S_{yz}(j\omega)$ komplexe Funktionen sind, welche Phaseninformation über das jeweilige System enthalten; die entsprechende Unterscheidung in der Schreibweise gilt auch für die Spektralmatrizen, siehe allgemeine Einführung in Abschn. 5.8.

Analog zum Vorgehen im τ-Bereich lassen sich mit den Kreuzleistungsspektren noch weitere Beziehungen angeben, die aber hier nicht mehr vollständig aufgezählt werden [6, 21]. So läßt sich die Wirkleistungsbeziehung (10.8) schnell auf die beiden gleichwertigen Formen

$$S_y(\omega) = F(j\omega) \cdot S_{yz}(j\omega) \quad \text{und} \tag{10.12}$$

$$S_y(\omega) = F^*(j\omega) \cdot S_{zy}(j\omega) \tag{10.13}$$

bringen, die wieder zu einer bemerkenswerten Darstellung der gesamten Ausgangsleistung führen, beispielsweise

$$\sigma_y^2 = \int\limits_0^\infty F(j\omega) \cdot S_{yx}(j\omega)\, d\omega\ , \tag{10.14}$$

wobei zu beachten ist, daß die Produkte in den Beziehungen (10.12) und (10.13) reelle Funktionen von ω sind.

Zum Abschluß dieser Ausführungen wird noch einmal die Verbindung mit der Zustandsbeschreibung stochastisch erregter skalarer Systeme hergestellt:

$$\dot{x}(t) = Ax(t) + gz(t)\ ,$$

$$y(t) = c^T x(t)\ ;$$

darin sind die Signalfunktionen wieder Musterfunktionen entsprechender stochastischer Prozesse mit eingangs festgelegten Eigenschaften. Man findet ohne besonderen Aufwand die folgenden Zusammenhänge:

$$V_y(t) = c^T V_x(t) \cdot c \qquad S_y(\omega) = c^T S_x(\omega) \cdot c \tag{10.15}$$

$$V_{zy}(t) = V_{zx}(t) \cdot c \qquad S_{zy}(j\omega) = S_{zx}(j\omega) \cdot c \tag{10.16}$$

$$V_{yz}(t) = c^T V_{xz}(t) \qquad S_{yz}(j\omega) = c^T S_{xz}(j\omega) \tag{10.17}$$

Durch jeweiliges Einsetzen findet man

- aus (10.15) mit (10.2b):

$$S_y(\omega) = c^T \theta(j\omega) g\, S_z(\omega) g^T \theta^T(-j\omega)\, c \tag{10.18}$$

- aus (10.16) mit (10.3):

$$S_{zy}(j\omega) = S_z(\omega) g^T \theta^T(j\omega)\, c \tag{10.19}$$

- aus (10.17) mit (10.5):

$$S_{yz}(j\omega) = c^T \theta(-j\omega)\, g\, S_z(\omega) \tag{10.20}$$

- aus (10.15) mit (10.6):

$$S_y(\omega) = c^T S_{xz}(j\omega) g^T \theta^T(j\omega)\, c \tag{10.21}$$

10.3.3 Allgemeiner Zusammenhang zwischen den Leistungsdichtespektren bei zwei Systemen

Das in Bild 10.1 gezeigte System bildet die Grundlage zur Herleitung eines allgemeineren Zusammenhangs zwischen Wirkleistungsspektren, Kreuzleistungsspektren und Frequenzgangfunktionen [6]. In einem Generator werden

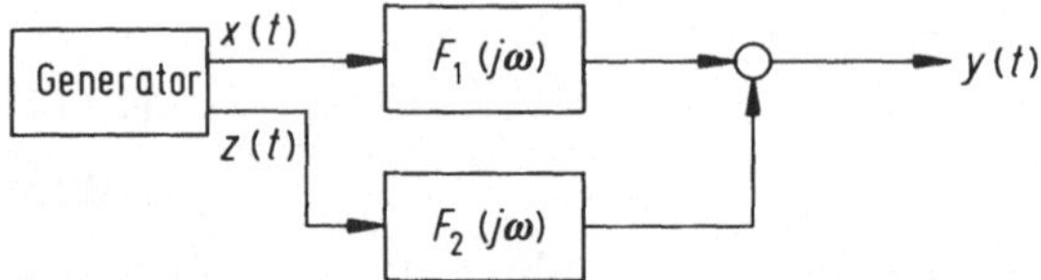

Bild 10.1. Zur Bestimmung des allgemeinen Ausdrucks für das Wirkleistungsspektrum einer Summe korrelierter Geräusche

zwei Geräusche $x(t)$ und $y(t)$ erzeugt, gedacht als Musterfunktionen zweier ergodischer Prozesse, die miteinander korreliert sind und je ein lineares System mit bekannten Frequenzgängen $F_1(j\omega)$ und $F_2(j\omega)$ durchlaufen. Gesucht ist die spektrale Leistungsdichte der Summe beider Ausgangsgeräusche. Zur Berechnung dieser Funktion gehen wir von den Ansätzen aus, die in den Abschn. 5.7 und 5.8 zur Definition der Leistungsspektren benutzt wurden.

Bedeuten in der dort angesetzten Schreibweise $a_T(e; j\omega)$, $b_T(e; j\omega)$ und $c_T(e; j\omega)$ die Fourier-Transformierten der Ausschnittfunktionen $x_T(e; t)$, $z_T(e; t)$ und $y_T(e; t)$, so gilt der Zusammenhang

$$c_T(e; j\omega) = F_1(j\omega) \cdot a_T(e; j\omega) + F_2(j\omega) \cdot b_T(e; j\omega) \, ,$$

folglich wird das reelle Betragsquadrat als Grundlage zur Bildung des Wirkleistungsspektrums am Ausgang:

$$|c_T(e; j\omega)|^2 = [F_1(j\omega) \cdot a_T(e; j\omega) + F_2(j\omega) \cdot b_T(e; j\omega)] \cdot$$

$$\cdot [F_1^*(j\omega) \cdot a_T^*(e; j\omega) + F_2^*(j\omega) \cdot b_T^*(e; j\omega)] \, .$$

Mit der in Abschn. 5.8 gezeigten Vorgehensweise erhält man aus diesem Zwischenergebnis folgende allgemeine Beziehung zwischen den Leistungsspektren und Frequenzgangfunktionen:

$$S_y(\omega) = |F_1(j\omega)|^2 \cdot S_x(\omega) + |F_2(j\omega)|^2 \cdot S_z(\omega) +$$

$$+ F_1(j\omega) F_2^*(j\omega) \cdot S_{zx}(j\omega) + F_1^*(j\omega) F_2(j\omega) \cdot S_{xz}(j\omega) \qquad (10.22)$$

10.4 Auswertung von Integralen mit Hilfe der Residuenrechnung

Da in den folgenden Kapiteln sehr oft Integrale auftreten werden, die sich vorteilhaft mit funktionentheoretischen Hilfsmitteln berechnen lassen, sollen hier die für die Auswertung erforderlichen Grundlagen in gedrängter Form zusammengestellt werden.

Im Prinzip können alle interessierenden Problemstellungen auf die Berechnung von Integralen der Form

$$h(t) = \frac{1}{2\pi j} \int\limits_{-j\infty}^{j\infty} H(s)e^{st}\,ds \tag{10.23}$$

zurückgeführt werden, wobei $H(s)$ rationale Funktionen sind, die keine Pole auf der imaginären Achse haben.

Die Grundlage für die Auswertung ist der Residuensatz von Cauchy, der es ermöglicht, Integrale längs eines geschlossenen Weges in der s-Ebene zu berechnen: Das Integral

$$\oint\limits_{\mathfrak{C}} Q(s)\,ds$$

längs der mathematisch positiv durchlaufenen Kurve $\mathfrak{C}$ einer Funktion $Q(s)$, die im gesamten einfach zusammenhängenden Gebiet innerhalb von $\mathfrak{C}$ bis auf endlich viele singuläre Punkte $s_1, s_2, \ldots, s_n$ analytisch ist, vgl. Bild 10.2, ist gleich der $2\pi j$-fachen Summe der zu diesen singulären Punkten gehörigen Residuen. Das Residuum eines r-fachen Poles s_v – nur solche Singularitäten sind hier von Interesse – läßt sich nach der Formel

$$\operatorname{Res} Q(s)\big|_{s=s_v} = \frac{1}{(r-1)!} \frac{d^{r-1}}{ds^{r-1}} (s - s_v)^r Q(s)\bigg|_{s=s_v}$$

berechnen. Damit kann der Residuensatz formal durch

$$\oint\limits_{\mathfrak{C}} Q(s)\,ds = 2\pi j \sum_{v=1}^{n} \operatorname{Res} Q(s)\bigg|_{s=s_v}$$

ausgedrückt werden, wobei innerhalb des von $\mathfrak{C}$ eingeschlossenen Gebietes genau n Pole s_v der Funktion $Q(s)$ liegen. Um dieses Ergebnis für die Berechnung von Integralen der Form

$$\int\limits_{-j\infty}^{j\infty} H(s)e^{st}\,ds$$

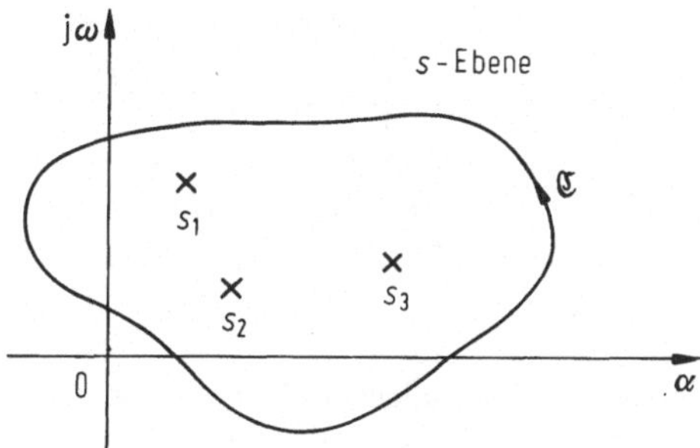

Bild 10.2. Geschlossene Kurve in der s-Ebene zur Aussage des Residuensatzes

nutzen zu können, ist es notwendig, den Integrationsweg in geeigneter Weise so zu einer geschlossenen Kurve $\mathfrak{C}$ zu ergänzen, daß der hinzugefügte Teil keinen Beitrag zum Wert des Integrals liefert.

Betrachtet man zunächst Bild 10.3, wo sich der Integrationsweg $\mathfrak{C}$ zusammensetzt aus dem geraden Stück von $-jR$ nach $+jR$ und dem Kreisbogen $\mathfrak{C}_1$, so kann man für hinreichend großes R sicherstellen, daß alle Pole s_ν von $H(s)$ mit $\mathrm{Re}\, s_\nu < 0$ innerhalb des von $\mathfrak{C}$ umschlossenen Gebietes liegen, und man erhält dann nach dem Residuensatz

$$\frac{1}{2\pi j} \int\limits_{-jR}^{jR} H(s)e^{st}\,ds + \frac{1}{2\pi j} \int\limits_{\mathfrak{C}_1} H(s)e^{st}\,ds = \sum_{\nu=1} \mathrm{Res}\, H(s)e^{st}\Big|_{s=s_\nu}.$$

Für $R \to \infty$ geht das erste Integral über in das zu berechnende nach Gl. (10.23), und mit elementaren Abschätzungen kann gezeigt werden, daß das Integral über $\mathfrak{C}_1$ für $R \to \infty$ keinen Beitrag leistet, wenn

$$\lim_{R\to\infty} H(s) = 0 \qquad\qquad (10.24)$$

und außerdem $t > 0$ ist.

Entsprechend läßt sich zeigen, daß bei einer Integration über eine geschlossene Kurve gemäß Bild 10.4 das Integral über den Bogen $\mathfrak{C}_2$ für $t < 0$ gegen Null geht. Damit ergibt sich für die Berechnung des Integrals

$$h(t) = \frac{1}{2\pi j} \int\limits_{-j\infty}^{j\infty} H(s)e^{st}\,ds$$

zusammengefaßt folgendes Ergebnis

$$h(t) = \begin{cases} \displaystyle\sum_{\nu=1}^{n} \mathrm{Res}\, H(s)e^{st}\big|_{s=s_\nu}, & t > 0 \qquad (10.25a) \\[2ex] \displaystyle-\sum_{\mu=1}^{m} \mathrm{Res}\, H(s)e^{st}\big|_{s=s_\mu}, & t < 0 \qquad (10.25b) \end{cases}$$

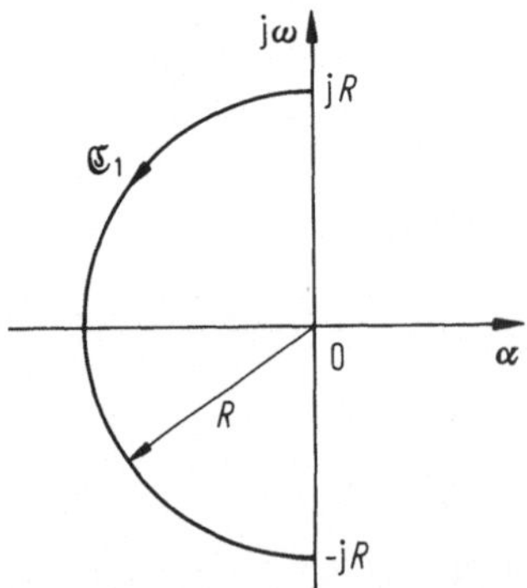

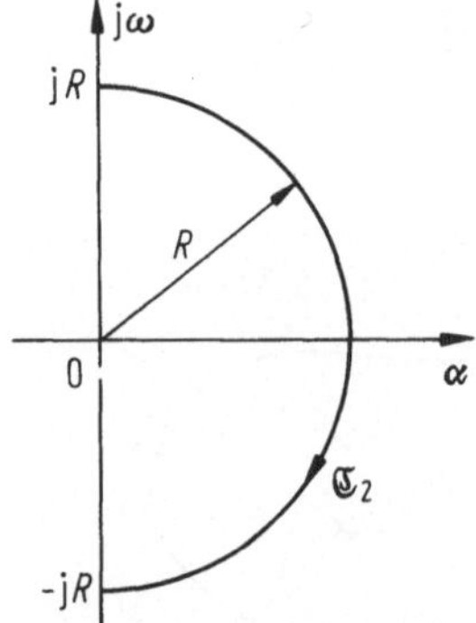

Bild 10.3. Integrationsweg in der linken s-Halbebene für den Zeitbereich $t > 0$

Bild 10.4. Integrationsweg in der rechten s-Halbebene für den Zeitbereich $t < 0$

wobei sich das Minuszeichen in der zweiten Gleichung ergibt, weil der Integrationsweg nach Bild 10.4 mathematisch negativ orientiert ist. Außerdem ist davon ausgegangen worden, daß $H(s)$ n Pole s_v in der offenen linken s-Halbebene und m Pole s_μ in der offenen rechten s-Halbebene besitzt.

Die Ergebnisse (10.25) gelten bisher nur für $t \neq 0$. Für den Fall $t = 0$, d.h. für die Berechnung des Integrals

$$h(0) = \frac{1}{2\pi j} \int\limits_{-j\infty}^{j\infty} H(s)\,ds \tag{10.26}$$

mit Hilfe des Residuensatzes muß anstelle von Gl. (10.24) die strengere Forderung

$$\lim_{R \to \infty} sH(s) = 0 \tag{10.27}$$

erfüllt sein, die im übrigen die Voraussetzung dafür ist, daß das Integral (10.26) konvergiert.

Der Nachweis, daß dann die Ergänzung des Integrationsweges nach Bild 10.3 und Bild 10.4 keinen Beitrag zum Wert des Integrals leistet, kann ebenfalls sehr einfach geführt werden, so daß sich zusammengefaßt mit der Voraussetzung (10.27) das Ergebnis

$$h(0) = \sum_{v=1}^{n} \operatorname{Res} H(s)|_{s=s_v} = - \sum_{\mu=1}^{m} \operatorname{Res} H(s)|_{s=s_\mu} \tag{10.28}$$

einstellt. Abschließend seien einige Anmerkungen zu den Ergebnissen (10.25) und (10.28) gemacht:

1. Wenn der Grad des Nennerpolynoms von $H(s)$ mindestens um 2 größer ist als der Grad des Zählers, so gelten die Ergebnisse (10.25) jeweils für $t \geq 0$ und $t \leq 0$.
2. Wenn außerdem $H(s)$ nur Pole in der rechten oder in der linken s-Halbebene besitzt, so ist offensichtlich $h(0) = 0$, weil das Ringintegral über die polfreie Halbebene berechnet werden kann und nach dem Residuensatz den Wert 0 ergibt.
3. Wenn die Graddifferenz zwischen Nenner- und Zählerpolynom genau 1 ist, so ist $h(t)$ für $t = 0$ unstetig, und das Integral (10.26) für $h(0)$ existiert nicht.
4. Die Ergebnisse (10.25) und (10.28) gelten auch für Integrale der Form

$$h(t) = \frac{1}{2\pi} \int\limits_{-\infty}^{\infty} H(j\omega)e^{j\omega t}\,d\omega \, ;$$

dies folgt mit der Substitution $j\omega = s$ unmittelbar aus Gl. (10.23).

10.5 Berechnung der Kennfunktionen für ein schwingungsfähiges System 2. Ordnung

Gegeben sei ein System mit der in Bild 10.5 gezeigten Struktur [19], zu welcher die Frequenzgangfunktion

$$F(\mathrm{j}\omega) = \frac{\omega_0^2}{(\mathrm{j}\omega)^2 + 2D\omega_0(\mathrm{j}\omega) + \omega_0^2}$$

und die Impulsantwort

$$h(t) = \frac{\omega_0}{\sqrt{1 - D^2}} \cdot e^{-D\omega_0 t} \cdot \sin \omega_\mathrm{D} t, \qquad \omega_\mathrm{D} = \omega_0 \cdot \sqrt{1 - D^2}$$

gehören. Das Wirkleistungsspektrum der Ausgangsgröße wird nach Auswertung von Gl. (10.8):

$$S_\mathrm{y}(\omega) = S_0 \cdot \frac{\omega_0^4}{(\omega_0^2 - \omega^2)^2 + (2D\omega_0 \cdot \omega)^2} \cdot$$

Die Berechnung der gesamten Ausgangsleistung über die Beziehung

$$\sigma_\mathrm{y}^2 = S_0\, \omega_0^4 \cdot \int\limits_0^\infty \frac{\mathrm{d}\omega}{(\omega_0^2 - \omega^2)^2 + (2D\omega_0 \cdot \omega)^2}$$

führt zu einem ziemlich großen Rechenaufwand. Einfacher ist die Berechnung der Ausgangsleistung über die Beziehung (9.32),

$$\phi_\mathrm{y}(\tau) = \Psi_0 \cdot \int\limits_0^\infty h(t) \cdot h(t + \tau)\,\mathrm{d}t \quad \text{mit}$$

$$\phi_\mathrm{y}(0) = \sigma_\mathrm{y}^2 \, .$$

In Rahmen dieses Beispiels wird zuerst das allgemeine Integral für $\phi_\mathrm{y}(\tau)$ berechnet:

$$\phi_\mathrm{y}(\tau) = \Psi_0 \cdot \frac{\omega_0^2}{1 - D^2} \cdot e^{-D\omega_0 \tau} \cdot \int\limits_0^\infty e^{-2D\omega_0 t} \cdot \sin \omega_\mathrm{D} t \cdot \sin \omega_\mathrm{D}(t + \tau)\,\mathrm{d}t$$

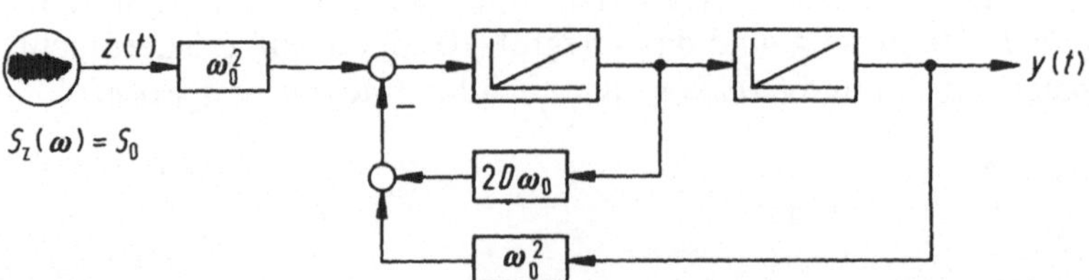

Bild 10.5. Strukturelle Darstellung eines schwingungsfähigen Systems zweiter Ordnung mit stochastischer Erregung

Der erste Auswertungsschritt erfolgt über das Additionstheorem für das Produkt der beiden sin-Funktionen, die anschließenden Integrationen für die Bereiche $\tau > 0$ und $\tau < 0$ führen nach einigen Umformungen auf das Ergebnis

$$\phi_{\mathrm{y}}(\tau) = \frac{1}{4}\,\Psi_0 \cdot \frac{\omega_0^4}{\omega_{\mathrm{D}} \cdot (\alpha^2 + \omega_{\mathrm{D}}^2)} \cdot \mathrm{e}^{-\alpha|\tau|} \cdot \left(\frac{\omega_{\mathrm{D}}}{\alpha} \cos \omega_{\mathrm{D}}\tau + \sin \omega_{\mathrm{D}}|\tau| \right), \quad D\omega_0 \equiv \alpha \,.$$

Realisiert man die allgemeine Struktur von Bild 10.5 durch die Kombination elektrischer Schaltelemente nach Bild 10.6, so werden die Koeffizienten

$$\omega_0 = \frac{1}{\sqrt{LC}}\,, \qquad 2D\omega_0 = \frac{R}{L}\,, \qquad D = \frac{R}{2} \cdot \sqrt{\frac{C}{L}}\,,$$

und für den quadratischen Mittelwert der Ausgangsspannung erhält man

$$\phi(0) = \frac{1}{2}\,\Psi_0 \cdot \frac{1}{RC}\,,$$

der offensichtlich nicht von der Induktivität abhängt [6]. Man erhält das gleiche Ergebnis für eine RC-Kombination mit Tiefpaßverhalten.

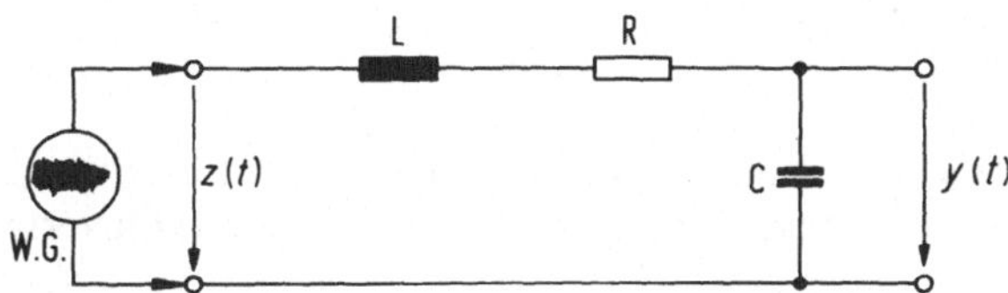

Bild 10.6. Stochastisch erregter elektrischer Schwingungskreis

10.6 Berechnung der Kennfunktionen für ein differenzierendes System 2. Ordnung

Bild 10.7 zeigt die rückwirkungsfreie Reihenschaltung zweier RC-Kombinationen, die durch die Differentialgleichung

$$T^2 \ddot{y}(t) + 2T\dot{y}(t) + y(t) = T\dot{x}(t)$$

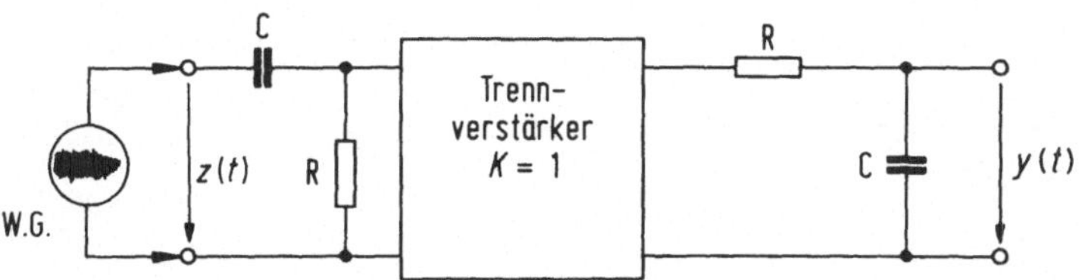

Bild 10.7. Stochastisch erregtes differenzierendes System mit Verzögerung 2. Ordnung ($D\text{-}T_2$-Verhalten)

oder durch die Frequenzgangfunktion

$$F(j\omega) = \frac{j\omega T}{(1 + j\omega T)^2}$$

beschrieben wird. Der Generator am Eingang liefere eine Realisierung $w(t)$ eines breitbandigen Prozesses $w(e; t)$, modelliert durch ein weißes Geräusch mit den Angaben

$$S_w(\omega) = S_0, \qquad \pi S_0 = \Psi_0 \qquad \text{und} \qquad \mu_w = 0 \; .$$

a) Damit kann man sofort das Kreuzleistungsspektrum nach Gl. (10.10) angeben:

$$S_{wy}(j\omega) = S_0 \cdot \frac{j\omega T}{(1 + j\omega T)^2} \; .$$

Die zugehörige Kreuzkorrelationsfunktion berechnet man über die Wiener-Khintchine-Transformation

$$\phi_{wy}(\tau) = \frac{1}{2} S_0 \cdot \int\limits_{-\infty}^{+\infty} \frac{j\omega T}{(1 + j\omega T)^2} \cdot e^{j\omega\tau} \, d\omega \; .$$

Zur Auswertung dieses Integrals setzt man den Integranden durch Einführung der komplexen Variablen $s = \alpha + j\omega$ analytisch fort und erhält die modifizierte Form

$$\phi_{wy}(\tau) = \frac{S_0}{2jT} \cdot \int\limits_{\mathfrak{C}} \frac{s \cdot e^{s\tau}}{(s + 1/T)^2} \, ds \; ,$$

wobei die geschlossene Kurve entsprechend Bild 10.8 als Integrationsweg anzusetzen ist: Im Grenzfall $R \to \infty$ strebt der zu dem entartenden Halbkreis gehörige Anteil gegen Null, und es verbleibt das über den Residuensatz

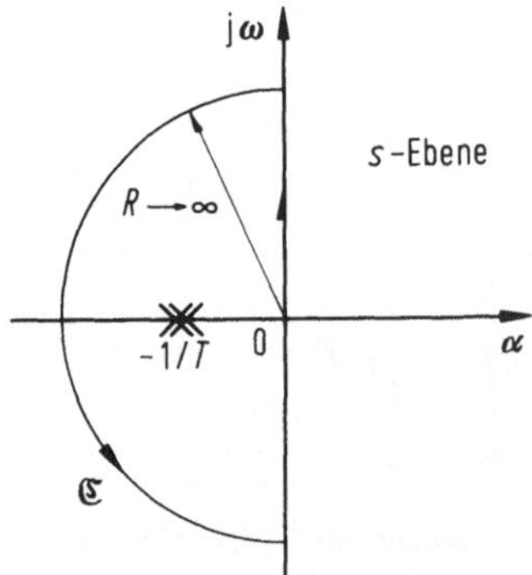

Bild 10.8. Integrationsweg zur Berechnung der Kreuzkorrelationsfunktion

auswertbare Integral für den Bereich $\tau > 0$:

$$\oint_{\mathbb{C}} Q(s)\,\mathrm{d}s = 2\pi\mathrm{j} \cdot \sum_{k=1}^{n} \lim_{s \to s_k} \frac{1}{(n-1)!} \cdot \frac{\mathrm{d}^{n-1}}{\mathrm{d}s^{n-1}} \left\{ (s - s_k)^n \cdot Q(s) \right\}$$

$$\text{mit } Q(s) = \frac{s \cdot \mathrm{e}^{s\tau}}{(s + 1/T)^2} \quad \text{und} \quad (s - s_k)^n = (s + 1/T)^2 \, .$$

Für die Kreuzkorrelationsfunktion ergibt sich nach einfacher Zwischenrechnung

$$\phi_{\mathrm{wy}}(\tau) = \frac{\pi S_0}{T} \cdot \mathrm{e}^{-\tau/T} \cdot \left(1 - \frac{\tau}{T} \right), \quad \tau > 0 \, ,$$

den Verlauf dieser Funktion zeigt Bild 10.9.

Wegen der Anregung durch ein weißes Geräusch gilt Gl. (9.38) in der Form

$$h(t) = \frac{1}{\Psi_0} \cdot \phi_{\mathrm{wy}}(t) \, ,$$

und damit kennt man die Impulsantwort

$$h(t) = 1(t) \cdot \frac{1}{T} \cdot \mathrm{e}^{-t/T} \cdot \left(1 - \frac{t}{T} \right) \, .$$

Im Rahmen dieses Beispiels sei noch darauf verwiesen, daß man bei bekannter Impulsantwort über die Faltungsbeziehung (9.36) mit geringem Aufwand die Kreuzkorrelationsfunktion ϕ_{wy} berechnen kann, weil das weiße Eingangsgeräusch durch eine Dirac-Funktion als Autokorrelationsfunktion beschrieben wird.

b) Die Autokorrelationsfunktion des Ausgangssignals erhält man über die Gl. (10.8),

$$S_{\mathrm{y}}(\omega) = S_0 \cdot \frac{\omega^2 T^2}{(1 + \omega^2 T^2)^2} \, ,$$

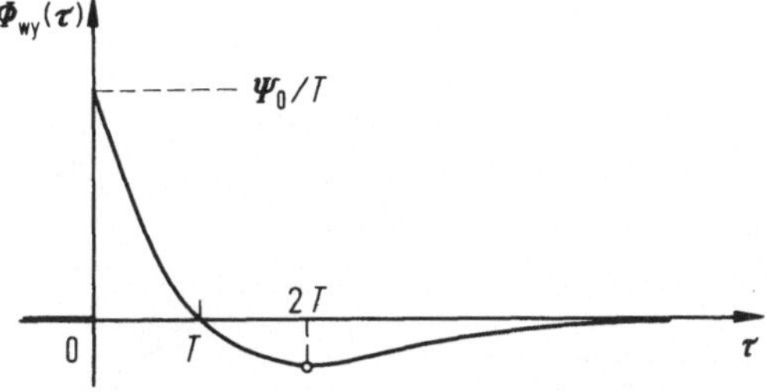

Bild 10.9. Kreuzkorrelationsfunktion zu dem D-T_2-System von Bild 10.7

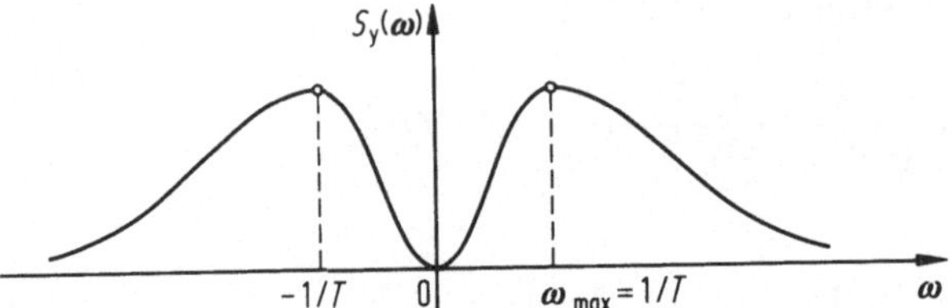

Bild 10.10. Spektrale Leistungsdichte der Ausgangsgröße des D-T_2-Systems

und dieses Wirkleistungsspektrum, dessen Verlauf über ω in Bild 10.10 gezeigt ist, muß man über die Wiener-Khintchine-Transformation (5.19b) in den τ-Bereich zurücktransformieren:

$$\phi_y(\tau) = \frac{1}{2} S_0 \cdot \int_{-\infty}^{+\infty} \frac{\omega^2 T^2}{(1 + \omega^2 T^2)^2} \cdot e^{j\omega\tau}\, d\omega \; .$$

Auch dieses Integral wird mit Hilfe des Residuensatzes berechnet; eine Reduktion des Aufwandes ergibt sich dadurch, daß die Autokorrelationsfunktion eine gerade Funktion ist, folglich genügt die Berechnung für den Bereich $\tau \geq 0$ durch Berücksichtigung des Doppelpols bei $s = -1/T$. Damit erhält man den Funktionsanteil

$$\phi_y^+(\tau) = -\frac{\pi S_0}{T^2} \cdot \lim_{s \to -1/T} \frac{d}{ds}\left\{ \frac{s^2}{(s - 1/T)^2} \cdot e^{st} \right\}$$

$$= \frac{\pi S_0}{4 T^2} \cdot e^{-\tau/T} \cdot (T - \tau), \quad \tau \geq 0 \; .$$

Die Kombination mit dem entsprechenden Ergebnis für den Doppelpol bei $s = 1/T$, dem Bereich $\tau \leq 0$ zugehörig, führt auf

$$\phi_y(\tau) = \frac{\Psi_0}{4T} \cdot e^{-|\tau|/T} \cdot \left(1 - \frac{|\tau|}{T} \right),$$

und mit der aus Teil a) des Beispiels bekannten Impulsantwort ergibt sich ein direkter Zusammenhang der Form

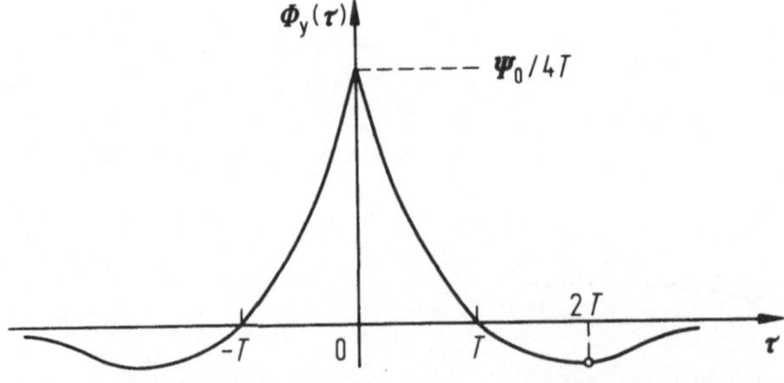

Bild 10.11. Autokorrelationsfunktion der Ausgangsgröße des D-T_2-Systems

$$\phi_y(\tau) = \frac{\Psi_0}{4} \cdot h(\tau) = \frac{1}{4}\phi_{wy}(|\tau|), \quad \tau > 0 \; .$$

Dieses Beispiel macht deutlich, daß die drei Funktionen h, ϕ_{wy} und ϕ_y in engen Beziehungen zueinander stehen; der Verlauf der Autokorrelationsfunktion ist abschließend in Bild 10.11 gezeigt.

10.7   Allgemeine Formeln zur Berechnung der Ausgangsleistung

In Abschn. 10.3.1 wurde gezeigt, daß sich die Ausgangsleistung eines mit $z(t)$ stochastisch erregten Systems aus dem Eingangsleistungsspektrum und dem Frequenzgang nach der Vorschrift (10.9) berechnen läßt:

$$\sigma_y^2 = \int\limits_0^\infty |F(j\omega)|^2 S_z(\omega)\, d\omega \quad \text{mit}$$

$$|F(j\omega)|^2 S_z(\omega) = S_y(\omega) \; .$$

Wirkleistungsspektren dieser Art sind reelle, nicht negative gerade und gebrochen rationale Funktionen von ω und haben die allgemeine Form

$$S_y(\omega) = S_0 \cdot \frac{g_n(j\omega)}{h_n(j\omega) \cdot h_n(-j\omega)} \tag{10.29}$$

mit den Polynomen

$$g_n(j\omega) = b_0 \cdot (j\omega)^{2n-2} + b_1 \cdot (j\omega)^{2n-4} + \ldots + b_{n-1} \; ,$$

$$h_n(j\omega) = a_0 \cdot (j\omega) + a_1 \cdot (j\omega)^{n-1} + \ldots + a_n \; .$$

Fordert man sinnvollerweise eine endliche Gesamtleistung am Systemausgang, so muß der Grad des Nenners in (10.29) mindestens um 2 größer sein als der Grad des Zählers.

Zur Berechnung der Gesamtleistung über das Integral

$$\sigma_y^2 = \frac{S_0}{2j} \cdot \int\limits_{\mathbb{C}} \frac{g_n(s)}{h_n(s) \cdot h_n(-s)}\, ds \; , \tag{10.30}$$

wobei die Wurzeln von $h_n(s)$ negative Realteile haben müssen, s. Bild 10.12, kann man tabellierte Integrale benutzen, die in der einschlägigen Literatur [21, 26] in der Form

$$I_n(a_k, b_k) = \frac{1}{2\pi j} \cdot \int\limits_{\mathbb{C}} \frac{g_n(s)}{h_n(s) \cdot h_n(-s)}\, ds, \quad k = 1, 2, \ldots \tag{10.31}$$

angesetzt sind. Damit erhält man die Gesamtleistung

$$\sigma_y^2 = \Psi_0 \cdot I_n(a_k, b_k) \; . \tag{10.32}$$

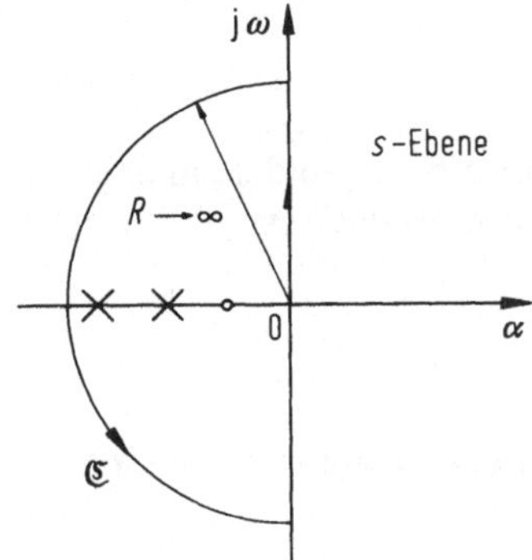

Bild 10.12. Integrationsweg zur Berechnung der Gesamtleistung am Systemausgang

wobei Ψ_0 die richtige physikalische Dimension sicherstellt und die jeweiligen Ausdrücke I_n nur die Koeffizienten a_k und b_k der angesetzten Polynome enthalten. Um einen Eindruck zu vermitteln und einführende Beispiele behandeln zu können, werden hier nur die Ergebnisse für die drei ersten Integrale angegeben:

$$I_1 = \frac{b_0}{2a_0 a_1}\,, \tag{10.33a}$$

$$I_2 = \frac{1}{2a_0 a_1}\cdot\left(\frac{a_0 b_1}{a_2} - b_0\right), \tag{10.33b}$$

$$I_3 = \frac{1}{2a_0\cdot(a_0 a_3 - a_1 a_2)}\cdot\left(a_0 b_1 - a_2 b_0 - \frac{a_0 a_1 b_2}{a_3}\right). \tag{10.33c}$$

Einschlägige Tafelwerke enthalten diese Integrale bis $n = 5$, also für Nennerpolynome bis zum 10. Grad in s bzw. ω [21].

Da die praktische Auswertung der Integrale gewisse Tücken in sich birgt, werden anschließend einige Beispiele behandelt. Dabei ist allgemein zu beachten, daß sich der Index n der Zählerpolynome in (10.31) nicht nach dem Grad von $g_\mathrm{n}(s)$ richtet, sondern nach der höchsten Potenz von s in $h_\mathrm{n}(s)$.

10.8 Beispiele zur Berechnung der Ausgangsleistung

Gegeben ist ein Regelkreis nach Bild 10.13, auf den eine stochastische Störgröße $z(t)$ als Realisierung eines stationären Prozesses $z(e; t)$ einwirkt [6]. Die frequenzabhängigen Teilsysteme werden beschrieben durch die Frequenzgänge

$$F_1(\mathrm{j}\omega) = \frac{1}{1 + \mathrm{j}\omega T_1}, \qquad F_2(\mathrm{j}\omega) = \frac{1}{\mathrm{j}\omega T_2}\,.$$

Gesucht ist der quadratische Mittelwert des Fehlersignals $\varepsilon(t)$ für verschiedene

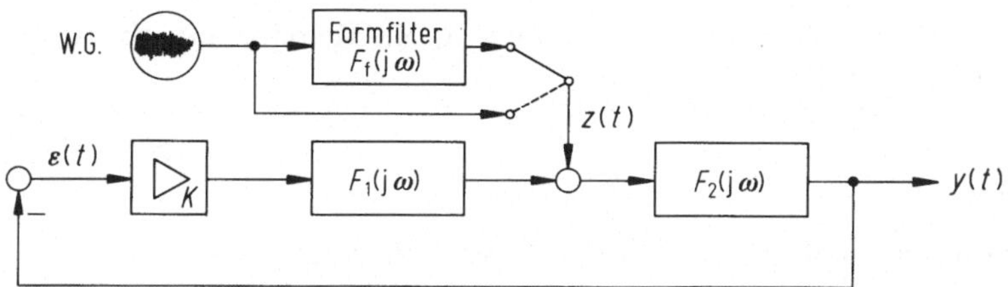

Bild 10.13. Regelkreis mit zwei verschiedenen alternativen stochastischen Störgrößen

Störgeräusche $z(t)$. Die Frequenzgangfunktion, die hierzu benötigt wird, lautet

$$F(j\omega) = -\frac{1 + j\omega T_1}{j\omega T_2 \cdot (1 + j\omega T_1) + K}\,.$$

a) Weißes Störgeräusch

Zur Auswertung des Integrals

$$\sigma_\varepsilon^2 = \frac{1}{2}\,S_0 \cdot \int_{-\infty}^{+\infty} \left|\frac{1 + j\omega T_1}{j\omega T_2 \cdot (1 + j\omega T_1) + K}\right|^2 d\omega$$

$$= \frac{1}{2j}\,S_0 \cdot \int_{\mathfrak{C}} \frac{g_2(s)}{h_2(s)h_2(-s)}\,ds \quad \text{über die Kurve } \mathfrak{C} \text{ von Bild 10.12}$$

benötigt man die Polynome

$$\begin{aligned}
h_2(s) &= sT_2 \cdot (1 + sT_1) + K \\
&= T_1 T_2 s^2 + T_2 s + K \\
&= a_0 s^2 + a_1 s + a_2\,, \\
g_2(s) &= -T_1^2 s^2 + 1 \\
&= b_0 s^2 + b_1
\end{aligned}$$

aus den zusammen mit Gl. (10.29) allgemein angesetzten Polynomen für den Fall $n = 2$. Das Ergebnis erhält man mit Gl. (10.33b) zu

$$I_2 = \frac{1}{2T_2^2} \cdot \left(\frac{T_2}{K} + T_1\right),$$

und daraus schließlich mit Gl. (10.32);

$$\sigma_\varepsilon^2 = \frac{\pi S_0}{2T_2} \cdot \left(\frac{1}{K} + \frac{T_1}{T_2}\right).$$

b) Tiefpaß-Störgeräusch

Ein Formfilter mit dem Frequenzgang

$$F(j\omega) = \frac{1}{1 + j\omega T}$$

erzeugt aus einem weißen Geräusch mit $S_w(\omega) = S_0$ ein Tiefpaßgeräusch mit der spektralen Leistungsdichte

$$S_z(\omega) = \frac{S_0}{1 + \omega^2 T^2},$$

und damit wird der quadratische Mittelwert des Fehlersignals

$$\sigma_\varepsilon^2 = \frac{1}{2} S_0 \cdot \int_{-\infty}^{+\infty} \left| \frac{1 + j\omega T_1}{(1 + j\omega T) \cdot j\omega T_2 \cdot (1 + j\omega T_1) + K} \right|^2 d\omega .$$

Jetzt setzt man das allgemeine Integral an für $n = 3$,

$$\sigma_\varepsilon^2 = \frac{S_0}{2j} \cdot \int_{\mathfrak{C}} \frac{g_3(s)}{h_3(s)h_3(-s)} ds \quad \text{über die Kurve } \mathfrak{C} \text{ von Bild 10.12}$$

mit den Polynomen

$$h_3(s) = (1 + sT) \cdot [sT_2 \cdot (1 + sT_1)] + K$$
$$= TT_1 T_2 s^3 + T_2(T + T_1)s^2 + (T_2 + TK)s + K$$
$$= a_0 s^3 + a_1 s^2 + a_2 s + a_3 ,$$
$$g_3(s) = -T_1^2 s^2 + 1$$
$$= b_1 s^2 + b_2$$

aus den zusammen mit Gl. (10.29) allgemein angesetzten Polynomen für den Fall $n = 3$. Durch einen Vergleich mit dem Fall a) erkennt man deutlich den Einfluß des Nennerpolynoms auf das Zählerpolynom. Die weitere Auswertung ergibt über das Integral (10.33c) nach Einsetzen der Koeffizienten:

$$\sigma_\varepsilon^2 = \frac{\pi S_0}{2T_2} \cdot \frac{1}{K} \cdot \frac{T_1^2 K + T_2(T + T_1)}{T^2 K + T_2(T + T_1)} .$$

Hierin ist der Sonderfall für $T_1 = 0$ bei Erregung mit einem weißen Geräusch nach Fall a) enthalten.

c) Folgesystem mit stochastischer Führungsgröße

Als abschließendes Beispiel behandeln wir den mit einem Tiefpaßgeräusch angeregten Regelkreis von Bild 10.14 und fragen nach der spektralen Leistungsdichte des Signals $u(t)$ am Eingang des Integrierers. Die Eingangsgröße $z(t)$ wird

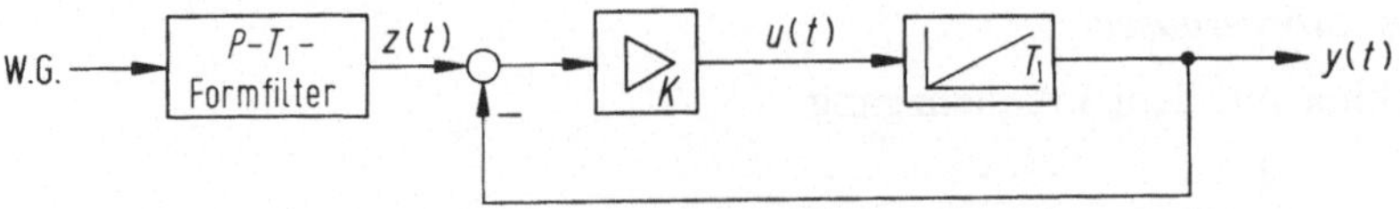

Bild 10.14. Regelkreis mit stochastischer Erregung durch ein P-T_1-Geräusch

gekennzeichnet durch

$$S_z(\omega) = \frac{S_0}{1 + \omega^2 T^2} \; ;$$

die hier benötigte Frequenzgangfunktion wird

$$F(j\omega) = \frac{j\omega T_I \cdot K}{j\omega T_I + K} \; .$$

Damit wird der quadratische Mittelwert des Signals $u(t)$

$$\sigma_u^2 = \frac{1}{2} S_0 \cdot \int_{-\infty}^{+\infty} \left| \frac{j\omega T_I \cdot K}{(1 + j\omega T) \cdot (j\omega T_I + K)} \right|^2 d\omega .$$

Die Auswertung dieses Integrals geschieht über die Polynome

$$h_2(s) = (1 + sT) \cdot (sT_I + K)$$

$$= TT_I s^2 + (T_I + KT)s + K$$

$$= a_0 s^2 + a_1 s + a_2 \, ,$$

$$g_2(s) = - T_I^2 K^2 s^2$$

$$= b_0 s^2$$

wiederum aus den allgemeinen Polynomansätzen für $n = 2$. Durch Einsetzen in den Ausdruck für I_2 nach Gl. (10.33b) findet man

$$\sigma_u^2 = \pi S_0 \cdot I_2$$

$$= \pi S_0 \cdot \frac{1}{2a_0 a_1} \cdot (-b_0) \quad \text{wegen } b_1 = 0 \, ,$$

$$\sigma_u^2 = \frac{\pi S_0}{2T} \cdot \frac{K^2 T_I}{T_I + KT} \; .$$

11 Modellierung von Geräuschen durch Formfilter

Den folgenden Ausführungen liegen Überlegungen aus der Systemtheorie für stochastische Prozesse zugrunde, die sowohl in die modernen Verfahren der Zustandsregelung beim Entwurf von Störbeobachtern als auch in die Theorie der Kalman-Filterung zur Modellierung von Systemeingangsrauschen und Meßrauschen Eingang gefunden haben.

Aus einem extrem breitbandigen Geräusch, für die analytische Beschreibung modelliert durch ein stationäres weißes Geräusch $w(e; t)$ mit dem konstanten Leistungsdichtespektrum

$$S_w(\omega) = S_0 \quad \text{für alle } \omega$$

soll durch Filterung ein Geräusch mit gewünschtem Leistungsdichtespektrum

$$S_y(\omega) = S_0 \cdot H(\omega^2) \tag{11.1}$$

erzeugt werden. Gesucht ist also der Frequenzgang $F_f(j\omega)$ eines Filters, welches das frequenzunabhängige Spektrum S_0 gerade so „verformt", daß die gewünschte Frequenzabhängigkeit $H(\omega^2)$ zustandekommt.

11.1 Die Produktdarstellung von Wirkleistungsspektren

Von der umgekehrten Fragestellung aus Abschnitt 10.3.1 ist bekannt, daß am Ausgang eines mit weißem Geräusch eingespeisten Filters mit gegebenem Frequenzgang $F(j\omega)$ ein Geräusch mit der spektralen Leistungsdichte

$$S_y(\omega) = S_0 \cdot |F(j\omega)|^2$$

entsteht. Damit stellt sich die Aufgabe, aus der vorgegebenen Abhängigkeit $H(\omega^2)$ den erforderlichen Frequenzgang $F_f(j\omega)$ eines „Formfilters" zu bestimmen; offensichtlich besteht jetzt die Forderung in der Form

$$H(\omega^2) = F(j\omega) \cdot F^*(j\omega) \,, \tag{11.2}$$

die auf eine *Faktorisierung* hinausläuft, aus der man den Frequenzgang

$$F_f(j\omega) = F(j\omega)$$

des erforderlichen Filters erhält. Man macht den naheliegenden Ansatz

$$H(\omega^2) = P(\mathrm{j}\omega) \cdot P^*(\mathrm{j}\omega) \tag{11.3}$$

mit der Bedingung, daß $P(\mathrm{j}\omega)$ alle Eigenschaften der Frequenzgangfunktion eines *kausalen stabilen Filters* besitzen muß; mit der Identifizierung (eventuell bis auf frequenzunabhängige Konstanten) über

$$F_\mathrm{f}(\mathrm{j}\omega) = P(\mathrm{j}\omega) \tag{11.4}$$

ist das Formfilterproblem zur Geräuschmodellierung gelöst, denn am Filterausgang entsteht ein Geräusch mit dem geforderten Leistungsdichtespektrum

$$S_\mathrm{y}(\omega) = S_0 \cdot |F_\mathrm{f}(\mathrm{j}\omega)|^2 \ .$$

11.2 Allgemeine Eigenschaften der Zerlegungsfunktionen

Wir gehen einleitend von der einfachen Vorgabe

$$S_\mathrm{y}(\omega) = S_0 \cdot \frac{1}{1 + \omega^2 T^2}$$

aus und finden die Produktform

$$S_\mathrm{y}(\omega) = S_0 \cdot \frac{1}{1 + \mathrm{j}\omega T} \cdot \frac{1}{1 - \mathrm{j}\omega T} \ ,$$

folglich lauten die Zerlegungsfunktionen

$$P(\mathrm{j}\omega) = \frac{1}{1 + \mathrm{j}\omega T} \quad \text{und} \quad P^*(\mathrm{j}\omega) = \frac{1}{1 - \mathrm{j}\omega T} \ .$$

Wenn auch bei den weiteren Überlegungen ω die *reelle* Kreisfrequenz bedeuten soll, dann führt man zweckmäßigerweise eine neue Variable $\Omega := \omega + \mathrm{j}\beta$ und damit eine komplexe Ω-Ebene nach Bild 11.1 ein, und es gelten folgende Aussagen:

- Die Funktion $P(\Omega) = \dfrac{1}{1 + \mathrm{j}\Omega T}$

  besitzt einen Pol bei $\Omega = \mathrm{j}/T$ in der *oberen* Ω-Halbebene;

- Die Funktion $P^*(\Omega) = \dfrac{1}{1 - \mathrm{j}\Omega T}$

  besitzt einen Pol bei $\Omega = -\mathrm{j}/T$ in der *unteren* Ω-Halbebene.

Das Bild 11.2 zeigt die Zuordnung von Pollage und Zeitfunktion; offensichtlich hat nur $h^+(t)$ die Eigenschaften der Impulsantwort eines kausalen stabilen Systems.

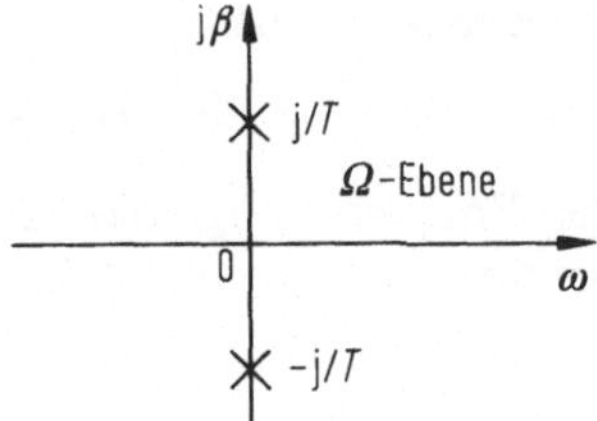

Bild 11.1. Ebene des komplexen Arguments $\Omega = \omega + \mathrm{j}\beta$

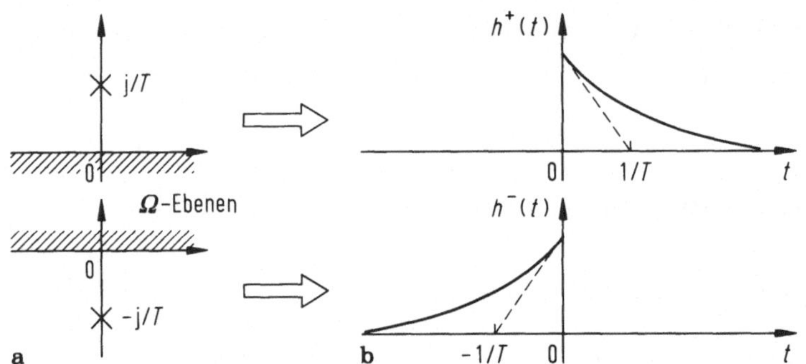

Bild 11.2. Zuordnung von Polen in der Ω-Ebene (**a**) und den Zeitfunktionen (**b**)

Diese Eigenschaften bleiben beim Übergang zu dem allgemeinen Ansatz

$$S_{\mathrm{y}}(\omega) = S_0 \cdot \frac{b_0 + b_2\omega^2 + \ldots + b_{2\mathrm{k}}\omega^{2\mathrm{k}}}{a_0 + a_2\omega^2 + \ldots + a_{2\mathrm{n}}\omega^{2\mathrm{n}}} \tag{11.5}$$

erhalten, wenn man folgendermaßen vorgeht: Offenbar ist $S(\omega)$ eine Funktion von ω^2, wobei der Grad $2n$ des Nennerpolynoms um mindestens 2 größer sein muß als der Grad $2k$ des Zählerpolynoms, damit die Gesamtleistung am Ausgang des Formfilters endlich bleibt, vgl. Abschn. 10.7. Unter der Voraussetzung, daß keine Mehrfachpole und keine Mehrfachnullstellen vorkommen, lautet die zu (11.5) gehörige Produktform

$$S_{\mathrm{y}}(\Omega) = S_0 \cdot q \cdot \frac{(\Omega - \gamma_1) \cdot \ldots \cdot (\Omega - \gamma_{\mathrm{k}})}{(\Omega - \lambda_1) \cdot \ldots \cdot (\Omega - \lambda_{\mathrm{n}})} \cdot q \cdot \frac{(\Omega + \gamma_1) \cdot \ldots \cdot (\Omega + \gamma_{\mathrm{k}})}{(\Omega + \lambda_1) \cdot \ldots \cdot (\Omega + \lambda_{\mathrm{n}})}$$

mit der Konstanten

$$q = \sqrt{\frac{b_{2\mathrm{k}}}{a_{2\mathrm{n}}}}\,.$$

Bei diesem Ansatz liegen alle Pole und Nullstellen der Funktion

$$P(\Omega) = q \cdot \frac{(\Omega - \gamma_1) \cdot \ldots \cdot (\Omega - \gamma_{\mathrm{k}})}{(\Omega - \lambda_1) \cdot \ldots \cdot (\Omega - \lambda_{\mathrm{n}})} \tag{11.6}$$

in der *oberen* Ω-Halbebene. Setzt man eine Partialbruchentwicklung

$$P(\Omega) = \sum_{v=1}^{n} \frac{r_v}{\Omega - \lambda_v}$$

an, so erhält man mit den Zählern

$$r_v = [(\Omega - \lambda_v) \cdot P(\Omega)]|_{\Omega \to \lambda_v}$$

die zugehörige Impulsantwort des Formfilters:

$$h^+(t) = \mathscr{F}^{-1} \left\{ \sum_{v=1}^{n} \frac{r_v}{\Omega - \lambda_v} \right\} . \tag{11.7}$$

11.3 Ein gleichwertiges Verfahren

Im folgenden wird für die Produktdarstellung eine andere komplexe Ebene eingeführt. Ausgehend von der Vorgabe

$$S_y(\omega) = S_0 \cdot \frac{b_0 + b_2\omega^2 + \ldots + b_{2k}\omega^{2k}}{a_0 + a_2\omega^2 + \ldots + a_{2n}\omega^{2n}}$$

erhält man durch Einführen der komplexen Variablen $s = \alpha + j\omega$ den modifizierten Ausdruck

$$S_y(s) = S_0 \cdot \frac{b_0 - b_2 s^2 + b_4 s^4 - b_6 s^6 + \ldots - \ldots}{a_0 - a_2 s^2 + a_4 s^4 - a_6 s^6 + \ldots - \ldots}$$

mit dem Faktorisierungsansatz

$$S_y(s) = S_0 \cdot q^2 \cdot \frac{(c_1^2 - s^2) \cdot (c_2^2 - s^2) \cdot \ldots}{(d_1^2 - s^2) \cdot (d_2^2 - s^2) \cdot \ldots}$$

$$= S_0 \cdot q \cdot \frac{(c_1 + s) \cdot (c_2 + s) \ldots}{(d_1 + s) \cdot (d_2 + s) \ldots} \cdot q \cdot \frac{(c_1 - s) \cdot (c_2 - s) \ldots}{(d_1 - s) \cdot (d_2 - s) \ldots}$$

$$= S_0 \cdot P(s) \cdot P(-s) . \tag{11.8}$$

Für reelle Koeffizienten a_i, b_i können die c_i und d_i in dem Faktorisierungsansatz nur die folgenden Eigenschaften haben:

- reellwertige positive d_i, wofür sich in der s-Ebene (Bild 11.3) jeweils ein reelles Polpaar ergibt bei

$$s = \pm \sqrt{d_i}$$

- konjugiert komplexe Polpaare

$$s = \pm (u + jv), \quad s = \pm (u - jv) .$$

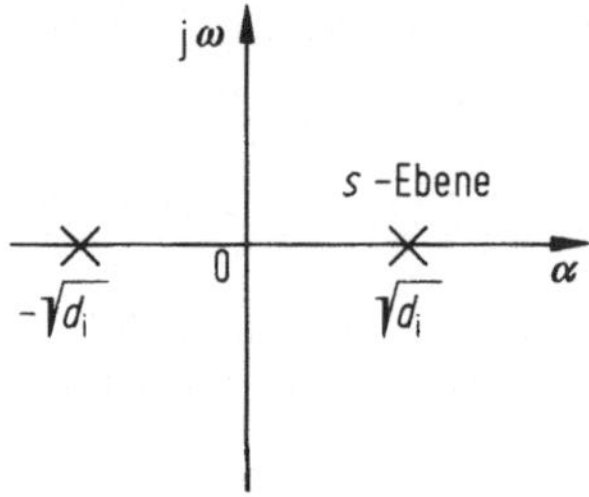

Bild 11.3. Komplexe s-Ebene zur Kennzeichnung des Wirkleistungsspektrums $S_y(\omega)$ durch ein reelles Polpaar

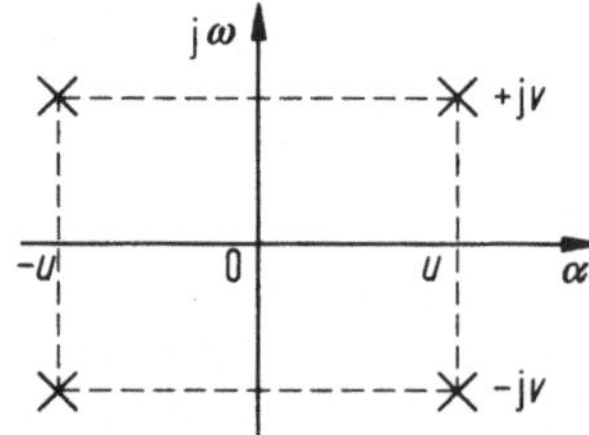

Bild 11.4. Lokalisation der konjugiert-komplexen Pole zur Kennzeichnung des Wirkleistungsspektrums $S_y(\omega)$

Wie in Bild 11.4 gezeigt, liegen die Pole sowohl zur reellen als auch zur imaginären Achse der s-Ebene *symmetrisch*, auch die Fälle rein imaginärer konjugiert komplexer Pole sind darin enthalten.

Hinweise:

● Während bei der *einseitigen Laplace-Transformation* die Lage der Pole der Übertragungsfunktion in der linken/rechten s-Halbebene das *Stabilitätsverhalten* des Systems bestimmt, führt die gleiche s-Ebene in Verbindung mit der *zweiseitigen Fourier-Transformation* zu anderen Aussagen: Jetzt schließt man aus der Lage der Pole der Zerlegungsfunktionen

$$P(s) = q \cdot \frac{(c_1 + s)\cdot(c_2 + s)\ldots}{(d_1 + s)\cdot(d_2 + s)\ldots} \quad \text{und} \tag{11.9a}$$

$$P(-s) = q \cdot \frac{(c_1 - s)\cdot(c_2 - s)\ldots}{(d_1 - s)\cdot(d_2 - s)\ldots} \tag{11.9b}$$

auf die *Kausalität* des zu entwerfenden Formfilters. Schon von den Gleichungen (11.2) und (11.3) ausgehend ist abzusehen, daß die Funktion $P(s)$, die keine Pole in der rechten s-Halbebene besitzt, auf die Übertragungs- bzw. Frequenzgangfunktion eines kausalen Filters führen wird. Es gilt allgemein bei dem hier zugrundegelegten Faktorisierungsansatz (11.8) die folgende Zuordnung für $P(s)$ nach Gl. (11.9a):

$$P(s) \to F_{\mathrm{f}}(\mathrm{j}\omega) \xrightarrow{\mathscr{F}^{-1}} h^+(t) \begin{cases} \equiv 0 & \text{für } t < 0 \\ \not\equiv 0 & \text{für } t \geqslant 0 \end{cases}, \tag{11.10}$$

prinzipiell erläutert durch Bild 11.5.

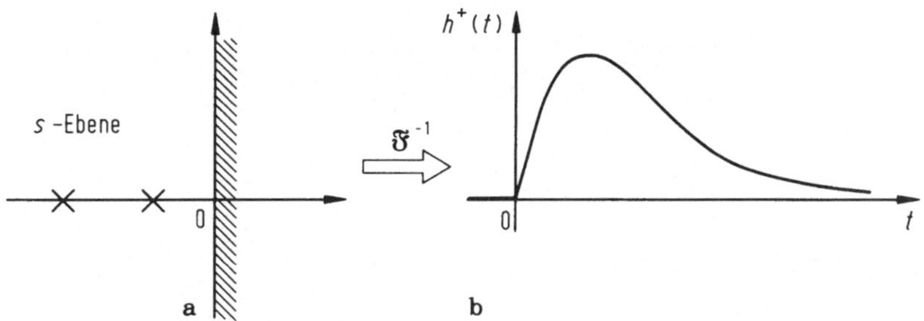

Bild 11.5. Grundsätzliche Zuordnung von Polen der Übertragungsfunktion (**a**) und Impulsantwort eines kausalen stabilen Filters (**b**)

● Wenn das Eingangsrauschen durch eine *frequenzabhängige* Leistungsdichte $S_z(\omega)$ beschrieben wird, muß man eine weitere Faktorisierung

$$S_z(\omega) = S_{oz}\, Q(j\omega) \cdot Q^*(j\omega) \tag{11.11}$$

ansetzen. Das Nachvollziehen der erläuterten Zusammenhänge führt auf die Frequenzgangfunktion

$$F_f(j\omega) = P(j\omega) \cdot Q^{-1}(j\omega) \, . \tag{11.12}$$

● Für die nachfolgend behandelten Zerlegungsbeispiele interessiert nur noch die *Übertragungsfunktion*

$$F_f(s) = P(s) \, ,$$

aus der man über Tabellen die Impulsantwort des Formfilters bestimmen kann:

$$h_f(t) = h^+(t) = \mathscr{L}^{-1}\{P(s)\} \, . \tag{11.13}$$

11.4 Beispiele für Geräuschmodellierungen

11.4.1 Tiefpaßgeräusch

Aus einem weißen Geräusch mit $S_w(\omega) = S_0$ soll über ein Formfilter ein Geräusch mit dem Leistungsdichtespektrum

$$S_y(\omega) = S_0 \cdot \frac{1}{1 + \omega^2 T^2}$$

erzeugt werden. Man bildet den Ansatz

$$S_y(s) = S_0 \cdot P(s) \cdot P(-s)$$

$$= S_0 \cdot \frac{1}{1 + sT} \cdot \frac{1}{1 - sT}$$

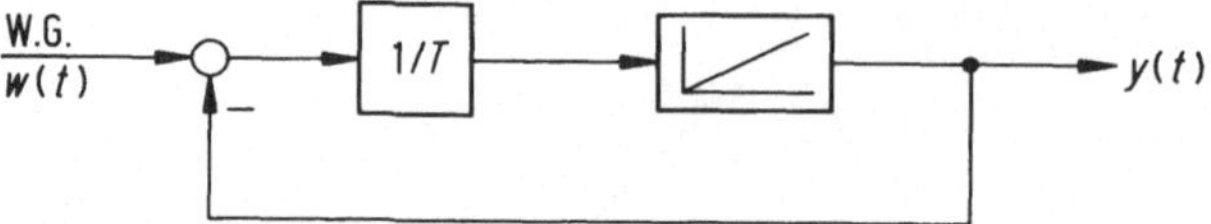

Bild 11.6. Struktur des P-T_1-Formfilters

und erhält die Übertragungsfunktion

$$F_{\mathrm{f}}(s) = \frac{1}{1 + sT}$$

mit der kausalen Impulsantwort

$$h_{\mathrm{f}}(t) = \frac{1}{T} \cdot \mathrm{e}^{-t/T} \cdot 1(t) \ .$$

Die zugehörige Autokorrelationsfunktion ist aus Abschn. 5.7 bereits bekannt, zur Formfilterrealisierung kann man je nach Anwendungsfall einen passiven RC-Tiefpaß oder ein aktives Filter nach Bild 11.6 aufbauen; die gesamte Ausgangsleistung am Filterausgang ergibt sich zu

$$\sigma_{\mathrm{y}}^2 = S_0 \cdot \int\limits_0^\infty \frac{\mathrm{d}\omega}{1 + \omega^2 T^2} = \frac{\pi S_0}{2T} \ .$$

11.4.2 Turbulenzspektrum

Bei der Modellierung von Luftturbulenzen für die Flugtechnik arbeitet man gelegentlich mit dem Dryden-Spektrum, benannt nach dem Aerodynamiker Hugh Dryden:

$$S_{\mathrm{y}}(\omega) = S_0 \cdot \frac{1 + 3\omega^2 T^2}{(1 + \omega^2 T^2)^2} \ .$$

Hier ergibt der Faktorisierungsansatz

$$S_{\mathrm{y}}(\omega) = S_0 \cdot \frac{1 + \mathrm{j}\omega\sqrt{3}\,T}{(1 + \mathrm{j}\omega T)^2} \cdot \frac{1 - \mathrm{j}\omega\sqrt{3}\,T}{(1 - \mathrm{j}\omega T)^2}$$

die Übertragungsfunktion

$$F_{\mathrm{f}}(s) = \frac{\sqrt{3}}{T} \cdot \frac{s + 1/T\sqrt{3}}{(s + 1/T)^2} \ ,$$

die in der s-Ebene einen Doppelpol bei $s_{\mathrm{P2}} = -1/T$ und eine Nullstelle bei $s_{\mathrm{N}} = -1/T\sqrt{3}$ besitzt. Für die Modellierung dieser Dryden-Turbulenzen kann man nach einem bekannten Verfahren ein Filter mit der in Bild 11.7 gezeigten

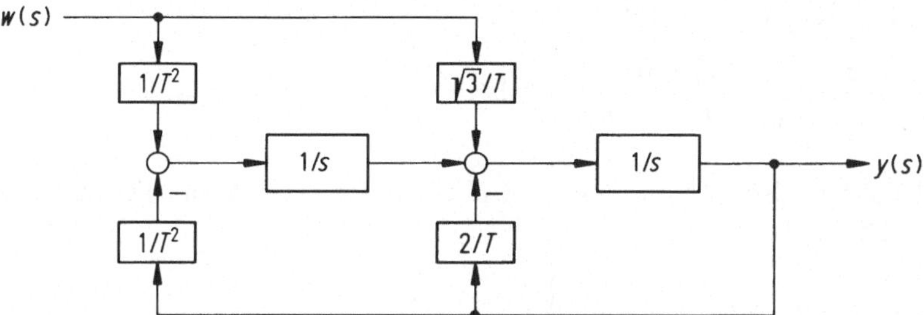

Bild 11.7. Kanonische Struktur zur Modellierung eines Turbulenzspektrums nach Dryden

Struktur aufbauen, wobei man von folgendem Zusammenhang für deterministische Signale w und y, beschrieben im s-Bereich, ausgehen kann:

$$y(s) = \frac{1}{s} \cdot \left[\frac{\sqrt{3}}{T} w(s) - \frac{2}{T} y(s) \right] + \frac{1}{s^2} \cdot \left[\frac{1}{T^2} w(s) - \frac{1}{T^2} y(s) \right] .$$

Die Ausgangsgröße $y(t)$ im Zeitbereich modelliert die Vertikalkomponente der statistischen Windgeschwindigkeit, die auf den Flugkörper einwirkt [22].

Für die Impulsantwort dieses Filters erhält man nach Gl. (11.13):

$$h_{\mathrm{f}}(t) = 1(t) \cdot \left(\frac{\sqrt{3}}{T} - \frac{\sqrt{3}-1}{T^2} \cdot t \right) \cdot \mathrm{e}^{-t/T} .$$

Die Berechnung der Autokorrelationsfunktion von $y(t)$ geht aus von dem Ansatz der Wiener-Khintchine-Transformation

$$\phi_{\mathrm{y}}(\tau) = \frac{1}{2} S_0 \cdot \int\limits_{-\infty}^{+\infty} \frac{1 + 3\omega^2 T^2}{(1 + \omega^2 T^2)^2} \cdot \mathrm{e}^{j\omega\tau} \, \mathrm{d}\omega = \frac{1}{2} S_0 \cdot I ,$$

wobei das Integral wieder über den Residuensatz ausgewertet wird. Die Einführung der s-Ebene (Bild 11.8) zeigt die Lage der Pole und Nullstellen der Spektralfunktion, und mit den Abkürzungen $a = 1/T$, $b = 1/3T^2$ geht man für

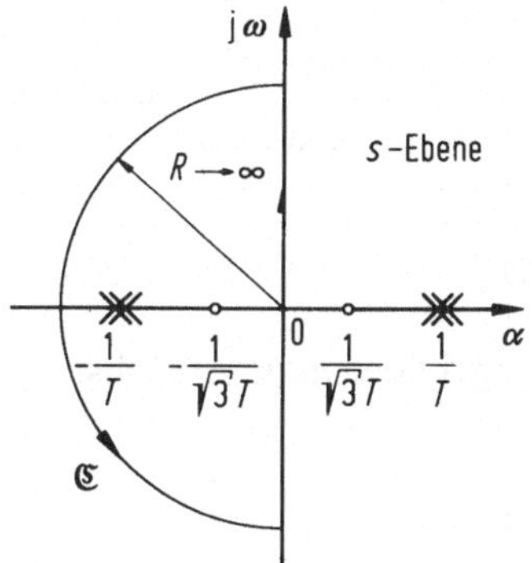

Bild 11.8. Integrationsweg zur Berechnung der Autokorrelationsfunktion für den Bereich $\tau \geq 0$

die Auswertung über zu dem Integral

$$I^+ = -\frac{1}{j}\cdot\frac{3}{T^2}\cdot\int_{\mathbb{C}} \frac{s^2 - b}{(s+a)^2(s-a)^2}\cdot e^{s\tau}\,ds\,,$$

man berücksichtigt also nur die *linke* s-Halbebene und erhält das Teilergebnis
für den Bereich $\tau \geq 0$:

$$I^+ = -\frac{6}{T^2}\cdot\lim_{s\to -a}\frac{d}{ds}\left\{\frac{s^2 - b}{(s-a)^2}\cdot e^{s\tau}\right\}$$

$$= \frac{2\pi}{T}\cdot e^{-\tau/T}\cdot\left(1 - \frac{\tau}{2T}\right)\,.$$

Zusammen mit dem Integral I^- zur Berücksichtigung der *rechten* s-Halbebene
ergibt sich die Autokorrelationsfunktion

$$\phi_y(\tau) = \frac{\pi S_0}{T}\cdot e^{-|\tau|/T}\cdot\left(1 - \frac{|\tau|}{2T}\right)\,,$$

deren Verlauf in Bild 11.9 gezeigt ist.

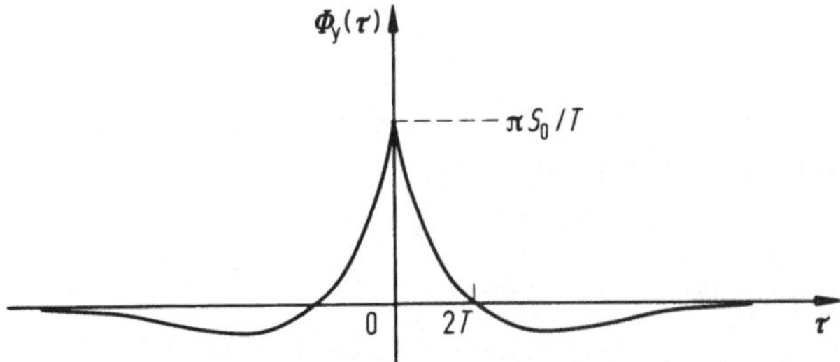

Bild 11.9. Verlauf der Autokorrelationsfunktion zum Turbulenzspektrum

11.4.3 Formfilter mit konjugiert komplexen Polen

Aus einem durch $S_w(\omega) = S_0$ gekennzeichneten stationären weißen Rauschen
soll durch Filterung ein Geräusch mit dem Leistungsdichtespektrum

$$S_y(\omega) = 4S_0\cdot\frac{\lambda^2\omega^2 + (\lambda\alpha - \gamma\omega_0)^2}{\omega^4 + 2(\alpha^2 - \omega_0^2)\cdot\omega^2 + (\alpha^2 + \omega_0^2)^2}$$

modelliert werden. Mit dem Ziel der Faktorisierung bildet man zunächst im
Nenner eine identische Umformung:

$$S_y(\omega) = 4S_0\cdot\frac{\lambda^2\omega^2 + (\lambda\alpha - \gamma\omega_0)^2}{(\alpha^2 + \omega_0^2 - \omega^2)^2 + 4\alpha^2\omega^2} = S_0\cdot|F_f(j\omega)|^2\,.$$

Der schon mehrfach vorgenommene Übergang zur s-Ebene führt zu der folgenden Produktform:

$$P(s) \cdot P(-s) = 4 \cdot \frac{(\lambda\alpha - \gamma\omega_0)^2 - \lambda^2 s^2}{(s^2 + \alpha^2 + \omega_0^2)^2 - 4\alpha^2 s^2}$$

$$= \frac{2 \cdot (\lambda s + \lambda\alpha - \gamma\omega_0)}{s^2 + 2\alpha s + \alpha^2 + \omega_0^2} \cdot \frac{2 \cdot (-\lambda s + \lambda\alpha - \gamma\omega_0)}{s^2 - 2\alpha s + \alpha^2 + \omega_0^2} \cdot$$

Damit ist die für die Realisierung geeignete Übertragungsfunktion bekannt:

$$F_f(s) = 2 \cdot \left\{ \frac{\lambda\alpha - \gamma\omega_0}{s^2 + 2\alpha s + (\alpha^2 + \omega_0^2)} + \frac{s}{s^2 + 2\alpha s + (\alpha^2 + \omega_0^2)} \cdot \lambda \right\},$$

und der Vergleich mit der Normalform

$$F_f(s) = \frac{b_0}{s^2 + a_1 s + a_0} + \frac{s}{s^2 + a_1 s + a_0} \cdot b_1$$

führt auf die in Bild 11.10 gezeigte Realisierungsstruktur.

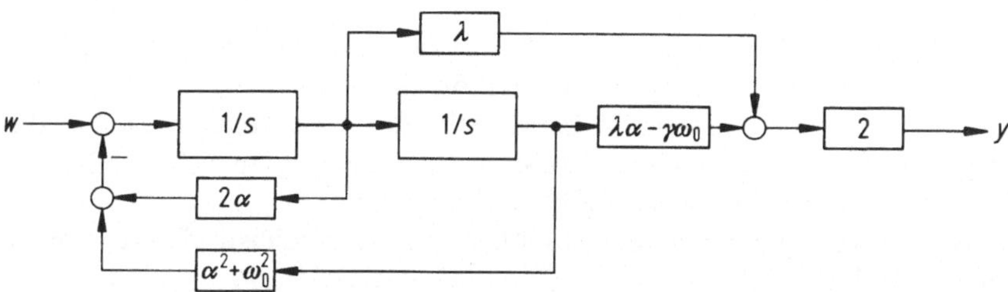

Bild 11.10. Struktur eines Formfilters 2. Ordnung mit konjugiert-komplexen Polen der Übertragungsfunktion

11.5 Geräuschmodellierung und Zustandsdarstellung

Ein einführendes Beispiel soll zur allgemeinen Problemstellung überleiten: Gefragt wird nach der Zustandsbeschreibung eines Formfilters mit der Wirkleistungsübertragungsfunktion

$$|F_f(j\omega)|^2 = \frac{1}{(\omega^2 + \alpha^2) \cdot (\omega^2 + \beta^2)} \cdot$$

Es ergibt sich zunächst die Frequenzgangfunktion

$$F_f(j\omega) = \frac{1}{(j\omega + \alpha) \cdot (j\omega + \beta)},$$

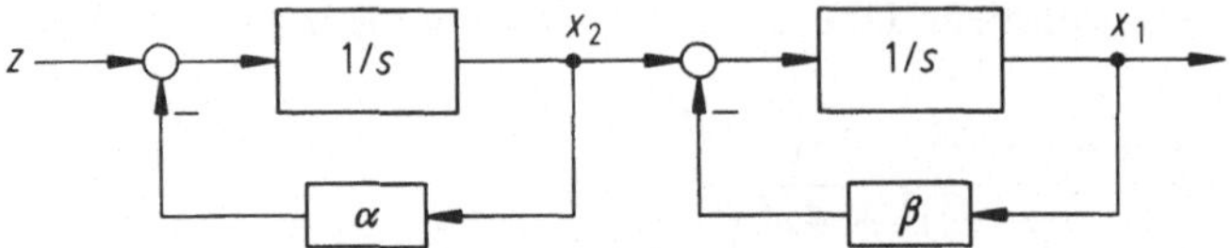

Bild 11.11. Struktur zur Zustandsdarstellung eines Formfilters 2. Ordnung mit reellen Polen der Übertragungsfunktion

sie läßt sich durch die Struktur von Bild 11.11 realisieren, und diese führt unmittelbar zu der Zustandsbeschreibung

$$\dot{x}(t) = \begin{bmatrix} -\beta & 1 \\ 0 & -\alpha \end{bmatrix} \cdot x(t) + \begin{bmatrix} 0 \\ 1 \end{bmatrix} \cdot z(t) \,,$$

wobei die Zeitfunktionen wieder als Musterfunktionen von stationären Prozessen $z(e; t)$ und $x(e; t)$ zu verstehen sind; im übrigen erfolgt die Schreibweise der Zustandsgleichung nach der in Abschn. 9.2 getroffenen Vereinbarung.

Modellierung von Eingangsrauschen und Meßrauschen durch Zustandsvektorerweiterung

Geräuschmodelle werden bei den weiterführenden Überlegungen im wesentlichen für zwei Aufgaben benötigt: Zum einen für die Modellierung des Systemeingangsrauschens, zum anderen für die Modellierung von Meßgeräuschen, die den Zustandsgrößen additiv überlagert sind. Formuliert man beide Fälle mit Hilfe der Zustandsdarstellung, so ergibt sich folgendes:

Das System wird entsprechend Abschnitt 9.2 bei stochastischer Erregung beschrieben durch

$$\dot{x}(t) = Ax(t) + Gz(t)$$

$$y(t) = Cx(t) + r(t) \,,$$

wobei für das Eingangsrauschen $z(t)$ und für das Meßrauschen $r(t)$ jeweils bestimmte spektrale Eigenschaften gefordert werden, die aus weißen Geräuschen zu modellieren sind.

Gesucht sind die zugehörigen Zustandsbeschreibungen, gebildet durch Erweiterung des Systemzustandsvektors $x(t)$.

a) Modellierung des Eingangsrauschens

Unter der üblichen Annahme, daß zur Modellierung ein weißes Geräusch $w_z(t)$ als „Realisierung" angesetzt wird, beschreibt man das zugehörige Formfilter durch

$$\dot{x}_z(t) = A_z x_z(t) + G_z w_z(t)$$

$$z(t) = C_z x_z(t) \,.$$

Zusammen mit dem Zustandsvektor des Systems bildet man mit dem erweiterten Vektor die gemeinsame Beschreibung

$$\begin{bmatrix} \dot{x}(t) \\ \dot{x}_z(t) \end{bmatrix} = \begin{bmatrix} A & GC_z \\ 0 & A_z \end{bmatrix} \cdot \begin{bmatrix} x(t) \\ x_z(t) \end{bmatrix} + \begin{bmatrix} 0 \\ G_z \end{bmatrix} \cdot w_z(t)$$

mit der modifizierten Ausgangsgleichung

$$y(t) = [C \quad 0] \cdot \begin{bmatrix} x(t) \\ x_z(t) \end{bmatrix} + r(t) \, .$$

Insgesamt entsteht erwartungsgemäß die Serienschaltung aus Formfilter und System.

b) Modellierung des Meßrauschens

Ausgehend von einem anderen weißen Geräusch $w_r(t)$ wird nun ein Formfilter entsprechend der Zustandsbeschreibung

$$\dot{x}_r(t) = A_r x_r(t) + G_r w_r(t)$$

$$r(t) = C_r x_r(t)$$

benötigt. Die Zustandsvektorerweiterung führt jetzt auf die Form

$$\begin{bmatrix} \dot{x}(t) \\ \dot{x}_r(t) \end{bmatrix} = \begin{bmatrix} A & 0 \\ 0 & A_r \end{bmatrix} \cdot \begin{bmatrix} x(t) \\ x_r(t) \end{bmatrix} + \begin{bmatrix} G & 0 \\ 0 & G_r \end{bmatrix} \cdot \begin{bmatrix} z(t) \\ w_r(t) \end{bmatrix}$$

der Gesamtbeschreibung mit der Ausgangsgleichung

$$y(t) = [C \quad C_r] \cdot \begin{bmatrix} x(t) \\ x_r(t) \end{bmatrix} \, .$$

Die beiden unter a) und b) behandelten Geräuschmodellierungen führen zu der Blockdarstellung von Bild 11.12.

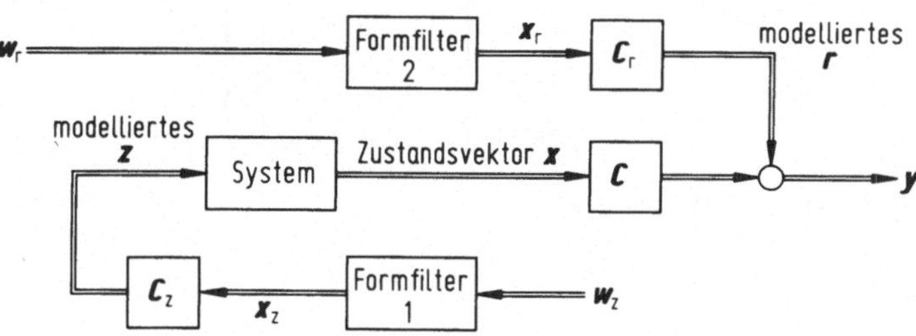

Bild 11.12. Allgemeine Struktur zur Erweiterung des Zustandsvektors bei Systemen mit modelliertem Eingangsrauschen und modelliertem Meßrauschen

11.6 Ergänzende Zusammenhänge

Gegeben sei die allgemeine Zustandsbeschreibung eines Signalmodells in der Form

$$\dot{x}(t) = Ax(t) + gw(t)$$

mit einem stationären weißen Eingangsrauschen $w(t) \in w(e; t)$, gekennzeichnet durch die Autokorrelationsfunktion

$$\phi_w(\tau) = \Psi_0 \cdot \delta(\tau), \qquad \Psi_0 = \pi S_0 \, ,$$

und die Ausgangsgleichung

$$y(t) = c^T x(t) \, .$$

Zu der Fundamentalmatrix $\theta(t)$ des Systems gehört im Frequenzbereich die Funktion

$$\theta(j\omega) = [j\omega I - A]^{-1} \, ,$$

folglich erhält das Wirkleistungsspektrum von $y(t)$ die Form

$$S_y(\omega) = c^T [\theta(j\omega) g \, \Psi_0 g^T \theta^T(-j\omega)] c \, , \tag{11.14}$$

die in Abschn. 10.3.2 allgemeiner entwickelt wurde, s. Gl. (10.18). Setzt man die Produktform

$$S_y(\omega) = S_0 \cdot P(j\omega) \cdot P(-j\omega) \tag{11.15}$$

an, so nehmen nach Abschn. 8.3.1 bei gegebener Frequenzgangfunktion

$$F_f(j\omega) = \frac{b_0 + b_1 \cdot (j\omega) + \ldots + b_k \cdot (j\omega)^k}{a_0 + a_1 \cdot (j\omega) + \ldots + (j\omega)^n}, \quad k < n \, , \tag{11.16}$$

die Matrizen der Zustandsdarstellung folgende Formen an:

$$A = \begin{bmatrix} 0 & 1 & 0 & \ldots & & 0 \\ 0 & 0 & 1 & 0 & \ldots & \vdots \\ \vdots & & & \ddots & & 0 \\ 0 & & & & 0 & 1 \\ -a_0 & -a_1 & \ldots & & & -a_{n-1} \end{bmatrix}, \quad g = \begin{bmatrix} 0 \\ 0 \\ \vdots \\ 0 \\ 1 \end{bmatrix},$$

$$c^T = [b_0 \ b_1 \ \ldots \ b_k \ 0 \ \ldots \ 0] \, ,$$

und das Produkt $g \, \Psi_0 g^T$ wird zu

$$g \Psi_0 g^T = \begin{bmatrix} 0 & \ldots & & 0 \\ & & & \vdots \\ \vdots & & & \\ & & 0 & 0 \\ 0 & \ldots & 0 & \Psi_0 \end{bmatrix} \, .$$

Matrizen dieser Art kommen in der Entwicklungsgleichung für die Kovarianz des Zustandsvektors vor und damit in den Riccati-Differentialgleichungen beim Entwurf von Kalman-Filtern. Die allgemeineren Zusammenhänge liefern die Grundlage für die Gleichwertigkeit von Systemvorgaben durch Zustandsgleichungen im Zeitbereich einerseits und durch Leistungsspektren im Frequenzbereich andererseits. Die *indirekte* Vorgabe durch Leistungsspektren mit der Einschränkung auf stationäre Prozesse kommt bei dem Entwurf von Wiener-Filtern zum Tragen, die *direkte* Vorgabe in Gestalt von Systembeschreibungen durch Zustandsgleichungen ist charakteristisch für die allgemeineren Entwurfsverfahren nach Kalman, die auch instationäre Prozesse zulassen, siehe Teil III dieses Buches.

12 Dynamische Entwicklung statistischer Kennfunktionen in linearen Systemen

12.1 Vorbemerkung

Die heutzutage selbstverständliche Verknüpfung von Dynamik mit Statistik hat einen eigenen Entwicklungsgang genommen, auf den in besonders umfassender Form Nicolis und Prigogine [8] hingewiesen haben und der in Abschn. 14 in groben Zügen vorgestellt wird.

Sowohl die Mechanik als auch die Elektrotechnik und andere Disziplinen arbeiten mit dem geläufigen Begriff „Einschwingvorgang", der in allgemeiner Interpretation das dynamische Verhalten eines Systems zwischen zwei unterschiedlichen Gleichgewichtszuständen beschreibt. In modernerer Terminologie bevorzugt man heute umfassendere Begriffe wie „dynamische Entwicklung" eines Systems und schließt damit wieder den Kreis zu dem vertrauten Begriff der Ausbreitungsphänomene wie Wärmeleitung, Diffusion, Konvektion und Stromleitung, also zu Vorgängen, die außer der Zeitabhängigkeit noch eine Ortsabhängigkeit bzw. eine formparametrische Eigenschaft besitzen (s. Abschn. 13), außerdem ist der *Entwicklungsbegriff* nicht auf physikalisch-technische Phänomene beschränkt.

Wenn man unter „Einschwingverhalten" den dynamischen Übergang zwischen zwei Gleichgewichtszuständen eines Systems versteht, dann ist die Frage nach dem Einschwingen bei mittelwertfreiem Eingangsrauschen nicht sinnvoll; vielmehr geht es im folgenden darum, die Einschwingvorgänge für Kennfunktionen wie den linearen Mittelwert und die Kovarianz als Funktionen der Zeit durch Differentialgleichungen zu beschreiben.

Zur deutlichen Unterscheidung von den oben genannten Ausbreitungsvorgängen werden die in diesem Abschnitt herzuleitenden gewöhnlichen Differentialgleichungen für die Kennfunktionen als „Entwicklungsgleichungen" bezeichnet. Sie sind als Prototypen für die Verknüpfung von Dynamik mit Statistik anzusehen und bilden Vorstufen zur Fokker-Planck-Gleichung für die dynamische Entwicklung von Verteilungsdichtefunktionen.

Zu Beginn der Ausführungen zu den Entwicklungsgleichungen sei der Vollständigkeit halber darauf hingewiesen, daß die vorkommenden Integrale streng genommen Lösungen stochastischer Differentialgleichungen sind. Die zumindest formal nicht verzichtbaren weißen Geräusche sind nicht differenzierbar, folglich müßte an den betreffenden Stellen $w(e; t) = d\beta(e; t)$ geschrieben werden. Da die erforderlichen Zwischenschritte jedoch an keiner Stelle explizit die Berechnung eines stochastischen Integrals erfordern, sondern nur Erwartungswerte bezüglich der Variablen e gebildet werden, kann formal mit der Riemannschen Schreibweise von Integralen gearbeitet werden (es empfiehlt sich, hierzu noch einmal den Abschn. 9.2 zu rekapitulieren).

Die Überlegungen gehen aus von einem linearen zeitvarianten System in Zustandsdarstellung,

$$\dot{x}(e;\, t) = A(t)x(e;\, t) + G(t)z(e;\, t), \quad x(e;\, t_0) = x_0(e)\,, \tag{12.1}$$

mit den vektoriellen Zufallsprozessen $z(e;\, t)$ und $x(e;\, t)$; sie seien kovarianzergodisch mit den Vorgaben

$$\mathscr{E}\{x(e;\, t_0)\} = \mu_x(t_0), \quad \mathrm{var}\{x(e;\, t_0)\} = V_x(t_0)$$

für die Anfangswerte und

$$\mathscr{E}\{z(e;\, t)\} = \mu_z(t), \quad \mathrm{cov}\{z(e;\, t_1),\, z(e;\, t_2)\} = V_z(t_1, t_2)$$

für das Eingangsgeräusch.

12.2 Die Entwicklungsgleichung für den linearen Mittelwert

Nach den Ergebnissen von Abschn. 9.2 hat die Zustandsdifferentialgleichung die allgemeine Lösung

$$x(e;\, t) = \theta(t, t_0)x(e;\, t_0) + \int_{t_0}^{t} \theta(t, \tau)G(\tau)z(e;\, \tau)\,\mathrm{d}\tau \tag{12.2}$$

wobei die Übergangsmatrix $\theta(.,.)$ die beiden Bedingungen

$$\dot{\theta}(t, t_0) = A(t)\theta(t, t_0) \quad \text{und} \quad \theta(t_0, t_0) = I \tag{12.3}$$

erfüllt. Da $z(e;\, t)$ ein stochastischer Prozeß ist, enthält die allgemeine Lösung ein stochastisches Integral, und für die anschließende Vorgehensweise genügt es, das Ergebnis einer Erwartungswertbildung über Gl. (12.2) zu kennen:

$$\mu_x(t) = \theta(t, t_0)\mu_x(t_0) + \int_{t_0}^{t} \theta(t, \tau)G(\tau)\mu_z(\tau)\,\mathrm{d}\tau\,. \tag{12.4}$$

Daraus folgt durch Differentiation nach t:

$$\dot{\mu}_x(t) = \dot{\theta}(t, t_0)\mu_x(t_0) + \int_{t_0}^{t} \dot{\theta}(t, \tau)G(\tau)\mu_z(\tau)\,\mathrm{d}\tau + \theta(t, t)G(t)\mu_z(t)\,,$$

und die Eigenschaften (12.3) der Übergangsmatrix führen auf das Zwischenergebnis

$$\dot{\mu}_x(t) = A(t)\cdot\left[\theta(t, t_0)\mu_x(t_0) + \int_{t_0}^{t} \theta(t, \tau)G(\tau)\mu_z(\tau)\,\mathrm{d}\tau\right] + G(t)\mu_z(t)\,.$$

Der Ausdruck in eckigen Klammern ist gerade die rechte Seite der Gl. (12.4), folglich wird die dynamische Entwicklung des linearen Mittelwertes in dem durch Gl. (12.1) beschriebenen System bestimmt durch die Differentialgleichung

$$\dot{\mu}_x(t) = A(t)\mu_x(t) + G(t)\mu_z(t)\,. \tag{12.5}$$

Gelegentlich interessiert hierbei insbesondere der homogene Teil, der die Entwicklung des linearen Mittelwertes bei gegebenem Anfangswert $\mu_x(t_0)$ beschreibt:

$$\dot{\mu}_x(t) = A(t)\mu_x(t), \quad \mu_x(t_0) \text{ gegeben},\tag{12.6}$$

mit der Lösung

$$\mu_x(t) = \theta(t, t_0)\mu_x(t_0).\tag{12.7}$$

Beispiel:

Das System werde gekennzeichnet durch die Differentialgleichungen

$$\dot{x}_1(e; t) = -x_1(e; t) + x_2(e; t)$$

$$\dot{x}_2(e; t) = -2\alpha x_2(e; t)$$

mit gegebenen Anfangswerten $\mu_{x1}(t_0)$, $\mu_{x2}(t_0)$ für die linearen Mittelwerte der stochastischen Zustandsgrößen. Damit wird aus der Differentialgleichung (12.6):

$$\begin{bmatrix} \dot{\mu}_{x1}(t) \\ \dot{\mu}_{x2}(t) \end{bmatrix} = \begin{bmatrix} -1 & 1 \\ 0 & -2\alpha \end{bmatrix} \cdot \begin{bmatrix} \mu_{x1}(t) \\ \mu_{x2}(t) \end{bmatrix}$$

$$= \begin{bmatrix} -\mu_{x1}(t) & \mu_{x2}(t) \\ 0 & -2\alpha\mu_{x2}(t) \end{bmatrix}.$$

Zur Lösung in Gestalt von Gl. (12.7) bestimmt man die Übergangsmatrix des zeitinvarianten Systems, die nur von der Differenz der beiden Zeitpunkte abhängt:

$$\theta(t - t_0) = e^{A \cdot (t - t_0)} = \begin{bmatrix} e^{-(t-t_0)} & e^{-(t-t_0)} - e^{-2\alpha(t-t_0)} \\ 0 & e^{-2\alpha(t-t_0)} \end{bmatrix}.$$

Demzufolge erhält man für die dynamische Entwicklung der beiden linearen Mittelwerte die Ausdrücke

$$\mu_{x1}(t) = e^{-(t-t_0)} \cdot \mu_{x1}(t_0) + [e^{-(t-t_0)} - e^{-2\alpha(t-t_0)}] \cdot \mu_{x2}(t_0),$$

$$\mu_{x2}(t) = e^{-2\alpha(t-t_0)} \cdot \mu_{x2}(t_0),$$

beide Mittelwerte sind im Gleichgewichtszustand $t \to \infty$ auf Null abgeklungen.

Der eingeschwungene Zustand/allgemein:

Wenn ein System zeitinvariante Eigenschaften hat und das Eingangsgeräusch stationär ist, dann strebt der lineare Mittelwert für $t \to \infty$ einem Gleichgewicht zu, gekennzeichnet durch

$$\dot{\mu}_x(t \to \infty) = 0, \quad \text{folglich}$$

$$A\mu_x(\infty) + G\mu_z(\infty) = 0,$$

$$\mu_x(\infty) = -A^{-1}G\mu_z(\infty);\tag{12.8}$$

Dieser Ausdruck existiert, wenn die Systemmatrix A regulär ist.

12.3 Die Entwicklungsgleichung für die Kovarianz

Ähnlich wie mit dem Ansatz zur Herleitung der Gl. (12.4) für den linearen Mittelwert kann man einen entsprechenden Ausdruck für die Kovarianzmatrix $V_x(t_1, t_2)$ herleiten [1], der jedoch für konkrete Berechnungen und für die weiteren Überlegungen keine Bedeutung hat.

Andererseits spielen bei der Herleitung der Entwurfsgleichungen des Kalman-Filters in den Abschn. 17 und 23 die Kovarianzentwicklungsdifferentialgleichungen eine fundamentale Rolle. Alle dabei vorkommenden Prozesse und Beobachtungsfehler sind mittelwertfrei, und im Hinblick darauf wird im folgenden die Entwicklungsdifferentialgleichung für die Kovarianz eines mittelwertfreien Prozesses $x(e; t)$ angesetzt. Da überwiegend nur ein Zeitpunkt $t_1 = t_2 = t$ interessiert, steht also am Anfang die Definitionsgleichung

$$V_x(t) = \mathscr{E}\{x(e; t) \cdot x^{\mathrm{T}}(e; t)\} \, , \tag{12.9}$$

und dies ist nichts anderes als der für vektorielle Prozesse verallgemeinerte zeitvariante quadratische Mittelwert. Dessen ungeachtet wird aber weiterhin die umfassendere Bezeichnung „Kovarianzmatrix" für $V_x(t)$ beibehalten.

Durch Differentiation nach der Zeit ergibt sich aus (12.9)

$$\dot{V}_x(t) = \mathscr{E}\{\dot{x}(e; t) \cdot x^{\mathrm{T}}(e; t)\} + \mathscr{E}\{x(e; t) \cdot \dot{x}^{\mathrm{T}}(e; t)\} \, ,$$

und das Ersetzen der ersten Ableitung durch die rechte Seite der Zustandsgleichung (12.1) führt auf den folgenden Grundtyp der Entwicklungsdifferentialgleichung für die Kovarianzmatrix:

$$\dot{V}_x(t) = A(t)V_x(t) + V_x(t)A^{\mathrm{T}}(t) + G(t)V_{zx}(t) + V_{xz}(t)G^{\mathrm{T}}(t) \, . \tag{12.10}$$

In Abschn. 9.4.2 wurde gezeigt, daß sich für weißes Eingangsrauschen die Summe der beiden letzten Terme von (12.10) folgendermaßen umformen läßt (s. Gl. 9.18):

$$G(t)V_{zx}(t) + V_{xz}(t)G^{\mathrm{T}}(t) = G(t)\boldsymbol{\Psi}_z(t)G^{\mathrm{T}}(t) \, ,$$

und damit ergibt sich die endgültige Form der Entwicklungsgleichung für die Kovarianz des Zustandsvektors bei Systemanregung mit instationärem weißen Rauschen:

$$\dot{V}_x(t) = A(t)V_x(t) + V_x(t)A^{\mathrm{T}}(t) + G(t)\boldsymbol{\Psi}_z(t)G^{\mathrm{T}}(t) \, ; \tag{12.11}$$

aus später ersichtlichen Gründen (Abschn. 17.3.2) wird sie wegen ihrer Linearität in V_x auch „degenerierte Riccati-Gleichung" genannt.

Wenn ein durch ein mittelwertfreies weißes Geräusch $w(t)$ angeregtes *skalares* System vorliegt, beschrieben durch die Zustandsgleichung

$$\dot{x}(t) = a \cdot x(t) + g \cdot w(t) \quad \text{mit } a < 0, \quad \boldsymbol{\Psi}_w = s_0 \, ,$$

dann vereinfacht sich die Entwicklungsgleichung (12.11) zu

$$\dot{V}_x(t) = 2a \cdot V_x(t) + g^2 s_0 \qquad (12.11a)$$

mit der Lösung

$$V_x(t) = \frac{g^2 s_0}{2a} \cdot (e^{2at} - 1)$$

für den Anfangswert $V_x(0) = 0$.

Beispiel 1:

Zu dem Turbulenzspektrum von Abschn. 11.4.2 gehört die Zustandsbeschreibung

$$\dot{x}(t) = \begin{bmatrix} 0 & 1 \\ -\dfrac{1}{T^2} & -\dfrac{2}{T} \end{bmatrix} \cdot x(t) + \begin{bmatrix} 0 \\ 1 \end{bmatrix} \cdot w(t), \quad \Psi_w = \Psi_0 \,,$$

$$y(t) = \begin{bmatrix} \dfrac{1}{T^2} & \dfrac{\sqrt{3}}{T} \end{bmatrix} \cdot x(t) \,.$$

Führt man die Kovarianzmatrix mit ihren Elementen

$$V_x = \begin{bmatrix} v_{11} & v_{12} \\ v_{21} & v_{22} \end{bmatrix}$$

ein, so erhält man für den stationären Fall das folgende Gleichungssystem zur Berechnung der Matrixelemente:

$$2v_{12} = 0 \,,$$

$$\frac{1}{T^2} v_{11} + \frac{2}{T} v_{12} - v_{22} = 0 \,,$$

$$\frac{2}{T^2} v_{12} + \frac{4}{T} v_{22} - T\Psi_0 = 0 \,.$$

Mit den Lösungen

$$v_{11} = \frac{1}{4} T^4 \Psi_0, \qquad v_{12} = 0, \qquad v_{22} = \frac{1}{4} T^2 \Psi_0$$

ergibt sich die Kovarianzmatrix des Zustandsvektors stationär zu

$$V_x = \frac{1}{4} T^2 \Psi_0 \cdot \begin{bmatrix} T^2 & 0 \\ 0 & 1 \end{bmatrix},$$

und über die Ausgangsgleichung erhält man das skalare Ergebnis

$$V_y = c^T V_x c = \Psi_0 \,.$$

Beispiel 2:

Gegeben ist das skalare System erster Ordnung durch die Differentialgleichung

$$T \cdot \dot{x}(e; t) + x(e; t) = w(e; t)$$

mit dem weißen Eingangsrauschen $w(e; t)$, charakterisiert durch

$$\phi_w(\tau) = \pi S_0 \cdot \delta(\tau), \quad \mu_w = 0 \ .$$

Dabei wurde die Prozeßschreibweise mit der Variablen e gewählt, weil eine Erwartungswertbildung vorzunehmen ist: Gesucht ist die Entwicklungsgleichung für den quadratischen Mittelwert

$$\mathscr{E}\{x^2(e; t)\} = q(t)$$

sowie deren Lösung für den Anfangswert $q(0) = 0$. Hierzu wird eine vom Bisherigen abweichende Vorgehensweise gezeigt, die von dem Ansatz

$$\frac{\mathrm{d}}{\mathrm{d}t} x^2(e; t) = 2 \cdot x(e; t) \cdot \dot{x}(e; t)$$

ausgeht; mit der Systemdifferentialgleichung findet man sofort

$$\frac{\mathrm{d}}{\mathrm{d}t} x^2(e; t) = \frac{2}{T} \cdot [x(e; t) \cdot w(e; t) - x^2(e; t)] \ .$$

Bildet man auf beiden Seiten den Erwartungswert bezüglich e, so erhält man nach leichter Umstellung die Differentialgleichung

$$\frac{T}{2} \dot{q}(t) + q(t) = \phi_{xw}(0) \ .$$

Die rechte Seite kann man weiter auswerten, wenn man die Beziehung (9.37) für $\tau = 0$ anschreibt:

$$\phi_{xw}(0) = \int_0^\infty h(t) \cdot \phi_w(t)\,\mathrm{d}t \ ,$$

und mit der Impulsantwort des Systems

$$h(t) = \frac{1}{T} \cdot \mathrm{e}^{-t/T} \cdot 1(t)$$

und der gegebenen Autokorrelationsfunktion ϕ_w wird

$$\phi_{xw}(0) = \frac{\pi S_0}{T} \cdot \int_0^\infty \mathrm{e}^{-t/T} \cdot \delta(t)\,\mathrm{d}t = \frac{\pi S_0}{2T} \ .$$

Damit lautet die Entwicklungsdifferentialgleichung für den quadratischen Mittelwert:

$$\frac{T}{2} \dot{q}(t) + q(t) = \frac{\pi S_0}{2T}$$

mit der Lösung unter Berücksichtigung des Anfangswertes $q(0) = 0$:

$$q(t) = \frac{\pi S_0}{2T} \cdot (1 - \mathrm{e}^{-2t/T}) \ .$$

Man vergleiche dieses Ergebnis mit dem allgemeinen skalaren Fall der Entwicklungsgleichung (12.11a) und ihrer Lösung.

12.4 Erweiterung des Zustandsvektors

Gegeben sei die Zustandsbeschreibung

$$\dot{x}(e; t) = Ax(e; t) + Gz(e; t)$$

$$y(e; t) = Cx(e; t) \,,$$

wobei neben der Zeitinvarianz des Systems noch Stationarität der beteiligten Prozesse vorausgesetzt ist. Wird der Ausgangsprozeß $y(e; t)$ einmal über t integriert, so entsteht der *instationäre* Prozeß

$$w(e; t) = \int\limits_0^t Cx(e; u)\,du \,,$$

und die Zustandsdifferentialgleichung wird ergänzt durch

$$\dot{w}(e; t) = Cx(e; t) \,.$$

Man findet zunächst mit Hilfe der in Abschn. 11.5 eingeführten Erweiterung des Zustandsvektors die Darstellung

$$\begin{bmatrix} \dot{x}(e; t) \\ \dot{w}(e; t) \end{bmatrix} = \begin{bmatrix} A & 0 \\ C & 0 \end{bmatrix} \cdot \begin{bmatrix} x(e; t) \\ w(e; t) \end{bmatrix} + \begin{bmatrix} G \\ 0 \end{bmatrix} \cdot z(e; t) \,. \tag{12.12}$$

Führt man zu den beiden Blockmatrizen

$$A^0 = \begin{bmatrix} A & 0 \\ C & 0 \end{bmatrix}, \qquad G^0 = \begin{bmatrix} G \\ 0 \end{bmatrix}$$

die Kovarianzmatrix mit den Elementen

$$V^0 = \begin{bmatrix} V_x^0 & V_{xw}^0 \\ V_{wx}^0 & V_w^0 \end{bmatrix} \tag{12.13}$$

ein, so gelten für die Elementmatrizen die folgenden Entwicklungsgleichungen:

$$\dot{V}_x^0(t) = AV_x^0(t) + V_x^0(t)A^T + G\Psi_z G^T \tag{12.14}$$

$$\dot{V}_{xw}^0(t) = AV_{xw}^0(t) + V_x^0(t)C^T \,, \tag{12.15}$$

$$\dot{V}_w^0(t) = CV_{xw}^0(t) + V_{wx}^0(t)C^T \,. \tag{12.16}$$

Für stabile Systeme folgt aus Gl. (12.14) im eingeschwungenen Zustand:

$$AV_x^0(\infty) + V_x^0(\infty)A^T + G\Psi_z G^T = 0 \,, \tag{12.17}$$

also ein lineares Gleichungssystem für die Elemente der Kovarianzmatrix $V_x^0(\infty)$. Aus Gl. (12.15) ergibt sich für den eingeschwungenen Zustand der

Zusammenhang

$$V_{xw}^0(\infty) = - A^{-1} V_x^0(\infty) C^T , \qquad (12.18)$$

während Gl. (12.16) nicht zu einem stationären Ruhezustand führen kann, weil $w(e; t)$ nach Konstruktion ein instationäres Geräusch repräsentiert; vielmehr wird mit Gl. (12.18) für sehr große t das *asymptotische* Verhalten beschrieben durch

$$\dot{V}_w^0(t) \approx - C \cdot [A^{-1} V_x^0(\infty) + V_x^0(\infty) \cdot (A^T)^{-1}] \cdot C^T . \qquad (12.19)$$

Diese Beziehung wird für die anschließenden Überlegungen mit einem Gleichheitszeichen geschrieben, wobei ein interessanter Zusammenhang mit dem Formfilterproblem hergestellt wird [22].

Zunächst kann man den Matrizenausdruck in eckigen Klammern umformen, indem man den zugehörigen stationären Zusammenhang (12.17) umschreibt:

$$V_x^0(\infty) A^T + A V_x^0(\infty) = - G \Psi_z G^T .$$

Durch Linksmultiplizieren mit A^{-1} und Rechtsmultiplizieren mit $(A^T)^{-1}$ geht sie über in

$$A^{-1} V_x^0(\infty) + V_x^0(\infty) \cdot (A^T)^{-1} = - A^{-1} G \Psi_z G^T \cdot (A^T)^{-1} ,$$

und damit geht die asymptotisch geltende Differentialgleichung (12.19) über in

$$\dot{V}_w^0(t) = C \cdot [A^{-1} G \Psi_z G^T \cdot (A^T)^{-1}] \cdot C^T .$$

Der *Zusammenhang mit dem Formfilterproblem* kommt auf folgende Weise zustande: Zu dem vorgegebenen System gehört die Übertragungsmatrix für $\mathrm{Re}(s) = 0$:

$$F(j\omega) = C(j\omega I - A)^{-1} G ,$$

also ergibt sich das Wirkleistungsspektrum am Ausgang des zugehörigen Formfilters entsprechend Gl. (10.18) mit der Ausgangsmatrix C zu

$$S_y(\omega) = F(j\omega) \, \Psi_z F^T(- j\omega)$$

$$= C[(j\omega I - A)^{-1} G \Psi_z G^T (- j\omega I - A^T)^{-1}] C^T .$$

Daraus folgt für $\omega = 0$:

$$S_y(0) = C[A^{-1} G \Psi_z G^T (A^T)^{-1}] C^T ,$$

und an der Beziehung in der nun angebbaren Form

$$\dot{V}_w^0(t) \approx S_y(0)$$

erkennt man, daß allein der Nullwert der spektralen Leistungsdichte S_y asymptotisch für hinreichend große t die zeitliche Änderung der Kovarianz V_w^0 bestimmt.

13 Markov-Prozesse, statistische Modellierung und Ausbreitungsvorgänge

13.1 Vorbemerkungen

In den Abschnitten 5.3 und 5.4 wurde bereits dargelegt, daß man den allgemeinen Prozeßbegriff erheblich einschränken muß, wenn man eine Beschreibung mit handhabbaren analytischen Hilfsmitteln anstrebt. Dies führte zunächst zu der Unterklasse der schon in der statistischen Thermodynamik bedeutsamen ergodischen Prozesse, womit auch die Stationarität sichergestellt ist.

Die Verknüpfung der Kennfunktionen wie Korrelationsfunktionen und Leistungsdichtespektren mit Impulsantworten und Frequenzgangfunktionen von Systemen führt zu dem in sich abgeschlossenen Gebiet einer Systemtheorie für stochastische Prozesse, deren verallgemeinerte Aussagen für zeitvariante Systeme und instationäre Prozesse im Prinzip bekannt sind, aber nur mit Vorbehalt zu analytisch auswertbaren Zusammenhängen führen. Der Sinn solcher Zusammenhänge besteht jedoch zumindest darin, daß sie von Fall zu Fall beschreiben, nach welchem Grundschema Filter oder andere technische Einrichtungen zeitvariantes Systemverhalten simulieren bzw. die direkte Eingabe und Verarbeitung instationärer Signale – beispielsweise bei dem praktischen Einsatz von Kalmanfiltern – ermöglichen.

Stationäre Prozesse, deren zukünftiger Verlauf von Anfangswerten und von der Vergangenheit abhängt, haben eine Zeitlang der angestrebten Vereinigung von Dynamik und Statistik hemmend im Wege gestanden, denn von den Denk- und Modellansätzen her handelte es sich herkömmlich um eine Statistik zur Beschreibung von Gleichgewichtszuständen.

Das dynamische Verhalten eines „im Großen" deterministischen Systems andererseits hängt bei bekannter Gesetzmäßigkeit der Dynamik nur noch von den Anfangsbedingungen ab, nicht von dem Systemverhalten in der Vergangenheit.

Es gibt jedoch eine andere große Gruppe stochastischer Prozesse, deren künftiger Verlauf *nur von einem Anfangszustand* abhängt, und nicht von der Vergangenheit: Dies sind die Markov-Prozesse, die sich geradezu als begriffliche Übergänge zur modernen, weitgehend statistischen Beschreibung physikalischer Vorgänge anbieten. Die aufgrund einer außerordentlich komplexen Mikrostruktur des Phasenraums nicht beliebig genau angebbaren Anfangszustände von Systemen haben zur Folge, daß trotz bekannter deterministischer Entwicklungsgesetze der künftige Zustand der Systeme nur durch Angabe von

Zustandswahrscheinlichkeiten beschreibbar ist. Wenn diese Wahrscheinlichkeiten nicht von den Systemzuständen der Vergangenheit, d.h. vor der „möglichst genauen" – aber eben nicht beliebig genauen – Festlegung der Anfangszustände abhängen, dann spricht man von „Prozessen ohne Nachwirkung" (nämlich der Vergangenheit), und genau diese sind Markov-Prozesse, die wegen ihrer Beschreibbarkeit allein durch Anfangszustände und ein *zeitlich gerichtetes Entwicklungsgesetz* eine gewisse Vergleichbarkeit mit dynamischen Systemen ermöglichen.

Mit Problemen dieser Art haben sich zu Beginn unseres Jahrhunderts mehrere hervorragende Physiker befaßt, um die bekannten Erscheinungen wie Diffusion, Wärmeleitung und chemische Reaktionen mit Hilfe der Theorie stochastischer Prozesse aufgrund möglichst einfacher Modellvorstellungen im Mikrobereich auf angemessenere Weise zu beschreiben. Das Ergebnis bestand in den statistisch modellierten *Ausbreitungsvorgängen der Physik*; eine historisch bedeutsame Auswahl dieser grundlegenden Arbeiten findet man bei N. Wax [16].

Der begriffliche Anschluß an die Terminologie der Dynamik wird in den nachstehenden Ausführungen durch zwei physikalische Umschreibungen des allgemeinen Wahrscheinlichkeitsbegriffs hergestellt: Die „Aufenthaltswahrscheinlichkeit", die der statistischen Kennzeichnung von Ortskoordinaten (bzw. von Zuständen) dient, und die „Übergangswahrscheinlichkeit", die offensichtlich zeitlich gerichtete Entwicklungen erfaßt. An dieser Stelle werden folgende allgemeinen Zusammenhänge deutlich:

● Die in Abschn. 12.2 und 12.3 hergeleiteten Differentialgleichungen beschreiben die dynamische Entwicklung des linearen Mittelwertes und der Varianz in Abhängigkeit von der Zeit, daher der Sammelbegriff „Entwicklungsgleichungen".

● Mit dem genannten Paar von Wahrscheinlichkeiten werden nunmehr insgesamt drei unabhängige Veränderliche eingeführt:

a) Die *Elementarergebnisse e*, entscheidend für die Erwartungswertbildungen,
b) die *Zeit t*, entscheidend für die dynamischen Entwicklungen von Systemen und statistischen Kennfunktionen,
c) mindestens eine *Ortskoordinate* als zusätzliche Variable zur Beschreibung von Ausbreitungsvorgängen.

Eine Konsequenz daraus ist der Übergang von gewöhnlichen Differentialgleichungen für die Beschreibung dynamischer Entwicklungen in der Zeit zu partiellen Differentialgleichungen zur Beschreibung von Ausbreitungsvorgängen wie Wärmeleitung und Diffusion in Raum und Zeit. Derartige Differentialgleichungen waren natürlich aufgrund deterministischer Modellvorstellungen über die genannten Phänomene schon bekannt; sie sind von erster Ordnung bezüglich der Zeit und von höchstens zweiter Ordnung bezüglich der Ortskoordinaten.

Die folgenden Abschnitte befassen sich mit statistischen Modellierungen für die gleichen Phänomene, wobei sich – was nicht unbedingt selbstverständlich zu sein braucht – die gleichen Grundtypen von Ausbreitungsgleichungen ergeben. Hier wird ein wesentlicher physikalischer Aspekt deutlich: Nicht allein der mathematische Typ einer Differentialgleichung bestimmt ein dynamisches Geschehen, sondern auch die Festlegung der Koeffizienten, die Vorstellung über die Bedeutung der verschiedenen Parameter; genau hier liegt letztlich der Unterschied zwischen deterministischer und statistischer Modellierung und die Antwort auf die Frage, welche Grundvorstellungen den Phänomenen am besten angemessen sind. Auch hier gilt die grundlegende Einsicht: Modelle und die zugehörigen Gleichungen *erklären nicht* die Phänomene, sie *beschreiben* sie lediglich.

Zur Vorbereitung werden im nächsten Abschnitt die wichtigsten Grundlagen zum Arbeiten mit Markov-Prozessen zusammengestellt.

13.2 Definition des Markov-Prozesses

Wenn die bedingte Verteilungsdichtefunktion eines diskreten Prozesses $x^*(e; t_k) \equiv x^*(e; k)$ die Form

$$p_{x^*}[u(k) \,|\, u(k-1); u(k-2), \ldots, u(0)] = p_{x^*}[u(k) \,|\, u(k-1)] \qquad (13.1)$$

hat, dann hängt die Wahrscheinlichkeit für das Eintreten des Ereignisses $x^* = u(k)$ nur von dem unmittelbar vorhergehenden Ereignis $x^* = u(k-1)$ ab, nicht von den weiter zurückliegenden Ereignissen. Diese Markov-Egenschaft steht vom Konzept her in einer Rollenanalogie zu der Zustandsbeschreibung eines dynamischen Systems mit gegebenen Anfangsbedingungen und zeitlich gerichteter Entwicklung.

Damit sind Markov-Prozesse identifizierbar mit den Ausgangsprozessen linearer zeitinvarianter Formfilter (vgl. Abschn. 11), die mit einem weißen Gauß-verteilten Geräusch angeregt werden: Dieser Zusammenhang hat zu der Bezeichnung „Gauß-Markov-Prozesse" geführt und bedeutet, daß im Rahmen der Verknüpfung von stochastischen Prozessen mit (linearen zeitinvarianten) Systemen die in Bild 13.1 gezeigten Zuordnungen mathematisch behandelt werden.

Der analytisch formulierbare Zusammenhang zwischen einem vektoriellen Markov-Prozeß $x^*(e; k)$ und einem diskreten zeitinvarianten linearen System

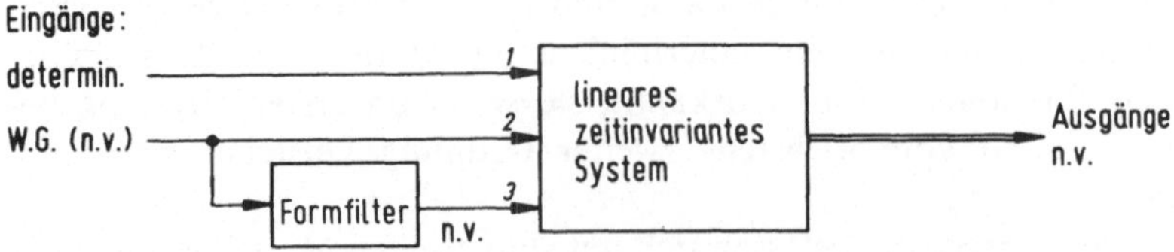

Bild 13.1. Lineares zeitinvariantes System und mögliche Eingangssignale

besteht in Gestalt der Differenzengleichung

$$x^*(e; k + 1) = A^* x^*(e; k) + G^* w^*(e; k) \,, \qquad (13.2)$$

wobei $w^*(e; k)$ ein vektorieller weißer Prozeß mit einer Gauß-Verteilung ist und $x^*(e; k)$ ein vektorieller Markov-Prozeß erster Ordnung; die zugehörige Blockdarstellung zeigt Bild 13.2 für den Fall einer skalaren Eingangsfolge.

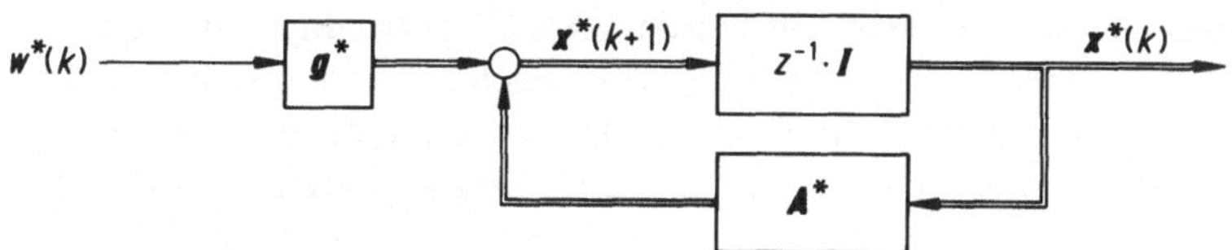

Bild 13.2. Grundstruktur der Zustandsdarstellung eines zeitdiskreten linearen Systems mit einer skalaren Eingangsfolge

Nach den in den Abschn. 12.2 und 12.3 ausführlich dargelegten Verfahren findet man durch Erwartungswertbildung die wichtigsten allgemeinen statistischen Eigenschaften von Markov-Prozessen, ausgehend von Gl. (13.2) in Gestalt der Entwicklungsgleichungen

● für den linearen Mittelwert:

$$\mu_x^*(k + 1) = A^* \mu_x^*(k) + G^* \mu_w^*(k) \qquad (13.3)$$

● für die Kovarianzmatrix:

$$V_x^*(k + 1) = A^* V_x^*(k) A^{*\mathrm{T}} + G^* \Psi_w^* G^{*\mathrm{T}} \,. \qquad (13.4)$$

Zusammenfassend läßt sich festhalten, daß sich ein Gauß-verteiltes stationäres weißes Geräusch über ein zeitinvariantes lineares System in ein Geräusch mit Markov-Eigenschaften verformen läßt. Hierauf beruht ein auf Einstein und Langevin zurückgehender klassischer Ansatz zur Beschreibung der Brownschen Molekularbewegung durch eine Differentialgleichung 1. Ordnung, die sogenannte Langevin-Gleichung [16]; hieran haben Uhlenbeck und Ornstein mit der Herleitung statistischer Kennfunktionen der Brownschen Bewegung angeknüpft, ebenfalls nachzulesen in der Zusammenstellung klassischer Arbeiten in [16].

13.3 Wahrscheinlichkeitsbegriffe zu den Ausbreitungsgleichungen

Auf eine wichtige – wenn auch fast selbstverständliche – Eigenschaft des Wahrscheinlichkeitsbegriffs hat v. Weizsäcker [2] hingewiesen: Im Bereich physikalischer und allgemein naturwissenschaftlicher Phänomene gibt es immer nur *bedingte* Wahrscheinlichkeiten, obgleich diese einschränkende Bezeichnung formal für die in Abschn. 4.5 behandelten Wahrscheinlichkeiten reserviert ist. Die Rechtfertigung dafür ist in der Tatsache zu sehen, daß dabei die jeweiligen Bedingungen unmittelbar in die analytische Form der Verteilungsgesetze eingehen, während sie ansonsten nur in Gestalt von Voraussetzungen oder zusätzlichen Systembeschreibungen formuliert werden.

Vor diesem allgemeinen Hintergrund werden für die Modellbildungen auf statistischer Grundlage zwei wichtige, am Phänomen orientierte Begriffe benötigt, die schon einmal kurz erwähnt wurden. Als Orientierungshilfe diene die Lokalisation von Teilchen nach Bild 13.3. Ein Teilchen befinde sich mit einer gewissen Wahrscheinlichkeit w_0 am Ort x_0 (allgemeiner: in einem Zustand $\boldsymbol{x}_0$), mit anderen Wahrscheinlichkeiten w_i an Orten x_i: Hier kommen die erwähnten „Aufenthaltswahrscheinlichkeiten" w_i ins Spiel. Unter dem Einfluß äußerer Kräfte (statistische Kollisionen mit anderen Teilchen, allgemeine Wärmebewegung) wird ein Teilchen zur Zeit t an einen Ort x gelangen, aber nicht mit determinierter Sicherheit, sondern aufgrund des sehr komplexen Gesamtgeschehens nur statistisch beschreibbar durch eine „Übergangswahrscheinlichkeit", analytisch gekennzeichnet durch die bedingte Verteilungsdichtefunktion

$$p_{x|x_0}(u, t \,|\, x_0, t_0), \text{ abkürzend geschrieben als } p(x, t \,|\, x_0, t_0) \tag{13.5}$$

und zu verstehen als die Wahrscheinlichkeit dafür, daß sich das Teilchen zum Zeitpunkt t am Ort x befindet unter der einzigen Bedingung, daß es sich zum Zeitpunkt $t_0 < t$ am Ort x_0 befunden hat. Das Teilchen hält sich aber in den Positionen x_i zu den angegebenen Zeiten nicht mit Sicherheit auf, sondern nur mit je einer gewissen Wahrscheinlichkeit, die wir zur Unterscheidung von p mit dem Symbol w bezeichnen.

Eine Folge solcher elementarer Teilchenbewegungen durch die Angabe von Wahrscheinlichkeiten für eine Sequenz Aufenthalt – Übergang – Aufenthalt – Übergang – ... wird offenbar beschrieben durch eine „Kette" vom Markovschen Typ, weil die jeweils neue Position nur durch den Übergang vom jeweils vorhergehenden Aufenthaltsort (mit einer gewissen Wahrscheinlichkeit) bestimmt wird; die weiter zurückliegende Vergangenheit ist „ohne Nachwirkung" auf die künftigen Positionen. Dieses *stochastische Grundmodell* zeigt deutliche Parallelen zur klassischen Dynamik.

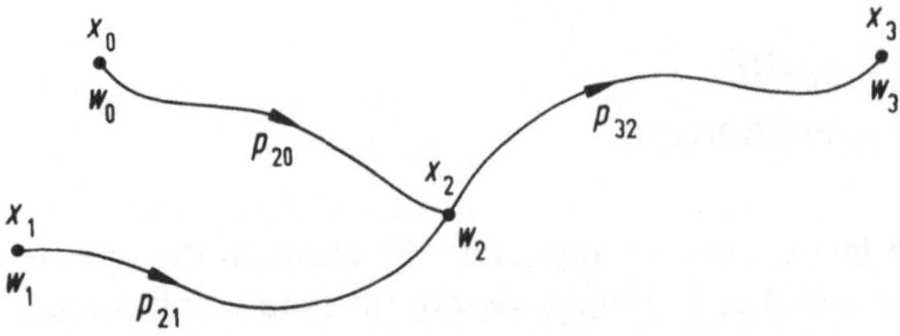

Bild 13.3. Zur Beschreibung von Teilchenbewegungen durch Aufenthalts – und Übergangswahrscheinlichkeiten

13.4 Allgemeine Eigenschaften der Verteilungen von Markov-Prozessen

Die Wahrscheinlichkeit, daß sich ein Teilchen zu den Zeitpunkten $t_1 \ldots t_n$ an den Orten $x_1 \ldots x_n$ befindet, ist zunächst gegeben durch eine Verteilungsdichtefunktion der allgemeinen Form

$$w_n(x_n, t_n; x_{n-1}, t_{n-1}; \ldots; x_1, t_1) \, . \tag{13.6}$$

Die Wahrscheinlichkeit, das Teilchen zum Zeitpunkt t_n am Ort x_n vorzufinden unter der Bedingung, daß es sich zu den zurückliegenden Zeitpunkten $t_{n-1}, t_{n-2}, \ldots, t_1$ an den Orten $x_{n-1}, x_{n-2}, \ldots, x_1$ aufgehalten hat, wird nach den allgemeinen Regeln über bedingte Verteilungsdichtefunktionen gegeben durch

$$w_{\text{bed}}(x_n, t_n \,|\, x_{n-1}, t_{n-1}, \ldots, x_1, t_1) = \frac{w_n(x_n, t_n; \ldots, x_1, t_1)}{w_{n-1}(x_{n-1}, t_{n-1}; \ldots, x_1, t_1)} \, . \tag{13.7}$$

Da wir für die Modellierung von Transportvorgängen aus den anfangs erläuterten Gründen Markov-Prozesse ansetzen, hängt die Aufenthaltswahrscheinlichkeit für (x_n, t_n) nur von der Wahrscheinlichkeit für den unmittelbar vorhergehenden Ort (x_{n-1}, t_{n-1}) ab. Man kann nun die mit Gl. (13.6) eingeführte Aufenthaltswahrscheinlichkeit schrittweise aufbauen durch eine Folge von Übergangen aus Zwischenpositionen (x_i, t_i). Ausgehend von der Wahrscheinlichkeit $w_1(x_1, t_1)$, daß sich das Teilchen zum Anfangszeitpunkt t_1 am Ort x_1 aufgehalten hat, erhält man für die Aufenthaltswahrscheinlichkeit für (x_2, t_2) unter Beachtung von (13.5) für den ersten Schritt in leicht vereinfachter Schreibweise:

$$w_2 = p(x_2, t_2 \,|\, x_1, t_1) \cdot w_1 \quad \text{und weiterführend} \tag{13.8}$$

$$w_3 = p(x_3, t_3 \,|\, x_2, t_2) \cdot w_2 = p(x_3, t_3 \,|\, x_2, t_2) \cdot p(x_2, t_2 \,|\, x_1, t_1) \cdot w_1$$

$$\vdots$$

$$w_n = p(x_n, t_n \,|\, x_{n-1}, t_{n-1}) \cdot \ldots \cdot p(x_2, t_2 \,|\, x_1, t_1) \cdot w_1 \, . \tag{13.9}$$

Damit wird die Anfangsposition x_1 durch das Produkt der Übergangswahrscheinlichkeiten in die n-te Position übergeführt.

Es ist nützlich festzuhalten, daß „w" und „p" aus dem gleichen Wahrscheinlichkeitsbegriff entwickelt wurden und daß diese unterschiedliche Symbolik nur den unterschiedlichen physikalischen Bedeutungen Rechnung trägt.

Wir lösen uns nun los von der Vorstellung der Teilchenbewegung und knüpfen etwas allgemeiner an die Zuordnungen von Bild 13.4 an: Ein System befinde sich zum Zeitpunkt t_k mit den Wahrscheinlichkeiten $w_1(k), \ldots, w_j(k), \ldots$, $w_n(k)$ in den Zuständen $x_1(k), \ldots, x_j(k), \ldots x_n(k)$. Die Wahrscheinlichkeit, daß es sich zum folgenden Zeitpunkt im Zustand $x_i(k+1)$ befindet, ist gegeben

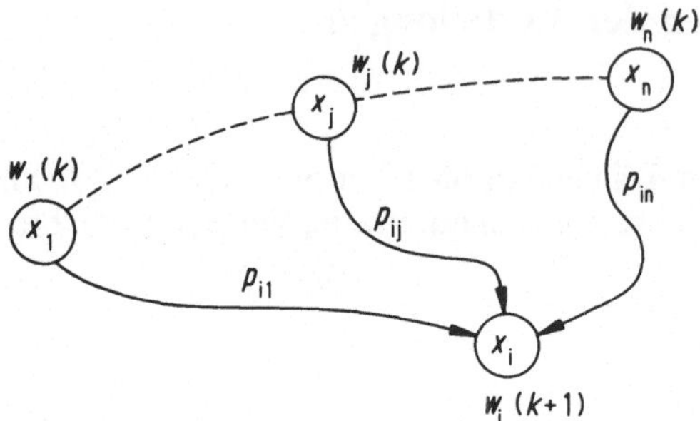

Bild 13.4. Zur diskreten Systembeschreibung durch Wahrscheinlichkeiten

durch die Summe

$$w_i(k + 1) = \sum_{j=1}^{n} p_{ij} \cdot w_j(k) \qquad (13.10)$$

mit den Übergangswahrscheinlichkeiten

$$p_{ij} := W_b[\text{Zustand } x_i \mid \text{Zustand } x_j] \qquad (13.11)$$

als bedingte Wahrscheinlichkeiten für die Übergänge $j \to i$.

13.5 Vektorielle Verallgemeinerung

Es gebe n Zustände mit den Wahrscheinlichkeiten $w_1(k), w_2(k), \ldots, w_n(k)$ zum Zeitpunkt t_k, zusammengefaßt in dem Spaltenvektor

$$w(k) = [w_1(k), w_2(k), \ldots, w_n(k)]^T .$$

Die folgende Stufe, gekennzeichnet durch den Vektor $w(k + 1)$, ergibt sich aus dem Zusammenhang

$$w(k + 1) = Pw(k) \qquad (13.12)$$

mit der (n, n)-*Übergangsmatrix*

$$P = \begin{bmatrix} p_{11} & p_{12} \cdots & p_{1n} \\ \vdots & & \vdots \\ p_{n1} & p_{n2} \cdots & p_{nn} \end{bmatrix} . \qquad (13.13)$$

Ihre Elemente sind skalare Übergangswahrscheinlichkeiten gemäß der Definition (13.11), d.h.

$$p_{ij} \mathrel{\hat=} \text{Übergang } j \to i$$

mit folgenden Eigenschaften:

- $0 \leq p_{ij} \leq 1$

- $\displaystyle\sum_{i=1}^{n} p_{ij} = p_{1j} + p_{2j} + \ldots + p_{nj} = 1, \quad j = 1, 2, \ldots, n$

  d.h. in jeder Spalte ist die Summe der Übergangswahrscheinlichkeiten gleich 1.

Für einen r-stufigen homogenen Markov-Prozeß mit gegebener Anfangswahrscheinlichkeit $w(0)$ wird

$$w(1) = P \cdot w(0)$$

$$w(2) = P \cdot w(1) = P^2 \cdot w(0)$$

$$\vdots$$

$$w(r) = P \cdot w(r-1) = P^2 \cdot w(r-2) = \ldots = P^r \cdot w(0) . \tag{13.14}$$

Beispiel:

Aus drei Zuständen x_1, x_2, x_3 zum Zeitpunkt t_k mit den Wahrscheinlichkeiten $w_1(k), w_2(k), w_3(k)$ soll der nächste Schritt, charakterisiert durch $w_1(k+1), w_2(k+1), w_3(k+1)$ bei gegebener Übertragungsmatrix

$$P = \begin{bmatrix} 0 & 0{,}4 & 0{,}3 \\ 0{,}2 & 0{,}5 & 0 \\ 0{,}8 & 0{,}1 & 0{,}7 \end{bmatrix}$$

angegeben und durch einen Graphen veranschaulicht werden. Der vektorielle Zusammenhang lautet

$$\begin{bmatrix} w_1(k+1) \\ w_2(k+1) \\ w_3(k+1) \end{bmatrix} = \begin{bmatrix} 0 & 0{,}4 & 0{,}3 \\ 0{,}2 & 0{,}5 & 0 \\ 0{,}8 & 0{,}1 & 0{,}7 \end{bmatrix} \cdot \begin{bmatrix} w_1(k) \\ w_2(k) \\ w_3(k) \end{bmatrix} .$$

An der ersten Zeile der Matrix P liest man folgendes ab:

- Das System verbleibt mit der Übergangswahrscheinlichkeit $p_{11} = 0$ im Zustand x_1.
- Das System geht mit der Übergangswahrscheinlichkeit $p_{12} = 0{,}4$ vom Zustand x_2 über in den Zustand x_1.
- Das System geht mit der Übergangswahrscheinlichkeit $p_{13} = 0{,}3$ vom Zustand x_3 über in den Zustand x_1.

Bild 13.5 zeigt den vollständigen Graphen mit allen durch die Matrix P vorgegebenen Übergangswahrscheinlichkeiten.

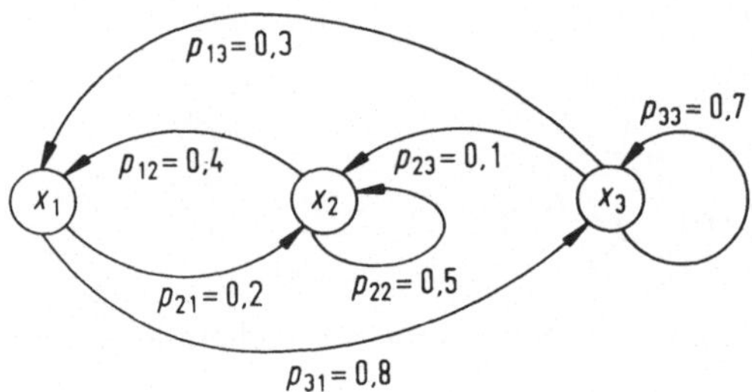

Bild 13.5. Graph zur Veranschaulichung der Übergangswahrscheinlichkeiten des Beispiels

Die Zurückführung auf die Anfangswahrscheinlichkeit $w(0)$ nach Gl. (13.14) wird für zwei Stufen berechnet:

$$w(2) = P^2 \cdot w(0)$$

$$= \begin{bmatrix} 0,32 & 0,23 & 0,21 \\ 0,1 & 0,33 & 0,6 \\ 0,58 & 0,44 & 0,73 \end{bmatrix} \cdot w(0) \, ,$$

$$w(3) = P^3 \cdot w(0)$$

$$= \begin{bmatrix} 0,214 & 0,264 & 0,243 \\ 0,114 & 0,211 & 0,072 \\ 0,672 & 0,525 & 0,685 \end{bmatrix} \cdot w(0) \, .$$

Man überzeugt sich leicht davon, daß in allen Spalten die Summe der p_{ij} gleich 1 ist.

Die hiermit eingeführten elementaren Markov-Übergänge bilden die Grundlage für die statistische Modellierung physikalischer Transportvorgänge wie Diffusion, Wärmeleitung und Ladungstransport.

13.6　Die Gleichung von Smoluchowski

Wenn man eine Folge von zwei Markov-Übergängen näher untersucht, so zeigt sich eine weitere Eigenschaft der Übergangswahrscheinlichkeiten, die von fundamentaler Bedeutung für die Herleitung der verschiedenen Ausbreitungsgleichungen ist.

Gegeben sei ein Markov-Prozeß mit der Anfangsbedingung $x(t_0) = x_0$ und den Wahrscheinlichkeiten für die Folge zweier Übergänge:

- $(x_0, t_0) \rightarrow (x_1, t_1)$　mit $p_2(x_1, t_1 \mid x_0, t_0)$ und

- $(x_1, t_1) \rightarrow (x, t)$　mit $p_2(x, t \mid x_1, t_1)$, wobei $t_0 < t_1 < t$ gelte. Gesucht ist für den Übergang $(x_0, t_0) \to (x, t)$ die zugehörige Übergangswahrscheinlichkeit $p_2(x, t \,|\, x_0, t_0)$. Die Übergangsfolge $(x_0, t_0) \to (x_1, t_1) \to (x, t)$ wird entsprechend durch eine dreidimensionale bedingte Wahrscheinlichkeit gemäß der Funktion $p_3(x, t \,|\, x_1, t_1; x_0, t_0)$ beschrieben, die im allgemeinen nicht gegeben ist. Bei der folgenden Herleitung der Gleichung von Smoluchowski gilt die *schreibtechnische Vereinbarung*

$$p_{x_n|x_m}(u_n, t_n \,|\, u_m, t_m) \equiv p(u_n \,|\, u_m) \,.$$

Ausgangspunkt ist die Beziehung zwischen bedingten Verteilungsdichtefunktionen und Verbundverteilungsdichtefunktionen,

$$p(u \,|\, u_1, u_0) = \frac{p(u, u_1, u_0)}{p(u_1, u_0)} \,,$$

umgeschrieben in die Form

$$p(u, u_1, u_0) = p(u \,|\, u_1, u_0) \cdot p(u_1, u_0)$$
$$= p(u \,|\, u_1, u_0) \cdot p(u_1 \,|\, u_0) \cdot p(u_0)$$

für die oben angesetzte Übergangsfolge als Markov-Kette. Durch Integration über u_1 erhält man daraus

$$p(u, u_0) = \int\limits_{-\infty}^{+\infty} p(u \,|\, u_1, u_0) \cdot p(u_1 \,|\, u_0) \, du_1 \cdot p(u_0) \,.$$

Berücksichtigt man den Zusammenhang

$$p(u, u_0) = p(u \,|\, u_0) \cdot p(u_0) \,,$$

so erhält man die bedingte Verteilungsdichtefunktion

$$p(u \,|\, u_0) = \int\limits_{-\infty}^{+\infty} p(u \,|\, u_1, u_0) \cdot p(u_1 \,|\, u_0) \, du_1 \,,$$

und mit der Markov-Eigenschaft $p(u \,|\, u_1, u_0) = p(u \,|\, u_1)$ ergibt sich die gesuchte Gleichung von Smoluchowski in der Form

$$p(u \,|\, u_0) = \int\limits_{-\infty}^{+\infty} p(u \,|\, u_1) \cdot p(u_1 \,|\, u_0) \, du_1$$

oder in der ursprünglichen ausführlichen Schreibweise

$$p_{x|x_0}(u, t \,|\, u_0, t_0) = \int\limits_{-\infty}^{+\infty} p_{x|x_1}(u, t \,|\, u_1, t_1) \cdot p_{x_1|x_0}(u_1, t_1 \,|\, u_0, t_0) \, du_1 \,. \tag{13.15}$$

Das Bild 13.6 veranschaulicht die durch Gl. (13.15) beschriebenen Zusammenhänge und assoziiert eine „Vorwärtsbewegung", beginnend am Ort x_0 zur Zeit t_0 über den Ort x_1 zur Zeit t_1 bis zu „(x, t)", einem allgemeinen Ort x zu einer Zeit t.

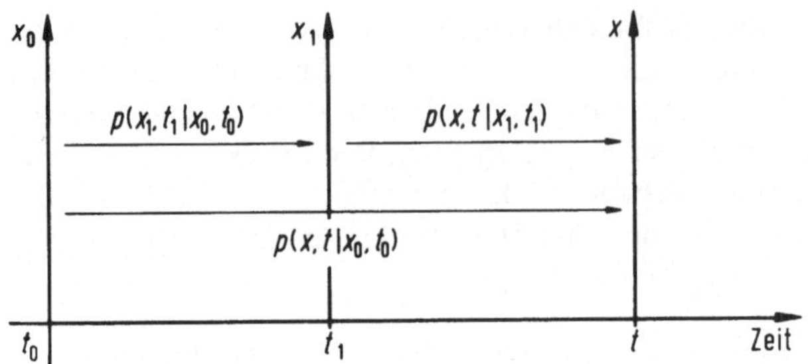

Bild 13.6. Hilfszeichnung zur Herleitung der Gleichung von Smoluchowski

13.7 Die Fokker-Planck-Gleichung

Mit dem nun zusammengestellten Vorwissen wird im folgenden die „Zufallsbe-wegung" eines Teilchens in einer Dimension x als Realisierung eines Prozesses behandelt. Sowohl x als auch t sind jetzt kontinuierliche Veränderliche, und mit der Zuordnung von Orten und Zeiten gemäß Bild 13.7 gilt die Smoluchowski-Gleichung in der gegenüber (13.15) leicht umgeschriebenen Form ($t_0 = 0$ nicht mitgeschrieben):

$$p(x, t + \Delta t \,|\, x_0) = \int_{-\infty}^{+\infty} p(x, t + \Delta t \,|\, v) \cdot p(v, t \,|\, x_0)\, \mathrm{d}v \; . \tag{13.16}$$

Die weitere Vorgehensweise orientiert sich an dem von Wang und Uhlenbeck [16] in verkürzter Form angegebenen Weg. Die Autoren machen den Integral-ansatz

$$I = \int_{-\infty}^{+\infty} R(x) \frac{\partial}{\partial t} p(x, t \,|\, x_0)\, \mathrm{d}x \; , \tag{13.17}$$

wobei $R(x)$ eine reelle, nicht negative, zweimal stetig differenzierbare Funktion ist. Für zwei Argumente $x_1 < x_2$ soll gelten:

- $R(x) = 0$ für $x < x_1$ und $x > x_2$
- $R(x_1) = R(x_2) = 0$
- $R'(x_1) = R'(x_2) = 0$ und $R''(x_1) = R''(x_2) = 0$.

Zur schreibtechnischen Vereinfachung wird

$$p_{x(t)|x(t_0)}[u \,|\, x(e; t_0) = u_0] \equiv p(x, t \,|\, x_0)$$

gesetzt; man schreibt nun die im Ansatz (13.17) vorkommende partielle Ableitung nach t als Grenzwert des zugehörigen Differentialquotienten,

$$\frac{\partial}{\partial t} p(x, t \,|\, x_0) = \lim_{\Delta t \to 0} \frac{1}{\Delta t} \cdot [p(x, t + \Delta t \,|\, x_0) - p(x, t \,|\, x_0)]$$

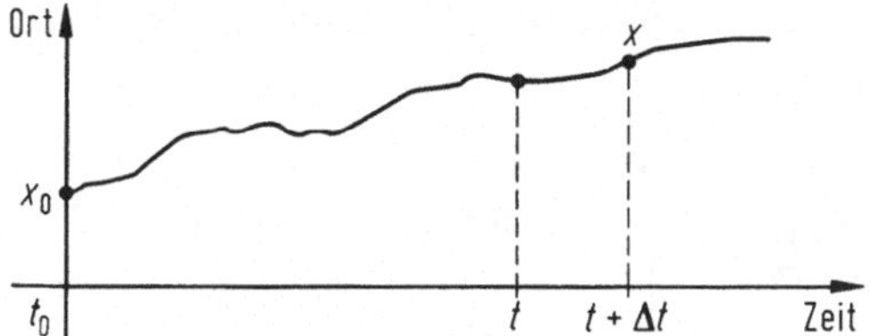

Bild 13.7. Zufallsbewegung eines Teilchens

und findet durch Einsetzen in Gl. (13.17):

$$I = \lim_{\Delta t \to 0} \frac{1}{\Delta t} \cdot \int_{-\infty}^{+\infty} R(x) \cdot [p(x, t + \Delta t \,|\, x_0) - p(x, t \,|\, x_0)] \, dx \ .$$

Ersetzt man $p(x, t + \Delta t \,|\, x_0)$ durch das Integral aus der Smoluchowski-Gleichung (13.16), so erhält man

$$I = \lim_{\Delta t \to 0} \frac{1}{\Delta t} \cdot \int_{-\infty}^{+\infty} R(x) \int_{-\infty}^{+\infty} p(x, t + \Delta t \,|\, v) \cdot p(v, t \,|\, x_0) \, dv \, dx \ -$$

$$- \lim_{\Delta t \to 0} \frac{1}{\Delta t} \cdot \int_{-\infty}^{+\infty} R(x) \cdot p(x, t \,|\, x_0) \, dx \ .$$

Die erlaubte Vertauschung der Integrationsfolge im ersten Ausdruck auf der rechten Seite ergibt

$$I = \lim_{\Delta t \to 0} \frac{1}{\Delta t} \cdot \int_{-\infty}^{+\infty} p(v, t \,|\, x_0) \cdot \int_{-\infty}^{+\infty} R(x) \cdot p(x, t + \Delta t \,|\, v) \, dx \, dv \ -$$

$$- \lim_{\Delta t \to 0} \frac{1}{\Delta t} \cdot \int_{-\infty}^{+\infty} R(x) \cdot p(x, t \,|\, x_0) \, dx \ . \tag{13.17a}$$

Da in den klassisch hergeleiteten Ausbreitungsgleichungen höchstens die zweiten Ableitungen nach der Ortskoordinate x vorkommen, wird auch bei der statistischen Modellierung die Funktion $R(x)$ durch eine Taylor-Reihenentwicklung ersetzt, die nach dem Glied mit der zweiten Ableitung nach x abgebrochen wird:

$$R(x) \approx \sum_{k=0}^{2} \frac{1}{k!} \cdot R^{(k)}(v) \cdot (x - v)^k \ .$$

Im Rahmen dieser Näherung erhält man nach leichter Umordnung der Terme und formalem Vertauschen von x und v:

$$I = \int\limits_{-\infty}^{+\infty} p(x,t\,|\,x_0) \cdot \sum_{k=0}^{2} \frac{1}{k!} R^{(k)}(x) \cdot \lim_{\Delta t \to 0} \frac{1}{\Delta t} \cdot \int\limits_{-\infty}^{+\infty} (v-x)^k p(v, t+\Delta t\,|\,x)\,dv\,dx \; -$$

$$- \lim_{\Delta t \to 0} \frac{1}{\Delta t} \cdot \int\limits_{-\infty}^{+\infty} R(x) \cdot p(x,t\,|\,x_0)\,dx \; .$$

Der Summand für $k = 0$ im ersten Integral hebt sich gegen den zweiten Term in Gl. (13.17a) heraus, und es verbleibt

$$I = \sum_{k=1}^{2} \frac{1}{k!} \cdot \int\limits_{-\infty}^{+\infty} p(x,t\,|\,x_0) \cdot a_k(x,t) \cdot R^{(k)}(x)\,dx \; .$$

Dabei wurde zur Abkürzung

$$\lim_{\Delta t \to 0} \frac{1}{\Delta t} \cdot \int\limits_{-\infty}^{+\infty} (v-x)^k p(v, t+\Delta t\,|\,x)\,dv \equiv a_k(x,t) \tag{13.18}$$

gesetzt. Diese Ausdrücke enthalten Erwartungswerte der bedingten Verteilungsdichtefunktion $p(v,t\,|\,x)$, von denen nur die beiden für $k = 1, 2$ interessieren. Weitere Umformungen erhält man durch partielle Integrationen; in verkürzter Schreibweise wird

$$\int\limits_{-\infty}^{+\infty} (p \cdot a_k) R^{(k)}\,dx = (p \cdot a_k) R^{(k-1)} \Big|_{-\infty}^{+\infty} - \int\limits_{-\infty}^{+\infty} (p \cdot a_k)^{(1)} R^{(k-1)}\,dx \; ,$$

$$\int\limits_{-\infty}^{+\infty} (p \cdot a_k)^{(1)} R^{(k-1)}\,dx = (p \cdot a_k)^{(1)} R^{(k-2)} \Big|_{-\infty}^{+\infty} - \int\limits_{-\infty}^{+\infty} (p \cdot a_k)^{(2)} R^{(k-2)}\,dx \; .$$

Da die ausintegrierten Anteile Null werden, verbleibt allgemein

$$\int\limits_{-\infty}^{+\infty} (p \cdot a_k) \cdot R^{(k)}\,dx = (-1)^k \cdot \int\limits_{-\infty}^{+\infty} (p \cdot a_k)^{(k)} \cdot R\,dx \; ,$$

und das angesetzte Integral (13.17) wird in ausführlicher Schreibweise zu

$$I = \int\limits_{x_1}^{x_2} R(x) \cdot \sum_{k=1}^{2} \frac{1}{k!} (-1)^k \cdot \frac{\partial}{\partial x^k} [a_k(x,t) \cdot p(x,t\,|\,x_0)]\,dx \; .$$

Der Vergleich der beiden Integranden führt nach Ausschreiben der Summenanteile unmittelbar auf die Fokker-Planck-Gleichung

$$\frac{\partial}{\partial t} p(x, t \,|\, x_0) = -\frac{\partial}{\partial x} \left[a_1(x, t) \cdot p(x, t \,|\, x_0) \right] +$$

$$+ \frac{1}{2} \frac{\partial^2}{\partial x^2} \left[a_2(x, t) \cdot p(x, t \,|\, x_0) \right] . \tag{13.19}$$

Dies ist die dynamische *Ausbreitungsgleichung* für die bedingte Verteilungsdichtefunktion zur statistischen Modellierung der Teilchenbewegung in einer Koordinate x.

Beachtet man die Beziehung (13.18), so erkennt man in Verbindung mit den bedingten Momenten

$$m_k(x, t + \Delta t \,|\, x) = \int\limits_{-\infty}^{+\infty} (v - x)^k p(v, t + \Delta t \,|\, x) \, dv , \tag{13.20}$$

warum sich für die beiden Grenzwerte

$$a_1(x, t) = \lim_{\Delta t \to 0} \frac{1}{\Delta t} \cdot m_1(x, t + \Delta t \,|\, x) \equiv \dot{\mu}(x, t) , \tag{13.21a}$$

$$a_2(x, t) = \lim_{\Delta t \to 0} \frac{1}{\Delta t} \cdot m_2(x, t + \Delta t \,|\, x) \equiv \dot{\sigma}^2(x, t) \tag{13.21b}$$

die Bezeichnungen „Momentengeschwindigkeiten" eingebürgert haben. Die partielle Differentialgleichung (13.19) hat erwartungsgemäß *zeitvariante* und *ortsabhängige* Koeffizienten, die dem sehr allgemeinen statistischen Grundmodell angepaßt sind. Man erkennt bei dieser Gelegenheit, wie bereits erwähnt, daß sich trotz des gleichen mathematischen Grundtyps bezüglich der Ableitungen ein deutlich geändertes Modell ergibt: An die Stelle der *physikalischen Größen* Temperatur und Masse (bei Wärmeleitung und Diffusion) treten *Verteilungsdichten*, an die Stelle *klassischer Koeffizienten* treten *statistische Merkmale* ganz anderen Charakters.

13.8 Wichtige Sonderfälle

Die allgemeine Fokker-Planck-Gleichung (13.19) wird erheblich vereinfacht, wenn die beiden Parameter $\dot{\mu}$ und $\dot{\sigma}$ weder vom Ort noch von der Zeit abhängen. Mit konstanten Momentengeschwindigkeiten ergibt sich folgende Differentialgleichung:

$$\frac{\partial p}{\partial t} + \dot{\mu} \frac{\partial p}{\partial x} - \frac{1}{2} \dot{\sigma}^2 \cdot \frac{\partial^2 p}{\partial x^2} = 0 . \tag{13.22}$$

In zahlreichen Anwendungen ist der Strömungsterm $\mu \dfrac{\partial p}{\partial x} = 0$, und es verbleibt die Differentialgleichung

$$\frac{\partial p}{\partial t} - \frac{1}{2}\dot{\sigma}^2 \cdot \frac{\partial^2 p}{\partial x^2} = 0 , \tag{13.23}$$

die drei bekannte physikalische *Transportvorgänge* beschreibt, nämlich für die Koeffizientenwahl

$$\frac{1}{2}\dot{\sigma}^2 = \frac{\lambda}{c \cdot \rho} \qquad \text{die } \textit{Wärmeleitung} ,$$

$$\frac{1}{2}\dot{\sigma}^2 = D = \frac{\eta}{\rho} \qquad \text{die } \textit{Diffusion}, \text{ und für}$$

$$\frac{1}{2}\dot{\sigma}^2 = \frac{1}{R'C'} \qquad \text{die } \textit{homogene elektrische Leitung} \text{ mit } L' = 0 \text{ und } G' = 0 ;$$

in jedem der Fälle hat $\dot{\sigma}^2$ die Dimension $\mathrm{m}^2\mathrm{s}^{-1}$, und für p ist die jeweilige physikalische Größe einzusetzen.

13.9   Zusammenhang zwischen der Fokker-Planck-Gleichung und der Langevin-Gleichung

Die nach dem französischen Physiker Langevin benannte Differentialgleichung

$$m \cdot \dot{v}(t) + d \cdot v(t) = K(t) \tag{13.24}$$

zur Modellierung einer Geschwindigkeitskomponente eines Teilchens der Masse m bei der Brownschen Molekularbewegung ist eine stochastische Differentialgleichung, denn $K(t)$ repräsentiert eine statistische Kollisionskraft, charakterisiert durch die Autokorrelationsfunktion

$$\phi_\mathrm{K}(\tau) = 4\pi d \cdot \mathrm{k} \cdot \theta \cdot \delta(\tau) \tag{13.25}$$

oder durch das konstante Leistungsdichtespektrum

$$S_\mathrm{K}(\omega) = 4d \cdot \mathrm{k} \cdot \theta . \tag{13.26}$$

Dabei bedeuten d den Koeffizienten der viskosen Reibung
des Mediums in kg/s,
$\mathrm{k} = 1{,}38 \cdot 10^{-23}$ J/K die Boltzmann-Konstante,
θ die absolute Temperatur in K.

Hinweis:

Zu der Langevin-Gleichung gibt es ein Analogon in der Elektrotechnik, nämlich eine Kombination aus Induktivität L und Ohmschem Widerstand R, beschrieben durch die Differentialgleichung

$$L \cdot \dot{I}(t) + R \cdot I(t) = U(t) .$$

Hierbei repräsentiert $U(t)$ eine thermische Rauschquelle mit der konstanten spektralen Leistungsdichte

$$S_U(\omega) = 4Rk\theta \quad \text{und entsprechend}$$

$$\phi_U(\tau) = 4\pi Rk\theta \cdot \delta(\tau)$$

als Autokorrelationsfunktion. Wang und Uhlenbeck [16] haben schon vor der Entwicklung der allgemeinen Theorie darauf hingewiesen, daß in diesen beiden Langevin-Gleichungen die Anregung durch *weiße Geräusche* mit *Gauß-Verteilung* erfolgen muß. Aus der Linearität der Differentialgleichungen folgt, daß auch die Geschwindigkeitskomponente $v(t)$ im Fall der Brownschen Bewegung und der Strom $I(t)$ im elektrischen Analogon Gauß-verteilt sind. Wir werden dies jedoch im nächsten Abschnitt analytisch nachweisen. Jedenfalls folgt aus der Langevin-Gleichung, daß die statistische Teilchengeschwindigkeit das Leistungsdichtespektrum

$$S_v(\omega) = \frac{4dk\theta}{1 + \left(\dfrac{m}{d}\right)^2 \cdot \omega^2} \tag{13.27}$$

und die Autokorrelationsfunktion

$$\phi_v(\tau) = \frac{2\pi dk\theta}{m/d} \cdot e^{-\frac{d}{m} \cdot |\tau|} \tag{13.28}$$

besitzt, denn hier lassen sich die Zusammenhänge von Abschn. 5.7 anwenden, die erst erheblich später von Wiener und Khintchine angegeben worden sind.

13.10 Statistische Kennfunktionen aus der Langevin-Gleichung

Das im Zusammenhang mit der Brownschen Molekularbewegung entwickelte Gedankengut ist mit bedeutenden Namen verknüpft: So hat Einstein [24] im Jahre 1905 die bekannte Formel für das „mittlere Verschiebungsquadrat" (den quadratischen Mittelwert einer Teilchenverschiebung) in einem Medium mit der viskosen Reibung d bei der absoluten Temperatur θ angegeben:

$$\overline{s^2} = \frac{2k\theta}{d} \cdot t , \tag{13.29}$$

wobei er sich auf Arbeiten von Stokes über hydrodynamische Probleme stützte. Ferner hat Einstein wohl als erster die zugehörige zeitabhängige Verteilungsdichtefunktion

$$p(x_0, x, t) = \frac{1}{\sqrt{4\pi\alpha \cdot t}} \cdot \exp\left\{-\frac{(x - x_0)^2}{4\alpha \cdot t}\right\} \quad \text{mit } \alpha = k\theta/d \tag{13.30}$$

angegeben, deren Exponent für $x - x_0 = s$ mit Gl. (13.29) in Einklang steht. In der Folgezeit gab er die Diffusionsgleichung in der Form

$$\frac{\partial z}{\partial t} = D \cdot \frac{\partial^2 z}{\partial s^2}$$

an, deren Verallgemeinerung von Fokker, Planck, Ornstein et al. vorgenommen wurde und die zu der in Abschn. 13.7 entwickelten Ausbreitungsgleichung in der allgemeinsten Form (13.19) geführt hat.

Nun zurück zur Langevin-Gleichung in der leicht umgeschriebenen Form

$$\dot{v}(t) + \beta \cdot v(t) = K'(t) \quad \text{mit} \quad \frac{d}{m} = \beta \quad \text{und} \quad \frac{1}{m} K(t) = K'(t) \; ; \qquad (13.24\text{a})$$

wie bereits erwähnt, hat Ornstein die statistischen Eigenschaften dieser stochastischen Differentialgleichung mit den damaligen Hilfsmitteln untersucht. Nachdem heutzutage die allgemeineren Entwicklungsgleichungen für den linearen Mittelwert und die Varianz zur Verfügung stehen, findet man mit Hilfe von Gl. (12.5) aus Abschn. 12.2 über den Ansatz

$$\dot{\mu}_{\text{v}}(t) = - \beta \cdot \mu_{\text{v}}(t) \qquad (13.31)$$

bei gegebener Anfangsgeschwindigkeit sofort die Lösung

$$\mu_{\text{v}}(t) = v_0 \cdot \text{e}^{-\beta t} \, , \qquad (13.32)$$

also eine exponentielle Abnahme der mittleren Geschwindigkeit eines frei beweglichen Teilchens in einer Koordinate infolge der viskosen Reibung (β) des Mediums.

Weiterhin kann man das zugehörige Streuungsquadrat durch Lösen der skalaren Kovarianzentwicklungsgleichung (12.11a) mit geringstem Aufwand bestimmen. Mit der Langevin-Gleichung (13.24a) ergibt sich die Kovarianzentwicklungsgleichung

$$\dot{V}_{\text{v}}(t) = - 2\beta \cdot V_{\text{v}}(t) + \Psi_{\text{K}'} \quad \text{mit} \; \Psi_{\text{K}'} = \frac{2dk\theta}{m^2}$$

und daraus die Lösung

$$V_{\text{v}}(t) = \frac{1}{2\beta} \cdot \Psi_{\text{K}'} \cdot (1 - \text{e}^{-2\beta t}) \, .$$

Hier wird $V_{\text{v}}(t) = \sigma_{\text{v}}^2(t)$, also ergibt sich die zeitliche Entwicklung der Varianz der Teilchenbewegung zu

$$\sigma_{\text{v}}^2(t) = \frac{k\theta}{m} \cdot (1 - \text{e}^{-2\frac{d}{m} \cdot t}) \qquad (13.33)$$

mit der stationären Streuung

$$\sigma_{\text{v}} = \sqrt{\frac{k\theta}{m}} \quad \text{für } t \to \infty \, . \qquad (13.34)$$

13.11 Eine Gaußsche Verteilungsdichtefunktion als Fundamentallösung der Fokker-Planck-Gleichung

Mit der zeitlichen Entwicklung für den linearen Mittelwert der Geschwindigkeit nach Gl. (13.32) und für die Varianz nach Gl. (13.33) sind vorerst die anhand der Langevin-Gleichung möglichen statistischen Aussagen erschöpft. Nun soll noch die Verteilungsdichtefunktion bestimmt werden, welche die beiden zeitvarianten Parameter $\mu_v(t)$ und $\sigma_v(t)$ besitzt und darüber hinaus die Fokker-Planck-Gleichung als Ausbreitungsgleichung für die Verteilungsdichtefunktion erfüllt.

Dazu schreiben wir die problemangepaßte Fokker-Planck-Gleichung

$$\frac{\partial p}{\partial t} = \beta \cdot \frac{\partial}{\partial v}(v \cdot p) + \frac{\beta k\theta}{m} \cdot \frac{\partial^2 p}{\partial v^2} \tag{13.35}$$

an und untersuchen den allgemeinen Lösungsansatz

$$p(v, t) = \sqrt{\frac{1}{\pi}a(t)} \cdot \exp\left[-\left[v - b(t)\right]^2 \cdot a(t)\right] \tag{13.36}$$

mit $a(t) = \left[2\sigma_v^2(t)\right]^{-1}$.

Durch Einsetzen in die Fokker-Planck-Gleichung ergeben sich nach einer kurzen Zwischenrechnung zwei gewöhnliche Differentialgleichungen für die gesuchten Funktionen $a(t)$ und $b(t)$:

$$\frac{\mathrm{d}}{\mathrm{d}t}a(t) = 2\beta \cdot \left[a(t) - \frac{2k\theta}{m} \cdot a^2(t)\right] \tag{13.37}$$

$$\frac{\mathrm{d}}{\mathrm{d}t}b(t) = -\beta \cdot b(t) . \tag{13.38}$$

Dabei sind folgende Zusatzbedingungen zu beachten:

- $t = t_0 = 0$: $b(0) = \mu_v(0) = v_0$

- $t \to \infty$: $\mu_v(t) \to 0$ und $\sigma_v(t) \to \sqrt{\dfrac{k\theta}{m}}$.

Als Lösung der nichtlinearen Differentialgleichung (13.37) als einer Riccatigleichung erhält man

$$a(t) = \left[\frac{2k\theta}{m} \cdot (1 - \mathrm{e}^{-2\beta t})\right]^{-1} ,$$

und damit wird

$$\sigma_v^2(t) = \frac{k\theta}{m} \cdot (1 - \mathrm{e}^{-2\beta t}) \to \frac{k\theta}{m} \quad \text{für } t \to \infty .$$

Die Differentialgleichung (13.38) hat die Lösung

$$b(t) = v_0 \cdot \mathrm{e}^{-\beta t} = \mu_v(t) \to 0 \quad \text{für } t \to \infty .$$

Damit haben wir Ergebnisse verifiziert, die mit der Langevin-Gleichung in Einklang stehen, und die erstrebte Lösung der Fokker-Planck-Gleichung für das Modell der Brownschen Molekularbewegung ist eine bedingte Gauß-Verteilungsdichte $p(v, t \mid v_0, t_0)$:

$$p(.\,.) = \sqrt{\frac{m}{2\pi k\theta \cdot (1 - e^{-2\beta t})}} \cdot \exp\left[-\frac{m}{2k\theta} \cdot \frac{(v - v_0 \cdot e^{-\beta t})^2}{1 - e^{-2\beta t}} \right] \tag{13.39}$$

mit der stationären Verteilungsdichte im Gleichgewichtszustand

$$p(t \to \infty) = \left(2\pi \frac{k\theta}{m} \right)^{-\frac{1}{2}} \cdot \exp\left[-\frac{v^2}{2k\theta/m} \right] . \tag{13.40}$$

Als bedingte Verteilungsdichtefunktion eines Markov-Prozesses hat sie die Eigenschaft

$$\lim_{t \to t_0} p(x, t \mid x_0, t_0) = \delta(x - x_0) , \tag{13.41}$$

was in Bild 13.8 zur Veranschaulichung mit angedeutet ist.

Hinweis:

Die vorstehenden Überlegungen beziehen sich auf eine von drei Geschwindigkeitskomponenten bei Teilchenbewegungen im Raum. Jede dieser Komponenten gehorcht einer Gauß-Verteilungsdichte vom behandelten Typ. Die Gesamtgeschwindigkeit, skalar ausgedrückt durch die Beziehung

$$w = \sqrt{v_x^2 + v_y^2 + v_z^2}$$

gehorcht der Maxwellschen Geschwindigkeitsverteilung, die in Abschn. 3.2 behandelt wurde.

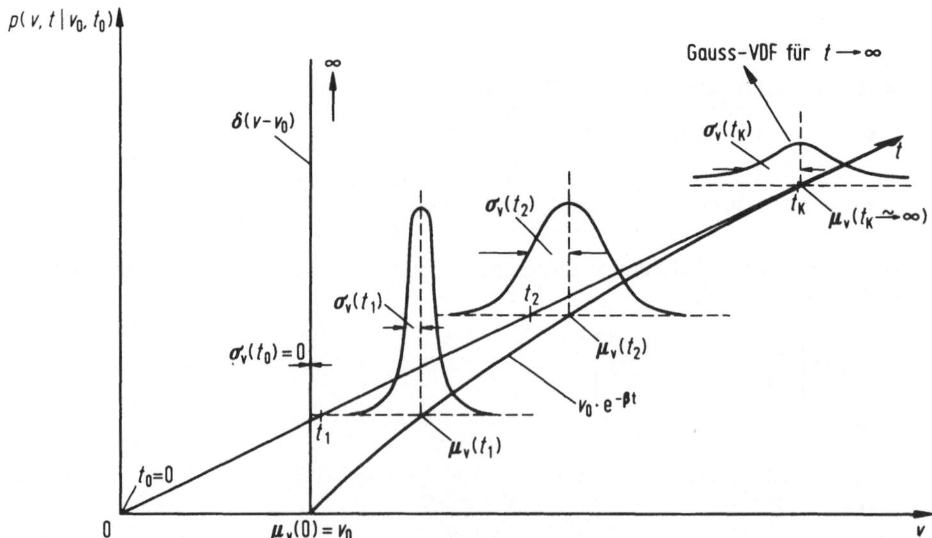

Bild 13.8. Dynamische Entwicklung einer Verteilungsdichtefunktion als Lösung der Fokker-Planck-Gleichung

13.12 Verallgemeinerung der Fokker-Planck-Gleichung

Wir gehen aus von der Diffusionsgleichung in der problemangepaßten Form der Fokker-Planck-Gleichung

$$\frac{\partial p}{\partial t} = -\frac{\partial}{\partial x}(\alpha x \cdot p) + \frac{1}{2} D \frac{\partial^2 p}{\partial x^2} \tag{13.42}$$

wobei $-\alpha \cdot x = F(x)$ als „Driftkoeffizient" des Strömungsterms und D als Diffusionskonstante geläufig sind. Die Verallgemeinerung bezieht sich auf zwei Aspekte:

- Aus der skalaren Komponente x wird ein Vektor $\boldsymbol{x}$,
- aus dem vektoriellen Reibungsterm $\boldsymbol{F}(x) = -\alpha \cdot x$ wird eine beliebige Kraft, die gegebenenfalls aus einem Potential $V(x)$ durch Ableitung nach x hervorgehen kann:

$$F_k(\boldsymbol{x}) = -\frac{\partial}{\partial x_k} V(\boldsymbol{x}) . \tag{13.43}$$

Unter Beibehaltung der statistischen Kollisionskraft $\boldsymbol{K}'(t)$ lautet jetzt die Langevin-Gleichung in vektorieller Form:

$$\dot{\boldsymbol{x}}(t) = \boldsymbol{F}[\boldsymbol{x}(t)] + \boldsymbol{K}'(t) , \tag{13.44}$$

und die mehrdimensionale Fokker-Planck-Gleichung wird zu

$$\frac{\partial p}{\partial t} = -\nabla_u \{\boldsymbol{F} \cdot p\} + \frac{1}{2} \cdot \sum_{k,l} D_{kl} \cdot \frac{\partial^2 p}{\partial u_k \partial u_l} \tag{13.45}$$

mit dem n-dimensionalen (ursprünglich mit Richtungsvektoren versehenen) Nabla-Operator

$$\nabla_u = \frac{\partial}{\partial u_1}, \frac{\partial}{\partial u_2}, \ldots, \frac{\partial}{\partial u_n}$$

und der Verteilungsdichtefunktion

$$p_x(\boldsymbol{u};t) = p(u_1, u_2, \ldots, u_n; t) \quad \text{sowie} \quad \boldsymbol{F} = \boldsymbol{F}(\boldsymbol{u}) .$$

Schreibt man die Differentialgleichung (13.45) um auf die Form

$$\frac{\partial p}{\partial t} + \sum_{k=1}^{n} \frac{\partial}{\partial u_k} \left\{ F_k \cdot p - \frac{1}{2} \cdot \sum_{l=1}^{n} D_{kl} \cdot \frac{\partial p}{\partial u_l} \right\} = 0 , \tag{13.46}$$

so kann man, einem Vorschlag von Haken [7] folgend, einen „Wahrscheinlichkeitsstrom"

$$\boldsymbol{j} = [j_1, j_2, \ldots, j_n]$$

mit den Komponenten

$$j_k = F_k \cdot p - \frac{1}{2} \cdot \sum_{l=1}^{n} D_{kl} \cdot \frac{\partial p}{\partial u_l} \tag{13.47}$$

einführen, und es gilt die Differentialgleichung (13.46) in der abgekürzten Schreibweise

$$\frac{\partial p}{\partial t} + \nabla_u \boldsymbol{j} = 0 \tag{13.48}$$

im Sinne einer *Kontinuitätsgleichung* für einen Wahrscheinlichkeitsstrom, die im eindimensionalen Fall die allgemein vertrautere Gestalt

$$\frac{\partial p}{\partial t} + \frac{\partial j}{\partial x} = 0 \tag{13.49}$$

mit dem Wahrscheinlichkeitsstrom

$$j = F \cdot p - \frac{1}{2} D \cdot \frac{\partial p}{\partial x} \tag{13.50}$$

annimmt.

Der Fall konservativer Kräfte

Wir gehen aus vom stationären Zustand, d.h. von Gl. (13.49) für

$$\frac{\partial p}{\partial t} = 0 \quad \text{und damit} \quad j = \text{const}.$$

Wählt man die freie Konstante zu Null, so folgt aus Gl. (13.50) für die interessierende Abhängigkeit von p:

$$\frac{dp}{dx} = \frac{2F}{D} \cdot p \tag{13.51}$$

mit der exponentiellen Lösung

$$p(x) = c \cdot \exp\frac{2}{D} \cdot \left\{ \int_{x_0}^{x} F(u)\,du \right\}.$$

Hierin ist c eine noch frei wählbare Konstante, die zur Normierung der Verteilungsdichtefunktion über die Forderung

$$\int_{-\infty}^{+\infty} p(x)\,dx = 1$$

verwendet werden kann; wichtiger ist aber die Tatsache, daß man jetzt ein *Kräftepotential*

$$V(x) = - \int_{x_0}^{x} F(u)\,du$$

einführen kann. Man erkennt unschwer, daß das Potential

$$V(x) = \frac{\alpha}{2} \cdot x^2 \text{ mit der Kraft}$$

$$F(x) = -\alpha \cdot x$$

auf eine Differentialgleichung vom Langevin-Typ führt. Wählt man die Potentialfunktion

$$V(x) = \frac{\alpha}{2} \cdot x^2 + \frac{\gamma}{4} \cdot x^4$$

mit dem in Bild 13.9 gezeigten Verlauf für verschiedene Werte des Parameters α, so gelangt man zu einem grundlegenden Problem der *Synergetik*: Die Erforschung von Konsequenzen aus der Parameterabhängigkeit von Potentialfunktionen, was natürlich auch unabhängig von Fragestellungen der Synergetik von Bedeutung ist, nämlich allgemein in der Theoretischen Physik und speziell in der sogenannten „Katastrophentheorie" von Thom [25].

Für Parameterwerte $\alpha < 0$ ergeben sich zwei Potentialminima symmetrisch zu $x = 0$. Ohne zusätzliche Einflüsse („Fluktuationen") ist die Lage des Teilchens entweder durch x_{m1} oder durch x_{m2} bestimmt [8]; beide Lagen sind *gleichwahrscheinlich*, die zugehörige Verteilungsdichtefunktion $p(x)$ ist ebenfalls symmetrisch zu $x = 0$ und hat ihre Maxima an den Stellen x_{m1} und x_{m2}. Da das Teilchen aber nur eine der beiden möglichen Lagen einnehmen wird, entsteht ein sogenannter *Symmetriebruch* – ein fundamentaler Begriff der modernen Physik. Die Aufspaltung des Potentialminimums bei abnehmendem Parameter bei $\alpha = 0$ ist ein einfaches Beispiel für eine „Bifurkation" [7, 8].

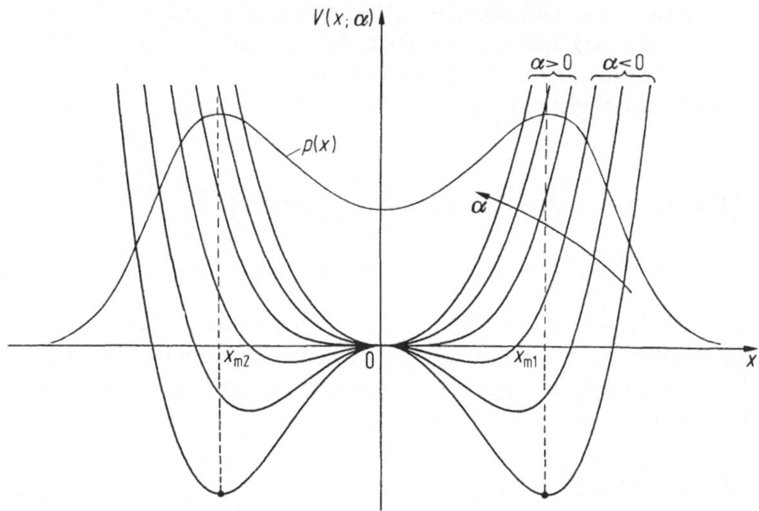

Bild 13.9. Potentialfunktionenschar mit unterlegter Verteilungsdichtefunktion zur Erläuterung eines lokalen Symmetriebruchs

Hinweis:

Setzt man die Gleichung von Smoluchowski in der modifizierten Form

$$p(x, t \,|\, x_0, t_0 + \Delta t_0) = \int\limits_{-\infty}^{+\infty} p(x, t \,|\, u, t_0 + \Delta t_0) \cdot p(u, t_0 + \Delta t_0 \,|\, x_0, t_0)\, \mathrm{d}u$$

an, so kann man daraus die partielle Differentialgleichung für einen „rückwärts" gerichteten Transportvorgang ansetzen. Mit etwa vergleichbarem Aufwand wie zur Entwicklung der Fokker-Planck-Gleichung erhält man die zu ihr *adjungierte* Differentialgleichung

$$\frac{\partial p}{\partial t_0} + \dot{\mu}(x_0, t_0) \cdot \frac{\partial p}{\partial x_0} + \frac{1}{2}\dot{\sigma}^2(x_0, t_0) \cdot \frac{\partial^2 p}{\partial x_0^2} = 0 \,,$$

deren Ableitungen sich auf den Anfangszustand (x_0, t_0) beziehen. Sie wird hier nicht weiter behandelt, sondern nur zur Abrundung der Überlegungen angegeben [69].

13.13 Die Master-Gleichung

Abschließend zu diesen grundsätzlichen, physikalisch orientierten Überlegungen als Bestandteile einer Systemtheorie für stochastische Prozesse wird noch ein sehr allgemeiner Ansatz vorgestellt, der ebenfalls an das Konzept der Aufenthalts- und Übergangswahrscheinlichkeiten anknüpft [7, 8].

Zur Bestimmung der Wahrscheinlichkeitsverteilung bei dynamischen Vorgängen wie Wärmeleitung und Diffusion in isothermen Systemen kann man von einer sehr allgemeinen Bilanzgleichung ausgehen. Bezeichnet x einen Systemzustand und $w(x, t)$ die Wahrscheinlichkeit, daß dieser Zustand zum Zeitpunkt t angenommen wird, dann gilt für die zeitliche Änderung der einleuchtende Ansatz

$$\frac{\partial}{\partial t}w(x, t) = \{\text{Übergänge in den Zustand pro Zeiteinheit}\} -$$

$$- \{\text{Übergänge aus dem Zustand pro Zeiteinheit}\} \,. \qquad (13.52)$$

Unter „Zustand" versteht man hier allgemein ein beliebig kleines, aber endliches Element des Phasenraums. Die Gl. (13.52) ist bereits die allgemeinste Form der sogenannten Mastergleichung, die man durch die Einführung von „Übergangsraten" $R(x)$ auf die Kurzform

$$\frac{\partial}{\partial t}w(x, t) = R^+(x) - R^-(x)$$

bringen kann. Verwendet man die in Abschn. 13.3 eingeführten Begriffe Aufenthaltswahrscheinlichkeit $w(x, t)$ und Übergangswahrscheinlichkeit $p(x \,|\, x')$, so kann man für die Übergangsraten schreiben:

$$R^+(x) = \sum_{x' \neq x} p(x \mid x') \cdot w(x', t) \, ,$$

$$R^-(x) = w(x, t) \cdot \sum_{x' \neq x} p(x' \mid x) \, ,$$

und die allgemein angesetzte Master-Gleichung (13.52) wird zu

$$\frac{\partial}{\partial t} w(x, t) = \sum_{x' \neq x} \{ p(x \mid x') \cdot w(x', t) - p(x' \mid x) \cdot w(x, t) \} \, . \tag{13.53}$$

Wenn man nun Dynamik und Statistik widerspruchsfrei miteinander vereinbar machen will, muß die Master-Gleichung eine Reihe von Forderungen aus beiden Bereichen erfüllen:

• Im thermodynamischen Gleichgewicht physikalisch-chemischer Systeme muß die detaillierte Gleichgewichtsbedingung erfüllt sein, d.h. für elementare Übergänge von x_i nach x_j und die entgegengesetzten von x_j nach x_i muß gelten

$$\frac{\partial}{\partial t} w(x, t) = 0, \quad \text{folglich}$$

$$p(x_j \mid x_i) \cdot w(x_i) = p(x_i \mid x_j) \cdot w(x_j)$$

oder das Verhältnis

$$\frac{w(x_j)}{w(x_i)} = \frac{p(x_j \mid x_i)}{p(x_i \mid x_j)} \, . \tag{13.54}$$

• Ein isoliertes thermodynamisches System, das von einem Zustand x durch eine *Fluktuation* in den Gleichgewichtszustand x_G übergeht, erfährt eine *Entropieänderung* um

$$\Delta S = S(x) - S(x_G) \, ,$$

der neue Zustand hat nach der Boltzmannschen Entropieformel die Wahrscheinlichkeit

$$P_G \sim e^{\Delta S/k} \, ;$$

auch hier muß die Bedingung (13.54) erfüllt sein. Da $S(x_G) > S(x)$ und somit $\Delta S < 0$ ein negativer „Entropieüberschuß" ist, der bei einem isolierten System monoton mit der Zeit zunimmt, hat er den Charakter einer aus der Stabilitätstheorie bekannten Ljapunov-Funktion; das System ist somit *global asymptotisch stabil* [8].

• Die Überlagerung einer sehr großen Anzahl von zufälligen Elementarprozessen führt auf makroskopisch meßbare Mittelwerte, die durch Differentialgleichungen für die wahrscheinlichsten Zustände beschrieben werden; diese Wahrscheinlichkeiten müssen ebenfalls die Master-Gleichung (13.53) erfüllen.

Derartige Prozesse kommen durch zufällige Bewegungen der Moleküle zustande, die man durch Markov-Prozesse modelliert, d.h. durch Folgen von lokalen Fluktuationen „ohne Erinnerung an die Vergangenheit" (vgl. Abschn. 13.1). Das Bild 13.10 zeigt noch einmal in graphischer Form mögliche Zustände A bis E und mögliche Übergänge, gekennzeichnet durch die p_i. (Man beachte den Unterschied zu dem Graphen von Bild 13.5.)

Die Master-Gleichung umfaßt auch *nichtlineare* dynamische Entwicklungen, deren Charakter in den Übergangswahrscheinlichkeiten zum Ausdruck kommt. Schließlich sei noch erwähnt, daß diskrete Modellierungen von Fall zu Fall asymptotisch in kontinuierliche übergeführt werden können; exemplarisch hierfür sind Beiträge von Einstein, die zur Beschreibung der Brownschen Molekularbewegung durch Langevin geführt haben (vgl. Abschn. 13.9).

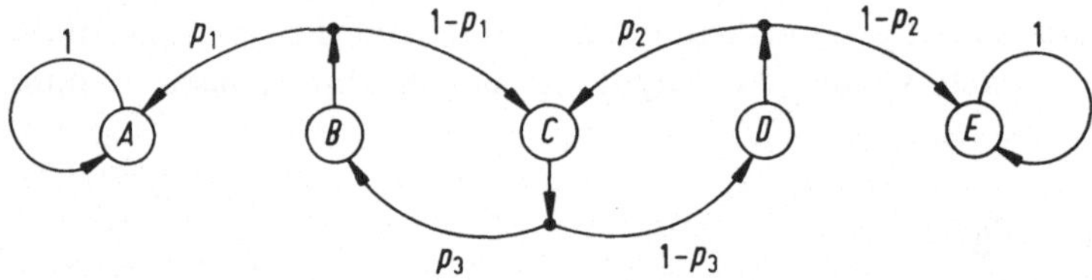

Bild 13.10. Veranschaulichung von fünf möglichen Zuständen A bis E mit den verschiedenen Übergangswahrscheinlichkeiten

14 Rückblick auf die historische Entwicklung und Überleitung zu neueren Fragestellungen

Ein wesentliches Ziel des nunmehr abzuschließenden Teils II bestand in der Verknüpfung der Systemdynamik mit der Statistik, die uns heute ganz selbstverständlich erscheint, die aber einen bemerkenswerten Entwicklungsgang hinter sich hat. Immerhin bildete ja die von den Gesetzen der klassischen Dynamik beschriebene Stetigkeit der Beschleunigung einen vorerst nicht überwindbaren Gegensatz zu den diskontinuierlichen „zufälligen" Stößen zwischen Teilchen. Schon Newton hat darauf hingewiesen, daß mit jedem harten Stoß ein irreversibler Bewegungsverlust verbunden ist, den die Dynamik nicht erfassen konnte. Rückschauend sollte man sehen, daß hier schon Phänomene beschrieben wurden, deren allgemeine Bedeutung erst viel später mit der statistischen Formulierung des II. Hauptsatzes durch Boltzmann erkannt wurde. Die Frage, wie sich dynamische Gesetze und nur statistisch beschreibbare Phänomene zueinander verhalten, besteht also mindestens seit der Zeit Newtons.

Bei der Erarbeitung dieses Kapitels hat ursprünglich nicht die Absicht im Blickfeld gestanden, einen wissenschaftsgeschichtlichen Entwicklungsgang aufzuzeigen, sondern nur das Bemühen, grundlegende Begriffe durch Aufspüren ihrer Herkunft zu verstehen. Die diesbezüglich ausgewiesene Quellenliteratur ist in ihrer Vielfalt auch nicht auf das Begriffsreservoir der Systemtheorie und der statistischen Betrachtungsweise ausgerichtet, so wichtig und allgemeinbedeutend diese Begriffe auch sind. Vielleicht mag auch die Wortwahl „. . . historische Entwicklung . . ." in den Augen mancher Leser nicht ganz zutreffend sein; denn das Tragende solcher Überlegungen sind immer mehr oder weniger deutlich erkennbare Strömungen in der Forschung, getragen von herausragenden Persönlichkeiten, die mit der Definition und der Verschärfung von Begriffen und damit zwangsläufig mit der Sprache gerungen haben, um diese trotz ihres Wissenschaftsbezugs nicht mehr als nötig einzuengen. Rückschauend kann man das wohl die historische Entwicklung von Begriffen nennen.

Wenn man den Versuch unternimmt, aus dem vielfältigen Geflecht naturwissenschaftlicher Fakten, Strömungen und zeitbedingter Apostrophierungen für den vorliegenden Kontext das Nebeneinander, die lange Zeit bestandene Polarisierung und schließlich die heutige enge Verknüpfung zwischen Dynamik und Statistik herauszuschälen, dann erkennt man – von spezielleren Seitenlinien abgesehen – die nachfolgend zusammengetragenen Entwicklungsstufen. Dabei kann mit dieser Darstellung kein Anspruch auf Vollständigkeit erhoben werden, nicht einmal in der Hauptlinie. Vielmehr sind individuell bedingte

Hervorhebungen sowie Lücken weder vermeidbar noch schädlich, sondern womöglich eine positiv auslegbare Herausforderung für manchen Leser, der vielleicht die Faszination wahrnehmen wird, die das Aufspüren der Wurzeln und Entwicklungen des eigenen Forschungsgebietes begleitet.

14.1 Dynamische und thermische Systeme

Die physikalisch relevanten Wurzeln der statistischen Betrachtungsweise sind jedoch unübersehbar in der Zeit zu finden, als man den großen Erfahrungsbereich der Wärmephänomene zu systematisieren begann, also in den letzten Jahrzehnten des vergangenen Jahrhunderts. Wir beginnen jedoch später mit einer Äußerung von Max Planck, wonach bei irreversiblen Prozessen die innere Entropiezunahme eines Wärmesystems dessen Annäherung an einen bevorzugten, d.h. mit hoher Wahrscheinlichkeit behafteten Gleichgewichtszustand kennzeichnet.

Hier zeigt sich ein fundamentaler Unterschied zwischen dynamischen und isolierten thermischen Systemen: Die dynamischen entwickeln sich bei gegebenen Anfangsbedingungen auf einer ausgezeichneten Trajektorie im Phasenraum, und während dieses Vorgangs werden die Anfangsbedingungen nicht „vergessen“; die Systemvergangenheit vor dem Beginn der Bewegung spielt keine Rolle. Diese im Grunde einschränkenden Eigenschaften deterministischer Abläufe lassen keinen Raum für Wandel und Entwicklung – um eine Redewendung von Prigogine zu gebrauchen –, die Zeit wird zu einem neutralen Parameter herabgestuft. Bei reversiblen Abläufen ist die Bewegungsrichtung umkehrbar und führt in der idealen Mechanik genau zu den Anfangsbedingungen zurück. Die thermischen Systeme hingegen entwickeln sich so, daß alle Gefälle abgebaut werden und auf ein und denselben Gleichgewichtszustand führen, in welchem die Anfangsbedingungen „vergessen“ sind.

Zwischen diesen beiden grundverschiedenen Systemtypen hat Boltzmann eine Brücke geschlagen, indem er die Physik der Trajektorien durch statistische Denkansätze erweiterte und an die Wärmelehre anschloß. Er vermutete, daß die irreversible Entropiezunahme durch eine wachsende molekulare Unordnung erklärbar sei, die einen anfänglichen Ordnungszustand allmählich zerstört und „in Vergessenheit geraten läßt“ [30]. Damit benutzt er den Wahrscheinlichkeitsbegriff als eine grundlegende Erklärung, nicht nur als eine Näherung. Formal kommt sein neuer Denkansatz in der statistischen Definition der Entropie zum Ausdruck,

$$S = k \cdot \lg W \, ,$$

in dem neben der Naturkonstanten k (später Boltzmann-Konstante genannt) die nicht normierte thermodynamische Wahrscheinlichkeit W vorkommt. Sie ist die Anzahl der Komplexionen im Mikrobereich, durch die ein makroskopischer Zustand verwirklicht wird (vgl. Abschn. 4.4). Demzufolge verlaufen irreversible thermodynamische Vorgänge in Richtung auf wahrscheinlichere Zustände; ein *Attraktor* (die begriffliche Verallgemeinerung eines stabilen Grenzzyklus der klassischen Dynamik) kennzeichnet einen makroskopischen Systemzustand größter Wahrscheinlichkeit und *maximaler Symmetrie*. Hierbei muß man jedoch beachten: Attraktoren thermodynamischer Systeme haben einen etwas anderen Charakter als die stabilen Grenzzyklen der Dynamik; das Systemverhalten schwankt um seinen Attraktor, indem es ihn immer wieder kurzfristig verläßt. Damit kennzeichnet der Attraktor einen quasikonstanten Mittelwert, der durch das Zusammenwirken einer sehr großen Zahl von Elementarvorgängen im Mikrobereich zustandekommt. Ein thermodynamischer Attraktor kennzeichnet also keinen eingeschwungenen „Ruhezustand" im klassischen Sinn; vielmehr existiert zu jedem Elementarprozeß im Mittel ein Prozeß mit entgegengesetzter Auswirkung auf die Gesamtheit, den makroskopischen Zustand.

Eine Vielzahl von physikalisch-chemischen Erscheinungen läßt sich mit der klassischen Dynamik bzw. mit der Gleichgewichtsthermodynamik erklären. Diesen steht jedoch eine Reihe von Phänomenen gegenüber, deren Erklärung noch offen bleibt, insbesondere die allgemeine Frage, wie umfassend der Begriff der Gleichgewichtsstrukturen überhaupt ist, die durch Überlagerung zahlreicher Elementarprozesse zustandekommen. Offenbar reicht er nicht aus, um ganz wichtige, komplexe Phänomene wie das Entstehen spontaner Ordnungsgefüge, das Entstehen von Turbulenzen bei Fluiden oder gar die belebte Natur „verständlich" zu machen, bis zu welchem Grad auch immer.

Es sind gerade diese Erscheinungsformen unserer Umwelt und unserer selbst, die nur unter Bedingungen fern vom Gleichgewicht entstehen und eine zeitlang aufrechterhalten werden können.

Hier kommen vor dem Hintergrund des II. Hauptsatzes Begriffe wie Zeit, Dissipation, Ordnung durch Schwankung u.a.m. ins Spiel. Sie sind zunächst gegenläufig zu der globalen Entwicklungstendenz zu Gefälleabbau, zunehmender „Unordnung" und thermischem Gleichgewicht und beruhen aus heutiger Sicht auf nichtlinearen Effekten sowie Rückkopplungsstrukturen im Bereich der Nichtgleichgewichtsthermodynamik. Damit sind wir bei den aktuellen Fragen der Selbstorganisation angelangt, und der von Boltzmann eingeführte Wahrscheinlichkeitsbegriff verliert fern vom Gleichgewicht seine Gültigkeit: Die Wärmebewegung ist im thermischen Gleichgewicht eine Quelle der Unordnung, aber unter gleichgewichtsfernen Bedingungen bildet sie die Grundlage für das Ordnungsgefüge dissipativer Strukturen.

14.2 Reversible und irreversible Teilvorgänge

Charakteristisch für die geistige Unruhe dieser ideenreichen Zeitspanne der Entwicklung der Physik ist eine Äußerung von Maxwell zu Instabilitäten bei Bewegungen: Er spricht schon früh von „singulären Punkten, an denen geringfügige Ursachen unangemessene Wirkungen hervorrufen". Es ist sicherlich kein

Zufall, daß hierbei auch philosophische Überlegungen mit im Spiel waren, denn Maxwell äußert diese Gedanken in einem Aufsatz „Science and Free Will". Offenbar verengt man Maxwells Bedeutung für die Entwicklung der Physik, wenn man ihn nur oder überwiegend mit seinen Pionierleistungen zu den Grundlagen der Elektrodynamik herausstellt; er hat beachtliche Beiträge zur Entwicklung der Wärmelehre geleistet und in diesem Zusammenhang bereits erfolgreich mit einer eigenen Dampfmaschine experimentiert und Studien zu deren Wirkungsgrad angestellt.

Nach einer Arbeit von Boltzmann (1872) bedeutet eine Zunahme der mittleren Geschwindigkeit der Gasmoleküle eine Zunahme der Energie und damit eine Temperaturerhöhung. Er operierte mit dem Begriff einer Verteilungsfunktion $p(x, \dot{x}, t)$, welche die Dynamik der Übergänge von Anfangszuständen zum Gleichgewichtszustand enthielt. Seine Verteilungen besaßen zwei Anteile: Die Zahl der Teilchen, die zu einem Zeitpunkt t_i eine Geschwindigkeit v_i haben, hängt ab

- von der freien Bewegung der Teilchen und
- von den Kollisionen zwischen Teilchen.

Den ersten Anteil beschrieb er mit den Hilfsmitteln der klassischen Dynamik, den zweiten unter Zuhilfenahme von statistischen Ansätzen: Die Bestimmung der mittleren Anzahl von Stößen, die ein Molekül mit der Geschwindigkeit v_i erzeugen oder vernichten. Diese Mittelwerte stehen im Zusammenhang mit der Anzahl der beteiligten Moleküle und führten zu dem Begriff des Boltzmannschen Stoßterms. Im übrigen ist hier der gedankliche Hintergrund zu der statistischen Kollisionskraft zu vermuten, mit dem etwa 30 Jahre später Einstein, Langevin et al. gearbeitet haben, um die Brownsche Molekularbewegung zu beschreiben.

Es zeigte sich, daß der Term der freien Bewegung die Symmetrie der dynamischen Gleichungen erfüllt, wonach das System bei Geschwindigkeitsumkehr formal „rückwärts in der Zeit" läuft; der Stoßterm hingegen ändert sich bei Geschwindigkeitsumkehr nicht und leistet somit einen Beitrag zur Entwicklung eines neuen Gleichgewichts auch bei Geschwindigkeitsumkehrung, nämlich zur Maxwellschen Geschwindigkeitsverteilung, hergeleitet in Abschn. 3.2. Boltzmann hat damit im mikroskopischen Bereich gezeigt, daß die Änderung der Geschwindigkeitsverteilung aufgrund der freien Teilchenbewegung dem reversiblen Anteil, und der statistisch beschriebene Anteil der Teilchenzusammenstöße dem irreversiblen Anteil der Entwicklung des Gesamtsystems entspricht.

In diesem Zusammenhang ist noch folgendes bemerkenswert: Der herkömmlichen Wärmelehre ging es vor dem Hintergrund der Konstruktion von Wärmekraftmaschinen noch nicht um die *Erklärung* von irreversiblen Prozessen, sondern um deren weitestgehende *Vermeidung*. Carnot hat darauf hingewiesen, daß man zur Erzielung eines möglichst hohen Wirkungsgrades mechanischer Maschinen große und schnelle Änderungen von Geschwindigkeiten und Temperaturen, Stöße und dergleichen vermeiden müsse, weil diese zu Verlustanteilen führen. (Man sollte diese klassischen Erfahrungen im Sinne der

Kybernetik von N. Wiener auch auf volkswirtschaftliche, betriebswirtschaftliche und staatliche Systeme übertragen.) Mit seinen Gedanken hat Carnot den Zugang zu Prozessen gewiesen, *die durch beliebig langsamen Austausch von Energie reversibles Verhalten zeigen*, und er hat offenbar mit großem intuitiven Gespür weitgehend verallgemeinerungsfähige Sachverhalte ausgesprochen. So weiß man heute, daß seine Vorstellungen von beliebig langsamem Energieaustausch auch für elektrische Systeme gelten: Bei der Aufladung eines Kondensators der Kapazität C mit einer exponentiell auf u_0 ansteigenden Spannung (Zeitkonstante T_e) über einen Widerstand R mit $T = RC$ ist die vom RC-System aufgenommene Energie über die Beziehung

$$E(T_e) = \frac{1}{2} C u_0^2 \cdot \left[1 + \frac{1}{1 + T_e/T} \right]$$

von T_e abhängig [19], d.h. nur bei *beliebig langsamer* Energiezufuhr ($T_e \to \infty$) entsteht *kein dissipativer Energieanteil*.

Nun zurück zur weiteren Entwicklung: Poincaré und Loschmidt haben auf Widersprüche in der Boltzmannschen Deutung hingewiesen, die darauf hinausliefen, daß die Teilchen sich vor den Zusammenstößen statistisch vollkommen unabhängig voneinander verhalten haben müßten, daß sie also ein „molekulares Chaos" gebildet haben müßten. Einerseits bedeutete dies eine weitgehende Einschränkung der Gültigkeit von Boltzmanns Deutung, andererseits hätte eine Geschwindigkeitsumkehr zu hoch organisierten Systemen führen sollen. Diese Möglichkeit wurde schnell verworfen, weil sie einen direkten Widerspruch zum II. Hauptsatz darstellte, an dessen Allgemeingültigkeit man nicht zweifelte. Der Gedanke an vorübergehende Verstöße gegen den II. Hauptsatz war zu dieser Zeit noch nicht opportun.

Prigogine hat eine etwas distanziertere Haltung eingenommen. Er knüpft an die Arbeiten von Gibbs und Einstein an, die eine andere Verbindung zwischen Dynamik und Statistik einführten: Die Darstellung dynamischer Systeme mit Hilfe von „Ensembles" im Phasenraum, wo die genauen Anfangsbedingungen eines Systems niemals bekannt sind. Dort weicht die Einzeltrajektorie der klassischen Dynamik einem Ensemble von Trajektorien, deren Ausgangspunkte durch eine Verteilungsdichte in einem endlichen Anfangsgebiet des Phasenraums beschrieben werden. Diese Dichtefunktion trat für die darauf folgenden Überlegungen an die Stelle der von Boltzmann angesetzten Dichtefunktion $p(x, \dot{x}, t)$, führte aber letzten Endes nur zu dem Ergebnis, daß die klassische Dynamik durch ein Gebiet im Phasenraum ergänzt wurde, in welchem die Anfangsbedingungen nicht genau bekannt waren; es blieb aber vorläufig auf dieser Stufe bei der einmal erkannten Verbindung zwischen Dynamik und Statistik.

In diesem Zusammenhang ist folgendes Experiment interessant: Bringt man in ein Gefäß mit Wasser einen Tropfen intensiv gefärbter Substanz, so wird sich diese zunehmend verdünnen und annähernd gleichmäßig über das Wasservolumen verteilen. Wir sind schnell geneigt, diesen Vorgang als „statistisch" zu definieren; aber bei näherer Betrachtung heißt das lediglich, daß wir die verschlungenen Einzelwege der Farbpartikeln nicht verfolgen und somit auch nicht deterministisch beschreiben können. Das Gesamtsystem geht von einem *gleichgewichtsfernen Zustand* in einen *Gleichgewichtszustand über*, und die Zunahme seiner Entropie ist ein Maß für die Zunahme unserer Unkenntnis über das System.

Prigogine nennt diesen Vorgang sehr treffend den „Verfall an verfügbarer Information", in dessen Verlauf sich das Phasenraumgebiet der Startsituation immer weiter ausdehnt. Aus der Unfähigkeit des Beobachters, die Zustände eines komplexen Systems zu beschreiben, darf man nicht auf physikalische Eigenschaften des Systems schließen; insbesondere dürfen die Eigenschaften der eingehend behandelten Prozesse wie Diffusion und Wärmeleitung (Abschn. 13.8) nicht vom Beobachter abhängen.

14.3 Der Einfluß von Fluktuationen

Die oben erwähnten Widersprüche des Boltzmannschen Modells von der Bewegung unabhängiger Gasmoleküle trugen jedoch schon den Keim heutiger, neuer Ideen in sich: Die klassische Thermodynamik (eigentlich Wärmelehre) ist gekennzeichnet durch das „Vergessen von Anfangsbedingungen" und das Verlorengehen von Ordnung und Strukturen. Im Gegensatz dazu zeigen die modernen Überlegungen (Prigogine, Stengers, Nicolis, Haken et al.), daß unter bestimmten Voraussetzungen in thermodynamischen Systemen Strukturen *spontan* entstehen, nämlich in der Nähe von Instabilitäten beim Auftreten und Verstärken von „Fluktuationen" in der chaotischen Gesamtheit, die sich in einem gleichgewichtsfernen Zustand befindet. Fluktuationen entstehen durch zufällige Bewegungen von Molekülen als lokale Ereignisse mit hinreichend kleinen Raum- und Zeitdimensionen.

Nun gibt es Modellvorstellungen über grundlegende physikalische Transportvorgänge, die auf einer Abfolge von solchen Fluktuationen beruhen, wobei die Erinnerung an die Übergänge der Vergangenheit verlorengeht und die künftige Entwicklung nur von der gegenwärtigen Situation abhängt: Damit schließt sich der Kreis zur Modellierung durch Markov-Prozesse.

Das Zustandekommen von Fluktuationen soll durch folgende Überlegungen verdeutlicht werden: Ein Gasvolumen mit ca. 10^{23} Molekülen beschreiben wir gewöhnlich als ein System mit praktisch konstanter Dichte, das einen bestimmten Druck und eine bestimmte Temperatur (im Sinne von Mittelwerten) besitzt. Betrachtet man nun immer kleiner werdende Volumina, etwa bis zur Größe von $(10\,\text{Å})^3$, so werden sich Abweichungen von den makroskopischen Eigenschaften zeigen: Der Einfluß einzelner Partikel, die sich in dem mikroskopisch kleinen Gebiet aufhalten, wird deutlich schwanken, die Dichte ändert sich dementsprechend „zufällig", weil die verursachenden Kausalketten nicht verfolgbar sind. Eben diese Phänomene bezeichnet man als Fluktuationen, die nur noch statistisch beschrieben werden können, durch Verteilungen, Mittelwerte und Varianzen.

Wenn die Varianz in die Größenordnung des Mittelwertes kommt, zeigen die ursprünglich „kleinen" Fluktuationen makroskopische Eigenschaften, sie führen zu kohärentem Verhalten des Gesamtsystems. In diesem Zustand befinden sich die Systeme an einer Stabilitätsgrenze, eine beliebig kleine Störung kann sie in einen neuen stabilen Zustand versetzen. Während der Entwicklung des Systems zu einem solchen neuen Gleichgewicht hat die zugehörige Verteilungsdichtefunktion ihre Form geändert. Aus einer anfänglichen Gauß-Verteilung mit geringer Streuung ist über ein allmähliches Anwachsen der Streuung eine stark verbreiterte Form entstanden, die schließlich in eine andere Verteilungsdichte mit zwei Maxima übergeht, von denen eines den neuen kohärenten Systemzustand beschreibt. Das System befindet sich jetzt weitab vom Gleichgewicht, weit auseinander liegende Bereiche (gemessen an mittleren molekularen Abständen) sind jetzt miteinander korreliert. Solche Zustände entstehen durch Energiezufuhr und den Einfluß eines systemimmanenten *Ordnungsparameters*. Daran beteiligt sind wesentlich nichtlineare, die Fluktuationen verstärkende Prozesse einerseits und stabilisierende Transportphänomene andererseits, vgl. Abschn. 13.12; die neuen Systemzustände entwickeln sich – in der Terminologie der Statistik – durch sogenannte „Fernkorrelation". Diesen Übergangsbereich hat Boltzmann offenbar noch nicht gesehen, er wurde auch von seinen ersten Kritikern noch nicht so deutlich ausgesprochen wie heute von Wissenschaftlern wie Prigogine und seinem Kreis.

14.4 Zur Auswirkung statistischer Anfangsbedingungen

Wir wenden uns wieder dem Vorhaben zu, Dynamik und Statistik miteinander zu verbinden. Die zugehörigen konkreten Denkansätze etwa der zurückliegenden 10 bis 15 Jahre haben ergeben, daß die erstrebte Verknüpfung durch eine *Erweiterung der Dynamik* zu geschehen hat.

Ausgehend von der prinzipiellen Unsicherheit bei der Festlegung von Anfangsbedingungen stößt man sehr schnell auf eine große Klasse „instabil werdender" dynamischer Prozesse, wenn man nur versucht, genau eine Trajektorie über eine möglichst lange Zeit zu verfolgen. Der Erwartungsbereich einer solchen Trajektorie wird zunehmend größer, der Übergang von einem Trajektorienbündel zu einer Einzeltrajektorie verliert seinen Sinn; folglich verspricht nur eine Verknüpfung zwischen dynamischen Gesetzen mit statistischen Aussagen eine brauchbare Synthese.

Als einfaches Beispiel für die dynamische Entwicklung der Unschärfebereiche von Anfangsbedingungen betrachten wir die geradlinige konstant beschleunigte Bewegung eines Massepunktes in x-Richtung, beschrieben durch die Differentialgleichung

$$\ddot{x}(t) = -a\,.$$

Die Anfangsbedingungen für Ort und Geschwindigkeit sind nicht beliebig genau bekannt, vielmehr seien nur die nicht miteinander korrelierten Zufallsvariablen $x_0(e)$ für den Ort und $v_0(e)$ für die Geschwindigkeit zusammen mit ihren Mittelwerten und Varianzen gegeben: μ_{x0}, μ_{v0} sowie σ_{x0}^2, σ_{v0}^2. Die Lösung der dynamischen Gleichung besteht also aus den beiden Schritten

$$\dot{x}(e;t) = -a \cdot t + v_0(e) = v(e;t)\,,$$

$$x(e;t) = -\frac{a}{2} \cdot t^2 + v_0(e) \cdot t + x_0(e)\,.$$

Hieraus erhält man durch Erwartungswertbildung unmittelbar die dymanischen Entwicklungen der Mittelwerte von Weg und Geschwindigkeit:

$$\mu_x(t) = -\frac{a}{2} \cdot t^2 + \mu_{v0} \cdot t + \mu_{x0}\,,$$

$$\mu_v(t) = -a \cdot t + \mu_{v0}\,.$$

Für die Entwicklung der Varianzen folgt aus der allgemeinen Lösung (12.2) der Zustandsgleichung für das vorliegende Beispiel die besonders einfache Form

$$V(t) = \theta(t)\, V(0)\, \theta^{\mathrm{T}}(t)\,.$$

Mit den Substitutionen $x = x_1$, $\dot{x} = x_2$ erhält man die Systemmatrix

$$A = \begin{bmatrix} 0 & 1 \\ 0 & 0 \end{bmatrix},$$

und daraus die Fundamentalmatrix

$$\theta(t) = \mathrm{e}^{A \cdot t} = I + A \cdot t = \begin{bmatrix} 1 & t \\ 0 & 1 \end{bmatrix}.$$

Die gegebenen Anfangswerte für die Kovarianzen werden zu Elementen der Matrix

$$V(0) = \begin{bmatrix} \sigma_{x0}^2 & 0 \\ 0 & \sigma_{v0}^2 \end{bmatrix},$$

und durch Einsetzen in den Ausdruck für $V(t)$ findet man

$$V(t) = \begin{bmatrix} 1 & t \\ 0 & 1 \end{bmatrix} \cdot \begin{bmatrix} \sigma_{x0}^2 & 0 \\ 0 & \sigma_{v0}^2 \end{bmatrix} \cdot \begin{bmatrix} 1 & 0 \\ t & 1 \end{bmatrix}$$

$$V(t) = \begin{bmatrix} \sigma_{v0}^2 \cdot t^2 + \sigma_{x0}^2 & \sigma_{v0}^2 \cdot t \\ \sigma_{v0}^2 \cdot t & \sigma_{v0}^2 \end{bmatrix}.$$

An dieser Matrix liest man die folgenden Ergebnisse ab:

- $\sigma_x^2(t) = \sigma_{v0}^2 \cdot t^2 + \sigma_{x0}^2$, die Varianz des Weges nimmt mit t^2 zu,

- $\sigma_v^2(t) = \sigma_{v0}^2$, die Varianz der Geschwindigkeit bleibt konstant.

14.5 Bemerkungen zum Zeitbegriff und zum II. Hauptsatz

Nach diesem einfachen Beispiel kehren wir zu dem Hauptgedankengang zurück. In einem ersten Schritt muß der gängige Zeitbegriff erweitert werden, wobei eine allgemeinere Vorbemerkung hilfreich sein mag. Die zahlreichen Denkansätze der Philosophie, Philologie und Psychologie haben bei hoch entwickelten Lebewesen wie dem Menschen zur Unterscheidung zwischen einer äußeren, allgemein verbindlichen und einer inneren, individuellen Zeit geführt, mit der man die Vielfalt des Handelns und des Erlebens zeitlich ordnen kann. Man muß diesen Erfahrungsbereich nicht unbedingt als ein Analogon sehen, wenn man folgende Gedankengänge von Prigogine anschließt; Zur Beschreibung der Phänomene an instabilen dynamischen Systemen werden zwei Zeitbegriffe eingeführt; eine äußere für den *messenden Beobachter* und eine trajektoriengebundene, als Operator zu handhabende für die *interne Systemdynamik*. Beide Zeiten laufen im Mittel parallel zueinander, wobei die interne fluktuieren kann. Dadurch kommt in einer gewissen Analogie zu quantenphysikalischen Effekten eine Unschärferelation zustande, die sich in einer Verteilungsfunktion ausdrückt: Die oben eingeführte zeitabhängige Verteilungsdichtefunktion, die schon von Boltzmann angesetzt worden war, erlaubt eine Aussage über ihr „Alter" und über ihre zeitliche Änderung; *beide* können jedoch *nicht gleichzeitig* bestimmt werden, solange sich das System in einem *Nichtgleichgewichtszustand* befindet [30].

Vor diesem Hintergrund ergibt sich natürlich eine direkte Konsequenz für die statistische Formulierung des II. Hauptsatzes: Die Entropie nimmt nicht monoton im strengen Sinn, sondern nur im Durchschnitt zu. (Diese Formulierung verwendet schon Hund [4], [17] bei der Entwicklung des Entropiebegriffs ohne Bezugnahme auf verschiedene Zeitmaße). Damit sind aber die eingangs genannten gelegentlichen oder kurzfristigen Verstöße gegen den II. Hauptsatz durch das Auftreten von Fluktuationen in den Wahrscheinlichkeitsbegriff einbezogen.

Diese neue Betrachtungsweise erweitert die klassischen Möglichkeiten einer dynamischen Beschreibung und gestattet insbesondere die probabilistische Beschreibung von Systemen, die aufgrund ungenauer Angaben über ihre Anfangsbedingungen zu „instabilem" Verhalten tendieren, denen also Einzeltrajektorien nicht zugeordnet werden können. Im übrigen erfährt hierdurch der gängige Stabilitätsbegriff eine Erweiterung.

Man kann gegenwärtig zusammenfassend folgendes festhalten: Der II. Hauptsatz ist ein *Entwicklungsgesetz für zunehmende Desorganisation*, das „Vergessen von Anfangsbedingungen" und das Verschwinden von Strukturen in Systemen, die sich in der Nähe des thermodynamischen Gleichgewichts befinden. Fern vom Gleichgewicht hingegen besteht eine relativ große Wahrscheinlichkeit dafür, daß neue Strukturen entstehen, die zur *Selbstorganisation* führen.

Im übrigen sind die naturwissenschaftlich-philosophischen Diskussionen um die „scheinbare" Gegensätzlichkeit zwischen Evolution und Entropiezunahme noch in vollem Gang. Ein möglicher Ausweg besteht nach der Auffassung Prigogines und Anderer darin, daß der II. Hauptsatz auf lebende (offene) Systeme nicht anwendbar sein könnte. Damit aber ist die Entropie kein Maß für „Strukturlosigkeit", wie es gelegentlich ausgesprochen wird.

14.6 Analytische Formulierung des Zusammenhangs zwischen Dynamik und Statistik

Da es bei den folgenden Überlegungen nicht auf detaillierte Systemeigenschaften ankommt, kann man die Entwicklung eines dynamischen Systems sehr allgemein formulieren. Bezeichnen x_0 und x_t die Phasenraumpunkte eines konservativen reversiblen Systems, so gilt der Zusammenhang

$$x_t = S_t \cdot x_0 \tag{14.1}$$

mit der Punkttransformation S_t. Ganz entsprechend gilt in diesem Rahmen für eine zeitabhängige Verteilungsdichtefunktion $w_t(x)$ eine Zuordnung

$$w_t(x) = U_t \cdot w_0(x) \ , \tag{14.2}$$

wobei $w_0(x)$ die Anfangsverteilungsdichte darstellt und U_t ein unitärer Operator mit den folgenden Eigenschaften ist:

- $U_t = e^{L \cdot t}$,

- $U_{t1} U_{t2} = U_{t1 + t2}$.

Den einfachsten und geläufigen Fall stellt ein skalares $L = - \lambda$ dar, der das monotone Abklingen der Zustandsgröße auf einen stationären Ruhezustand beschreibt.

Andererseits macht man für nicht konservative Prozesse mit einer Markov-Modellierung den Ansatz

$$\tilde{w}_t(x) = p_t \cdot \tilde{w}_0(x) \ , \tag{14.3}$$

wobei p_t eine Übergangswahrscheinlichkeitsdichte mit der Eigenschaft

$$p_{t1} \cdot p_{t2} = p_{t1 + t2}$$

bedeutet und $\tilde{w}_t(x)$ eine abklingende Lösung der Mastergleichung (13.53) ist; offenbar beschreibt $\tilde{w}_0(x)$ die Anfangsverteilung eines Trajektorienbündels im Phasenraum. Nicolis und Prigogine [8] schlagen nun vor, den Zusammenhang zwischen reversiblen dynamischen Systemen entsprechend den Gln. (14.1) und (14.2) einerseits und dissipativen Systemen entsprechend Gl. (14.3) andererseits durch Einführung einer Transformation

$$\tilde{w} = T w \tag{14.4}$$

herzustellen, wobei w die Verteilungsdichte der reversiblen Dynamik und $\tilde{w}$ die zur Markov-Modellierung gehörige Verteilungsdichte bedeuten. Über die Transformation T wird der gesamte Phasenraum zur Beschreibung des statistischen Geschehens erfaßt. Dies bedeutet die Erweiterung des Begriffs der Einzeltrajektorie der reversiblen Dynamik zum Trajektorienbündel für die Übergangswahrscheinlichkeiten der Markov-Prozesse: In der klassischen Dynamik reversibler Systeme führt eine Trajektorie im Phasenraum von einem Zustand x_0 zu einem anderen Zustand x_t. Bei den Markov-Modellen gibt es mehrere Übergangswahrscheinlichkeiten, die von einem Startbereich in einen endlichen Bereich des Phasenraums führen, gekennzeichnet durch Aufenthaltswahrscheinlichkeiten. Insofern sind die Gln. (14.1) und (14.2) vom statistischen Standpunkt aus unvollständig, weil sie nur punktuelle Zusammenhänge darstellen, die keinen statistischen Spielraum für die „Nichtlokalität" enthalten.

Mit den beiden Beziehungen (14.2) und (14.3) findet man für den verbindenden Ansatz (14.4):

$$\tilde{w}_t(x) = Tw_t(x)$$

$$p_t \cdot \tilde{w}_0(x) = TU_t \cdot w_0(x)$$

$$p_t \cdot Tw_0(x) = TU_t \cdot w_0(x) \, ,$$

und dieser Zusammenhang muß für beliebige Anfangsverteilungen $w_0(x)$ gültig sein, das bedeutet

$$p_t \cdot T = TU_t, \quad t \geq 0 \, . \tag{14.5}$$

Macht man die vernünftige Annahme, daß der Operator T nicht singulär ist, dann stellt sich die Wahrscheinlichkeitsbeschreibung über p_t durch Transformation des Dynamikoperators U_t dar als

$$p_t = TU_t T^{-1} \tag{14.6a}$$

mit der Umkehrrelation

$$U_t = T^{-1} p_t T \, . \tag{14.6b}$$

Die Gl. (14.6a) zeigt, wie man von der Dynamik zur Wahrscheinlichkeitsbeschreibung gelangt, Gl. (14.6b) kennzeichnet den umgekehrten Weg.

Das Auffinden möglichst großer Klassen von Systemen, für welche die Transformation T gilt, stellt ein aktuelles Problem dar, für welches bereits bemerkenswerte Lösungen existieren. So gilt sie für die große Klasse von Systemen mit *Zeitsymmetriebruch*, beispielsweise für „Boltzmann-Ensembles"; diese entsprechen den Zuständen thermodynamischer Systeme, die sich nach den Gesetzen mit gebrochener Zeitsymmetrie entwickeln.

Der Zusammenhang mit konservativen Systemen besteht im folgenden: Versieht man konservative Systeme mit einer dissipativen Störung, so wird die ursprünglich vorhandene Symmetrie bezüglich der Zeitumkehr (Richtungsumkehr) verletzt. Zur Weiterführung dieser Gedankengänge wird auf die Arbeiten von Nicolis und Prigogine verwiesen [8].

Mit diesem entwicklungsgeschichtlich orientierten Kapitel zur allgemeinen Systemtheorie für stochastische Prozesse wurde eine Brücke zwischen den grundlegenden Arbeiten zu Beginn unseres Jahrhunderts und den aktuellen Forschungsrichtungen der Gegenwart geschlagen. Wie zu erwarten war, wird eine nicht ganz neue Erfahrung voll bestätigt: Wir leben in einer Umgebung, in der es keine scharfe Trennung zwischen deterministisch und statistisch zu beschreibenden Ereignissen gibt. Eine weit verbreitete und zunehmend gesicherte Auffassung weist in die Richtung, daß zufällige Ereignisse im strengen Sinn nur im Quantenbereich sowie in modifizierter Form in der Chaosforschung vorkommen und das Prädikat „zufällig" dem allgemeinen Sprachgebrauch im empirisch-heuristischen Sinn zuzuordnen ist. Über die Rolle des Zufalls in der Biologie können im vorliegenden Rahmen keine Aussagen gemacht werden.

Die heutzutage selbstverständliche Vereinigung ehemals gegensätzlicher Begriffe führte schnell in eine neue Gegensätzlichkeit: Auf der einen Seite steht die bis auf kleine Schwankungen durchgängige Irreversibilität aller makroskopischer Vorgänge, beschreibbar durch die entsprechende Entropiezunahme; auf der anderen Seite steht die Zunahme von Strukturen und Ordnungsgefügen, die sich in neuen Gleichgewichtszuständen halten. Die Auflösung dieser Gegensätzlichkeit sieht v. Weizsäcker darin, daß sich das Weltall beständig ausdehnt; es befindet sich fern vom Gleichgewicht, Ströme aus Energie und Materie erzeugen und erhalten Nichtgleichgewichtsstrukturen. Während der dynamischen Entwicklung zum Gleichgewicht können sich mehr oder weniger stabile Zwischenzustände einstellen. Dieses Aufhalten der Bewegung erklärt man dadurch, daß ein solcher Zwischenzustand durch Energiezufuhr aufrechterhalten wird, die Energie dissipiert, und im gleichen Maß wird Entropie produziert [8, 67].

14.7 Komplexe Systeme

Nachdem in den vorangegangenen Abschnitten die Beeinflussung von stochastischen Prozessen durch lineare Systeme unter den verschiedensten Gesichtspunkten behandelt worden ist, soll abschließend und gleichzeitig anschließend an die kurz gestreiften neueren Entwicklungstendenzen etwas zu dem Begriff komplexer Systeme gesagt werden, wobei es weder um Vollständigkeit noch um Gesichtspunkte des „Machbaren" geht.

● *Komplexität* tritt im allgemeinen nicht im Zuge einer stetigen Entwicklung ein, sondern spontan. Systeme, die durch Energiezufuhr von einem Gleichgewichtszustand fortgetrieben werden, neigen unter sehr allgemeinen Bedingungen dazu, spontane Verhaltensänderungen zu zeigen. Sie können chaotisch werden, sie können aber auch unerwartete Formen von Organisation annehmen. Offenbar versagt hier das Prinzip des Reduktionismus, das bei der Modellbildung sogenannter „einfacher" Systeme so hilfreich ist. Die Zurückführbarkeit auf geeignete Untersysteme oder rückwirkungsarme Teilsysteme ist nicht mehr möglich, womit auch meistens die Separierbarkeit als weiteres wichtiges Prinzip der Modellbildung verlorengeht.

- *Komplexe Systeme* sind überwiegend „offene" Systeme in Sinne einer starken Wechselwirkung mit ihrer Umgebung durch Energie – bzw. Entropieflüsse. Eine Konsequenz daraus besteht darin, daß die bei der herkömmlichen Modellbildung angenommene – weil in guter Näherung geltende – Abgrenzung von der Umgebung und somit die Isolierbarkeit für eine überschaubare analytische Beschreibung verlorengeht.

- Die Zustandsgleichungen, sofern man schon über Modellvorstellungen Zugang zum Verständnis komplexer Systeme hat, sind äußerst schwierig aufzustellen; sie sind nichtlinear, beschreiben typische Eigenschaften von Kreisstrukturen und enthalten damit systemimmanent das universelle *Rückkopplungsprinzip*. Eine bedeutende Rolle spielen Ansätze durch bilineare Gleichungen, die nichtlineare Fokker-Planck-Gleichung [7] sowie allgemeinere Überlegungen aus der Potentialtheorie.

- Das komplexe Systemverhalten kommt oft durch das Zusammenwirken sehr zahlreicher Elementarprozesse zustande (dies ist die begriffliche Grundlage für die von Haken eingeführte Bezeichnung „Synergetik" für das umfangreiche Arbeitsfeld), und spätestens hier zeigt sich die Notwendigkeit der Überwindung des klassischen Gegensatzes zwischen Dynamik und Statistik.

Die letztgenannte Eigenschaft macht deutlich, daß bei komplexen Systemen die statistische Betrachtungsweise nicht bzw. nicht nur durch den Charakter von stochastischen Signalen erzwungen wird, sondern bereits durch systemtypische Eigenschaften wie den Übergang zu chaotischem Verhalten nach mehreren Bifurkationen. An dieser Stelle schließt sich der Kreis zu den anfänglich getroffenen Voraussetzungen zur Entwicklung einer *praktikablen* Systemtheorie für stochastische Prozesse: Die sinnvolle und notwendige Annahme, daß *das statistische Geschehen nur durch die Signale ins Spiel komme*, ist bei komplexen Systemen nicht mehr zutreffend, weil diese im Zuge ihrer organisatorischen Entwicklung *selbst statistischen Charakter annehmen* oder zumindest Zwischenstadien durchlaufen, die nur noch statistisch beschreibbar sind.

Zahlreiche Ergebnisse der gegenwärtigen Forschung, die wesentliche Impulse von der Theoretischen Physik erhält, führen zu der Vermutung, daß *Komplexität der Normalfall* ist, *Einfachheit der Sonderfall* oder allenfalls eine Näherung. Newtonsche dynamische Systeme und die Thermodynamik – eigentlich Thermostatik – abgeschlossener Systeme in Gleichgewichtsnähe bilden aus moderner Sicht relativ eng begrenzte Klassen. Die schon genannte Synergetik befaßt sich interdisziplinär mit dem Studium „offener" Systeme, die eine echte (irreversible) Entwicklung durchlaufen. Es ist nicht auszuschließen, daß unser derzeitiges Bild von unserer nahen und ferneren Umgebung wesentliche Ergänzungen, wenn nicht gar Zwänge zu ganz neuen Denkansätzen erfahren wird [7].

Aber auch bei diesen gegenwartsnahen Problemen lohnt sich ein Blick in die Vergangenheit: Im Jahr 1920 erhielt Werner Heisenberg von Arnold Sommerfeld ein Dissertationsthema aus der Theorie der Flüssigkeitsturbulenzen, als Alternative zu einer eingehenderen Untersuchung des anormalen Zeeman-Effektes. Aus dieser Zeit stammt Heisenbergs später geäußerte Erfahrung, daß

„... stark nichtlineare Systeme auch bei beliebig kleinen Störungen zu ganz
unerwarteten und durch einfache Näherungsmethoden nur schwer faßbaren
Lösungen führen...". Seine Arbeiten über quantenmechanische Mehr-
körpersysteme führten ihn zu der Erkenntnis, daß „... auch eine prinzipiell
einfache Dynamik zu äußerst komplizierten und praktisch unentwirrbaren
Erscheinungsformen führen kann...".

Es ist nicht zu übersehen, daß hier deutlich und sogar schon in unserer
heutigen Terminologie auf die Existenz komplexer Systeme hingewiesen wird,
viele Jahrzehnte vor der Neuschöpfung moderner Begriffe der Synergetik und
der Chaosforschung.

III Kalman-Filter

Im allgemeinen Sprachgebrauch benutzt man das Wort „schätzen" immer dann, wenn man eine Aussage nur mit einer gewissen Unsicherheit treffen kann, deren man sich bewußt ist. Bei wissenschaftlichen Aussagen in diesem Sinne besteht das Problem des Schätzens seit man Beobachtungen und Messungen auswertet, systematisiert und eventuell für Vorhersagen künftiger Versuchsergebnisse benutzt. Erste nachweisbare Quellen hierzu hat man schon in Aufzeichnungen der Babylonier gefunden [31], systematische Auswertungen bei Galilei. Über zahlreiche Zwischenstationen, auf die hier nicht eingegangen werden kann, gelangt man schließlich zu Gauß, dessen grundlegende und umfangreiche Arbeiten über die allgemeine Fehlertheorie, insbesondere über Vorhersagen mit minimaler Fehlervarianz, u.a. den Astronomen zur Vorhersage des Mondes Ceres verholfen haben – ein oft zitiertes Beispiel für die Leistungsfähigkeit dieser Verfahren.

Von hier aus führt eine direkte Verbindung zu den Arbeiten Wieners über Optimalfilter zur Minimierung von Störgeräuscheinflüssen in der Nachrichten- und Regelungstechnik [32], wobei allerdings der heute übliche Terminus „Schätzung von Zustandsgrößen" noch weitgehend im Hintergrund blieb; begrifflich steht bei Wiener das Filterproblem im Mittelpunkt. Die zugehörigen Lösungsverfahren sind beschränkt auf stationäre Prozesse, deren Leistungsdichtespektren in Produktform angesetzt werden können. Der realisierbare Anteil, der sogenannte „kanonische Faktor", führt nach einigen zusätzlichen Operationen zu dem optimalen realisierbaren Filterfrequenzgang (s. Kap. 16). Erste zivile Anwendungen von Wieners Theorie finden sich bei Modulationssystemen der Nachrichtentechnik und bei der optimalen Auslegung von Phasenregelkreisen [33]. Der Wienersche Ansatz erfuhr in der Folgezeit mehrfach Verallgemeinerungen, die aber nicht zu einem entscheidenden Durchbruch für breitere Anwendungsbereiche führten.

Den herausragenden Schritt beging R.E. Kalman [34] durch den gezielten Übergang zu einem „dynamischen Modell" für ein Signal oder Grundsystem sowie zu instationären stochastischen Prozessen, indem er das Systemeingangsrauschen und das Meßrauschen durch instationäre weiße Geräusche modellierte, die durch ihre Kovarianzeigenschaften gekennzeichnet waren. Kalman gibt nicht – wie Wiener – den optimalen Filterfrequenzgang als Zielsetzung vor, sondern einen allgemeinen, ursprünglich diskreten Filteralgorithmus an, der durch Algebraisierung des Gesamtproblems zahlreichen Fragen möglicher Anwendungen unmittelbar angemessen ist. In der Folgezeit hat Kalman zusammen mit Bucy [35] die analoge Version publiziert, die an klassische kontinuierliche Filterverfahren und Strukturen anknüpft, die den Charakter der „modellgestützten" Filterung noch deutlicher erkennen lassen. Mit der Beschreibung der Modelle durch Zustandsgleichungen wurde auch der Gesichtspunkt der Bildung optimaler Schätzwerte für verrauschte Zustandsgrößen deutlich hervorgehoben. Die Kalmanschen Arbeiten fanden eine vorläufige Abrundung in den sechziger Jahren durch seine Publikationen über die Stabilität der Filter und die Zusammenhänge mit der stochastischen Steuerbarkeit und Beobachtbarkeit [36] des Signalmodells bzw. des Grundsystems.

Das Kalman-Filter wird in dem allgemeineren Rahmen des *Beobachterentwurfs* gesehen: Ein modellgestütztes Konzept, bei dem das Modell eines gegebenen Grundsystems in einer Regelschleife liegt, korrigiert mit einer Gewichtung, die über ein dynamisches Kriterium zum deterministischen Luenberger-Beobachter und über ein statistisches Kriterium zum Kalman-Beobachter führt. Insbesondere bei dem vergleichsweise aufwendigen Entwurf von Beobachtern reduzierter Ordnung ist diese gemeinsame Ansatzbasis von Vorteil.

Modellgestützte Verfahren sind auch in anderen Zusammenhängen bekannt geworden, so bei adaptiven Regelungen mit parallel betriebenen Modellen der Strecken, bei der Schätzung von Streckenparametern und mit unmittelbarer Strukturgleichheit bei der Zustandsregelung.

Die modellgestützten Meßverfahren spielen eine zunehmende Rolle bei der Entwicklung von Sensortechniken für die Prozeßleittechnik [70], weil sie über die Modellierung eine Art „a priori – Wissen" über den verfahrenstechnischen Prozeß einbringen und optimal gefilterte Schätzwerte für nicht meßbare (aber beobachtbare) Systemzustände zur Verwendung in Prozeßregelungskonzepten liefern. In die gleiche Anwendungskategorie fällt der Einsatz von Kalman-Beobachtern zur Vorausschätzung kritischer Reaktorzustände in Sicherheits- und Überwachungssystemen. In diesem Zusammenhang sind auch die Einsatzbereiche von Kalman-Beobachtern zur Fehlererkennung und -Korrektur bei diskreten Regelungssystemen zu nennen, die sowohl in der Verfahrenstechnik als auch in der Luft- und Raumfahrt zu finden sind [71].

Besonders hohe Anforderungen werden bei der Modellierung von Flugkörpern gestellt, weil sowohl die Komplexität (im klassischen Sinn) der Systeme als auch die Sicherheitsanforderungen sehr hoch sind [50]. Dabei werden sowohl nichtlineare als auch lineare Zustandsmodelle angesetzt, und Kalman-Beobachter werden zur optimalen Schätzung der Fluggeschwindigkeit, des Anstellwinkels und des Schiebewinkels eines Flugzeugs verwendet [72]. Ebenfalls in den Anwendungsbereich der Flugtechnik gehören mit Kalman-Beobachtern arbeitende Lenksysteme [73]. Hier erfolgt die Signalverarbeitung im Flugkörperlenksystem mit Kalman-Filtern zur Erfassung, Diskrimination und Verfolgung von Zielen unter komplexen und stark gestörten Umgebungsbedingungen. Ferner werden digital arbeitende Kalman-Filter im geschlossenen Regelkreis der Endanflugphase mit hoher Dynamik eingesetzt; vergleichbare Situationen liegen bei der Einweisung von Flugzeugen bei schlechten Sichtverhältnissen durch Fluglotsen im Tower vor.

Die Alternativbezeichnung Kalman-„Filter" weist auf zahlreiche Einsatzmöglichkeiten in der Nachrichtentechnik hin; sie werden zum Teil exemplarisch im Rahmen von Beispielen zu einigen der folgenden Kapitel vorgestellt. In diesem Zusammenhang ist ein ebenfalls in der Praxis bewährter Vorläufer des „Kalman-Tracking Filters" in Gestalt eines optimalen Frequenznachlaufsystems zum Empfang stark gestörter Signale von Navigationssatelliten (Wienersches Optimalfilter) zu erwähnen [74].

Der mit Abstand größte Teil technischer Realisierungen von Kalman-Beobachtern erfolgt in Digitaltechnik, ein Umstand, dem insbesondere die einschlägigen Bücher von Brammer/Siffling [45], Schrick [47] und Krebs [75] (für nichtlineare Filterung) sowie die zunehmende Anzahl von Fachaufsätzen Rechnung tragen.

In dem vorliegenden Buch mit überwiegend einführendem und theoretischem Charakter wird besonderes Gewicht auf die Entwicklung und den Entwurf *kontinuierlich* arbeitender Kalman-Filter gelegt, auf die aus didaktischen und entwicklungsgeschichtlichen Gründen nicht verzichtet werden kann, da sie unabdingbares *Hintergrundwissen* für weitere technische Anwendungen darstellt. Dem (gelegentlich recht unbefangenen) Umgang mit den heutigen digitalen und damit programmorientierten Realisierungsmöglichkeiten soll gezielt das physikalisch-technische Grundverständnis der kontinuierlichen modellgestützten Filterung vorangestellt werden.

Dem *diskret* arbeitenden Kalman-Filter sind die beiden letzten Kap. 25 und 26 mit 11 Abschnitten gewidmet, in denen u.a. der Entwurf des Filters voller sowie reduzierter Ordnung in der z-Ebene ausführlich behandelt werden. Hier werden neuere Arbeiten von Hippe und Wurmthaler [52, 57, 63] zum Frequenzbereichsentwurf zeitdiskret arbeitender Kalman-Beobachter reduzierter Ordnung erstmals in Lehrbuchstoff umgesetzt.

15 Schätzungen mit minimaler mittlerer quadratischer Abweichung

15.1 Vorbereitende Hinweise

Im Abschn. 6 wurden die wichtigsten Eigenschaften von Schätzfunktionen für statistische Parameter vorgestellt, an die im folgenden unmittelbar angeknüpft wird. Als Gütekriterien für Schätzungen wurden dort die Erwartungstreue und die Konsistenz behandelt, ferner die Verknüpfung zweier Zufallsvariablen zu einem Schätzwert minimaler Varianz, wobei sich in Gestalt der Gln. (6.9b) und (6.11) erste Möglichkeiten einer Verallgemeinerung andeuteten: Die linear angesetzte Schätzfunktion

$$\hat{x}(t_2) = (1 - K)\cdot y(t_1) + K\cdot y(t_2)$$

lieferte den optimalen erwartungstreuen Schätzwert minimaler Varianz in der Form

$$\hat{x}_{\text{opt}}(t_2) = y(t_1) + K_o(t_2)\cdot [y(t_2) - y(t_1)] \tag{6.9b}$$

mit der optimalen Gewichtung

$$K_o(t_2) = \frac{\sigma^2(t_1)\cdot \sigma^2(t_2)}{\sigma^2(t_1) + \sigma^2(t_2)}$$

sowie die Varianzgleichung

$$\sigma_{\hat{x}}^2(t_2) = \sigma_{\hat{x}}^2(t_1)\cdot [1 + K_o(t_2)] \; . \tag{6.11}$$

Im Abschn. 7.4 wurde der vektorielle Ansatz

$$y(e; t) = Cx(e; t) + r(e; t)$$

mit Gauß-verbundverteilten Prozessen $x(e; t)$, $y(e; t)$ und einem Störprozeß $r(e; t)$, statistisch unabhängig von $x(.\,;.)$ und $y(.\,;.)$ behandelt und der bedingte Erwartungswert berechnet. Die Ergebnisse lauten

$$\mu_{x|y} = \mu_x + K\cdot [v - C\mu_x] \tag{7.18b}$$

mit der Gewichtung

$$K = V^0 C^{\text{T}}\cdot [C V^0 C^{\text{T}} + V_r]^{-1} \tag{7.20}$$

sowie der Varianzgleichung

$$V_{x|y} = V_x - KCV^0 \,. \tag{7.19b}$$

Es wird sich zeigen, daß diese Grundformen beim Entwurf von Kalman-Filtern wieder auftreten; hierbei ist jedoch zu beachten, daß Zustandsgrößen keine festen statistischen Parameter sind, sondern Funktionen von e und der Zeit. Dies hat zur Folge, daß die Konsistenzforderung nicht aufrechterhalten werden kann, vielmehr werden an die Schätzungen von Zustandsgrößen folgende Forderungen gestellt:

a) Erwartungstreue
b) Linearität
c) Minimaler quadratischer Mittelwert des Schätzfehlers, dies bedeutet bei mittelwertfreien Signalen minimale Varianz.

Diese Eigenschaften werden in den nachfolgenden Abschnitten ausführlich behandelt, wobei wir vorläufig noch mit Zufallsvariablen operieren und einen sehr allgemeinen Ansatz für die Schätzfunktion an den Anfang stellen, um die fundamentale Bedeutung des bedingten Erwartungswertes hervorzuheben.

15.2   Allgemeiner Ansatz einer beliebigen Schätzfunktion

Eine Zufallsvariable $x(e)$ soll durch eine beliebige reelle Funktion $\hat{x}(e) = g[y(e)]$ bei gegebenem $y(e)$ so geschätzt werden, daß die mittlere quadratische Abweichung

$$\mathscr{E}\{(x(e) - g[y(e)])^2\} = \iint\limits_{-\infty}^{+\infty} [u - g(v)]^2 \cdot p_{x,y}(u, v)\, du\, dv$$

minimal wird. Da $y(e)$ hier die Rolle einer *Bedingung* spielt, ersetzt man die Verbundverteilungsdichte unter dem Integral durch den in Abschn. 4.5 entwickelten Ausdruck (4.18a),

$$p_{x,y}(u, v) = p_y(v) \cdot p_{x|y}(u|v)$$

und erhält

$$\mathscr{E}\{\ldots\} = \int\limits_{-\infty}^{+\infty} p_y(v) \cdot \int\limits_{-\infty}^{+\infty} [u - g(v)]^2 \cdot p_{x|y}(u|v)\, du\, dv \,.$$

Nach den Ergebnissen von Abschn. 2.3.1 erreicht das Integral über u sein Minimum für die Funktion

$$g(y) = \int\limits_{-\infty}^{+\infty} u \cdot p_{x|y}(u|v)\, du = \mathscr{E}\{x|y\} \,. \tag{15.1}$$

Damit ist gezeigt, daß der bezüglich des angesetzten Kriteriums „beste"
Schätzwert für $x(e)$ der *bedingte Erwartungswert* ist, also eine Funktion von y,
deren graphische Darstellung die aus der allgemeinen Statistik bekannte *Re-
gressionskurve* ergibt. In der üblichen Kurzschreibweise $\mu_{x|y}$ für den bedingten
Erwartungswert ist also die minimale mittlere quadratische Abweichung gegeben durch den Erwartungswert

$$\mathscr{E}\left\{[x(e) - \mu_{x|y}]^2\right\},$$

und dies ist eine Verallgemeinerung der Forderung

$$\mathscr{E}\left\{[x(e) - c]^2\right\} \to \text{Min für } c = \mu_{x|y}.$$

Zusatzbemerkungen:

- Wenn die Schätzfunktion *linear* angesetzt wird,

$$\hat{x}(e) = a \cdot y(e) + b,$$

  dann hat die eingangs geforderte Erwartungstreue zur Konsequenz, daß
  $b = 0$ sein muß. Der allgemeine Ansatz in Gestalt des Superpositionsintegrals
  als Schätzfunktion wird erst bei der Schätzung von zeitabhängigen Zustandsgrößen in Abschn. 16.1 erforderlich.

- Der quadratische Mittelwert des *Schätzfehlers* $\varepsilon(e) := x(e) - \hat{x}(e)$ soll minimal
  werden; dies bedeutet eine Forderung bezüglich der Konstanten a:

$$\mathscr{E}\left\{[x(e) - a \cdot y(e)]^2\right\} \to \text{Min}(a)$$

  mit dem Ergebnis

$$a = \frac{1}{\sigma_y^2} \cdot \mathscr{E}\left\{x(e) \cdot y(e)\right\} = \rho \cdot \frac{\sigma_x}{\sigma_y}$$

  mit dem Korrelationskoeffizienten ρ nach Gl. (4.9).

- Unter den getroffenen Annahmen besteht ein wichtiger, verallgemeinerungs-
  fähiger Zusammenhang zwischen dem Schätzfehler $\varepsilon(e)$ und der Messung $y(e)$
  in der Form

$$\mathscr{E}\left\{[x(e) - \hat{x}(e)] \cdot y(e)\right\} = \mathscr{E}\left\{\left[x(e) - \rho \cdot \frac{\sigma_x}{\sigma_y} \cdot y(e)\right] \cdot y(e)\right\}$$

$$= \mathscr{E}\left\{x(e) \cdot y(e)\right\} - \rho\sigma_x\sigma_y = 0,$$

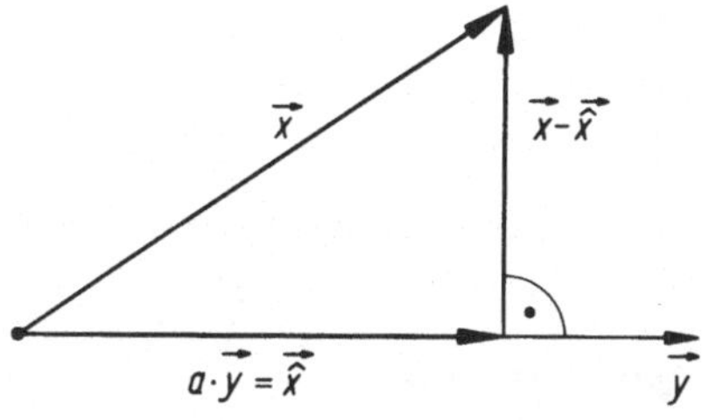

Bild 15.1. Veranschaulichung des Orthogonalitäts-
prinzips durch Vektoren in der Ebene

Schätzfehler und Meßwert sind also *orthogonal* zueinander (s. Abschn. 4.2). Interpretiert man die beteiligten Größen als Zeiger, so ergibt sich die geometrische Zuordnung nach Bild 15.1, die sich natürlich unabhängig von der Anschauung auf mehrere Dimensionen verallgemeinern läßt.

15.3 Erwartungstreue lineare Schätzung vektorieller Größen mit minimalem mittlerem Fehlerquadrat

15.3.1 Das Optimierungskriterium

Es wird eine vektorielle Schätzfunktion

$$\hat{x}(e) = H \cdot y(e)$$

angesetzt, und bei den anschließenden Rechenschritten wird das Argument e nicht mehr mitgeschrieben; die Erwartungswertbildungen beziehen sich ausnahmslos auf e. Die zunächst unbestimmt angesetzte Matrix H ist so zu wählen, daß die Summe der Fehlerquadrate

$$\varepsilon_1^2 + \varepsilon_2^2 + \ldots + \varepsilon_n^2 = \varepsilon^T \varepsilon$$

ein Minimum annimmt. Die zugehörige Fehlerkovarianzmatrix ist von der Form

$$\mathscr{E}\{\varepsilon^T \varepsilon\} = \mathscr{E}\left\{\begin{bmatrix} \varepsilon_1 \varepsilon_1 & \cdots & & \varepsilon_1 \varepsilon_n \\ \vdots & & \varepsilon_i \varepsilon_i & \vdots \\ \varepsilon_n \varepsilon_1 & \cdots & & \varepsilon_n \varepsilon_n \end{bmatrix}\right\},$$

wobei die Erwartungswertbildung an den einzelnen Elementen der Matrix vorzunehmen ist und offensichtlich die Beziehung

$$\mathscr{E}\{\varepsilon^T \varepsilon\} = \operatorname{spur} \mathscr{E}\{\varepsilon \varepsilon^T\}$$

für die weitere Behandlung zur Verfügung steht. Die notwendige Bedingung für das Auftreten eines Extremums lautet

$$\frac{\partial}{\partial H} \operatorname{spur} \mathscr{E}\{\varepsilon \varepsilon^T\} = 0\,,$$

wobei für die Auswertung $\varepsilon = x - Hy$ zu setzen ist. Zunächst ergibt die Berechnung des Produktes

$$(x - Hy) \cdot (x - Hy)^T = xx^T - Hyx^T - xy^T H^T + Hyy^T H^T$$

und daraus erhält man die folgenden vier Ableitungen (siehe Anhang):

$$\frac{\partial}{\partial H}\operatorname{spur}\mathscr{E}\{xx^{\mathrm{T}}\} = 0\,,$$

$$\frac{\partial}{\partial H}\operatorname{spur}\mathscr{E}\{Hyx^{\mathrm{T}}\} = \mathscr{E}\{xy^{\mathrm{T}}\}\,,$$

$$\frac{\partial}{\partial H}\operatorname{spur}\mathscr{E}\{xy^{\mathrm{T}}H^{\mathrm{T}}\} = \mathscr{E}\{xy^{\mathrm{T}}\}\,,$$

$$\frac{\partial}{\partial H}\operatorname{spur}\mathscr{E}\{Hyy^{\mathrm{T}}H^{\mathrm{T}}\} = 2\cdot H\cdot\mathscr{E}\{yy^{\mathrm{T}}\}\,.$$

Das Nullsetzen der Summe führt unmittelbar auf die Bestimmungsgleichung für die optimale Matrix H_{o}:

$$\mathscr{E}\{x(e)\cdot y^{\mathrm{T}}(e)\} - H_{\mathrm{o}}\cdot\mathscr{E}\{y(e)\cdot y^{\mathrm{T}}(e)\} = 0\,. \tag{15.2}$$

Ebenso wie im vorher behandelten skalaren Fall stehen der vektorielle Schätzfehler $x - \hat{x}$ und der Meßvektor y in dem Zusammenhang

$$\mathscr{E}\{[x(e) - H_{\mathrm{o}}y(e)]\cdot y^{\mathrm{T}}(e)\} = 0\,, \tag{15.3}$$

der das *Orthogonalitätsprinzip* in vektorieller Form darstellt.

15.3.2 Berechnung der optimalen Matrix H_{o}

Man geht aus von der Bestimmungsgleichung

$$\mathscr{E}\{x(e)\cdot y^{\mathrm{T}}(e)\} - H_{\mathrm{o}}\cdot\mathscr{E}\{y(e)\cdot y^{\mathrm{T}}(e)\} = 0$$

und der Linearkombination (s. Abschn. 7.4)

$$y(e) = Cx(e) + r(e)$$

unter folgenden Annahmen:

$x(e)$: zu schätzender Zufallsvektor
  mit $\mu_{\mathrm{x}} = 0$ und $\mathscr{E}\{x(e)x^{\mathrm{T}}(e)\} = \Psi_{\mathrm{x}}$,

$r(e)$: Zufalls-Störvektor
  mit $\mu_{\mathrm{r}} = 0$ und $\mathscr{E}\{r(e)r^{\mathrm{T}}(e)\} = \Psi_{\mathrm{r}}$,
  beide Zufallsvektoren seien nicht miteinander korreliert,

  d.h. $\mathscr{E}\{x(e)r^{\mathrm{T}}(e)\} = 0\,.$

Die Bestimmung der optimalen Matrix H_{o} erfolgt über eine einfache Zwischenrechnung:

$$\mathscr{E}\{x\cdot y^{\mathrm{T}}\} = \mathscr{E}\{x\cdot(x^{\mathrm{T}}C^{\mathrm{T}} + r^{\mathrm{T}})\} = \Psi_{\mathrm{x}}C^{\mathrm{T}}\,,$$

$$\mathscr{E}\{y\cdot y^{\mathrm{T}}\} = \mathscr{E}\{(Cx + r)\cdot(x^{\mathrm{T}}C^{\mathrm{T}} + r^{\mathrm{T}})\}$$

$$= C\Psi_{\mathrm{x}}C^{\mathrm{T}} + \Psi_{\mathrm{r}}\,,$$

und mit der angesetzten Bestimmungsgleichung für H_o ergibt sich

$$H_o = \Psi_x C^T [C \Psi_x C^T + \Psi_r]^{-1} \,. \tag{15.4}$$

Damit hat sich folgendes gezeigt: Die Gewichtung K nach Gl. (7.20) zur Berechnung des bedingten Erwartungswertes stimmt bis auf die jeweils angepaßte Symbolik mit der optimalen Matrix H_o überein; das war zu erwarten, weil laut Abschn. 15.2 der bedingte Erwartungswert der beste Schätzwert ist. Als Ergebnis ist also der Ausdruck

$$\hat{x}_{opt}(e) = \Psi_x C^T \cdot [C \Psi_x C^T + \Psi_r]^{-1} \cdot y(e)$$

festzuhalten. Man beachte, daß bei dem soeben behandelten Schätzproblem nichts näheres über die *Entstehung* des zu schätzenden Vektors x ausgesagt worden ist, insbesondere hängt er nicht von der Zeit ab.

16 Optimale Filterung von verrauschten Signalen

16.1 Herleitung der skalaren Wiener-Hopfschen Integralgleichung

Ein verrauschtes Nutzsignal $s(t)$ sei nur über eine Meßgröße $y(t) = s(t) + r(t)$ zugänglich; die zugrundeliegenden Prozesse $s(e; t)$ und $r(e; t)$ seien kovarianzergodisch, nicht miteinander korreliert und im übrigen gekennzeichnet durch ihre Leistungsdichtespektren:

$S_s(\omega)$ für das Nutzsignal,

$S_r(\omega) = \Psi_r$ als konstantes Leistungsspektrum für ein weißes Störgeräusch.

Aus den verrauschten Messungen soll das Nutzsignal $s(t)$ über den Ansatz

$$\hat{s}(t) = \int\limits_0^\infty h(u) \cdot y(t - u)\, \mathrm{d}u \tag{16.1}$$

so geschätzt werden, daß der quadratische Mittelwert des Schätzfehlers durch passende Wahl von h minimal wird. Bei der analytischen Formulierung dieser Forderung wird wieder die Prozeßschreibweise mit dem zusätzlichen Argument e verwendet, da ein Erwartungswert zu bilden ist:

$$\mathscr{E}\{[s(e; t) - \hat{s}(e; t)]^2\} \to \mathrm{Min}(h)\,.$$

Nach den vorausgegangenen Überlegungen zu erwartungstreuen Schätzungen mit minimalem quadratischem Fehler muß das Orthogonalitätsprinzip in der folgenden skalaren Form erfüllt sein:

$$\mathscr{E}\left\{\left[s(e; t) - \int\limits_0^\infty h(u) \cdot y(e; t - u)\, \mathrm{d}u\right] \cdot y(e; v)\right\} = 0$$

$$\mathscr{E}\{s(e; t) \cdot y(e; v)\} - \mathscr{E}\left\{\int\limits_0^\infty h(u) \cdot y(e, t - u) \cdot y(e; v)\, \mathrm{d}u\right\} = 0\,.$$

Da die Reihenfolge von Integration und Erwartungswertbildung bezüglich e vertauscht werden darf, ergibt sich unter dem Integral zunächst die Autokorrelationsfunktion $\phi_y(t - u - v)$, und mit der Substitution $t - v = \tau$ ist die

Wiener-Hopfsche Integralgleichung zur Bestimmung der optimalen Impulsantwort $h_o(t)$ gewonnen:

$$\phi_{sy}(\tau) - \int\limits_0^\infty h_0(u) \cdot \phi_y(\tau - u)\,du = 0 \, , \tag{16.2}$$

Bild 16.1 zeigt die Zuordnung von Musterfunktionen und optimalem Filter zur Bildung des Schätzwertes $\hat{s}(t)$ für das Nutzsignal $s(t)$.

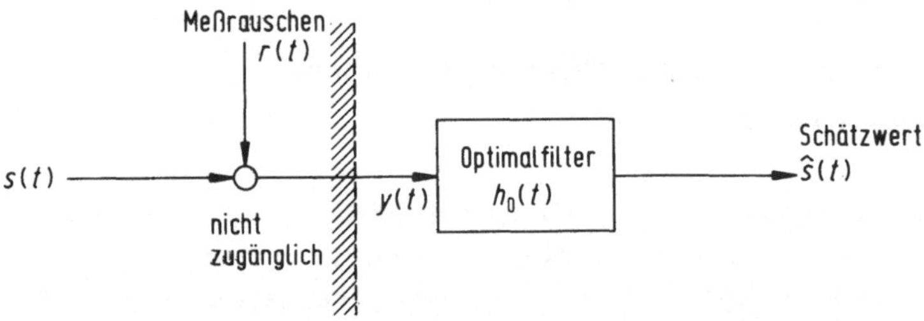

Bild 16.1. Zuordnung von Signal, Meßgeräusch und Optimalfilter zur Bildung von Schätzwerten für das verrauschte Nutzsignal

Hinweis:

Die Bezeichnung „Schätzwert", die ursprünglich für einen festen Parameterwert eingeführt wurde, wird auch für die Schätzung von Funktionen der Zeit beibehalten.

16.2 Lösung der Integralgleichung

Eine Integralgleichung vom Faltungstyp löst man durch Übergang in den Frequenzbereich, indem man ansetzt

$$S_{sy}(j\omega) - F(j\omega) \cdot S_y(\omega) = 0$$

$$F(j\omega) = \frac{1}{S_y(\omega)} \cdot S_{sy}(j\omega) \, . \tag{16.3}$$

Bei der Auswertung dieser Beziehung ist folgendes zu bedenken: Zum einen wurden bei der Herleitung der Wiener-Hopf-Gleichung keine Annahmen gemacht, die eine kausale realisierbare Impulsantwort sicherstellen; zum anderen ist aus Abschn. 11 bekannt, daß die Produktdarstellung von Leistungsdichtespektren auf nicht-kausale Bestandteile im Zeitbereich führt. Das bedeutet für die Lösung der Integralgleichung, daß zur weiteren Auswertung des Zwischenergebnisses (16.3) folgende Schritte ausgeführt werden müssen:

● Produktzerlegung der rechten Seite

- Abspaltung derjenigen Zerlegungsanteile, die auf eine kausale Impulsantwort führen; der Frage nach der technischen Realisierbarkeit braucht bei diesen grundsätzlichen Überlegungen noch nicht nachgegangen zu werden.

In der Schreibweise von Abschn. 11 führt der Produktansatz

$$S_y(\omega) = S_{0y} \cdot P_y(j\omega) \cdot P_y^*(j\omega)$$

auf die optimale (kausale und damit prinzipiell realisierbare) Frequenzgangfunktion

$$F_o(j\omega) = \frac{1}{S_{0y} \cdot P_y(j\omega)} \cdot \{P_y^{*-1}(j\omega) \cdot S_{sy}(j\omega)\}^+ \,, \tag{16.4}$$

wobei die Anweisung $\{\ldots\}^+$ sicherstellt, daß in der Impulsantwort keine nicht-kausalen Anteile vorkommen.

Nach Rücktransformation in den Zeitbereich ergibt sich die zugehörige Impulsantwort

$$\mathscr{F}^{-1}\{F_o(j\omega)\} = h_o(t) \begin{cases} \equiv 0 & \text{für alle } t < 0 \\ \not\equiv 0 & \text{für alle } t \geq 0 \end{cases}.$$

Die Vorschrift (16.4) zur Bestimmung des optimalen Frequenzgangs wurde für reine Filterung hergeleitet; sie ist ohne weiteres auf Fälle der Signalvorhersage und der Signalverzögerung ausdehnbar [6]. In diesen Fällen lautet die gegenüber (16.2) modifizierte Integralgleichung

$$\phi_{sy}(\tau + T) - \int_0^\infty h_o(u)\phi_y(\tau - u)\,du = 0, \quad \tau \geq 0 \,, \tag{16.2a}$$

und der optimale Filterfrequenzgang wird

$$F_o(j\omega) = \frac{1}{S_{0y} \cdot P_y(j\omega)} \cdot \{P_y^{*-1}(j\omega) \cdot S_{sy}(j\omega) \cdot e^{j\omega T}\}^+ \,, \tag{16.4a}$$

wobei $T > 0$ Signalvorhersage,
$\quad\quad T = 0$ reine Filterung,
$\quad\quad T < 0$ Signalverzögerung
bedeuten.

16.3 Beispiel mit einem Nutzsignalspektrum 1. Ordnung

Um den schon in sehr einfachen Fällen erforderlichen Aufwand beurteilen zu können, wird eine Klasse von Nutzsignalen mit dem Wirkleistungsspektrum

$$S_s(\omega) = \frac{\beta}{a^2 + \omega^2}$$

und ein weißes Störgeräusch mit $S_r(\omega) = \alpha$ angenommen; zwischen Nutzsignal und Störgeräusch bestehe keine Korrelation, so daß folgende Aussagen gelten:

$$S_y(\omega) = S_s(\omega) + \alpha \qquad \text{und} \qquad S_{sy}(j\omega) \Rightarrow S_s(\omega) \; .$$

- *Erste Zerlegung:*

$$S_y(\omega) = \frac{\beta}{a^2 + \omega^2} + \alpha$$

$$= \alpha \cdot \frac{\omega_e^2 + \omega^2}{a^2 + \omega^2} \quad \text{mit } \omega_e^2 = a^2 + \frac{\beta}{\alpha}$$

$$= \alpha \cdot \frac{\omega_e + j\omega}{a + j\omega} \cdot \frac{\omega_e - j\omega}{a - j\omega}$$

$$= S_{0y} \cdot P_y(j\omega) \cdot P_y^*(j\omega)$$

- *Zweite Zerlegung:*

$$S_s(\omega) = \beta \cdot \frac{1}{a^2 + \omega^2}$$

$$= \beta \cdot \frac{1}{a + j\omega} \cdot \frac{1}{a - j\omega}$$

$$= S_{0s} \cdot P_s(j\omega) \cdot P_s^*(j\omega) \; .$$

Damit ergibt sich für den Ausdruck in geschweiften Klammern:

$$\{\ldots\} = \frac{1}{P_y^*(j\omega)} \cdot S_s(\omega)$$

$$= \beta \cdot \frac{1}{(a + j\omega) \cdot (\omega_e - j\omega)} \; .$$

Der wegen der Kausalitätsforderung nicht zugelassene Pol bei $-j\omega_e$ darf erst nach einer Partialbruchdarstellung unterdrückt werden:

$$\{\ldots\} = \beta \cdot \frac{1}{a + \omega_e} \cdot \left[\frac{1}{a + j\omega} + \underbrace{\frac{1}{\omega_e - j\omega}}_{\text{verbotene Polstelle}} \right]$$

Damit verbleibt der kausale realisierbare Teil

$$\{\ldots\}^+ = \beta \cdot \frac{1}{a + \omega_e} \cdot \frac{1}{a + j\omega} \; ,$$

und der optimale Filterfrequenzgang wird nach Einsetzen der Zwischenergebnisse

$$F_\text{o}(j\omega) = \frac{\beta}{\alpha \cdot (a + \omega_\text{e})} \cdot \frac{1}{\omega_\text{e} + j\omega} = (\omega_\text{e} - a) \cdot \frac{1}{\omega_\text{e} + j\omega}$$

oder leicht umgeformt

$$F_\text{o}(j\omega) = \left(1 - \frac{a}{\omega_\text{e}}\right) \cdot \frac{1}{1 + j\omega/\omega_\text{e}} \, .$$

Man erhält unmittelbar die zugehörige Differentialgleichung für den Schätzwert $\hat{s}(t)$ des Nutzsignals:

$$\dot{\hat{s}}(t) + \omega_\text{e} \cdot \hat{s}(t) = (\omega_\text{e} - a) \cdot y(t) \, ,$$

und für die Umsetzung in ein Strukturbild benutzt man die modifizierte Form, in welcher der Eigenwert des Grundsystems deutlich erkennbar ist:

$$\dot{\hat{s}}(t) = -a \cdot \hat{s}(t) + K \cdot [y(t) - \hat{s}(t)] \text{ mit } K := \omega_\text{e} - a \, , \tag{16.5}$$

die Struktur ist in Bild 16.2 angegeben.

Hieran erkennt man einige interessante Eigenschaften des Wiener-Filters, die später eine weitreichende Verallgemeinerung erfahren werden. Der strichliert umrahmte Teil repräsentiert ein P-T$_1$-System, mit welchem man aus einem weißen Geräusch mit der konstanten Leistungsdichte S_0 eine Klasse von Signalen mit dem vorgegebenen Leistungsspektrum

$$S_\text{s}(\omega) = \frac{S_0}{a^2 + \omega^2}$$

erzeugen kann. In der Filterstruktur wird dieses System nicht unmittelbar von dem Meßsignal $y(t)$ angeregt, sondern von der mit K gewichteten Differenz $y(t) - \hat{s}(t)$. Ohne den künftigen Überlegungen allzusehr vorzugreifen, kann man nicht übersehen, daß in Bild 16.2 alle wesentlichen Elemente eines *Beobachters* enthalten sind: Ein *Modell* des ursprünglichen Systems, das $s(t)$ erzeugt hat, eine *Modellkorrektur* K und schließlich eine *äußere Schleife* zur Bildung eines Folgesystems bezüglich $y(t)$.

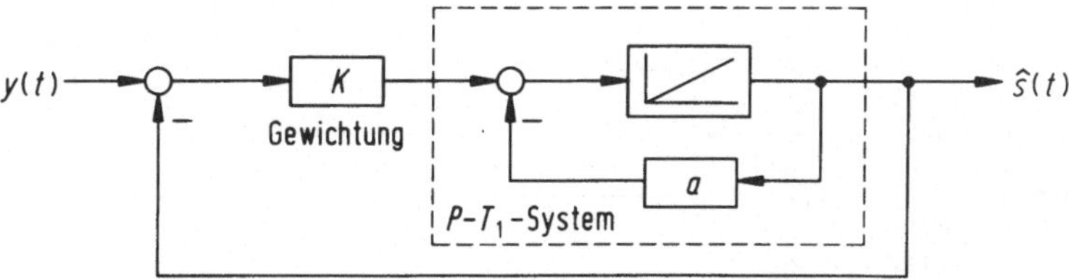

Bild 16.2. Struktur eines einfachen Optimalfilters mit einem Systemmodell 1. Ordnung

An dem gewählten Beispiel erkennt man ferner: Der P-T$_1$-Modellcharakter wird nicht prinzipiell verändert; die Korrektur mit der Konstanten K innerhalb der Folgeschleife verändert jedoch den Eigenwert und die Verstärkung gegenüber dem ursprünglichen System. Man erkennt dies besonders deutlich, wenn man den Frequenzgang des Optimalfilters auf folgende Form bringt:

$$F_o(j\omega) = \frac{K}{a + K} \cdot \frac{1}{1 + j\omega \cdot \dfrac{1}{a + K}} \; ,$$

und die zugehörige Differentialgleichung des Schätzwertes lautet

$$\frac{1}{a + K} \cdot \dot{\hat{s}}(t) + \hat{s}(t) = \frac{K}{a + K} \cdot y(t) \; .$$

Es wird sich zeigen, daß die Form (16.5) und die zugehörige Filterstruktur nach Bild 16.2 bereits Vorformen der allgemeineren Kalmanschen Entwurfsstufen sind.

16.4 Eine Alternativvorschrift zur Berechnung des optimalen Filterfrequenzgangs

Ein sehr breitbandig erregtes System werde durch seine Frequenzgangfunktion

$$F(j\omega) = Z(j\omega) \cdot N^{-1}(j\omega)$$

gekennzeichnet, für die Messung stehe nur das verrauschte Ausgangssignal $y(t) = s(t) + r(t)$ zur Verfügung, s. Bild 16.3. Wenn Nutzsignal und Störung nicht miteinander korreliert sind, gelten die Beziehungen

$$S_y(\omega) = S_s(\omega) + S_r(\omega) \qquad \text{und} \qquad S_{sy}(j\omega) \Rightarrow S_s(\omega) \; ,$$

folglich besteht der bekannte Formfilterzusammenhang

$$S_s(\omega) = |F(j\omega)|^2 \cdot \beta$$

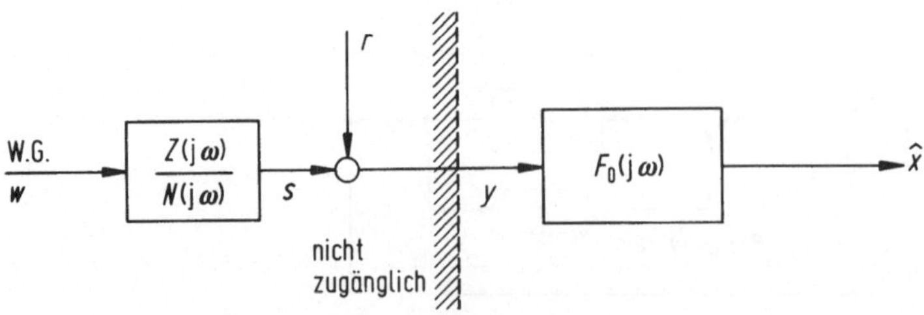

Bild 16.3. Zur Formulierung des Optimalfilterproblems im Frequenzbereich

bei Erregung durch ein weißes Geräusch $w(t)$ mit $S_w(\omega) = \beta$. Modelliert man das breitbandige Meßrauschen durch ein anderes weißes Rauschen $r(t)$ mit dem konstanten Leistungsspektrum α, so gilt für das Ausgangssignal:

$$S_y(\omega) = \frac{Z(j\omega) \cdot Z^*(j\omega)}{N(j\omega) \cdot N^*(j\omega)} \cdot \beta + \alpha \ .$$

Die Entwurfsgleichung (16.4) im Frequenzbereich verlangt die Herauslösung desjenigen Anteils von $S_s(\omega) \cdot P^{*-1}(j\omega)$, der auf ein kausales Filter führt. Mit den folgenden Schritten wird dieses Ziel auf etwas andere Weise und mit einem einfacheren Ergebnis erreicht, das allerdings nur für reine Filterung gilt [31].

Zur schreibtechnischen Vereinfachung wird bei den Umformungen das Argument nicht mitgeschrieben, Verwechslungsmöglichkeiten bestehen nicht. Für die Produktdarstellung von S_y macht man den Ansatz

$$\frac{ZZ^*}{NN^*} \cdot \beta + \alpha = \frac{ZZ^* \cdot \beta + NN^* \cdot \alpha}{NN^*} = \alpha \cdot \frac{\Delta}{N} \cdot \frac{\Delta^*}{N^*} \ ,$$

so daß die Produktanteile

$$P_y = \frac{\Delta}{N} \qquad \text{und} \qquad P_y^* = \frac{\Delta^*}{N^*}$$

entstehen. Damit wird der optimale Frequenzgang

$$F_o = \left\{ \frac{ZZ^*}{NN^*} \cdot \beta \cdot \frac{N^*}{\Delta^*} \right\}^+ \cdot \frac{1}{\alpha} \cdot \frac{N}{\Delta}$$

$$= \left\{ \frac{ZZ^*}{N\Delta^*} \right\}^+ \cdot \frac{\beta}{\alpha} \cdot \frac{N}{\Delta} \ . \tag{16.6}$$

Nun nimmt man folgende Umformung für den Term in geschweiften Klammern vor, anknüpfend an die obige Produktdarstellung für S_y:

$$\frac{ZZ^* \cdot \beta + NN^* \cdot \alpha}{NN^*} = \alpha \cdot \frac{\Delta \cdot \Delta^*}{NN^*} \ \bigg| \cdot \frac{N^*}{\Delta^*}$$

$$\frac{ZZ^*}{N\Delta^*} \cdot \beta + \frac{N^*}{\Delta^*} \cdot \alpha = \frac{\Delta}{N} \cdot \alpha$$

$$\frac{ZZ^*}{NN^*} = \left(\frac{\Delta}{N} - \frac{N^*}{\Delta^*} \right) \cdot \frac{\alpha}{\beta} \ .$$

Setzt man diesen Ausdruck in Gl. (16.6) ein, so folgt das Zwischenergebnis

$$F_o = 1 - \left\{ \frac{N^*}{\Delta^*} \right\}^+ \cdot \frac{N}{\Delta} \ .$$

Da N^* und Δ^* von gleichem maximalem Grad in $(j\omega)$ sind, ergibt sich durch Division die allgemeine Form

$$\frac{N^*}{\Delta^*} = 1 \pm \frac{Q}{\Delta^*} \, ,$$

wobei die Pole der gebrochen rationalen Funktion $Q \cdot \Delta^{*^{-1}}$ alle in der für Kausalität verbotenen Halbebene liegen. Das Ergebnis der *Polynomdivision* entspricht also gerade der im allgemeinen sehr aufwendigen *Partialbruchzerlegung* bei dem klassischen Lösungsverfahren, die damit vollständig umgangen wird, denn der optimale Filterfrequenzgang wird einfach

$$F_{\mathrm{o}}(j\omega) = 1 - \frac{N(j\omega)}{\Delta(j\omega)} \, . \tag{16.7}$$

Das Polynom $N(j\omega)$ ist durch das Signalmodell gegeben, $\Delta(j\omega)$ ist bei der Produktzerlegung entstanden, die als einziges eigentliches Problem bei diesem Entwurfsverfahren für das Wiener-Filter verbleibt.

Das vorher behandelte Beispiel mit einem Tiefpaß-Nutzsignal reduziert sich damit auf folgende Lösungsschritte:

- $N(j\omega) = a + j\omega$

- $S_{\mathrm{y}}(\omega) = \alpha \cdot \dfrac{\omega_e + j\omega}{a + j\omega} \cdot \dfrac{\omega_e - j\omega}{a - j\omega}$ und daraus

  $\Delta(j\omega) = \omega_e + j\omega$

- $F_{\mathrm{o}}(j\omega) = 1 - \dfrac{a + j\omega}{\omega_e + j\omega}$

  $\phantom{F_{\mathrm{o}}(j\omega)} = (\omega_e - a) \cdot \dfrac{1}{\omega_e + j\omega} \, .$

16.5 Zusammenfassung und Ausblick

Bei der einleitend behandelten Schätzung mit minimaler mittlerer quadratischer Abweichung wurde keinerlei Aussage über die Entstehung der zu schätzenden Größen gemacht, die in das Schätzverfahren hätten eingehen können.

Bei der Schätzung verrauschter Nutzsignale durch ein Optimalfilter nach Wiener besteht eine implizit gegebene Aussage über die spektralen Eigenschaften einer Klasse von Nutzsignalen $s(t)$. Wenn diese nicht mit dem Meßgeräusch $r(t)$ korreliert sind, erhält man unmittelbar über die Produktdarstellung des Leistungsdichtespektrums $S_{\mathrm{s}}(\omega)$ den Frequenzgang eines Formfilters zur Erzeugung von Nutzsignalen mit dem gegebenen Leistungsspektrum aus einem weißen Geräusch. Diese Vorgehensweise setzt jedoch voraus, daß die beteiligten stochastischen Prozesse kovarianzergodisch sind.

Es ist naheliegend, von hier aus einen ersten Brückenschlag zu den Kalmanschen Ideen vorzunehmen. Das im Beispiel angesetzte Formfilter als zeitinvariantes Tiefpaßsystem kann man auch beschreiben durch die Differentialgleichung

$$\dot{s}(t) = -a \cdot s(t) + a \cdot z(t), \qquad a = 1/T ,$$

zusammen mit der Ausgangsgleichung

$$y(t) = s(t) + r(t) ,$$

wobei $z(t)$ und $r(t)$ Musterfunktionen weißer kovarianzergodischer Prozesse $z(e; t)$ und $r(e; t)$ sind, zwischen denen keine Korrelation besteht. Wenn man diesen einfachen Übergang konsequent weiterverfolgt, nähert man sich Kalmans Gedankengang in folgendem Sinn:

- Anstelle einer *indirekten* Angabe von statistischen Signaleigenschaften in Gestalt von Leistungsspektren gebe man gleich ein entsprechendes *System* vor, gekennzeichnet durch eine Zustandsbeschreibung [37].
- Damit entfällt die an Stationarität gebundene Produktdarstellung der Leistungsdichtespektren.
- Daraus folgt, daß im allgemeinen Fall *instationäre Prozesse* angesetzt werden können, ebenso können *zeitvariante Systeme* zugelassen werden. Diese beiden Verallgemeinerungen haben zu einem entscheidenden Durchbruch in den technischen Anwendungen geführt.
- Diese weittragenden Verallgemeinerungen haben natürlich zur Konsequenz, daß auch für die Gewinnung von Schätzwerten entsprechend angemessene Verfahren entwickelt werden müssen. Hier liegen die Ansatzpunkte der Arbeiten von Kalman und Bucy, die auf eine „modellgestützte" Filterung bzw. Schätzwertbildung hinauslaufen, wobei die Verwendung von *Systemmodellen* auch durchaus in ganz anderen Zusammenhängen mit Erfolg zum Tragen kommt: bei adaptiven Regelungen, Zustandsregelungen, Parameterermittlungen sowie in der Humanphysiologie, wo ein Großteil unserer Erfahrungen sich in *modellgestützten Entscheidungen* und in *modellgestütztem Handeln* manifestiert.
- Für den Kalman-Filterentwurf genügt die Kennzeichnung der stochastischen Prozesse durch ihre Kovarianzeigenschaften, also durch ihre Momente bis zur zweiten Ordnung. Dies bedeutet im allgemeinen keine vollständige statistische Beschreibung, wenn keine bestimmten Verteilungen vorausgesetzt werden. Die Verwendung von Gaußschen Prozessen bringt jedoch eine Vielzahl von Vorteilen: Die Verteilungen sind durch Angabe der Momente bis zur zweiten Ordnung eindeutig bestimmt; lineare Systeme verändern nicht den Gaußschen Grundcharakter, und schließlich kann eine optimale Kalman-Filterung durch nichtlineare Filterungen nicht verbessert werden.

17 Die Gleichungen für den Kalman-Filterentwurf

17.1 Voraussetzungen

Die volle Allgemeinheit des Filterentwurfs geht aus von der Zustandsbeschreibung eines linearen zeitvarianten Systems nach Bild 17.1 durch die Gleichungen

$$\dot{x}(e; t) = A(t)x(e; t) + G(t)z(e; t) , \qquad (17.1a)$$

$$y(e; t) = C(t)x(e; t) + r(e; t) , \qquad (17.1b)$$

und zum Anschluß an die voranstehenden Überlegungen sei vermerkt, daß $C(t)x(e; t)$ jetzt die Rolle des Signals $s(t)$ bzw. $s(e; t)$ bei den Wienerschen Ausführungen übernimmt.

Die angesetzten Prozesse werden (bei Gauß-Verteilungen vollständig) beschrieben durch ihre Kovarianzeigenschaften:

- Eingangsprozeß $z(e; t)$: Instationärer weißer Prozeß mit
  $$\mu_z = 0, \ \phi_z(t, \tau) = \Psi_z(t) \cdot \delta(t - \tau) , \qquad (17.2)$$
  $\Psi_z(t)$ positiv semidefinit.

- Meßrauschen $r(e; t)$: Instationärer weißer Prozeß mit
  $$\mu_r = 0, \ \phi_r(t, \tau) = \Psi_r(t) \cdot \delta(t - \tau) , \qquad (17.3)$$
  $\Psi_r(t)$ positiv definit, so daß $\Psi_r^{-1}(t)$ existiert.

- Eingangsprozeß und Meßrauschen sind miteinander korreliert, gekennzeichnet durch die beiden Matrizen $\Psi_{zr}(t)$ und $\Psi_{rz}(t)$ $\qquad (17.4)$

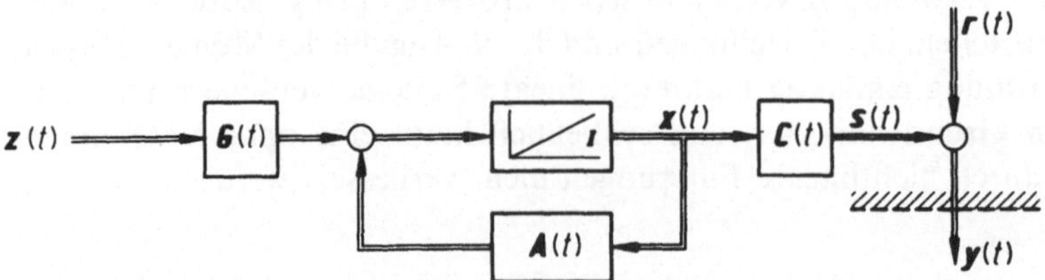

Bild 17.1. Struktur des vektoriellen Grundsystems mit verrauschtem Ausgangssignalvektor

- Anfangswerte $x(e; t_0)$: Zufallsvektor, nicht korreliert mit $z(e; t)$ und $r(e; t)$; $\mathscr{E}\{x(e; t_0)\} = 0$ und var $\{x(e; t_0)\}$ gegeben.

- Meßprozeß $y(e; t)$: Instationärer Markov-Prozeß, meßtechnisch verfügbar für $t_0 \leq \tau \leq t$.

In dem realen System (Bild 17.1) ist also der unverrauschte Vektor $x(e; t)$ nicht zugänglich, Informationen über den Systemzustand können nur durch eine Vorrichtung gewonnen werden, die aus dem verfügbaren verrauschten Meßprozeß $y(e; t)$ einen „möglichst guten" Schätzvektor $\hat{x}(e; t)$ für den wahren Zustandsvektor $x(e; t)$ bildet.

Vereinbarung: Für die Vorgaben in Gestalt der Zustandsgleichungen (17.1a,b) wird durchgängig der Terminus „Grundsystem" eingeführt. Die Kovarianzeigenschaften der Geräusche sind jeweils zusätzliche Angaben.

17.2 Vorbemerkungen zum Entwurfsverfahren

In Anlehnung an die Originalarbeiten von Kalman und Bucy werden in der einschlägigen Literatur, vergleichend zusammengestellt in [38], die Entwurfsgleichungen in folgenden Stufen entwickelt:

a) Verallgemeinerung der skalaren Wiener-Hopf-Integralgleichung auf vektorielle Signalprozesse und entsprechende Systemfunktionen:

$$\phi_{xy}(t, \tau) - \int_{t_0}^{t} H(t, u) \cdot \phi_y(u, \tau)\, du = 0 \ . \tag{a}$$

b) Herleitung der Filtergleichung als Differentialgleichung für den Schätzvektor:

$$\dot{\hat{x}}(e; t) = A(t)\hat{x}(e; t) + K(t) \cdot [y(e; t) - C(t)\hat{x}(e; t)]; \tag{b}$$

c) Bestimmung des Ausdrucks für die Korrekturmatrix:

$$K(t) = V(t)C^{\mathrm{T}}(t)\, \Psi_{\mathrm{r}}^{-1}(t) \ , \tag{c}$$

wobei $V(t)$ die Kovarianzmatrix des Schätzfehlers ist. Die Matrix $\Psi_{\mathrm{r}}(t)$ ist positiv definit, $V(t)$ ist positiv semidefinit, Eingangsrauschen und Meßrauschen sind nicht miteinander korreliert.

d) Herleitung der Riccati-Gleichung

$$\dot{V}(t) = A(t)V(t) + V(t)A^{\mathrm{T}}(t) - V(t)C^{\mathrm{T}}(t)\Psi_{\mathrm{r}}^{-1}(t)C(t)V(t) +$$
$$+ \, G(t)\Psi_{z}(t)G^{\mathrm{T}}(t) \ , \tag{d}$$

deren Lösung zur Bildung der Korrekturmatrix $K(t)$ benötigt wird. Über verhältnismäßig langwierige Umformungen ergibt sich unter Verwendung der Wiener-Hopf-Gleichung die Riccati-Gleichung.

Es gibt mehrere Varianten bei der Herleitung über die angedeuteten Schritte; sie erfordern jedoch alle etwa den gleichen Aufwand im kontinuierlichen Fall, wenn in den verschiedenen Entwicklungsstufen immer wieder Bezug auf die Wiener-Hopf-Gleichung genommen wird. Ein erheblicher zusätzlicher Aufwand ist erforderlich, wenn man die vereinfachende Annahme fallen läßt, daß die Prozesse $z(e; t)$ und $r(e; t)$ nicht miteinander korreliert seien. Die analytische Behandlung dieses Falles knüpft in der herkömmlichen Vorgehensweise wiederum an die Wiener-Hopf-Gleichung an und führt nach entsprechend umfangreichen Zwischenschritten auf die modifizierte Korrekturmatrix

$$K(t) = [V(t)C^{\mathrm{T}}(t) + G(t)\,\Psi_{\mathrm{zr}}(t)] \cdot \Psi_{\mathrm{r}}^{-1}(t) \,. \tag{e}$$

In einem letzten Schritt muß man die zugehörige Riccati-Gleichung entwickeln, deren Lösung in Gleichung (e) einzusetzen ist. Ohne Mitführung des Argumentes t lautet die allgemeine Riccati-Gleichung:

$$\dot{V} = (A - G\Psi_{\mathrm{zr}}\Psi_{\mathrm{r}}^{-1}C) \cdot V + V \cdot (A - G\Psi_{\mathrm{zr}}\Psi_{\mathrm{r}}^{-1}C)^{\mathrm{T}} -$$
$$- VC^{\mathrm{T}}\Psi_{\mathrm{r}}^{-1}CV + G \cdot (\Psi_{\mathrm{z}} - \Psi_{\mathrm{zr}}\Psi_{\mathrm{r}}^{-1}\Psi_{\mathrm{zr}}^{\mathrm{T}}) \cdot G^{\mathrm{T}} \,. \tag{f}$$

17.3 Eine kompakte Herleitung der Entwurfsgleichungen

Die folgenden Ausführungen [39] umfassen den allgemeinen Fall, in welchem die beiden Geräusche $z(e; t)$ und $r(e; t)$ miteinander korreliert sind.

17.3.1 Die Filter-Differentialgleichung

Gesucht ist eine Vorrichtung, die aus den verrauschten Messungen $y(e; t)$ einen linearen erwartungstreuen Schätzwert $\hat{x}$ für den Zustandsvektor x bei minimaler Varianz des Schätzfehlers $\varepsilon(e; t) := \hat{x}(e; t) - x(e; t)$ bildet. Damit werden zwei statistische Eigenschaften gefordert, deren Erfüllung die weitere Vorgehensweise festlegt und zu den gesuchten Entwurfsgleichungen führt.

Die Lösung dieser Aufgabe geschieht unter Zugrundelegung eines linearen Ansatzes für die zeitliche Änderung des Schätzwertes als eine Linearkombination aus dem Schätzwert selbst und dem Meßvektor in der Form

$$\dot{\hat{x}}(e; t) = L(t)\hat{x}(e; t) + K(t)y(e; t) \tag{17.5}$$

mit zwei vorerst noch nicht festgelegten Gewichtungen $L(t)$ und $K(t)$. Die Forderung der Erwartungstreue der Schätzung bedeutet für den Schätzfehler

$$\mathscr{E}\{\varepsilon(e; t)\} = 0 \tag{17.6}$$

und für die zeitliche Ableitung

$$\mathscr{E}\{\dot{\varepsilon}(e; t)\} = 0 \,. \tag{17.7}$$

Der Schätzansatz (17.5) führt zusammen mit der Zustandsgleichung (17.1a) sofort zu der Fehlerdifferentialgleichung

$$\dot{\varepsilon}(e; t) = \dot{\hat{x}}(e; t) - \dot{x}(e; t)$$

$$= L(t)\hat{x}(t) - [A(t) - K(t)C(t)] \cdot x(e; t) +$$

$$+ K(t)r(e; t) - G(t)z(e; t) \, . \tag{17.8}$$

Eine identische Umformung führt auf

$$\dot{\varepsilon}(e; t) = \{L(t) - [A(t) - K(t)C(t)]\} \cdot \hat{x}(e; t) +$$

$$+ [A(t) - K(t)C(t)] \cdot \varepsilon(e; t) +$$

$$+ K(t)r(e; t) - G(t)z(e; t) \, . \tag{17.9}$$

Bildet man auf beiden Seiten dieser Differentialgleichung die Erwartungswerte bezüglich der Variablen e, so erhält man unter den anfangs getroffenen Voraussetzungen die Gleichung

$$L(t) = A(t) - K(t)C(t) \tag{17.10}$$

als Bedingung zur Sicherstellung der Erwartungstreue der Schätzung. Mit dem Ergebnis (17.10) vereinfacht sich die Fehlerdifferentialgleichung (17.9) zu

$$\dot{\varepsilon}(e; t) = [A(t) - K(t)C(t)] \cdot \varepsilon(e; t) +$$

$$+ K(t)r(e; t) - G(t)z(e; t) \, , \tag{17.11}$$

und die angesetzte Schätzgleichung (17.5) geht über in die Form

$$\dot{\hat{x}}(e; t) = A(t)\hat{x}(e; t) + K(t) \cdot [y(e; t) - C(t)\hat{x}(e; t)] \, . \tag{17.12}$$

Dies ist die Differentialgleichung des Kalman-Filters, aus der unmittelbar die in Bild 17.2 gezeigte Struktur folgt. Es handelt sich offenbar um einen *Beobachter*: Er enthält ein Modell des Grundsystems, dessen Integrierer mit der Differenz

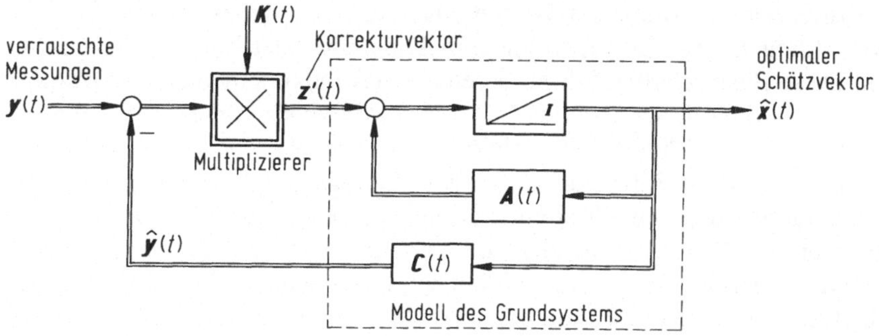

Bild 17.2. Allgemeine Struktur des Kalman-Beobachters: Eine Kreisstruktur, die ein Modell des Grundsystems und eine Korrekturvorrichtung enthält, $K(t)$ wird laufend gebildet und einmultipliziert

$y(e; t) - \hat{y}(e; t)$ über die Gewichtung $K(t)$ korrigiert werden. In regelungstechnischer Terminologie handelt es sich um ein *Folgesystem* mit der Rückführmatrix $K(t)$, allgemein um eine *modellgestützte Filterung*.

Zur Verdeutlichung der Zusammenhänge kann man die Filter-Differentialgleichung (17.12) folgendermaßen aufspalten:

- Ungestörtes stochastisch erregtes Grundsystem als Modell:

$$\dot{\hat{x}}(e; t) = A(t)\hat{x}(e; t) + z'(e; t)$$

$$\hat{y}(e; t) = C(t)\hat{x}(e; t)$$

- Korrektur in der Rückführschleife:

$$z'(e; t) = K(t) \cdot [y(e; t) - \hat{y}(e; t)] \ .$$

Damit ist man etwas näher an der regelungstechnischen Ausgangsposition zur Beschreibung eines Folgesystems, wobei $y(e; t) - \hat{y}(e; t)$ die Rolle der „Regeldifferenz" übernimmt.

Solche Beobachter, deren begriffliche Bedeutung schon 1949 zusammen mit dem Shannonschen Informationskanal zur Diskussion gestellt wurde [42], hat Luenberger [43] im Jahr 1964 zur Lösung von Problemen der Zustandsregelung vorgeschlagen, wo für die Rekonstruktion nicht meßbarer (aber beobachtbarer) Zustandsgrößen in einem Regelungskonzept eine vorgegebene Dynamik sichergestellt werden muß. Bei struktureller Vergleichbarkeit unterscheiden sich beide Beobachtertypen jedoch in zweierlei Hinsicht ganz erheblich: Beim Luenberger-Beobachter erfolgt die Realisierung einer *vorgegebenen Dynamik* durch Korrekturen mit zeitinvarianten Elementen. Die Auslegung der Kalman-Korrekturen erfolgt nach einem *statistischen Kriterium* mit weitreichenden Konsequenzen. Die übersichtliche und bei voreiliger Beurteilung einfach erscheinende Filterstruktur nach Bild 17.2 sollte nicht über folgende Tatsachen hinwegtäuschen:

Erstens bedeutet der Term $K(t) \cdot [y(e; t) - \hat{y}(e; t)]$ jeweils Multiplikationen vor den Integrierern, zweitens müssen die Korrekturen in Gestalt der Elemente von $K(t)$ durch Lösen einer nichtlinearen Differentialgleichung erst bestimmt werden. Diese Eigenschaften führen bereits bei Grundsystemen erster Ordnung zu einem beachtlich hohen Aufwand. Dafür gewähren sie andererseits schon in dieser elementaren Phase recht allgemeine Einblicke in die Problematik der modellgestützten Filterung, und beim Übergang zu Systemen höherer Ordnung ergeben sich keine fundamental neuen Einsichten; vielmehr verlagern sich hierbei die Probleme in den Bereich der nicht zu unterschätzenden numerischen Auswertung, der hinreichend schnellen Einbringung und Verarbeitung aktueller Meßdaten bei Kalman-Filterungen im aktuell laufenden („on line"-) Betrieb. Auf diese Probleme kann jedoch in einer grundlegenden Einführung nicht eingegangen werden (s. einleitende Bemerkungen zu Teil III).

17.3.2 Die Entwicklungsgleichung der Fehlerkovarianz

In Abschn. 12.3 wurde gezeigt, daß zu einem durch die Zustandsgleichung (17.1a) beschriebenen dynamischen System die folgende Entwicklungsgleichung für die Kovarianz des Zustandsvektors x gehört:

$$\dot{V}_{\mathrm{x}}(t) = A(t)V_{\mathrm{x}}(t) + V_{\mathrm{x}}(t)A^{\mathrm{T}}(t) + G(t)\Psi_{\mathrm{z}}(t)G^{\mathrm{T}}(t)\,. \tag{17.13}$$

Die Fehlerdifferentialgleichung (17.11) beschreibt ein System mit der stochastischen Erregung

$$n(e;t) := K(t)r(e;t) - G(t)z(e;t)\,. \tag{17.14}$$

Da nach Voraussetzung beide Geräusche miteinander korreliert sind, ergibt sich für die Kovarianzmatrix von $n(e;t)$ mit den eingeführten Matrizen Ψ_{z}, Ψ_{r} und Ψ_{zr} sowie Ψ_{rz} der Ausdruck

$$\Psi_{\mathrm{n}}(t) = K(t)\Psi_{\mathrm{r}}(t)K^{\mathrm{T}}(t) + G(t)\Psi_{\mathrm{z}}(t)G^{\mathrm{T}}(t) -$$
$$- K(t)\Psi_{\mathrm{rz}}(t)G^{\mathrm{T}}(t) - G(t)\Psi_{\mathrm{zr}}(t)K^{\mathrm{T}}(t)\,. \tag{17.15}$$

Auf der Grundlage von Gl. (17.13) kann man nun die Entwicklungsgleichung für die Kovarianz $V_{\varepsilon}(t)$ des Beobachtungsfehlers (weiterhin ohne Index ε geschrieben) unmittelbar anschreiben, wobei an die Stelle der Systemmatrix $A(t)$ der Ausdruck $[A(t) - K(t)C(t)]$ aus der Fehlerdifferentialgleichung (17.11) tritt und statt des Terms $G(t)\Psi_{\mathrm{z}}G^{\mathrm{T}}(t)$ die rechte Seite von Gl. (17.15) übernommen wird. Durch Einsetzen und Ausmultiplizieren der Terme ergibt sich die folgende Form der Entwicklungsgleichung für die Fehlerkovarianz $V(t)$:

$$\dot{V} = AV - KCV + VA^{\mathrm{T}} - VC^{\mathrm{T}}K^{\mathrm{T}} + K\Psi_{\mathrm{r}}K^{\mathrm{T}} + G\Psi_{\mathrm{z}}G^{\mathrm{T}} -$$
$$- K\Psi_{\mathrm{rz}}G^{\mathrm{T}} - G\Psi_{\mathrm{zr}}K^{\mathrm{T}}\,. \tag{17.16}$$

Dies ist eine *lineare* Differentialgleichung für die Fehlerkovarianzmatrix $V(t)$ mit noch nicht festgelegter Korrekturmatrix $K(t)$ und für den allgemeinen Fall, daß $z(e;t)$ und $r(e;t)$ miteinander korreliert sind. Die Zeitabhängigkeit aller in Gl. (17.16) vorkommenden Matrizen wurde der besseren Übersicht wegen nicht mitgeschrieben.

17.3.3 Bestimmung der optimalen Korrekturmatrix

Der vorletzte Schritt der Herleitung der Filterentwurfsgleichungen besteht darin, daß die Forderung „minimaler Fehlervarianz" zu erfüllen ist. Diese allgemein übliche Kurzformulierung bedarf der folgenden Präzisierung: Das zu entwerfende Filter liefert optimale Schätzwerte für den Zustandsvektor, wenn das statistische Kriterium

$$\mathscr{E}\{\varepsilon^{\mathrm{T}}(e;t)\cdot\varepsilon(e;t)\} \to \mathrm{Min}(K)$$

erfüllt ist. Dieser Erwartungswert steht in einem einfachen Zusammenhang mit der Fehlerkovarianzmatrix $V(t)$, es gilt nämlich

$$\varepsilon^{\mathrm{T}}(e;t)\cdot\varepsilon(e;t) = \mathrm{spur}\left[\varepsilon(e;t)\cdot\varepsilon^{\mathrm{T}}(e;t)\right],$$

und daraus folgt wegen der Vertauschbarkeit der Reihenfolge von Spurbildung und Erwartungswertbildung:

$$\mathscr{E}\left\{\mathrm{spur}\left[\varepsilon(e;t)\cdot\varepsilon^{\mathrm{T}}(e;t)\right]\right\} = \mathrm{spur}\, V(t;K).$$

Die notwendige Bedingung für das Auftreten eines Extremums bezüglich K, nämlich

$$\frac{\partial}{\partial K}\,\mathrm{spur}\, V(t;K) = \mathbf{0}, \tag{17.17}$$

kann nicht unmittelbar erfüllt werden, weil die Fehlerkovarianzmatrix V nicht explizit bekannt ist; vielmehr ist der Forderung (17.17) zu genügen unter der Bedingung, daß die Differentialgleichung (17.16) für V erfüllt wird, d.h. man muß die Operationsfolge der Spurbildung und der partiellen Ableitung nach K gemäß Gl. (17.17) auf beide Seiten der allgemeinen Entwicklungsdifferentialgleichung (17.16) anwenden.

Auf der linken Seite ist dabei folgendes zu beachten: Die Fehlerkovarianzmatrix ist abhängig von der Zeit und von der Korrekturmatrix, es ist also

$$V = V[t, K(t)].$$

Für die Ableitungen von V nach t und nach $K(t)$ gelten die folgenden Ansätze: Einerseits wird die totale Ableitung nach t

$$\frac{\mathrm{d}V}{\mathrm{d}t} = \frac{\partial V}{\partial K}\cdot\frac{\mathrm{d}K}{\partial t} + \frac{\partial V}{\partial t}$$

$$\frac{\partial}{\partial K}\left(\frac{\mathrm{d}V}{\mathrm{d}t}\right) = \frac{\partial^2 V}{\partial K^2}\cdot\frac{\mathrm{d}K}{\mathrm{d}t} + \frac{\partial^2 V}{\partial K\partial t},$$

andererseits ergibt die umgekehrte Reihenfolge der Differentiationen:

$$\frac{\mathrm{d}}{\mathrm{d}t}\left(\frac{\partial V}{\partial K}\right) = \frac{\partial}{\partial K}\left(\frac{\partial V}{\partial K}\right)\cdot\frac{\mathrm{d}K}{\mathrm{d}t} + \frac{\partial}{\partial t}\left(\frac{\partial V}{\partial K}\right)$$

$$= \frac{\partial^2 V}{\partial K^2}\cdot\frac{\mathrm{d}K}{\mathrm{d}t} + \frac{\partial^2 V}{\partial t\partial K}.$$

Da die gemischten partiellen Ableitungen von V in den beiden Zwischenergebnissen einander gleich sind, erhält man

$$\frac{\partial}{\partial K}\left(\frac{\mathrm{d}V}{\mathrm{d}t}\right) = \frac{\mathrm{d}}{\mathrm{d}t}\left(\frac{\partial V}{\partial K}\right),$$

und auf der linken Seite der Entwicklungsgleichung (17.16) ergibt sich

$$\frac{\partial}{\partial K} \operatorname{spur} \dot{V}[t, K(t)] = \frac{\mathrm{d}}{\mathrm{d}t} \left(\frac{\partial}{\partial K} \operatorname{spur} V[t, K(t)] \right) ,$$

so daß die notwendige Bedingung (17.17) für die linke Seite in der Form

$$\frac{\mathrm{d}}{\mathrm{d}t} \left(\frac{\partial}{\partial K} \operatorname{spur} V[t, K(t)] \right) = 0 \tag{17.18}$$

zu erfüllen ist.

Die fünf von K abhängigen Terme der rechten Seite von Gl. (17.16) führen mit Hilfe bekannter Differentiationsformeln unmittelbar auf folgende Zwischenergebnisse (siehe Anhang):

$$\frac{\partial}{\partial K} \operatorname{spur}[KCV] = [CV]^{\mathrm{T}} = VC^{\mathrm{T}}, \qquad \frac{\partial}{\partial K} \operatorname{spur}[VC^{\mathrm{T}}K^{\mathrm{T}}] = VC^{\mathrm{T}} ,$$

$$\frac{\partial}{\partial K} \operatorname{spur}[K\Psi_{\mathrm{rz}}G^{\mathrm{T}}] = [\Psi_{\mathrm{rz}}G^{\mathrm{T}}]^{\mathrm{T}} = G\Psi_{\mathrm{zr}},$$

$$\frac{\partial}{\partial K} \operatorname{spur}[G\Psi_{\mathrm{zr}}K^{\mathrm{T}}] = G\Psi_{\mathrm{zr}} ,$$

$$\frac{\partial}{\partial K} \operatorname{spur}[K\Psi_{\mathrm{r}}K^{\mathrm{T}}] = K[\Psi_{\mathrm{r}} + \Psi_{\mathrm{r}}^{\mathrm{T}}] = 2K\Psi_{\mathrm{r}} .$$

Alle in diesen Zwischenergebnissen vorkommenden Matrizen sind von der Zeit abhängig; die restlichen Ableitungen verschwinden, und aus Gl. (17.16) wird die Bestimmungsgleichung für die optimale Korrekturmatrix $K_{\mathrm{o}}(t)$:

$$0 = -2VC^{\mathrm{T}} - 2G\Psi_{\mathrm{zr}} + 2K_{\mathrm{o}}\Psi_{\mathrm{r}}$$

mit der Lösung

$$K_{\mathrm{o}}(t) = [V(t)C^{\mathrm{T}}(t) + G(t)\Psi_{\mathrm{zr}}(t)] \cdot \Psi_{\mathrm{r}}^{-1}(t) , \tag{17.19}$$

die natürlich den Fall unkorrelierter Geräusche für $\Psi_{\mathrm{zr}} = 0$ einschließt:

$$K_{\mathrm{o}}(t) = V(t)C^{\mathrm{T}}(t)\Psi_{\mathrm{r}}^{-1}(t) . \tag{17.19a}$$

17.3.4 Aufstellung der Riccati-Gleichung

Mit der von V abhängigen optimalen Korrekturmatrix geht die ursprünglich lineare Entwicklungsgleichung (17.16) über in die *nichtlineare* Riccati-Gleichung des Filterproblems; der letzte Schritt besteht also nur noch im Einsetzen und Zusammenfassen der Terme. Schreibt man wieder zur Vereinfachung die Zeitabhängigkeit aller vorkommenden Matrizen nicht mit, so erhält man zunächst Gl. (17.16) in der Form

$$\dot{V} = [A - KC] \cdot V + V \cdot [A - KC]^{\mathrm{T}} + K\Psi_{\mathrm{r}}K^{\mathrm{T}} - $$
$$ - G\Psi_{\mathrm{zr}}K^{\mathrm{T}} - K\Psi_{\mathrm{rz}}G^{\mathrm{T}} + G\Psi_{\mathrm{z}}G^{\mathrm{T}} \, . $$

Setzt man nun den für K gefundenen optimalen Ausdruck K_{o} nach Gl. (17.19) ein, so erhält man

$$\dot{V} = AV + VA^{\mathrm{T}} - K_{\mathrm{o}} \cdot [VC^{\mathrm{T}} + G\Psi_{\mathrm{zr}}]^{\mathrm{T}} - [VC^{\mathrm{T}} + G\Psi_{\mathrm{zr}}] \cdot K_{\mathrm{o}}^{\mathrm{T}} + $$
$$ + K_{\mathrm{o}}\Psi_{\mathrm{r}}K_{\mathrm{o}}^{\mathrm{T}} + G\Psi_{\mathrm{z}}G^{\mathrm{T}} \, . $$

Mit der umgestellten Gl. (17.19) wird

$$[VC^{\mathrm{T}} + G\Psi_{\mathrm{zr}}] = K_{\mathrm{o}}\Psi_{\mathrm{r}} \, ,$$
$$[VC^{\mathrm{T}} + G\Psi_{\mathrm{zr}}]^{\mathrm{T}} = \Psi_{\mathrm{r}}K_{\mathrm{o}}^{\mathrm{T}} \, ,$$

also ergibt sich die übersichtliche Form

$$\dot{V} = AV + VA^{\mathrm{T}} - K_{\mathrm{o}}\Psi_{\mathrm{r}}K_{\mathrm{o}}^{\mathrm{T}} + G\Psi_{\mathrm{z}}G^{\mathrm{T}} \, .$$

Da mit dieser Differentialgleichung die Fehlerkovarianzmatrix V bestimmt werden soll, ersetzt man wieder K_{o} durch die rechte Seite von Gl. (17.19),

$$\dot{V} = AV + VA^{\mathrm{T}} - [VC^{\mathrm{T}} + G\Psi_{\mathrm{zr}}] \cdot \Psi_{\mathrm{r}}^{-1} \cdot [CV + \Psi_{\mathrm{rz}}G^{\mathrm{T}}] + G\Psi_{\mathrm{z}}G^{\mathrm{T}} \, ,$$

und ein letztes Umordnen der Terme führt zu der modifizierten Riccati-Gleichung in der endgültigen Form

$$\dot{V} = [A - G\Psi_{\mathrm{zr}}\Psi_{\mathrm{r}}^{-1}C] \cdot V + V \cdot [A - G\Psi_{\mathrm{zr}}\Psi_{\mathrm{r}}^{-1}C]^{\mathrm{T}} - $$
$$ - VC^{\mathrm{T}}\Psi_{\mathrm{r}}^{-1}CV + G \cdot [\Psi_{\mathrm{z}} - \Psi_{\mathrm{zr}}\Psi_{\mathrm{r}}^{-1}\Psi_{\mathrm{zr}}^{\mathrm{T}}] \cdot G^{\mathrm{T}} \, . \qquad (17.20)$$

Damit sind durch gut überschaubare Schritte mit verhältnismäßig geringem Aufwand die drei Entwurfsgleichungen (17.12), (17.19) und (17.20) für das kontinuierlich arbeitende Kalman-Filter entwickelt worden.

Vorgehensweise und Aufwand zur Lösung der Riccati-Gleichung sind jeweils problembezogen und können durchaus auf beachtlich große Schwierigkeiten führen; diese Gesichtspunkte stehen jedoch an dieser Stelle nicht zur Diskussion; selbstverständlich sind bei konkreten Problemstellungen die *Anfangsbedingungen* und gegebenenfalls weitere technische Randbedingungen zu beachten. Abschließend werden die wesentlichen Entwurfsschritte noch einmal zusammengestellt:

1) Ansatz einer linearen Schätzgleichung (17.5), die mit der Forderung der Erwartungstreue zur Differentialgleichung (17.12) und damit zur Struktur (Bild 17.2) des Filters führt.
2) Ansatz der linearen Kovarianzentwicklungsgleichung (17.16) für den Beobachtungsfehler.
3) Bestimmung der optimalen Korrekturmatrix aus der Forderung minimaler Varianz des Beobachtungsfehlers, formuliert mit Gl. (17.17).

4) Einsetzen der optimalen Korrekturmatrix in die linear angesetzte Entwicklungsgleichung (17.16) führt auf die nichtlineare Riccati-Gleichung (17.20) für den allgemeinen Fall einer Korrelation zwischen Eingangsrauschen und Meßrauschen.

17.4 Die Differentialgleichung des Schätzfehlers

Für die Beurteilung der Filterung interessiert unter anderem die Dynamik des Schätzfehlers $\varepsilon(t)$, für den im folgenden die Differentialgleichung aufgestellt wird. Dabei interessiert nicht der allgemeine Fall zeitabhängiger Matrizen, vielmehr genügt die Behandlung zeitinvarianter Systeme. Entsprechend werden nur Musterfunktionen ergodischer Prozesse zugelassen. Aus der Zustandsgleichung zur Beschreibung des Grundsystems

$$\dot{x}(t) = Ax(t) + Gz(t)$$

und der Filtergleichung

$$\dot{\hat{x}}(t) = A\hat{x}(t) + K_{\mathrm{o}}(t) \cdot [y(t) - C\hat{x}(t)]$$

ergibt sich für die differenzierte Fehlergleichung

$$\dot{\varepsilon}(t) = \dot{\hat{x}}(t) - \dot{x}(t), \quad \varepsilon(0) \text{ gegeben},$$

$$= A \cdot [\hat{x}(t) - x(t)] + K_{\mathrm{o}}(t) \cdot [y(t) - C\hat{x}(t)] - Gz(t) \,.$$

Verwendet man noch die Ausgangsgleichung

$$y(t) = Cx(t) + \mathrm{r}(t) \,,$$

so erhält man die Differentialgleichung des Fehlers mit minimaler Varianz im Sinne der Forderung (17.17):

$$\dot{\varepsilon}(t) = [A - K_{\mathrm{o}}(t)C] \cdot \varepsilon(t) + K_{\mathrm{o}}(t)r(t) - Gz(t) \,. \tag{17.21}$$

Erwartungsgemäß werden Schätzfehler durch unterschiedliche Anfangswerte $x(0)$, $\hat{x}(0)$ sowie durch das Eingangsrauschen und das Meßrauschen verursacht.

Die Differentialgleichung des Schätzfehlers ist noch in anderem Zusammenhang von Bedeutung. Setzt man Gl. (17.21) in eine Struktur um, so erhält man Bild 17.3. Diese Anordnung kann man dazu benutzen, um das Verhalten des Schätzfehlers bei Veränderungen in den Matrizen A, C, G, Ψ_z und Ψ_r zu beurteilen. Bei nicht miteinander korrelierten Geräuschen z und r vereinfacht sich die Riccati-Gleichung (17.20) zu

$$\dot{V}(t) = AV(t) + V(t)A^{\mathrm{T}} - V(t)C^{\mathrm{T}}\Psi_{\mathrm{r}}^{-1}CV(t) + G\Psi_{\mathrm{z}}G^{\mathrm{T}} \,,$$

und man kann verschiedene „suboptimale" Korrekturmatrizen $K(t)$ ansetzen.

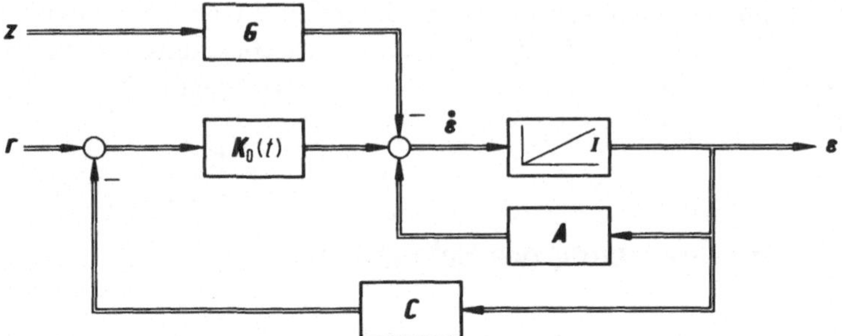

Bild 17.3. Anordnung zur Beurteilung des Einflusses von Änderungen der Matrizen auf den Schätzfehler (Multiplizierer nicht mitgezeichnet)

Man vergleicht diese untereinander mit Hilfe der allgemeinen Entwicklungsgleichung für die Fehlervarianz, die für *beliebige* $K(t)$ gilt:

$$\dot{V}(t) = [A - K(t)C] \cdot V(t) + V(t) \cdot [A - K(t)C]^{\mathrm{T}} +$$

$$+ K(t)\,\Psi_{\mathrm{r}}K^{\mathrm{T}}(t) + G\Psi_{\mathrm{z}}G^{\mathrm{T}} \, . \tag{17.15}$$

Andererseits läßt sich die Auswirkung von vereinfachten Ansätzen für $K(t)$ auf den Schätzfehler und auf die Fehlerkovarianz nach Gl. (17.15) beurteilen, ein „genaues" Systemmodell vorausgesetzt. Weitergehende Überlegungen zu Fehlern in der Dynamik und in Messungen findet man u.a. in [40].

Hinweis:

Aufgrund des Entwurfskriteriums für die optimale Korrekturmatrix sind die Anteile $\mathscr{E}\{\varepsilon_{\mathrm{i}}^2(e;t)\}$ der Spur der Fehlerkovarianzmatrix *einzeln* minimiert, folglich auch ihre Summe.

17.5 Stabilität, stochastische Steuerbarkeit und stochastische Beobachtbarkeit

Nachdem sowohl die Entwurfsgleichungen als auch die Fehlerdifferentialgleichung zum Kalman-Filter bekannt sind, stellen sich allgemeine Fragen zur Stabilität bei verschiedenen Ansatzpunkten: Das Problem stellt sich bereits bei dem Grundsystem mit der Systemmatrix $A(t)$; sie kommt in einer einfachen Kombination im homogenen Teil der Riccati-Differentialgleichung vor, nämlich in

$$\dot{V}(t) = A(t)V(t) + [A(t)V(t)]^{\mathrm{T}} \, ,$$

und sie tritt auf in Verbindung mit der Kalman-Korrektur in der Filterdifferentialgleichung

$$\dot{\hat{x}}(t) = [A(t) - K_{\mathrm{o}}(t)C(t)] \cdot \hat{x}(t) + K_{\mathrm{o}}(t) \cdot y(t)$$

sowie in der Fehlerdifferentialgleichung

$$\dot{\varepsilon}(t) = [A(t) - K_{\mathrm{o}}(t)C(t)] \cdot \varepsilon(t) + n(t) \, ,$$

welche offensichtlich die gleiche Dynamik des zeitvariant korrigierten Modells und folglich des gesamten Filters enthalten. Damit bietet sich das Abarbeiten der folgenden Schritte für die Stabilitätsüberlegungen an:

a) Nicht erregtes System/Filter

Am übersichtlichsten sind die Verhältnisse beim Wiener-Filter mit konstanter Korrektur K_{o}: Es arbeitet ganz im klassischen Sinn asymptotisch stabil genau dann, wenn die charakteristische Gleichung

$$\det[s \cdot I - A + K_{\mathrm{o}}C] = 0$$

nur Lösungen mit negativen Realteilen besitzt. Insbesondere besagt dann die homogene Fehlerdifferentialgleichung, daß Abweichungen in den Anfangsbedingungen $\varepsilon(t_0) = \hat{x}(t_0) - x(t_0) \neq 0$ asymptotisch auf Null abklingen. Weiterhin erkennt man einen vom Luenberger-Beobachter her bekannten Zusammenhang zwischen der Dynamik des Grundsystems und der Dynamik des modellgestützten Filters: Durch den Einfluß von K_{o} lassen sich auch für instabile Grundsysteme (mit nicht rückgeführten Integratoren) stabile Kalman-Filter entwerfen; Beispiele der nachfolgenden Abschnitte werden dies noch verdeutlichen.

Im zeitvarianten Fall läßt sich allgemein nur sagen, daß asymptotische Stabilität für das Filter und für das dynamische Verhalten des Schätzfehlers vorliegt, wenn der nicht mehr elementare Matrizenausdruck $A(t) - K_{\mathrm{o}}(t)C(t)$ die Eigenschaften der Matrix eines asymptotisch stabilen Systems besitzt [47].

b) Erregtes System/Filter

Zunächst gilt allgemein, daß das erregte Filter genau dann stabil ist, wenn für beschränkte Eingangsgrößen die Lösungen der inhomogenen Differentialgleichung beschränkt bleiben.

Neben dieser noch unspezifischen Aussage der allgemeinen Systemtheorie besteht beim Kalman-Filter ein bemerkenswerter Zusammenhang mit bestimmten Eigenschaften des Grundsystems. Da die Erregungen stochastischer Natur sind – so in der Fehlerdifferentialgleichung der schon mit Gl. (17.14) angesetzte Term

$$n(t) = K_{\mathrm{o}}(t) \cdot r(t) - G(t) \cdot z(t)$$

aus Musterfunktionen zugehöriger stochastischer Prozesse – gilt die folgende Aussage:

Wenn das Grundsystem gleichmäßig vollständig stochastisch beobachtbar und gleichmäßig vollständig stochastisch steuerbar ist, dann ist das zugehörige Kalman-Filter global asymptotisch stabil.

Die damit zitierten Eigenschaften eines stochastisch erregten Systems werden anschließend definiert und in einen Zusammenhang mit Kovarianzentwicklungsgleichungen gebracht [28, 40].

● Das durch die Zustandsdarstellung

$$\dot{x}(t) = A(t)x(t) + G(t)z(t)$$

beschriebene, mit $z(t) \in z(e; t)$ erregte System mit der Fundamentalmatrix $\Theta(.,.)$ ist gleichmäßig vollständig stochastisch steuerbar bezüglich $z(t)$, (d.h. alle Systemzustände werden vom Eingangsrauschen angeregt), wenn das Integral

$$\int\limits_0^t \theta(t, u)G(u)\,\Psi_z(u)G^T(u)\theta^T(t, u)\,\mathrm{d}u = V_x(t)$$

positiv definit und beschränkt ist. Es stellt gerade die Kovarianzmatrix des Zustandsvektors $x(t)$ dar, und diese ist eindeutige Lösung der in Abschn. 12.3 hergeleiteten linearen Entwicklungsgleichung

$$\dot{V}_x(t) = A(t)V_x(t) + V_x(t)A^T(t) + G(t)\,\Psi_z(t)G^T(t)$$

mit $V_x(0) = 0$ und $V_x(t) > 0$.

Diese Differentialgleichung ist formidentisch mit der entarteten Riccati-Gleichung des Filterproblems für die Fehlerkovarianz $V(t)$, wenn keine Messungen vorliegen, wenn also der nichtlineare Term fehlt (s. Abschn. 19).

● Ergänzt man die Zustandsdarstellung des nicht erregten Systems,

$$\dot{x}(t) = A(t) \cdot x(t) ,$$

durch die Ausgangsgleichung

$$y(t) = C(t)x(t) + r(t), \quad \Psi_r(t) \text{ gegeben,}$$

so gibt es eine *nichtlineare* Entwicklungsgleichung für die Kovarianz $V(t)$ des Beobachtungsfehlers $\varepsilon(t)$:

$$\dot{V}(t) = A(t)V(t) + V(t)A^T(t) - V(t)C^T(t)\Psi_r^{-1}(t)C(t)V(t) .$$

Mit der Substitution $P(t) = V^{-1}(t)$ erhält man daraus eine *lineare* Differentialgleichung für $P(t) > 0$ (s. Abschn. 19.4):

$$\dot{P}(t) = -P(t)A(t) - A^T(t)P(t) + C^T(t)\Psi_r^{-1}(t)C(t)$$

mit $P(0) = 0$ und $V(t) > 0$,

und es gilt der folgende Satz:

Das nicht erregte Grundsystem ist gleichmäßig vollständig stochastisch beobachtbar, wenn das Intergral

$$\int\limits_0^t \theta^T(u, t)C^T(u)\Psi_r^{-1}(u)C(u)\theta(u, t)\,\mathrm{d}u = P(t)$$

positiv definit und beschränkt ist.

Damit ist der angekündigte Zusammenhang zwischen der Stabilität des Kalman-Filters und gewissen statistischen Eigenschaften des Grundsystems hergestellt; als Bindeglieder treten die jeweiligen Kovarianzentwicklungsgleichungen auf, die generell eine zentrale Rolle spielen.

17.6 Korrelation zwischen Eingangsrauschen und Meßrauschen

Zu den allgemeinsten Entwurfsgleichungen für das Kalman-Filter gehört die in Abschn. 17.3.4 entwickelte Riccati-Gleichung für den Fall, daß $z(t)$ und $r(t)$ miteinander korreliert sind:

$$\dot{V} = [A - G\Psi_{zr}\Psi_r^{-1}C] \cdot V + V \cdot [A - G\Psi_{zr}\Psi_r^{-1}C]^T -$$
$$- VC^T\Psi_r^{-1}CV + G \cdot [\Psi_z - \Psi_{zr}\Psi_r^{-1}\Psi_{zr}^T] \cdot G^T \,, \tag{17.20}$$

die zugehörige optimale Gewichtung ist

$$K_o = [VC^T + G\Psi_{zr}] \cdot \Psi_r^{-1} \,. \tag{17.19}$$

(Die Zeitabhängigkeit der Matrizen wurde zur Vereinfachung nicht mitgeschrieben). Der (im allgemeinen seltene) Fall, daß Eingangsgeräusch und Meßgeräusch miteinander korreliert sind, führt zu folgenden Konsequenzen:

a) Die homogenen Terme als Repräsentanten für die Dynamik der Fehlerkovarianzentwicklung werden je um den Anteil $G\Psi_{zr}\Psi_r^{-1}C$ verringert.
b) Der Einfluß des Eingangsrauschens wird um den Anteil $\Psi_{zr}\Psi_r^{-1}\Psi_{zr}^T$ verringert.
c) Die optimale Gewichtung K_o wird um den Anteil $G\Psi_{zr}$ erhöht.

Das heißt mit anderen Worten: Eine Korrelation zwischen Eingangsrauschen und Meßrauschen erhöht sowohl die Geschwindigkeit als auch die Genauigkeit der Zustandsschätzung [47].

17.7 Beispiel eines Systems mit zeitabhängiger Ausgangsmatrix

Mit einem hochfrequenten Träger

$$s_T(t) = A_0 \cdot \cos \omega_0 t$$

und einem Modulationssignal $a \cdot m'(t)$ der Bandbreite B_m läßt sich nach bekannten Verfahren ein amplitudenmoduliertes Signal

$$s_m(t) = [A_0 + a \cdot m'(t)] \cdot \cos \omega_0 t$$
$$= A_0 \cdot \left[1 + \frac{a}{A_0} \cdot m'(t)\right] \cdot \cos \omega_0 t$$

erzeugen. Bei der Zweiseitenbandmodulation mit unterdrücktem Träger wird das Sendesignal zu

$$s(t) = A_0 \cdot m(t) \cdot \cos \omega_0 t, \qquad m(t) = \frac{a}{A_0} \cdot m'(t) \, ,$$

und bei hinreichend hoher Trägerfrequenz $\omega_0 \gg B_\mathrm{m}$ ist $s(t)$ ein schmalbandiges Signal; der Träger muß im Empfänger wieder zugesetzt werden. Die folgenden Überlegungen sollen zeigen, welche grundsätzliche Verbindung zwischen dem Modulationsverfahren und der Struktur eines modellgestützten Filters besteht [41].

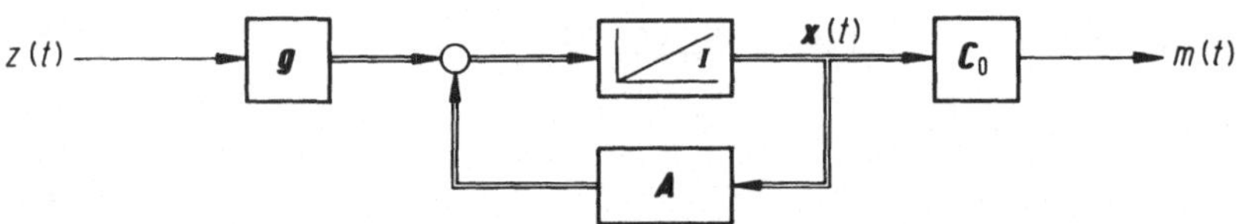

Bild 17.4. Skalares Grundsystem zur Modellierung des Modulationssignals $m(t)$

In der ersten Entwurfsstufe wird ein Grundsystem zur Erzeugung von $m(t)$ erstellt. Entsprechend Bild 17.4 wird dafür ein System mit der Zustandsdarstellung

$$\dot{x}(t) = Ax(t) + g z(t)$$

$$m(t) = C_0 x(t), \qquad C_0 = [1 \; 0 \; 0 \ldots 0] \, ,$$

vorgesehen, das breitbandige Eingangsrauschen wird modelliert durch ein weißes Geräusch mit $\phi_z(\tau) = \Psi_z \cdot \delta(\tau)$. Natürlich läßt sich damit keine Sprachsendung – etwa ein Nachrichtentext – sinnvoll „erzeugen", vielmehr geht es um einen grundsätzlichen strukturellen Zusammenhang.

Beschickt man einen Modulator (Bild 17.5) mit dem Träger $s_\mathrm{T}(t)$ und dem Modulationssignal $m(t)$, so liefert dieser nach Unterdrückung des Trägers das Sendesignal

$$s(t) = s_\mathrm{T}(t) \cdot m(t)$$

$$= A_0 \cos \omega_0 t \cdot C_0 x(t) \, .$$

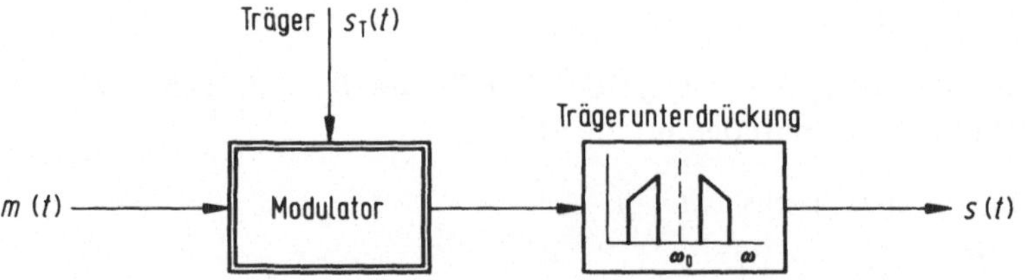

Bild 17.5. Modulator mit Trägerunterdrückung zur Erzeugung des Sendesignals $s(t)$

Die Berücksichtigung eines breitbandigen Kanalrauschens $r(t)$ mit bekannter Kovarianz $\Psi_r = s_r$ führt zu der Ausgangsgleichung

$$y(t) = C(t)x(t) + r(t)$$

mit der zeitabhängigen Matrix

$$C(t) = A_0 \cos \omega_0 t \cdot C_0 \;.$$

Mit diesen Vorgaben ist ein Empfänger gesucht, der aus dem verrauschten Empfangssignal $y(t)$ einen optimalen Schätzwert $\hat{m}(t)$ für das Modulationssignal liefert; optimal im bisherigen Sinn „mit minimaler Fehlervarianz" (genau: mit minimierter Spur der Fehlerkovarianzmatrix, wobei jedes Element sein Minimum annimmt). Damit ist ein Kalman-Filterproblem formuliert, und man kann mit dem Ansatz der Riccati-Gleichung beginnen:

$$\dot{V} = AV + VA^{\mathrm{T}} - VC^{\mathrm{T}}\Psi_r^{-1}CV + g\Psi_z g^{\mathrm{T}} \;,$$

wobei der dritte Summand mit einem hochfrequenten Anteil folgende Form annimmt:

$$VC^{\mathrm{T}}\Psi_r^{-1}CV = \frac{1}{s_r} A_0^2 \cos^2 \omega_0 t \cdot VC_0^{\mathrm{T}}C_0 V$$

$$= \frac{1}{2s_r} A_0^2 \cdot (1 + \cos 2\omega_0 t) \cdot VC_0^{\mathrm{T}}C_0 V \;,$$

also lautet die Riccati-Gleichung

$$\dot{V} = AV + VA^{\mathrm{T}} - \frac{1}{2s_r} A_0^2 \cdot (1 + \cos 2\omega_0 t) \cdot VC_0^{\mathrm{T}}C_0 V + g\Psi_z g^{\mathrm{T}} \;.$$

Die Filtergleichung wird gebildet mit der Korrekturmatrix

$$K_o(t) = V(t)C^{\mathrm{T}}(t)\Psi_r^{-1}$$

$$= V(t)C_0^{\mathrm{T}} \cdot \frac{1}{s_r} A_0 \cdot \cos \omega_0 t$$

und erhält die Form

$$\dot{\hat{x}}(t) = A\hat{x}(t) + V(t)C_0^{\mathrm{T}}\frac{1}{s_r} A_0 \cdot \cos \omega_0 t \cdot [\underbrace{y(t) - A_0 \cdot \cos \omega_0 t \cdot C_0\hat{x}(t)}_{\hat{m}(t)}]$$

An der zugehörigen Struktur (Bild 17.6) erkennt man, daß der Kalman-Ansatz automatisch den Zusatz des Trägers im Empfänger liefert. Damit ergibt der kohärente Demodulator optimalen Empfang schmalbandiger amplitudenmodulierter Signale bei unterdrücktem Träger. Die Formulierung des Problems als

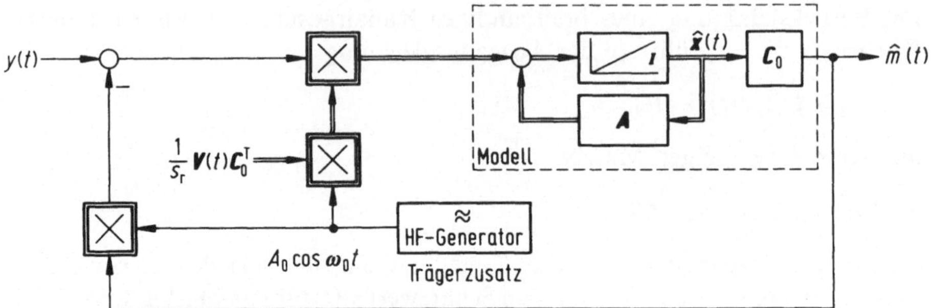

Bild 17.6. Vollständiges Empfangssystem in der (erweiterten) Struktur eines Kalman-Beobachters

Kalman-Entwurfsaufgabe führt zu einer *Systematisierung* einer ursprünglich *empirischen* Lösung des Empfangsproblems. Im übrigen erkennt man rückblikkend, daß die konkrete Art des Nachrichtenmodells bei dieser Überlegung keine Rolle spielt.

18 Kalman-Filter für zeitinvariante Grundsysteme und stationäre Geräusche

Während zeitabhängige Systeme überwiegend bei Anwendungen in der Luftfahrt, bei Kurssteuerungsproblemen und Lagebestimmungen von Satelliten und Raumsonden eine Rolle spielen, kann man in anderen Bereichen, etwa in der Verfahrenstechnik und bei der Zustandsschätzung langsamer Reaktoren, oft davon ausgehen, daß die Grundsysteme zumindest über diskutable Zeitspannen zeitinvariante Eigenschaften besitzen bzw. nur sehr langsam driftende Parameter aufweisen. Ähnliches gilt auch für hinreichend hoch fliegende Navigationssatelliten, deren konstante Sendefrequenz sich durch den Doppler-Effekt nur so langsam ändert, daß man optimale Empfänger mit *stationärer* Kalman-Korrektur auslegen kann [74].

Da solche Systemeigenschaften erfahrungsgemäß häufig mit stationären Eigenschaften der Geräusche verknüpft sind, interessieren die Eigenschaften von Kalman-Filtern für zeitinvariante Grundsysteme und stationäre stochastische Prozesse, für die aus theoretischen Gründen auch Ergodizität postuliert wird. Dabei wird noch zu unterscheiden sein zwischen Fällen, in denen möglichst schnell optimale Zustandsschätzwerte benötigt werden, und solchen, in denen die stationäre Genauigkeit mit konstanten (d.h. eingeschwungenen) Kalman-Korrekturen im Vordergrund steht.

18.1 Die modifizierten Entwurfsgleichungen

Zeitinvariante Grundsysteme und ergodische Prozesse führen auf die folgende Zustandsbeschreibung mit Geräuschrealisierungen $z(t)$, $r(t)$:

$$\dot{x}(t) = Ax(t) + Gz(t), \quad x(0) \text{ gegeben},$$

$$y(t) = Cx(t) + r(t)$$

mit den statistischen Kennfunktionen $\phi_z(\tau) = \Psi_z \cdot \delta(\tau)$, $\phi_r(\tau) = \Psi_r \cdot \delta(\tau)$. Die zugrundeliegenden Prozesse seien mittelwertfrei und weder miteinander noch mit dem Anfangsvektor $x(0)$ korreliert. Unter diesen Voraussetzungen nehmen die Entwurfsgleichungen zur Kalman-Filterung folgende Gestalt an:

a) Riccati-Gleichung:

$$\dot{V}(t) = AV(t) + V(t)A^\mathrm{T} - V(t)C^\mathrm{T}\Psi_r^{-1}CV(t) + G\Psi_z G^\mathrm{T} \tag{18.1}$$

b) Verstärkungsmatrix:

$$K(t) = V(t)C^{\mathrm{T}}\Psi_{\mathrm{r}}^{-1} \tag{18.2}$$

(Der Index „o" für optimal wird künftig nicht mehr mitgeschrieben)

c) Filter-Gleichung:

$$\dot{\hat{x}}(t) = A\hat{x}(t) + K(t)\cdot[y(t) - C\hat{x}(t)]\;. \tag{18.3}$$

Hier zeigt sich ein interessantes und wichtiges Ergebnis: Während sich unter den gleichen Voraussetzungen ein Wiener-Filter mit zeitunabhängiger Korrektur des Systemmodells ergeben würde (vgl. Interpretation zu Bild 16.2), erhält man über die Kalman-Entwurfsgleichungen eine *zeitabhängige* Korrektur $K(t)$. Das hat zur Folge, daß das Kalman-Filter *bereits während des Einschwingvorgangs* optimale Schätzwerte für die Zustandsgrößen liefert.

Wenn der Filterparameter seinen stationären Wert K_∞ für $t \to \infty$ erreicht hat, der unabhängig vom Anfangswert $K(0)$ ist, arbeitet das Filter ohne dynamische Korrektur als Wiener-Filter. Die zugehörige Fehlerkovarianz V_∞ erfüllt die für $\dot{V}(t) = 0$ entstehende „algebraische" Riccati-Gleichung

$$A V_\infty + V_\infty A^{\mathrm{T}} - V_\infty C^{\mathrm{T}}\Psi_{\mathrm{r}}^{-1}CV_\infty + G\Psi_{\mathrm{z}}G^{\mathrm{T}} = 0 \tag{18.4}$$

Bei prinzipieller Strukturgleichheit entfallen für die Realisierung mit konstanten Modellkorrekturen natürlich die Multiplikatoren vor den Integrierern, was einen erheblichen Unterschied im Aufwand bedeutet, s. Bild 18.1. In dem Unterabschnitt 18.2 wird noch näher auf eine Gegenüberstellung von Kalmanscher und Wienerscher Filterversion eingegangen.

Die Grundstruktur des Kalman-Filters ist unverändert ein Folgesystem mit charakteristischen Bestandteilen entsprechend Bild 18.1. Die Korrektur der Modelldynamik erfolgt durch die Differenz aus aktuellen Messungen $y(t)$ und über die Modelldynamik gebildetem Schätzwert $C\hat{x}(t)$. Diese sogenannte „Innovation" wird gemäß dem Aufbau von $K(t)$ gewichtet: Bei „großer Fehlervarianz", d.h. bei unsicheren momentanen Zustandsschätzungen werden die neuen

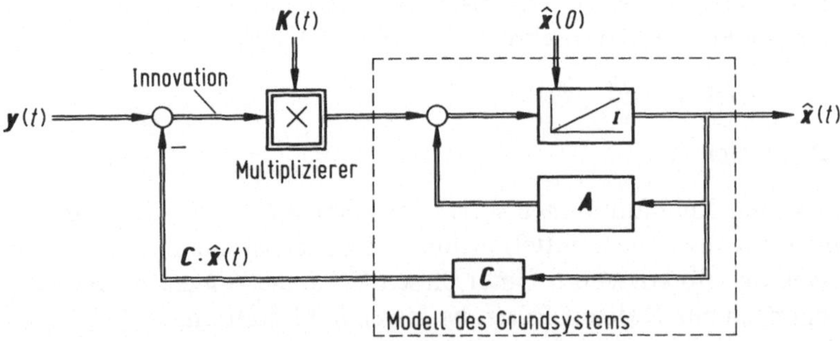

Bild 18.1. Kalman-Filter: Modelliertes zeitinvariantes Grundsystem mit zeitabhängig korrigierender äußerer Schleife

Messungen entsprechend hoch bewertet; andererseits bringt bei nur schwach
verrauschten Messungen die inverse Geräuschkovarianz ebenfalls eine starke
Bewertung der Innovation. In der Korrektur

$$K(t) = V(t)C^{\mathrm{T}}\Psi_{\mathrm{r}}^{-1}$$

führen also die gegenläufigen Einflüsse von $V(t)$ und Ψ_{r}^{-1} auf eine Art interner
„Signal/Rausch-Bewertung". Für die eingeschwungene Korrektur K_{∞} gilt: Bei
großem „Signal/Rausch-Verhältnis" wird die Innovation stärker bewertet als
bei kleinem. Diese typische und wichtige Eigenschaft des Kalman-Filters wird
anschließend noch etwas eingehender erläutert. Allgemein sollte man jedoch bei
Interpretationen dieser Art beachten, daß die in Anführungszeichen gesetzten
Begriffe primär nur für skalare Größen streng gelten, was allerdings keine
Einschränkung der prinzipiellen Aussagen bedeutet.

Ohne Beschränkung der Allgemeinheit kann man zur Erhöhung der
Übersichtlichkeit die Ausgangsmatrix $C = I$ annehmen, dann wird die Korrekturmatrix

$$K(t) = V(t)\Psi_{\mathrm{r}}^{-1}\ .$$

Wenn alle Messungen verrauscht sind und alle Meßgeräuschkomponenten r_{i}
nicht miteinander korreliert sind, dann ist Ψ_{r}^{-1} eine Diagonalmatrix mit invertierten Elementen s_{ri} der Form

$$\Psi_{\mathrm{r}}^{-1} = \begin{bmatrix} s_{\mathrm{r}1}^{-1} & 0 & \cdots & & 0 \\ 0 & s_{\mathrm{r}2}^{-1} & & & \vdots \\ \vdots & & \cdot & & \\ & & & \cdot & 0 \\ 0 & \cdots & & 0 & s_{\mathrm{rn}}^{-1} \end{bmatrix},$$

und die Korrekturmatrix wird

$$K = \begin{bmatrix} v_{11} & \cdots & v_{1\mathrm{n}} \\ \vdots & & \vdots \\ v_{\mathrm{n}1} & \cdots & v_{\mathrm{nn}} \end{bmatrix} \cdot \begin{bmatrix} s_{\mathrm{r}1}^{-1} & 0 & \cdots & 0 \\ 0 & \ddots & & \vdots \\ \vdots & & & 0 \\ 0 & \cdots & 0 & s_{\mathrm{rn}}^{-1} \end{bmatrix} = \begin{bmatrix} \dfrac{v_{11}}{s_{\mathrm{r}1}} & \cdots & \dfrac{v_{1\mathrm{n}}}{s_{\mathrm{rn}}} \\ \vdots & & \vdots \\ \dfrac{v_{\mathrm{n}1}}{s_{\mathrm{r}1}} & \cdots & \dfrac{v_{\mathrm{nn}}}{s_{\mathrm{rn}}} \end{bmatrix}.$$

Ihre Elemente haben also den Charakter von „Signal/Rausch-Verhältnissen".
Daraus folgt pauschal formuliert: Bei starkem Meßrauschen und kleiner Varianz des Zustandsschätzfehlers werden die Zustände des Modells im Filter
durch die Innovation $y - C\hat{x}$ über die Gewichtung K nur „schwach" korrigiert;
im umgekehrten Fall bei geringem Meßrauschen und „schlechten" Zustandsschätzungen enthält die Innovation entsprechend viel Information über die
fehlerhaften Schätzungen, es erfolgt eine stärkere Korrektur der Modellzustände.

Damit ist etwas zur *intuitiven Interpretation* von K gesagt. Die Annahme nicht miteinander korrelierter Geräusche $z(t)$ und $r(t)$ ist sicher weitgehend wirklichkeitsnahe; daß andererseits alle Störkomponenten r_i nicht miteinander korreliert seien, kann man jedoch praktisch nicht erwarten. Dieser Hinweis bedeutet jedoch keine Einschränkung der allgemeinen Interpretation der Korrektur K.

18.2 Zusammenhänge mit dem Wiener-Filter

Die vorausgegangenen Überlegungen machen deutlich, daß die Weiterentwicklungen von Kalman und Bucy die Grundgedanken von Wiener nicht abgelöst, sondern ergänzt und für den praktischen Einsatz wesentlich besser zugänglich gemacht haben, worauf Kalman selbst in seiner Originalarbeit [34] aus dem Jahr 1960 ausdrücklich hinweist.

Auch eine überwiegende Anzahl von Folgepublikationen stellt immer wieder diesen Bezug deutlich heraus, der auch in der vorliegenden Darstellung gewahrt bleiben muß.

Ausgehend von der Kalman-Filtergleichung für zeitinvariante Grundsysteme und kovarianzergodische Geräusche,

$$\dot{\hat{x}}(t) = A\hat{x}(t) + K(t) \cdot [y(t) - C\hat{x}(t)]$$

erhält man mit eingeschwungenem Korrekturparameter K_∞ zunächst die Form

$$\dot{\hat{x}}(t) - [A - K_\infty C] \cdot \hat{x}(t) = K_\infty \cdot y(t)$$

und daraus durch Laplace-Transformation bei verschwindenden Anfangsbedingungen:

$$\hat{x}(s) = [s \cdot I - A + K_\infty C]^{-1} \cdot K_\infty \cdot y(s) \, ,$$

also wird die Übertragungsmatrix des Kalman-Filters mit stationärer Korrektur

$$F_{\mathrm{K}}(s) = [s \cdot I - A + K_\infty C]^{-1} \cdot K_\infty \, . \tag{18.5}$$

Andererseits ergibt sich die Lösung des Wiener-Problems für die Ausgangsgröße $\hat{s} = C\hat{x}$ mit der Fundamentalmatrix

$$\theta_{\mathrm{W}}(s) = [s \cdot I - A + K_\infty C]^{-1}$$

in der gleichwertigen Form

$$F_{\mathrm{W}}(s) = C\theta_{\mathrm{W}}(s)K_\infty \, .$$

Ferner wird bei gegebener Zustandsdarstellung des Grundsystems

$$\dot{x}(t) = Ax(t) + Gz(t)$$

die Lösung im Bildbereich

$$x(s) = [s \cdot I - A]^{-1} Gz(s)$$
$$= \theta(s)Gz(s) \quad \text{mit } \theta(s) = [s \cdot I - A]^{-1} .$$

Nach der Wienerschen Darstellung in Matrizenform wird daher die Spektralmatrix von x

$$S_x(s) = \theta(s)G\Psi_z G^T \theta^T(-s) ,$$

wobei die Kovarianzmatrix von z gegeben ist, vgl. Abschn. 10.1. Mit der Ausgangsgleichung

$$y(t) = Cx(t) + r(t)$$

ergibt sich für die Spektralmatrix S_y der Meßgröße der Ausdruck

$$S_y(s) = C\theta(s)G\Psi_z G^T \theta^T(-s)C^T .$$

Setzt man noch die Riccati-Gleichung für $\dot{V}(t) = 0$ an, so ergibt sich über eine Matrix-Produktzerlegung wieder die Übertragungsmatrix des Wiener-Filters [1].

Abschließend wird noch einmal die folgende Gegenüberstellung vorgenommen:

● **Beim Wiener-Problem**
wird eine optimale Gewichtsfunktion $h_0(t)$ gesucht (vgl. hierzu noch einmal Bild 16.1), die aus dem kovarianzergodischen Meßsignal $y(t) = s(t) + r(t)$ den optimalen Schätzwert $\hat{s}(t)$ bildet. Diese Gewichtsfunktion ergibt sich als Lösung der Wiener-Hopfschen Integralgleichung

$$\phi_{sy}(\tau) - \int\limits_0^\infty h_0(u) \cdot \phi_y(\tau - u)\,du = 0, \quad \tau \geq 0 ,$$

$s(t)$ und $r(t)$ werden als nicht miteinander korreliert angenommen. Da nur kausale Gewichtsfunktionen von praktischer Bedeutung sind, muß im Lösungsverfahren der Funktionenkomplex $S_s^{-1}(\omega) \cdot S_{sy}(j\omega)$ durch eine geeignete Operation so umgeformt werden, daß man einen kausalen Anteil abspalten kann, was nur für Spektren *stationärer* Prozesse möglich ist, vom konkreten Aufwand abgesehen. Spätestens an dieser Stelle wird deutlich, daß durch die Vorgabe der Korrelationsfunktionen auf *indirekte* Weise ein Grundsystem eingeführt wird, das aus einem stationären weißen Geräusch über ein Formfilter eine Modellierung der zu schätzenden Zustandsgröße $x(t)$ ermöglicht, wobei $s(t) = c \cdot x(t)$ ist.

Das Verfahren von Wiener kann bei den in der Praxis wichtigen instationären Prozessen bzw. zeitvarianten Grundsystemen nicht mehr angewandt werden; dies ist einer der Gründe dafür, daß sich das vom Grundgedanken her so tragfähige Optimalfilterkonzept in den Anwendungen nicht mit der erhofften Breitenwirkung durchsetzen konnte.

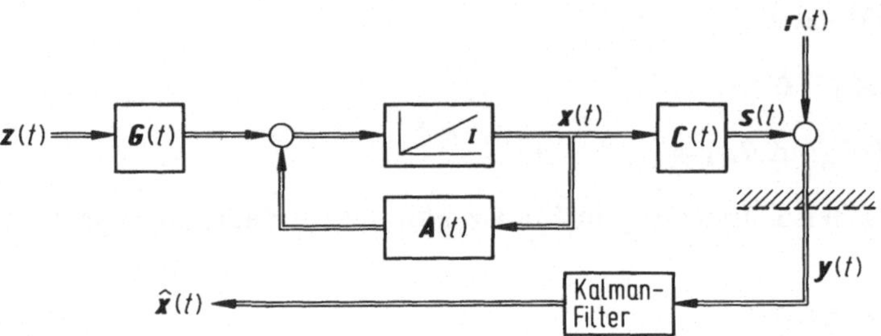

Bild 18.2. Zum Vergleich der Filterverfahren nach Wiener und Kalman

● Beim Kalman-Problem

wird von Anfang an ein zeitvariantes Grundsystem in Zustandsdarstellung mit instationären Prozessen angesetzt. Die Entwurfsgleichungen führen auf die Differentialgleichung für den Schätzwert $\hat{x}(t)$, die in die Filterstruktur umgesetzt wird; die Schätzung wird optimal, wenn der Korrekturparameter des Filters über die Lösung der Riccati-Gleichung für die Fehlerkovarianz angesetzt wird. Bild 18.2 zeigt noch einmal in Blockdarstellung die Zusammenhänge zum Vergleich der beiden Verfahren.

Bei zeitinvarianten Grundsystemen und stationären Geräuschen geht mit eingeschwungenem Parameter K das Kalman-Filter zur Gewinnung von $\hat{x}$ über in ein Wiener-Filter zur Gewinnung von $\hat{s} = C \cdot \hat{x}$ über die optimale Gewichtsfunktion, die allerdings bei dem Vorgehen nach Kalman nicht mehr explizit auftaucht.

Bei zeitvarianten Systemen sollte man beachten, daß die Zustandsbeschreibung nur sehr formale Bedeutung hat, weil praktisch kaum konkrete analytische Formen zeitabhängiger Matrizen zur Systembeschreibung vorliegen. Hier muß auf die praktische Filterrealisierung verwiesen werden, bei der in Echtzeit anfallende Systemparameter und laufend eintreffende Meßdaten durch rekursive Schätzalgorithmen ausgewertet werden müssen (vgl. Abschn. 25 u. 26 über die diskrete Version).

18.3 Die Entwurfsgleichungen
für ein skalares System 1. Ordnung

Zur Beschreibung eines Grundsystems 1. Ordnung werden die Zustandsgleichungen in der Form

$$\dot{x}(t) = ax(t) + gz(t) + bu(t) ,$$

$$y(t) = cx(t) + r(t)$$

angesetzt. Dabei sind $z(t)$ und $r(t)$ Musterfunktionen kovarianzergodischer Prozesse mit gegebenen statistischen Kenngrößen $\Psi_z = s_z$, $\Psi_r = s_r$, ferner seien sie mittelwertfrei und nicht miteinander korreliert, während $u(t)$ ein deterministisches Steuersignal ist, das zwar *keinen Einfluß auf den Filterentwurf* hat, jedoch bei der Realisierung berücksichtigt werden muß. Die Systembeschreibung mit Musterfunktionen ist gerechtfertigt, weil alle Erwartungswertbildungen bei der Herleitung der Entwurfsgleichungen durchgeführt worden sind.

Aufgrund der allgemeinen Ergebnisse der vorangegangenen Abschnitte findet man unmittelbar die folgenden skalaren Formen:

- Riccati-Gleichung:

$$\dot{V}(t) = 2a \cdot V(t) - \frac{c^2}{s_\mathrm{r}} \cdot V^2(t) + g^2 s_\mathrm{z}, \qquad V(0) = V_0 \tag{18.6}$$

- Kalman-Korrektur:

$$K(t) = \frac{c}{s_\mathrm{r}} \cdot V(t) \; ; \tag{18.7}$$

man erkennt, daß man durch Einsetzen direkt eine Riccati-Gleichung für $K(t)$ erhält:

$$\dot{K}(t) = 2a \cdot K(t) - c \cdot K^2(t) + g^2 c \cdot \frac{s_\mathrm{z}}{s_\mathrm{r}}, \quad K(0) = \frac{c}{s_\mathrm{r}} \cdot V_0 \,,$$

wobei der letzte Term ein „Signal/Rausch-Verhältnis" $s_\mathrm{z}/s_\mathrm{r}$ enthält.

- Filter-Gleichung:

$$\dot{\hat{x}}(t) = a \cdot \hat{x}(t) + K(t) \cdot [y(t) - c\hat{x}(t)] + bu(t) \,. \tag{18.8}$$

In Bild 18.3 ist die vollständige Filterstruktur gezeigt, in der auch die nicht in die Entwurfsgleichung eingehende deterministische Ansteuerung mit $u(t)$ über b berücksichtigt ist. Technisch erforderliche Multiplizierer werden nicht mehr mitgezeichnet.

Im folgenden wird die skalare Riccati-Gleichung für die Fehlerkovarianz $V(t)$ allgemein gelöst. Ausgehend von der umgeschriebenen Zwischenform

$$-\frac{s_\mathrm{r}}{c^2} \cdot \frac{\mathrm{d}V}{\mathrm{d}t} = V^2 - 2a \cdot \frac{s_\mathrm{r}}{c^2} \cdot V - g^2 s_\mathrm{z} \cdot \frac{s_\mathrm{r}}{c^2}$$

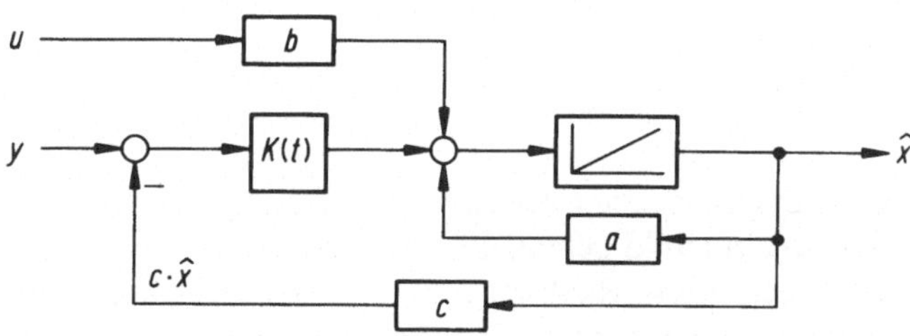

Bild 18.3. Struktur eines Filters mit skalarem Grundsystem 1. Ordnung

erkennt man die Lösbarkeit durch Trennung der Veränderlichen:

$$\frac{\mathrm{d}V}{V^2 - 2a \cdot \dfrac{s_r}{c^2} \cdot V - g^2 s_z \cdot \dfrac{s_r}{c^2}} = -\frac{c^2}{s_r}\,\mathrm{d}t \ .$$

Mit den beiden Nullstellen des Nennerpolynoms

$$\rho_{1,2} = \frac{s_r}{c^2} \cdot \left(a \pm cg \cdot \sqrt{\left(\frac{a}{cg}\right)^2 + s_z/s_r} \right)$$

ergeben sich über die folgende Partialbruchzerlegung die weiteren Lösungsschritte:

$$\frac{\mathrm{d}V}{(V - \rho_1) \cdot (V - \rho_2)} = \frac{1}{\rho_1 - \rho_2} \cdot \left(\frac{\mathrm{d}V}{(V - \rho_1)} - \frac{\mathrm{d}V}{(V - \rho_2)} \right)$$

$$\frac{\mathrm{d}V}{V - \rho_1} - \frac{\mathrm{d}V}{V - \rho_2} = -\frac{c^2}{s_r} \cdot (\rho_1 - \rho_2)\,\mathrm{d}t \ .$$

Berücksichtigt man bei der Integration über V einen gegebenen Anfangswert $V(0) = V_0$ und bei der Integration über t den Anfangszeitpunkt $t_0 = 0$, so erhält man

$$\frac{V(t) - \rho_1}{V(t) - \rho_2} = q_0 \cdot \mathrm{e}^{-\alpha t}$$

mit den Konstanten $q_0 = \dfrac{V_0 - \rho_1}{V_0 - \rho_2}$, $\alpha = \dfrac{c^2}{s_r} \cdot (\rho_1 - \rho_2)$, und damit die Lösung

$$V(t) = \frac{\rho_1 - \rho_2 \cdot q_0 \cdot \mathrm{e}^{-\alpha t}}{1 - q_0 \cdot \mathrm{e}^{-\alpha t}}, \tag{18.9}$$

die für $t \to \infty$ unabhängig vom Anfangswert $V(0)$ auf den Wert $V(\infty) = \rho_1$ einschwingt und für $V_0 = 0$ mit $q_0 = \rho_1/\rho_2$ die Form

$$V(t) = \rho_1 \rho_2 \cdot \frac{1 - \mathrm{e}^{-\alpha t}}{\rho_2 - \rho_1 \cdot \mathrm{e}^{-\alpha t}} \tag{18.10}$$

annimmt.

Ergänzungen:

● Der Riccati-Gleichung als dynamischer Entwicklungsgleichung für die Fehlerkovarianz kann man das Strukturbild gemäß Bild 18.4 zuordnen, womit ein erster Anhaltspunkt für die technische Realisierung von $V(t)$ und damit des zeitabhängigen Filterparameters $K(t)$ gegeben ist, der laufend mit berechnet werden muß.

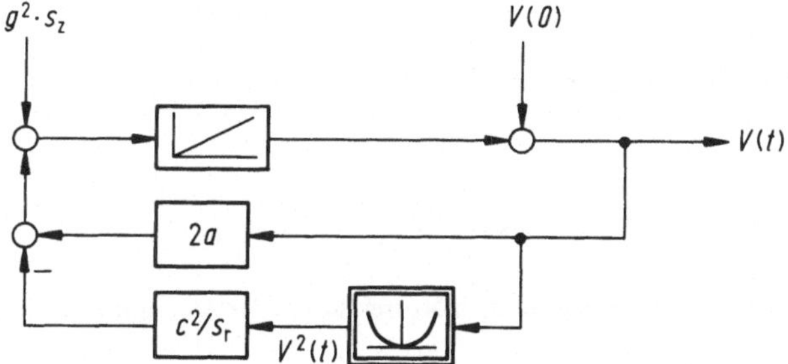

Bild 18.4. Struktur zur dynamischen Entwicklungsgleichung der Fehlerkovarianz

● Offensichtlich ist α der Kehrwert einer Zeitkonstanten:

$$T_a = \frac{s_r}{c^2} \cdot \frac{1}{\rho_1 - \rho_2}$$

$$= \frac{1}{2cg \cdot \sqrt{\left(\dfrac{a}{cg}\right)^2 + \dfrac{s_z}{s_r}}} \cdot$$

Man erkennt, daß T_a bei zunehmendem „Signal/Rausch-Verhältnis" s_z/s_r abnimmt, oder anders formuliert: Je geringer der Meßgeräuschanteil s_r gegenüber s_z ist, desto „schneller" erreicht der korrigierende Filterparameter $K(t)$ den stationären Wert K_∞ des Wiener-Filters.

18.4 Hinweise zur Bedeutung der Anfangsbedingungen

Bei zahlreichen dynamischen Entwicklungsproblemen unterliegt die Wahl der Anfangsbedingungen einer gewissen Willkür, die natürlich ihre Bedeutung nicht schmälert: Sie fixieren aus der jeweiligen Lösungsmannigfaltigkeit genau einen dynamischen Entwicklungsvorgang als die Lösung der jeweiligen Differentialgleichung.

Beim Entwurf von Kalman-Filtern sind einige zusätzliche Gesichtspunkte zu beachten, die im folgenden anhand der übersichtlichen Verhältnisse für ein Grundsystem erster Ordnung herausgearbeitet werden.

● Der konkrete zeitliche Verlauf der Korrektur $K(t)$ hängt gemäß Gl. (18.9) über die eingeführten Konstanten von der Anfangsbedingung $V(0)$ der Fehlerkovarianz ab. Wenn das Grundsystem und das zugehörige Kalman-Filter (mit energiefreien Speichern) *gleichzeitig* zum Zeitpunkt $t_0 = 0$ eingeschaltet werden, dann ist die Anfangsbedingung $V(0) = 0$, folglich wird

$$K(t) = \frac{c}{s_r} \rho_1 \rho_2 \cdot \frac{1 - e^{-\alpha t}}{\rho_2 - \rho_1 \cdot e^{-\alpha t}}$$

mit dem in Bild 18.5 gezeigten prinzipiellen Verlauf.

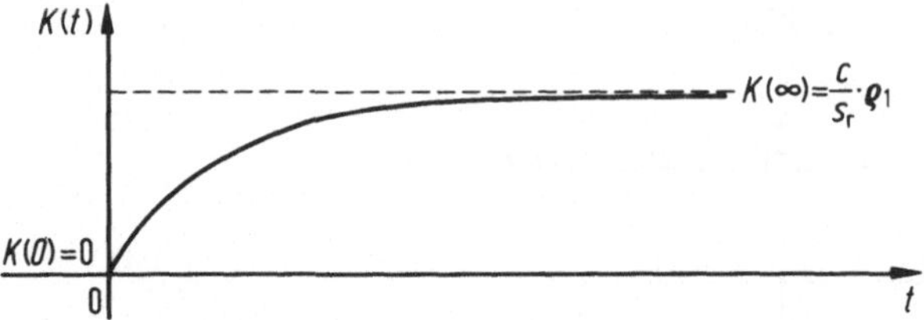

Bild 18.5. Prinzipieller Verlauf einer zeitabhängigen Kalman-Korrektur mit der Anfangsbedingung $K(0\text{-}) = 0$ bei einem Grundsystem 1. Ordnung

● Wird das Filter einem mit stationärer Erregung $z(t)$ eingeschwungenen Grundsystem im Zeitpunkt $t_0 = 0$ *zugeschaltet*, so gelten die folgenden Überlegungen:

In dem skalaren Grundsystem

$$\dot{x}(t) = ax(t) + gz(t)$$

$$y(t) = cx(t) + r(t) \quad \text{mit } a < 0,\ s_z \text{ und } s_r \text{ gegeben}, \quad x(t_e) \text{ gegeben},$$

entwickelt sich die Kovarianz $V_x(t)$ der Zustandsgröße $x(t)$ nach den Ausführungen von Abschn. 12.3 gemäß der Differentialgleichung

$$\dot{V}_x(t) = 2a \cdot V_x(t) + g^2 s_z .$$

Wegen der vorausgesetzten Stationarität des Eingangsgeräuschs $z(t)$ besitzt die Kovarianz $V_x(t)$ zum Zeitpunkt $t_0 = 0$ einen stationären Wert $V_x(0)$, wenn das Eingangsrauschen hinreichend früh zu einem Zeitpunkt $t_e \ll t_0$ auf das Grundsystem geschaltet wurde. Dann gilt $\dot{V}_x = 0$ und somit

$$2a \cdot V_x(0) + g^2 s_z = 0 ,$$

und daraus ergibt sich der Anfangswert

$$V_x(0) = -\frac{1}{2a} \cdot g^2 s_z .$$

Da nach Voraussetzung $a < 0$, $g^2 > 0$ und $s_z > 0$ sind, wird $V_x(0) > 0$. Eine kurze Zusatzüberlegung zeigt, daß damit keine Wahlfreiheit mehr für den Anfangswert $V(0)$ der Fehlerkovarianz $V(t)$ besteht. Laut Definition gilt

$$V(0) := \mathscr{E}\{[\hat{x}(e; 0) - x(e; 0)]^2\}$$

mit dem Anfangswert der Zustandsschätzung

$$\hat{x}(e; 0) = \mathscr{E}\{x(e; 0)\} = \mu_x ,$$

folglich wird zwangsläufig der Anfangswert der Fehlerkovarianz

$$V(0) = \mathscr{E}\{x^2(e; 0)\} - \mu_x^2 ,$$

$$V(0) = V_x(0) .$$

Andererseits erfüllt die Fehlerkovarianz $V(t)$ die Riccati-Gleichung für alle t, also auch für $t = 0$, d.h.

$$\dot{V}(0) = 2a \cdot V(0) + g^2 s_z - \frac{c^2}{s_r} \cdot V^2(0)$$

$$= 2a \cdot V_x(0) + g^2 s_z - \frac{c^2}{s_r} \cdot V_x^2(0) \ .$$

Die Vorüberlegungen zur Kovarianz V_x haben den Anfangswert

$$V_x(0) = -\frac{1}{2a} \cdot g^2 s_z$$

ergeben, die Konsequenz daraus ist

$$\dot{V}(0) = -\frac{c^2}{s_r} \cdot V_x^2(0) \ ,$$

$$\dot{V}(0) = -s_r \cdot \left(\frac{c}{2a}\right)^2 \cdot g^4 \cdot \left(\frac{s_z}{s_r}\right)^2 \ .$$

Dies bedeutet eine prinzipielle Aussage über den zeitlichen Verlauf der Korrektur $K(t)$: Die Anfangssteigung $\dot{K}(0+)$ ist negativ, und $K(t)$ muß unter den gegebenen Voraussetzungen den in Bild 18.6 gezeigten grundsätzlichen Verlauf haben.

Aus den Zwischenergebnissen für $V_x(0)$ und $\dot{V}(0)$ folgt für den Anfangswert des Korrekturparameters:

$$K(0) = \frac{c}{s_r} \cdot V(0) \quad \text{mit} \quad V(0) = V_x(0), \quad \text{folglich wird}$$

$$K(0) = -\frac{c}{2a} \cdot g^2 \cdot \frac{s_z}{s_r} \ ,$$

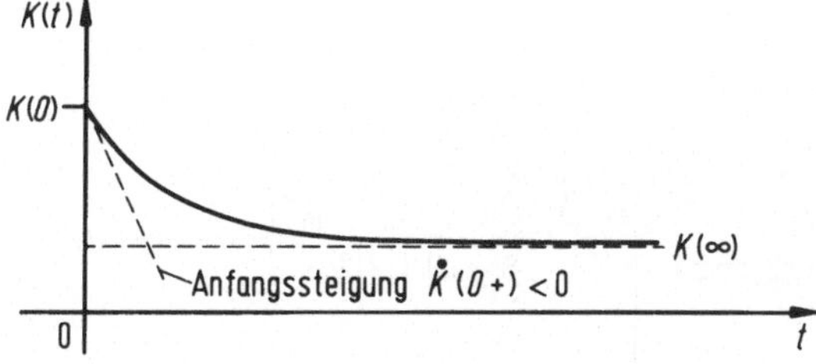

Bild 18.6. Prinzipieller Verlauf einer zeitabhängigen Kalman-Korrektur mit einer Anfangsbedingung $K(0-) \neq 0$ bei einem Grundsystem 1. Ordnung

und für die Anfangssteigung ergibt sich

$$\dot{K}(0+) = \frac{c}{s_\mathrm{r}} \cdot \dot{V}(0)$$

$$\dot{K}(0+) = -c \cdot \left(\frac{c}{2a}\right)^2 \cdot g^4 \cdot \left(\frac{s_\mathrm{z}}{s_\mathrm{r}}\right)^2 < 0 \ .$$

Das anschließende Beispiel wird diese Überlegungen verdeutlichen.

18.5   Beispiel für ein Grundsystem 1. Ordnung

Gegeben sei ein skalares Grundsystem durch die Zustandsbeschreibung

$$\dot{x}(t) = -\frac{1}{T}x(t) + \frac{1}{T}z(t) + bu(t) \ , \quad x(0) = x_0 \ ,$$

$$y(t) = x(t) + r(t) \ , \quad s_\mathrm{z}/s_\mathrm{r} = 8 \ , \quad s_\mathrm{r} = 1 \ ,$$

das Bild 18.7 veranschaulicht die Problemstellung.

Fall 1:

Das Grundsystem und das Kalman-Filter werden bei energiefreien Speichern *gleichzeitig* zum Zeitpunkt $t = 0$ eingeschaltet. Mit der dadurch festgelegten Anfangsbedingung $V(0) = 0$ wird die Fehlerkovarianz

$$V(t) = \rho_1 \rho_2 \cdot \frac{1 - \mathrm{e}^{-\alpha t}}{\rho_2 - \rho_1 \cdot \mathrm{e}^{-\alpha t}} \ ,$$

und die Vorgaben $\rho_1 = 2s_\mathrm{r}/T$, $\rho_2 = -4s_\mathrm{r}/T$, $\alpha = 6/T$ führen auf

$$K(t) = \frac{4}{T} \cdot \frac{1 - \mathrm{e}^{-6t/T}}{2 + \mathrm{e}^{-6t/T}} \ ,$$

$$\dot{K}(t) = \frac{72}{T^2} \cdot \frac{\mathrm{e}^{-6t/T}}{(2 + \mathrm{e}^{-6t/T})^2} > 0 \quad \text{für alle } t$$

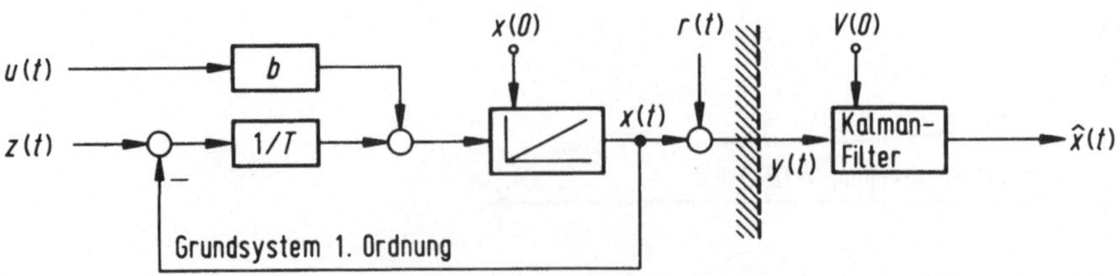

Bild 18.7. Vorgaben zum Entwurf eines Kalman-Filters für ein Grundsystem 1. Ordnung

mit den Grenzfällen

$$t \to 0: K(0) = 0 \quad \text{in Übereinstimmung mit } V(0) = 0;$$

$$t \to \infty: K(\infty) = \frac{2}{T} = \rho_1 \ .$$

Bild 18.8 zeigt den prinzipiellen Verlauf von $K(t)$ mit den berechneten Eigenschaften.

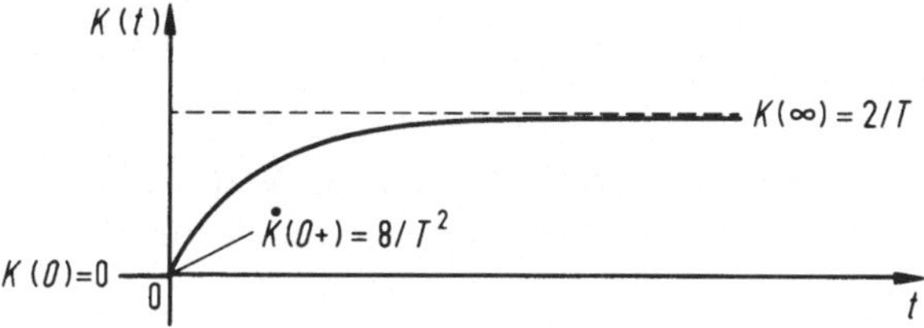

Bild 18.8. Verlauf der Kalman-Korrektur des $P\text{-}T_1$-Beispiels für die Anfangsbedingung $K(0\text{-}) = 0$

Fall 2:

Das Grundsystem ist mit stationärer Erregung $z(t)$ eingeschwungen, die Zustandsgröße $x(t)$ besitzt die Kovarianz $V_x(0) \neq 0$, folglich interessiert jetzt die Lösung der Riccati-Gleichung für den Anfangswert $V(0) = V_x(0)$; es wird

$$K(t) = \frac{c}{s_r} \cdot \frac{\rho_1 - \rho_2 \cdot q_0 \cdot e^{-\alpha t}}{1 - q_0 \cdot e^{-\alpha t}} \quad \text{mit den Konstanten}$$

$$q_0 = \frac{K(0) - \rho_1}{K(0) - \rho_2} = \frac{1}{4}, \qquad K(0) = -\frac{c}{2a} \cdot g^2 \cdot \frac{s_z}{s_r} = \frac{4}{T};$$

unverändert bleibt der stationäre Wert $K(\infty) = \rho_1 = \frac{2}{T}$.

Damit lautet die Kalman-Korrektur

$$K(t) = \frac{4}{T} \cdot \frac{2 + e^{-6t/T}}{4 - e^{-6t/T}},$$

$$\dot{K}(t) = -\frac{144}{T^2} \cdot \frac{e^{-6t/T}}{(4 - e^{-6t/T})^2} < 0 \quad \text{für alle } t \ .$$

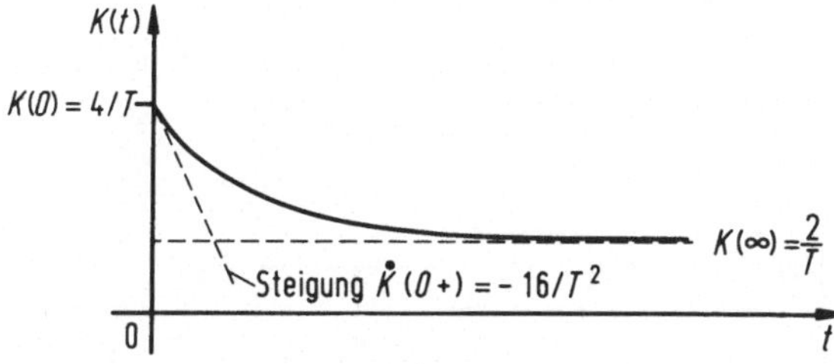

Bild 18.9. Verlauf der Kalman-Korrektur des $P\text{-}T_1$-Beispiels für eine Anfangsbedingung $K(0\text{-}) \neq 0$

Zum Zeichnen des grundsätzlichen Verlaufs entsprechend Bild 18.9 wird noch die Anfangssteigung angegeben, die in Abschn. 18.4 allgemein entwickelt wurde; mit den Zahlenwerten des Beispiels erhält man

$$\dot{K}(0+) = -\frac{16}{T^2} \, .$$

Im letzten Schritt bildet man die Filtergleichung

$$\dot{\hat{x}}(t) = -\frac{1}{T}\hat{x}(t) + K(t)\cdot[y(t) - \hat{x}(t)] + bu(t) \, ,$$

die zu der Struktur nach Bild 18.10 führt. Mit dem stationären Wert K_∞ für den Filterparameter ergibt sich ein Wiener-Filter mit der Übertragungsfunktion von y nach $\hat{x}$:

$$F_W(s) = \frac{K_\infty}{\frac{1}{T} + K_\infty} \cdot \frac{1}{1 + sT_w} \quad \text{mit der Zeitkonstanten}$$

$$T_W = \frac{1}{\frac{1}{T} + K_\infty}$$

und der in Bild 18.11 gezeigten Struktur. Man erkennt, daß sich gegenüber dem Grundsystem die Verstärkung und der Eigenwert verändert haben.

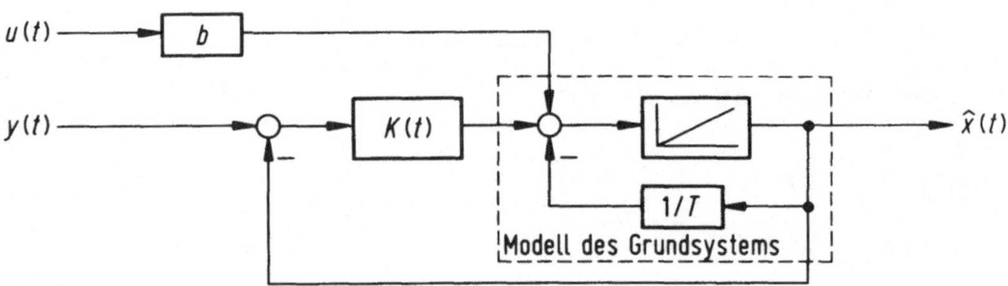

Bild 18.10. Struktur des Kalman-Filters zu dem $P\text{-}T_1$-Beispiel

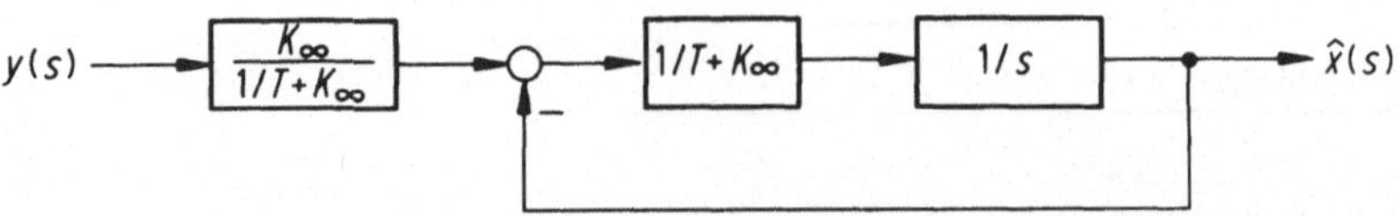

Bild 18.11. Wiener-Filter für den Fall des eingeschwungenen Korrektur-Parameters $K(t \to \infty) = K_\infty$

18.6 Analog-Realisierung eines Kalman-Filters für ein Grundsystem 1. Ordnung

Einen ersten konkreten Eindruck von der Wirkung einer modellgestützten Filterung gewinnt man durch eine Realisierung für ein einfaches Grundsystem mit der Zustandsbeschreibung

$$\dot{x}(t) = -ax(t) + gz(t) \,,$$

$$y(t) = x(t) + r(t)$$

mit den folgenden experimentellen Daten:

Zeitkonstante $1/a = 10\,\text{sec}$, Verstärkung $g/a = 7$; Eingangsrauschen $z(t)$ und Meßrauschen $r(t)$ sind Gauß-verteilte elektrische Spannungen mit einer Eckfrequenz von $f_{ez} = f_{er} = 5\,\text{Hz}$. Die Varianzen σ_z und σ_r sind an den zugehörigen beiden Rauschgeneratoren einstellbar, wobei gilt $\sigma_z \approx \sqrt{S_{0z} \cdot 2 \cdot f_{ez}}$, entsprechend für $r(t)$. Weiterhin gilt für das Eingangsrauschen mit dem Leistungsspektrum nach Bild 18.12 der Zusammenhang $s_z \approx \sigma_z^2/2f_{ez}$. Die Filtergleichung lautet

$$\dot{\hat{x}}(t) = -a\hat{x}(t) + K(t) \cdot [y(t) - \hat{x}(t)]$$

mit der Korrektur $K(t) = V(t)/s_r$. Die beiden oberen Blöcke von Bild 18.13 zeigen die Realisierung von Grundsystem und Kalman-Filter durch geläufige Elemente der Analogrechentechnik, wobei auf alle unwesentlichen Details verzichtet wurde.

Die Lösung der Riccati-Gleichung

$$\dot{V}(t) = -2a \cdot V(t) - \frac{1}{s_r} \cdot V^2(t) + g^2 s_z$$

ist entsprechend dem unteren Teilblock realisiert, wobei der Anfangswert $V(0)$ nach den Überlegungen von Abschn. 18.4 entweder gleich Null wird, wenn nämlich Grundsystem und Filter mit freien Energiespeichern gleichzeitig eingeschaltet werden, oder der Wert

$$V(0) = \frac{1}{2a} \cdot g^2 s_z$$

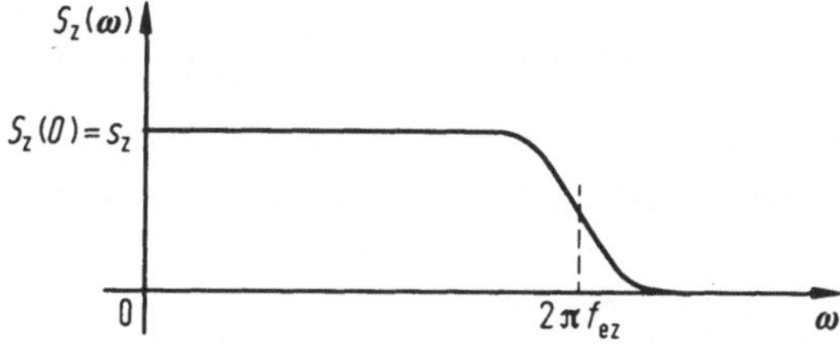

Bild 18.12. Spektrale Leistungsdichte eines Tiefpaß-Eingangsgeräuschs

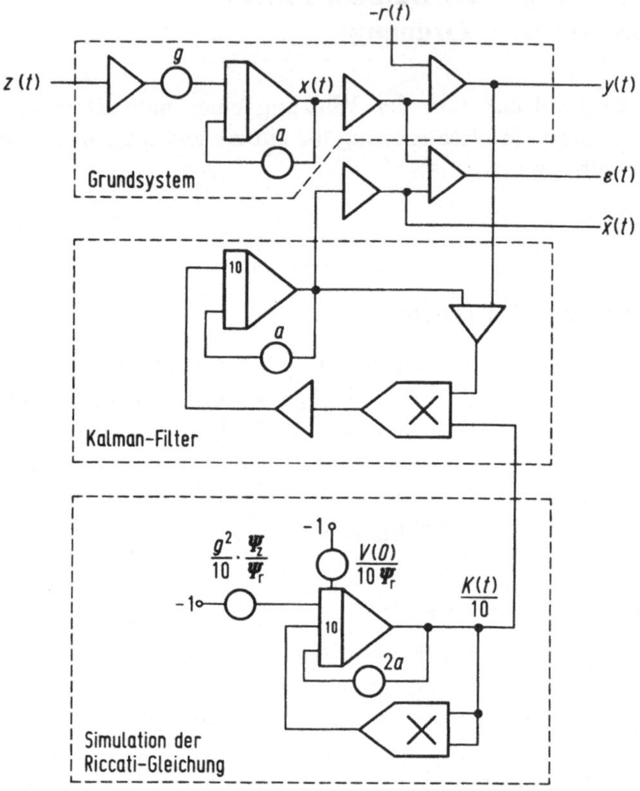

Bild 18.13. Analogrechenschaltplan des realisierten Kalman-Filters

eingestellt werden kann, wenn das Filter dem stationär arbeitenden Grundsystem *aufgeschaltet* wird. In den Bildern 18.14 und 18.15 sind die experimentellen Ergebnisse bei gemeinsamem Einschalten, $V(0) = 0$, für die folgenden Daten wiedergegeben:

- $\sigma_z = 2$ Volt, $\sigma_r = 1$ Volt, $s_z/s_r = 4$, Fall 1.

- $\sigma_z = 1$ Volt, $\sigma_r = 2$ Volt, $s_z/s_r = 0,25$, Fall 2.

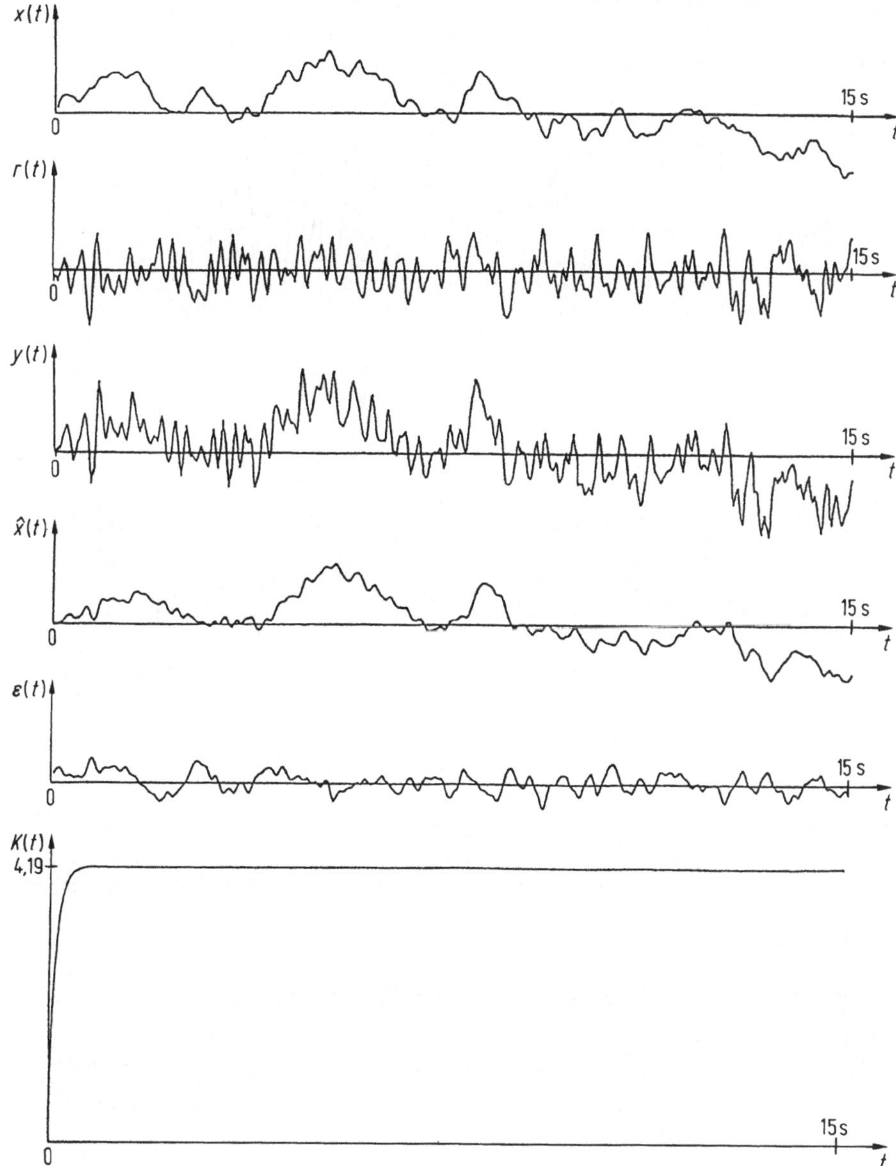

Bild 18.14. Signalverläufe und Kalman-Korrektur zu dem analog realisierten Filter (Fall 1)

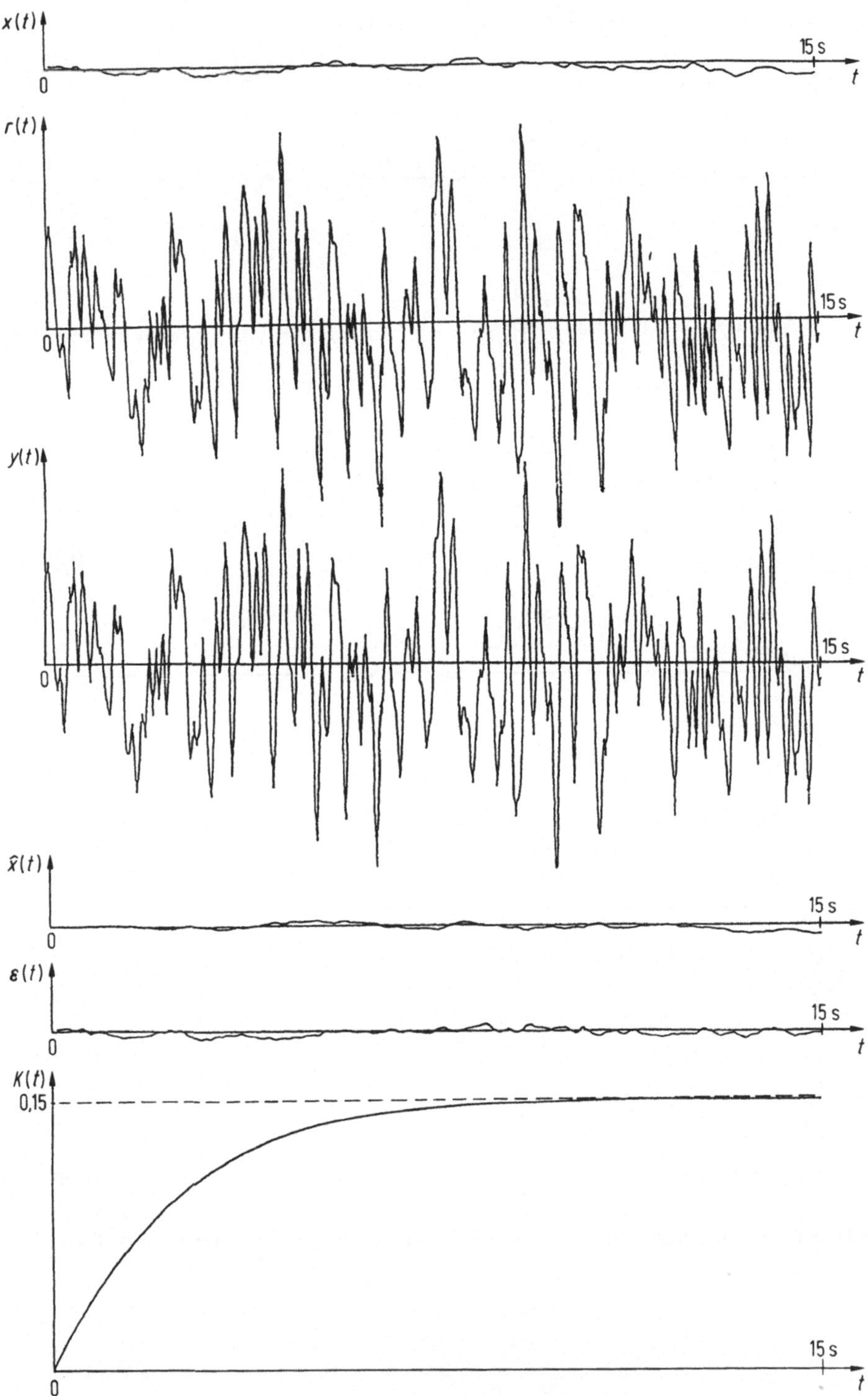

Bild 18.15. Signalverläufe und Kalman-Korrektur zu dem analog realisierten Filter (Fall 2)

18.7 Skalarer Sonderfall: Grundsystem ohne Ausgleich

Geht man von der entarteten Zustandsbeschreibung für $a = 0$ aus, so wird

$$\dot{x}(t) = gz(t) + bu(t)$$

$$y(t) = cx(t) + r(t)\;;$$

gegeben seien noch der Anfangswert $x(0) = x_0$ sowie die Kovarianzdaten $\Psi_z = s_z$ und $\Psi_r = s_r$ der beiden weißen Geräusche $z(t)$ und $r(t)$. Man erhält die entsprechend entartete Riccati-Gleichung unmittelbar für die Korrektur $K(t)$ in der Form

$$\dot{K}(t) = -c \cdot K^2(t) + g^2 c \cdot \frac{s_z}{s_r}, \quad K(0) = K_0,$$

und mit den zugehörigen Konstanten

$$\rho_{1,2} = \pm g \cdot \sqrt{s_z/s_r}, \quad \alpha = 2gc \cdot \sqrt{s_z/s_r}$$

wird die Lösung

$$K(t) = g \cdot \sqrt{\frac{s_z}{s_r}} \cdot \frac{1 + q_0 \cdot e^{-\alpha t}}{1 - q_0 \cdot e^{-\alpha t}} \cdot$$

Die zugehörige Filtergleichung hat die vereinfachte Form

$$\dot{\hat{x}}(t) = -c \cdot K(t)\hat{x}(t) + K(t)y(t) + bu(t), \quad \hat{x}(0) = \hat{x}_0,$$

wozu die in Bild 18.16 gezeigte Struktur gehört. Das Ergebnis zeigt wieder, daß die Filterstruktur – im Gegensatz zu dem offenen Integrierer des Grundsystems – eine stabilisierende Rückführschleife enthält, in der $K(t)$ liegt.

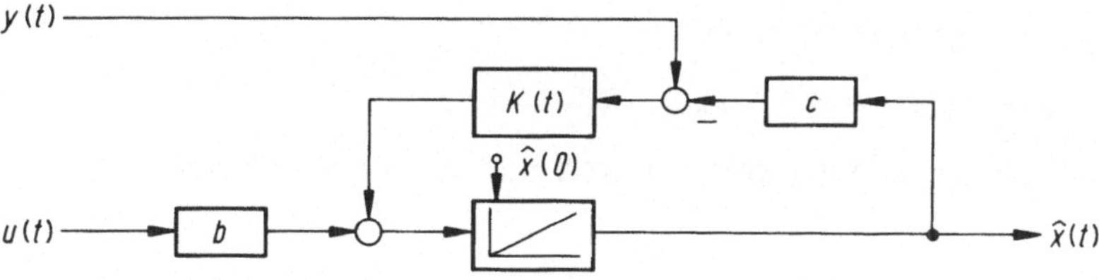

Bild 18.16. Filterstruktur mit einem Grundsystem ohne Ausgleich

Aus dem vorliegenden Beispiel ergibt sich leicht der mehr formale Fall der „Schätzung einer Konstanten"; dazu macht man den Systemansatz

$$\dot{x}(t) = 0, \quad x(0) = x_0,$$

$$y(t) = cx(t) + r(t), \quad \Psi_r = s_r,$$

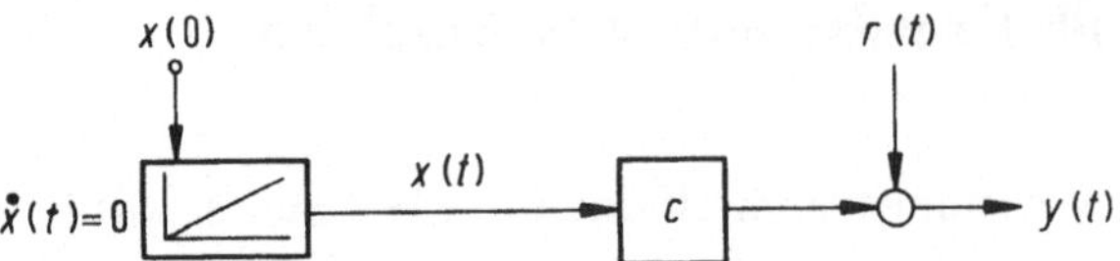

Bild 18.17. Vorgaben zu dem Sonderfall der Schätzung einer Konstanten

zu dem der eingangssignalfreie Integrierer von Bild 18.17 gehört. In diesem entarteten Fall erhält man die zugehörige Kalman-Korrektur nicht formal für $g = 0$; man muß vielmehr die weiter reduzierte Riccati-Gleichung für $K(t)$ ansetzen und lösen:

$$\frac{\mathrm{d}K}{\mathrm{d}t} = -c \cdot K^2(t), \qquad K(0) = \frac{c}{s_\mathrm{r}} \cdot V(0) \equiv K_0$$

$$\int_{K_0}^{K} \frac{\mathrm{d}K'}{K'^2} = -c \cdot \int_0^t \mathrm{d}t'$$

$$\frac{1}{K} - \frac{1}{K_0} = c \cdot t$$

$$K(t) = \frac{K_0}{1 + cK_0 \cdot t}$$

oder zur Einbeziehung der Vorgaben:

$$K(t) = \frac{c}{s_\mathrm{r}} V_0 \cdot \frac{1}{1 + \dfrac{c^2}{s_\mathrm{r}} V_0 \cdot t} \cdot$$

Die zugehörige Filtergleichung

$$\dot{\hat{x}}(t) = -c \cdot K(t)\hat{x}(t) + K(t)y(t), \qquad \hat{x}(0) = \hat{x}_0\,,$$

führt zu der schon bekannten Struktur von Bild 18.16 mit $u(t) = 0$.

18.8 Beispiel für eine Korrelation zwischen Eingangsrauschen und Meßrauschen

Wenn sich die Korrelation zwischen $z(t)$ und $r(t)$ durch den einfachen Zusammenhang

$$z(t) = \lambda \cdot r(t) \quad \text{mit } \lambda = \rho \cdot \sigma_\mathrm{r}/\sigma_\mathrm{z}$$

nach Gl. (4.12) aus Abschn. 4.2 ausdrücken läßt, ergeben sich folgende Zusammenhänge zwischen den Kovarianzmatrizen:

$$\boldsymbol{\Psi}_z = \lambda^2 \cdot \boldsymbol{\Psi}_r \,,$$

$$\boldsymbol{\Psi}_{zr} = \lambda \cdot \boldsymbol{\Psi}_r \quad \text{folglich} \quad \boldsymbol{\Psi}_{zr} \cdot \boldsymbol{\Psi}_r^{-1} = \lambda \cdot \boldsymbol{I} \,,$$

$$\boldsymbol{\Psi}_z - \boldsymbol{\Psi}_{zr} \boldsymbol{\Psi}_r^{-1} \boldsymbol{\Psi}_{zr}^{\mathrm{T}} = \boldsymbol{0}. \quad \text{(Alle Matrizen sind zeitabhängig)}.$$

Damit vereinfacht sich die Riccati-Gleichung (17.20) zu

$$\dot{\boldsymbol{V}} = [\boldsymbol{A} - \lambda \cdot \boldsymbol{GC}] \cdot \boldsymbol{V} + \boldsymbol{V} \cdot [\boldsymbol{A} - \lambda \cdot \boldsymbol{GC}]^{\mathrm{T}} - \boldsymbol{VC}^{\mathrm{T}} \boldsymbol{\Psi}_r^{-1} \boldsymbol{CV} \,,$$

und die Korrekturmatrix nach Gl. (17.19) geht über in

$$\boldsymbol{K} = \boldsymbol{VC}^{\mathrm{T}} \boldsymbol{\Psi}_r^{-1} + \lambda \cdot \boldsymbol{G} \,.$$

Im Unterschied zu dem in Abschn. 17.6 herausgestellten allgemeinsten Fall der Zeitabhängigkeit aller Matrizen wird im anschließenden Beispiel ein sehr einfaches zeitinvariantes Grundsystem angesetzt.

Gegeben ist das skalare System von Bild 18.18 mit der Zustandsbeschreibung

$$\dot{x}(t) = -\frac{1}{T} \cdot x(t) + \frac{1}{T} \cdot \lambda \cdot r(t), \quad x(0) = 0, \quad \Psi_r = s_r \,;$$

$$y(t) = x(t) + r(t) \,.$$

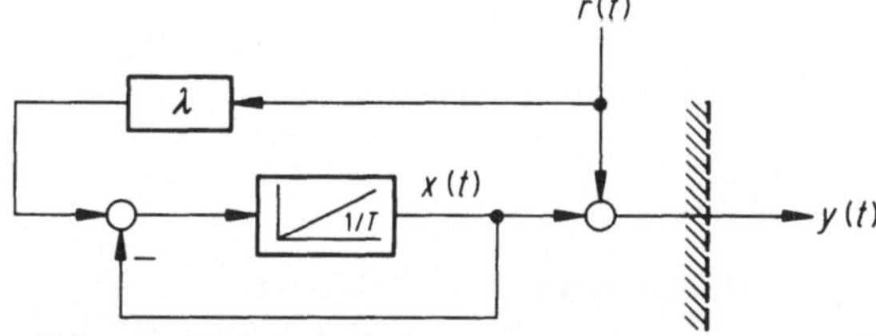

Bild 18.18. Grundsystem zu dem Beispiel einer Korrelation zwischen Eingangsrauschen und Meßrauschen

Für den Filterentwurf gelten die Zuordnungen

$$A \triangleq -1/T, \; G \triangleq 1/T, \; C \triangleq 1, \qquad A - \lambda \cdot GC \triangleq -\frac{1}{T} \cdot (1 + \lambda) \,,$$

und die Riccati-Gleichung lautet

$$\dot{V}(t) = -\frac{2}{T} \cdot (1 + \lambda) \cdot V(t) - \frac{1}{s_r} \cdot V^2(t), \quad V(0) = V_0 \,.$$

Trennung der Veränderlichen und anschließende Partialbruchzerlegung führen auf das Zwischenergebnis

$$\frac{\mathrm{d}V}{V} - \frac{\mathrm{d}V}{V + 2\dfrac{s_r}{T} \cdot (1 + \lambda)} = -\frac{2}{T} \cdot (1 + \lambda) \, \mathrm{d}t$$

Mit Einführung der Konstanten $d = \dfrac{V_0}{V_0 + 2\dfrac{s_r}{T} \cdot (1 + \lambda)} < 1$

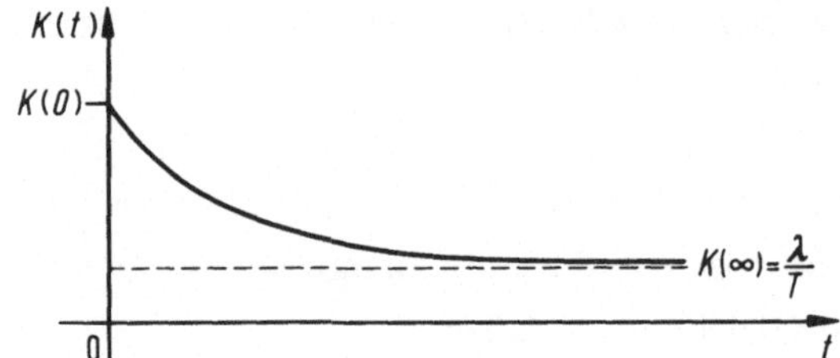

Bild 18.19. Zeitlicher Verlauf der Korrektur zu dem Beispiel mit korrelierten Geräuschen

erhält man für die Fehlerkovarianzfunktion:

$$V(t) = \frac{2\frac{s_\mathrm{r}}{T}\cdot(1 + \lambda)\cdot d}{\mathrm{e}^{-2(1+\lambda)t/T} - d}\,,$$

und daraus folgt die Kalman-Korrektur

$$K(t) = \frac{1}{s_\mathrm{r}}\cdot V(t) + \frac{\lambda}{T}\,,$$

deren prinzipieller Verlauf in Bild 18.19 gezeigt ist.

Die Filtergleichung hat die vertraute Form

$$\dot{\hat{x}}(t) = -\frac{1}{T}\cdot\hat{x}(t) + K(t)\cdot[y(t) - \hat{x}(t)]\,,$$

Das Bild 18.20 zeigt die zugehörige einfache Struktur.

Mit der stationären Korrektur $K_\infty = \lambda/T$ ergibt sich wieder ein Wiener-Filter mit der Differentialgleichung

$$\dot{\hat{x}}(t) = -\frac{1}{T}\cdot(1 + \lambda)\cdot\hat{x}(t) + \frac{\lambda}{T}\cdot y(t)\,.$$

Die zugehörige Übertragungsfunktion wird

$$F_\mathrm{W}(s) = \frac{\lambda}{T}\cdot\frac{1}{s + (1 + \lambda)/T}\,.$$

Hinweis: Eine allgemeinere Korrelation zwischen z und r entsteht durch ein lineares dynamisches System.

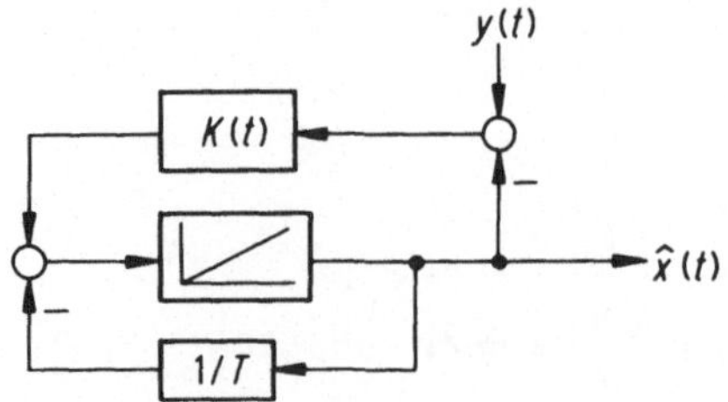

Bild 18.20. Einfaches Filter zu dem Grundsystem von Bild 18.18

19 Einige Eigenschaften der Riccati-Gleichung

Für die anschließenden Überlegungen wird angenommen, daß das Eingangsrauschen und das Meßrauschen nicht miteinander korreliert sind, so daß die Riccati-Gleichung die folgende, gegenüber Gl. (17.20) vereinfachte Form annimmt (Die Zeitabhängigkeit der Matrizen wird wieder nicht mitgeschrieben):

$$\dot{V} = AV + VA^{\mathrm{T}} - VC^{\mathrm{T}}\Psi_{\mathrm{r}}^{-1}CV + G\Psi_{\mathrm{z}}G^{\mathrm{T}} \, . \tag{19.1}$$

Die rechte Seite dieser Differentialgleichung sagt aus, wie die verschiedenen Anteile die zeitliche Änderung der Fehlerkovarianz beeinflussen:

- Die beiden ersten Terme bestimmen über die Matrix A des Grundsystems die dynamische Entwicklung der Fehlerkovarianz anhand der homogenen Differentialgleichung zum Abbau von Anfangswerten $V(0)$.
- Der nichtlineare dritte Term zusammen mit dem Minuszeichen vermindert die zeitliche Änderung, und zwar mit quadratischem Charakter bezüglich V; das heißt er verringert die Unsicherheit in der Zustandsschätzung durch den Einfluß von (verrauschten) Messungen und verringert so das Anwachsen der Fehlerkovarianz.

Wenn alle Messungen verrauscht sind, ist der nichtlineare Term positiv definit; er ist umgekehrt proportional zur Kovarianz Ψ_{r} des Meßrauschens (diese Formulierung gilt streng genommen wieder nur für skalare Zusammenhänge, ist aber sinngemäß richtig), folglich verursacht eine Zunahme des Meßrauschens eine langsamere Abnahme der Fehlerkovarianz. Für die weitere heuristische Interpretation kann man die Ausführungen von Abschn. 18.1 zur Korrekturmatrix K sinngemäß modifiziert auf den mit $C = I$ übersichtlicheren Term $V\Psi_{\mathrm{r}}^{-1}V$ übertragen.

Wenn keine Messungen vorhanden sind, fehlt der nichtlineare Term, und die Riccati-Gleichung entartet zu einer linearen Entwicklungsgleichung

$$\dot{V} = AV + VA^{\mathrm{T}} + G\Psi_{\mathrm{z}}G^{\mathrm{T}} \, ;$$

sie hat die gleiche Form wie die Differentialgleichung für die Entwicklung der Kovarianz V_{x} des Zustandsvektors nach Abschn. 12.3.

- Der vierte Term schließlich vergrößert die Schätzunsicherheit durch das Eingangsrauschen und erhöht damit das Anwachsen der Fehlerkovarianz.

Wenn sich die Fehlerkovarianz nicht mehr ändert, beschreibt die algebraische Riccati-Gleichung

$$AV + VA^{\mathrm{T}} - VC^{\mathrm{T}}\Psi_{\mathrm{r}}^{-1}CV + G\Psi_{\mathrm{z}}G^{\mathrm{T}} = 0$$

den Gleichgewichtszustand zwischen den erläuterten Einflüssen.

Insgesamt stellt die Lösung der Riccati-Gleichung den Hauptaufwand bei dem Filterentwurf dar; sie muß – von einfachen Fällen abgesehen – numerisch durchgeführt werden, wobei spezifische Probleme entstehen, beispielsweise ein Symmetrieverlust der Matrix V durch Rundungsfehler sowie ihre Eigenschaft, positiv definit zu sein [44 bis 47].

19.1 Vorbemerkung zu den Lösungen

Bei einem Grundsystem n-ter Ordnung führt die Matrix-Riccati-Differentialgleichung zu einem Satz von n^2 gekoppelten nichtlinearen skalaren Differentialgleichungen für die $n \times n$ Elemente $v_{ik}(t)$ der Matrix $V(t)$; wegen der Symmetrie von $V(t)$ gibt es aber nur $\frac{1}{2} \cdot (n^2 + n)$ voneinander verschiedene Elemente.

Wenn das Grundsystem gleichmäßig vollständig stochastisch steuerbar und gleichmäßig vollständig stochastisch beobachtbar ist (vgl. Abschn. 17.5), dann hat die Riccati-Gleichung stets eine eindeutige, positiv definite Lösung bei gegebenem Anfangswert $V(0)$. Unabhängig vom jeweiligen Anfangswert streben die Lösungen gegen einen stationären Wert $V_\infty = V(t \rightarrow \infty)$. Auf die Bedeutung der Anfangswerte wurde in Abschn. 18.4 ausführlich eingegangen.

19.2 Das Hamiltonsche Gleichungssystem

Die Lösung der in V nichtlinearen Matrix-Riccati-Differentialgleichung (19.1) kann man nicht allgemein angeben; es besteht jedoch eine Alternative in Gestalt zweier gekoppelter linearer Matrix-Differentialgleichungen, die anschließend hergeleitet werden. Dabei wird wieder die Zeitabhängigkeit der Matrizen nicht mitgeschrieben, wobei es neben der bequemeren Schreibweise noch einen gewichtigeren Grund gibt: Das zu entwickelnde Alternativverfahren zeigt seine Leistungsfähigkeit besonders bei zeitinvarianten Systemen und stationären Prozessen [44, 45]. Man geht aus von der homogenen Differentialgleichung des Beobachtungsfehlers

$$\dot{\varepsilon} = [A - KC] \cdot \varepsilon$$

und bildet zunächst die zugehörige Adjungierte (s. Abschn. 8.2):

$$\dot{Q} = - [A - KC]^{\mathrm{T}} \cdot Q \,.$$

Setzt man hier den Ausdruck $K = VC^{\mathrm{T}} \Psi_{\mathrm{r}}^{-1}$ ein, so erhält man

$$\dot{Q} = - [A^{\mathrm{T}} - C^{\mathrm{T}} \Psi_{\mathrm{r}}^{-1} CV] \cdot Q \,, \tag{19.2}$$

wobei die Symmetrie der Matrizen V und $\boldsymbol{\Psi}_r^{-1}$ ausgenutzt wurde. Die Einführung einer neuen Matrix

$$R = VQ$$

ergibt nach zeitlicher Ableitung

$$\dot{R} = \dot{V}Q + V\dot{Q} \,.$$

Setzt man in diesen Ausdruck für $\dot{V}$ die rechte Seite der Riccati-Gleichung (19.1) und für $\dot{Q}$ die rechte Seite der Gl. (19.2) ein, so fallen vier Summanden heraus, und für R verbleibt die Differentialgleichung

$$\dot{R} = AVQ + G\boldsymbol{\Psi}_z G^{\mathrm{T}}Q \,.$$

Dieses Zwischenergebnis führt zusammen mit Gl. (19.2) unter Beachtung von $R = VQ$ auf das folgende System zweier gekoppelter linearer Differentialgleichungen zur Bestimmung der Matrizen Q und R:

$$\dot{Q} = -A^{\mathrm{T}} \cdot Q + C^{\mathrm{T}} \boldsymbol{\Psi}_r^{-1} C \cdot R \,, \qquad\qquad (19.3a)$$

$$\dot{R} = A \cdot R + G\boldsymbol{\Psi}_z G^{\mathrm{T}} \cdot Q \,. \qquad\qquad (19.3b)$$

Diese beiden Differentialgleichungen bilden das Hamilton-System, das man mit Blockmatrizen auch auf folgende Form bringen kann:

$$\begin{bmatrix} \dot{Q} \\ \dot{R} \end{bmatrix} = \begin{bmatrix} -A^{\mathrm{T}} & C^{\mathrm{T}}\boldsymbol{\Psi}_r^{-1}C \\ G\boldsymbol{\Psi}_z G^{\mathrm{T}} & A \end{bmatrix} \cdot \begin{bmatrix} Q \\ R \end{bmatrix} \,. \qquad\qquad (19.4)$$

Dieses Allgemeine Ergebnis kann man noch umformen, indem man die Fundamentalmatrix $\theta(t, t_0)$ einführt:

$$\theta(t, t_0) := \begin{bmatrix} \theta_{11}(t, t_0) & \theta_{12}(t, t_0) \\ \theta_{21}(t, t_0) & \theta_{22}(t, t_0) \end{bmatrix} \,,$$

denn damit kann man bei bekannten Anfangsbedingungen anschreiben:

$$\begin{bmatrix} Q(t) \\ R(t) \end{bmatrix} = \begin{bmatrix} \theta_{11}(t, t_0) & \theta_{12}(t, t_0) \\ \theta_{21}(t, t_0) & \theta_{22}(t, t_0) \end{bmatrix} \cdot \begin{bmatrix} Q(t_0) \\ R(t_0) \end{bmatrix} \,.$$

Hierbei ist folgendes zu beachten: Das Hamilton-System dient zur Lösung der Riccati-Gleichung mit gegebenem Anfangswert $V(0)$; aufgrund der Beziehung

$$V = RQ^{-1}$$

ist die Wahl von $Q(t_0)$ und $R(t_0)$ nicht eindeutig. Daher setzt man an

$Q(t_0) = I$, und damit wird $R(t_0) = V(t_0)$, das Gleichungssystem lautet also

$$Q(t) = \theta_{11}(t, t_0) + \theta_{12}(t, t_0) \cdot V(t_0)$$

$$R(t) = \theta_{21}(t, t_0) + \theta_{22}(t, t_0) \cdot V(t_0) \,,$$

und in Verbindung mit $V = RQ^{-1}$ ergibt sich die Lösung

$$V(t) = [\boldsymbol{\theta}_{21}(t, t_0) + \boldsymbol{\theta}_{22}(t, t_0) V(t_0)]$$

$$\cdot [\boldsymbol{\theta}_{11}(t, t_0) + \boldsymbol{\theta}_{12}(t, t_0) V(t_0)]^{-1} \tag{19.5}$$

Die inverse Matrix in diesem Ergebnis existiert für $t \geq t_0$, wenn $V(t_0)$ positiv semidefinit ist [45]. Das Hamilton-System erweist sich als zweckmäßig zur Bestimmung der stationären Riccati-Lösung für zeitinvariante Grundsysteme durch numerische Verfahren; aus der nichtlinearen Differentialgleichung für V wird ein lineares Eigenwertproblem.

19.3 Beispiel zum Hamilton-System

Gesucht ist die Fehlerkovarianz $V(t)$ zu dem Grundsystem

$$\dot{x}(t) = -2x(t) + z(t)$$

$$y(t) = x(t) + r(t)$$

mit den Vorgaben $s_z = 10$, $s_r = 2$, $V(0) = 0$.

Das Beispiel wird zur Vereinfachung mit dimensionsfreien Zahlenwerten behandelt. Mit den Entsprechungen $A \triangleq -2$, $G \triangleq 1$, $C \triangleq 1$ wird die Hamilton-Blockmatrix in Gl. (19.4) zu

$$M = \begin{bmatrix} 2 & 0,5 \\ 10 & -2 \end{bmatrix},$$

die zugehörige Fundamentalmatrix $\boldsymbol{\theta}$ folgt aus der Differentialgleichung

$$\dot{\boldsymbol{\theta}}(t, t_0) = M\boldsymbol{\theta}(t, t_0), \qquad \boldsymbol{\theta}(t_0, t_0) = I \,.$$

Wegen der Zeitinvarianz des Grundsystems kann die Lösung mit Hilfe der Laplace-Transformation über die folgenden Schritte gewonnen werden:

$$\mathscr{L}\{\boldsymbol{\theta}(t)\} = [s \cdot I - M]^{-1}$$

$$= \frac{1}{\det(s \cdot I - M)} \cdot \mathrm{adj}(s \cdot I - M) \,,$$

und für das Beispiel wird

$$(s \cdot I - M)^{-1} = \begin{bmatrix} \dfrac{s+2}{s^2-9} & \dfrac{0,5}{s^2-9} \\[2ex] \dfrac{10}{s^2-9} & \dfrac{s-2}{s^2-9} \end{bmatrix} \,.$$

Mit der Anfangsbedingung $V(0) = 0$, $t_0 = 0$ vereinfacht sich das Ergebnis nach

Gl. (19.5) zu

$$V(t) = \theta_{21}(t) \cdot \theta_{11}^{-1}(t) \text{ mit}$$

$$\theta_{21}(t) = \frac{5}{3} \cdot (e^{3t} - e^{-3t}) \,,$$

$$\theta_{11}(t) = \frac{5}{6} \cdot e^{3t} + \frac{1}{6} \cdot e^{-3t} \,,$$

folglich wird die Fehlerkovarianz

$$V(t) = 10 \cdot \frac{1 - e^{-6t}}{5 + e^{-6t}} \cdot$$

Eine einfache Kontrollrechnung über Gl. (18.10) führt mit den beiden Wurzeln $\rho_1 = 2$, $\rho_2 = -10$ auf das gleiche Ergebnis. Das Bild 19.1 zeigt abschließend die Struktur zu dem behandelten Beispiel, bestehend aus Grundsystem und Kalman-Filter.

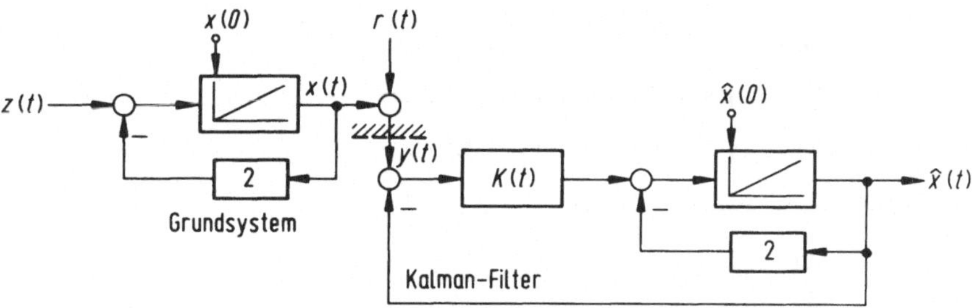

Bild 19.1. Gesamtstruktur zu dem Entwurfsbeispiel für das Hamilton-System

19.4 Die Differentialgleichung für die inverse Fehlerkovarianzmatrix

Bei dem Grundtyp der Riccati-Gleichung für den Fall, daß Eingangsrauschen und Meßrauschen nicht miteinander korreliert sind, ist eine Problemverlagerung zu erwarten, wenn man anstelle der Fehlerkovarianzmatrix ihre Inverse untersucht. Über den Ansatz

$$V(t)\,V^{-1}(t) = I, \qquad V^{-1}(t) = P(t)$$

erhält man zunächst durch Differentiation

$$\frac{\mathrm{d}}{\mathrm{d}t}\,V^{-1}(t) = -P(t)\,\dot{V}(t)\,P(t) \,,$$

und durch Einsetzen der rechten Seite der Riccati-Gleichung (19.1) für V ergibt sich

$$\dot{P} = -P[AV + VA^T]P + PVC^T\Psi_r^{-1}CVP -$$
$$- PG\Psi_z G^T P$$
$$\dot{P} = -PA - A^T P + C^T\Psi_r^{-1}C - PG\Psi_z G^T P . \tag{19.6}$$

Dies ist ein bemerkenswertes Ergebnis, denn der Übergang von V zu P hat zur Folge, daß der quadratische Charakter des dritten Terms der Riccati-Gleichung für V auf den letzten Term in der Differentialgleichung für P verlagert wird, der die statistischen Eigenschaften des Eingangsrauschens enthält. Infolgedessen ist bei verschwindendem $z(t)$ ein besonders einfacher Fall zur Bestimmung der Matrix P zu erwarten, die natürlich wieder auf V umgerechnet werden muß. Dieser Fall wird im anschließenden Unterabschnitt behandelt.

Fall ohne Eingangsrauschen:

In der allgemeinen Form (19.6) fällt jetzt der letzte Term weg, es verbleibt für P eine lineare Differentialgleichung:

$$\dot{P} = -PA - A^T P + C^T\Psi_r^{-1}C . \tag{19.7}$$

Geht man von der skalaren Form der Riccati-Gleichung aus, so folgt über

$$\dot{V}(t) = 2a \cdot V(t) - \Psi_r^{-1}c^2 V^2 \qquad (a < 0)$$

mit der Substitution $V = P^{-1}$ sofort

$$-\frac{1}{P^2} \cdot \dot{P} = \frac{2a}{P} - \Psi_r^{-1}c^2 \cdot \frac{1}{P^2}$$

$$\dot{P}(t) = -2a \cdot P(t) + c^2\Psi_r^{-1} .$$

Beispiel für ein Grundsystem 1. *Ordnung*

Zu dem in Bild 19.2 dargestellten Grundsystem sind die Entwicklungsgleichungen für $V(t)$ und für $P(t)$ aufzustellen; die Zustandsbeschreibung des nicht erregten Systems lautet

$$\dot{x}(t) = -\frac{1}{T}x(t), \qquad x(0) = x_0, \qquad a = -\frac{1}{T}, \qquad b = 0 ,$$

$$y(t) = x(t) + r(t), c = 1, r(t) \text{ ist mittelwertfrei mit } \Psi_r = s_r .$$

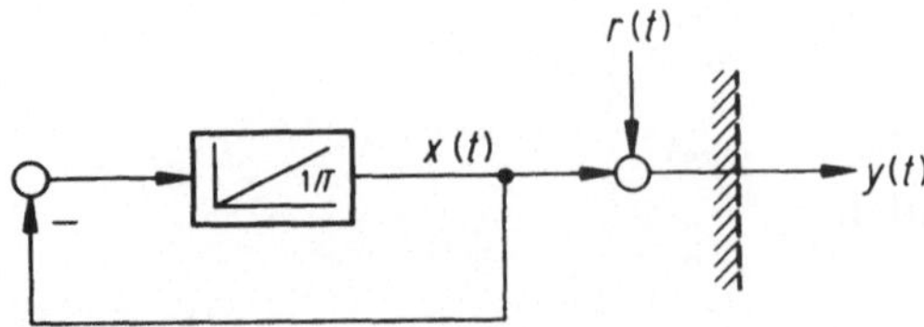

Bild 19.2. Grundsystem zu dem Sonderfall ohne Eingangsrauschen

Zuerst stellt man die Riccati-Gleichung für V auf,

$$\dot{V}(t) = -\frac{2}{T} \cdot V(t) - \frac{1}{s_r} \cdot V^2(t), \qquad V(0) = V_0 \,,$$

und über den aus Abschn. 18.3 bekannten Lösungsweg erhält man

$$V(t) = \frac{2s_r \cdot d/T}{\mathrm{e}^{2t/T} - d} \quad \text{mit der Konstanten} \quad d = \frac{V_0}{V_0 + 2s_r/T} \,,$$

es handelt sich also offenbar um den Fall $\lambda = 0$ zu dem Beispiel von Abschn. 18.8 (allerdings nur im formalen Sinn, denn der Begriff Korrelation tritt im laufenden Beispiel nicht auf). Für die zeitabhängige Korrektur $K(t) = V(t)/s_r$ ergibt sich

$$K(t) = \frac{2d/T}{\mathrm{e}^{2t/T} - d}$$

mit dem prinzipiellen Verlauf über t gemäß Bild 19.3.

Zum Vergleich

wird dasselbe Beispiel über die Funktion $P(t) = V^{-1}(t)$ behandelt. Die lineare Differentialgleichung für $P(t)$ wird

$$\dot{P}(t) = -2a \cdot P(t) + \frac{c^2}{s_r} \,,$$

sie hat die Lösung

$$P(t) = (P_0 - q) \cdot \mathrm{e}^{-2at} + q \quad \text{mit der Konstanten} \quad q = \frac{c^2}{2a \cdot s_r}$$

bei gegebenem Anfangswert $P(0) = P_0$. Für das laufende Beispiel ergibt sich mit $a = -1/T$ und $q = -T/2s_r$:

$$P(t) = \left(P_0 + \frac{T}{2s_r} \right) \cdot \mathrm{e}^{-2t/T} - \frac{T}{2s_r} \,.$$

Die Umrechnung auf $V(t)$ mit $V(0) = P_0^{-1}$ führt auf das schon bekannte Ergebnis.

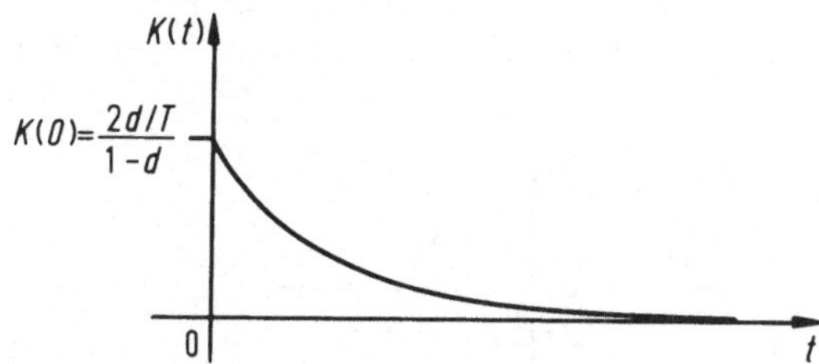

Bild 19.3. Korrekturverlauf zu dem Sonderfall ohne Eingangsrauschen

20 Verfahren zur Signalvorhersage

Begriffe wie Voraussage, Vorhersage schließen im allgemeinen Sprachgebrauch gewisse Unsicherheiten in einer Aussage ein. Sie finden Anwendung bei der Formulierung von Möglichkeiten und Erwartungen; sie gehören damit in die Begriffswelt der statistischen Erscheinungen, die wir durch die Angabe von Wahrscheinlichkeiten charakterisieren: Der Bereich zwischen Unmöglichkeit und Determiniertheit. Das großartigste Beispiel hierfür ist die hochkomplexe Thermodynamik der Erdatmosphäre, für begrenzte Gebiete und Zeitabschnitte schlicht „Wetter" genannt.

20.1 Einige Vorüberlegungen zur Prediktion

Eng verwandt mit den bisher behandelten Filterproblemen und mit den gleichen mathematischen Hilfsmitteln anzugehen ist das Prediktionsproblem, die Vorausbestimmung von Teilverläufen stochastischer Signale. Bei Abwesenheit von Störungen ordnet sich das reine Prediktionsproblem den Filterfragen insofern unter, als von dem zu entwerfenden System gefordert wird, daß es eine Ausgangsgröße erzeuge, welche die gleiche Struktur hat wie das Eingangssignal $s(t)$, die aber um die sogenannte Prediktionszeit T in Richtung negativer Zeiten verschoben ist, s. Bild 20.1.

Das Prediktionsproblem, das für ungestörte deterministische Signale exakt lösbar (weil trivial) ist, kann für stochastische Signale nur unvollkommen gelöst werden, so daß es auch hier auf eine zweckmäßige Definition eines Gütekriteriums und den Entwurf eines kausalen stabilen Prediktionssystems ankommt.

Zur Vorbereitung der Entwurfsverfahren gehen wir aus von zwei statistisch unabhängigen, mittelwertfreien ergodischen Prozessen $x(e; t)$ und $y(e; t)$ mit gleichen quadratischen Mittelwerten. Für zwei Musterfunktionen $x(t)$, $y(t)$

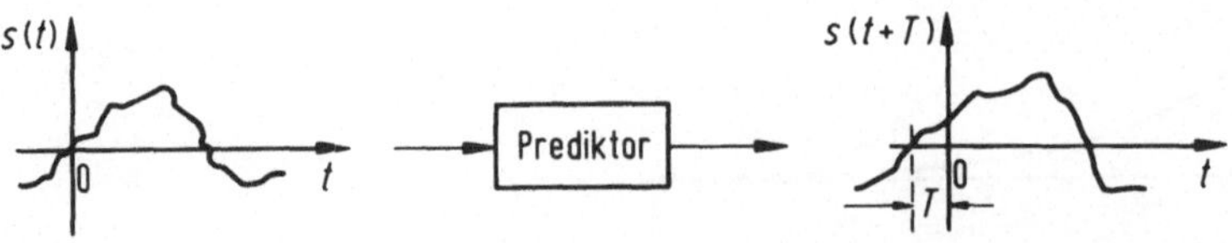

Bild 20.1. Zuordnung von Eingangs- und Ausgangssignal bei einem Prediktor

gelten daher folgende Voraussetzungen, formuliert als zeitliche Mittelwertbildungen:

$$\overline{x(t)\cdot y(t)} = 0 \quad \text{und} \quad \overline{x^2(t)} = \overline{y^2(t)}\,.$$

Im folgenden wird gezeigt, wie man den Vorhersagewert $x(t + \tau)$ durch die beiden Musterfunktionen darstellen kann [48], ausgehend von dem allgemeinen Ansatz

$$x(t + \tau) = a(\tau)\cdot x(t) + b(\tau)\cdot y(t)\,.$$

Zur Bestimmung der Gewichtungen a und b setzt man zunächst die Autokorrelationsfunktion von $x(t)$ an:

$$\phi_x(\tau) = \overline{x(t)\cdot x(t + \tau)}$$
$$= a\cdot\overline{x^2(t)} + b\cdot\overline{x(t)\cdot y(t)}\,.$$

Der Produktmittelwert verschwindet nach Voraussetzung, folglich erhält man für den ersten Koeffizienten

$$a(\tau) = \frac{1}{\sigma_x^2}\cdot\phi_x(\tau) = \rho_x(\tau)\,,$$

also die normierte Autokorrelationsfunktion von $x(t)$.

Zur Bestimmung von b geht man aus von dem quadratischen Mittelwert

$$\overline{x^2(t + \tau)} = \overline{[\rho_x(\tau)\cdot x(t) + b\cdot y(t)]^2}\,,$$

und mit den obigen Voraussetzungen ergibt sich

$$\overline{x^2(t)} = \rho_x^2(\tau)\cdot\overline{x^2(t)} + b^2\cdot\overline{y^2(t)}$$
$$b(\tau) = \sqrt{1 - \rho_x^2(\tau)}\,.$$

Die angestrebte Darstellung des Vorhersagewertes $x(t + \tau)$ durch die beiden Musterfunktionen hat also die Form

$$x(t + \tau) = \rho_x(\tau)\cdot x(t) + \sqrt{1 - \rho_x^2(\tau)}\cdot y(t)\,,$$

und man erkennt eine sehr anschauliche Bedeutung der Autokorrelationsfunktion: Auch eine stochastische Funktion $x(t)$ läßt sich bis zu einem gewissen Grad voraussagen, der unmittelbar durch ihre Autokorrelationsfunktion gegeben ist; für hinreichend kleine τ wird der Vorhersagewert relativ „gut" sein, mit größer werdendem τ nimmt im allgemeinen die Korrelation zwischen den Funktionswerten und damit die Vorhersagbarkeit ab, und im Grenzfall $\tau \to \infty$ wird sie unmöglich. Im übrigen erkennt man an dem gewonnenen Ergebnis besonders einfach, daß weiße Geräusche mit einer Delta-Funktion als Autokorrelationsfunktion keine vorhersagbaren Bestandteile besitzen, was die Irrealität solcher Modellgeräusche in einer weiteren Form zum Ausdruck bringt (vgl. Abschn. 5.9).

Es ist bemerkenswert und charakteristisch, daß der nicht vorhersagbare Anteil in Gestalt des zweiten Summanden mit einer Musterfunktion $y(t)$ eines *beliebigen* Prozesses $y(e; t)$ dargestellt werden kann, wenn dieser nicht mit $x(e; t)$ korreliert ist. Außerdem hat die Gewichtung von $y(t)$ eine interessante Eigenschaft: Bildet man die Varianz des Prediktionsfehlers

$$\overline{\varepsilon^2(\tau)} = \overline{[x(t + \tau) - \rho_x(\tau) \cdot x(t)]^2}$$

so erhält man mit den gegebenen Voraussetzungen

$$\sigma_\varepsilon^2(\tau) = \sigma_x^2 \cdot [1 - \rho_x^2(\tau)] \, ,$$

der Vorhersagewert ist also auch darstellbar als

$$x(t + \tau) = \rho_x(\tau) \cdot x(t) + \frac{\sigma_\varepsilon(\tau)}{\sigma_x} \cdot y(t) \, .$$

Für das Prediktionsproblem ist ein weiterer allgemeiner Zusammenhang von Interesse; er entsteht durch Ansetzen der Kreuzkorrelationsfunktion für das Eingangssignal $s(t)$ und das Ausgangssignal $s(t + T)$ eines idealen Prediktors:

$$\phi_{sy}(\tau) = \overline{s(t) \cdot s(t + T + \tau)} = \phi_s(t + T) \, ;$$

dies ist die um die Vorhersagezeit T nach links verschobene Autokorrelationsfunktion des Eingangssignals [6], vgl. Bild 20.2, und für die Leistungsdichtespektren gilt der Zusammenhang

$$S_{sy}(j\omega) = e^{j\omega T} \cdot S_s(\omega) \, .$$

Mit diesen allgemeinen Grundlagen werden Lösungswege und Ergebnisse der anschließend zu besprechenden Verfahren verdeutlicht.

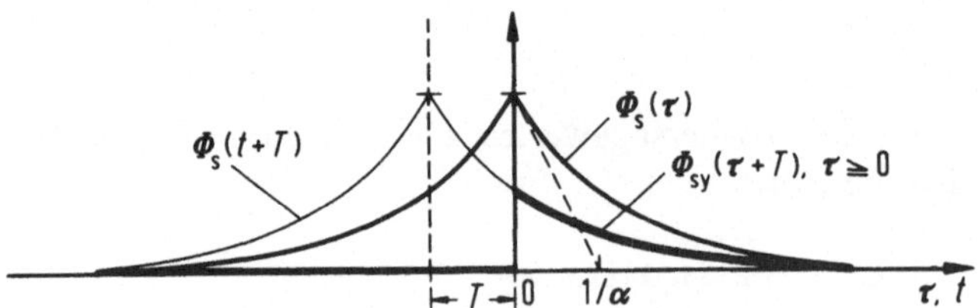

Bild 20.2. Graphische Zuordnung der für die Signalvorhersage relevanten Korrelationsfunktionen

20.2 Prediktion nach Wiener

Entsprechend der zeitlichen Entwicklung der Gedankengänge wird zuerst der Prediktor nach dem Verfahren von Wiener vorgestellt. Das vereinfachte Lösungsverfahren von Abschn. 16.4 ist jetzt nicht mehr anwendbar, weil es nur für reine Filterung gilt. Vielmehr muß jetzt die allgemeinere Wiener-Hopf-Integralgleichung angesetzt werden, die sich allerdings für $r(t) = 0$ und $y(t) = s(t)$ auch merklich vereinfacht: Der Ansatz nach Gl. (16.2a) geht über in die einfachere Form

$$\phi_s(\tau + T) - \int_0^\infty h_0(u) \cdot \phi_s(\tau - u)\, du = 0, \quad T > 0, \quad \tau \geq 0 \; .$$

Der zugehörige optimale realisierbare Frequenzgang ergibt sich aus der Rechenvorschrift (16.4a),

$$F_0(j\omega) = P_y^{-1}(j\omega) \cdot \{ P_y^{*-1}(j\omega) \cdot S_{sy}(j\omega) \cdot e^{j\omega T} \}^+$$

ebenfalls in vereinfachter Form zu

$$F_0(j\omega) = P_s^{-1}(j\omega) \cdot \{ P_s(j\omega) \cdot e^{j\omega T} \}^+ \; .$$

Zum Vergleich mit der Vorgehensweise und mit dem Ergebnis nach Kalman berechnen wir den optimalen Frequenzgang für das Beispiel von Abschn. 16.3. Zu dem dort gegebenen System 1. Ordnung als Signalmodell gehört die Autokorrelationsfunktion

$$\phi_s(\tau) = \sigma^2 \cdot e^{-a|\tau|}$$

mit dem Leistungsdichtespektrum

$$S_s(\omega) = \frac{2\sigma^2}{\pi} \cdot \frac{a^2}{a^2 + \omega^2} \; .$$

Mit der Konstanten $\dfrac{2\sigma^2}{\pi} \cdot a^2 = \beta$ entsteht die Produktdarstellung

$$S_s(\omega) = \beta \cdot \frac{1}{a + j\omega} \cdot \frac{1}{a - j\omega} = \beta \cdot P_s(j\omega) \cdot P_s^*(j\omega) \; .$$

Die Abspaltung des kausalen Anteils erfolgt jetzt über die allgemeinere Vorschrift [6]

$$\{ P_s(j\omega) \cdot e^{j\omega T} \}^+ = \frac{1}{2\pi} \cdot \int_0^\infty e^{-j\omega t} \cdot \int_{-\infty}^{+\infty} P_s(ju) \cdot e^{ju(t+T)}\, du\, dt \; .$$

Nach Berechnung des Integrals über u mit Hilfe des Residuensatzes (s. Abschn. 10.4) erhält man das Zwischenergebnis

$$F_0(j\omega) = \frac{-1}{P_s(j\omega)} \cdot e^{-aT} \cdot \int_0^\infty e^{-(a+j\omega)t}\, dt \; ,$$

und die Auswertung dieser Zeile führt zu dem Frequenzgang des kausalen optimalen Prediktors

$$F_0(j\omega) = e^{-aT} \; .$$

Der hier beschrittene Weg zur Bestimmung des kausalen Anteils führt auch in komplizierteren Fällen zum Ziel, wenn das zugehörige Grundsystem zeitinvariant ist und die beteiligten stochastischen Prozesse stationär sind. Es sei jedoch darauf hingewiesen, daß man bei dem P-T_1-Signalmodell das Ergebnis unmittelbar aus der Integralgleichung erhält, denn unter den getroffenen Annahmen gilt (vgl. Bild 20.2):

$$\phi_{sy}(\tau + T) = e^{-aT} \cdot \phi_s(\tau)\,, \quad \tau \geq 0\,, \quad \text{folglich wird}$$

$$\phi_s(\tau) = e^{aT} \cdot \int\limits_0^\infty h_0(t) \cdot \phi_s(\tau - t)\,\mathrm{d}t$$

mit der offensichtlichen Lösung

$$h_0(t) = e^{-aT} \cdot \delta(t)$$

als optimaler kausaler Impulsantwort des Prediktors.

20.3 Der optimale Vorhersagewert als bedingter Erwartungswert

Die folgenden Überlegungen gelten unter der Annahme, daß ein Signalmodell bekannt ist und daß ein Satz ungestörter Messungen vorliegt. Gegeben sei also das Signalmodell über das Grundsystem

$$\dot{x}(e; t) = A(t)\,x(e; t) + G(t)z(e; t)\,,$$

wobei $z(e; t)$ ein weißer mittelwertfreier Prozeß mit bekannten Kovarianzeigenschaften ist.

Außerdem liegen zum Zeitpunkt t_1 Messungen vor, die in dem Zeitintervall $t_0 \ldots t_1$ gewonnen wurden und durch den ungestörten Meßvektor $y(e; t)$ dargestellt werden; der Meßvektor sei nicht mit $z(e; t)$ korreliert und habe zum Zeitpunkt t_1 zu einem Schätzwert $\hat{x}(t_1)$ geführt.

Das Prediktionsproblem besteht darin, einen Schätzwert $\hat{x}(t_2 \,|\, t_1)$ zu dem Zeitpunkt $t_2 > t_1$ bei Verwendung des Meßvektors $y(e; t_1)$ vorauszubestimmen; daher rührt die Notierung für $\hat{x}(t_2 \,|\, t_1)$ als *bedingter* Schätzwert. Zur Lösung des Prediktionsproblems geht man von der Zustandsdarstellung des Grundsystems aus und schreibt zunächst die allgemeine Lösung an:

$$x(e; t_2) = \theta(t_2, t_1) \cdot x(e; t_1) + \int\limits_{t_1}^{t_2} \theta(t_2, \tau)\,G(\tau)z(e; \tau)\,\mathrm{d}\tau$$

$$\text{mit } t_0 < t_1 \leq \tau \leq t_2\,.$$

Der beste Schätzwert ist der *bedingte Erwartungswert* bei gegebenem $y(e; t_1)$:

$$\mathscr{E}\{x(e; t_2)\,|\,y(e; t_1)\} = \theta(t_2, t_1) \cdot \mathscr{E}\{x(e; t_1)\,|\,y(e; t_1)\}$$

$$+ \int\limits_{t_1}^{t_2} \theta(t_2, u)\,G(u) \cdot \mathscr{E}\{z(e; u)\,|\,y(e; t_1)\}\,\mathrm{d}u\,.$$

Nach Voraussetzung verschwindet der Erwartungswert unter dem Integral, und es verbleibt in üblicher Schreibart der bedingte Schätzwert

$$\hat{x}(t_2 \mid t_1) = \theta(t_2, t_1) \cdot \hat{x}(t_1), \quad t_2 > t_1 \ . \tag{20.1}$$

Dieses sehr allgemeine Ergebnis enthält drei Sonderfälle, die anschließend diskutiert werden.

a) Wenn der laufende Zustand $x(t)$ aufgrund eines Schätzwertes $\hat{x}(t_1)$ vorhergesagt werden soll, dann ist t_1 fest, t die laufende Zeit, und es gilt die Schätzgleichung

$$\hat{x}(t \mid t_1) = \theta(t, t_1) \cdot \hat{x}(t_1), \quad t > t_1 \ , \tag{20.2}$$

wobei die Fundamentalmatrix die Differentialgleichung

$$\frac{\partial}{\partial t} \theta(t, t_1) = A(t) \cdot \theta(t, t_1), \quad \theta(t_1, t_1) = I$$

erfüllt.

b) Wenn der Zustand $x(t_2)$ zu einem festen künftigen Zeitpunkt t_2 aus der laufenden Schätzung $\hat{x}(t)$ vorhergesagt werden soll, lautet die Schätzgleichung

$$\hat{x}(t_2 \mid t) = \theta(t_2, t) \cdot \hat{x}(t), \quad t_2 > t \ , \tag{20.3}$$

die zugehörige Fundamentalmatrix gehorcht jetzt der in Abschnitt 8.1.1 entwickelten Differentialgleichung (8.6b):

$$\frac{\partial}{\partial t} \theta(t_2, t) = -\theta(t_2, t) \cdot A(t), \qquad \theta(t_2, t_2) = I.$$

c) Im allgemeinsten Fall soll der Zustand $x(t + T)$ zu der künftigen Zeit $t + T$ aus der laufenden Schätzung $\hat{x}(t)$ bestimmt werden; die entsprechende Schätzgleichung lautet

$$\hat{x}(t + T \mid t) = \theta(t + T, t) \cdot \hat{x}(t) \ . \tag{20.4}$$

Zur Bestimmung der zugehörigen Differentialgleichung für die Fundamentalmatrix muß jetzt die totale Ableitung nach t gebildet werden [1]; mit den schon bekannten beiden Ableitungen nach dem ersten und nach dem zweiten Argument findet man:

$$\frac{\mathrm{d}}{\mathrm{d}t} \theta(t + T, t) = A(u) \cdot \theta(u, t) \bigg|_{u = t + T} - \theta(u, t) \cdot A(t) \bigg|_{u = t + T},$$

$$\frac{\mathrm{d}}{\mathrm{d}t} \theta(t + T, t) = A(t + T) \cdot \theta(t + T, t) - \theta(t + T, t) \cdot A(t) \ .$$

Zum Abschluß dieser Überlegungen zu bedingten Erwartungswerten als optimalen Vorhersagewerten betrachten wir die Varianz des Prediktionsfehlers

$\varepsilon(t_2|t_1) := \hat{x}(t_2|t_1) - x(t_2)$. Dazu findet man zunächst aus der Zustandsgleichung des Grundsystems die Lösung

$$\varepsilon(t_2|t_1) = \theta(t_2, t_1) \cdot \varepsilon(t_1) + \int_{t_1}^{t_2} \theta(t_2, u) G(u) z(e; u) \, du \; .$$

Die weiteren Schritte sind bereits bekannt: Aus der allgemeinen Lösung folgt für einen weißen Eingangsprozeß $w(e; t)$ mit der Vorgabe $V_w(u, v) = \Psi_w(u) \cdot \delta(u - v)$ sofort die bedingte Kovarianzmatrix des Prediktionsfehlers zu

$$V_\varepsilon(t_2|t_1) = \theta(t_2, t_1) V_\varepsilon(t_1) \theta^{\mathrm{T}}(t_2, t_1) +$$

$$+ \int_{t_1}^{t_2} \theta(t_2, u) G(u) \Psi_w(u) G^{\mathrm{T}}(u) \theta^{\mathrm{T}}(t_2, u) \, du \; .$$

Diese Fehlerkovarianz nimmt zu mit größer werdendem Zeitintervall $t_2 - t_1$, und damit schließt dieses Ergebnis unmittelbar an die vorangestellten allgemeinen Überlegungen zum Prediktionsproblem an.

Beispiel:

Gegeben sei das Grundsystem (Signalmodell) in Zustandsdarstellung

$$\dot{x}(e; t) = A(t) x(e; t) + G(t) z(e; t) \quad \text{für Zeiten } t > \tau$$

zusammen mit einem unverrauschten Meßvektor $y(e; \tau)$ zur Zeit τ, und es gelte $\mathscr{E}\{z(t) \cdot y(\tau)\} = 0$. Bei vielen Vorhersageproblemen begnügt man sich mit der Kenntnis der *Tendenz* einer Größe im Sinne ihrer ersten zeitlichen Ableitung. Dazu geht man aus von einem linearen Ansatz

$$q(e; t) = L(t) \cdot x(e; t)$$

und bestimmt den optimalen Schätzwert der zeitlichen Änderung oder „Tendenz" als den bedingten Erwartungswert

$$\hat{q}_{\mathrm{opt}}(t) = \mathscr{E}\{\dot{q}(e; t) | y(e; t)\} \; ,$$

wobei der Meßvektor die Bedingung darstellt. Aus dem linearen Ansatz folgt durch Bildung der zeitlichen Ableitung

$$\dot{q}(e; t) = \dot{L}(t) x(e; t) + L(t) \dot{x}(e; t) \; ,$$

und die Verwendung der Zustandsgleichung des Grundsystems führt nach leichter Umstellung auf

$$\dot{q}(e; t) = [\dot{L}(t) + L(t) A(t)] \cdot x(e; t) + L(t) G(t) z(e; t) \; .$$

Bildet man auf beiden Seiten die bedingten Erwartungswerte, so erhält man

$$\mathscr{E}\{\dot{q}(e; t) | y(e; \tau)\} = [\dot{L}(t) + L(t) A(t)] \cdot \mathscr{E}\{x(e; t) | y(e; \tau)\} +$$

$$+ L(t) G(t) \cdot \mathscr{E}\{z(e; t) | y(e; \tau)\} \; .$$

Nach Voraussetzung ist der Erwartungswert in dem letzten Summanden gleich Null, folglich wird die optimale Schätzung für die erste Ableitung als „Tendenz" gegeben durch

$$\hat{\dot{q}}(t\,|\,\tau) = [\dot{L}(t) + L(t)\,A(t)] \cdot \hat{x}(t\,|\,\tau)\,,$$

sie ist damit zurückgeführt auf die Bestimmung des bedingten Erwartungswertes der Zustandsgröße $x(t)$.

20.4 Prediktion nach Kalman

Die mehrfach betonte modellgestützte Arbeitsweise der Kalman-Algorithmen bietet auch einen unmittelbaren Zugang zur Lösung des Vorhersageproblems bei bekanntem Signalmodell

$$\dot{x}(e; t) = A(t)\,x(e; t) + G(t)\,w(e; t)\,,$$

wobei wieder $\boldsymbol{\Psi}_w$ zur Kennzeichnung eines mittelwertfreien weißen Eingangsprozesses gegeben sei. Nach Kalman und Bucy [35] ergibt sich aus einem optimal gefilterten Schätzwert $\hat{x}$ der optimale Vorhersagewert $\hat{x}(T\,|\,\tau)$, $T > \tau$, als Lösung der Differentialgleichung

$$\frac{\mathrm{d}}{\mathrm{d}T}\hat{x}(T\,|\,\tau) = A(T) \cdot \hat{x}(T\,|\,\tau) \tag{20.5}$$

mit der Anfangsbedingung $\hat{x}(\tau\,|\,\tau)$ für $T = \tau$.

Die Kovarianzmatrix des Vorhersagefehlers $\varepsilon(T\,|\,\tau)$ gehorcht der Differentialgleichung

$$\frac{\mathrm{d}}{\mathrm{d}T}V(T\,|\,\tau) = A(T)\,V(T\,|\,\tau) + V(T\,|\,\tau)\,A^{\mathrm{T}}(T) + G(T)\,\boldsymbol{\Psi}_z(T)\,G^{\mathrm{T}}(T) \tag{20.6}$$

mit der Anfangsbedingung $V(\tau\,|\,\tau) = \mathscr{E}\{\varepsilon(\tau\,|\,\tau) \cdot \varepsilon^{\mathrm{T}}(\tau\,|\,\tau)\}$. Bei der reinen Prediktion kommt also weder in der Filtergleichung noch in der Kovarianzgleichung ein Korrekturterm vor, das bedeutet: Die Filtergleichung ist homogen, die Kovarianzgleichung ist linear in V.

Beispiel:

Das in Abschn. 18.3 entworfene skalare Kalman-Filter für ein Grundsystem 1. Ordnung liefere nach hinreichend langer Meßzeit den Schätzwert $\hat{x}(\tau\,|\,\tau)$. Der optimale Vorhersagewert $\hat{x}(T\,|\,\tau)$ ergibt sich aus Gl. (20.5),

$$\frac{\mathrm{d}}{\mathrm{d}T}\hat{x}(T\,|\,\tau) = -a \cdot \hat{x}(T\,|\,\tau)$$

mit gegebenem Anfangswert $\hat{x}(\tau\,|\,\tau)$ zu

$$\hat{x}(T\,|\,\tau) = \mathrm{e}^{-a \cdot (T-\tau)} \cdot \hat{x}(\tau\,|\,\tau)\,, \quad T > \tau\,,$$

das Ergebnis ist also einfach ein Abschwächer um $e^{-aT} < 1$, der den gewünschten Schätzwert durch Extrapolation über das Signalmodell liefert.

Die Kovarianzfunktion des Prediktionsfehlers erhält man gemäß Gl. (20.6) aus der skalaren Differentialgleichung

$$\frac{\mathrm{d}}{\mathrm{d}T} V(T|\tau) = -2a \cdot V(T|\tau) + s_\mathrm{w} \,,$$

wobei nach Abschn. 18.3 $V(\tau|\tau) = \rho_1$ sein muß. Man findet über einen kurzen Rechenweg das Zwischenergebnis

$$V(T|\tau) - \frac{s_\mathrm{w}}{2a} = e^{-2aT} \cdot c \cdot e^{2a\tau} \,,$$

wobei die freie Konstante c so zu wählen ist, daß
$V(\tau|\tau) = \rho_1$ wird; das bedeutet

$$c = \rho_1 - \frac{s_\mathrm{w}}{2a} \,,$$

also ergibt sich die Fehlerkovarianzfunktion

$$V(T|\tau) = \left(\rho_1 - \frac{s_\mathrm{w}}{2a} \right) \cdot e^{-2a \cdot (T-\tau)} + \frac{s_\mathrm{w}}{2a} \,.$$

Eine leichte Ergebniskontrolle hat man dadurch, daß sich für hinreichend große Vorhersagezeiten $T \gg \tau$ das gleiche Ergebnis einstellen muß wie aus der Kovarianzdifferentialgleichung für den eingeschwungenen Fall $\mathrm{d}V/\mathrm{d}T \to 0$:

$$-2a V(T|\tau) + s_\mathrm{w} = 0 \,,$$

$$V(T|\tau) = \frac{s_\mathrm{w}}{2a} \,.$$

21 Die Filterentwurfsgleichungen für ein allgemeines Grundsystem 2. Ordnung

21.1 Die Entwurfsgleichungen in Komponentenform

In der allgemeinen Systemdynamik macht man immer wieder die Erfahrung, daß sich grundlegende lineare physikalische Phänomene schon beim Studium von Systemen erster und zweiter Ordnung abzeichnen; der Übergang zu höheren Ordnungen hat in solchen Fällen im Wesentlichen eine Erhöhung des Rechenaufwandes zur Folge, der allerdings bei numerischen Lösungsverfahren problematisch werden kann. Aus diesen Gründen wird auch im vorliegenden Rahmen besonderes Gewicht auf die Behandlung von Grundsystemen bis zur zweiten Ordnung gelegt.

Ausgangsposition ist die allgemeine Zustandsdarstellung für lineare zeitinvariante Grundsysteme:

$$\dot{x}(t) = A x(t) + g\, z(t) + b u(t), \ x(0) \text{ gegeben,}$$

$$y(t) = C x(t) + r(t)$$

mit den Matrizen

$$A = \begin{bmatrix} a_{11} & a_{12} \\ a_{21} & a_{22} \end{bmatrix}, \qquad g = \begin{bmatrix} g_1 \\ g_2 \end{bmatrix}, \qquad b = \begin{bmatrix} b_1 \\ b_2 \end{bmatrix}, \qquad C = [c_1\, c_2]\,.$$

Hinweis:

Auf die Schreibweise c^{T} für die Zeilenmatrix in der Ausgangsgleichung wird hier bewußt verzichtet, weil sich sonst mit der Transponierten ungewohnte Ergebnisse einstellen, die irritierend wirken könnten.

Hinzu kommen die statistischen Angaben zu den beiden weißen Geräuschen $z(t)$ und $r(t)$, die nicht miteinander korreliert sind:

$$\Psi_z = s_z, \qquad \mu_z = 0; \qquad \Psi_r = s_r, \qquad \mu_r = 0\,.$$

Die positiv semidefinite Fehlerkovarianzmatrix hat die symmetrische Form

$$V(t) = \begin{bmatrix} v_{11}(t) & v_{12}(t) \\ v_{12}(t) & v_{22}(t) \end{bmatrix},$$

und der letzte Term in der Riccati-Differentialgleichung wird

$$\boldsymbol{g}\, s_z \boldsymbol{g}^{\mathrm{T}} = s_z \cdot \begin{bmatrix} g_1^2 & g_1 g_2 \\ g_1 g_2 & g_2^2 \end{bmatrix}.$$

Mit diesen Vorgaben erhält man aus der Riccati-Differentialgleichung

$$\dot{\boldsymbol{V}}(t) = \boldsymbol{A}\,\boldsymbol{V}(t) + \boldsymbol{V}(t)\,\boldsymbol{A}^{\mathrm{T}} - \boldsymbol{V}(t)\,\boldsymbol{C}^{\mathrm{T}}\,\boldsymbol{\Psi}_{\mathrm{r}}^{-1}\,\boldsymbol{C}\,\boldsymbol{V}(t) + \boldsymbol{G}\,\boldsymbol{\Psi}_{\mathrm{z}}\,\boldsymbol{G}^{\mathrm{T}}$$

nach einer längeren, aber einfachen Zwischenrechnung die folgenden drei gekoppelten nichtlinearen Differentialgleichungen für die drei Elemente der Fehlerkovarianzmatrix (die Abhängigkeit der v_{ik} von der Zeit wird nicht mitgeschrieben):

$$\dot{v}_{11} = 2a_{11}v_{11} + 2a_{12}v_{12} -$$

$$-\frac{1}{s_{\mathrm{r}}}\cdot[c_1^2 v_{11}^2 + 2c_1 c_2 v_{11} v_{12} + c_2^2 v_{12}^2] + s_z g_1^2 . \tag{21.1a}$$

$$\dot{v}_{12} = (a_{11} + a_{22})\cdot v_{12} + a_{21}v_{11} + a_{12}v_{22} -$$

$$-\frac{1}{s_{\mathrm{r}}}\cdot[c_1^2 v_{11}v_{12} + c_1 c_2 v_{12}^2 +$$

$$+ c_1 c_2 v_{11}v_{22} + c^2 v_{22}v_{12}] + s_z g_1 g_2 \tag{21.1b}$$

$$\dot{v}_{22} = 2a_{22}v_{22} + 2a_{21}v_{12} -$$

$$-\frac{1}{s_{\mathrm{r}}}\cdot[c_1^2 v_{12}^2 + 2c_1 c_2 v_{22}v_{12} + c_2^2 v_{22}^2] + s_z g_2^2 . \tag{21.1c}$$

Aus der Korrekturmatrix

$$\boldsymbol{K}(t) = \boldsymbol{V}(t)\,\boldsymbol{C}^{\mathrm{T}}\,\boldsymbol{\Psi}_{\mathrm{r}}^{-1}$$

erhält man nach der kurzen Zwischenrechnung

$$\begin{bmatrix} v_{11} & v_{12} \\ v_{12} & v_{22} \end{bmatrix} \cdot \begin{bmatrix} c_1 \\ c_2 \end{bmatrix} \cdot \frac{1}{s_{\mathrm{r}}} = \begin{bmatrix} v_{11}c_1 + v_{12}c_2 \\ v_{12}c_1 + v_{22}c_2 \end{bmatrix} \cdot \frac{1}{s_{\mathrm{r}}}$$

zwei skalare Gleichungen für die Komponenten k_1 und k_2, die über die Elemente $v_{ik}(t)$ ebenfalls von der Zeit abhängen:

$$k_1 = \frac{1}{s_{\mathrm{r}}}\cdot[c_1 v_{11} + c_2 v_{12}] , \tag{21.2a}$$

$$k_2 = \frac{1}{s_{\mathrm{r}}}\cdot[c_1 v_{12} + c_2 v_{22}] . \tag{21.2b}$$

Schließlich wird die vektorielle Filterdifferentialgleichung

$$\begin{bmatrix} \dot{\hat{x}}_1 \\ \dot{\hat{x}}_2 \end{bmatrix} = \begin{bmatrix} a_{11} & a_{12} \\ a_{21} & a_{22} \end{bmatrix} \cdot \begin{bmatrix} \hat{x}_1 \\ \hat{x}_2 \end{bmatrix} + \begin{bmatrix} k_1 \\ k_2 \end{bmatrix} \cdot \left(y - [c_1\, c_2] \cdot \begin{bmatrix} \hat{x}_1 \\ \hat{x}_2 \end{bmatrix} \right)$$

übergeführt in die beiden skalaren Differentialgleichungen

$$\dot{\hat{x}}_1 = a_{11}\hat{x}_1 + a_{12}\hat{x}_2 + k_1 \cdot (y - c_1\hat{x}_1 - c_2\hat{x}_2)\,, \tag{21.3a}$$

$$\dot{\hat{x}}_2 = a_{21}\hat{x}_1 + a_{22}\hat{x}_2 + k_2 \cdot (y - c_1\hat{x}_1 - c_2\hat{x}_2)\,. \tag{21.3b}$$

21.2 Ein Beispiel

Gegeben ist ein Grundsystem nach Bild 21.1, bestehend aus zwei rückwirkungsfrei in Kaskade liegenden P-T_1-Systemen, wobei die Zustandsgröße $x_2(t)$ als Ausgangsgröße nur über verrauschte Messungen $y(t)$ zugänglich ist. Die Zustandsdarstellung lautet

$$\begin{bmatrix} \dot{x}_1(t) \\ \dot{x}_2(t) \end{bmatrix} = \begin{bmatrix} -a & 0 \\ 1 & -b \end{bmatrix} \cdot \begin{bmatrix} x_1(t) \\ x_2(t) \end{bmatrix} + \begin{bmatrix} 1 \\ 0 \end{bmatrix} \cdot z(t)$$

$$y(t) = [0\ 1] \cdot x(t) + r(t)$$

mit gegebenen Geräuscheigenschaften $\Psi_z = s_z$, $\Psi_r = s_r$. Es ist ein Kalman-Filter zur Gewinnung optimaler Schätzwerte für die beiden Zustandsgrößen $x_1(t)$ und $x_2(t)$ zu entwerfen.

In ausführlicher Schreibweise lautet die zugehörige Riccati-Differentialgleichung:

$$\dot{V} = \begin{bmatrix} -av_{11} & -av_{12} \\ v_{11} - bv_{12} & v_{12} - bv_{22} \end{bmatrix} + \begin{bmatrix} -av_{11} & v_{11} - bv_{12} \\ -av_{12} & v_{12} - bv_{22} \end{bmatrix} - \frac{1}{s_r} \cdot \begin{bmatrix} v_{11} & v_{12} \\ v_{12} & v_{22} \end{bmatrix} \cdot$$

$$\cdot \begin{bmatrix} 0 & 0 \\ 0 & 1 \end{bmatrix} \cdot \begin{bmatrix} v_{11} & v_{12} \\ v_{12} & v_{22} \end{bmatrix} + \begin{bmatrix} s_z & 0 \\ 0 & 0 \end{bmatrix},$$

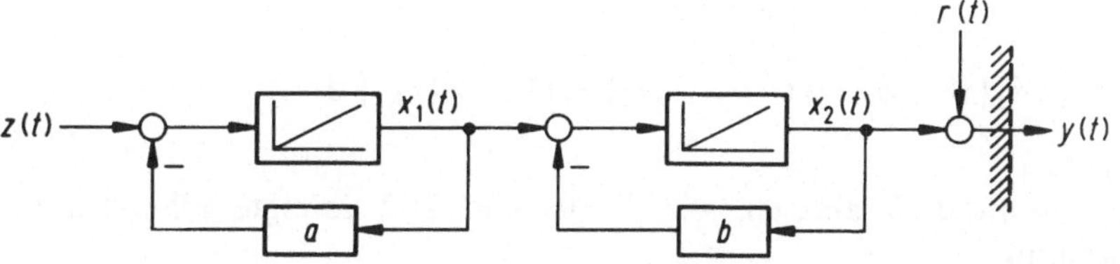

Bild 21.1. Grundsystem aus zwei P-T_1-Abschnitten in rückwirkungsfreier Kaskadenschaltung mit verrauschter Meßgröße

und daraus folgen drei gekoppelte nichtlineare Differentialgleichungen zur Bestimmung der drei Elemente $v_{11}(t)$, $v_{12}(t)$, $v_{22}(t)$:

$$\dot{v}_{11} = -2a \cdot v_{11} - \frac{1}{s_r} \cdot v_{12}^2 + s_z \cdot$$

$$\dot{v}_{12} = v_{11} - (a + b) \cdot v_{12} - \frac{1}{s_r} \cdot v_{12} v_{22} \,,$$

$$\dot{v}_{22} = 2v_{12} - 2bv_{22} - \frac{1}{s_r} \cdot v_{22}^2 \,.$$

Dieses System von Differentialgleichungen ist nicht mehr allgemein elementar lösbar, Ausnahmen hiervon werden sich für bestimmte Systemmatrizen in einigen Beispielen ergeben. Wenn die Elemente der Fehlerkovarianzmatrix vorliegen, bestimmt man im nächsten Schritt die Korrekturmatrix, im vorliegenden Fall also

$$\begin{bmatrix} k_1 \\ k_2 \end{bmatrix} = \begin{bmatrix} v_{11} & v_{12} \\ v_{12} & v_{22} \end{bmatrix} \cdot \begin{bmatrix} 0 \\ 1 \end{bmatrix} \cdot \frac{1}{s_r} = \begin{bmatrix} v_{12} \\ v_{22} \end{bmatrix} \cdot \frac{1}{s_r} \,,$$

und daraus folgen die beiden Korrekturen

$$k_1(t) = \frac{1}{s_r} \cdot v_{12}(t) \,,$$

$$k_2(t) = \frac{1}{s_r} \cdot v_{22}(t) \,.$$

Hier sei der Hinweis gegeben, daß aufgrund des obigen nichtlinearen Gleichungssystems das Element $v_{11}(t)$ im allgemeinen mit bestimmt werden muß, obwohl es in den Ergebnissen für die beiden Korrekturen nicht vorkommt.

Der Ansatz der Filterdifferentialgleichung führt auf

$$\dot{\hat{x}} = \begin{bmatrix} -a & 0 \\ 1 & -b \end{bmatrix} \cdot \begin{bmatrix} \hat{x}_1 \\ \hat{x}_2 \end{bmatrix} + \begin{bmatrix} k_1 \\ k_2 \end{bmatrix} \cdot \left(y - \begin{bmatrix} 0 & 1 \end{bmatrix} \cdot \begin{bmatrix} \hat{x}_1 \\ \hat{x}_2 \end{bmatrix} \right) \,,$$

und an den zugehörigen Integralen

$$\hat{x}_1(t) = \int_0^t \{ -a \cdot \hat{x}_1(\tau) + k_1(\tau) \cdot [y(\tau) - \hat{x}_2(\tau)] \} \, d\tau$$

$$\hat{x}_2(t) = \int_0^t \{ \hat{x}_1(\tau) - b \cdot \hat{x}_2(\tau) + k_2(\tau) \cdot [y(\tau) - \hat{x}_2(\tau)] \} \, d\tau$$

kann man unmittelbar ablesen, wie die in Bild 21.2 gezeigte Filterstruktur zustandekommt.

Im Falle eingeschwungener Korrekturparameter $k_1(\infty) \equiv k_1$, $k_2(\infty) \equiv k_2$ liegt ein Wienersches Optimalfilter zur Gewinnung des Schätzwertes $\hat{x}_2(t)$ für

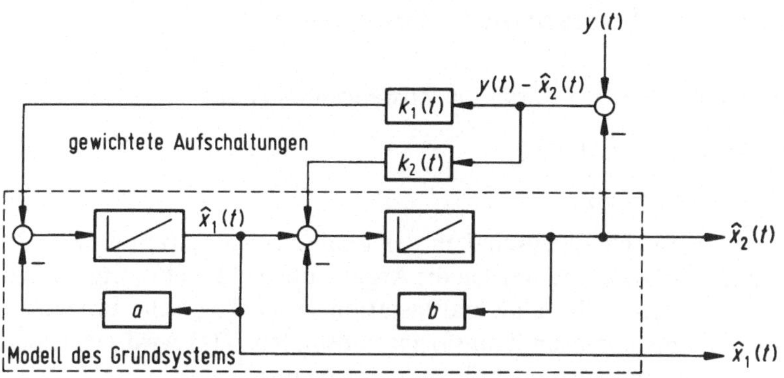

Bild 21.2. Kalman-Filter zu dem Grundsystem 2. Ordnung nach Bild 21.1

das Signal $s(t) = x_2(t)$ vor; man beachte, daß bei dem Wiener-Filter von der modifizierten Problemstellung her die Zustandsgröße $x_1(t)$ nicht explizit auftritt, vgl. hierzu Bild 21.3.

Die Übertragungsfunktion des Wiener-Filters von y nach $\hat{x}_2$ ergibt sich aus der Struktur von Bild 21.2 nach wenigen Zwischenschritten zu

$$F_{\mathrm{W}}(s) = \frac{b_0 + b_1 s}{s^2 + a_1 s + a_0}$$

mit den Koeffizienten

$$a_0 = k_1 + a \cdot (b + k_2), \qquad a_1 = a + b + k_2 ,$$

$$b_0 = k_1 + a \cdot k_2, \qquad b_1 = k_2 ,$$

die statische Verstärkung wird

$$W = F_{\mathrm{W}}(0) = b_0 / a_0 .$$

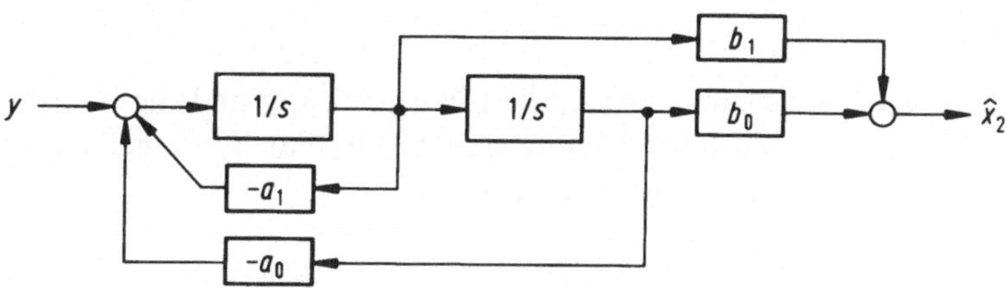

Bild 21.3. Kanonische Struktur des Wiener-Filters 2. Ordnung

Das Bild 21.3 zeigt die kanonische Filterstruktur; die ursprünglichen Kanäle mit den eingeschwungenen Korrekturen k_1 und k_2 sind in den Koeffizienten a_0, a_1, b_0, b_1 berücksichtigt, sie treten folglich in der gewählten kanonischen Struktur des Wiener-Filters nicht mehr isoliert auf.

21.3 Lineare Transformation des Zustandsvektors

Ein System werde beschrieben durch die Zustandsdarstellung

$$\dot{x}_1(t) = A_1(t)x_1(t) + G_1(t)z(t)$$

$$y_1(t) = C_1(t)x_1(t) + r(t)$$

mit gegebenen statistischen Eigenschaften der Realisierungen $z(t)$ und $r(t)$. In der anschließenden Entwicklung werden die Argumente nicht mehr mitgeschrieben, sie gilt für zeitvariante Systeme und instationäre stochastische Prozesse.

Mit Hilfe der nichtsingulären Transformationsmatrix $T(t)$ wird ein neuer, mit 2 indizierter Satz von Zustandsgrößen x_2 eingeführt,

$$x_1 = T \cdot x_2 \text{ mit der Umkehrrelation } x_2 = T^{-1} \cdot x_1 \; .$$

a) Bestimmung der neuen Matrizen

Durch Differentiation des neuen Zustandsvektors nach der Zeit erhält man

$$\dot{x}_2 = \dot{T}^{-1}x_1 + T^{-1}\dot{x}_1 \; ,$$

und mit der Ableitungsformel

$$\frac{\mathrm{d}}{\mathrm{d}t} T^{-1} = -T^{-1}\dot{T}T^{-1}$$

ergibt sich unter Verwendung der Zustandsgleichung für x_1 sowie der angesetzten Transformation:

$$\dot{x}_2 = -T^{-1}\dot{T}T^{-1} \cdot Tx_2 + T^{-1} \cdot [A_1Tx_2 + G_1z]$$

$$= [T^{-1}A_1T - T^{-1}\dot{T}] \cdot x_2 + T^{-1}G_1z$$

$$y_2 = C_1T \cdot x_2 + r \; .$$

Damit sind die Matrizen für die Zustandsbeschreibung mit x_2 bekannt:

$$A_2 = T^{-1}A_1T - T^{-1}\dot{T}, \quad G_2 = T^{-1}G_1 \; ,$$

$$C_2 = C_1T \; .$$

Jetzt muß geklärt werden, welche Formen die Filtergleichung und die Riccati-Gleichung für die neue Systembeschreibung annehmen. Für die zugehörigen Schätzwerte macht man die naheliegenden Ansätze

$$\hat{x}_1 = T\hat{x}_2$$

mit der Fehlerkovarianzbeziehung

$$V_1 = TV_2T^{\mathrm{T}} \; ,$$

geeignete Anfangswerte seien jeweils gegeben. Man geht nun aus von dem Ansatz

$$x = T\hat{x}_2$$

für einen allgemeinen Zustandsvektor x und bestimmt die beiden genannten Entwurfsgleichungen; eine Zusatzüberlegung für die Korrekturmatrix K ist nicht erforderlich.

b) *Bestimmung der Filtergleichung*

Aus dem Ansatz für x folgt durch Differentiation nach der Zeit

$$\dot{x} = \dot{T}\hat{x}_2 + T\dot{\hat{x}}_2$$
$$= \dot{T}\hat{x}_2 + T \cdot \{A_2\hat{x}_2 + V_2 C_2^T \Psi_r^{-1} \cdot [y - C_2\hat{x}_2]\},$$

und mit den für die Matrizen A_2 und C_2 gefundenen Ausdrücken ergibt sich

$$\dot{x} = \dot{T}\hat{x}_2 + T \cdot \{[T^{-1}A_1 T - T^{-1}\dot{T}] \cdot \hat{x}_2 + V_2 T^T C_1^T \Psi_r^{-1} \cdot [y - C_1 T \cdot \hat{x}_2]\}$$
$$= A_1 T \cdot \hat{x}_2 + TV_2 T^T C_1^T \Psi_r^{-1} \cdot [y - C_1 T \cdot \hat{x}_2]$$
$$= A_1 \cdot x + V_1 C_1^T \Psi_r^{-1} \cdot [y - C_1 \cdot x],$$

dies ist die gleiche Filtergleichung wie für $\hat{x}_1$.

c) *Bestimmung der Differentialgleichung für die Fehlerkovarianzmatrix*

Durch zeitliche Ableitung des Produktes $V = TV_2 T^T$ erhält man

$$\dot{V} = \dot{T}V_2 T^T + T\dot{V}_2 T^T + TV_2 \dot{T}^T.$$

Ersetzt man im zweiten Term $\dot{V}_2$ durch die rechte Seite der zugehörigen Riccati-Gleichung, so folgt

$$\dot{V} = \dot{T}V_2 T^T + T \cdot \{A_2 V_2 + V_2 A_2^T - V_2 C_2^T \Psi_r^{-1} C_2 V_2 + G_2 \Psi_z G_2^T\} \cdot T^T +$$
$$+ TV_2 \dot{T}^T.$$

Mit den einleitend entwickelten Matrixausdrücken für A_2, G_2 und C_2 erhält man die Differentialgleichung

$$\dot{V} = A_1 TV_2 T^T + TV_2 T^T A_1^T - TV_2 T^T C_1^T \Psi_r^{-1} C_1 TV_2 T^T + G_1 \Psi_z G_1^T,$$

und man erkennt, daß sich für $TV_2 T^T \equiv V$ die gleiche Form der Riccati-Gleichung ergibt wie für V_1, wobei die Anfangswerte $V(0) = V_1(0)$ gegeben sein müssen.

Damit ist die Unabhängigkeit der Kalman-Entwurfsgleichungen von linearen Transformationen des Zustandsvektors nachgewiesen.

21.4 Die Filterentwurfsgleichungen für Grundsysteme 2. Ordnung in Beobachtungsnormalform

Das Kalman-Filter ist ein Beobachter, folglich sind bei der Beschreibung des Grundsystems in Beobachtungsnormalform besonders übersichtliche Verhältnisse zu erwarten; diese Vermutung erweist sich für die praktische Auswertung als zutreffend, wenn diese Normalform bereits vorliegt; sie trifft jedoch nicht unbedingt auch dann noch zu, wenn die Beobachtungsnormalform durch Transformation einer anderen Grundform erzwungen wird.

Man geht aus von der Normalform

$$\dot{x}(t) = A_B x(t) + g_B z(t) + b_B u(t), \quad \Psi_z = s_z$$

$$y(t) = C_B x(t) + r(t), \qquad\qquad \Psi_r = s_r,$$

mit den Matrizen

$$A_B = \begin{bmatrix} -a_1 & 1 \\ -a_0 & 0 \end{bmatrix}, \qquad g_B = \begin{bmatrix} g_{B1} \\ g_{B2} \end{bmatrix}, \qquad b_B = \begin{bmatrix} b_{B1} \\ b_{B2} \end{bmatrix}, \qquad C_B = [1 \ \ 0].$$

Wir beschränken uns also der Übersichtlichkeit wegen auf die Systemordnung $n = 2$; die getroffene Wahl für C_B ist realistisch und bedeutet keine wesentliche Einschränkung.

Setzt man die Riccati-Gleichung für diese Matrizen an, so erhält man nach wenigen Zwischenschritten die folgenden drei skalaren Differentialgleichungen für die Elemente der Fehlerkovarianzmatrix $V(t)$:

$$\dot{v}_{11} = -2a_1 v_{11} + 2v_{12} - \frac{1}{s_r} \cdot v_{11}^2 + s_z \cdot g_{B1}^2 , \tag{21.4a}$$

$$\dot{v}_{12} = -a_0 v_{11} - a_1 v_{12} + v_{22} - \frac{1}{s_r} \cdot v_{11} v_{12} + s_z \cdot g_{B1} g_{B2} , \tag{21.4b}$$

$$\dot{v}_{22} = -2a_0 v_{12} - \frac{1}{s_r} \cdot v_{12}^2 + s_z \cdot g_{B2}^2 . \tag{21.4c}$$

Für die Korrekturmatrix

$$K = V C_B^T \Psi_r^{-1}$$

ergibt sich durch Einsetzen der Matrizen:

$$K = \begin{bmatrix} v_{11} & v_{12} \\ v_{12} & v_{22} \end{bmatrix} \cdot \begin{bmatrix} 1 \\ 0 \end{bmatrix} \cdot \frac{1}{s_r} = \begin{bmatrix} v_{11} \\ v_{12} \end{bmatrix} \cdot \frac{1}{s_r}$$

mit den Komponenten in ausführlicher Schreibweise

$$k_1(t) = \frac{1}{s_r} \cdot v_{11}(t) , \tag{21.5a}$$

$$k_2(t) = \frac{1}{s_r} \cdot v_{12}(t) . \tag{21.5b}$$

Zur Berechnung der stationären Korrekturen mit der vereinbarten Notierung $k_1(t \to \infty) \equiv k_1$ und $k_2(t \to \infty) \equiv k_2$ benötigt man die drei Elemente der stationären Fehlerkovarianzmatrix, die sich aus den skalaren Gln. (21.4a, b, c) ergeben:

$$v_{11\infty} = -a_1 s_{\mathrm{r}} \pm s_{\mathrm{r}} \cdot \sqrt{a_1^2 + \frac{2}{s_{\mathrm{r}}} \cdot v_{12\infty} + g_{\mathrm{B}1}^2 \cdot \frac{s_{\mathrm{z}}}{s_{\mathrm{r}}}} \,,$$

$$v_{12\infty} = -a_0 s_{\mathrm{r}} \pm s_{\mathrm{r}} \cdot \sqrt{a_0^2 + g_{\mathrm{B}2}^2 \cdot \frac{s_{\mathrm{z}}}{s_{\mathrm{r}}}}$$

$$v_{22\infty} = a_0 v_{11\infty} + a_1 v_{12\infty} + \frac{1}{s_{\mathrm{r}}} \cdot v_{11\infty} v_{12\infty} - s_{\mathrm{z}} \cdot g_{\mathrm{B}1} g_{\mathrm{B}2} \,.$$

Beginnend mit $v_{12\infty}$ lassen sich die drei Elemente leicht berechnen.
Schließlich ergibt sich aus dem Ansatz der Filtergleichung mit der System-matrix A_{B} der Beobachtungsnormalform das skalare Paar von Differentialgleichungen, wiederum unter Mitführung des Argumentes t:

$$\dot{\hat{x}}_1(t) = -a_1 \hat{x}_1(t) + \hat{x}_2(t) + \frac{1}{s_{\mathrm{r}}} \cdot v_{11}(t) \cdot [y(t) - \hat{x}_1(t)] + b_{\mathrm{B}1} \cdot u(t) \qquad (21.6\mathrm{a})$$

$$\dot{\hat{x}}_2(t) = -a_0 \hat{x}_1(t) \qquad\qquad + \frac{1}{s_{\mathrm{r}}} \cdot v_{12}(t) \cdot [y(t) - \hat{x}_1(t)] + b_{\mathrm{B}2} \cdot u(t) \qquad (21.6\mathrm{b})$$

In diesen beiden Filtergleichungen sind die deterministischen Steuerterme mit angegeben, sie gehen zwar nicht in den Filterentwurf ein, müssen aber bei der Realisierung berücksichtigt werden. Bild 21.4 zeigt das Filter in kanonischer Struktur. Für das zugehörige Wiener-Filter gilt nach Abschn. 17.5 die charakteristische Gleichung

$$\det[s \cdot I - A_{\mathrm{B}} + K_\infty \cdot C] = 0 \,,$$

$$s^2 + (a_1 + k_{1\infty}) \cdot s + a_0 + k_{2\infty} = 0$$

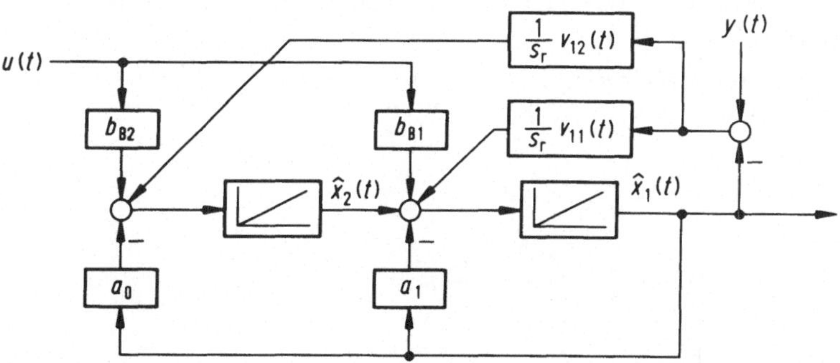

Bild 21.4. Kalman-Filter zu dem Grundsystem 2. Ordnung in Beobachtungsnormalform

mit den Lösungen

$$s_{1,2} = -\frac{1}{2} \cdot (a_1 + k_{1\infty}) \pm \sqrt{\frac{1}{4}(a_1 + k_{1\infty})^2 - a_0 - k_{2\infty}} \ .$$

Für die Normalform eines schwingungsfähigen Filters mit $D < 1$ ergeben sich die charakteristischen Parameter Kennkreisfrequenz und Dämpfung zu

$$\omega_0 = \sqrt{a_0 + k_{2\infty}} \ , \quad D = \frac{1}{2} \cdot \frac{a_1 + k_{1\infty}}{\sqrt{a_0 + k_{2\infty}}} \ .$$

21.5 Filter mit dem Modell eines schwingungsfähigen Grundsystems zweiter Ordnung in Analog-Realisierung

Für einen gedämpften Schwinger mit den üblichen Kennwerten ω_0 und D in der Übertragungsfunktion

$$F(s) = \frac{\omega_0^2}{s^2 + 2D\omega_0 \cdot s + \omega_0^2}$$

ergeben sich für die Zustandsbeschreibung in Beobachtungsnormalform die folgenden Matrizen:

$$A_{\mathrm{B}} = \begin{bmatrix} -2D\omega_0 & 1 \\ -\omega_0^2 & 0 \end{bmatrix}, \quad b_{\mathrm{B}} = \begin{bmatrix} 0 \\ \omega_0^2 \end{bmatrix}, \quad C_{\mathrm{B}} = [1 \ \ 0] \ .$$

Das System werde angeregt durch ein weißes Eingangsgeräusch $z(t)$, gekennzeichnet durch $\Psi_z = s_z$; meßtechnisch zugänglich sei nur die verrauschte Ausgangsgröße

$$y(t) = C_{\mathrm{B}} x(t) + r(t) \ ,$$

wobei $r(t)$ ein weißes Geräusch mit gegebenem $\Psi_r = s_r$ sei. Bild 21.5 zeigt die grobe Realisierungsstruktur des zugehörigen Filters mit den erforderlichen Multiplikatoren.

Die in Abschn. 21.4 allgemein angesetzten drei skalaren Riccati-Gleichungen (21.4a, b, c) zur Beobachtungsnormalform lauten jetzt:

$$\dot{v}_{11} = -4D\omega_0 \cdot v_{11} + 2v_{12} - \frac{1}{s_r} \cdot v_{11}^2 \ ,$$

$$\dot{v}_{12} = -\omega_0^2 \cdot v_{11} - 2D\omega_0 \cdot v_{12} + v_{22} - \frac{1}{s_r} \cdot v_{11} v_{12} \ ,$$

$$\dot{v}_{22} = -2\omega_0^2 \cdot v_{12} - \frac{1}{s_r} \cdot v_{12}^2 + s_z \cdot \omega_0^4 \ .$$

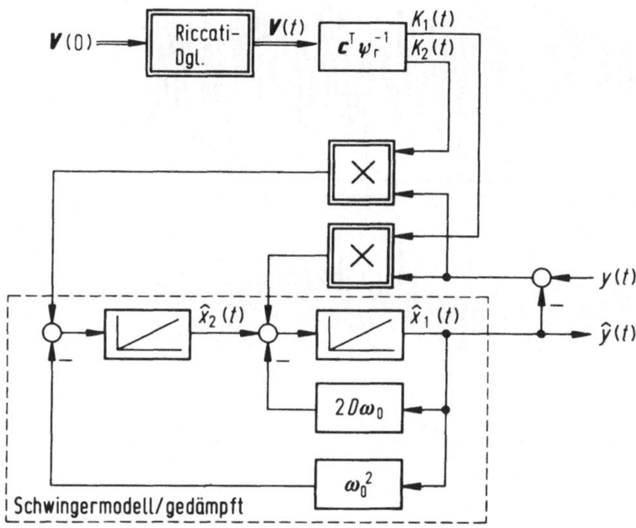

Bild 21.5. Grundstruktur des analog realisierten Kalman-Filters für ein schwingungsfähiges Grundsystem 2. Ordnung in Beobachtungsnormalform

Das zugehörige Kalman-Filter wurde gerätetechnisch für ein Grundsystem mit $\omega_0 = 1\,\text{s}^{-1}$, $D = 0{,}5$ realisiert [80] und ergab die in Bild 21.6 gezeigten dynamischen Korrekturen $K_1(t)$, $K_2(t)$ sowie die Signalverläufe von Bild 21.7. Analytisch bestimmt werden nur die stationären Korrekturen, und an dem zugehörigen Ansatz

$$K_\infty = V_\infty C_B^T \Psi_r^{-1}$$

$$= \frac{1}{s_r} \cdot V_\infty \cdot \begin{bmatrix} 1 \\ 0 \end{bmatrix} = \frac{1}{s_r} \cdot \begin{bmatrix} v_{11\infty} \\ v_{12\infty} \end{bmatrix}$$

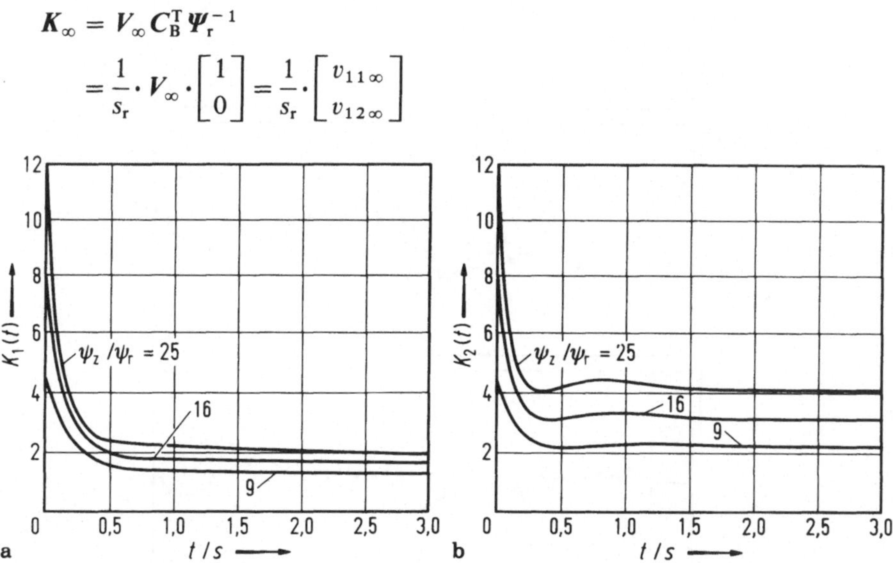

Bild 21.6. Experimentell ermittelte Verläufe der Kalman-Korrekturen zu dem schwingungsfähigen Grundsystem, jeweils für drei verschiedene Signal/Rausch-Verhältnisse

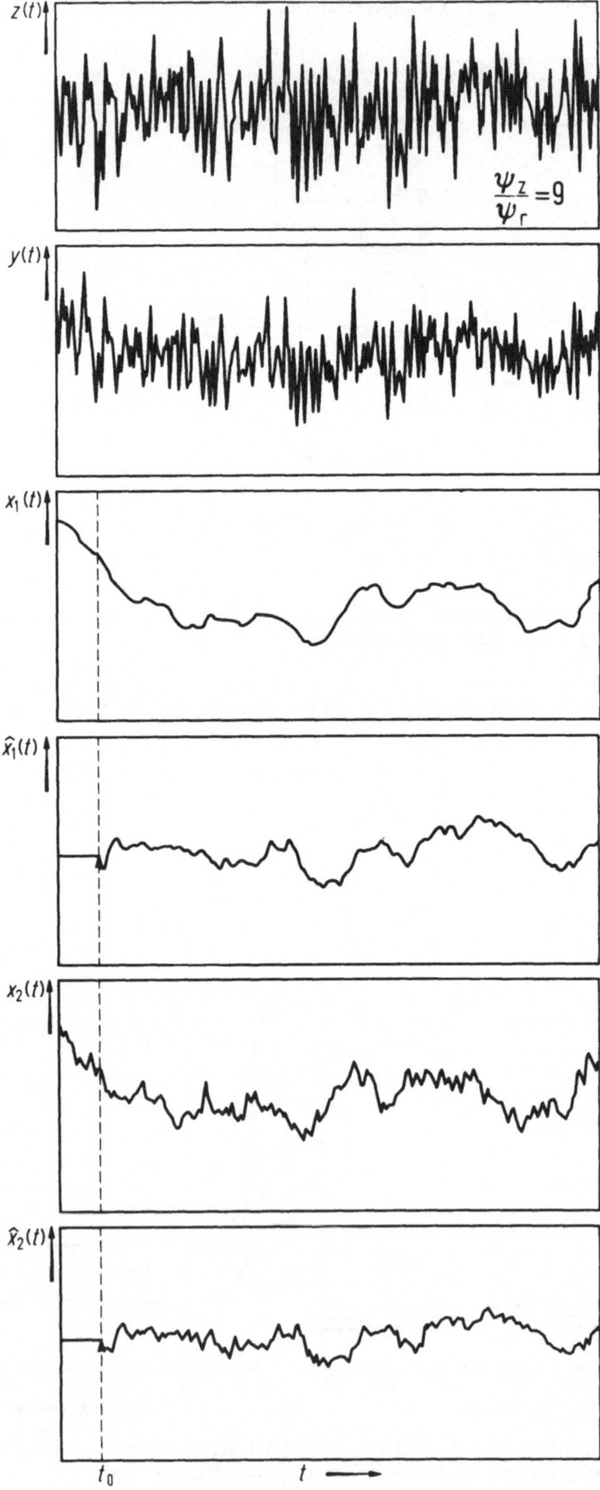

z(t)
y(t)
x_1(t)
x̂_1(t)
x_2(t)
x̂_2(t)
$\frac{\Psi_z}{\Psi_r}=9$
t_0
t

liest man ab, daß nur die stationären Lösungen $v_{11\infty}$ und $v_{12\infty}$ benötigt werden; an dem Gleichungssystem erkennt man, daß $v_{22\infty}$ für den Lösungsgang nicht gebraucht wird, und mit verhältnismäßig geringem Aufwand findet man die beiden Kovarianzelemente

$$v_{12} = \omega_0^2 \cdot s_\mathrm{r} \cdot q \,,$$

$$v_{11} = \omega_0 s_\mathrm{r} \cdot (\sqrt{4D^2 + 2q} - 2D) \,,$$

wobei zur Abkürzung $q = \sqrt{1 + s_\mathrm{z}/s_\mathrm{r}} - 1$ (> 0) eingeführt wurde. Damit kann die Korrekturmatrix angeschrieben werden:

$$\boldsymbol{K} = \omega_0 \cdot \begin{bmatrix} \sqrt{4D^2 + 2q} - 2D \\ \omega_0 \cdot q \end{bmatrix} .$$

Auf die Angabe der Filtergleichungen und der zugehörigen Struktur wird hier verzichtet; dafür wird der Fall $D = 0$ des ungedämpften Schwingers eingehender untersucht, weil er zu übersichtlichen und grundlegenden Merkmalen führt.

Ungedämpfter Schwinger als Grundsystem

Die Korrekturmatrix vereinfacht sich jetzt zu

$$\boldsymbol{K} = \omega_0 \cdot \begin{bmatrix} \sqrt{2q} \\ \omega_0 \cdot q \end{bmatrix} .$$

Mit den vereinfachten Bezeichungen k_1 und k_2 für die eingeschwungenen Korrekturelemente erhält man die beiden skalaren Filtergleichungen

$$\dot{\hat{x}}_1(t) = \qquad \hat{x}_2(t) + k_1 \cdot [\, y(t) - \hat{x}_1(t)] \,,$$

$$\dot{\hat{x}}_2(t) = -\omega_0^2 \cdot \hat{x}_1(t) + k_2 \cdot [\, y(t) - \hat{x}_1(t)]$$

und daraus die Struktur nach Bild 21.8. Man erkennt hieran deutlich eine charakteristische Eigenschaft der Kalman-Korrekturen: Der im Modell des

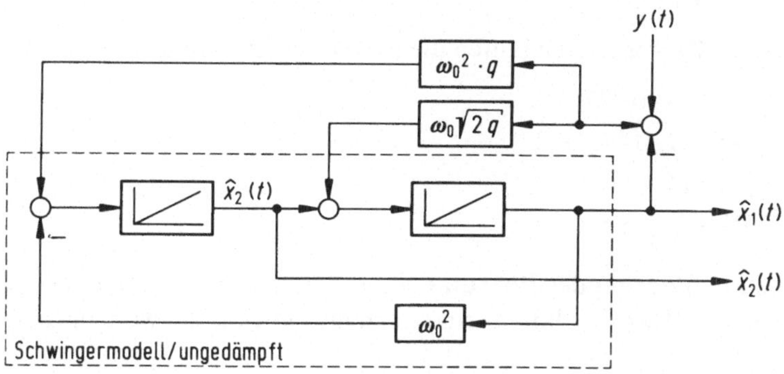

Bild 21.8. Struktur des Filters mit stabilisierendem Einfluß der Korrektur k_1

Bild 21.7. Registrierte Signalverläufe zu dem realisierten Kalman-Filter; das Filter wurde im Zeitpunkt $t = t_0$ mit gegebenem Anfangswert bei laufendem Grundsystem zugeschaltet

ungedämpften Schwingers „offene" zweite Integrierer erhält über den Korrekturkanal mit k_1 eine stabilisierende Rückführschleife.

Dieses vom Ansatz her einfache Beispiel ist damit noch nicht voll ausgeschöpft, wie die anschließenden Überlegungen im Frequenzbereich zeigen werden.

Die Übertragungsfunktionen des Filters

Dem Strukturbild 21.8 entnimmt man, daß die beiden Übertragungskanäle von y nach $\hat{x}_1$ und von y nach $\hat{x}_2$ von Interesse sind; sie werden zu einer bemerkenswerten Deutung des Filterverhaltens überleiten.

Die Beschreibung des energiefreien Systems führt über die Laplace-Transformation auf die Übertragungsfunktionen

$$F_1(s) = k_1 \cdot \frac{s + k_2/k_1}{s^2 + k_1 s + 1 + k_2} \, ,$$

$$F_2(s) = k_2 \cdot \frac{s - k_1/k_2}{s^2 + k_1 s + 1 + k_2} \, .$$

Macht man für das gemeinsame Nennerpolynom den Ansatz

$$s^2 + k_1 s + 1 + k_2 = (s - s_\mathrm{a}) \cdot (s - s_\mathrm{b}) \, ,$$

so erhält man die beiden Wurzeln bzw. die Pole der Übertragungsfunktionen:

$$s_{\mathrm{a,b}} = -\frac{1}{2} k_1 \pm \sqrt{\frac{1}{4} \cdot k_1^2 - k_2 - 1} \, .$$

Für die weiteren Überlegungen werden die Annahmen $\omega_0 = 1/\mathrm{sec}$ und $s_z/s_r = 3$ zugrundegelegt, so daß sich die Korrekturen $k_1 = \sqrt{2}$ und $k_2 = 1$ ergeben; für die Lage der Pole erhält man demgemäß

$$s_{\mathrm{a,b}} = -0{,}707 \pm \mathrm{j} \cdot 1{,}225 \, .$$

Mit den vorliegenden Zahlenwerten lauten die beiden Übertragungsfunktionen:

$$F_1(s) = 1{,}414 \cdot \frac{s + 0{,}707}{s^2 + 1{,}414 \cdot s + 2} \, ,$$

$$F_2(s) = \frac{s - 1{,}414}{s^2 + 1{,}414 \cdot s + 2} \, .$$

Bild 21.9 zeigt die Lokalisation der Pole und Nullstellen von $F_1(s)$ und $F_2(s)$ in der komplexen s-Ebene. Darüber hinaus sind noch folgende Zahlenwerte festzuhalten:

Kennkreisfrequenz $\omega_\mathrm{F} = 1{,}414 \, \mathrm{sec}^{-1}$,

Dämpfung $\quad\quad\quad D = 0{,}5$ und damit die Frequenz

$$\omega_\mathrm{D} = \omega_\mathrm{F} \cdot \sqrt{1 - D^2} = 1{,}225 \, \mathrm{sec}^{-1}.$$

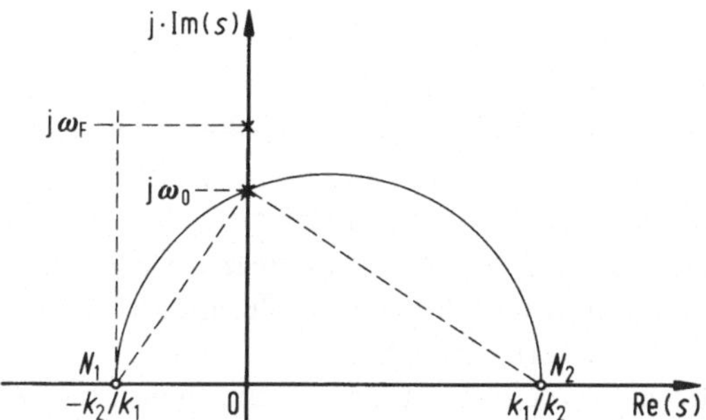

Bild 21.9. Zuordnung von Polen und Nullstellen der Übertragungsfunktion des Wiener-Filters

Es ist bemerkenswert, daß die beiden Nullstellen N_1, N_2 und die konjugiert-komplexen Polstellen $\pm\,\mathrm{j}\omega_0$ auf einem Kreis liegen: Beide Filterkanäle haben die gleichen Pole, N_1 legt N_2 eindeutig fest, die Zuordnungen von Bild 21.9 gelten also unabhängig von den gewählten Zahlenwerten. Damit läßt sich folgendes festhalten: Die Differentialgleichung

$$\ddot{x}(t) + \omega_0^2 \cdot x(t) = 0$$

hat die Lösung $x(t) = \sin(\omega_0 t + \varphi)$, und das Kalman-Filter soll aus der verrauschten Messung

$$y(t) = \sin(\omega_0 t + \varphi) + r(t)$$

die Zustandsgrößen $x_1(t) = \sin(\omega_0 t + \varphi)$

und $\qquad\qquad x_2(t) = \omega_0 \cdot \cos(\omega_0 t + \varphi)$

optimal herausfiltern; dies bedeutet folgende Forderungen:

a) $|F_1(\mathrm{j}\omega)| = 1$
  $\arg\ F_1(\mathrm{j}\omega) = 0^\circ$ $\Bigg\}$ für $\omega = \omega_0 = 1\ \sec^{-1}$,

durch Einsetzen von ω_0 in F_1 überzeugt man sich leicht davon, daß diese beiden Forderungen erfüllt sind.

b) Aus der ersten Zustandsgleichung $\dot{x}_1(t) = x_2(t)$ folgt

$$x_1(\mathrm{j}\omega) = \frac{1}{\mathrm{j}\omega} \cdot x_2(\mathrm{j}\omega)\,,$$

dies bedeutet für das Systemmodell im Kalman-Filter eine Phasendrehung von -90° zwischen den Schätzwerten $\hat{x}_1$ und $\hat{x}_2$. Auch hier überzeugt man sich leicht durch Bildung des Verhältnisses $\hat{x}_1(\mathrm{j}\omega)/\hat{x}_2(\mathrm{j}\omega)$, daß die Forderungen hinsichtlich Betrag 1 und Phasenwinkel von -90° erfüllt sind. Die Nullstellen der Übertragungsfunktionen werden zur Regeneration der richtigen Phasenwinkel benötigt.

Abschließende Bemerkungen:

- Auf der Basis eines Grundsystems *erster* Ordnung lassen sich alle wesentlichen Eigenschaften der Kalman-Filterung auf durchsichtige Weise erläutern.
- Der Entwurf für Grundsysteme *zweiter* Ordnung bleibt zwar noch überschaubar, der Lösungsaufwand hängt wesentlich von der Besetzung der Systemmatrix A ab, er reicht von trivialen Fällen bis hin zu nicht mehr elementar lösbaren Systemen von drei verkoppelten nichtlinearen Differentialgleichungen für die drei Elemente der Fehlerkovarianzmatrix.
- Von Sonderfällen abgesehen führen Grundsysteme der Ordnungen $n \geq 3$ zu einem Lösungsaufwand, der nur noch numerisch beherrschbar ist, wobei mit spezifischen Problemen bei der numerischen Integration der Riccati-Gleichung zu rechnen ist [46]. Vor diesem allgemeinen Hintergrund sind die im anschließenden Kapitel vorgestellten anwendungsorientierten Beispiele zu sehen.

22 Anwendungsorientierte Beispiele

22.1 Kalman-Beobachter für eine zustandsgeregelte Strecke zweiter Ordnung

Gegeben ist eine zweifach integrierende Strecke, beschrieben durch die Differentialgleichung

$$\ddot{x}(t) = a(t) + b_2 \cdot \hat{u}_R(t) \,,$$

dabei ist $a(t)$ Musterfunktion eines Wiener-Prozesses entsprechend $\dot{a}(t) = z(t)$ mit gegebenem $\Psi_z = s_z$ und $\mu_z = 0$. Die Steuerfunktion $\hat{u}_R(t)$ stammt aus einem Kalman-Beobachter, der aus verrauschten Messungen

$$y(t) = x_1(t) + r(t) \qquad \text{mit } \Psi_r = s_r \text{ und } \mu_r = 0$$

die Zustandsgrößen

$$x(t) = x_1(t), \qquad \dot{x}(t) = x_2(t)$$

mit minimiertem Meßgeräuschanteil schätzt, so daß die Steuerfunktion

$$\hat{u}_R(t) = -[h_1 \hat{x}_1(t) + h_2 \hat{x}_2(t)]$$

gebildet werden kann. Bild 22.1 zeigt das Grundsystem als Regelstrecke, die man als Beschleunigungsmesser auffassen kann. Für die analytische Behandlung wird $a(t) \equiv x_3(t)$ als weitere Zustandsgröße eingeführt, so daß sich insgesamt folgende Zustandsbeschreibung für die Vorgaben zum Grundsystem anbietet:

$$\dot{x}_1(t) = x_2(t)$$

$$\dot{x}_2(t) = x_3(t) + b_2 \cdot \hat{u}_R(t)$$

$$\dot{x}_3(t) = z(t)$$

$$y(t) = x_1(t) + r(t) \,.$$

Für die Matrizen der allgemeinen Zustandsdarstellung bedeutet dies:

$$A = \begin{bmatrix} 0 & 1 & 0 \\ 0 & 0 & 1 \\ 0 & 0 & 0 \end{bmatrix}, \quad b = \begin{bmatrix} 0 \\ b_2 \\ 0 \end{bmatrix}, \quad g = \begin{bmatrix} 0 \\ 0 \\ 1 \end{bmatrix}, \quad C = [1 \ 0 \ 0] \,.$$

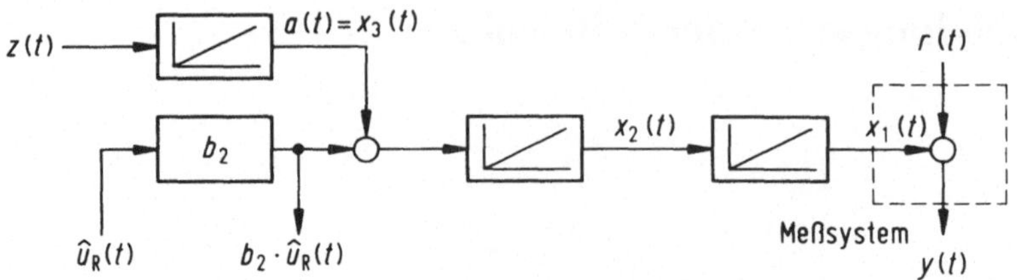

Bild 22.1. Strukturbild eines Beschleunigungsmessers zur Auslegung einer Zustandsregelung mit Kalman-Beobachter

Für den Entwurf des Kalman-Beobachters führt man die Fehlerkovarianzmatrix $V(t)$ aufgrund ihrer Symmetrieeigenschaft mit vereinfachter Indizierung ihrer Elemente wie folgt ein [22]:

$$V = \begin{bmatrix} v_1 & v_2 & v_3 \\ v_2 & v_4 & v_5 \\ v_3 & v_5 & v_6 \end{bmatrix} \text{ (alle Elemente sind Funktionen der Zeit)}$$

Wegen der zahlreichen Nullen in den Matrizen erhält man schon nach wenigen elementaren Zwischenschritten die folgenden sechs Differentialgleichungen für die Elemente von V, wobei die Abhängigkeit von der Zeit wieder nicht mitgeschrieben wird:

$$\dot{v}_1 = 2v_2 - \frac{1}{s_r} \cdot v_1^2, \qquad \dot{v}_2 = v_3 + v_4 - \frac{1}{s_r} \cdot v_1 v_2, \qquad \dot{v}_3 = v_5 - \frac{1}{s_r} \cdot v_1 v_3 ,$$

$$\dot{v}_4 = 2v_5 - \frac{1}{s_r} \cdot v_2^2, \qquad \dot{v}_5 = v_6 - \frac{1}{s_r} \cdot v_2 v_3, \qquad \dot{v}_6 = -\frac{1}{s_r} \cdot v_3^2 + s_z .$$

Auch hier beschränken wir uns auf die stationären Lösungen des folgenden Gleichungssystems:

$$v_2 = \frac{1}{2s_r} \cdot v_1^2 \quad \text{(a)} \qquad v_3 + v_4 = \frac{1}{s_r} \cdot v_1 v_2 \quad \text{(b)}$$

$$v_5 = \frac{1}{s_r} \cdot v_1 v_3 \quad \text{(c)} \qquad v_5 = \frac{1}{2s_r} \cdot v_2^2 \qquad \text{(d)}$$

$$v_6 = \frac{1}{s_r} \cdot v_2 v_3 \quad \text{(e)} \qquad v_3 = \sqrt{s_z s_r} \qquad \text{(f)}$$

Der Ansatz für die stationäre Korrektur zeigt, welche Elemente der Fehlerkovarianzmatrix in das Ergebnis eingehen:

$$K_\infty = \frac{1}{s_r} \cdot V_\infty \cdot \begin{bmatrix} 1 \\ 0 \\ 0 \end{bmatrix} = \frac{1}{s_r} \cdot \begin{bmatrix} v_1 \\ v_2 \\ v_3 \end{bmatrix}_{t \to \infty} .$$

Nach elementaren Zwischenrechnungen liefern die Gln. (a), (c), (d) mit (f) das Element

$$v_1 = 2s_r \cdot (s_z/s_r)^{1/6} \, ,$$

daraus folgt über Gl. (a)

$$v_2 = 2s_r \cdot (s_z/s_r)^{2/6} \, ,$$

und das Element v_3 ist nach Gl. (f) schon bekannt. Führt man zur Abkürzung

$$(s_z/s_r)^{1/6} \equiv q$$

ein, so ergeben sich die stationären Korrekturen zu $k_1 = 2q$, $k_2 = 2q^2$, $k_3 = q^3$. Damit können im letzten Schritt die drei skalaren Filterdifferentialgleichungen angegeben werden:

$$\dot{\hat{x}}_1(t) = \hat{x}_2(t) + k_1 \cdot [\, y(t) - \hat{x}_1(t)\,]$$

$$\dot{\hat{x}}_2(t) = \hat{x}_3(t) + k_2 \cdot [\, y(t) - \hat{x}_1(t)\,] + b_2 \cdot \hat{u}_R(t)$$

$$\dot{\hat{x}}_3(t) = \qquad\quad k_3 \cdot [\, y(t) - \hat{x}_1(t)\,] \, .$$

Bild 22.2 zeigt die Struktur des Kalman-Beobachters; er liefert die Schätzwerte $\hat{x}_1$ und $\hat{x}_2$ für die Zustandsregelung sowie den Beschleunigungsschätzwert $\hat{a}$, der gegebenenfalls im Rahmen einer Störgrößenaufschaltung zur Minimierung der Varianz $\mathscr{E}\{[\,a(e;t) - \hat{a}(e;t)\,]^2\}$ verwendet werden kann.

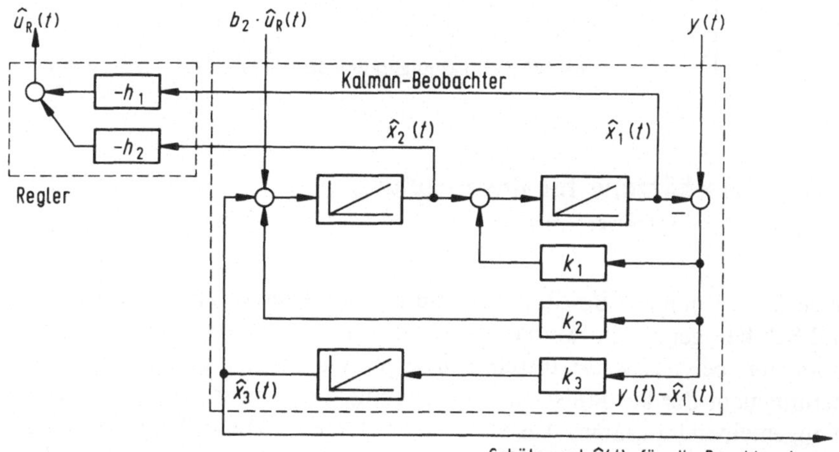

Bild 22.2. Kalman-Beobachter mit drei Korrekturkanälen zur Bildung von Schätzwerten für eine Zustandsregelung

Zur Beurteilung der Filterdynamik untersucht man die charakteristische Gleichung

$$\det\left[s\cdot I - A + KC\right] = \begin{bmatrix} s + k_1 & -1 & 0 \\ k_2 & s & -1 \\ k_3 & 0 & s \end{bmatrix} = 0 \, ,$$

$$s^3 + k_1 s^2 + k_2 s + k_3 = 0 \, .$$

Mit den für die Korrekturen gefundenen Ergebnissen geht die charakteristische Gleichung über in die Form

$$\left(\frac{s}{q}\right)^3 + 2\cdot\left(\frac{s}{q}\right)^2 + 2\cdot\left(\frac{s}{q}\right) + 1 = 0 \, ,$$

die ein Butterworth-Filter 3. Ordnung kennzeichnet. Die Wurzeln

$$s_1 = -q, \qquad s_{2,3} = -q\cdot\left(\frac{1}{2} \pm \mathrm{j}\cdot\sqrt{3/2}\right)$$

liegen auf einem Halbkreis um den Ursprung in der linken s-Halbebene, s. Bild 22.3

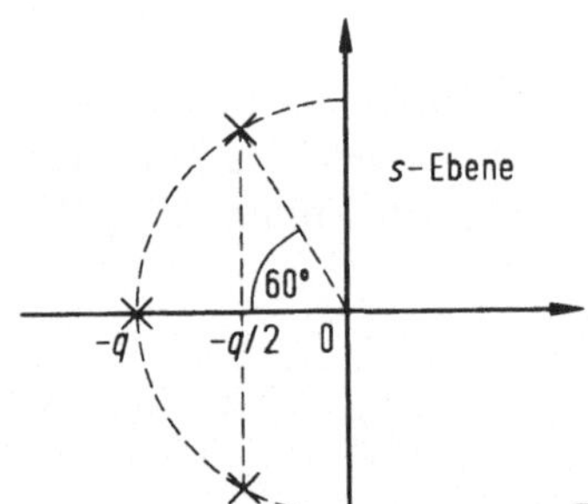

Bild 22.3. Polkonfiguration des Butterworth-Filters 3. Ordnung

22.2 Winkelschätzung für die Regelung einer Kreiselplattform

Kreiselgeräte werden zur Bestimmung von Lagewinkeln in Satelliten, Flugzeugen und Schiffen gegen ein raumfestes Achsenkreuz eingesetzt. Dabei kommen Störmomente, beispielsweise durch Schwerpunktsverschiebungen und durch Rahmenunwucht der kardanischen Aufhängung zur Auswirkung; die Folge ist ein im allgemeinen langsames Auswandern des Kreisels. Dieses Wegdriften muß kompensiert werden durch ein sogenanntes Aufrichtsystem, in welchem Stützmomente aufgebracht werden müssen. Für ihre Erzeugung werden Stützmotoren als Stellorgane verwendet, es entstehen also Regelkreise innerhalb des Kreiselgerätes, einer sogenannten „gestützten Plattform", deren wichtigste Bestandteile einführend besprochen werden [49, 50].

22.2.1 Der Kreisel mit zwei Freiheitsgraden

Für die analytischen Ansätze wird die x, y-Ebene als Bezugsebene gewählt, die Hauptträgheitsachse des Kreisels liegt in Richtung der Flächennormalen z. Der Kreisel werde durch einen Drehstrom-Asynchronmotor mit sehr hoher Winkelgeschwindigkeit ω_z angetrieben, so daß er einen sehr hohen Drehimpuls $H = J_z \cdot \omega_z$ besitzt. Von zwei Stützmotoren können die Drehmomente $m_x(t)$ bzw. $m_y(t)$ auf den Rahmen in der x, y-Ebene aufgebracht werden, s. Bild 22.4.

Bei der folgenden Aufstellung der Momentenbilanzen ist zu beachten, daß ein an der x-Achse aufgebrachtes Stützmoment $m_x(t)$ in zwei Komponenten zerlegt werden kann: Eine Komponente wird hervorgerufen durch Ausschläge um die x-Achse, verursacht durch Trägheitsanteile $J_x \ddot{\varphi}_x$; die Berücksichtigung von Dämpfungsanteilen liefert einen Bilanzterm $R_x \dot{\varphi}_x$. Die andere Komponente entsteht als Präzessionsmoment $H \dot{\varphi}_y$ durch die Drehung um die y-Achse mit der Winkelgeschwindigkeit $\dot{\varphi}_y$. Die genannten Anteile führen zu der folgenden ersten Bilanzgleichung:

$$\ddot{\varphi}_x(t) + \frac{R_x}{J_x} \cdot \dot{\varphi}_x(t) + \frac{H}{J_x} \cdot \dot{\varphi}_y(t) = \frac{1}{J_x} \cdot m_x(t) \; .$$

Entsprechend ergibt sich die Bilanz für das Drehmoment $m_y(t)$ um die y-Achse zu

$$\ddot{\varphi}_y(t) + \frac{R_y}{J_y} \cdot \dot{\varphi}_y(t) - \frac{H}{J_y} \cdot \dot{\varphi}_x(t) = \frac{1}{J_y} \cdot m_y(t) \; .$$

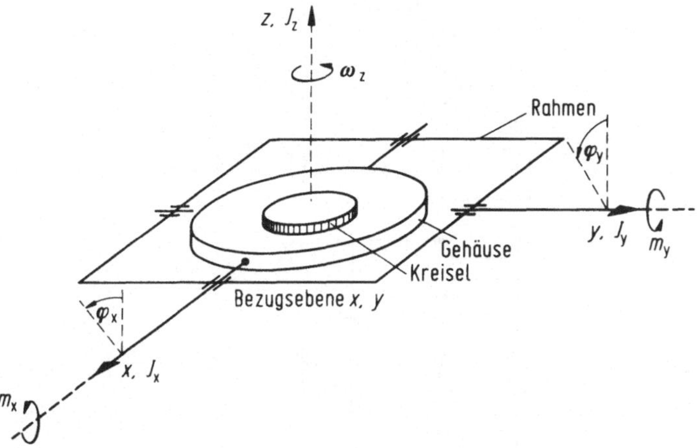

Bild 22.4. Schematische Darstellung eines Kreisels in kardanischer Aufhängung

Im Hinblick auf die Filterentwurfsgleichungen führt man zweckmäßigerweise folgende Zustandsgrößen ein:

$$\varphi_x = x_1, \quad \varphi_y = x_2, \quad \dot{\varphi}_x = x_3, \quad \dot{\varphi}_y = x_4 ,$$

und mit den Steuerfunktionen $m_x = u_x$, $m_y = u_y$ erhält man das Gleichungssystem

$$\dot{x}_1(t) = \qquad\qquad x_3(t)$$

$$\dot{x}_2(t) = \qquad\qquad\qquad x_4(t)$$

$$\dot{x}_3(t) = -\frac{R_x}{J_x}\cdot x_3(t) - \frac{H}{J_x}\cdot x_4(t) + \frac{1}{J_x}\cdot u_x(t)$$

$$\dot{x}_4(t) = \quad \frac{H}{J_y}\cdot x_3(t) - \frac{R_y}{J_y}\cdot x_4(t) + \frac{1}{J_y}\cdot u_y(t) .$$

Bei der vorgegebenen Anordnung der Terme kann man die Elemente der Matrizen zur Systembeschreibung unmittelbar ablesen, die zugehörige Modellstruktur ist in Bild 22.5 dargestellt.

Interessiert man sich nur für den Einfluß des Stützmomentes m_x auf die beiden Winkel φ_x and φ_y, so erhält man mit $m_y = 0$ aus den beiden Gleichungen

$$\varphi_x(s)\cdot[J_x\cdot s^2 + R_x\cdot s] + H\cdot s\cdot\varphi_y(s) = m_x(s)$$

$$\varphi_y(s) = \frac{H\cdot s}{J_y s^2 + R_y s}\cdot\varphi_x(s)$$

die Übertragungsfunktion

$$\frac{\varphi_x(s)}{m_x(s)} = \frac{J_x}{R_x R_y}\cdot\frac{1 + 1/s T_y}{(1 + s T_x)\cdot(1 + s T_y) + \dfrac{H^2}{R_x R_y}} ,$$

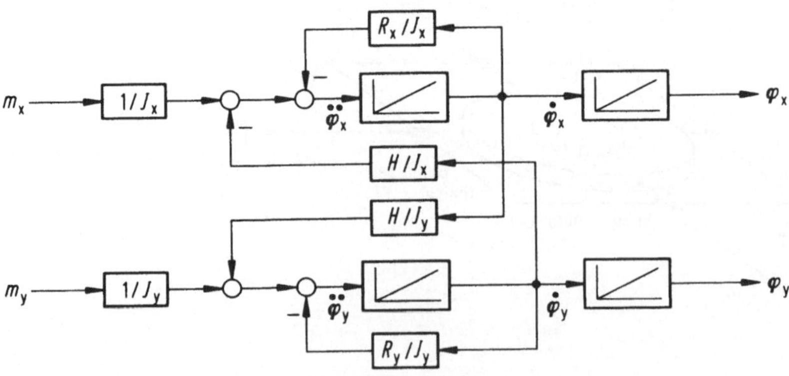

Bild 22.5. Strukturbild zu der Modellierung des Kreisels

also PI-T$_2$-Verhalten mit den Zeitkonstanten $T_x = \dfrac{J_x}{R_x}$, $T_y = \dfrac{J_y}{R_y}$ und weiterhin

$$\frac{\varphi_y(s)}{m_x(s)} = \frac{1}{sH \cdot \left[1 + \dfrac{R_x R_y}{H^2} \cdot (1 + sT_x) \cdot (1 + sT_y) \right]},$$

dies bedeutet I-T$_2$-Verhalten für diesen Übertragungszweig.

Um den anschließenden Entwurf eines Kalman-Filters zur Minimierung von Meßgeräuscheinflüssen überschaubar zu halten, konzentrieren sich die folgenden Ausführungen auf den dynamischen Zusammenhang zwischen dem Moment m_x und dem Winkel φ_y; eine sprungförmige Veränderung von m_x führt auf den in Bild 22.6 gezeigten prinzipiellen Verlauf eines schwingungsfähigen I-T$_2$-Verhaltens. Die eingangs getroffene Voraussetzung eines sehr großen Drehimpulses $H = J_z \cdot \omega_z^2$ führt in vertretbarer Näherung zu den Übertragungsfunktionen

$$\frac{\varphi_x(s)}{m_x(s)} = 0 \left(\frac{1}{H^2} \right),$$

$$\frac{\varphi_y(s)}{m_x(s)} = \frac{1}{H \cdot s},$$

der Einfluß auf den Winkel φ_x strebt also entsprechend dem Landau-Symbol 0 (·) praktisch gegen Null; der Einfluß auf den Winkel φ_y wird praktisch durch reines I-Verhalten beschrieben. Damit ergibt sich ein besonders einfaches Zustandsmodell für den ungeregelten Kreisel, wobei die Wirkung eines sehr kleinen Störmomentes $\varepsilon(t)$ auf die x-Achse des Kreiselrahmens untersucht wird.

Das Störmoment, das zu Auswanderungsgeschwindigkeiten von weniger als einem Winkelgrad pro Stunde führt, kann praktisch als konstant (ε) angesehen werden, so daß der ungeregelte Kreisel durch die beiden Differentialgleichungen

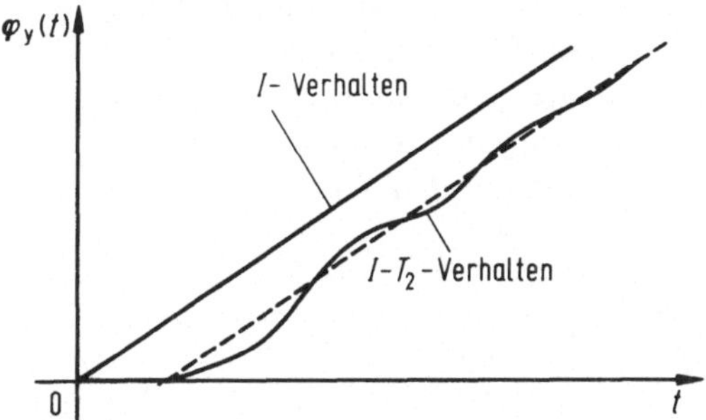

Bild 22.6. Unteraperiodisch gedämpfte Sprungantwort des Winkels $\varphi_y(t)$ mit I-T$_2$-Verhalten

$$H \cdot \dot{\varphi}_y(t) = m_x(t) + \varepsilon(t) \,, \qquad \dot{\varepsilon}(t) = 0$$

beschrieben werden kann.

Die jeweilige Lage des Kreisels zur Gravitationsrichtung wird durch Beschleunigungsmesser ermittelt, deren Ausgangsgrößen in Winkelsignale umgeformt werden. Bei Beschränkung auf eine Koordinate gilt für die Auslenkung $a(t)$ des Beschleunigungsmessers nach Bild 22.7:

$$a(t) = \frac{m \cdot g}{k} \cdot \sin \varphi_y(t) \approx c \cdot \varphi_y(t)$$

für hinreichend kleine Winkel.

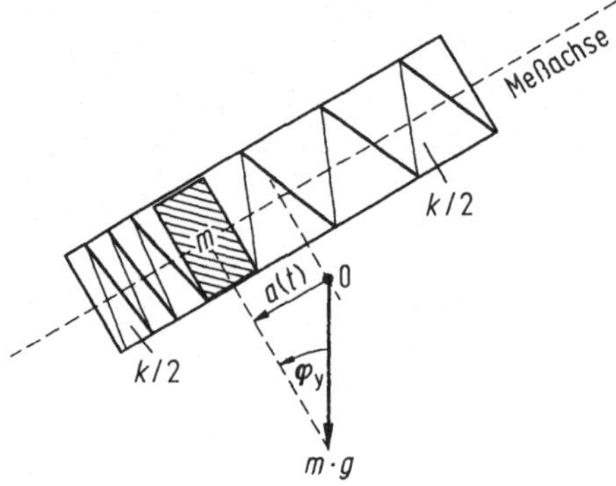

Bild 22.7. Die wichtigsten Elemente des Beschleunigungsaufnehmers für eine Ortskoordinate

22.2.2 Formulierung des Filterproblems

Die über den Beschleunigungsmesser gewonnene Meßgröße $y(t)$ ist durch Flugbewegungen und Turbulenzeinflüsse statistisch gestört, so daß der wahre Winkel $\varphi_y(t)$ über ein Optimalfilter aus der verrauschten Meßgröße

$$y(t) = c \cdot \varphi_y(t) + r(t)$$

geschätzt werden muß. Dabei ist $r(t)$ als breitbandiges Meßrauschen angesetzt, das durch ein weißes Geräusch mit bekanntem $\Psi_r = s_r$ modelliert wird. Bild 22.8 zeigt das Kreiselmodell mit Meßeinrichtung; die Zustandsbeschreibung als Grundlage für die Kalman-Filterung hat folgende Form, wobei zur (nicht wesentlichen) Vereinfachung eine Normierung auf den Wert $H = 1$ vereinbart wird:

$$\begin{bmatrix} \dot{\varphi}_y(t) \\ \dot{\varepsilon}(t) \end{bmatrix} = \begin{bmatrix} 0 & 1 \\ 0 & 0 \end{bmatrix} \cdot \begin{bmatrix} \varphi_y(t) \\ \varepsilon(t) \end{bmatrix} + \begin{bmatrix} 1 \\ 0 \end{bmatrix} \cdot m_x(t)$$

$$y(t) = \begin{bmatrix} c & 0 \end{bmatrix} \cdot \begin{bmatrix} \varphi_y(t) \\ \varepsilon(t) \end{bmatrix} + r(t) \,.$$

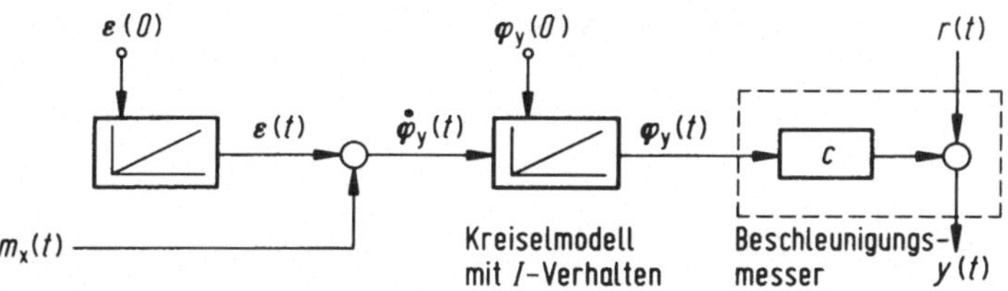

Bild 22.8. Aus der Kreiselmodellierung hervorgegangenes vereinfachtes Grundsystem mit verrauschter Ausgangsgröße

Das Kalman-Filter hat die Aufgabe, aus den verrauschten Messungen $y(t)$ optimale Schätzwerte $\hat{\varphi}_y(t)$ und $\hat{\varepsilon}(t)$ zu bilden, die in einem Regelkreis zur Winkelregelung verwendet werden können. Deterministische Anteile in der Steuerfunktion $u(t)$ gehen nicht in den Filterentwurf ein; ferner wird das Grundsystem (Bild 22.8) nicht erregt, folglich hat die Riccati-Gleichung mit $z(t) = 0$ die Form

$$\dot{V} = AV + VA^{\mathrm{T}} - VC^{\mathrm{T}}\Psi_{\mathrm{r}}^{-1}CV ,$$

deren Lösung durch die Substitution $P = V^{-1}$ über die Differentialgleichung

$$\dot{P} = -PA - A^{\mathrm{T}}P + C^{\mathrm{T}}\Psi_{\mathrm{r}}^{-1}C$$

entsprechend Abschn. 19.4 gewonnen wird. Mit den gegebenen Matrizen erhält man in ausführlicher Schreibweise:

$$\begin{bmatrix} \dot{p}_{11} & \dot{p}_{12} \\ \dot{p}_{12} & \dot{p}_{22} \end{bmatrix} = -\begin{bmatrix} p_{11} & p_{12} \\ p_{12} & p_{22} \end{bmatrix} \cdot \begin{bmatrix} 0 & 1 \\ 0 & 0 \end{bmatrix} - \begin{bmatrix} 0 & 0 \\ 1 & 0 \end{bmatrix} \cdot \begin{bmatrix} p_{11} & p_{12} \\ p_{12} & p_{22} \end{bmatrix} +$$

$$+ \frac{1}{s_{\mathrm{r}}} \cdot \begin{bmatrix} 1 \\ 0 \end{bmatrix} \cdot [1\ \ 0] = \begin{bmatrix} 1/s_{\mathrm{r}} & -p_{11} \\ -p_{11} & -2p_{12} \end{bmatrix} .$$

Daraus folgt das besonders einfache System von skalaren Differentialgleichungen:

$$\dot{p}_{11}(t) = 1/s_{\mathrm{r}} ,$$

$$\dot{p}_{12}(t) = -p_{11}(t) ,$$

$$\dot{p}_{22}(t) = -2p_{12}(t) .$$

Die erforderlichen Anfangsbedingungen

$$p_{11}(0) = p_{110}, \quad p_{12}(0) = p_{120}, \quad p_{22}(0) = p_{220}$$

erhält man aus gegebenen Anfangswerten für die Elemente der Fehlerkovarianzmatrix,

$$v_{11}(0) = v_{110}, \quad v_{12}(0) = v_{120}, \quad v_{22}(0) = v_{220} ,$$

und die Integration des Gleichungssystems führt auf die folgenden Lösungen:

$$p_{11}(t) = \frac{1}{s_r} \cdot t + p_{110}$$

$$p_{12}(t) = -\frac{1}{2s_r} \cdot t^2 - p_{110} \cdot t + p_{120}$$

$$p_{22}(t) = \frac{1}{3s_r} \cdot t^3 + p_{110} \cdot t^2 - 2p_{120} \cdot t + p_{220} \, .$$

Daraus ergibt sich die Fehlerkovarianzmatrix

$$V(t) = P^{-1}(t) = \frac{1}{\Delta(t)} \cdot \begin{bmatrix} p_{22}(t) & -p_{12}(t) \\ -p_{12}(t) & p_{11}(t) \end{bmatrix}$$

mit der Determinante

$$\Delta(t) = p_{11}(t)p_{22}(t) - p_{12}^2(t) \, .$$

Für die Korrekturmatrix ergibt sich

$$K(t) = V(t) \, C^T \, \Psi_r^{-1}$$

$$= V(t) \cdot \begin{bmatrix} c \\ 0 \end{bmatrix} \cdot \frac{1}{s_r} \, ,$$

also werden die beiden Komponenten

$$k_1(t) = \frac{c}{s_r} \cdot v_{11}(t) = \frac{c}{s_r} \cdot \frac{1}{\Delta(t)} \cdot p_{22}(t) \, ,$$

$$k_2(t) = \frac{c}{s_r} \cdot v_{12}(t) = \frac{c}{s_r} \cdot \frac{-1}{\Delta(t)} \cdot p_{12}(t) \, .$$

Damit ist der Filterentwurf abgeschlossen, und aus den skalaren Differentialgleichungen für die zu schätzenden Zustandsgrößen,

$$\dot{\hat{\varphi}}_y(t) = \hat{\varepsilon}(t) + k_1(t) \cdot [y(t) - c\hat{\varphi}_y(t)] + m_x(t) \, ,$$

$$\dot{\hat{\varepsilon}}(t) = \qquad\quad k_2(t) \cdot [y(t) - c\hat{\varphi}_y(t)] \, ,$$

folgt die in Bild 22.9 gezeigte Struktur. An diesem Beispiel, dessen Grundsystem
aus zwei offenen Integrierern besteht, erkennt man sehr deutlich die stabilisierende Wirkung der Kalman-Korrekturglieder in geschlossenen Schleifen.
Weiterhin erkennt man, daß im eingeschwungenen Zustand beide Kalman-
Korrekturen gegen Null streben. Dies ist immer dann der Fall, wenn die
Integratoren stochastisch nicht erregt werden: Nach Abklingen der Korrekturen, die nur durch von Null verschiedene Anfangsbedingungen verursacht
wurden, erhält das System keine neuen Informationen mehr. Im vorliegenden
Beispiel wurde die Annahme getroffen, daß das Störmoment $\varepsilon(t)$ praktisch,
zumindest über hinreichend lange Zeit, als konstant anzusehen sei, so daß eine

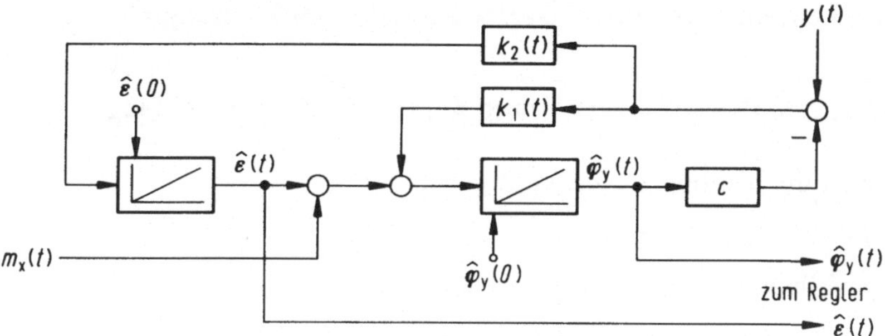

Bild 22.9. Kalman-Beobachter zur Bildung von Schätzwerten für die Zustandsregelung

besonders einfache Lösung der Riccati-Gleichung entsteht, weil der Anregungsterm nicht vorkommt.

Der Kalman-Beobachter wurde entworfen, weil für eine Zustandsregelung anstelle der wahren Zustandsgrößen optimale Schätzwerte $\hat{\varphi}_y$ und $\hat{\varepsilon}$ verwendet werden sollen. Damit kann die in Bild 22.10 grob strukturierte Regelung aufgebaut werden, in welcher der Kalman-Beobachter über den Regler die Steuerfunktion

$$\hat{u}(t) = -\hat{\varepsilon}(t) - l \cdot \hat{\varphi}_y(t)$$

erzeugt, die über einen Stützmotor das Moment

$$m_x(t) = \alpha \cdot \hat{u}(t)$$

auf den Kreisel aufbringt. An der Steuerfunktion liest man ab, daß der Anteil $-\hat{\varepsilon}$ die Wirkung einer Störgrößenaufschaltung hat, während $-l \cdot \hat{\varphi}_y$ eine Zustandsrückführung darstellt.

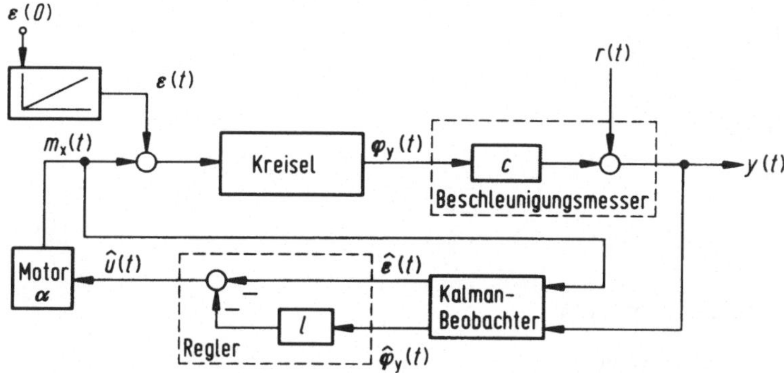

Bild 22.10. Vollständiger Regelkreis für eine Koordinate der Kreiselplattform

22.3 Filterentwurf bei linearisierten Zustandsgleichungen

22.3.1 Herkömmliche Linearisierung durch Taylor-Entwicklung

Gegeben seien die nichtlineare Zustandsgleichung

$$\dot{x}(t) = f[x(t), t] + G(t)z(t)$$

und die ebenfalls nichtlineare Ausgangsgleichung

$$y(t) = h[x(t), t] + r(t)$$

sowie die statistischen Eigenschaften der im allgemeinen Fall instationären Prozesse $z(e; t)$ und $r(e; t)$, von welchen jeweils Realisierungen in die Zustandsdarstellung einbezogen werden.

Aus physikalischen Gründen sei eine Linearisierung bezüglich einer Referenztrajektorie $x^0(t)$ erlaubt, so daß folgende Taylor-Entwicklungsansätze in vereinfachter Schreibweise gelten (siehe Anhang):

$$f(x, t) \approx f(x^0, t) + \frac{\partial}{\partial x^{\mathrm{T}}} f(x, t)\bigg|_{x = x^0} \cdot [x(t) - x^0(t)] \,,$$

$$h(x, t) \approx h(x^0, t) + \frac{\partial}{\partial x^{\mathrm{T}}} h(x, t)\bigg|_{x = x^0} \cdot [x(t) - x^0(t)]$$

mit den Matrix-Ableitungen

$$\frac{\partial}{\partial x^{\mathrm{T}}} f(x, t) = \begin{bmatrix} \dfrac{\partial f_1}{\partial x_1} & \cdots & \dfrac{\partial f_1}{\partial x_n} \\ \vdots & & \vdots \\ \dfrac{\partial f_n}{\partial x_1} & \cdots & \dfrac{\partial f_n}{\partial x_n} \end{bmatrix}, \quad \frac{\partial}{\partial x^{\mathrm{T}}} h(x, t) = \begin{bmatrix} \dfrac{\partial h_1}{\partial x_1} & \cdots & \dfrac{\partial h_1}{\partial x_n} \\ \vdots & & \vdots \\ \dfrac{\partial h_n}{\partial x_1} & \cdots & \dfrac{\partial h_n}{\partial x_n} \end{bmatrix},$$

zu bilden für $x = x^0$. Setzt man diese Näherungen in die obige Zustandsdarstellung ein, so liegen folgende Substitutionen nahe:

- Systemmatrix:

$$\frac{\partial}{\partial x^{\mathrm{T}}} f(x, t)\bigg|_{x = x^0} \equiv A^0(t) \,, \tag{22.1}$$

- Ausgangsmatrix:

$$\frac{\partial}{\partial x^{\mathrm{T}}} h(x, t)\bigg|_{x = x^0} \equiv C^0(t) \,. \tag{22.2}$$

- Bekannte modifizierte Signale:

$$f(x, t) - A^0(t) \cdot x^0(t) \equiv p(t) \,,$$

$$h(x, t) - C^0(t) \cdot x^0(t) \equiv q(t) \,.$$

Mit den somit eingeführten Matrizen und Signalen geht die ursprüngliche Zustandsbeschreibung des Grundsystems über in

$$\dot{x}(t) = A^0(t)\,x(t) + p(t) + G(t)\,z(t)\,, \tag{22.3a}$$

$$y(t) = C^0(t)\,x(t) + q(t) + r(t)\,. \tag{22.3b}$$

Schreibt man die bekannten Formen für die Riccati-Gleichung, die Kalman-Korrekturmatrix sowie für die Filtergleichung an, so erhält man folgende modifizierten Entwurfsgleichungen, gültig im Rahmen der vorgenommenen Linearisierung:

$$\dot{V}^0 = A^0 V^0 + V^0 A^{0\mathrm{T}} - V^0 C^{0\mathrm{T}} \Psi_\mathrm{r}^{-1} C^0 V^0 + G\Psi_\mathrm{z}G^\mathrm{T}\,, \tag{22.4}$$

$$K^0 = V^0 C^{0\mathrm{T}} \Psi_\mathrm{r}^{-1}\,, \tag{22.5}$$

$$\dot{\hat{x}} = A^0 \hat{x} + p + K^0 \cdot [y - q - C^0 \cdot \hat{x}]\,. \tag{22.6}$$

Bemerkungen:

Die Wahl der Referenztrajektorie $x^0(t)$ ist im Prinzip „frei" innerhalb systembedingter Grenzen, und für Abweichungen $\Delta^0(t) = x(t) - x^0(t)$ ergibt sich die geläufige Entwurfsaufgabe mit im voraus berechenbaren Kalman-Korrekturen. Wählt man die aktuelle Schätzung als Referenztrajektorie, $x^0(t) = \hat{x}(t)$, so ändern sich die Verhältnisse grundlegend, weil die Korrekturen über die Matrix $C^0(t)$ von der aktuellen Schätzung abhängig werden; im Zusammenhang mit dem anschließenden technischen Beispiel wird diese Problematik verdeutlicht werden.

Beispiel eines Phasenregelkreises

Gegeben ist ein sogenanntes „PLL-System" [41] zur Rekonstruktion der Phase eines harmonischen Signals

$$s(t) = H \cdot \sin[\omega t + \varphi(t)]\,,$$

wobei $f = \omega/2\pi$ die Trägerfrequenz ist, während $\varphi(t)$ die statistisch schwankende Phase bedeutet. Für diesen Phasenwinkel wird die Differentialgleichung

$$\dot{\varphi}(t) = -a \cdot \varphi(t) + z(t), \quad a > 0$$

angesetzt, wobei $z(t)$ Musterfunktion eines weißen Prozesses $z(e; t)$ zur Modellierung ist, $\Psi_\mathrm{z} = s_\mathrm{z}$ ist gegeben. Dem Nutzsignal $s(t)$ sei additiv ein weißes Meßrauschen $r(t)$ als Musterfunktion eines Prozesses $r(e; t)$ mit $\Psi_\mathrm{r} = s_\mathrm{r}$ überlagert, so daß sich die nichtlineare Ausgangsgleichung

$$y(t) = H \cdot \sin[\omega t + \varphi(t)] + r(t)$$

ergibt.

Damit ist ein Kalman-Filterproblem zu lösen für ein lineares Grundsystem mit der Zustandsgleichung

$$\dot{\varphi}(t) = -a \cdot \varphi(t) + z(t)\,.$$

Anstelle der nichtlinearen Ausgangsgleichung wird der linearisierte Ansatz

$$y(t) = C^0 \cdot \varphi(t) + q(t) + r(t)$$

mit

$$C^0 = \frac{\partial}{\partial \varphi} [H \cdot \sin \omega t + \varphi(t)] \Big|_{\varphi = \varphi^0} = H \cdot \cos [\omega t + \varphi^0(t)]$$

verwendet. Für die im allgemeinen Teil eingeführten Zusatzsignale gilt:

$$p(t) = 0,$$

$$q(t) = H \cdot \sin [\omega t + \varphi(t)] - H \cdot \cos [\omega t + \varphi^0(t)] \cdot \varphi^0(t),$$

und die Filtergleichung für den optimalen Phasenwinkelschätzwert lautet

$$\dot{\hat{\varphi}}(t) = -a \cdot \hat{\varphi}(t) + \frac{H}{s_r} \cdot V^0(t) \cdot \cos [\omega t + \varphi^0(t)] \cdot$$

$$\cdot \{ y(t) - H \cdot \sin [\omega t + \varphi(t)] +$$

$$+ H \cdot \cos [\omega t + \varphi^0(t)] \cdot [\varphi^0(t) - \hat{\varphi}(t)] \}.$$

Wählt man als Referenztrajektorie $\varphi^0(t) = \hat{\varphi}(t)$, dann wird

$$\dot{\hat{\varphi}}(t) = -a \cdot \hat{\varphi}(t) + \frac{H}{s_r} \cdot V^0(t) \cdot \cos [\omega t + \hat{\varphi}(t)] \cdot \{ y(t) - H \cdot \sin [\omega t + \hat{\varphi}(t)] \}.$$

Die Umsetzung dieser Filtergleichung in das Bild 22.11 zeigt deutlich die bekannten PLL-Merkmale; der Phasenregelkreis demoduliert die Differenz aus Meßsignal und geschätztem Signal, im Filter ist erwartungsgemäß das angesetzte Signalmodell erster Ordnung enthalten.

Die für die Kalman-Gewichtung erforderliche Fehlerkovarianz $V^0(t)$ erhält man als Lösung der speziellen Riccati-Gleichung

$$\dot{V}^0(t) = -2a \cdot V^0(t) - \frac{H^2}{s_r} \cdot V^{0^2}(t) \cdot \cos^2 [\omega t + \hat{\varphi}(t)] + s_z.$$

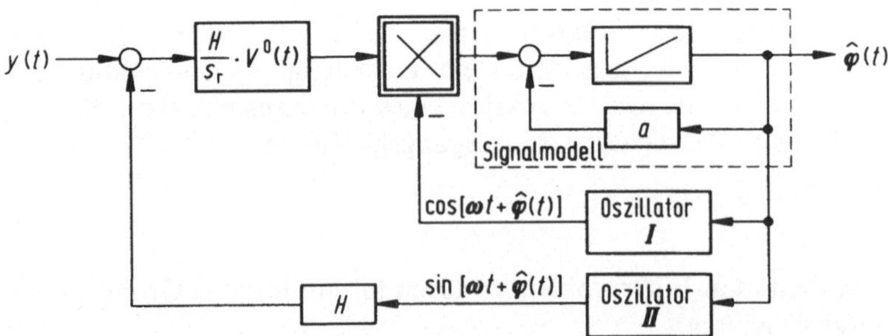

Bild 22.11. Optimaler Phasenregelkreis in der (erweiterten) Struktur eines Kalman-Beobachters

Rückblickend auf dieses Beispiel erkennt man jetzt deutlicher: Durch die Wahl der aktuellen Schätzung $\hat{\varphi}(t)$ als Referenztrajektorie hängt die Kalman-Korrektur

$$K^0(t) = V^0(t)\,C^0(t)\,s_\mathrm{r}^{-1}$$

über $C^0(t)$ von der aktuellen Schätzung ab; die Filtergleichung und die Riccati-Gleichung sind über die Abhängigkeit von $\hat{\varphi}(t)$ miteinander *verkoppelt*, was auf Schwierigkeiten bei der praktischen Realisierung führt, weil die Korrektur nicht mehr im voraus berechnet werden kann.

Vereinfachung:

Mit der identischen Umformung

$$\cos^2[\omega t + \hat{\varphi}(t)] = \frac{1}{2} + \frac{1}{2}\cdot\cos[2\omega t + 2\hat{\varphi}(t)]$$

wird deutlicher erkennbar, daß man den hochfrequenten Anteil mit der doppelten Trägerfrequenz außer Acht lassen kann, wenn nur die verhältnismäßig langsamen Änderungen der Fehlerkovarianz von Interesse sind. Dann vereinfacht sich die Riccati-Gleichung zu

$$\dot{V}^0(t) = -2a\cdot V^0(t) - \frac{H^2}{2s_\mathrm{r}}\cdot V^{0^2}(t) + s_\mathrm{z}\,,$$

deren Lösung man anhand von Abschn. 18.3 nachvollziehen kann.

Mit der angenommenen Vernachlässigbarkeit des hochfrequenten Anteils ergibt sich eine entsprechend vereinfachte Filtergleichung der Form

$$\dot{\hat{\varphi}}(t) = -a\cdot\hat{\varphi}(t) + \frac{H}{s_\mathrm{r}}\cdot V^0(t)\,y(t)\cdot\cos[\omega t + \hat{\varphi}(t)]\,,$$

zu der die in Bild 22.12 gezeigte einfachere Struktur gehört. Abschließend wird noch der stationäre Korrekturparameter K_∞^0 bestimmt. Die stationäre Riccati-Gleichung

$$V_\infty^{0^2} + \frac{4as_\mathrm{r}}{H^2}\cdot V_\infty^0 - 2s_\mathrm{r}s_\mathrm{z} = 0$$

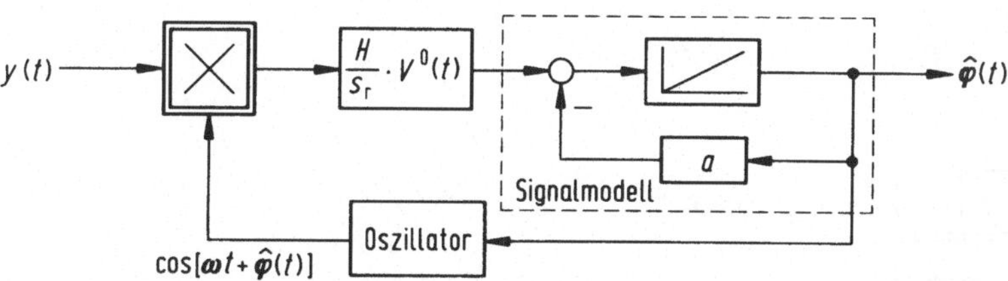

Bild 22.12. Vereinfachte Struktur des Phasenregelkreises

hat die physikalisch brauchbare Lösung

$$V_\infty^0 = \frac{2as_r}{H^2} \cdot \left(\sqrt{1 + \frac{H^4}{2a^2} \cdot \frac{s_z}{s_r}} - 1 \right),$$

und für die zugehörige stationäre Korrektur ergibt sich der erwartungsgemäß nur von dem Verhältnis s_z/s_r abhängige Ausdruck

$$K_\infty^0 = \frac{1}{s_r} \cdot V_\infty^0 \,.$$

22.3.2 Statistische Linearisierung

Der Begriff Linearisierung ist sehr vielgestaltig, nicht streng abgrenzbar und bietet somit nutzbaren Spielraum für Modifikationen bei konkreten Anwendungen. Die in Abschn. 22.3.1 vorgestellte Linearisierung durch den Ansatz einer Taylor-Entwicklung ist nur möglich, wenn die erste Ableitung der betreffenden Funktionen existiert. In vielen technischen Anwendungen kommen jedoch beispielsweise schaltende und begrenzende Systemelemente vor, deren Eigenschaften durch nicht überall differenzierbare Funktionen beschrieben werden.

Weiterhin wird bei der Taylor-Linearisierung nicht berücksichtigt, daß stochastische Signale keine definierte Amplitude besitzen, sondern satistisch durch ihre Verteilungsdichtefunktion beschrieben werden, falls diese bekannt ist oder wenigstens modellmäßig angesetzt werden kann.

Unter diesen Bedingungen bietet sich die von Booton [76] eingeführte „statistische Linearisierung" durch eine „äquivalente Verstärkung L" an, die von dem folgenden linearisierenden skalaren Ansatz für eine nichtlineare Transformation des Prozesses $x(e; t)$ ausgeht (s. Bild 22.13):

$$v(e; t) = L \cdot x(e; t) + \varepsilon(e; t), \quad \mu_x = 0 \,.$$

Aus der Forderung

$$\mathscr{E}\{\varepsilon^2(e; t, L)\} = \mathscr{E}\{[v(e; t) - L \cdot x(e; t)]^2\} \to \mathrm{Min}(L)\,,$$

die wiederum gleichbedeutend ist mit der Erfüllung der *Orthogonalitätsbedingung*

$$\mathscr{E}\{[v(e; t) - L \cdot x(e; t)] \cdot x(e; t)\} = 0\,,$$

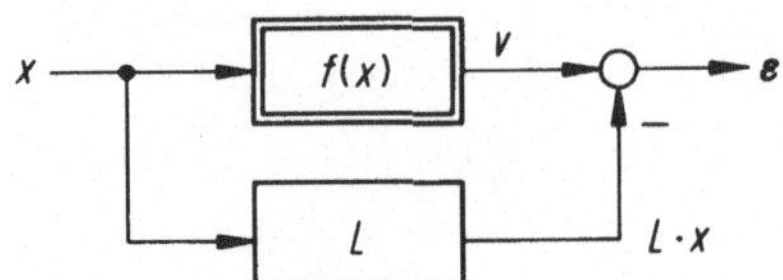

Bild 22.13. Zum Ansatz der statistischen Linearisierung

ergibt sich für L die Bestimmungsgleichung

$$\mathscr{E}\{x(e;t)\cdot v(e;t)\} - L\cdot\mathscr{E}\{x^2(e;t)\} = 0 \; .$$

Berücksichtigt man $\mu_x = 0$ und „$v = f(x)$" im Sinne einer Näherung bei minimaler Varianz des Fehlers $\varepsilon(e;t)$, so wird

$$\mathscr{E}\{x(e;t)\cdot f[x(e;t)]\} = \int\limits_{-\infty}^{+\infty} u\cdot f(u)\cdot p_x(u)\,\mathrm{d}u \; ,$$

und die äqivalente Verstärkung wird

$$L(\sigma_x) = \frac{1}{\sigma_x^2}\cdot \int\limits_{-\infty}^{+\infty} u\cdot f(u)\cdot p_x(u)\,\mathrm{d}u \; .$$

Mit einem derartigen Linearisierungsansatz, der nicht die Existenz der ersten Ableitung der nichtlinearen Funktion $f(x)$ voraussetzt und der über die Verteilungsdichtefunktion $p_x(u)$ die statistischen Eigenschaften des Prozesses $x(e;t)$ berücksichtigt, sind grundsätzlich bessere Näherungsergebnisse zu erwarten als mit dem Taylor-Ansatz. Hinzu kommt, daß man bei vielen Anwendungen von einer Gaußschen Verteilungsdichte ausgehen wird, womit die Berechnung von L für typische technische Nichtlinearitäten (deren Kennlinien aus Geradenabschnitten zusammensetzbar sind) besonders einfach wird [21]. Der Vollständigkeit halber sei jedoch vermerkt, daß die statistische Linearisierung nach Booton nicht an die Voraussetzung Gauß-verteilter Prozesse $x(e;t)$ gebunden ist.

Vektorielle Verallgemeinerung

Zum Anschluß an die vektorielle Zustandsbeschreibung nichtlinearer Grundsysteme geht man aus von dem Näherungsansatz

$$f[x(e;t)] \approx c + L\cdot x(e;t) \; ,$$

wobei in Anlehnung an den skalaren Fall jetzt c und L so zu bestimmen sind, daß für den vektoriellen Fehler

$$\varepsilon(e;t) := f[x(e;t)] - c - L\cdot x(e;t)$$

der Erwartungswert $\mathscr{E}\{\varepsilon^{\mathrm{T}}\cdot\varepsilon\}$ ein Minimum annimmt (vgl. Abschn. 17.3.3). Führt man zur schreibtechnischen Vereinfachung keine Argumente mit, so lautet die erste notwendige Extremalbedingung

$$\frac{\partial}{\partial c}\mathscr{E}\{[f(x) - c - L\cdot x]^{\mathrm{T}}\cdot[f(x) - c - L\cdot x]\} = 0 \; ,$$

und nach einer einfachen Zwischenrechnung erhält man

$$c = \mathscr{E}\{f(x)\} - L\cdot\mu_x \; .$$

Mit diesem c muß die zweite notwendige Extremalbedingung

$$\frac{\partial}{\partial L}\,\mathscr{E}\{\varepsilon^{\mathrm{T}}\cdot\varepsilon\} = 0$$

erfüllt werden, und diese führt über eine weitere Zwischenrechnung auf die Form

$$\mathscr{E}\{L\cdot(x-\mu_x)\cdot(x-\mu_x)^{\mathrm{T}} - [\mathscr{E}\{f(x)\} - f(x)]\cdot(x-\mu_x)^{\mathrm{T}}\} = 0\;.$$

Die Bildung der Erwartungswerte und die Auflösung nach dem gesuchten L führen auf

$$L = [\mathscr{E}\{f(x)\cdot x^{\mathrm{T}}\} - \mathscr{E}\{f(x)\}\cdot\mu_x^{\mathrm{T}}]\cdot V_x^{-1}\;,$$

wobei V_x die positiv definite Kovarianzmatrix des Prozesses $x(e;t)$ ist.

Dieses allgemeine Ergebnis geht mit $\mu_x = 0$ in die vorher entwickelte skalare Form über:

$$L = \mathscr{E}\{x\cdot f(x)\}\cdot\mathscr{E}\{x^2\}^{-1}$$

$$L(\sigma_x) = \frac{1}{\sigma_x^2}\cdot\int\limits_{-\infty}^{+\infty} u\cdot f(u)\cdot p_x(u)\,\mathrm{d}u\;.$$

Wenn $x(e;t)$ eine Gaußsche Verteilungsdichte

$$p_x(u) = \frac{1}{\sqrt{2\pi\cdot\sigma_x}}\cdot\mathrm{e}^{-u^2/2\sigma_x^2}$$

besitzt, findet man für L durch partielle Integration:

$$L(\sigma_x) = \frac{1}{\sqrt{2\pi\cdot\sigma_x^3}}\cdot\int\limits_{-\infty}^{+\infty} u\cdot f(u)\cdot\mathrm{e}^{-u^2/2\sigma_x^2}\mathrm{d}u$$

$$L(\sigma_x) = \frac{1}{\sqrt{2\pi\cdot\sigma_x}}\cdot\int\limits_{-\infty}^{+\infty} \frac{\partial f(u)}{\partial u}\cdot\mathrm{e}^{-u^2/2\sigma_x^2}\mathrm{d}u\;.$$

Für die bereits erwähnten Nichtlinearitäten, die analytisch abschnittsweise durch Geradenstücke beschreibbar sind, wird die Berechnung des Integrals besonders einfach [21].

Der Entwurf optimal arbeitender Filter auf der Grundlage einer satistischen Linearisierung kann anhand der hierfür einschlägigen Literatur, zusammengestellt in [40], nachvollzogen werden und wird hier nicht weiter verfolgt.

22.4 Entwurfsgleichungen bei gefiltertem Meßrauschen

22.4.1 Zurückführung auf weiße Geräusche

Die Übersichtlichkeit der bisherigen Entwurfsgleichungen beruht wesentlich auf der Annahme, daß alle einwirkenden Geräusche durch „weiße" Prozesse modelliert werden. Die Einführung von gefiltertem Meßrauschen bringt eine Erweiterung des Grundsystems mit sich, das zunächst in der gewohnten Form für zeitvariante Systeme angesetzt wird:

$$\dot{x}(t) = A(t)x(t) + G(t)z(t) , \tag{22.7a}$$

$$y(t) = C(t)x(t) + r(t) . \tag{22.7b}$$

Das vektorielle Eingangsrauschen $z(t) \in z(e; t)$ sei wie bisher sehr breitbandig und modellierbar durch ein weißes Rauschen, gekennzeichnet durch $\phi_z(t, \tau) = \Psi_z(t) \cdot (t - \tau)$.

Im Gegensatz zu den bisherigen Ansätzen repräsentiere der Mustervektor $r(t) \in r(e; t)$ ein gefiltertes („farbiges") Meßrauschen, das aus einem weißen Rauschen $w(t) \in w(e; t)$ durch Formfilterung 1. Ordnung entstanden sei:

$$\dot{r}(t) = E \cdot r(t) + w(t) \tag{22.8}$$

mit den statistischen Eigenschaften

$$\phi_w(t, \tau) = \Psi_w(t) \cdot (t - \tau) \quad \text{und} \quad \phi_{zw}(t, \tau) \equiv 0 .$$

Die Differentialgleichung (22.8) und die zugehörigen statistischen Angaben ergänzen das oben angesetzte Grundsystem.

Die folgenden Umformungen zeigen, daß die Einbeziehung von gefiltertem Meßrauschen durch formales Zurückführen auf weißes Rauschen erreicht wird; die erforderlichen Entwurfsschritte sind dann im wesentlichen die gleichen wie bisher.

Man bildet zunächst einen modifizierten Ausgangsvektor $y^*(t)$ über den Ansatz

$$y^*(t) = \dot{y}(t) - E \cdot y(t) . \tag{22.9}$$

Durch Ersetzen von $y(t)$ mit Hilfe der Ausgangsgleichung (22.7b) ergibt sich für den modifizierten Ausgangsvektor (die Abhängigkeit von t wird nicht mitgeschrieben):

$$y^* = \dot{C}x + C\dot{x} + \dot{r} - ECx - Er$$

$$= (\dot{C} - EC) \cdot x + \dot{r} - Er + C \cdot (Ax + Gz) ,$$

wobei $\dot{x}$ durch die rechte Seite der Zustandsgleichung (22.7a) ersetzt wurde. Die somit entstandene Zeile läßt erkennen:

$$\dot{r} - Er = w \quad \text{und} \quad CGz$$

sind *weiße Geräusche*, und dies gilt auch für die Summe

$$r^* = CGz + w . \tag{22.10}$$

Führt man noch

$$C^* = \dot{C} - EC + CA \tag{22.11}$$

als neue Meßmatrix ein, so erhält man die modifizierte Ausgangsgleichung

$$y^* = C^* \cdot x + r^* \tag{22.12}$$

in der vertrauten Form mit weißem Meßrauschen r^*. Dieser Trick hat jedoch seinen Preis, der sich bei näherer Betrachtung der statistischen Eigenschaften der modifizierten Geräusche zeigt:

- $r^*(e; t)$ ist ein weißer Störprozeß mit der Korrelationsmatrix

$$\phi_{r*}(t, \tau) = \Psi_{r*}(t) \cdot \delta(t - \tau) \text{ mit}$$

$$\Psi_{r*}(t) = C(t)G(t)\,\Psi_z(t)G^T(t)C^T(t) + \Psi_w(t) \tag{22.13}$$

- Es ergibt sich eine von Null verschiedene Kreuzkorrelationsmatrix:

$$\phi_{zr*}(t, \tau) = \mathscr{E}\{z(e; t) \cdot r^{*T}(e; \tau)\}$$

$$= \mathscr{E}\{z(e; t) \cdot [C(t)G(t)z(e; \tau) + w(e; \tau)]^T\}$$

$$= \Psi_z(t)G^T(t)C^T(t) \cdot \delta(t - \tau)\,,$$

wobei zur Abkürzung

$$\Psi_{zr*}(t) \equiv \Psi_z(t)G^T(t)C^T(t) \tag{22.14}$$

eingeführt wird.

Dieses Ergebnis besagt, daß Eingangsrauschen z und modifiziertes Meßrauschen r^* *nicht mehr statistisch unabhängig voneinander sind*. Da im anschließenden Rechengang keine Erwartungswertbildungen mehr vorgenommen werden, kann wieder auf das Mitschreiben des Argumentes e verzichtet werden.

22.4.2 Die modifizierten Entwurfsgleichungen

Das Aufstellen der Entwurfsgleichungen für das Kalman-Filter muß jetzt von den Ergebnissen des Abschn. 17.3 ausgehen, in dem der allgemeine Fall einer Korrelation zwischen Eingangsgeräusch und Meßgeräusch behandelt wurde; dabei geht es um folgende Punkte:

- Die Beziehung (17.19) ergibt in angepaßter Symbolik die Korrekturmatrix

$$K^*(t) = [V(t)C^{*T}(t) + G(t)\,\Psi_{zr*}(t)] \cdot \Psi_{r*}^{-1}(t)\,,$$

und daraus wird nach Einsetzen der gefundenen Matrizen (in vereinfachter Schreibweise):

$$K^* = [V \cdot (\dot{C} - EC + CA)^T + G\Psi_z G^T C^T] \cdot$$

$$\cdot [CG\,\Psi_z G^T C^T + \Psi_w]^{-1}\,. \tag{22.15}$$

- Die Filtergleichung wird durch die modifizierte Ausgangsgleichung (22.9) und die Matrix C^* nach Gl. (22.11) verändert:

$$\dot{\hat{x}} = A\,\hat{x} + K^* \cdot [y^* - C^* \cdot \hat{x}]$$

$$\dot{\hat{x}} = A\,\hat{x} + K^* \cdot [\dot{y} - Ey - (\dot{C} - EC + CA) \cdot \hat{x}]\,. \tag{22.16}$$

- Die Riccati-Gleichung bleibt übersichtlich, wenn man eine einfache Umformung vornimmt, die auch bei unabhängigen Geräuschen z und r gebräuchlich ist: Der Term $VC^{\mathrm{T}}\,\Psi_{\mathrm{r}}^{-1}CV$ geht durch Erweitern mit Ψ_{r} über in

$$VC^{\mathrm{T}}\Psi_{\mathrm{r}}^{-1} \cdot \Psi_{\mathrm{r}} \cdot \Psi_{\mathrm{r}}^{-1}CV = K\Psi_{\mathrm{r}}K^{\mathrm{T}}\,. \tag{22.17}$$

Dem entsprechend wird die Riccati-Gleichung bei korrelierten Geräuschen zu

$$\dot{V} = AV + VA^{\mathrm{T}} - K^*\Psi_{\mathrm{r}*}K^{*\mathrm{T}} + G\Psi_{z}G^{\mathrm{T}}\,. \tag{22.18}$$

Bei gegebenen Anfangswerten $\hat{x}(0)$ und $V(0)$ hat das modifizierte Entwurfsproblem eine eindeutige Lösung.

- *Für die praktische Berechnung*

ist die Bildung zeitlicher Ableitungen für Signale, insbesondere in verrauschten Systemen, erfahrungsgemäß problematisch. Man eliminiert daher die in der Filtergleichung (22.16) vorkommende Ableitung $\dot{y}$ durch folgende Umformung:

$$\frac{\mathrm{d}}{\mathrm{d}t}\{K^* \cdot y\} = \dot{K}^* \cdot y + K^* \cdot \dot{y}\,,$$

$$K^* \cdot \dot{y} = \frac{\mathrm{d}}{\mathrm{d}t}\{K^* \cdot y\} - \dot{K}^* \cdot y\,.$$

Einsetzen dieses Zwischenergebnisses führt auf die folgende Form der Filtergleichung:

$$\frac{\mathrm{d}}{\mathrm{d}t}\{\hat{x} - K^* \cdot y\} = A \cdot \hat{x} - K^* \cdot [E \cdot y + C^* \cdot \hat{x}] - \dot{K}^* \cdot y\,. \tag{22.19}$$

Bild 22.14 zeigt die zugehörige Filterstruktur, zu deren Realisierung außer K^* die zeitliche Ableitung $\dot{K}^*$ benötigt wird; dafür werden keine Signale mehr differenziert.

Erweiterung des Zustandsvektors

Wenn zu einem Grundsystem mit der Zustandsdarstellung

$$\dot{x}(t) = A(t)x(t) + G(t)z(t)$$

$$y(t) = C(t)x(t) + r(t)$$

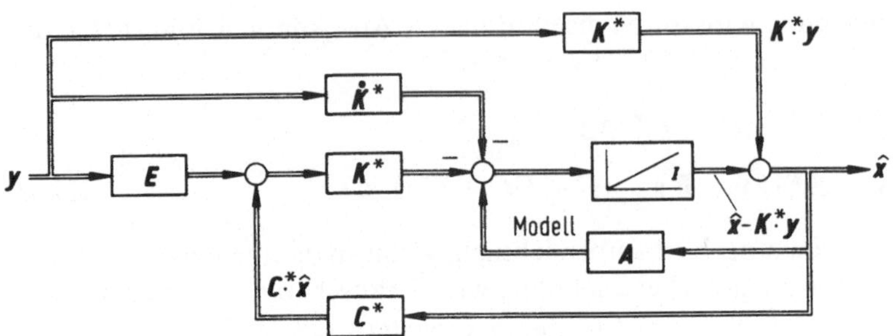

Bild 22.14. Allgemeine Kalman-Filterstruktur bei gefiltertem Meßrauschen

ein entsprechender Satz gefilterter Meßgeräusche gehört, die aus weißen Geräuschen $w(t)$ über die vektorielle Formfiltervorschrift

$$\dot{r}(t) = E \cdot r(t) + w(t), \quad w(t) \text{ nicht mit } z(t) \text{ korreliert},$$

erzeugt werden, dann kann man formal die Zustandsdifferentialgleichung für $r(t)$ mit derjenigen für $x(t)$ vereinigen und für den erweiterten Zustandsvektor

$$v(t) = \begin{bmatrix} x(t) \\ r(t) \end{bmatrix}$$

folgende Darstellung des Gesamtsystems anschreiben:

$$\dot{v}(t) = \begin{bmatrix} A(t) & 0 \\ 0 & E \end{bmatrix} \cdot v(t) + \begin{bmatrix} G(t) & 0 \\ 0 & I \end{bmatrix} \cdot \begin{bmatrix} z(t) \\ w(t) \end{bmatrix},$$

$$y(t) = [C(t) \ I] \cdot v(t).$$

Dadurch wird äußerlich ein meßgeräuschfreies Grundsystem beschrieben, das nach herkömmlichen Verfahren weiterbehandelt werden kann. Dabei sind jedoch mindestens die folgenden Gesichtspunkte zu beachten:

- Die Ordnung der ursprünglichen Zustandsdifferentialgleichung wird um die Ordnung der Meßgeräusch-Differentialgleichung erhöht.
- Es dürfen keine unverrauschten Zustandsgrößen vorkommen, weil dadurch die Kovarianzmatrix Ψ_r des Meßgeräuschs singulär wird, die Korrekturmatrix K kann also nicht gebildet werden.
- Die im letzten Term $G' \Psi'_z G'^T$ der zugehörigen Riccati-Gleichung vorkommende Kovarianzmatrix hat unter den getroffenen Annahmen die allgemeine Form

$$\Psi' = \begin{bmatrix} \Psi_z & 0 \\ 0 & \Psi_w \end{bmatrix}.$$

22.4.3 Beispiel für ein P-T_1-Meßrauschen

In Anlehnung an Abschn. 22.2 wird eine Winkelgeschwindigkeitskoordinate $\dot{\varphi}(t)$ einer Kreiselplattform betrachtet, die von einer deterministischen Steuerfunktion $u(t)$ und einem Eingangsrauschen $z(t)$ beeinflußt wird, dessen statistische Eigenschaften mit $\phi_z(\tau) = \Psi_z \cdot \delta(\tau)$ gekennzeichnet sind. Die Differentialgleichung des damit beschriebenen Grundsystems hat also die Form

$$\dot{\varphi}(t) = u(t) + z(t) \, .$$

Da der deterministische Anteil $u(t)$ für den Filterentwurf ohne Belang ist, wird weiterhin die einfache Differentialgleichung

$$\dot{\varphi}(t) = z(t)$$

zugrundegelegt.

Die wie in Abschn. 22.2 linearisierte Winkelmessung werde durch ein P-T_1-Meßrauschen $r(t)$ gestört und daher beschrieben durch die Ansätze

$$y(t) = \varphi(t) + r(t) \, ,$$

$$\dot{r}(t) = -\frac{1}{T} \cdot r(t) + w(t) \, ,$$

wobei $w(t)$ ein mit $z(t)$ nicht korreliertes stationäres weißes Geräusch ist mit gegebenem

$$\phi_w(\tau) = \Psi_w \cdot \delta(\tau) \, , \qquad \Psi_{zw}(\tau) \equiv 0 \, .$$

Es soll wiederum aus der verrauschten Meßgröße $y(t)$ ein Winkelschätzwert $\hat{\varphi}_y$ mit „minimaler Fehlerkovarianz" bestimmt werden.

Berechnung des modifizierten Kalman-Filters

Im Beispiel gilt für die Matrizen des Lösungsganges:

$$A \cong 0, \qquad G \cong 1, \qquad C \cong 1, \qquad E \cong -1/T \, .$$

Man bildet zuerst die modifizierte Ausgangsgröße nach Gl. (22.12),

$$y^*(t) = [-EC + CA] \cdot \varphi(t) + r^*(t)$$

und erhält durch Einsetzen

$$y^*(t) = \frac{1}{T} \cdot \varphi(t) + r^*(t) \, ,$$

wobei laut Gl. (22.10) die Summe $r^*(t) = z(t) + w(t)$ nach Voraussetzung ein weißes Meßrauschen darstellt. Daraus folgt für das Beispiel:

- $r^*(t)$ ist Musterfunktion eines weißen Störprozesses mit

$$\phi_{r^*}(\tau) = \Psi_{r^*} \cdot \delta(\tau), \qquad \Psi_{r^*} = \Psi_z + \Psi_w \quad \text{aus Gl. (22.13);}$$

● $z(t)$ und $r^*(t)$ sind nicht statistisch unabhängig voneinander, vielmehr wird die Kreuzkorrelationsfunktion

$$\phi_{zr^*}(\tau) = \Psi_z \cdot \delta(\tau) \quad \text{entsprechend Gl. (22.14).}$$

Die Kalman-Verstärkung

in der modifizierten Form nach Gl. (22.15) wird vereinfacht zu

$$K^*(t) = \left[V(t) \cdot \frac{1}{T} + \Psi_z \right] \cdot \Psi_{r^*}^{-1} \, .$$

Die Filtergleichung

ergibt sich aus Gl. (22.16) zu

$$\dot{\hat{\phi}}(t) = K^*(t) \cdot \left[\dot{y}(t) + \frac{1}{T} \cdot y(t) - \frac{1}{T} \cdot \hat{\phi}(t) \right].$$

Die Riccati-Gleichung

zur Bestimmung von $K^*(t)$ über $V(t)$ erhält man nach Gl. (22.18) zu

$$\dot{V}(t) = - K^{*^2}(t) \cdot \Psi_{r^*} + \Psi_z$$

$$= - \left[\frac{1}{T} \cdot V(t) + \Psi_z \right]^2 \cdot \Psi_{r^*}^{-1} + \Psi_z \, .$$

Mit den gewohnten Bezeichnungen $\Psi_z = s_z$ und $\Psi_w = s_w$ ergibt die weitere Umformung

$$V(t) = - \left[\frac{1}{T^2} \cdot V^2(t) + \frac{2s_z}{T} \cdot V(t) + s_z^2 \right] \cdot \frac{1}{s_{z^*}} + s_z$$

$$= - \frac{1}{T^2 s_{r^*}} \cdot V^2(t) - \frac{2s_z}{T s_{r^*}} \cdot V(t) + \frac{s_z s_w}{s_{r^*}} \, .$$

Diese Riccati-Gleichung hat nach Abschn. 18.3 die allgemeine Lösung

$$V(t) = \frac{\rho_1 - \rho_2 q_0 \cdot e^{-\alpha t}}{1 - q_0 \cdot e^{-\alpha t}} \, .$$

Im vorliegenden Beispiel ergeben sich die Konstanten

$$\rho_{1,2} = s_z \cdot T \cdot (-1 \pm \sqrt{1 - s_w/s_z}) \, ,$$

$$q_0 = \frac{V(0) - \rho_1}{V(0) - \rho_2} \, ,$$

$$\alpha = \frac{1}{T^2 s_{r^*}} \cdot (\rho_1 - \rho_2) = \frac{2}{T} \cdot \sqrt{\frac{s_z}{s_{r^*}}} \, .$$

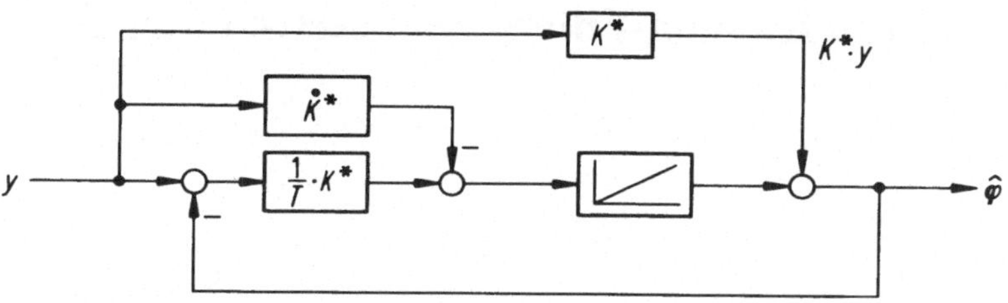

Bild 22.15. Struktur zu dem Beispiel mit einem skalaren P-T_1-Meßrauschen

Damit erhält man für die Zeitkonstante $T_a = 1/\alpha$ das plausible Ergebnis

$$T_a = \frac{T}{2} \cdot \sqrt{\frac{s_{r*}}{s_z}} \,.$$

Im eingeschwungenen Zustand wird $V_\infty = \rho_1$ mit der zugehörigen Wiener-Verstärkung

$$K_\infty^* = \left(\frac{1}{T} \cdot \rho_1 + \sigma_z\right) \cdot \frac{1}{s_{r*}} = \sqrt{\frac{s_z}{s_{r*}}} \,.$$

Das Verhältnis s_z/s_{r*} hat hier einen *anderen* Einfluß als s_z/s_r in Abschn. 18.3, denn es ist

$$\frac{s_z}{s_{r*}} = \frac{s_z}{s_z + s_w} \,,$$

und dieses Verhältnis strebt für $s_z \gg s_w$ gegen 1.

Die modifizierte Filtergleichung in der Form (22.19), in der keine zeitlichen Ableitungen von Signalen vorkommen, lautet

$$\frac{\mathrm{d}}{\mathrm{d}t}\{\hat{\varphi}(t) - K^*(t) \cdot y(t)\} = \frac{1}{T} \cdot K^*(t) \cdot [y(t) - \hat{\varphi}(t)] - \dot{K}^*(t) \cdot y(t) \,,$$

die zugehörige Filterstruktur zeigt Bild 22.15, und die benötigte erste zeitliche Ableitung der Kalman-Verstärkung wird

$$\dot{K}^*(t) = \frac{(\rho_1 - \rho_2) \cdot q_0 \cdot \alpha \cdot \mathrm{e}^{-\alpha t}}{(1 - q_0 \cdot \mathrm{e}^{-\alpha t})^2} \,.$$

23 Entwurf von Kalman-Filtern reduzierter Ordnung

23.1 Problemstellung

In vielen praktischen Fällen kann man davon ausgehen, daß nur ein Teil der Zustandsgrößen eines Systems verrauscht ist; diese Situation läßt sich durch die folgenden Gleichungen des Grundsystems beschreiben:

$$\dot{x}(t) = A(t)x(t) + G(t)z(t) \, ,$$

$$y_1(t) = C_1(t)x(t) + r(t) \, ,$$

$$y_2(t) = C_2(t)x(t) \, ,$$

Bild 23.1 veranschaulicht die beiden Ausgangsgleichungen, es liegen $(m - m_2)$ verrauschte und m_2 unverrauschte Messungen vor.

Für das somit charakterisierte Grundsystem ist ein Kalman-Filter zu entwerfen, das auf die Schätzung der $(n - m_2)$ verrauschten Zustandsgrößen ausgelegt ist; die Kovarianzmatrix $\boldsymbol{\Psi}_r$ des Meßrauschens darf nicht singulär werden, damit die zugehörige Korrekturmatrix $\boldsymbol{K}$ existiert.

Zur deutlichen Trennung der beiden Anteile des Zustandsvektors x setzt man die Zustandsdifferentialgleichung und die Ausgangsgleichung in folgender Weise mit Blockmatrizen an:

$$\begin{bmatrix} \dot{x}_1 \\ \dot{x}_2 \end{bmatrix} = \begin{bmatrix} A_{11} & A_{12} \\ A_{21} & A_{22} \end{bmatrix} \cdot \begin{bmatrix} x_1 \\ x_2 \end{bmatrix} + \begin{bmatrix} G_1 \\ G_2 \end{bmatrix} \cdot z \quad \text{mit} \quad \begin{bmatrix} x_1 \\ x_2 \end{bmatrix} \equiv x$$

$$\begin{bmatrix} y_1 \\ y_2 \end{bmatrix} = \begin{bmatrix} C_1 \\ C_2 \end{bmatrix} \cdot x + \begin{bmatrix} r \\ 0 \end{bmatrix} \, .$$

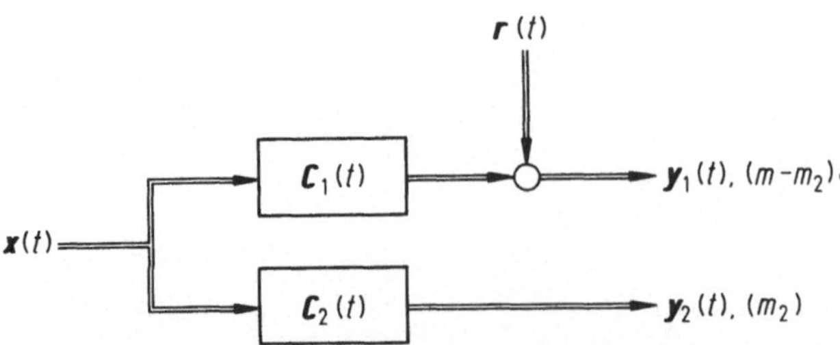

Bild 23.1. Darstellung der beiden Ausgangsgleichungen mit $(m - m_2)$ verrauschten und m_2 unverrauschten Messungen

Hieraus kann man den Zustandsvektor x nicht bestimmen; man benötigt vielmehr noch einen Vektor ζ mit $(n - m_2)$ Komponenten, der zusammen mit den unverrauschten Messungen y_2 die Rekonstruktion des gesamten Zustandsvektors x über eine geeignete invertierbare Matrix ermöglicht. Der Vektor ζ muß über Schätzwerte für seine $(n - m_2)$ Komponenten gewonnen werden.

Damit stellt sich die Entwurfsaufgabe für ein Kalman-Filter der reduzierten Ordnung $(n - m_2)$. Wie bisher werden für die modellierenden weißen Geräusche z und r folgende Annahmen gemacht:

$$\phi_z(\tau) = \boldsymbol{\Psi}_z \cdot \delta(\tau) \,,$$

$$\phi_r(\tau) = \boldsymbol{\Psi}_r \cdot \delta(\tau) \,,$$

die stationären Geräusche seien mittelwertfrei und nicht miteinander korreliert, folglich $\boldsymbol{\Psi}_{zr} = \boldsymbol{\Psi}_{rz} \equiv 0$.

23.2 Ansatz für den reduzierten Beobachter

Zur Behandlung des Schätzproblems führt man über eine Transformationsmatrix H einen neuen Ausgangsvektor ein [51]:

$$\zeta = Hx \tag{23.1}$$

mit dim $H = (n - m_2, n)$, so daß die zur Gewinnung von x erforderliche nicht singuläre Matrix die Blockform

$$\begin{bmatrix} H \\ C_2 \end{bmatrix} \text{besitzt}.$$

Unter diesen Annahmen wird der gesamte Zustandsvektor

$$x = \begin{bmatrix} H \\ C_2 \end{bmatrix}^{-1} \cdot \begin{bmatrix} \zeta \\ y_2 \end{bmatrix}, \quad \leftarrow (n - m_2) \text{ Elemente}$$

den man mit dem Ansatz

$$\begin{bmatrix} H \\ C_2 \end{bmatrix}^{-1} = [Q \quad P_2]$$

auf die Form

$$x = Q \cdot \zeta + P_2 \cdot y_2 \tag{23.2}$$

bringen kann. Für die anschließende Herleitung der Entwurfsgleichungen spielt die Produktform

$$\begin{bmatrix} H \\ C_2 \end{bmatrix} \cdot [Q \quad P_2] = \begin{bmatrix} I_{n-m_2} & 0 \\ 0 & I_{m_2} \end{bmatrix} \tag{23.3}$$

eine besondere Rolle, sie wird in mehrfacher Weise verwendet werden. Es wird sich zeigen, daß die Matrix H noch frei wählbare Elemente enthält, welche die Realisierungsstruktur des reduzierten Beobachters beeinflussen, nicht jedoch die Matrizen K_0 und P_{2o} für die optimalen Gewichtungen. Zur weiteren Verwendung werden die folgenden Beziehungen als Konsequenzen aus Gl. (23.3) angegeben:

$$HQ = I_{n-m_2}\,, \qquad HP_2 = 0\,,$$

$$C_2 Q = 0\,, \qquad C_2 P_2 = I_{m_2}\,,$$

und aus der zu Gl. (23.3) gleichwertigen Form

$$[Q \quad P_2] \cdot \begin{bmatrix} H \\ C_2 \end{bmatrix} = I_n$$

folgt schließlich noch

$$QH + P_2 C_2 = I_n \,. \tag{23.3a}$$

Zusätzliche Beziehungen ergeben sich für den allgemeinen Fall, in dem die Matrizen H, C_2, Q, P_2 von der Zeit abhängen und Differentiationen nach der Zeit vorzunehmen sind.

Aus der Transformation (23.1) folgt durch Ableitung nach der Zeit:

$$\dot{\zeta} = H\dot{x} + \dot{H}x$$

$$= H \cdot [Ax + Gz] + \dot{H} \cdot [Q\zeta + P_2 y_2]$$

$$= HA \cdot [Q \cdot \zeta + P_2 \cdot y_2] + \dot{H}Q \cdot \zeta + \dot{H}P_2 \cdot y_2 + HG \cdot z$$

$$\dot{\zeta} = [HAQ + \dot{H}Q] \cdot \zeta + [HAP_2 + \dot{H}P_2] \cdot y_2 + HG \cdot z \,.$$

Die Terme mit H werden folgendermaßen umgeformt, wobei Folgerungen aus Gl. (23.3) zur Anwendung kommen:

$$HQ = I \qquad \text{und} \qquad HP_2 = 0\,,$$

durch Differentiation nach der Zeit ergeben sich die Zusammenhänge

$$\dot{H}Q = -H\dot{Q} \qquad \text{und} \qquad \dot{H}P_2 = -H\dot{P}_2 \,,$$

so daß die Differentialgleichung für ζ folgende Form annimmt:

$$\dot{\zeta} = [HAQ - H\dot{Q}] \cdot \zeta + [HAP_2 - H\dot{P}_2] \cdot y_2 + HG \cdot z \,. \tag{23.4}$$

Dies ist die Grundbeziehung für den Ansatz eines Beobachters zur Bildung von Schätzwerten für ζ. Ausgehend von der allgemeinen Form der zu (23.4) gehörigen Beobachtergleichung gilt der Ansatz

$$\dot{\hat{\zeta}} = [HAQ - H\dot{Q}] \cdot \hat{\zeta} + [HAP_2 - H\dot{P}_2] \cdot y_2 + HK \cdot [y_1 - C_1 \cdot \hat{x}] \,. \tag{23.5}$$

Für den Fall $H = Q = I$ und $P_2 = 0$ liegen keine unverrauschten Messungen vor ($m_2 = 0$), und Gl. (23.5) geht über in die Filtergleichung bei voller Ordnung,

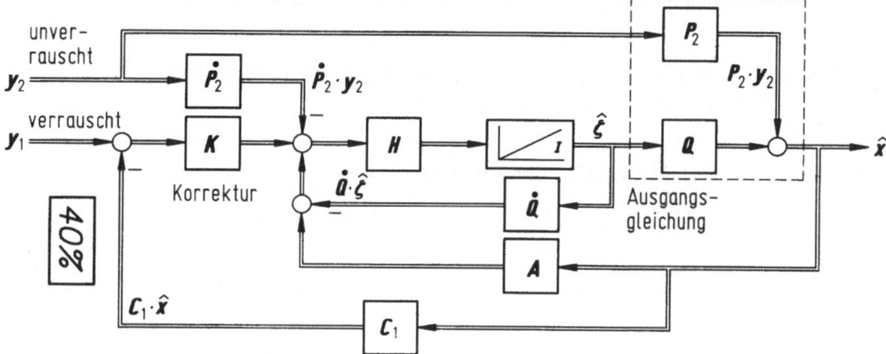

Bild 23.2. Allgemeine Struktur des Kalman-Beobachters reduzierter Ordnung bei zeitvariantem Grundsystem

die aus Abschn. 17.3.1 bekannt ist:

$$\dot{\hat{x}} = A\hat{x} + K \cdot [y - C_1 \cdot \hat{x}] \ .$$

Ergänzt man die Differentialgleichung (23.5) durch die Gleichung für die zugehörigen Schätzwerte unter Beachtung von Gl. (23.2),

$$\hat{x} = Q \cdot \hat{\zeta} + P_2 \cdot y_2 \ , \tag{23.6}$$

so erkennt man, wie der gesamte geschätzte Zustandsvektor $\hat{x}$ durch eine Linearkombination aus den Schätzwerten $\hat{\zeta}$ für die verrauschten und den Messungen y_2 der unverrauschten Anteile entsteht.

Für den so entworfenen Beobachter spielt (23.5) die Rolle der Zustandsgleichung, während (23.6) die zugehörige Ausgangsgleichung darstellt. Bild 23.2 zeigt die Struktur dieses Beobachters: Nur die verrauschten Messungen y_1 durchlaufen die Filterschleife über die Kalman-Gewichtung mit K; die unverrauschten Messungen y_2 werden direkt an zwei Stellen jeweils anders gewichtet eingespeist.

Wie man leicht zeigen kann, stimmt der Schätzvektor $\hat{y}_2$ mit dem unverrauschten Meßvektor y_2 überein:

$$\hat{y}_2 = C_2 \hat{x} = C_2 \cdot [Q \quad P_2] \cdot \begin{bmatrix} \hat{\zeta} \\ y_2 \end{bmatrix}$$

$$= C_2 Q \cdot \hat{\zeta} + C_2 P_2 \cdot y_2$$

$$= y_2, \quad \text{weil } C_2 Q = 0 \quad \text{und} \quad C_2 P_2 = I_{m_2} \ .$$

Ersetzt man schließlich in Gl. (23.5) den Vektor $\hat{x}$ durch die rechte Seite von Gl. (23.6), und nimmt man ferner $\dot{Q} = 0$ sowie $\dot{P}_2 = 0$ an, so erhält man die Filtergleichung in der übersichtlichen Form

$$\dot{\hat{\zeta}} = H[A - KC_1]Q \cdot \hat{\zeta} + HK \cdot y_1 + H[A - KC_1]P_2 \cdot y_2 \tag{23.7}$$

23.3 Die Differentialgleichung des Beobachtungsfehlers

Die Dynamik und die Anregungsterme des Beobachtungsfehlers

$$\varepsilon_0 := \hat{\zeta} - \zeta$$

erhält man aus den Differentialgleichungen (23.4) und (23.5) über

$$\dot{\varepsilon}_0 = [HAQ - H\dot{Q}] \cdot \varepsilon_0 + HK \cdot [y_1 - C_1 \cdot \hat{x}] - HG \cdot z \, .$$

Andererseits wird der Schätzfehler

$$\varepsilon := \hat{x} - x$$

über die Transformation (23.1) gewonnen:

$$\varepsilon_0 = H\varepsilon \, .$$

Die Gln. (23.2) und (23.6) ergeben für den Beobachtungsfehler:

$$\varepsilon = Q\varepsilon_0$$

$$\dot{\varepsilon} = \dot{Q}\varepsilon_0 + Q\dot{\varepsilon}_0$$

$$= \dot{Q}H \cdot \varepsilon + Q \cdot [HQA - H\dot{Q}]H \cdot \varepsilon + QHK \cdot [y_1 - C_1 \cdot \hat{x}] - QHG \cdot z \, .$$

Daraus entsteht mit der einfachen Umformung

$$y_1 - C_1\hat{x} = C_1 x + r - C_1\hat{x}$$

$$= -C_1\varepsilon + r$$

das Zwischenergebnis

$$\dot{\varepsilon} = [\dot{Q}H + QHAQH - QH\dot{Q}H - QHKC_1] \cdot \varepsilon +$$

$$+ QHK \cdot r - QHG \cdot z \, .$$

Mit Gl. (23.3a) und mit $C_2\dot{Q} = -\dot{C}_2 Q$ aus $C_2 Q = 0$ ergibt sich für die drei ersten Summanden in der eckigen Klammer folgende Vereinfachung:

$$\dot{Q}H + QHAQH - QH\dot{Q}H = \dot{Q}H + [I - P_2 C_2]AQH - [I - P_2 C_2]\dot{Q}H$$

$$= AQH - P_2 C_2 AQH + P_2 C_2 \dot{Q}H$$

$$= AQH - P_2 C_2 AQH - P_2 \dot{C}_2 QH$$

$$= [A - P_2 C_2 A - P_2 \dot{C}_2]QH.$$

Weiterhin gilt $\varepsilon_0 = H\varepsilon$, also auch $Q\varepsilon_0 = QH\varepsilon$; für die linke Seite dieser Beziehung gilt andererseits $Q\varepsilon_0 = \varepsilon$, folglich wird

$$QH \cdot \varepsilon = \varepsilon \, .$$

Man beachte, daß diese Gleichung erfüllt wird, ohne daß QH die Einheitsmatrix ist, denn beim reduzierten Kalman-Beobachter enthält der Fehlervektor ε überall dort Nullen, wo unverrauschte Messungen stehen. Insgesamt ergibt sich damit die folgende Differentialgleichung für den Schätzfehler:

$$\dot{\varepsilon} = [A - P_2C_2A - P_2\dot{C}_2 - QHKC_1] \cdot \varepsilon + QHK \cdot r - [I - P_2C_2]G \cdot z \; .$$

In dieser Differentialgleichung kommt K in dem Produkt QHK vor; in einer Ergänzung im Anschluß an die Riccati-Gleichung (23.14) wird gezeigt, daß K anstelle von QHK gesetzt werden kann, wenn man für K das optimale K_0 wählt. Im Vorgriff darauf wird hier schon die Fehlerdifferentialgleichung in der folgenden Form angeschrieben:

$$\dot{\varepsilon} = [A - P_2C_2A - P_2\dot{C}_2 - KC_1] \cdot \varepsilon + K \cdot r - [I - P_2C_2]G \cdot z \; . \tag{23.8}$$

Sonderfälle:

a) Wenn kein Meßrauschen vorhanden ist, $r(t) = 0$, dann wird $P_2 = P, C_2 = C$, $K = 0$, und für $z(t) = 0$, geht Gl. (23.8) über in die homogene Fehlerdifferentialgleichung des Luenberger-Beobachters [19]:

$$\dot{\varepsilon} = [A - PCA - P\dot{C}] \cdot \varepsilon \; .$$

b) Wenn alle Meßgrößen verrauscht sind, ist C_2 nicht definiert, P_2 kommt nicht vor und die Differentialgleichung (23.8) vereinfacht sich zu

$$\dot{\varepsilon} = [A - KC_1] \cdot \varepsilon + K \cdot r - G \cdot z \; ;$$

dies ist die Fehlerdifferentialgleichung des Kalman-Filters voller Ordnung nach Gl. (17.11).

23.4 Ansatz der Riccati-Gleichung zum reduzierten Kalman-Filter

Die folgenden Ausführungen entsprechen dem in Abschn. 17.3 erläuterten Übergang von Gl. (17.16) zu der Riccati-Gleichung (17.20), allerdings mit der (nicht wesentlichen) Vereinfachung durch die Annahme, daß das Eingangsrauschen und das Meßrauschen nicht miteinander korreliert sind.

Ausgehend von der allgemeinen Entwicklungsgleichung für die Fehlerkovarianz

$$\dot{V} = A^*V + VA^{*\mathrm{T}} + K\Psi_r K^{\mathrm{T}} + G^*\Psi_z G^{*\mathrm{T}} \tag{23.9}$$

setzt man die Matrizen für das Filter reduzierter Ordnung ein:

$$A^* = A - P_2C_2A - P_2\dot{C}_2 - KC_1 \; ,$$

$$G^* = [I - P_2C_2]G \; .$$

Damit kennt man zunächst nur die zugehörige Grundform der Entwicklungsgleichung, wobei über K und P_2 noch nichts ausgesagt ist.

Auch im jetzt vorliegenden Fall ist die Fehlerkovarianzmatrix V noch nicht explizit gegeben, folglich wird das Minimum der Spur von V durch eine

Vorgehensweise bestimmt, die schon in Abschn. 17.3.3 angewandt wurde. Wiederum müssen auf beiden Seiten der Differentialgleichung (23.9) die Operationen der Spurbildung und der partiellen Ableitungen vorgenommen werden. Für die linke Seite bedeutet dies wegen der Vertauschbarkeit der Reihenfolge von d/dt und $\partial/\partial K$ bzw. $\partial/\partial P_2$ das Erfüllen der beiden notwendigen Bedingungen

$$\frac{\partial}{\partial K}\,\mathrm{spur}\ \dot{V}(t, K, P_2) = \frac{d}{dt}\left[\frac{\partial}{\partial K}\,\mathrm{spur}\ V(t, K, P_2)\right] = 0\,,$$

$$\frac{\partial}{\partial P_2}\,\mathrm{spur}\ \dot{V}(t, K, P_2) = \frac{d}{dt}\left[\frac{\partial}{\partial P_2}\,\mathrm{spur}\ V(t, K, P_2)\right] = 0\,.$$

Auf der rechten Seite müssen die entsprechenden partiellen Ableitungen nach K und nach P_2 gebildet und die optimalen Matrizen K_0 und P_{2o} bestimmt werden.

Vor der Durchführung dieser Operationen müssen die Matrizen A^* und G^* in (23.9) eingesetzt werden, so daß sich die Entwicklungsgleichung mit den folgenden Termen ergibt:

$$\dot{V} = AV - P_2 C_2 AV - P_2 \dot{C}_2 V - KC_1 V +$$

$$+ VA^\mathrm{T} - VA^\mathrm{T}C_2^\mathrm{T}P_2^\mathrm{T} - V\dot{C}_2^\mathrm{T}P_2^\mathrm{T} - VC_1^\mathrm{T}K^\mathrm{T} + K\Psi_r K^\mathrm{T} -$$

$$- G\Psi_z G^\mathrm{T}C_2^\mathrm{T}P_2^\mathrm{T} - P_2 C_2 G\Psi_z G^\mathrm{T} + P_2 C_2 G\Psi_z G^\mathrm{T}C_2^\mathrm{T}P_2^\mathrm{T} + G\Psi_z G^\mathrm{T}\,.$$

23.5 Bestimmung der optimalen Matrix K_0

Für die Ableitungen der Terme spur (. . .) auf der rechten Seite der Entwicklungsgleichung erhält man mit Hilfe der schon in Absch. 17.3.3 verwendeten Differentiationsformeln, siehe Anhang:

$$\frac{\partial}{\partial K}\,\mathrm{spur}\ (KC_1 V) = V^\mathrm{T}C_1^\mathrm{T} = VC_1^\mathrm{T}\,,$$

$$\frac{\partial}{\partial K}\,\mathrm{spur}\ (VC_1^\mathrm{T}K^\mathrm{T}) = VC_1^\mathrm{T}\,,$$

$$\frac{\partial}{\partial K}\,\mathrm{spur}\ (K\Psi_r K^\mathrm{T}) = 2K\Psi_r\,.$$

Da alle anderen Ableitungen nach K verschwinden, verbleibt

$$0 = - V^\mathrm{T}C_1^\mathrm{T} - VC_1^\mathrm{T} + 2K_0\Psi_r\,,$$

und die optimale Matrix wird

$$K_0 = VC_1^\mathrm{T}\Psi_r^{-1}\,. \tag{23.10}$$

Dies ist der gleiche Ausdruck für K_o wie beim Kalman-Filter voller Ordnung gemäß Gl. (17.19a), wenn man beachtet, daß C_1 die Teilmatrix der Ausgangsmatrix ist, die den verrauschten Messungen zugeordnet ist.

23.6 Bestimmung der optimalen Matrix P_{2o}

Die entsprechenden Ableitungen der Terme spur $(\dots)$ nach P_2 sind ebenfalls alle mit bekannten Differentiationsformeln leicht zu bilden und führen im einzelnen (siehe Anhang) auf

$$\frac{\partial}{\partial P_2} \text{spur } (P_2 \cdot C_2 A V) = V A^T C_2^T$$

$$\frac{\partial}{\partial P_2} \text{spur } (P_2 \cdot \dot{C}_2 V) = V \dot{C}_2^T$$

$$\frac{\partial}{\partial P_2} \text{spur } (V A^T C_2^T \cdot P_2^T) = V A^T C_2^T$$

$$\frac{\partial}{\partial P_2} \text{spur } (V \dot{C}_2^T \cdot P_2^T) = V \dot{C}_2^T$$

$$\frac{\partial}{\partial P_2} \text{spur } (G \Psi_z G^T C_2^T \cdot P_2^T) = G \Psi_z G^T C_2^T$$

$$\frac{\partial}{\partial P_2} \text{spur } (P_2 \cdot C_2 G \Psi_z G^T) = G \Psi_z G^T C_2^T$$

$$\frac{\partial}{\partial P_2} \text{spur } (P_2 \cdot C_2 G \Psi_z G^T C_2^T \cdot P_2^T) = 2 P_2 \cdot C_2 G \Psi_z G^T C_2^T$$

Durch Einsetzen aller Ableitungen erhält man für die optimale Matrix P_{2o} die Bestimmungsgleichung

$$P_{2o} \cdot C_2 G \Psi_z G^T C_2^T = G \Psi_z G^T C_2^T + V \dot{C}_2^T + V A^T C_2^T$$

mit der Lösung

$$P_{2o} = [G \Psi_z G^T C_2^T + V \dot{C}_2^T + V A^T C_2^T] \cdot X^{-1} \, , \tag{23.11}$$

wobei zur Abkürzung

$$X = C_2 G \Psi_z G^T C_2^T \tag{23.11a}$$

gesetzt wurde, weil dieser Teilausdruck noch öfter vorkommen wird.

Mit den oben eingeführten Matrizen A^* und G^* sowie den noch nicht ausgeschriebenen optimalen Matrizen K_o und P_{2o} wird die Entwicklungsgleichung (23.9) zu der folgenden Riccati-Gleichung:

$$\dot{V} = [A - P_{2o}C_2 A - P_{2o}\dot{C}_2 - K_o C_1] \cdot V +$$

$$+ V \cdot [A^T - A^T C_2^T P_{2o}^T - \dot{C}_2^T P_{2o}^T - C_1^T K_o^T] +$$

$$+ K_o \Psi_r K_o^T + [I - P_{2o}C_2] \cdot G \Psi_z G^T \cdot [I - C_2^T P_{2o}^T] . \tag{23.12}$$

Nach Einsetzen der optimalen Matrix

$$K_o = V C_1^T \Psi_r^{-1}$$

ergeben sich zwei Vereinfachungen; die Verwendung von P_{2o} nach Gl. (23.11) führt jedoch zu einem sehr unübersichtlichen Ergebnis, auf das hier nicht eingegangen zu werden braucht. Vielmehr wird eine in [52] angegebene Modifikation bevorzugt; dazu multipliziert man zunächst alle Terme in Gl. (23.12) aus und verwendet neben Gl. (23.11) noch die folgenden Umformungen:

$$V C_1^T = K_o \Psi_r \quad \text{und die Transponierte}$$

$$C_1 V = \Psi_r K_o^T ,$$

ferner den Zusammenhang

$$V A^T C_2^T = P_{2o} \cdot X - G \Psi_z G^T C_2^T - V \dot{C}_2^T$$

sowie dessen Transponierte

$$C_2 A V = X P_{2o}^T - C_2 G \Psi_z G^T - \dot{C}_2 V .$$

Durch Zusammenfassen der in Gl. (23.12) entstehenden Summanden erhält man eine besonders übersichtliche Form der Riccati-Gleichung für den reduzierten Kalman-Beobachter:

$$\dot{V} = A V + V A^T - K_o \Psi_r K_o^T - P_{2o} X P_{2o}^T + G \Psi_z G^T . \tag{23.13}$$

Darin hat die Matrix X offenbar die Bedeutung einer verallgemeinerten Kovarianz, die für P_{2o} die gleiche Rolle spielt wie die Kovarianzmatrix Ψ_r für K_o.

Zur konkreten Auswertung der Riccati-Gleichung muß man die optimalen Matrizen K_o und P_{2o}, in denen noch V vorkommt, in Gl. (23.13) einsetzen und die Terme geeignet ordnen. Danach ergibt sich die folgende, bis auf die Abkürzung $X = C_2 G \Psi_z G^T C_2^T$ ausgeschriebene Form

$$\dot{V} = [A - G \Psi_z G^T C_2^T X^{-1}(\dot{C}_2 + C_2 A)] \cdot V +$$

$$+ V \cdot [A^T - (\dot{C}_2^T + A^T C_2^T) X^{-1} C_2 G \Psi_z G^T] -$$

$$- V \cdot [C_1^T \Psi_r^{-1} C_1 + (\dot{C}_2^T + A^T C_2^T) X^{-1}(\dot{C}_2 + C_2 A)] \cdot V +$$

$$+ G \Psi_z G^T \cdot [I - C_2^T X^{-1} C_2 G \Psi_z G^T] \tag{23.14}$$

Ergänzung:

In der Fehlerdifferentialgleichung (23.8) wurde in einer Vorwegnahme die Matrix K anstelle von QHK angesetzt. Nimmt man die Substitution $QHK = K^*$ vor, so bleibt zu zeigen, daß $K_\text{o}^* = K_\text{o}$ wird. Zunächst folgt aus der Beziehung (23.3a):

$$K_\text{o}^* = K_\text{o} - P_{2\text{o}}C_2 K_\text{o} \, .$$

Da $P_{2\text{o}}C_2 \neq 0$ ist, muß die Bedingung $P_{2\text{o}}C_2 K_\text{o} = 0$ mit der Forderung $K_\text{o} = K_\text{o}^*$ erfüllt werden, das heißt

$$P_{2\text{o}}C_2 V C_1^\text{T} \Psi_\text{r}^{-1} = 0 \, ,$$

was mit $C_2 V = 0$ erreicht wird. Um dies zu zeigen, bildet man die zeitliche Ableitung

$$C_2 \dot{V} = - \dot{C}_2 V$$

und bestimmt mit Hilfe der Riccati-Gleichung (23.14) durch Linksmultiplikation mit C_2 den Ausdruck für $C_2 \dot{V}$. Beachtet man $C_2 V = 0$, so reduziert sich die rechte Seite auf den Term $- \dot{C}_2 V$, die Riccati-Gleichung ist also erfüllt, und es wird $K_\text{o} = K_\text{o}^*$.

In einem letzten Schritt benötigt man zur vollständigen Parametrisierung des Filters noch die Matrizen H und Q, wozu der Ansatz (23.3) verwendet wird: Durch geeignete Wahl von H ist die Forderung

$$HP_{2\text{o}} = 0$$

zu erfüllen und anschließend die Matrix Q aus dem Zusammenhang

$$[Q \quad P_{2\text{o}}] = \begin{bmatrix} H \\ C_2 \end{bmatrix}^{-1}$$

zu bestimmen. Die nachfolgenden Beispiele werden die Vorgehensweise verdeutlichen.

Sonderfälle:

a) Wenn alle Meßgrößen verrauscht sind, ist C_2 nicht definiert, und es folgt in übersichtlicher Weise die bekannte Riccati-Gleichung zum Kalman-Beobachter voller Ordnung gemäß Gl. (17.20) für $\Psi_\text{zr} \equiv 0$.

b) Wenn alle Meßgrößen unverrauscht sind, kommt die Ausgangsgleichung für $y_1(t)$ nicht vor, so daß die Korrekturmatrix K in der Entwicklungsgleichung (23.9) nicht auftritt:

$$\dot{V} = A^* V + V A^{*\text{T}} + G^* \Psi_\text{z} G^{*\text{T}} \, .$$

Die Optimalität der zugehörigen Filterung zeigt sich jetzt nur noch im Auftreten von $P_{2\text{o}}$ in den gesternten Matrizen

$$A^* = A - P_{2\text{o}}C_2 A - P_{2\text{o}}\dot{C}_2 \quad \text{und}$$

$$G^* = [I - P_{2\text{o}}C_2] \cdot G$$

mit P_{2_0} laut Gl. (21.11) und Gl. (23.11a).

Die aus Gl. (23.5) folgende vereinfachte Filtergleichung

$$\dot{\hat{\zeta}} = [HAQ - H\dot{Q}] \cdot \hat{\zeta} + [HAP_{2_0} - H\dot{P}_{2_0}] \cdot y_2$$

beschreibt zusammen mit der Ausgangsgleichung

$$\hat{x} = Q \cdot \hat{\zeta} + P_{2_0} \cdot y_2$$

einen optimalen Luenberger-Beobachter, dessen Struktur in Bild 23.3 gezeigt ist [38].

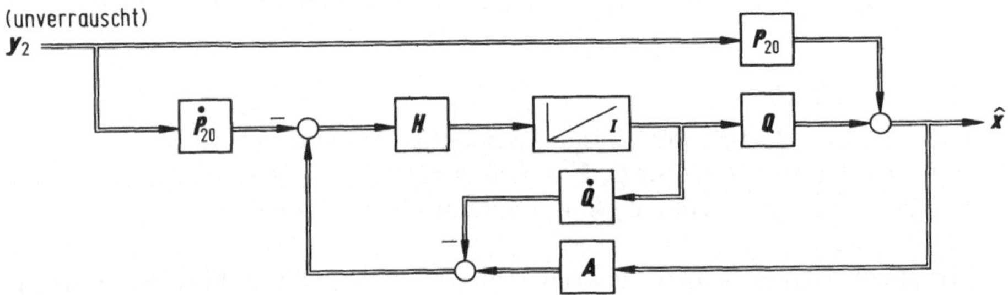

Bild 23.3. Optimaler Luenberger-Beobachter für ein zeitvariantes Grundsystem mit unverrauschten Messungen

23.7 Zusammenstellung der Entwicklungsgleichungen

Um dem Leser einen Überblick zu erleichtern, werden im folgenden die jeweils angesetzten Entwicklungsgleichungen für die Kovarianzmatrizen noch einmal angegeben. Hierbei gilt durchgängig der folgende Gesichtspunkt [38]:

Man gehe von der allgemeinen Kovarianzentwicklungsgleichung aus und schreibe diese jeweils für die charakteristische Systemmatrix an: Im einfachsten Fall bei dem *Grundsystem* für die Matrix A, wobei sich die lineare Entwicklungsdifferentialgleichung für die Kovarianz V_x des Zustandsvektors x ergibt; bei dem *Kalman-Beobachter voller Ordnung* für die modifizierte Systemmatrix $A - K_0 C$, wobei sich die nichtlineare Entwicklungsdifferentialgleichung für die Kovarianz V des Beobachtungsfehlers $\varepsilon = \hat{x} - x$ ergibt; schließlich beim *reduzierten* Kalman-Beobachter für die kompliziertere Matrix $A - G\Psi_z G^T C_2^T X^{-1} C_2 A$, wobei sich mit den optimalen Matrizen K_0 und P_{2_0} die zugehörige nichtlineare Entwicklungsgleichung für die zugehörige Fehlerkovarianzmatrix V ergibt.

Vom Ansatz her sind alle Entwicklungsgleichungen linear; nach Einsetzen der optimalen Matrizen K_0 beim Beobachter voller Ordnung bzw. K_0 und P_{2_0} beim reduzierten Beobachter entstehen nichtlineare Entwicklungsgleichungen vom Riccati-Typ.

Die anschließende Zusammenstellung soll einen raschen Überblick ermöglichen:

a) Zu dem Grundsystem

$$\dot{x} = Ax + Gz$$

$$y = Cx$$

gehört die Entwicklungsgleichung

$$\dot{V}_x = AV_x + V_xA^T + G\Psi_zG^T \tag{12.11}$$

für die Kovarianz des Zustandsvektors x.

b) Zum Beobachter voller Ordnung
mit $y = Cx + r$ und der Fehlerdifferentialgleichung

$$\dot{\varepsilon} = [A - KC]\cdot\varepsilon + K\cdot r - G\cdot z \tag{17.11}$$

für $\varepsilon = \hat{x} - x$ gehört die Entwicklungsgleichung

$$\dot{V} = [A - KC]\cdot V + V\cdot[A - KC]^T + K\Psi_rK^T + G\Psi_zG^T \tag{17.16}$$

für die Kovarianz des Beobachtungsfehlers ε. Für $K_o = VC^T\Psi_r^{-1}$ wird daraus die Riccati-Gleichung

$$\dot{V} = AV + VA^T - VC^T\Psi_r^{-1}CV + G\Psi_zG^T \,, \tag{17.20}$$

die beiden Geräusche z und r sind nicht miteinander korreliert.

c) Zum Kalman-Beobachter reduzierter Ordnung
mit $y = [C_1 \ C_2]^T \cdot x + [r \ 0]^T$ und der Fehlerdifferentialgleichung

$$\dot{\varepsilon} = [A - P_2C_2A - P_2\dot{C}_2 - KC_1]\cdot\varepsilon + K\cdot r - \underbrace{[I - P_2C_2]G}_{G^*}\cdot z \tag{23.8}$$

gehört die Entwicklungsgleichung

$$\dot{V} = A^*V + VA^{*T} + K\Psi_rK^T + G^*\Psi_zG^{*T} \tag{23.9}$$

für die Kovarianz des Beobachtungsfehlers ε.

Mit den optimalen Matrizen K_o nach Gl. (23.10) und P_{2o} nach Gl. (23.11) wird daraus die Riccati-Gleichung

$$\begin{aligned}
\dot{V} = {}& [A - G\Psi_zG^TC_2^TX^{-1}(\dot{C}_2 + C_2A)]\cdot V + \\
&+ V\cdot[A^T - (\dot{C}_2^T + A^TC_2^T)X^{-1}C_2G\Psi_zG^T] - \\
&- V\cdot[C_1^T\Psi_r^{-1}C_1 + (\dot{C}_2^T + A^TC_2^T)X^{-1}(\dot{C}_2 + C_2A)]\cdot V + \\
&+ G\Psi_zG^T\cdot[I - C_2^TX^{-1}C_2G\Psi_zG^T]
\end{aligned} \tag{23.14}$$

23.8 Beispiel für den Entwurf eines reduzierten Kalman-Filters

Gegeben sei das Grundsystem nach Bild 23.4 mit einem weißen Eingangsgeräusch $z(t)$, gekennzeichnet durch $\Psi_z = 1/9$, mit zwei Ausgangssignalen $y_1(t)$ und $y_2(t)$, wobei $y_1(t)$ durch ein weißes Meßrauschen $r(t)$ mit $\Psi_r = 1$ verfälscht ist; die beiden Geräusche seien statistisch unabhängig voneinander.

Das Grundsystem wird in der allgemeinen Zustandsdarstellung beschrieben durch die Matrizen

$$A = \begin{bmatrix} -1 & 0 \\ 0 & -2 \end{bmatrix}, \qquad b = 0, \qquad g = \begin{bmatrix} 1 \\ 1 \end{bmatrix},$$

$$y(t) = C \cdot x(t) + \begin{bmatrix} 1 \\ 0 \end{bmatrix} \cdot r(t), \qquad C = \begin{bmatrix} 1 & 2 \\ 0 & 3 \end{bmatrix}.$$

Man erkennt unmittelbar den unverrauschten Zusammenhang

$$x_2(t) = \frac{1}{3} y_2(t) \,,$$

und der zugehörige Schätzfehler wird $\hat{x}_2(t) - x_2(t) = 0$, so daß die Fehlerkovarianzmatrix die folgende einfache Form annimmt:

$$V(t) = \begin{bmatrix} \mathscr{E}\{[\hat{x}_1(e; t) - x_1(e; t)]^2\} & 0 \\ 0 & 0 \end{bmatrix} = \begin{bmatrix} v_{11}(t) & 0 \\ 0 & 0 \end{bmatrix},$$

Verallgemeinernd kann man hier anfügen: Wenn die Ausgangsgleichung die Blockform

$$y(t) = \begin{bmatrix} y_1(t) \\ y_2(t) \end{bmatrix} = \begin{bmatrix} C_{11} & C_{12} \\ 0 & C_{22} \end{bmatrix} \cdot \begin{bmatrix} x_1(t) \\ x_2(t) \end{bmatrix} + \begin{bmatrix} r(t) \\ 0 \end{bmatrix}$$

mit invertierbarer Matrix C_{22} besitzt, dann wird der Zustandsvektoranteil

$$x_2(t) = C_{22}^{-1} y_2(t) \,,$$

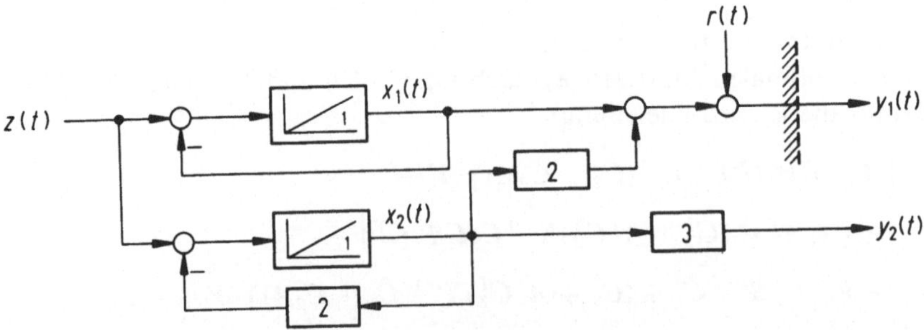

Bild 23.4. Grundsystem für ein Beispiel zum Entwurf eines reduzierten Kalman-Filters

und die zugehörigen Schätzfehler werden zu Null.

Für den Filterentwurf des Beispiels nehmen die in der allgemeinen Herleitung der Entwurfsgleichungen vorkommenden Matrizen folgende Formen an:

$$C_1 = [1\ 2], \qquad C_2 = [0\ 3], \qquad G = \begin{bmatrix} 1 \\ 1 \end{bmatrix},$$

und man erhält sehr leicht aus Gl. (23.10) die optimale Korrekturmatrix

$$K_o(t) = V(t)C_1^T \Psi_r^{-1}$$

$$= \begin{bmatrix} v_{11}(t) \\ 0 \end{bmatrix}.$$

Für den nächsten Schritt benötigt man die verallgemeinerte Kovarianzmatrix X nach Gl. (23.11a):

$$X = C_2 G \Psi_z G^T C_2^T$$

$$= [0\ 3] \cdot \begin{bmatrix} 1 \\ 1 \end{bmatrix} \cdot \frac{1}{9} \cdot [1\ 1] \cdot \begin{bmatrix} 0 \\ 3 \end{bmatrix} = 1.$$

Wegen der Zeitinvarianz von C_2 ist $\dot{C}_2 = 0$, und der Ausdruck (23.11) vereinfacht sich zu

$$P_{2o} = [G\Psi_z G^T C_2^T + VA^T C_2^T] \cdot X^{-1}$$

$$= \begin{bmatrix} 1 \\ 1 \end{bmatrix} \cdot \frac{1}{9} \cdot [1\ 1] \cdot \begin{bmatrix} 0 \\ 3 \end{bmatrix} + \begin{bmatrix} v_{11} & 0 \\ 0 & 0 \end{bmatrix} \cdot \begin{bmatrix} -1 & 0 \\ 0 & -2 \end{bmatrix} \cdot \begin{bmatrix} 0 \\ 3 \end{bmatrix}$$

$$P_{2o} = \begin{bmatrix} 1/3 \\ 1/3 \end{bmatrix}.$$

Weiterhin werden folgende Matrizenprodukte benötigt:

$$AV + VA^T = \begin{bmatrix} -2v_{11} & 0 \\ 0 & 0 \end{bmatrix}$$

$$K_o \Psi_r K_o^T = \begin{bmatrix} v_{11}^2 & 0 \\ 0 & 0 \end{bmatrix}$$

$$P_{2o} XP_{2o}^T = \frac{1}{9} \cdot \begin{bmatrix} 1 & 1 \\ 1 & 1 \end{bmatrix}$$

$$G\Psi_z G^T = \frac{1}{9} \cdot \begin{bmatrix} 1 & 1 \\ 1 & 1 \end{bmatrix}.$$

Damit sind alle Anteile der Riccati-Gleichung (23.13) bekannt, und man erhält die folgenden drei skalaren Differentialgleichungen für die Elemente der

Kovarianzmatrix $V(t)$:

$$\dot{v}_{11} = -v_{11}^2 - 2v_{11} - 4v_{11}v_{12} - 40v_{12}^2 + 4v_{12} \tag{a}$$

$$\dot{v}_{12} = -v_{12} - 40v_{22}v_{12} - 2v_{12}^2 - v_{11}v_{12} - 2v_{11}v_{22} + 2v_{22} \tag{b}$$

$$\dot{v}_{22} = -40v_{22}^2 - 4v_{22}v_{12} - v_{12}^2 \ . \tag{c}$$

Vom ersten Lösungsschritt ist bekannt, daß die Elemente v_{12} und v_{22} gleich Null sind, somit verbleibt die Differentialgleichung

$$\dot{v}_{11}(t) = -v_{11}^2(t) - 2v_{11}(t) \ .$$

Durch Trennung der Veränderlichen folgt mit gegebenem Anfangswert $v_{11}(0) = v_{110}$:

$$\int_{v_{110}}^{v_{11}} \frac{du}{u^2 + 2u} = -t$$

$$\operatorname{artanh}(v_{11} + 1) - \operatorname{artanh}(v_{110} + 1) = t \ ,$$

und daraus nach wenigen Umformungen

$$v_{11}(t) = v_{110} \cdot \frac{2 \cdot e^{-t}}{(v_{110} + 2) \cdot e^t - v_{110} \cdot e^{-t}} \ .$$

Damit ist die Korrekturmatrix bekannt:

$$K(t) = \begin{bmatrix} v_{11}(t) \\ 0 \end{bmatrix} ,$$

wobei im eingeschwungenen Fall $v_{11}(t) \to 0$ und somit $K(t) \to 0$ strebt.

Zur weiteren Parametrisierung des reduzierten Kalman-Filters müssen noch folgende Beziehungen ausgewertet werden:

- $HP_{2o} = 0$

$$[h_1 \quad h_2] \cdot \begin{bmatrix} 1/3 \\ 1/3 \end{bmatrix} = 0 \ ,$$

also $h_2 = -h_1$, d.h. $H = [h_1 \quad -h_1]$.

- $[Q \quad P_{2o}] \begin{bmatrix} H \\ C_2 \end{bmatrix} = I$ oder umgestellt

$$[Q \quad P_{2o}] = \begin{bmatrix} H \\ C_2 \end{bmatrix}^{-1}$$

$$= \begin{bmatrix} h_1 & -h_1 \\ 0 & 3 \end{bmatrix}^{-1} = \frac{1}{3h_1} \cdot \begin{bmatrix} 3 & h_1 \\ 0 & h_1 \end{bmatrix}$$

Damit besteht die Forderung

$$\begin{bmatrix} q_1 & 1/3 \\ q_2 & 1/3 \end{bmatrix} = \frac{1}{3h_1} \cdot \begin{bmatrix} 3 & h_1 \\ 0 & h_1 \end{bmatrix} \ .$$

Trifft man die (freie) Wahl $h_1 = 1/3$, so folgt

$$Q = \begin{bmatrix} 3 \\ 0 \end{bmatrix}, \qquad H = [1/3 \quad -1/3] \ .$$

Mit diesen Zwischenergebnissen kann man die Differentialgleichung des Zustandsvektors $\hat{\zeta}(t)$ für den reduzierten Beobachter gemäß Gl. (23.5) auswerten, wobei $\dot{Q} = 0$ und $\dot{P}_{2o} = 0$ zu beachten sind:

$$\dot{\hat{\zeta}} = HAQ \cdot \hat{\zeta} + HAP_{2o} \cdot y_2 + HK_o \cdot [y_1 - C_1 \cdot \hat{x}] \ .$$

Mit den Matrizenprodukten

$$HAQ = [1/3 \quad -1/3] \cdot \begin{bmatrix} -1 & 0 \\ 0 & -2 \end{bmatrix} \cdot \begin{bmatrix} 3 \\ 0 \end{bmatrix} = -1 \ ,$$

$$HAP_{2o} = 1/9$$

ergibt sich die Differentialgleichung des reduzierten Kalman-Filters in der endgültigen Form

$$\dot{\hat{\zeta}}(t) = -\hat{\zeta}(t) + \frac{1}{9} y_2(t) + \frac{1}{3} k_1(t) \cdot \{ y_1(t) - [\hat{x}_1(t) + 2\hat{x}_2(t)] \} \ .$$

Schließlich benötigt man noch die Gl. (23.6) zur Bildung des gesamten Schätzvektors $\hat{x}(t)$ aus dem Filterausgang und der unverrauschten Messung $y_2(t)$:

$$\hat{x}(t) = Q \cdot \hat{\zeta}(t) + P_{2o} \cdot y_2(t) \ ,$$

$$\begin{bmatrix} \hat{x}_1(t) \\ \hat{x}_2(t) \end{bmatrix} = \begin{bmatrix} 3 \\ 0 \end{bmatrix} \cdot \hat{\zeta}(t) + \begin{bmatrix} 1/3 \\ 1/3 \end{bmatrix} \cdot y_2(t) \ .$$

Damit ist der Filterentwurf für dieses Beispiel abgeschlossen, Bild 23.5 zeigt die zugehörige Struktur.

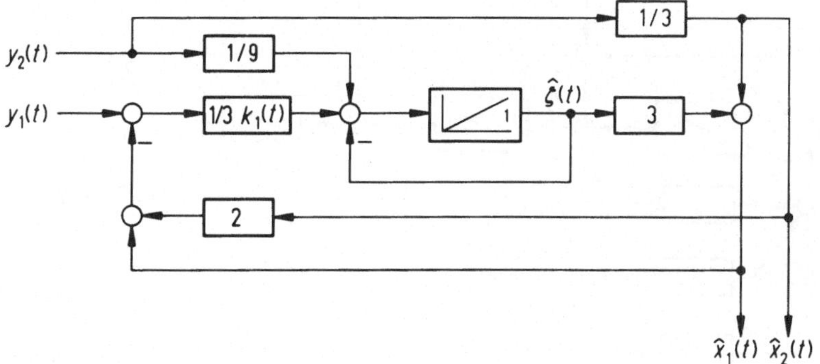

Bild 23.5. Reduziertes Kalman-Filter zu dem Grundsystem von Bild 23.4

23.9 Beispiel für den Entwurf eines reduzierten Beobachters für ein Grundsystem 3. Ordnung

Gegeben ist ein P-T_3-Grundsystem nach Bild 23.6 mit zwei voneinander statistisch unabhängigen Eingangsgeräuschen $z_1(t)$, $z_2(t)$ mit den Kovarianzkenngrößen $\Psi_{z1} = 1$, $\Psi_{z2} = 1$ sowie zwei Ausgangsgrößen, wobei aber nur $y_1(t)$ durch ein Meßrauschen $r(t)$ mit gegebenem $\Psi_r = 1$ verfälscht ist. Die Systembeschreibung in Zustandsdarstellung lautet:

$$\dot{x}(t) = \begin{bmatrix} 0 & 1 & 0 \\ 0 & 0 & 1 \\ -1 & -2 & -3 \end{bmatrix} \cdot x(t) + \begin{bmatrix} 1 & 0 \\ 1 & 1 \\ 0 & 1 \end{bmatrix} \cdot z(t), \qquad \phi_z(\tau) = \begin{bmatrix} 1 & 0 \\ 0 & 1 \end{bmatrix} \cdot \delta(\tau)$$

$$y(t) = \begin{bmatrix} 0 & 1 & 0 \\ 1 & 0 & 0 \end{bmatrix} \cdot x(t) + \begin{bmatrix} 1 \\ 0 \end{bmatrix} \cdot r(t), \qquad \phi_r(\tau) = 1 \cdot \delta(\tau) .$$

Gesucht ist ein Optimalfilter zu Bildung des Schätzvektors $\hat{x}(t)$ mit stationären Kalman-Korrekturen [40].

Man berechnet zunächst die einzelnen Summanden der algebraischen Riccati-Gleichung ($\dot{V} = 0$),

$$AV + VA^T - K_o \Psi_r K_o^T - P_{2o} X P_{2o}^T + G\Psi_z G^T = 0$$

mit $K_o = VC_1^T \Psi_r^{-1}$,

$$P_{2o} = VA^T C_2^T X^{-1} + G\Psi_z G^T C_2^T X^{-1}, \qquad \dot{C}_2 = 0 ,$$

$$X = C_2 G \Psi_z G^T C_2^T .$$

Die weitere Auswertung erfolgt für die einzelnen Terme, bezugnehmend auf die Form (23.14), worin alle Ableitungen nach der Zeit verschwinden. Mit den

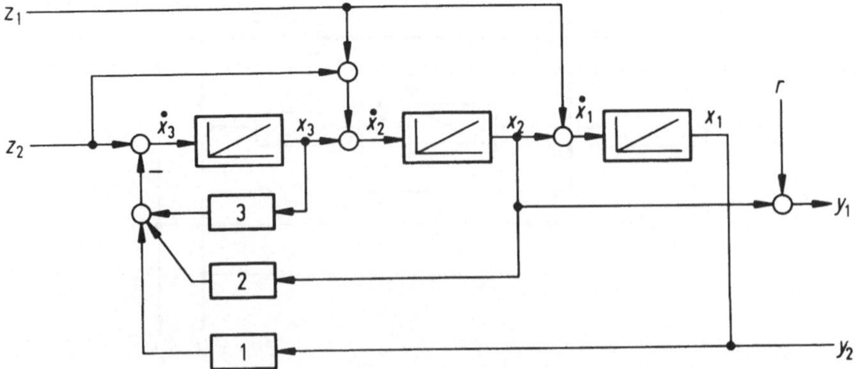

Bild 23.6. Grundsystem 3. Ordnung mit einer verrauschten und einer unverrauschten Meßgröße

Matrizen des Beispiels erhält man folgende Zwischenergebnisse:

$$G\Psi_z G^T = \begin{bmatrix} 1 & 1 & 0 \\ 1 & 2 & 1 \\ 0 & 1 & 1 \end{bmatrix}, \qquad C_2 G\Psi_z G^T = [1 \ 1 \ 0], \qquad X \cong 1$$

$$C_2 A = [0 \ 1 \ 0], \qquad G\Psi_z G^T C_2^T X^{-1} = \begin{bmatrix} 1 \\ 1 \\ 0 \end{bmatrix},$$

$$G\Psi_z G^T C_2^T X^{-1} C_2 A = \begin{bmatrix} 0 & 1 & 0 \\ 0 & 1 & 0 \\ 0 & 0 & 0 \end{bmatrix},$$

$$A - G\Psi_z G^T C_2^T X^{-1} C_2 A = \begin{bmatrix} 0 & 0 & 0 \\ 0 & -1 & 1 \\ -1 & -2 & -3 \end{bmatrix} \quad \text{mit}$$

$$[\dots]^T = \begin{bmatrix} 0 & 0 & -1 \\ 0 & -1 & -2 \\ 0 & 1 & -3 \end{bmatrix},$$

$$A^T C_2^T = \begin{bmatrix} 0 \\ 1 \\ 0 \end{bmatrix}, \qquad A^T C_2^T X^{-1} C_2 A = \begin{bmatrix} 0 & 0 & 0 \\ 0 & 1 & 0 \\ 0 & 0 & 0 \end{bmatrix},$$

$$G\Psi_z G^T C_2^T X^{-1} C_2 G\Psi_z G^T = \begin{bmatrix} 1 & 1 & 0 \\ 1 & 1 & 0 \\ 0 & 0 & 0 \end{bmatrix}, \qquad C_1^T \Psi_r^{-1} C_1 = \begin{bmatrix} 0 & 0 & 0 \\ 0 & 1 & 0 \\ 0 & 0 & 0 \end{bmatrix}.$$

Nach Einsetzen dieser Matrizen in die algebraische Riccati-Gleichung und Auflösen in ihre Komponenten erhält man die folgenden sechs Bestimmungsgleichungen für die Elemente der stationären Fehlerkovarianzmatrix:

$$2v_{12}^2 = 0$$

$$-v_{12} + v_{13} - 2v_{12}v_{22} = 0$$

$$-v_{11} - 2v_{12} - 3v_{13} - 2v_{12}v_{23} = 0$$

$$-2v_{22} + 2v_{23} - 2v_{22}^2 + 1 = 0$$

$$-v_{12} - 2v_{22} - 4v_{23} + v_{33} - 2v_{22}v_{23} + 1 = 0$$

$$-2v_{13} - 4v_{23} - 6v_{33} - 2v_{23}^2 + 1 = 0.$$

Die ersten drei Gleichungen führen zu den Lösungen

$$v_{12} = 0, \qquad v_{13} = 0, \qquad v_{11} = 0,$$

und für das verbleibende Gleichungssystem, bestehend aus den drei letzten Gleichungen, ergibt ein Rechenprogramm zur Lösung von Riccati-Gleichungen insgesamt die Kovarianzmatrix

$$V = \begin{bmatrix} 0 & 0 & 0 \\ 0 & 0,403 & 0,065 \\ 0 & 0,065 & 0,121 \end{bmatrix}.$$

Damit berechnet man die optimalen Matrizen

$$K_o = \begin{bmatrix} 0 \\ 0,403 \\ 0,065 \end{bmatrix} \quad \text{und} \quad P_{2o} = \begin{bmatrix} 0 \\ 1,403 \\ 0,065 \end{bmatrix}.$$

Jetzt müssen noch die Transformationsmatrizen H und Q festgelegt werden; ihre Wahl beeinflußt nicht mehr die Optimalität von K_o und P_{2o}, sondern die interne Realisierungsstruktur des reduzierten Beobachters.

Im vorliegenden Beispiel werden die Elemente der beiden ersten Spalten der Matrix H vorgegeben, die Elemente der dritten Spalte sind dann nicht mehr frei wählbar, sie müssen berechnet werden. Über die Matrix-Beziehung (23.3) ist damit auch Q festgelegt. Wir gehen aus von H mit folgenden gewählten bzw. berechneten Elementen:

$$H = \begin{bmatrix} 1 & 0 & -15,243 \\ 0 & 1 & -21,388 \end{bmatrix},$$

und damit folgt für die Matrix Q:

$$Q = \begin{bmatrix} 0 & 0 \\ -1,403 & 1 \\ -0,065 & 0 \end{bmatrix}.$$

Der gesuchte Schätzwert für den Zustandsvektor ergibt sich aus der Gl. (23.6) zu

$$\hat{x}(t) = Q \cdot \hat{\zeta}(t) + P_{2o} \cdot y_2(t),$$

wobei $\hat{\zeta}(t)$ Lösung der Differentialgleichung

$$\dot{\hat{\zeta}}(t) = H \cdot [A - K_o C_1] \cdot Q \cdot \hat{\zeta}(t) + HK_o \cdot y_1(t) + H \cdot [A - K_o C_1] \cdot P_{2o} \cdot y_2(t)$$

des reduzierten Beobachters ist, s. Gl. (23.7).

Für die Matrizen des homogenen Teils erhält man

$$A - K_o C_1 = \begin{bmatrix} 0 & 1 & 0 \\ 0 & -0,403 & 1 \\ -1 & -2,065 & -3 \end{bmatrix},$$

$$H \cdot [A - K_o C_1] \cdot Q = \begin{bmatrix} -48,583 & 32,487 \\ -65,699 & 43,777 \end{bmatrix}$$

und daraus die charakteristische Gleichung des Beobachters:

$$\det\{s\cdot I - H[A - K_o C_1]Q\} = 0\,,$$

$$s^2 + 4{,}806\,s + 7{,}549 = 0$$

mit den Beobachterpolen bei $s_{1,2} = -2{,}403 \pm j\cdot 1{,}332$. Die Matrizen

$$HK_o = \begin{bmatrix} -1 \\ -1 \end{bmatrix} \quad \text{und} \quad H[A - K_o C_1]P_{2o} = \begin{bmatrix} 63{,}827 \\ 87{,}088 \end{bmatrix}$$

führen schließlich zu den endgültigen Ergebnissen

$$\begin{bmatrix} \dot{\hat{\zeta}}_1(t) \\ \dot{\hat{\zeta}}_2(t) \end{bmatrix} = \begin{bmatrix} -48{,}583 & 32{,}487 \\ -65{,}699 & 43{,}777 \end{bmatrix} \cdot \begin{bmatrix} \hat{\zeta}_1(t) \\ \hat{\zeta}_2(t) \end{bmatrix} + \begin{bmatrix} -1 & 63{,}827 \\ -1 & 87{,}088 \end{bmatrix} \cdot \begin{bmatrix} y_1(t) \\ y_2(t) \end{bmatrix},$$

$$\begin{bmatrix} \hat{x}_1(t) \\ \hat{x}_2(t) \\ \hat{x}_3(t) \end{bmatrix} = \begin{bmatrix} 1 & 0 & 0 \\ 1{,}403 & -1{,}403 & 1 \\ 0{,}065 & -0{,}065 & 0 \end{bmatrix} \cdot \begin{bmatrix} y_2(t) \\ \hat{\zeta}_1(t) \\ \hat{\zeta}_2(t) \end{bmatrix}.$$

Über die ausgeschriebenen Formen dieser Filtergleichungen findet man die in Bild 23.7 gezeigte Struktur des reduzierten Kalman-Filters.

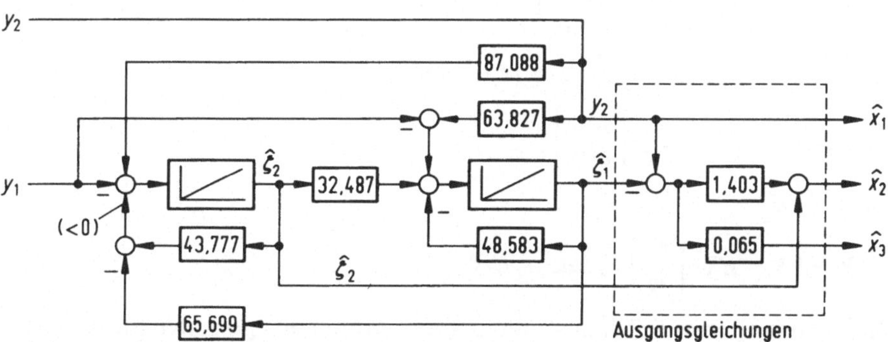

Bild 23.7. Reduziertes Kalman-Filter zu dem Grundsystem 3. Ordnung

Hinweis:

In der endgültigen Realisierungsstruktur tauchen offenbar die optimalen Gewichtungen K_o und P_{2o} nicht mehr explizit auf, da sie in Matrizen-Produkte einbezogen sind. Ein unmittelbarer Vergleich mit der allgemeinen Grundstruktur von Bild 23.2 sollte also nicht zu Irritationen führen.

23.10 Regelkreis mit reduziertem Beobachter, Separationsprinzip

23.10.1 Kennzeichnung der Zustandsregelung

Die folgenden Überlegungen können weitgehend unabhängig von den vorgängigen Abschnitten nachvollzogen werden, weil ein allgemeineres Prinzip entwickelt wird.

Gegeben ist eine Regelstrecke in der Zustandsdarstellung

$$\dot{x}(t) = A x(t) + B \hat{u}(t) + G z(t)$$

$$y(t) = C z(t) + r(t) \, .$$

Jetzt werden $z(t)$ und $r(t)$ als allgemeine Störeinflüsse aufgefaßt, und es wird der vollständig reduzierte Beobachter der Ordnung $n - m$ angesetzt.

Der Steuervektor $\hat{u}(t)$ ist aus folgenden Anteilen aufgebaut: Die Zustandsregelung erfolgt nach dem Gesetz

$$\hat{u}_{\mathrm{R}}(t) = - R \hat{x}(t) \, ,$$

wobei der Zustandsvektor rekonstruiert wird aus dem Ansatz

$$\hat{x}(t) = \begin{bmatrix} C \\ H \end{bmatrix}^{-1} \cdot \begin{bmatrix} y(t) \\ \hat{\zeta}(t) \end{bmatrix} \, .$$

Der Anteil y kennzeichnet die unverrauschten, meßbaren Ausgangsgrößen, während $\hat{\zeta}$ die mit einem Beobachter reduzierter Ordnung gewonnenen Schätzwerte darstellt. Damit lautet das Regelungsgesetz

$$\hat{u}_{\mathrm{R}}(t) = - R \begin{bmatrix} C \\ H \end{bmatrix}^{-1} \cdot \begin{bmatrix} y(t) \\ \hat{\zeta}(t) \end{bmatrix} \, .$$

Setzt man nach Ausführung der Matrizeninversion

$$\hat{u}_{\mathrm{R}}(t) = - [M \quad E] \cdot \begin{bmatrix} y(t) \\ \hat{\zeta}(t) \end{bmatrix}$$

an, so wird

$$R = [M \quad E] \cdot \begin{bmatrix} C \\ H \end{bmatrix} = MC + EH \, .$$

Die Zulassung eines Führungseinflusses $L w(t)$ ergibt den gesamten Steuervektor

$$\hat{u}(t) = \hat{u}_{\mathrm{R}}(t) + L w(t)$$

$$\hat{u}(t) = - [M \quad E] \cdot \begin{bmatrix} y(t) \\ \zeta(t) \end{bmatrix} + L w(t) \, .$$

Setzt man dieses Ergebnis für $\hat{u}$ in die Zustandsbeschreibung der Strecke ein, so wird

$$\dot{x}(t) = [A - BMC] \cdot x(t) - BE \hat{\zeta}(t) + BL w(t) + G z(t) - BM r(t) \, . \tag{23.15}$$

23.10.2 Kennzeichnung des Beobachters

Der für die Bildung von Schätzwerten erforderliche Beobachter reduzierter Ordnung werde durch die Differentialgleichung

$$\dot{\hat{\zeta}}(t) = F \hat{\zeta}(t) + HB \hat{u}(t) + D y(t)$$

beschrieben, bei dessen Entwurf die Bedingung

$$HA - FH = DC$$

erfüllt werden muß [18], [19]. Setzt man auch in die Beobachtergleichung das Ergebnis für $\hat{u}$ und y entsprechend der Ausgangsgleichung ein, so erhält man

$$\dot{\hat{\zeta}} = [F - HBE] \cdot \hat{\zeta} + [D - HBM]C \cdot x + HBL \cdot w + [D - HBM] \cdot r \,.$$

$$(23.16)$$

23.10.3 Herleitung des Separationsprinzips

Modifiziert man die Differentialgleichung (23.15) der Strecke durch die Identität $BHEx - BHEx$ und beachtet man die Beziehungen

$$MC + EH = R \,,$$

$$\hat{\zeta} - Hx = \varepsilon \,,$$

so erhält man nach einigen Rechenschritten

$$\dot{x} = [A - BR] \cdot x - BE \cdot \varepsilon + BL \cdot w + G \cdot z - BM \cdot r \,. \qquad (23.17)$$

In einem zweiten Schritt wird über

$$\dot{\varepsilon}(t) = \dot{\hat{\zeta}}(t) - H\dot{x}(t)$$

die Differentialgleichung für den Schätzvektor $\hat{\zeta}$ umgewandelt in eine Differentialgleichung für den Schätzfehler ε. Durch Einsetzen der rechten Seiten der Gln. (23.16) und (23.17) erhält man die übersichtlichere Fehlerdifferentialgleichung

$$\dot{\varepsilon}(t) = F \cdot \varepsilon(t) - HG \cdot z(t) + D \cdot r(t) \,, \qquad (23.18)$$

wobei die Entwurfsbedingung für den reduzierten Bobachter verwendet wurde. Faßt man die beiden Differentialgleichungen (23.17) und (23.18) zusammen, so erhält man die folgende Darstellung in Blockmatrizen:

$$\begin{bmatrix} \dot{x} \\ \dot{\varepsilon} \end{bmatrix} = \begin{bmatrix} A - BR & -BE \\ 0 & F \end{bmatrix} \cdot \begin{bmatrix} x \\ \varepsilon \end{bmatrix} + \begin{bmatrix} BL \\ 0 \end{bmatrix} \cdot w$$

$$+ \begin{bmatrix} G \\ -HG \end{bmatrix} \cdot z + \begin{bmatrix} -BM \\ D \end{bmatrix} \cdot r \qquad (23.19)$$

An dieser Form kann man unmittelbar die beiden charakteristischen Gleichungen

$$\det \{s \cdot I - A + BR\} = 0 \quad \text{für die Zustandsregleung} \,,$$

$$\det \{s \cdot I - F\} \qquad = 0 \quad \text{für den reduzierten Beobachter}$$

ablesen; die Dynamik der Regelung kann also *getrennt von der Dynamik des Beobachters* ausgelegt werden: Damit ist das sogenannte „Separationsprinzip" formuliert.

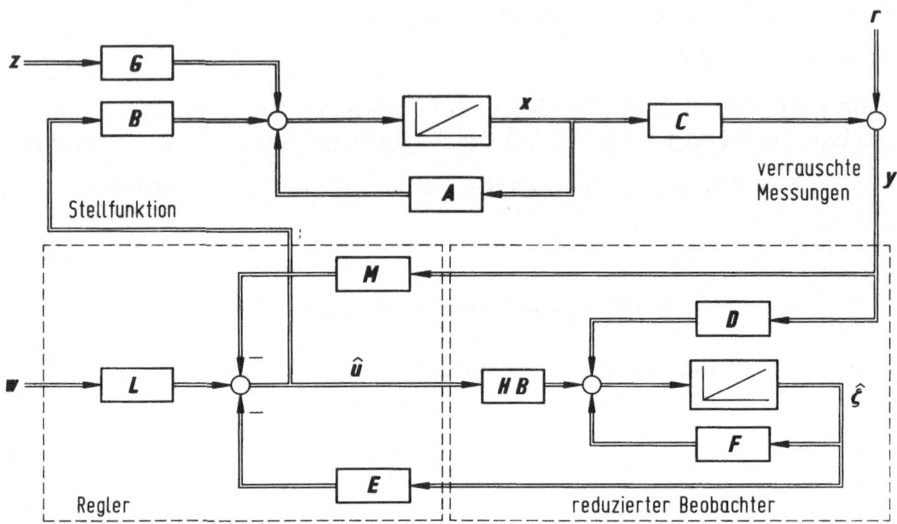

Bild 23.8. Gesamtstruktur von Strecke, reduziertem Beobachter und Zustandsregler zur Herleitung des Separationsprinzips

Ferner sei dieses Ergebnis noch durch den Hinweis ergänzt, daß sowohl $z(t)$ als auch $r(t)$ Beobachtungsfehler hervorrufen, nicht aber die Führungsgröße $w(t)$ und der Systemzustand $x(t)$. Über weitere Eigenschaften des Regelungsgesetzes und des Beobachters werden keine Aussagen gemacht. So gilt das Separationsprinzip auch für einen optimalen Kalman-Regler, der aufgrund eines vorgegebenen Güteintegrals [22] entworfen wird, sowie für eine Minimierung des Meßgeräuscheinflusses durch den Entwurf eines Kalman-Filters.

Für den Einheitsbeobachter wird die Matrix

$$F = A - DC \, .$$

Wenn alle Messungen unverrauscht sind, ergibt sich ein Luenberger-Beobachter, wobei die Matrix D zur Vorgabe einer gewünschten Beobachterdynamik verwendet wird.

Die Herleitung des Prinzips wird deutlich vereinfacht, wenn man den Sonderfall eines Einheitsbeobachters zugrundelegt. In diesem Zusammenhang ist bemerkenswert, daß das Separationsprinzip auf einer Originalarbeit beruht, die aus dem Bereich der Wirtschaftswissenschaften stammt [53], wo ein lineares Modell mit einem quadratischen Gütefunktional untersucht wird. Die allgemeinste Form des Prinzips findet sich bei Wonham [54], zitiert in [22]. Das Bild 23.8 zeigt abschließend das Zusammenwirken von Strecke, Regler und reduziertem Beobachter.

24 Entwurf des stationären Kalman-Filters im Frequenzbereich

24.1 Vorbemerkung

In den verschiedensten Anwendungsgebieten spielen bei der Synthese von Filtern, Regelkreisen und allgemeinen dynamischen Systemen jeweils angepaßte Entwurfsverfahren im Frequenzbereich eine bedeutende Rolle. Auch im vorliegenden Zusammenhang bestehen bemerkenswerte Vorläufer: Zum einen erfolgt der Entwurf Wienerscher Optimalfilter im Frequenzbereich, beginnend mit der Transformation der Winer-Hopfschen Integralgleichung über die Produktdarstellung der Leistungsdichtespektren (Spektralfaktorisierung) bis hin zum Ergebnis in Gestalt des optimalen realisierbaren Filterfrequenzgangs (s. Abschn. 16), wobei auch so wichtige Zusatzbedingungen wie die Kausalitätsforderung vollständig im Frequenzbereich über die Eigenschaften der Faktorisierungsfunktionen formuliert werden.

Zum anderen besteht im skalaren Fall, ausgehend von dem Hamiltonschen System zweier linearer gekoppelter Differentialgleichungen 1. Ordnung als Äquivalent zur nichtlinearen Riccati-Gleichung ein direkter Weg zur Weiterführung des Filterentwurfs im Frequenzbereich, s. Abschn. 19.2, wenn auch das Hamilton-System praktisch in anderem Sinn genutzt wird.

Schon in seinen ersten einschlägigen Arbeiten weist Kalman darauf hin, daß beispielsweise der Entwurf optimaler Regelungen sowohl im Zeitbereich als auch im Frequenzbereich vorgenommen werden kann [77]. Während bei dem allgemeinen vektoriellen Zeitbereichsentwurf die Riccati-Gleichung gelöst werden muß, besteht der Entwurfsaufwand im Frequenzbereich in einer „spektralen Faktorisierung" einer Polynommatrix. Diese Faktorisierungsaufgabe läßt sich mit numerisch stabilen Algorithmen leicht durchführen [60]. Es ist daher auch beim Kalman-Filterentwurf von Interesse, die Entwurfsaufgabe im Frequenzbereich zu lösen und die Ergebnisse in eine äquivalente Zeitbereichsdarstellung überzuführen, zumal der Entwurf der Filter (Beobachter) voller Ordnung und reduzierter Ordnung anhand nur geringfügig unterschiedlicher Polynommatrixgleichungen möglich ist, vgl. Abschn. 24.5; dies werden die Ergebnisse in Gestalt der Gln. (24.51) und (24.51a) besonders auffällig zeigen.

Darüber hinaus kann das Ergebnis der Spektralfaktorisierung unmittelbar bei einem Frequenzbereichsentwurf von Zustandsreglern (Beobachtern) verwendet werden. Vor diesem Hintergrund wird nunmehr der Frequenzbereichsentwurf für den reduzierten Luenberger-Beobachter und anschließend für das stationäre Kalman-Filter vorgestellt (Siehe hierzu Hinweis auf Seile 369).

Grundlegende Annahmen

Für die folgenden Überlegungen müssen einige einschränkende Voraussetzungen getroffen werden:

- Die Grundsysteme sind zeitinvariant
- Die beteiligten Geräusche (Eingangsrauschen und Meßrauschen) sind stationär, mittelwertfrei und nur durch ihre Kovarianzeigenschaften gekennzeichnet
- Es werden eingeschwungene Kalman-Korrekturen angesetzt, die sich als Lösungen der algebraischen Riccati-Gleichung für $\dot{V} = 0$ ergeben.

Unter diesen Annahmen gelangt man nach den Ausführungen von Abschn. 18.2 zu Wienerschen Optimalfiltern, jedoch in umfassenderem Sinn als dort.

Während die Zeitbereichsüberlegungen die Grundsysteme und Filter durch Zustandsdifferentialgleichungen beschreiben, basieren die Entwurfsverfahren im Frequenzbereich auf den zugehörigen Übertragungsfunktionen bzw. -Matrizen. Dabei erweist sich die faktorisierte Darstellung von Übertragungsmatrizen mit Hilfe von Polynommatrizen als ausgezeichnetes Hilfsmittel für eine gemeinsame Behandlung von Ein- und Mehrgrößensystemen im Frequenzbereich.

Ein wesentlicher Vorzug der Zustandsdarstellung im Zeitbereich beruht auf der Tatsache, daß sich die Systembeschreibung beim Übergang von Eingrößen- zu Mehrgrößensystemen nur unwesentlich verändert: Aus dem Eingangsvektor b wird die Eingangsmatrix B, aus der Matrix c^{T} wird C, und an die Stelle von y tritt der Vektor y. Ähnliches zeigt sich bei der faktorisierten Darstellung

$$F(s) = Z(s)N^{-1}(s) = \bar{N}^{-1}(s)\bar{Z}(s) \qquad (24.1)$$

einer Übertragungsmatrix $F(s)$. Für skalare Systeme (mit einem Eingang und einem Ausgang) sind $Z(s)$ und $N(s)$ reine Polynome in s, während im allgemeinen vektoriellen Fall $Z(s)$, $N(s)$, $\bar{Z}(s)$, $\bar{N}(s)$, Matrizen darstellen, deren Elemente Polynome in s sind. Alle Ergebnisse, die aufgrund der beiden Zerlegungsmöglichkeiten (24.1) hergeleitet werden, gelten sowohl für Mehrgrößen- als auch für Eingrößensysteme, wobei natürlich die konkrete Auswertung bei Eingrößensystemen nur einen erheblich verminderten Aufwand erfordert [52].

Für das Arbeiten mit Polynommatrizen gibt es eine Reihe von Verfahren, mit denen der Leser beim Nachvollziehen der folgenden Abschnitte vertraut sein sollte. Als bekannt vorausgesetzt werden Begriffe wie Primzerlegung, Links- und Rechtszerlegung, Spalten-bzw. Zeilengrad, unimodulare Operationen, Polynommatrixgleichungen sowie die in Abschn. 11.1 u. 11.2 behandelte spektrale Faktorisierung (Produktzerlegung von Spektralfunktionen bzw. -Matrizen). Zum Einlesen wird auf die Literaturstellen [18] und [55] verwiesen.

24.2   Beschreibung von Systemen und Einheitsbeobachtern im Frequenzbereich

Betrachtet werden lineare zeitinvariante Grundsysteme n-ter Ordnung mit p Eingängen und m Ausgängen, wobei die Zustandsdarstellung in der Form

$$\dot{x}(t) = Ax(t) + Bu(t) \tag{24.2a}$$

$$y(t) = Cx(t) \tag{24.2b}$$

angesetzt wird. Im Frequenzbereich lautet die Systembeschreibung

$$y(s) = F(s)u(s) \tag{24.3}$$

mit der (m, p)-Übertragungsmatrix $F(s)$. Es ist bekannt, daß Betrachtungen im Zeit- und Frequenzbereich nur dann bidirektional ineinander überführbar sind, wenn die zugrunde liegenden Systeme vollständig steuerbar und vollständig beobachtbar sind, weil nicht steuerbare und/oder nicht beobachtbare Systemanteile das durch $F(s)$ repräsentierte Eingangs-/Ausgangsverhalten nicht beeinflussen. Für alle folgenden Überlegungen muß daher vollständige Steuerbarkeit und vollständige Beobachtbarkeit, zusammengefaßt zu dem Begriff der *vollständigen Regelbarkeit* der Systeme [18], vorausgesetzt werden.

Anknüpfend an Gl. (24.1) läßt sich die rationale Übertragungs-Matrix $F(s)$ beispielsweise in *rechtsfaktorisierter* Form

$$F(s) = Z(s)N^{-1}(s) \tag{24.4a}$$

darstellen, wobei $Z(s)$ eine (m, p)- und $N(s)$ eine (p, p)-Polynommatrix sind. Eine Rechtsmultiplikation von $Z(s)$ und $N(s)$ mit einer beliebigen regulären Polynommatrix $Q_R(s)$ verändert das Übertragungsverhalten gemäß Gl. (24.4a) nicht, denn es gilt:

$$Z(s)Q_R(s) \equiv Z^*(s), \qquad N(s)Q_R(s) \equiv N^*(s) \,,$$

folglich wird

$$F^*(s) = Z^*(s)N^{*-1}(s)$$

$$= Z(s)Q_R(s)Q_R^{-1}(s)N^{-1}(s)$$

$$= F(s) \,.$$

Wenn die beiden Matrizen $Z(s)$ und $N(s)$ prim, d.h. teilerfremd sind, dann gilt

$$\det N(s) = \det[s \cdot I - A] \,, \tag{24.5}$$

d.h. die Pole der Übertragungsfunktion ergeben sich durch Lösen der Gleichung

$$\det N(s) = 0 \,.$$

Die Nullstellen des Systems werden durch $Z(s)$ beeinflußt, wobei sich die Nullstellen der Einzelübertragungsfunktionen erst nach Ausführung der Multiplikation $Z(s)N^{-1}(s)$ ergeben.

Neben der Rechtszerlegung nach Gl. (24.4a) existiert auch eine *Linkszerlegung* der Form

$$F(s) = \bar{N}^{-1}(s)\,\bar{Z}(s) \tag{24.4b}$$

mit der (m, m)-Polynommatrix $\bar{N}(s)$ und der (m, p)-Polynommatrix $\bar{Z}(s)$. Jetzt ändert eine Linksmultiplikation mit einer beliebigen regulären Polynommatrix $Q_L(s)$ das Übertragungsverhalten gemäß Gl. (24.4b) nicht; entsprechend der vorgängigen Überlegung gilt jetzt:

$$Q_L(s)\bar{N}(s) \equiv \bar{N}^*(s), \qquad Q_L(s)\bar{Z}(s) \equiv \bar{Z}^*(s)\,,$$

folglich wird

$$\begin{aligned}
F^*(s) &= \bar{N}^{*\,-1}(s)\,\bar{Z}^*(s) \\
       &= \bar{N}^{-1}(s)\,Q_L^{-1}(s)\,Q_L(s)\,\bar{Z}(s) \\
       &= F(s)\,.
\end{aligned}$$

Sind die Matrizen $\bar{N}(s)$ und $\bar{Z}(s)$ teilerfremd (prim), dann spricht man von einer linksprimen Zerlegung (24.4b), und es gilt

$$\det \bar{N}(s) = \det\,[s \cdot I - A]\,. \tag{24.6}$$

Der Einheitsbeobachter n-ter Ordnung

Zu der Systembeschreibung nach Gl. (24.2) gehört ein Einheitsbeobachter entsprechend den beiden Gleichungen

$$\dot{\hat{x}}(t) = A\hat{x}(t) + Bu(t) + L \cdot [y(t) - \hat{y}(t)] \tag{24.7a}$$

$$\hat{y}(t) = C\hat{x}(t) \tag{24.7b}$$

mit der zugehörigen Struktur nach Bild 24.1. Trennt man an der Stelle 3 die Verbindung auf, so besteht zwischen ε und $\tilde{\varepsilon}$ der Zusammenhang

$$\varepsilon(s) = -\,C[s \cdot I - A]^{-1} LC \cdot \tilde{\varepsilon}(s)\,, \tag{24.8}$$

der später noch benötigt werden wird.

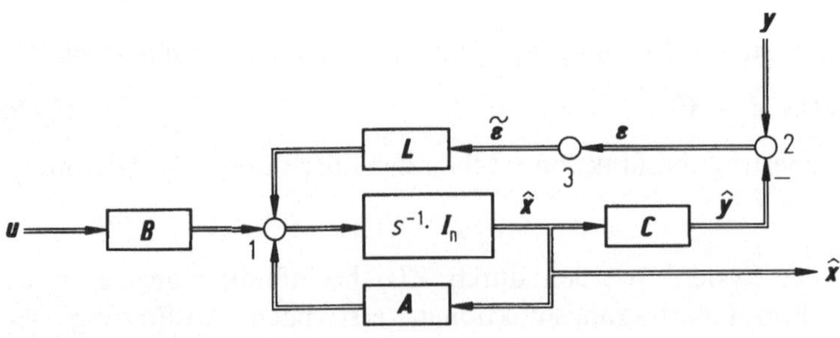

Bild 24.1. Allgemeiner Einheitsbeobachter n-ter Ordnung

Die Grundgleichung des Einheitsbeobachters im Frequenzbereich lautet

$$\hat{y}(s) = C[s \cdot I - A + LC]^{-1} \cdot [Ly(s) + Bu(s)] \,, \tag{24.9}$$

wobei folgende Gesichtspunkte zu beachten sind:

● Die Matrix L ist so zu wählen, daß das charakteristische Polynom

$$\det [s \cdot I - A + LC] = 0$$

des Beobachters nur Nullstellen in der linken s-Halbebene besitzt, so daß Stabilität sichergestellt ist.

● Unter Wahrung der Stabilitätsforderung kann die Matrix L nach wesentlich unterschiedlichen Kriterien festgelegt werden: Die Erfüllung bestimmter dynamischer Eigenschaften durch Polvorgabe führt zum Luenberger-Beobachter.

Bei Vorhandensein von Eingangsrauschen $z(t) \in z(e; t)$ und Meßrauschen $r(t) \in r(e; t)$, jeweils gekennzeichnet durch Erwartungswerte bis zur 2. Ordnung, führt die Forderung „minimaler Varianz" des Beobachtungsfehlers $\hat{x}(t) - x(t)$ zum Kalman-Beobachter, der ein Optimalfilter darstellt.

Beide Beobachter haben also die gleiche Struktur, sie unterscheiden sich voneinander durch die Auslegungskriterien für die Matrix L, und bei Vorhandensein von Meßrauchen lautet die Ausgangsgleichung in der Notierung für Musterfunktionen:

$$y(t) = Cx(t) + r(t) \,.$$

Nach diesen einordnenden Bemerkungen knüpfen wir an die Gl. (24.8) an, führen die linksprime Zerlegung

$$C[s \cdot I - A]^{-1}L = \bar{N}^{-1}(s)U(s) \tag{24.10}$$

ein und erhalten damit für den Einheitsbeobachter eine im Frequenzbereich äquivalente Struktur gemäß Bild 24.2. Das Übertragungsverhalten des an der Stelle 3 aufgeschnittenen Kreises von $\tilde{\varepsilon}$ nach ε ist bestimmt durch den Zusammenhang

$$\varepsilon(s) = -\bar{N}^{-1}(s)U(s) \cdot \tilde{\varepsilon}(s) \,, \tag{24.11}$$

und für den Beobachter gilt

$$\hat{y}(s) = [\bar{N}(s) + U(s)]^{-1} \cdot [U(s)y(s) + \bar{Z}(s)u(s)] \,, \tag{24.12}$$

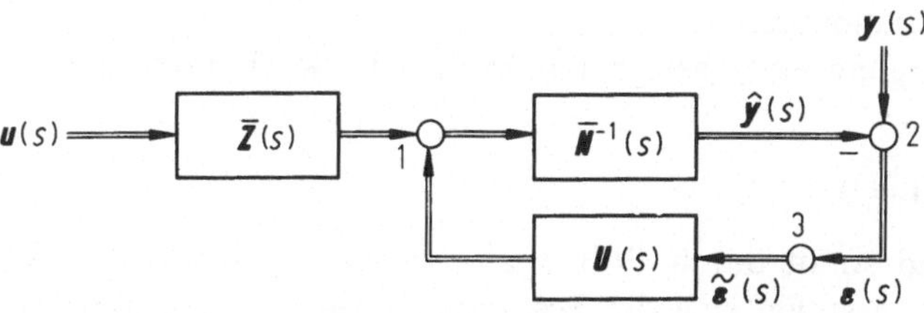

Bild 24.2. Struktur des Einheitsbeobachters im Frequenzbereich

seine Eigenwerte sind durch die (m, m)-Polynommatrix

$$\bar{N}(s) + U(s) \equiv \tilde{\tilde{N}}(s) \tag{24.13}$$

bestimmt. Ein Vergleich mit der Grundgleichung (24.9) ergibt also

$$\det \tilde{\tilde{N}}(s) = \det \left[s \cdot I - A + LC \right] . \tag{24.14}$$

Ersetzt man noch $U(s)$ in Gl. (24.10) durch $\tilde{\tilde{N}}(s) - \bar{N}(s)$ aus Gl. (24.13), so ergibt sich die grundlegende Beziehung

$$C[s \cdot I - A]^{-1} L + I = \bar{N}^{-1}(s)\tilde{\tilde{N}}(s) , \tag{24.15}$$

welche eine direkte Verknüpfung zwischen Zeitbereichsdarstellung (linke Seite) und Frequenzbereichsdarstellung (rechte Seite) des Einheitsbeobachters zum Ausdruck bringt.

Aus Gl. (24.15) ergeben sich zwei wichtige Eigenschaften der die Beobachterdynamik bestimmenden, nach Gl. (24.13) zusammengesetzten Polynommatrix $\tilde{\tilde{N}}(s)$ für den Beobachterentwurf im Frequenzbereich:

$$\bullet \; \Gamma_z\{\tilde{\tilde{N}}(s)\} = \Gamma_z\{\bar{N}(s)\} , \tag{24.16}$$

wobei $\Gamma_z\{\cdot\}$ die Zeigermatrix vor den höchsten Potenzen von s in jeder Zeile bedeutet;

$$\bullet \; \delta_{zj}\{\tilde{\tilde{N}}(s)\} = \delta_{zj}\{\bar{N}(s)\}, \quad j = 1, 2, \ldots, m . \tag{24.17}$$

Hier bezeichnet $\delta_{zj}\{\cdot\}$ den j-ten Zeilengrad.

Zur Erläuterung dieser beiden Symbole betrachte man die Polynommatrix

$$\bar{N}(s) = \begin{bmatrix} s^2 + 2s + 1 & 2s + 2 \\ -2s - 3 & s + 1 \end{bmatrix},$$

für welche die eingeführten Symbole bzw. Vorschriften folgendes ergeben:

$$\Gamma_z\{\bar{N}(s)\} = \begin{bmatrix} 1 & 0 \\ -2 & 1 \end{bmatrix}, \qquad \delta_{z1}\{\bar{N}(s)\} = 2, \qquad \delta_{z2}\{\bar{N}(s)\} = 1 .$$

In [52] wurde gezeigt, daß der Einheitsbeobachter gleichwertig durch die (n, m)-Matrix L im Zeitbereich oder durch die (m, m)-Polynommatrix $\tilde{\tilde{N}}(s)$ im Frequenzbereich parametrisiert wird. In beiden Fällen existieren $n \cdot m$ frei vorgebbare Parameter, von denen n zur Festlegung der Beobachterpole verwendbar sind, und die verbleibenden $(m - 1) \cdot n$ Freiheitsgrade weitere Beobachtereigenschaften bestimmen.

Während zur Festlegung einer geeigneten Matrix L die charakteristische Gleichung

$$\det \left[s \cdot I - A + LC \right] = 0$$

gelöst werden muß und somit durch Polvorgabe zu einer gewünschten Beobachterdynamik führt, gestaltet sich die Bestimmung einer Matrix $\tilde{\tilde{N}}(s)$ mit gewünschten Eigenschaften erheblich einfacher. Zur Erläuterung diene wieder die oben eingeführte Polynommatrix $\bar{N}(s)$. Aus den Bedingungen (24.16) und (24.17) folgt, daß die zu bestimmende Beobachtermatrix $\tilde{\tilde{N}}(s)$ prinzipiell folgende Form besitzen muß:

$$\tilde{\tilde{N}}(s) = \begin{bmatrix} s^2 + \alpha s + \beta & \gamma s + \varepsilon \\ -2s + \vartheta & s + \varphi \end{bmatrix}.$$

Wählt man z.B. die $n \cdot m = 6$ freien Parameter zu $\alpha = \beta = 4$, $\gamma = \varepsilon = \vartheta = 0$, $\varphi = 2$, so wird die Matrix

$$\tilde{\tilde{N}}(s) = \begin{bmatrix} s^2 + 4s + 4 & 0 \\ -2s & s + 2 \end{bmatrix},$$

und es entstehen drei Beobachterpole bei $s = -2$.

Festzuhalten ist, daß die Matrix $\tilde{\tilde{N}}(s)$ alle Freiheitsgrade enthält, die das Verhalten des Beobachters bestimmen. Darüberhinaus vorhandene freie Parameter, wie sie beim Zeitbereichsentwurf noch vorhanden sind, haben lediglich Einfluß auf die Realisierungsstruktur des Beobachters.

Im folgenden wird eine Beziehung hergeleitet, die es ermöglicht, die Parametrierung des Beobachters anhand der Matrix $\tilde{\tilde{N}}(s)$ unter dem Gesichtspunkt minimaler Varianz des Schätzfehlers $\varepsilon = \hat{x} - x$ vorzunehmen; für das Filter voller Ordnung wurde schon an anderer Stelle eine entsprechende Beziehung entwickelt [56].

In jüngster Zeit ist es gelungen, den Entwurf von stationären Kalman-Filtern beliebiger Ordnung $(n - \kappa)$ innerhalb der Grenzen $0 \le \kappa \le m$ im *Frequenzbereich* durchzuführen [57]; dieses Verfahren wird anschließend ausführlich vorgestellt. Es beruht auf dem im folgenden Abschn. 24.3 dargelegten Zeitbereichsentwurf solcher Filter und enthält den Einheitsbeobachter als einen leicht erkennbaren Sonderfall; aus diesem Grund wird auf den Entwurf des optimalen Filters der vollen Ordnung n hier nicht mehr eingegangen.

24.3 Entwurf des reduzierten deterministischen Beobachters im Zeitbereich

Wir gehen aus von linearen, im Unterschied zu Abschn. 23.1 zeitinvarianten Grundsystemen n-ter Ordnung, die durch die Zustandsdarstellung

$$\dot{x}(t) = Ax(t) + Bu(t) \tag{24.18a}$$

$$y(t) = Cx(t) \tag{24.18b}$$

beschrieben werden. Der Ausgangsvektor $y(t)$ sei so aufgebaut:

$$y_1(t) = C_1 x(t), \tag{24.19a}$$

$$y_2(t) = C_2 x(t). \tag{24.19b}$$

Dabei haben die eingeführten Signalvektoren folgende Bedeutungen:

$x(t)$: n-dim. Zustandsvektor,
$u(t)$: p-dim. Steuervektor,
$y_1(t)$: $(m - \kappa)$-dim. Ausgangsanteil,
$y_2(t)$: κ-dim. Ausgangsanteil;

das Grundsystem sei vollständig steuerbar und vollständig beobachtbar. Man benutzt jetzt nur den Anteil $y_2(t)$ direkt zur Rekonstruktion des Zustandsvektors $x(t)$ und führt zusätzlich einen Meßvektor

$$\zeta(t) = Hx(t) \tag{24.20}$$

ein, der die Dimension $(n - \kappa)$ hat, und stellt den gesamten Zustandsvektor folgendermaßen dar:

$$x(t) = \begin{bmatrix} C_2 \\ H \end{bmatrix}^{-1} \cdot \begin{bmatrix} y_2(t) \\ \zeta(t) \end{bmatrix} . \tag{24.21}$$

Mit dem Ansatz

$$\begin{bmatrix} C_2 \\ H \end{bmatrix}^{-1} \equiv [P_2 \quad Q] \tag{24.22}$$

ergibt sich die Zuordnung

$$\begin{bmatrix} C_2 \\ H \end{bmatrix} \cdot [P_2 \quad Q] = \begin{bmatrix} I_\kappa & 0 \\ 0 & I_{n-\kappa} \end{bmatrix} \tag{24.23}$$

und weiterhin die später noch erforderliche Beziehung

$$P_2 C_2 + QH = I_n . \tag{24.24}$$

Der gesamte Zustandsvektor ist damit folgemdermaßen aufgebaut:

$$x(t) = Q\zeta(t) + P_2 y_2(t) .$$

Da voraussetzungsgemäß nur der Ausgangsanteil $y_2(t)$ direkt zur Rekonstruktion des Zustandsvektors verwendet wird, muß man den Anteil $\zeta(t)$ über einen Beobachter der Ordnung $(n - \kappa)$ *schätzen*. Man erhält folglich für $x(t)$ den Schätzvektor

$$\hat{x}(t) = Q\hat{\zeta}(t) + P_2 y_2(t) ,$$

und für die Bildung von $\hat{\zeta}(t)$ benötigt man einen Zustandsbeobachter der *reduzierten* Ordnung $(n - \kappa)$, der durch die Differentialgleichung

$$\dot{\hat{\zeta}}(t) = F\hat{\zeta}(t) + Dy(t) + HBu(t) \tag{24.25}$$

beschrieben wird, wobei wegen der Unterteilung der Ausgangsmatrix C die Bedingung

$$HA - FH = [D_1 \quad D_2] \cdot \begin{bmatrix} C_1 \\ C_2 \end{bmatrix} \tag{24.26}$$

erfüllt sein muß [18, 19], damit im störungsfreien Fall weder von x noch von u ein Beobachtungsfehler ε angeregt wird, d.h.

$$\dot{\varepsilon}(t) = F\varepsilon(t) \, .$$

Der somit entworfene Beobachter läßt sich in der folgenden äquivalenten Form [51] beschreiben:

$$\dot{\hat{\zeta}}(t) = H[A - L_1 C_1]Q \cdot \hat{\zeta}(t) + \{HL_1 \quad H[A - L_1 C_1]P_2\} \cdot \begin{bmatrix} y_1(t) \\ y_2(t) \end{bmatrix} +$$

$$+ HB \cdot u(t) \, . \tag{24.27}$$

Für die hier vorkommenden Matrizen gilt zum Anschluß an den zuvor eingeführten Beobachter: H folgt aus Gl. (24.26), und damit sind P_2 und Q über die Gl. (24.22) bestimmbar, so daß nur die Matrix L_1 noch unbestimmt ist. Macht man für diese den Ansatz

$$L_1 = Q \cdot D_1, \tag{24.28}$$

so ergibt sich durch Linksmultiplikation mit C_2:

$$C_2 L_1 = C_2 Q D_1 \, .$$

Aus Gl. (24.23) folgt unmittelbar

$C_2 Q = 0$, also verbleibt

$$C_2 L_1 = 0 \, . \tag{24.29}$$

Mit diesen Zusatzangaben ist der reduzierte Beobachter festgelegt, und Gl. (24.27) führt über die umgeschriebene Form

$$\dot{\hat{\zeta}}(t) = HA[Q\hat{\zeta}(t) + P_2 y_2(t)] + HL_1 y_1(t) - HL_1 C_1 [Q\hat{\zeta}(t) + P_2 y_2(t)] +$$

$$+ HBu(t) \tag{24.30}$$

zu der Beobachterstruktur von Bild 24.3. Im übrigen ist Gl. (24.30) − bis auf den Ansteuerungsterm $HBu(t)$ − ein Sonderfall der allgemeineren Beobachtergleichung (23.5) für zeitvariante Matrizen.

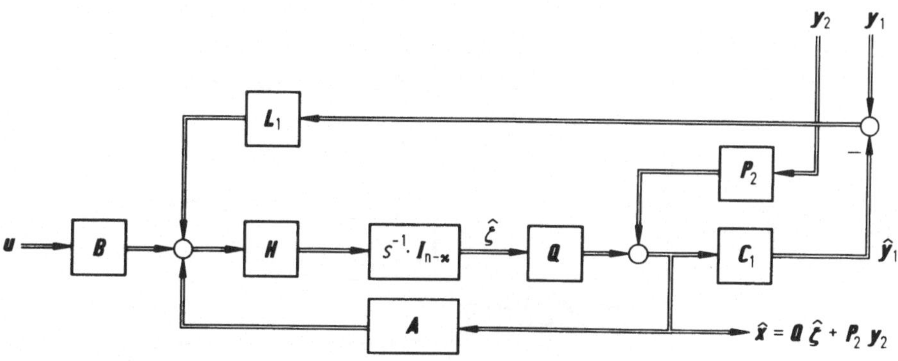

Bild 24.3. Struktur des reduzierten Beobachters nach Gleichung (24.30)

Zusammenhang mit dem Einheitsbeobachter

In Abschn. 24.2 wurde gezeigt, daß der Frequenzbereichsentwurf von Beobachtern auf der linksprimen Zerlegung der Übertragungsmatrix beruht, wobei vollständige Steuerbarkeit und vollständige Beobachtbarkeit der vollen Ordnung n vorausgesetzt wurden.

Um eine Verbindung zwischen dem Zeitbereich und dem Frequenzbereich herstellen zu können, benötigt man eine Darstellung des reduzierten Beobachters, die ebenfalls auf einem System n-ter Ordnung basiert. Bild 24.4 zeigt die strukturellen Eigenschaften einer derartigen nichtminimalen Realisierung des Beobachters der Ordnung $(n - \kappa)$. Ein Vergleich der Bilder 24.4 und 24.1 zeigt eine starke Ähnlichkeit zwischen reduziertem Beobachter und Einheitsbeobachter. Beide Strukturen enthalten das Modell des vollständigen Grundsystems n-ter Ordnung zur Nachbildung des nicht direkt meßbaren Zustandsvektors. Die Modellkorrektur beim Einheitsbeobachter erfolgt über L mit dem Ausgangsschätzfehler $y - \hat{y}$; beim reduzierten Beobachter (Bild 24.4) gibt es *zwei* Korrekturkanäle, wobei derjenige für $y_2 - \hat{y}_2$ über die hervorgehobene Schleife „S" zwischen den Stellen a und b erfolgt. Nach der geläufigen Formel für positive Rückführungen geht für die Verstärkung 1 im Rückführkanal die Gesamtverstärkung gegen Unendlich; praktisch steht diese entartete Eigenschaft mit der Tatsache in Einklang, daß beim reduzierten Beobachter $\hat{y}_2 = y_2$ wird (vgl. Abschn. 23.2), so daß am Schleifeneingang $y_2 - \hat{y}_2 = 0$ wird.

Diese unendliche Rückführverstärkung bewirkt eine Ordnungsreduktion von n auf $(n - \kappa)$, wie die anschließende Überlegung zeigen wird. Um nachzuweisen, daß die beiden Beobachter nach Bild 24.1 und 24.4 gleiche Dynamik besitzen, wird die Struktur nach Bild 24.4 in zwei Schritten identisch umgeformt:

a) Die positive Rückführschleife „S" (in dem Hilfsbild 24.5 nur noch strichliert angegeben) von η_2 auf sich selbst wird an den Eingang der Integratoren verlegt.

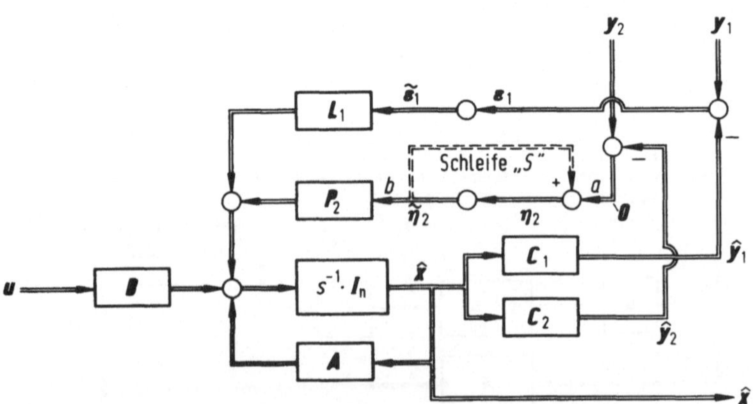

Bild 24.4. Nichtminimale Realisierung eines reduzierten Beobachters der Ordnung $(n - \kappa)$

● Durch den neuen Zweig mit $-(s \cdot I - A) \cdot P_2$ ergibt sich ein zusätzlicher Übertragungsanteil von η_2 zu Punkt 2 gemäß

$$C_2(s \cdot I - A)^{-1} \cdot [-(s \cdot I - A)P_2] \cdot \eta_2 = -C_2 P_2 \cdot \eta_2 \qquad (24.31)$$

$$= -\eta_2, \quad \text{weil } C_2 P_2 = I_\kappa \text{ ist ;}$$

damit ist der gewünschte Ersatz für die Rückführschleife „S" gewonnen.

● Durch diese Modifikation erfolgt aber zusätzlich ein nicht erwünschter Übertragungsanteil von η_2 nach Punkt 1 gemäß

$$C_1(s \cdot I - A)^{-1} \cdot [-(s \cdot I - A)P_2] \cdot \eta_2 = -C_1 P_2 \cdot \eta_2 , \qquad (24.32)$$

der kompensiert werden muß; dies wird durch Einführung des Pfades „komp" erreicht.

b) Anhand der Gl. (24.24)

$$P_2 C_2 + QH = I_n$$

ergibt sich für den Integrierer im Systemmodell:

$$s^{-1}I_n \quad \text{wird zu } s^{-1}P_2 C_2 + s^{-1}QH .$$

Dieser Umformumg entsprechen die beiden parallelen Integrationskanäle in der vollständigen Struktur nach Bild 24.6.

Man beachte, daß die Zwischenüberlegung nur dazu diente, die Gleichwertigkeit der Strukturen der Bilder 24.1 und 24.4 nachzuweisen; die Bilder 24.5 und 24.6 stellen also keine Realisierungsgrundlagen dar.

Man beachte ferner, daß am Ausgang der Integratoren nicht der Schätzvektor $\hat{x}$ auftritt; vielmehr müssen jetzt die Schätzvektoren $\hat{\xi}$ und $\hat{\zeta}$ betrachtet werden. Aus Bild 24.6 entnimmt man unter Beachtung der Beziehungen

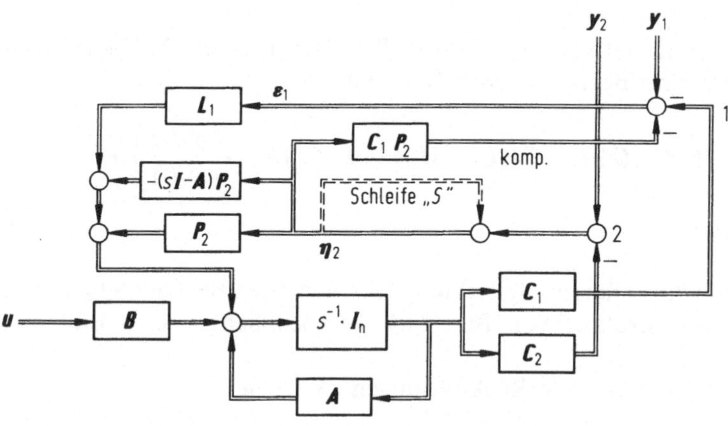

Bild 24.5. Erste Hilfsstruktur zum Frequenzbereichsentwurf des allgemeinen Beobachters (keine Realisierungsstruktur)

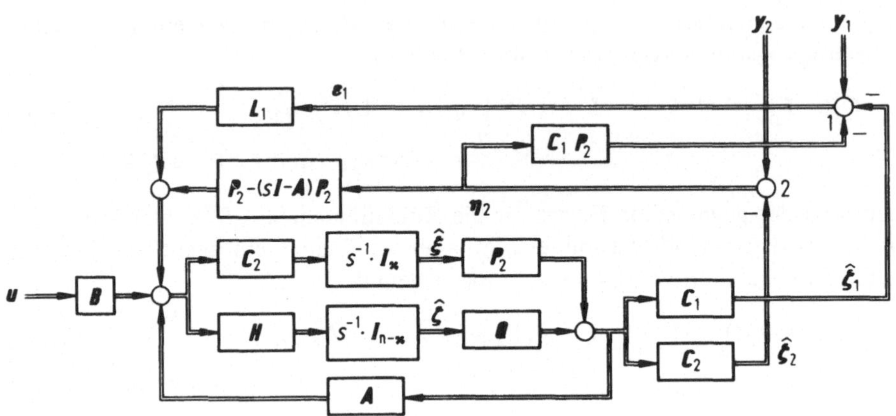

Bild 24.6. Zweite Hilfsstruktur zum Frequenzbereichsentwurf

(24.23) und (24.24) die folgende Differentialgleichung:

$$\dot{\hat{\xi}}(t) = C_2 P_2 [\dot{\hat{\xi}}(t) - \dot{\xi}(t) + y_2(t) - \dot{y}_2(t)] + AQ\hat{\zeta}(t) +$$

$$+ A P_2 y_2(t) - C_2 L_1 y_1(t) + C_2 B u(t) ,$$

wobei $C_2 Q = 0$ schon berücksichtigt wurde.

Mir $C_2 P_2 = I_\kappa$ nach Gl. (24.23) und $C_2 L_1 = 0$ nach Gl. (24.29) folgt die modifizierte Form

$$\hat{\xi}(t) = y_2(t) - \dot{y}_2(t) + AQ\hat{\zeta}(t) + A P_2 y_2(t) + C_2 B u(t) , \tag{24.33}$$

die zeitliche Ableitung von $\hat{\xi}(t)$ kommt nicht mehr vor, das bedeutet, daß κ Pole des Beobachters durch die unendliche Rückführverstärkung nach Unendlich geschoben wurden. Für $\hat{\xi}(t)$ existiert also nur die bezüglich $\hat{\xi}(t)$ *statische* Beziehung (24.33).

Andererseits entnimmt man für $\dot{\hat{\zeta}}(t)$ dem Bild 24.6 und der Gl. (24.33) nach Zusammenfassung und Beachtung von $HP_2 = 0$:

$$\dot{\hat{\zeta}}(t) = H(A - L_1 C_1)Q\hat{\zeta}(t) + [HL_1 \quad H(A - L_1 C_1)P_2] \cdot \begin{bmatrix} y_1(t) \\ y_2(t) \end{bmatrix} +$$

$$+ HBu(t) , \tag{24.34}$$

und dies ist gerade die Differentialgleichung des reduzierten Beobachters. Damit ist gezeigt, daß die Struktur von Bild 24.4 den Beobachter nach Bild 24.1 beschreibt.

Trennt man in Bild 24.4 die Rückführungen zwischen

$$\begin{bmatrix} \varepsilon_1 \\ \eta_2 \end{bmatrix} \quad \text{und} \quad \begin{bmatrix} \tilde{\varepsilon}_1 \\ \tilde{\eta}_2 \end{bmatrix}$$

auf, so ergibt sich zwischen diesen Signalvektoren die folgende Übertragungs-
beziehung:

$$\begin{bmatrix} \varepsilon_1(s) \\ \eta_2(s) \end{bmatrix} = \left\{ - \begin{bmatrix} C_1 \\ C_2 \end{bmatrix} \cdot (s \cdot I - A)^{-1} \cdot [L_1 \quad P_2] + \begin{bmatrix} 0 & 0 \\ 0 & I_\kappa \end{bmatrix} \right\} \cdot \begin{bmatrix} \tilde{\varepsilon}_1(s) \\ \tilde{\eta}_2(s) \end{bmatrix}$$

$$(24.35)$$

24.4 Entwurf des reduzierten deterministischen Beobachters im Frequenzbereich

Der anschließende Entwurf bezieht sich auf das vollständig steuerbare und
vollständig beobachtbare Grundsystem

$$\dot{x}(t) = A x(t) + B u(t)$$

$$y_1(t) = C_1 x(t)$$

$$y_2(t) = C_2 x(t) ,$$

somit gelten für die Übertragungskanäle von u nach den Teilausgängen y_1 und
y_2 im s-Bereich die Beziehungen

$$y_1(s) = F_1(s) u(s) \quad \text{und} \tag{24.36}$$

$$y_2(s) = F_2(s) u(s) . \tag{24.37}$$

Die beiden Übertragungsmatrizen werden folgendermaßen zusammengefaßt:

$$\begin{bmatrix} F_1(s) \\ F_2(s) \end{bmatrix} = C(s \cdot I - A)^{-1} B = \bar{N}^{-1}(s) \cdot \bar{Z}(s) , \tag{24.38a}$$

diese Linkszerlegung sei prim, so daß gilt

$$\det \bar{N}(s) = \det (s \cdot I - A) . \tag{24.39}$$

Für die Herstellung der Zusammenhänge zwischen den Lösungen im Zeitbereich und im Frequenzbereich wird später (Abschn. 24.6) noch die linksprime
Zerlegung

$$C(s \cdot I - A)^{-1} = \bar{N}^{-1}(s) \cdot \bar{Z}_w(s) \tag{24.40}$$

benötigt.

Führt man nun in Anlehnung an Gl. (24.35) über die linksprime Zerlegung

$$\begin{bmatrix} C_1 \\ C_2 \end{bmatrix} \cdot [s \cdot I - A]^{-1} \cdot [L_1 \quad P_2] + \begin{bmatrix} I_{m-\kappa} & 0 \\ 0 & 0_\kappa \end{bmatrix} = \bar{N}^{-1}(s) \cdot \tilde{\tilde{N}}(s) \tag{24.41}$$

eine neue Matrix $\tilde{\tilde{N}}(s)$ ein, so wird nach Subtraktion von I_m

$$\begin{bmatrix} C_1 \\ C_2 \end{bmatrix} \cdot [s \cdot I - A]^{-1} \cdot [L_1 \quad P_2] + \begin{bmatrix} 0 & 0 \\ 0 & I_\kappa \end{bmatrix} = \bar{N}^{-1}(s) \cdot \tilde{\tilde{N}}(s) - I_m$$

$$= \bar{N}^{-1}(s) \cdot [\tilde{\tilde{N}}(s) - \bar{N}(s)] \ .$$

Die linke Seite dieser Gleichung ist gerade das Negative des Inhalts der ge-schweiften Klammer in Gl. (24.35). Zusammen mit

$$\bar{N}^{-1}(s)\bar{Z}(s) = C(s \cdot I - A)^{-1}B$$

und der „Schleifenverstärkung" $\bar{N}^{-1}(s) \cdot [\tilde{\tilde{N}}(s) - \bar{N}(s)]$ läßt sich jetzt der redu-zierte Beobachter von Bild 24.4 im Frequenzbereich durch das Blockschalt-bild 24.7 darstellen.

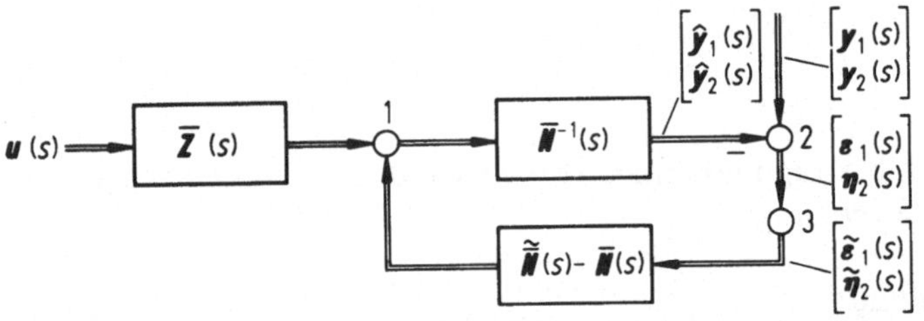

Bild 24.7. Blockdarstellung des reduzierten deterministischen Beobachters im Frequenzbereich

Durch Aufschneiden an der Stelle 3 ergibt sich ein Übertragungsverhalten gemäß

$$\begin{bmatrix} \varepsilon_1(s) \\ \eta_2(s) \end{bmatrix} = - \bar{N}^{-1}(s) \cdot [\tilde{\tilde{N}}(s) - \bar{N}(s)] \cdot \begin{bmatrix} \tilde{\varepsilon}_1(s) \\ \tilde{\eta}_2(s) \end{bmatrix} , \tag{24.42}$$

wobei $\bar{N}(s)$ und $\bar{Z}(s)$ die linksprimen Polynommatrizen zu den Übertragungs-beziehungen (24.36/37) sind. Die (m, m)-Polynommatrix $\tilde{\tilde{N}}(s)$ parametrisiert den reduzierten Beobachter im Frequenzbereich; sie läßt sich für gegebene Zeitbe-reichsgrößen aus Gl. (24.41) berechnen, andererseits ermöglicht diese Gleichung die Bestimmung der konkreten Form der Matrix $\tilde{N}(s)$.

Eine weitere Aussage gewinnt man, wenn man Gl. (24.41) von links mit der Matrix

$$\begin{bmatrix} I_{m-\kappa} & 0 \\ 0 & s \cdot I_\kappa \end{bmatrix}$$

multipliziert und von diesem Ergebnis links und rechts die Einheitsmatrix I_m

abzieht; man erhält damit

$$\begin{bmatrix} I_{m-\kappa} & 0 \\ 0 & s \cdot I_\kappa \end{bmatrix} \cdot \begin{bmatrix} C_1 \\ C_2 \end{bmatrix} \cdot [s \cdot I - A]^{-1} \cdot [L_1 \quad P_2] - \begin{bmatrix} 0 & 0 \\ 0 & I_\kappa \end{bmatrix} =$$

$$= \begin{bmatrix} I_{m-\kappa} & 0 \\ 0 & s \cdot I_\kappa \end{bmatrix} \bar{N}^{-1}(s) \tilde{\tilde{N}}(s) - I_m \ . \tag{24.43}$$

Nach einer in [58] hergeleiteten allgemeinen Beziehung besitzt der Ausdruck auf der linken Seite dieser Gleichung den Durchgriff

$$\begin{bmatrix} 0 & 0 \\ C_2 L_1 & C_2 P_2 - I_\kappa \end{bmatrix} \ .$$

Zusammen mit den schon mehrfach benutzten Beziehungen $C_2 L_1 = 0$ und $C_2 P_2 = I_\kappa$ ergibt sich folglich, daß die Übertragungsmatrix (24.43) *durchgriffsfrei* ist. Daraus kann nach [57] andererseits abgeleitet werden, daß die beiden Polynommatrizen

$$\bar{N}^{(\kappa)}(s) = \prod \left\{ \bar{N}(s) \cdot \begin{bmatrix} I_{m-\kappa} & 0 \\ 0 & s^{-1} \cdot I_\kappa \end{bmatrix} \right\} \tag{24.44}$$

und $\tilde{\tilde{N}}(s)$ dieselben Zeilengrade und dieselbe Zeigermatrix vor den höchsten Potenzen von s in jeder Zeile besitzen. In der Gl. (24.44) hat das Symbol $\prod$ folgende Bedeutung: Man kann eine rationale Matrix $M(s)$ aufteilen in einen reinen Polynomanteil $\prod\{M(s)\}$, der den Durchgriff und eventuelle differenzierende Anteile enthält, und einen Anteil $D_0\{M(s)\}$, der *durchgriffsfrei* ist; damit gilt die allgemeine Aufspaltung

$$M(s) = \prod\{M(s)\} + D_0\{M(s)\} \ ,$$

dargelegt an folgendem skalaren Beispiel:

$$M(s) = \frac{s^3 + 3s^2 + 4s + 5}{s^2 + 2s + 1}$$

$$= \underbrace{s + 1}_{\prod\{M(s)\}} + \underbrace{\frac{s + 4}{s^2 + 2s + 1}}_{D_0\{M(s)\}} \ .$$

Formal geschrieben hat die Polynommatrix $\tilde{\tilde{N}}(s)$ die Eigenschaften entsprechend den Gln. (24.16) und (24.17):

$$\Gamma_z\{\tilde{\tilde{N}}(s)\} = \Gamma_z\{\bar{N}^{(k)}(s)\} \quad \text{und} \tag{24.45}$$

$$\delta_{zj}\{\tilde{\tilde{N}}(s)\} = \delta_{zj}\{\bar{N}^{(k)}(s)\}, \quad j = 1, 2, \ldots, m \ . \tag{24.46}$$

Damit die Matrix $\tilde{\tilde{N}}(s)$ den reduzierten Beobachter der Ordnung $(n - \kappa)$ parametrisieren kann, muß $\bar{N}^{(\kappa)}(s)$ zeilenregulär sein, das bedeutet $\Gamma_z\{\bar{N}^{(k)}(s)\}$ muß den Rang m besitzen. Sollte diese Matrix nicht regulär sein, dann ließen sich durch geeignete linksunimodulare Operationen die Zerlegungen (24.38a, b) immer so modifizieren, daß eine zeilenreguläre Matrix $\bar{N}^{(\kappa)}(s)$ entstünde.

Beispiel:

Betrachtet man den Entwurf eines Beobachters 2. Ordnung für ein Grundsystem mit der Übertragungsmatrix

$$F(s) = \begin{bmatrix} s^2 + 2s + 1 & 2s + 2 \\ -2s - 3 & s + 1 \end{bmatrix}^{-1} \cdot \begin{bmatrix} s + 1 & 1 \\ -2 & 1 \end{bmatrix},$$

das bedeutet den Fall $\kappa = 1$, dann erhält man

$$N^{(1)}(s) = \prod \left\{ \bar{N}(s) \cdot \begin{bmatrix} 1 & 0 \\ 0 & s^{-1} \end{bmatrix} \right\} = \begin{bmatrix} s^2 + 2s + 1 & 2 \\ -2s - 3 & 1 \end{bmatrix}.$$

Die resultierende Matrix $\bar{N}^{(1)}(s)$ ist nicht zeilenregulär, weil

$$\Gamma_z\{\bar{N}^{(1)}(s)\} = \begin{bmatrix} 1 & 0 \\ -2 & 0 \end{bmatrix}$$

nicht invertierbar ist. Durch die linksunimodulare Matrix

$$L_U(s) = \begin{bmatrix} 1 & 0{,}5s \\ 0 & 1 \end{bmatrix}$$

erhält man die modifizierte Faktorisierung

$$F(s) = \begin{bmatrix} 0{,}5s + 1 & 0{,}5s^2 + 2{,}5s + 2 \\ -2s - 3 & s + 1 \end{bmatrix}^{-1} \cdot \begin{bmatrix} 1 & 0{,}5s + 1 \\ -2 & 1 \end{bmatrix},$$

aus der die zeilenreguläre Matrix

$$\bar{N}^{(1)}(s) = \begin{bmatrix} 0{,}5s + 1 & 0{,}5s + 2{,}5 \\ -2s - 3 & 1 \end{bmatrix}$$

entsteht. Damit hat $\tilde{\bar{N}}(s)$ die allgemeine Form

$$\tilde{\bar{N}}(s) = \begin{bmatrix} 0{,}5s + \alpha & 0{,}5s + \beta \\ -2s + \gamma & \vartheta \end{bmatrix};$$

sie besitzt $m \cdot (n - \kappa) = 4$ freie Parameter, durch deren Wahl man die $(n - \kappa)$ Pole des reduzierten Beobachters und $(m - 1) \cdot (n - \kappa)$ weitere Beobachtereigenschaften beeinflussen kann. Bei einer Wahl von $\alpha = 1$, $\vartheta = 0$, $\gamma = 8$ und $\beta = 4$ entsteht ein reduzierter Beobachter, dessen Pole bei $s = -4$ liegen.

Im folgenden Abschnitt werden die Bedingungen für $\tilde{\bar{N}}(s)$ hergeleitet, unter denen der entstehende Beobachter ein reduziertes Kalman-Filter darstellt.

24.5 Frequenzbereichsentwurf des stationären reduzierten Kalman-Filters

Die anschließenden Überlegungen beziehen sich auf das vollständig steuerbare und vollständig beobachtbare Grundsystem mit der Zustandsdarstellung

$$\dot{x}(t) = Ax(t) + Bu(t) + Gz(t) \, ,$$

$$y_1(t) = C_1 x(t) + r(t) \, ,$$

$$y_2(t) = C_2 x(t) \, .$$

Vorbereitend wird hier noch einmal darauf hingewiesen, daß in Abschn. 24.2 der *allgemeine Einheitsbeobachter* und in 24.3 der *reduzierte deterministische Beobachter* behandelt wurden, wobei außer der Beobachtbarkeit auch die Steuerbarkeit des Grundsystems bezüglich $u(t)$ vorausgesetzt wurde. Beim Entwurf des reduzierten deterministischen Beobachters im Frequenzbereich gemäß Abschn. 24.4 wurde zusätzlich die Steuerbarkeit bezüglich $z(t)$ gefordert; ist dies nicht der Fall, dann kann das Problem auf den steuerbaren Anteil reduziert werden.

Entsprechend der Übertragungsmatrix (24.38a) zwischen u und y wird jetzt der Zusammenhang zwischen z und y benötigt und beschrieben durch die Übertragungsmatrix

$$\begin{bmatrix} F_{z_1}(s) \\ F_{z_2}(s) \end{bmatrix} = C(s \cdot I - A)^{-1} G = \bar{N}^{-1}(s) \cdot \bar{Z}_z(s) \, . \tag{24.38b}$$

Im Gegensatz zum deterministischen Beobachter werden jetzt Signalvektoren $z(t)$ und $r(t)$ angesetzt, die Realisierungen mittelwertfreier ergodischer, hinreichend breitbandiger Prozesse sind, die als „weiße" Prozesse mit folgenden Eigenschaften modelliert werden:

$$\mathscr{E}\{z(e; t) \cdot z^{\mathrm{T}}(e; \tau)\} = \Psi_z \cdot \delta(t - \tau) \, ,$$

wobei Ψ_z symmetrisch und positiv semidefinit ist;

$$\mathscr{E}\{r(e; t) \cdot r^{\mathrm{T}}(e; \tau)\} = \Psi_r \cdot \delta(t - \tau) \, ,$$

wobei Ψ_r symmetrisch und positiv definit sein muß;

$$\mathscr{E}\{z(e; t) \cdot r^{\mathrm{T}}(e; \tau)\} = 0 \, ,$$

die Prozesse sind nicht miteinander korreliert. Auf diese Voraussetzung kann nach den Ausführungen zum Zeitbereichsentwurf verzichtet werden, wenn man einen entsprechend höheren Rechenaufwand in Kauf nimmt.

Für ein zeitinvariantes Grundsystem ergab sich in Abschn. 23.2 ein Kalman-Filter reduzierter Ordnung, beschrieben durch die Differentialgleichung

$$\dot{\zeta} = H(A - KC_1)Q \cdot \zeta + HK \cdot y_1 + H(A - KC_1)P_2 \cdot y_2 + HB \cdot u \, .$$

Der im Sinne des statistischen Entwurfskriteriums (Abschn. 17.3.3) optimale Schätzwert für den Zustandsvektor $x(t)$ ergibt sich, wenn man für die beiden

Matrizen K und P_2 folgende Ausdrücke wählt:

$$K = V C_1^{\mathrm{T}} \Psi_{\mathrm{r}}^{-1} , \tag{24.47}$$

$$P_2 = [V A^{\mathrm{T}} C_2^{\mathrm{T}} + G \Psi_z G^{\mathrm{T}} C_2^{\mathrm{T}}] \cdot X^{-1} . \tag{24.48}$$

Auf die Indizierung „o" für „optimal" wird bei der folgenden Entwicklung verzichtet, da keine Verwechslungsgefahr besteht.

In den optimalen Matrizen ist V Lösung der (algebraischen) Riccati-Gleichung (23.13) für $\dot{V} = 0$ und $\dot{C}_2 = 0$:

$$A V + V A^{\mathrm{T}} - K \Psi_{\mathrm{r}} K^{\mathrm{T}} - P_2 X P_2^{\mathrm{T}} + G \Psi_z G^{\mathrm{T}} = 0 , \tag{24.49}$$

und die verallgemeinerte Kovarianzmatrix X lautet

$$X = C_2 G \Psi_z G^{\mathrm{T}} C_2^{\mathrm{T}} .$$

Damit sind alle Vorgaben aus dem Zeitbereichsentwurf zusammengestellt, und der erste und zugleich wichtigste Schritt der folgenden Entwicklung besteht in der Umwandlung der Riccati-Gleichung in eine äquivalente Beziehung im Frequenzbereich.

Vorbereitend folgt zunächst aus der Beziehung

$$\hat{y}_2 = C_2 \hat{x} = C_2 [P_2 \quad Q] \cdot \begin{bmatrix} y_2 \\ \zeta \end{bmatrix} = y_2 ,$$

daß für die Fehlerkovarianzmatrix $C_2 V = 0$ gilt, weiterhin $C_2 K = 0$.

Mit der Einschränkung $\dot{V}(t) = 0$ verliert die Riccati-Gleichung ihren Charakter als *dynamische Entwicklungsgleichung* für die Fehlerkovarianz $V(t)$. Andererseits enthält das stationäre Kalman-Filter die über den Einfluß von K_∞ veränderte, durch die Matrix A charakterisierte *Dynamik des Grundsystems*. Die von s unabhängige algebraische Riccati-Gleichung (24.49) wird nun durch das Einbringen von $s \cdot V - s \cdot V$ identisch umgeformt und damit in eine von s abhängige Form gebracht, die den für die *Modelldynamik* charakteristischen Term $(s \cdot I - A)$ enthält:

$$(s \cdot I - A) \cdot V + V \cdot (- s I - A^{\mathrm{T}}) + K \Psi_{\mathrm{r}} K^{\mathrm{T}} + P_2 X P_2^{\mathrm{T}} = G \Psi_z G^{\mathrm{T}} .$$

Dies ist der *entscheidende Schritt zum Übergang in den Frequenzbereich* unter Einbeziehung der Modelldynamik in den Filterentwurf. Multiplziert man dieses Zwischenergebnis von links mit

$$\begin{bmatrix} C_1 \\ C_2 \end{bmatrix} (s \cdot I - A)^{-1} \text{ und von rechts mit } (- s \cdot I - A^{\mathrm{T}})^{-1} [C_1^{\mathrm{T}} \quad C_2^{\mathrm{T}}],$$

so erhält man

$$\begin{bmatrix} C_1 \\ C_2 \end{bmatrix} V \cdot (-s \cdot I - A^\mathrm{T})^{-1} [C_1^\mathrm{T} \quad C_2^\mathrm{T}] + \begin{bmatrix} C_1 \\ C_2 \end{bmatrix} \cdot (s \cdot I - A)^{-1} V [C_1^\mathrm{T} \quad C_2^\mathrm{T}] +$$

$$+ \begin{bmatrix} C_1 \\ C_2 \end{bmatrix} \cdot (s \cdot I - A)^{-1} [K \Psi_r K^\mathrm{T} + P_2 X P_2^\mathrm{T}] \cdot (-s \cdot I - A^\mathrm{T})^{-1} [C_1^\mathrm{T} \quad C_2^\mathrm{T}] =$$

$$= \begin{bmatrix} C_1 \\ C_2 \end{bmatrix} \cdot (s \cdot I - A)^{-1} G \Psi_z G^\mathrm{T} \cdot (-s \cdot I - A^\mathrm{T})^{-1} [C_1^\mathrm{T} \quad C_2^\mathrm{T}] \,. \tag{24.50}$$

Weiterhin folgt aus $K = V C_1^\mathrm{T} \Psi_r^{-1}$ durch Umstellen $C_1 V = \Psi_r K^\mathrm{T}$, und zusammen mit $C_2 V = 0$ geht Gl. (24.50) über in

$$\left\{ \begin{bmatrix} C_1 \\ C_2 \end{bmatrix} \cdot (s \cdot I - A)^{-1} [K \quad P_2] + \begin{bmatrix} I & 0 \\ 0 & 0 \end{bmatrix} \right\} \begin{bmatrix} \Psi_r & 0 \\ 0 & X \end{bmatrix}$$

$$\cdot \left\{ \begin{bmatrix} K^\mathrm{T} \\ P_2^\mathrm{T} \end{bmatrix} \cdot (-s \cdot I - A^\mathrm{T})^{-1} [C_1^\mathrm{T} \quad C_2^\mathrm{T}] + \begin{bmatrix} I & 0 \\ 0 & 0 \end{bmatrix} \right\} =$$

$$= \begin{bmatrix} \Psi_r & 0 \\ 0 & 0 \end{bmatrix} + \begin{bmatrix} C_1 \\ C_2 \end{bmatrix} \cdot (s \cdot I - A)^{-1} G \Psi_z G^\mathrm{T} \cdot (-s \cdot I - A^\mathrm{T})^{-1} [C_1^\mathrm{T} \quad C_2^\mathrm{T}] \,.$$

Ein Vergleich dieses Ergebnisses mit den Ausdrücken (24.41) und (24.38b) führt auf die Darstellung

$$\bar{N}^1(s) \tilde{\bar{N}}(s) \cdot \begin{bmatrix} \Psi_r & 0 \\ 0 & X \end{bmatrix} \cdot \tilde{\bar{N}}^\mathrm{T}(-s) \bar{N}^{\mathrm{T}-1}(s) =$$

$$= \begin{bmatrix} \Psi_r & 0 \\ 0 & 0 \end{bmatrix} + \bar{N}^{-1}(s) \bar{Z}_z(s) \Psi_z \bar{Z}_z^\mathrm{T}(-s) \bar{N}^{\mathrm{T}-1}(-s) \,.$$

Multipliziert man dieses Ergebnis mit $\bar{N}(s)$ von links und mit $\bar{N}^\mathrm{T}(-s)$ von rechts, so ergibt sich die der Riccati-Gleichung entsprechende Beziehung im Fequenzbereich:

$$\tilde{\bar{N}}(s) \cdot \begin{bmatrix} \Psi_r & 0 \\ 0 & C_2 G \Psi_z G^\mathrm{T} C_2^\mathrm{T} \end{bmatrix} \cdot \tilde{\bar{N}}^\mathrm{T}(-s) =$$

$$= \bar{N}(s) \cdot \begin{bmatrix} \Psi_r & 0 \\ 0 & 0 \end{bmatrix} \cdot \bar{N}^\mathrm{T}(-s) + \bar{Z}_z(s) \Psi_z \bar{Z}_z^\mathrm{T}(-s) \,. \tag{24.51}$$

Damit ist eine *grundlegende Beziehung für den Filterentwurf im Frequenzbereich* entwickelt, die u.a. in übersichtlicher Weise den Zusammenhang zwischen den Filtern bzw. Beobachtern reduzierter und voller Ordnung zeigt: Wenn keine unverrauschten Messungen vorhanden sind, dann ist vom Ansatz des Grundsystems her die Matrix C_2 nicht definiert, folglich kommt die Matrix X nicht vor, und Gl. (24.51) geht unmittelbar über in

$$\tilde{\bar{N}}(s) \Psi_r \tilde{\bar{N}}^\mathrm{T}(-s) = \bar{N}(s) \Psi_r \bar{N}^\mathrm{T}(-s) + \bar{Z}_z(s) \Psi_z \bar{Z}_z^\mathrm{T}(-s) \,, \tag{24.51a}$$

die grundlegende Beziehung für den Frequenzbereichsentwurf des Kalman-Beobachters voller Ordnung.

Die optimale Polynommatrix des Filters

Für den endgültigen Entwurf im Frequenzbereich muß der Ausdruck (24.51) noch nach $\tilde{\tilde{N}}(s)$ aufgelöst werden: Dazu berechnet man zunächst die rechte Seite dieser Gleichung,

$$\tilde{\tilde{N}}_{\mathrm{R}}(s) \equiv \bar{N}(s) \cdot \begin{bmatrix} \boldsymbol{\Psi}_{\mathrm{r}} & \boldsymbol{0} \\ \boldsymbol{0} & \boldsymbol{0} \end{bmatrix} \cdot \bar{N}^{\mathrm{T}}(-s) + \bar{Z}_{\mathrm{z}}(s)\,\boldsymbol{\Psi}_{\mathrm{z}}\,\bar{Z}_{\mathrm{z}}^{\mathrm{T}}(-s) \tag{24.52}$$

und führt eine Produktzerlegung nach dem Ansatz

$$\tilde{\tilde{N}}_{\mathrm{R}}(s) = \tilde{N}_{\mathrm{R}}(s) \cdot \tilde{N}_{\mathrm{R}}^{\mathrm{T}}(-s)$$

durch, wobei die Matrix $\tilde{N}_{\mathrm{R}}(s)$ die stabilen Filterpole enthält. Dazu kann man entweder den in [59] angegebenen Algorithmus oder einen für numerische Lösungen günstigeren Algorithmus [60] verwenden. Da die parametrisierende Matrix $\tilde{\tilde{N}}(s)$ die Bedingung (24.45) erfüllen muß, ist noch die Operation

$$\tilde{\tilde{N}}(s) = \tilde{N}_{\mathrm{R}}(s) \cdot \boldsymbol{R}$$

mit der Konstantmatrix

$$\boldsymbol{R} = \boldsymbol{\Gamma}_{\mathrm{z}}^{-1}\{\tilde{\tilde{N}}_{\mathrm{R}}(s)\} \cdot \boldsymbol{\Gamma}_{\mathrm{z}}\{\bar{N}^{(\kappa)}(s)\}$$

erforderlich.

Das grundlegende Ergebnis (24.51) gilt für den Entwurf aller Filter der Ordnungen n_{F} mit $(n - m) \leq n_{\mathrm{F}} \leq n$, so daß sowohl das Kalman-Filter n-ter Ordnung als auch der optimale Beobachter für unverrauschte Meßgrößen als Sonderfälle eingeschlossen sind.

Außer der vollständigen Steuerbarkeit des Grundsystems von z aus und der vollständigen Beobachtbarkeit muß eine weitere Bedingung erfüllt sein:

$$\text{Rang } \boldsymbol{X} = \text{Rang } \boldsymbol{C}_2\boldsymbol{G}\boldsymbol{\Psi}_{\mathrm{z}}\boldsymbol{G}^{\mathrm{T}}\boldsymbol{C}_2^{\mathrm{T}} = \kappa \,. \tag{24.53}$$

Tritt ein Rangdefekt in der Matrix $\boldsymbol{X}$ auf, dann erniedrigt sich die Ordnung des Filters auf eine Zahl unterhalb $(n - \kappa)$, und die benutzten Zusammenhänge zwischen Zeitbereichs- und Frequenzbereichsentwurf verlieren ihre Gültigkeit.

Die Bedingung (24.53) kann ohne Zuhilfenahme der zugrundeliegenden Zustandsdarstellung des Grundsystems überprüft werden, da sich für $\boldsymbol{C}_2\boldsymbol{G}$ eine Matrix

$$\boldsymbol{C}_2\boldsymbol{G} = \prod\{s \cdot \boldsymbol{F}_{\mathrm{zz}}(s)\} \tag{24.53a}$$

ergibt, s. Erläuterung zu Gl. (24.44).

24.6 Berechnung der Zeitbereichslösung aus der Frequenzbereichslösung

Die optimale Polynommatrix $\tilde{\tilde{N}}(s)$ kennzeichnet das Kalman-Filter im Frequenzbereich und stellt in der Kurzform

$$\tilde{\tilde{N}}(s) = \tilde{\tilde{N}}_{R}(s) \cdot R$$

das endgültige Ergebnis der Frequenzbereichsüberlegungen dar. Ist man an einer Realisierung des Filters zur Bildung optimaler Schätzwerte $\hat{x}$ für den Zustandsvektor interessiert, dann berechnet man die äquivalente Zeitbereichsdarstellung des Filters über den nachfolgend angegebenen Zusammenhang (24.54).

Benutzt man dagegen das Kalman-Filter zur Rekonstruktion des Regelungsgesetzes $u_{R}(t) = -K_{R} x(t)$ einer (optimalen) Zustandsregelung, dann geht die gewonnene Matrix $\tilde{N}(s)$ direkt in den Reglerentwurf im Frequenzbereich ein [57], wobei K_{R} die Zustandsrückführmatrix ist.

Die Lösung der Riccati-Gleichung im Frequenzbereich erfordert die Produktzerlegung der Matrix $\tilde{N}(s)$ nach Gl. (24.52). Wenn nur eine Meßgröße vorhanden und $\kappa = 0$ ist, reduziert sich diese Matrix auf ein Polynom der Ordnung $2n$ dessen n stabile Lösungen gerade das gesuchte optimale $\tilde{\tilde{N}}(s)$ bilden. Daher ist es von Interesse, aus der einfachen Frequenzbereichslösung die Lösung aufgrund des Ansatzes im Zeitbereich herzuleiten. Dazu bestimmt man eine Zustandsdarstellung für das Übertragungsverhalten des Systems entsprechend Gl. (24.36) und bildet die Zerlegung

$$C(s \cdot I - A)^{-1} = \bar{N}^{-1}(s) \cdot \bar{Z}_{w}(s)$$

nach Gl. (24.40). Dann ergeben sich die optimalen Matrizen K und P_2 aus dem optimalen $\tilde{N}(s)$ über die Lösung einer Polynommatrixgleichung, ausgehend von dem allgemeinen Ansatz

$$\bar{N}(s) \cdot W + \bar{Z}_{x}(s) \cdot Y = \tilde{\tilde{N}}(s) \ . \tag{24.54}$$

Darin sind W und Y konstante Matrizen mit dim $W = (m, m)$, dim $Y = (p, m)$, $\bar{Z}_{w}(s)$ wurde mit Gl. (24.40) eingeführt. Man erhält

$$Y = [K \quad P_2] \ , \tag{24.55}$$

wobei die konstante Matrix die Form

$$W = \begin{bmatrix} I_{m-\kappa} & 0 \\ 0 & 0_{\kappa} \end{bmatrix} \tag{24.56}$$

annimmt; für die Lösung der Gleichungen existieren Standardprogramme [61].

Multipliziert man Gl. (24.54) von links mit $\bar{N}^{-1}(s)$, so erhält man

$$W + \bar{N}^{-1}(s) \bar{Z}_{w}(s) \cdot Y = \bar{N}^{-1}(s) \tilde{\tilde{N}}(s) \ ,$$

und daraus wird mit Gl. (24.40)

$$W + C \cdot (s \cdot I - A)^{-1} \cdot Y = \bar{N}^{-1}(s)\,\tilde{\bar{N}}(s) . \tag{24.57}$$

Benutzt man zur weiteren Umformung Gl. (24.41), die den Zusammenhang zwischen Zeit- und Frequenzbereich herstellt, so erhält man

$$W + C \cdot (s \cdot I - A)^{-1} \cdot Y = \begin{bmatrix} C_1 \\ C_2 \end{bmatrix} (s \cdot I - A)^{-1} \cdot [K \quad P_2] + \begin{bmatrix} I_{m-\kappa} & 0 \\ 0 & 0_\kappa \end{bmatrix},$$

$$\tag{24.58}$$

dabei übernimmt jetzt K die Rolle von L_1 aus dem allgemeinen Ansatz. Hieraus folgt unmittelbar, daß Y nach Gl. (24.55) und W nach Gl. (24.56) Lösungen der Gl. (24.54) sind.

Nach Festlegung der optimalen Matrizen K und P_2 verbleiben für den Beobachter nach Gl. (24.27) noch weitere Freiheitsgrade, die sinnvoll genutzt werden müssen. Dazu bietet sich wiederum die Beziehung (24.23) an:

$$\begin{bmatrix} C_2 \\ H \end{bmatrix} \cdot [P_2 \quad Q] = \begin{bmatrix} I_\kappa & 0 \\ 0 & I_{n-\kappa} \end{bmatrix} . \tag{24.59}$$

Hierin sind die Matrizen C_2 und P_2 bekannt, während H und Q noch nicht festgelegt sind. Gibt man nun die Matrix H so vor, daß die Nebenbedingung

$$HP_2 = 0 \tag{24.60}$$

erfüllt wird, dann stellt das resultierende H eine mögliche Lösung für das optimale Filter dar. Unterschiedliche Matrizen H, welche die Nebenbedingung (24.60) erfüllen, parametrisieren unterschiedliche Realisierungen des Filters. Im Fall $\kappa = 0$, der das Kalman-Filter n-ter Ordnung ergibt, ist $H = I_n$, und P_2 verschwindet, so daß hier nach Lösen der Gl. (24.54) das gesamte Filter eindeutig bestimmt ist.

24.7 Ein Beispiel zum Frequenzbereichsentwurf

Ein gegebenes Grundsystem werde durch folgende Übertragungsmatrizen beschrieben:

$$F(s) = \frac{1}{s^3 + 6s^2 + 11s + 6} \cdot \begin{bmatrix} 4 & -(s^2 + 5s + 2) \\ s^2 + 4s + 7 & -s + 1 \end{bmatrix}$$

$$= \begin{bmatrix} s^2 + 2s + 3 & 2s \\ -s - 2 & s + 2 \end{bmatrix}^{-1} \cdot \begin{bmatrix} 2 & -s - 1 \\ 1 & 1 \end{bmatrix} \tag{24.61}$$

und

$$F_z(s) = \frac{1}{s^3 + 6s^2 + 11s + 6} \cdot \begin{bmatrix} 2s^2 + 3s + 6 & -7s + 2 \\ 4s^2 + 11s + 12 & 4s^2 + 9s + 14 \end{bmatrix}$$

$$= \begin{bmatrix} s^2 + 2s + 3 & 2s \\ -s - 2 & s + 2 \end{bmatrix}^{-1} \cdot \begin{bmatrix} 2s + 3 & 1 \\ 2 & 4 \end{bmatrix} \qquad (24.62)$$

Der zweidimensionale Eingangsvektor $z(t)$ sei Realisierung eines weißen, mittelwertfreien Prozesses $z(e; t)$ mit

$$\boldsymbol{\Psi}_z = \begin{bmatrix} 1 & 0 \\ 0 & 10 \end{bmatrix}$$

als spektraler Kennmatrix für die Kovarianz. Die Meßgröße $y_1(t)$ sei durch weißes, mittelwertfreies Rauschen mit $\Psi_r = 1$ beeinträchtigt. Damit liegt der Fall $\kappa = 1$ vor, so daß die Polynommatrix $\bar{N}^{(1)}(s)$ zeilenregulär sein muß. Bildet man

$$\bar{N}^{(1)}(s) = \begin{bmatrix} s^2 + 2s + 3 & 2 \\ -s - 2 & 1 \end{bmatrix},$$

so ergibt sich die Matrix

$$\boldsymbol{\Gamma}_z\{\bar{N}^{(1)}(s)\} = \begin{bmatrix} 1 & 0 \\ -1 & 0 \end{bmatrix},$$

die nicht zeilenregulär ist.

Man kann nun dem Filterentwurf eine modifizierte Zerlegung der Übertragungsmatrix $F(s)$ zugrundelegen: Mit der linksunimodularen Matrix

$$L_u(s) = \begin{bmatrix} 1 & s \\ 0 & 1 \end{bmatrix}$$

erhält man die modifizierten linksprimen Zerlegungen

$$F(s) = \begin{bmatrix} 3 & s^2 + 4s \\ -s - 2 & s + 2 \end{bmatrix}^{-1} \cdot \begin{bmatrix} s + 2 & -1 \\ 1 & 1 \end{bmatrix} \quad \text{und}$$

$$F_z(s) = \begin{bmatrix} 3 & s^2 + 4s \\ -s - 2 & s + 2 \end{bmatrix}^{-1} \cdot \begin{bmatrix} 4s + 3 & 4s + 1 \\ 2 & 4 \end{bmatrix}. \qquad (24.63)$$

Die zugehörige Matrix

$$\bar{N}^{(1)}(s) = \begin{bmatrix} 3 & s + 4 \\ -s - 2 & 1 \end{bmatrix}$$

wird gekennzeichnet durch die Eigenschaften

$$\boldsymbol{\Gamma}_z\{\bar{N}^{(1)}(s)\} = \begin{bmatrix} 0 & 1 \\ -1 & 0 \end{bmatrix}, \qquad \delta_{z_1}\{\bar{N}^{(1)}(s)\} = 1, \qquad \delta_{z_2}\{\bar{N}^{(1)}(s)\} = 1,$$

es liegt also die erforderliche Zeilenregularität vor. Das Produkt $C_2\,G$ ergibt sich über

$$F_{z_2}(s) = \frac{1}{s^3 + 6s^2 + 11s + 6} \cdot [4s^2 + 11s + 12 \quad 4s^2 + 9s + 14]$$

zu $C_2\,G = [4 \quad 4]$, und damit wird das Matrizenprodukt

$$X = C_2\,G\,\boldsymbol{\Psi}_z\,G^{\mathrm{T}}C_2^{\mathrm{T}} = 176\ ,$$

so daß die Rangbedingung (24.53) erfüllt ist.

Setzt man die Polynommatrizen (24.63) und die Spektralkenngrößen $\boldsymbol{\Psi}_z$ und $\boldsymbol{\Psi}_r$ des Beispiels in Gl. (24.52) ein, so erhält man die Matrix

$$\tilde{\tilde{N}}(s) = \begin{bmatrix} -176s^2 + 28 & 171s + 14 \\ -171s + 14 & -s^2 + 168 \end{bmatrix}.$$

Eine Produktzerlegung dieser Matrix ist möglich mit

$$\tilde{\tilde{N}}_{\mathrm{R}}(s) = \begin{bmatrix} 2{,}996s + 4{,}298 & 12{,}923s + 3{,}086 \\ -0{,}974s & 0{,}226s + 12{,}961 \end{bmatrix}.$$

Berechnet man noch die Matrizen

$$\boldsymbol{\Gamma}_z\{\tilde{\tilde{N}}_{\mathrm{R}}(s)\} = \begin{bmatrix} 2{,}996 & 12{,}924 \\ -0{,}974 & 0{,}226 \end{bmatrix} \quad \text{und} \quad \boldsymbol{\Gamma}_z\{\bar{N}^{(1)}(s)\} = \begin{bmatrix} 0 & 1 \\ -1 & 0 \end{bmatrix},$$

so ergibt sich schließlich die gesuchte optimale Polynommatrix $\tilde{\tilde{N}}(s) = \tilde{\tilde{N}}_{\mathrm{R}}(s) \cdot R$ zu

$$\tilde{\tilde{N}}(s) = \begin{bmatrix} 3{,}490 & s + 0{,}299 \\ -s - 2{,}928 & 0{,}952 \end{bmatrix} \quad \text{mit} \quad \bar{Z}(s) = \begin{bmatrix} s + 2 & -1 \\ 1 & 1 \end{bmatrix}.$$

Damit ist die Parametrierung des Filters vollständig durchgeführt, und es gelten die am Ende von Abschn. 24.5 und am Anfang von Abschn. 24.6 gegebenen allgemeinen Hinweise zu möglichen Realisierungen.

Zusammenhang mit der Zustandsdarstellung im Zeitbereich

Ist man an einer optimalen Rekonstruktion des Systemzustandes interessiert, muß man zunächst eine Zustandsdarstellung für das betrachtete Grundsystem aufstellen. Wählt man dazu die Mehrgrößen-Beobachtungsnormalform [62], so erhält man auf der Grundlage der Zerlegungen (24.61) und (24.62) folgende Darstellung:

$$\dot{x}(t) = \begin{bmatrix} -4 & 1 & -2 \\ -3 & 0 & 0 \\ 0 & 0 & -2 \end{bmatrix} \cdot x(t) + \begin{bmatrix} 0 & -1 \\ 2 & -1 \\ 1 & 1 \end{bmatrix} \cdot u(t) + \begin{bmatrix} 2 & 0 \\ 3 & 1 \\ 2 & 4 \end{bmatrix} \cdot z(t),$$

$$y(t) = \begin{bmatrix} 1 & 0 & 0 \\ 1 & 0 & 1 \end{bmatrix} \cdot x(t) + \begin{bmatrix} 1 \\ 0 \end{bmatrix} \cdot r(t).$$

Mit der Matrix

$$C(s \cdot I - A)^{-1} = \frac{1}{s^3 + 6s^2 + 11s + 6} \cdot \begin{bmatrix} s^2 + 2s & s + 2 & -2s \\ s^2 + 2s & s + 2 & s^2 + 2s + 3 \end{bmatrix},$$

und $\bar{N}(s)$ aus der modifizierten linksprimen Zerlegung (24.63) erhält man

$$\bar{Z}_{\mathrm{w}}(s) = \begin{bmatrix} s & 1 & s \\ 0 & 0 & 1 \end{bmatrix}.$$

Als Lösung der Polynommatrixgleichung (24.54) in der Beispielform

$$\begin{bmatrix} 3 & s^2 + 4s \\ -s - 2 & s + 2 \end{bmatrix} \cdot W + \begin{bmatrix} s & 1 & s \\ 0 & 0 & 1 \end{bmatrix} \cdot Y = \begin{bmatrix} 3{,}490 & s + 0{,}299 \\ -s - 2{,}928 & 0{,}952 \end{bmatrix}$$

ergibt sich die Matrix Y, welche die optimalen Größen K und P_2 enthält:

$$Y = [K \quad P_2] = \begin{bmatrix} 0{,}928 & 0{,}048 \\ 0{,}490 & 0{,}299 \\ -0{,}928 & 0{,}952 \end{bmatrix}.$$

Die Transformationsmatrix H kann man unter Beachtung der Nebenbedingung (24.60) frei vorgeben; wählt man

$$H = \begin{bmatrix} 1 & -3{,}336 & 1 \\ 2 & 0 & -0{,}101 \end{bmatrix},$$

so ist die Bedingung $HP_2 = 0$ erfüllt, und über den Ansatz (24.22) ergibt sich schließlich noch die fehlende Information über die Matrix Q; damit ist auch das Filter nach Gl. (24.27) vollständig parametrisiert.

Hinweis: Die im Zeit- und Frequenzbereich dargestellten Verfahren sind für lineare zeitinvariante Systeme prinzipiell gleichwertig. Unterschiede bestehen insofern, als im Zeitbereich die innere Systemstruktur erkennbar bleibt, während im Frequenzbereich nur Eingangs-Ausgangsbeziehungen berücksichtigt werden.

Ein wesentlicher Vorteil des Frequenzbereichs besteht erfahrungsgemäß in seiner Nähe zu dem bewährten Umgang mit Frequenzgängen und Übertragungsfunktionen. Im Hinblick auf numerische Auswertungen ist für Systeme höherer Ordnung der Zeitbereichsentwurf bisher vorzuziehen, da numerisch stabile Verfahren im wesentlichen für die Zeitbereichsmethoden existieren. Da die Ansätze zur Beschreibung von Zustandsregelungen und Beobachtern im Frequenzbereich erst etwa seit Mitte der siebziger Jahre intensivere Beachtung finden, ist noch nicht absehbar, ob auftretende numerische Schwierigkeiten prinzipieller Natur sind oder geeignete Verfahren nur noch nicht entwickelt wurden.

25 Zeitdiskret arbeitendes Kalman-Filter

Begrifflich und rechentechnisch leichter zugänglich als das zeitkontinuierliche Kalman-Filter ist die zeitdiskrete Version. Hinzu kommt, daß in zahlreichen praktischen Anwendungen digitale Filterrealisierungen zum Einsatz kommen. Diesem Umstand wird in den beiden letzten Abschnitten dieses Buches Rechnung getragen, wobei im Hinblick auf die Übersichtlichkeit der Zusammenhänge und Aussagen durchweg zeitinvariante Grundsysteme und ergodische diskrete stochastische Prozesse angenommen werden.

25.1 Kennzeichnung diskreter Systeme und Signale

Die Zustandsbeschreibung des Grundsystems hat die Form

$$x(k + 1) = Ax(k) + Gz(k) \tag{25.1}$$

$$y(k) = Cx(k) + r(k) \,, \tag{25.2}$$

wobei $x(k)$ den n-dimensionalen Systemzustand und $y(k)$ den m-dimensionalen Ausgangsvektor jeweils in einer Folge $0, 1, 2, \ldots k, k + 1, \ldots$ bedeuten, vgl. Abschn. 8.4. Um stabile Filter sicherzustellen, setzen wir voraus, daß das Grundsystem vollständig beobachtbar und von z aus vollständig steuerbar sei; Bild 25.1 zeigt das zugehörige Blockschaltbild. Für die diskreten normalverteilten weißen Prozesse z und r werden folgende Voraussetzungen getroffen:

$$\left.\begin{aligned}
&\mathscr{E}\{z(e; k)\} = 0, \quad \mathscr{E}\{r(e; k)\} = 0 \,, \\[4pt]
&\mathscr{E}\{z(e; k) \cdot z^{\mathrm{T}}(e; l)\} = \delta_{k1} \cdot \Psi_z \,, \\[4pt]
&\mathscr{E}\{r(e; k) \cdot r^{\mathrm{T}}(e; l)\} = \delta_{k1} \cdot \Psi_r \,, \\[4pt]
&\mathscr{E}\{z(e; k) \cdot r^{\mathrm{T}}(e; l)\} = 0 \quad \text{für alle } k, l \\[4pt]
&\delta_{k1} = \begin{cases} 1 & \text{für } l = k \\ 0 & \text{sonst} \,. \end{cases}
\end{aligned}\right\} \tag{25.3}$$

Entsprechend früherer Vereinbarung wird das Argument e auch nachfolgend nur im Zusammenhang mit Erwartungswertbildungen mitgeschrieben.

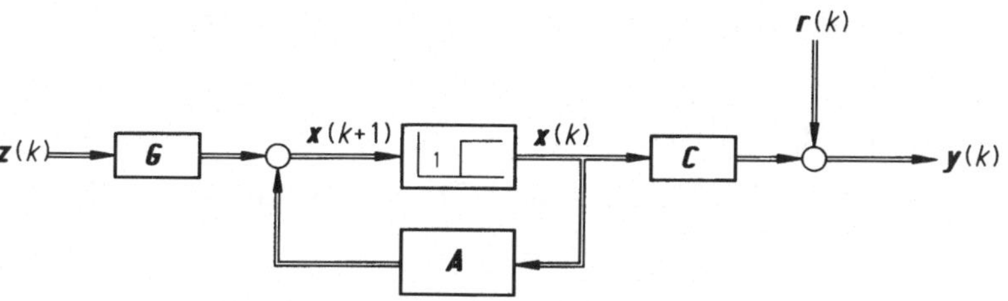

Bild 25.1. Allgemeine Blockdarstellung zur diskreten Zustandsbeschreibung

25.2 Formulierung des Filterproblems

Gesucht ist ein Filteralgorithmus, der aus der gegebenen verrauschten Meßwertfolge $y(k)$ einen erwartungstreuen Schätzwert $\hat{x}(k)$ für den Systemzustand $x(k)$ liefert. Das diskret arbeitende Filter wird entsprechend dem kontinuierlichen Fall durch den Ansatz

$$\hat{x}(k + 1) = A\hat{x}(k) + K(k) \cdot [y(k) - C\hat{x}(k)] \tag{25.4}$$

eingeführt, die zugehörige Struktur nach Bild 25.2 weist also die gleichen äußeren Merkmale auf wie die kontinuierliche Version. Die Korrekturmatrix $K(k)$ soll dabei so ausgelegt werden, daß der Schätzfehler

$$\varepsilon(e; k) = \hat{x}(e; k) - x(e; k) \tag{25.5}$$

„minimale Varianz" aufweist; diese Forderung muß entsprechend der Vorgehensweise im Kontinuierlichen noch präzisiert werden. Aus der Zustandsdarstellung und der Filtergleichung (25.4) erhält man für den Schätzfehler $\varepsilon(e; k + 1)$ den Ausdruck

$$\varepsilon(e, k + 1) = [A - K(k)C] \cdot \varepsilon(e; k) - G \cdot z(e; k) + K(k) \cdot r(e; k) \,, \tag{25.6}$$

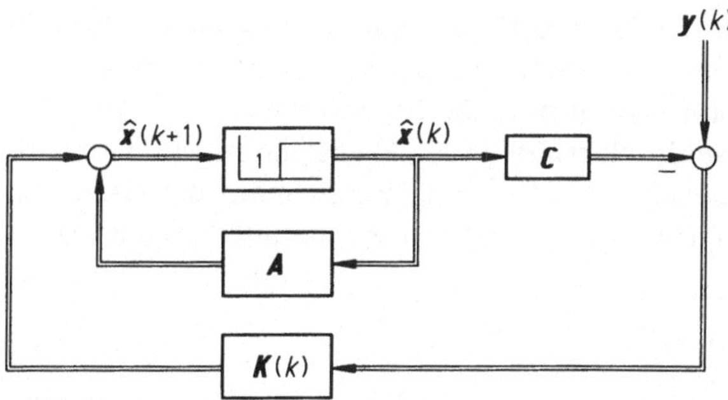

Bild 25.2. Grundstruktur zum Ansatz (25.4) der Filtergleichung

und damit erhält die Entwicklungsgleichung für die Fehlerkovarianz die diskrete Form

$$V(k + 1) = \mathscr{E}\{\varepsilon(e; k + 1) \cdot \varepsilon^{\mathrm{T}}(e; k + 1)\}$$

$$V(k + 1) = [A - K(k)C] \cdot V(k) \cdot [A - K(k)C]^{\mathrm{T}} + K(k)\Psi_{\mathrm{r}}K^{\mathrm{T}}(k) + G\Psi_{\mathrm{z}}G^{\mathrm{T}}$$

$$(25.7)$$

Nun ist die Matrix $K(k)$ so zu wählen, daß die Spur von $V(k + 1)$ ein Minimum annimmt.

25.3 Die Lösungsschritte

Die notwendige Bedingung für die Existenz eines Extremums lautet

$$\frac{\partial}{\partial K(k)} \operatorname{spur} V[k + 1, K(k)] = 0 \,,$$

sie führt auf die folgende Bestimmungsgleichung für $K_{\mathrm{o}}(k)$:

$$-AV(k)C^{\mathrm{T}} + K_{\mathrm{o}}(k)CV(k)C^{\mathrm{T}} + K_{\mathrm{o}}(k)\Psi_{\mathrm{r}} = 0 \tag{25.8}$$

mit der optimalen Lösung

$$K_{\mathrm{o}}(k) = AV(k)C^{\mathrm{T}}\bar{\Psi}_{\mathrm{r}}^{-1}(k) \,, \tag{25.9}$$

wobei die Matrix

$$\bar{\Psi}_{\mathrm{r}}(k) = \Psi_{\mathrm{r}} + CV(k)C^{\mathrm{T}} \tag{25.10}$$

im diskreten Fall die entsprechende Rolle spielt wie die Kovarianzmatrix des Meßrauschens beim Entwurf des kontinuierlichen Filters. Setzt man das optimale $K_{\mathrm{o}}(k)$ nach Gl. (25.9) in die Entwicklungsgleichung (25.7) ein, so erhält man die *diskrete Version der Riccati-Gleichung*:

$$V(k + 1) = AV(k)A^{\mathrm{T}} - K_{\mathrm{o}}(k)\bar{\Psi}_{\mathrm{r}}(k)K_{\mathrm{o}}^{\mathrm{T}}(k) + G\Psi_{\mathrm{z}}G^{\mathrm{T}} \,. \tag{25.11}$$

Der sich somit ergebende Schätzwert $\hat{x}(k)$ wird auch „Einschritt-Prädiktionsschätzwert" [64] oder „a priori-Schätzwert" genannt, weil er nicht von dem aktuellen Meßwert $y(k)$, sondern nur von denjenigen bis zum Meßwert $y(k - 1)$ abhängt; man erkennt dies sofort, wenn man die Filtergleichung (25.4) auf der linken Seite mit $\hat{x}(k)$ ansetzt, wodurch rechts $y(k - 1)$ anstelle von $y(k)$ auftritt.

Einen verbesserten Schätzwert erhält man, wenn man die aktuellen Meßinformationen $y(k)$ optimal einbezieht und den sogenannten „a posteriori-Schätzwert" $\hat{x}^{+}(k)$ ansetzt:

$$\hat{x}^{+}(k) = \hat{x}(k) + M(k) \cdot [y(k) - C\hat{x}(k)] \,. \tag{25.12}$$

Dabei bedeutet optimale Einbeziehung wieder die Formulierung eines *statistischen Kriteriums* zur Bestimmung von $M_{\mathrm{o}}(k)$ auf der Grundlage der zugehörigen

Fehlerkovarianzmatrix

$$V^+(k) = \mathscr{E}\left\{[\hat{x}^+(e; k) - x(e; k)] \cdot [\hat{x}^+(e; k) - x(e; k)]^T\right\} .$$

Durch Einsetzen von (25.12) in diese Definitionsgleichung findet man folgenden Zusammenhang zwischen den beiden Kovarianzmatrizen $V^+(k)$ und $V(k)$:

$$V^+(k) = [I - M(k)C]\,V(k)\,[I - M(k)C]^T + M(k)\,\Psi_r M^T(k) .$$

Das statistische Optimierungskriterium lautet jetzt

$$\frac{\partial}{\partial M(k)}\;\text{spur}\;V^+[k, M(k)] = 0 ,$$

$$- 2V(k)C^T + 2M_o(k)[CV(k)C^T + \Psi_r] = 0 ,$$

und daraus folgt die optimale Gewichtung $M_o(k)$ für Gl. (25.12):

$$M_o(k) = V(k)C^T\,\bar{\Psi}_r^{-1}(k) \tag{25.13}$$

mit $\bar{\Psi}_r(k)$ nach Gl. (25.10).

Man erkennt an Gl. (25.9), daß der Zusammenhang

$$K_o(k) = AM_o(k) \tag{25.14}$$

besteht und somit der a priori-Schätzwert $\hat{x}(k)$ und der a posteriori-Schätzwert $\hat{x}^+(k)$ aus derselben Filterstruktur gewonnen werden, die in Bild 25.3 gezeigt ist. Es leuchtet unmittelbar ein, daß zur Bildung des Wertes, der im nächsten Schritt der neue Schätzwert sein wird, natürlich der zum Zeitpunkt kT *beste* Schätzwert, also $\hat{x}^+(k)$, verwendet werden muß und der Zusammenhang

$$\hat{x}(k + 1) = A\hat{x}^+(k)$$

über die Systemmatrix zu beachten ist.

Aus der Beziehung

$$V^+(k) = V(k) - M_o(k)\,\bar{\Psi}_r(k)M_o^T(k) \tag{25.15}$$

folgt, daß der a posteriori-Schätzwert $\hat{x}^+$ eine geringere Varianz besitzt als der a priori-Schätzwert $\hat{x}$. Das diskrete Kalman-Filter wird also durch die optimale Korrekturmatrix

$$K_o(k) = AV(k)C^T \cdot [\Psi_r + CV(k)C^T]^{-1} \tag{25.16}$$

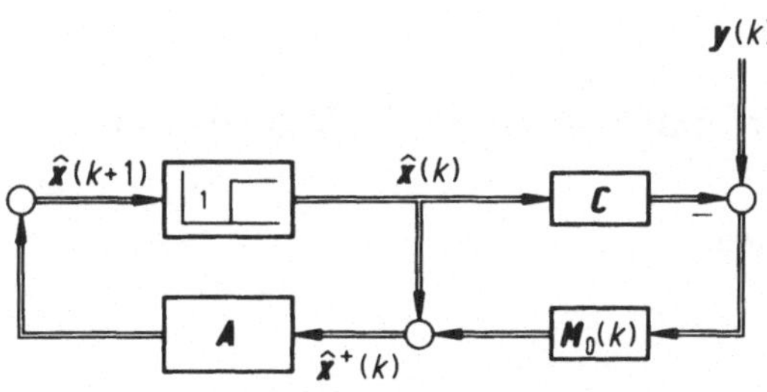

Bild 25.3. Struktur des zeitdiskret arbeitenden Kalman-Filters

gekennzeichnet, wobei $V(k)$ die Lösung der diskreten Riccati-Gleichung (25.11) mit eingesetztem optimalem $K_o(k)$ darstellt, s. Gl. (25.17) in der abschließenden Zusammenstellung.

25.4 Zusammenstellung der Ergebnisse

Zur besseren Übersicht werden die Entwurfsgleichungen für das diskrete Kalman-Filter noch einmal zusammengestellt:

Die *Filtergleichung* lautet

$$\hat{x}(k + 1) = A\hat{x}(k) + K_o(k) \cdot [y(k) - C\hat{x}(k)] \tag{25.4}$$

mit der *optimalen Gewichtung*

$$K_o(k) = AV(k)C^T[\boldsymbol{\Psi}_r + CV(k)C^T]^{-1} . \tag{25.16}$$

Darin ist $V(k)$ Lösung der *diskreten Riccati-Gleichung*

$$V(k + 1) = AV(k)A^T - AV(k)C^T[\boldsymbol{\Psi}_r + CV(k)C^T]^{-1}CV(k)A^T + G\boldsymbol{\Psi}_zG^T \tag{25.17}$$

bei gegebenem Anfangswert $V(0)$.

Für die Festlegung der Anfangswerte gelten sinngemäß die zum kontinuierlichen Filter angestellten Überlegungen (Abschn. 18.4).

Eine Verbesserung der a priori-Schätzung erhält man mit dem Schätzwert

$$\hat{x}^+(k) = \hat{x}(k) + M_o(k) \cdot [y(k) - C\hat{x}(k)] , \tag{25.12}$$

erkennbar auch an Bild 25.3, wobei die Fehlerkovarianzmatrix $V^+(k)$ dieses Schätzwertes aus $V(k)$ über den Zusammenhang

$$V^+(k) = V(k) - M_o(k) \cdot [\boldsymbol{\Psi}_r + CV(k)C^T] \cdot M_o^T(k) \tag{25.15}$$

entsteht. Die Filterstruktur gemäß Bild 25.3 ergibt sich aus

$$\hat{x}(k + 1) = A\hat{x}^+(k)$$

zusammen mit Gl. (25.12).

Hinweis:

Bei der praktischen Berechnung werden die Entwurfsalgorithmen in der Reihenfolge der Gln. (25.17), (25.16), (25.4) iterativ abgearbeitet.

25.5 Beispiel für den Entwurf eines diskreten Kalman-Filters

Gegeben ist das skalare Grundsystem

$$x(k + 1) = 0{,}5\,x(k) + z(k)$$
$$y(k) = x(k) + r(k) ,$$

wobei die nicht miteinander korrelierten weißen Geräusche durch $\boldsymbol{\Psi}_z = 1$,

$\Psi_r = 1$ gekennzeichnet seien.

Mit diesen Vorgaben lautet die Filtergleichung (25.4):

$$\hat{x}(k + 1) = 0{,}5\,\hat{x}(k) + K_o(k)\cdot[\,y(k) - \hat{x}(k)\,]\;,$$

die optimale Korrekturmatrix (25.16) wird zu

$$K_o(k) = 0{,}5\,V(k)\cdot[1 + V(k)]^{-1}\;,$$

und die zugehörige Riccati-Gleichung (25.17) vereinfacht sich zu

$$V(k + 1) = 0{,}25\,V(k) - 0{,}5\,K_o(k)\,V(k) + 1\;.$$

Geht man davon aus, daß das Filter zu einem beliebigen Zeitpunkt mit dem Anfangswert $\hat{x}(0) = 0$ an das laufende Grundsystem angeschlossen wird, dann ergibt sich der Anfangswert $V(0)$ aus der stationären Lösung $V_x(k + 1) = V_x(k)$ der Kovarianzentwicklungsgleichung der Zustandsgröße $x(k)$,

$$V_x(k) = a^2\,V_x(k) + g^2\,\Psi_z \text{ zu}$$

$$V(0) = 1/0{,}75\;.$$

Abschließend wird die Folge der Gewichtungen $K_o(k)$ für die ersten fünf Schritte berechnet. Man findet zunächst mit $\hat{x}(0) = 0$, $\hat{x}^+(0) = 0$, $V(0) = 1{,}3\overline{3}$ den Anfangswert für K_o:

$$K_o(0) = 0{,}28571 \text{ und weiterhin}$$

$$V(1) = 1{,}14286,$$

$$K_o(1) = 0{,}26\overline{6},$$

$$\hat{x}(1) = 0{,}26\overline{6}\cdot y(0),$$

$$\hat{x}^+(1) = 0{,}26\overline{6}\cdot y(0) + 0{,}53\overline{3}\cdot[\,y(1) - 0{,}26\overline{6}\cdot y(0)\,]\;.$$

Für die folgenden Schritte werden nur noch die Schätzfehlervarianzen und die Korrekturwerte berechnet:

$$V(2) = 1{,}13\overline{3}, \qquad K_o(2) = 0{,}26563\;,$$

$$V(3) = 1{,}13281, \qquad K_o(3) = 0{,}26557\;,$$

$$V(4) = 1{,}13278, \qquad K_o(4) = 0{,}26556\;,$$

$$V(5) = 1{,}13278, \qquad K_o(5) = 0{,}26556\;.$$

Man erkennt, daß die Kalman-Korrektur im Rahmen der hier angegebenen Stellen nach vier Schritten auf ihren stationären Wert eingeschwungen ist.

25.6 Experimentelle Ergebnisse einer digital realisierten Kalman-Filterung

Zum Abschluß dieses Kapitels werden die Ergebnisse einer digitalen Filterrealisierung gezeigt, wobei unmittelbar die in Abschn. 25.4 zusammengestellten Beziehungen umgesetzt wurden. Grundlage ist die folgende diskrete Zustandsbeschreibung:

$$\begin{bmatrix} x_1(k) \\ x_2(k) \end{bmatrix} = \begin{bmatrix} 0 & 1 \\ -0{,}765 & 1{,}75 \end{bmatrix} \cdot \begin{bmatrix} x_1(k-1) \\ x_2(k-1) \end{bmatrix} + \begin{bmatrix} 0{,}033 \\ 0{,}100 \end{bmatrix} \cdot z(k-1)$$

$$y(k) = [0{,}6 \quad 0{,}8] \cdot \begin{bmatrix} x_1(k) \\ x_2(k) \end{bmatrix} + r(k) \quad \text{mit } \frac{s_z}{s_r} = 4 \; ;$$

das System wurde direkt mit diesen Gleichungen simuliert. Die Rauschfolgen $z(k)$ und $r(k)$ haben je die Länge von 10000 Werten, sie wurden vorab durch Addition von jeweils 20 gleichverteilten Pseudozufallsfolgen erzeugt: Es ergeben sich genähert normalverteilte Rauschfolgen, deren gemessene Verteilungsdichten in Bild 25.4 gezeigt sind. Ausschnitte aus den Verläufen von Eingangsrauschen, Meßrauschen und verrauschtem Ausgangssignal sind in Bild 25.5 zusammengestellt. Ein Vergleich zwischen den wahren und den geschätzten Zustandsgrößen anhand von Bild 25.6 läßt die Leistungsfähigkeit der modellgestützten Filterung deutlich erkennen. Schließlich zeigt Bild 25.7 das Einschwingverhalten der beiden diskreten Kalman-Korrekturen; hierfür wurde ein gegenüber den Signalaufzeichnungen deutlich gespreizter k-Maßstab gewählt, weil die stationären Korrekturen jeweils praktisch schon nach vier Rechenschritten erreicht werden [65].

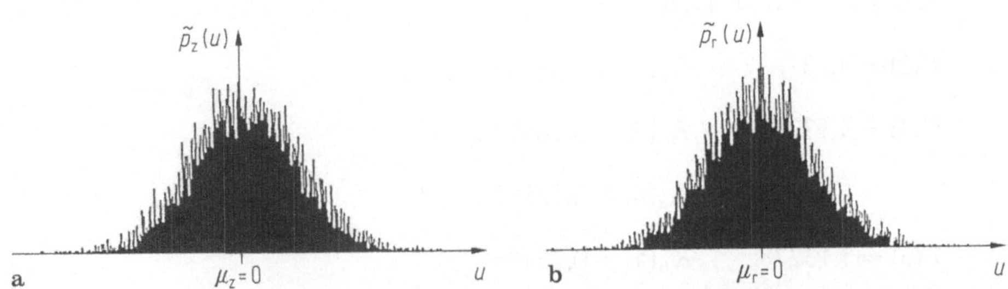

Bild 25.4. Experimentell ermittelte Verteilungsdichten (**a**) des Eingangsrauschens und (**b**) des Meßrauschens

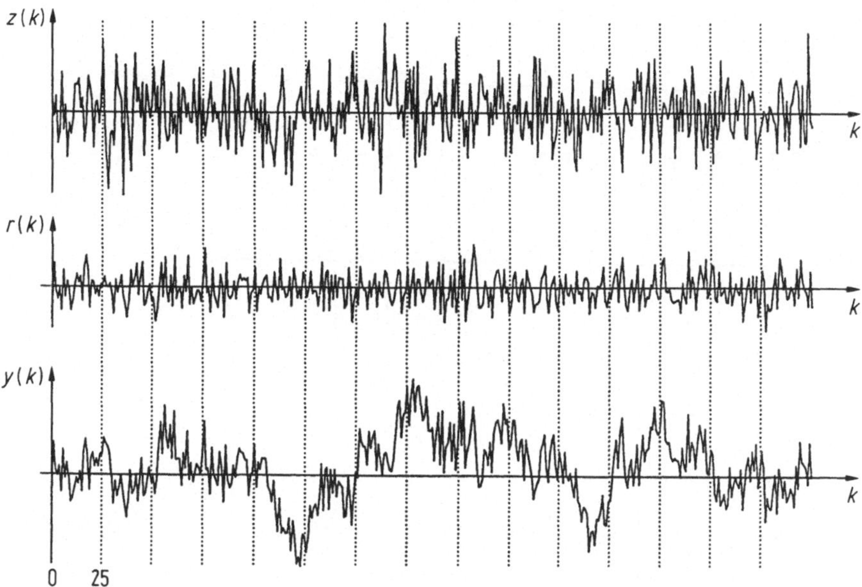

Bild 25.5. Registrierte Teilverläufe von Eingangrauschen z, Meßrauschen r und verrauschter Ausgangsgröße y

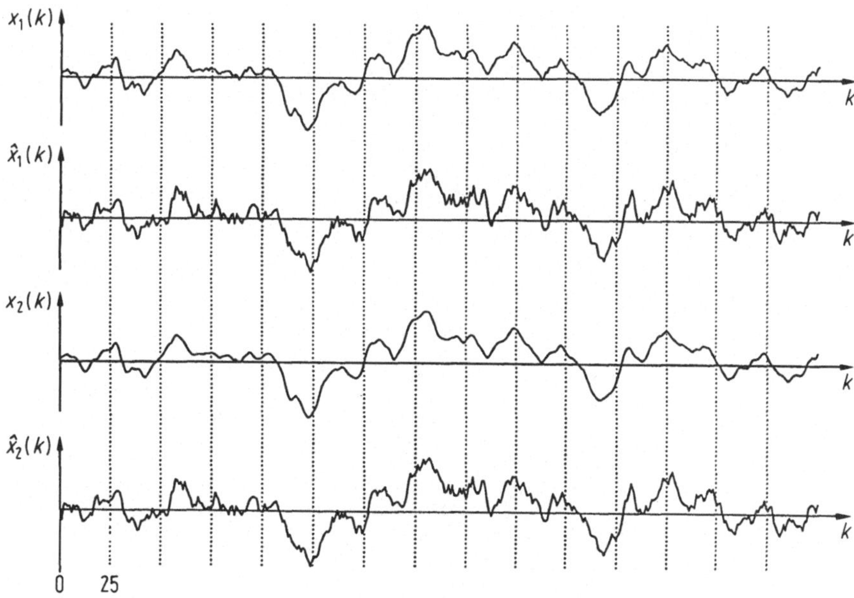

Bild 25.6. Registrierte Teilverläufe der unverrauschten und der geschätzten Zustandsgrößen

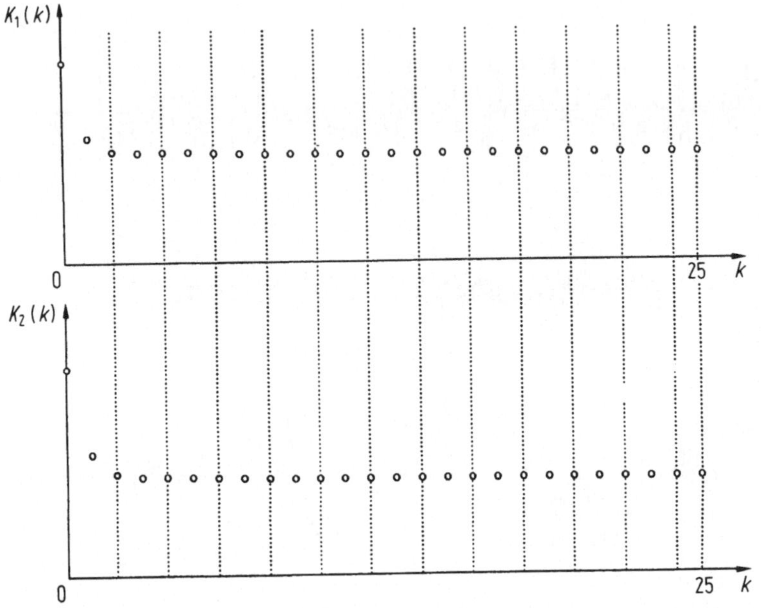

Bild 25.7. Die zugehörigen diskreten Kalman-Korrekturen über einem gegenüber der Signalaufzeichnung stark gedehnten k-Maßstab

Im Anhang A5 ist das Rechenprogramm (MatLab) aufgelistet, mit dem die erforderlichen Simulationen durchgeführt und die hier gezeigten Ergebnisse erzielt worden sind.

26 Zeitdiskretes Kalman-Filter reduzierter Ordnung

26.1 Filtergleichung und Kovarianzentwicklungsgleichung

Die folgenden Überlegungen verlaufen weitgehend parallel zu denjenigen von Abschn. 24.3, so daß hier eine Beschränkung auf die wichtigsten Schritte vorgenommen werden kann [63]. Das Grundsystem werde durch die diskrete Zustandsdarstellung

$$x(k + 1) = Ax(k) + Bu(k) + Gw(k) \tag{26.1a}$$

$$y_1(k) = C_1 x(k) + r(k) \tag{26.1b}$$

$$y_2(k) = C_2 x(k) \tag{26.1c}$$

mit folgenden Symbolbedeutungen beschrieben:

$x(k)$: n-dim. Zustandsvektor,
$u(k)$: p-dim. deterministischer Steuervektor
$w(k)$: q-dim. Vektor des mittelwertfreien Eingangsgeräuschs mit gegebener Kovarianzmatrix $\delta_{kl} \cdot \Psi_w$,
$r(k)$: $(m - \kappa)$-dim. Vektor des mittelwertfreien Meßgeräuschs mit gegebener Kovarianzmatrix $\delta_{kl} \cdot \Psi_r$, weiterhin gelte $\Psi_{wr} \equiv 0$.

Entsprechend dem kontinuierlichen Ansatz wird das diskrete Kalman-Filter zur Bildung eines optimalen Schätzwertes für $x(k)$ mit einem Schätzfehler minimaler Varianz beschrieben durch eine Zustandsgleichung des Typs

$$\hat{\zeta}(k + 1) = F\hat{\zeta}(k) + [D_1 \; D_2] \cdot \begin{bmatrix} y_1(k) \\ y_2(k) \end{bmatrix} + HBu(k) , \tag{26.2}$$

wobei sich der a priori-Schätzwert für $x(k)$ in der Form

$$\hat{x}(k) = \begin{bmatrix} C_2 \\ H \end{bmatrix}^{-1} \cdot \begin{bmatrix} y_2(k) \\ \hat{\zeta}(k) \end{bmatrix} = [P_2 \; Q] \cdot \begin{bmatrix} y_2(k) \\ \hat{\zeta}(k) \end{bmatrix} \tag{26.3}$$

ergibt; dabei gelten wieder die mehrfach verwendbaren Matrixbeziehungen (24.23) und (24.24).

Die zu Gl. (24.27) äquivalente Zustandsbeschreibung des diskreten Filters lautet

$$\hat{\zeta}(k+1) = H(A - KC_1)Q \cdot \hat{\zeta}(k) + [HK \quad H(A - KC_1)P_2] \cdot \begin{bmatrix} y_1(k) \\ y_2(k) \end{bmatrix} \quad (26.4)$$

Im kontinuierlichen Fall wurde $K = QD_1$ und folglich $C_2 K = 0$ angesetzt; eine solche Wahl von K ist beim Entwurf des diskreten reduzierten Kalman-Filters nicht möglich, wie die nachstehenden Ausführungen zeigen werden.

Um einen Schätzfehler

$$\varepsilon(k) := \hat{x}(k) - x(k) \tag{26.5}$$

mit minimaler Varianz sicherzustellen, müssen die gewichtenden Matrizen P_2 und Q geeignet bestimmt werden. Mit den Gln. (26.1, 3 und 4) erhält man die Differenzengleichung des Schätzfehlers in der Form

$$\varepsilon(k+1) = (I - P_2 C_2) \cdot [(A - KC_1) \cdot \varepsilon(k) - Gw(k) + Kr(k)] , \tag{26.6}$$

und die zugehörige Entwicklungsgleichung der Fehlerkovarianz wird

$$V(k+1) = (I - P_2 C_2)[(A - KC_1) \cdot V(k) \cdot (A - KC_1)^{\mathrm{T}} + K\Psi_{\mathrm{r}}K^{\mathrm{T}} + G\Psi_{\mathrm{w}}G^{\mathrm{T}}] \cdot$$
$$\cdot (I - P_2 C_2)^{\mathrm{T}} \tag{26.7}$$

26.2 Bestimmung der optimalen Matrizen K_0 und P_{20}

Man erfüllt zunächst mit Hilfe der im Anhang angegebenen Differentiationsformeln die notwendige Extremalbedingung bezüglich K:

$$\frac{\partial}{\partial K} \operatorname{spur} V(k+1, K, P_2) = 0 ,$$

$$2 \cdot (I - P_2 C_2)^{\mathrm{T}} \cdot (I - P_2 C_2) \cdot [- AV(k)C_1^{\mathrm{T}} + K_0 \Psi_{\mathrm{r}} + K_0 C_1 V(k)C_1^{\mathrm{T}}] = 0 ,$$

und daraus erhält man das optimale $K_0(k)$ in der Form

$$K_0(k) = AV(k)C_1^{\mathrm{T}} \bar{\Psi}_{\mathrm{r}}^{-1}(k) \equiv A\Lambda(k) \tag{26.8}$$

mit der Kovarianzmatrix

$$\bar{\Psi}_{\mathrm{r}}(k) = \Psi_{\mathrm{r}} + C_1 V(k)C_1^{\mathrm{T}} . \tag{26.9}$$

Setzt man den für das optimale $K_0(k)$ gefundenen Ausdruck in Gl. (26.7) ein, kann man die zweite notwendige Extremalbedingung bezüglich P_2 erfüllen:

$$\frac{\partial}{\partial P_2} \operatorname{spur} V(k+1, K, P_2) = 0 ,$$

$$2(P_{20} C_2 - I) \cdot [AV(k)A^{\mathrm{T}} - AV(k)C_1^{\mathrm{T}} \bar{\Psi}_{\mathrm{r}}^{-1}(k)C_1 V(k)A^{\mathrm{T}} + G\Psi_{\mathrm{w}}G^{\mathrm{T}}] \cdot C_2^{\mathrm{T}} = 0,$$

und daraus ergibt sich die optimale Matrix

$$P_{2o}(k) = \tilde{V}(k)C_2^T X^{-1}(k) \tag{26.10}$$

mit den Abkürzungen

$$\tilde{V}(k) = AV(k)A^T - AV(k)C_1\,\bar{\Psi}_r^{-1}(k)C_1\,V(k)A^T + G\Psi_w G^T \tag{26.11}$$

und

$$X(k) = C_2\,\tilde{V}(k)C_2^T\,. \tag{26.12}$$

Das optimale P_{2o} erfüllt die Bedingung $C_2 P_{2o} = I$, was mit Gl. (24.23) in Einklang steht; damit verschwinden in der Gl. (26.7) die Terme $(I - P_2 C_2)$, und es gilt $C_2 V = 0$.

Setzt man nun die optimalen Matrizen nach den Gln. (26.8) und (26.10) in die Entwicklungsgleichung (26.7) ein, so erhält man die Riccati-Gleichung für den Entwurf des reduzierten diskreten Kalman-Filters:

$$V(k+1) = AV(k)A^T - P_{2o}(k)X(k)P_{2o}^T(k) - K_o(k)\,\Psi_r K_o^T(k) + G\Psi_w G^T\,. \tag{26.13}$$

Bei bekannten optimalen Matrizen K_o und P_{2o} ist die Matrix H aus dem Ansatz (26.3) noch nicht festgelegt; sie ist vielmehr unter Beachtung der Bedingung

$$HP_{2o} = 0 \tag{26.14}$$

entsprechend Gl. (24.23) noch zu wählen. Mit diesem Schritt ist das Filter vollständig parametrisiert, da die Matrix Q aus dem Ansatz (26.3) folgt.

Betrachtet man anstelle des bisher bevorzugten a priori-Schätzwertes nach Gl. (26.3) den sogenannten a posteriori-Schätzwert

$$\hat{x}^+(k) = \hat{x}(k) + M(k)\cdot[y_1(k) - C_1\hat{x}(k)]\,, \tag{26.15}$$

so kann man die Matrix $M(k)$ wiederum so wählen, daß die Spur der zum a posteriori-Schätzwert gehörigen Fehlerkovarianzmatrix

$$V^+(k) := \mathscr{E}\{[\hat{x}^+(e;k) - x(e;k)]\cdot[\hat{x}^+(e;k) - x(e;k)]^T\} \tag{26.16}$$

minimiert wird. Einsetzen der rechten Seite von Gl. (26.15) und Erwartungswertbildung bezüglich e führen zu der a posteriori-Fehlerkovarianzmatrix

$$V^+(k) = (I - MC_1)\cdot V(k)\cdot(I - MC_1)^T + M\Psi_r M^T\,, \tag{26.17}$$

wobei $V(k)$ die oben eingeführte Fehlerkovarianzmatrix ist. Die notwendige Extremalbedingung für $V^+(k)$ bezüglich M lautet

$$\frac{\partial}{\partial M}\,\text{spur }V^+[k, M(k)] = 0\,,$$

$$-2V(k)C_1^T + 2M_o[C_1 V(k)C_1^T + \Psi_r] = 0$$

mit der optimalen Lösung für $M_o(k)$:

$$M_o(k) = V(k)C_1^T\,\bar{\Psi}_r^{-1}(k) = \Lambda(k)\,. \tag{26.18}$$

Damit ist gezeigt, daß die optimale Matrix $M_0(k)$ mit $\Lambda(k)$ in Gl. (26.8) übereinstimmt.

Zwischen den Kovarianzmatrizen $V^+(k)$ und $V(k)$ besteht der Zusammenhang

$$V^+(k) = V(k) - \Lambda(k)\,\bar{\Psi}_r(k)\Lambda^T(k)\,, \tag{26.19}$$

woraus ersichtlich ist, daß zu dem Schätzwert $\hat{x}^+(k)$ eine kleinere Fehlerkovarianz gehört als zu dem a priori-Schätzwert $\hat{x}(k)$. Der entsprechende Sachverhalt wurde bereits bei dem Entwurf des diskreten Einheitsbeobachters im Zusammenhang mit Bild 25.3 erläutert.

26.3 Frequenzbereichsentwurf des reduzierten diskreten Kalman-Filters

Die Behandlung zeitdiskreter Systeme kann man über die z-Transformation [14], [15] im zugeordneten Bildbereich vornehmen. Wie in [63] gezeigt wurde, kennzeichnet das Blockschaltbild 24.4 auch eine nichtminimale Darstellung des reduzierten diskreten Beobachters, wenn man den Term $s^{-1}I_n$ durch den Verschiebeoperator $z^{-1}I_n$ (Speicher zur Verzögerung eines Zahlenwertes um eine Zeiteinheit $T = 1$) ersetzt. Führt man zur Beschreibung des diskreten Systems (26.1) die Übertragungsmatrix $F_w(z)$ ein, so gilt die Blockform

$$\begin{bmatrix} y_1(z) \\ y_2(z) \end{bmatrix} = \begin{bmatrix} F_{w1}(z) \\ F_{w2}(z) \end{bmatrix} \cdot w(z) + \begin{bmatrix} r(z) \\ 0 \end{bmatrix} \tag{26.20}$$

mit

$$F_w(z) = \begin{bmatrix} F_{w1}(z) \\ F_{w2}(z) \end{bmatrix} = \begin{bmatrix} C_1 \\ C_2 \end{bmatrix} \cdot (z \cdot I - A)^{-1} G\,. \tag{26.21}$$

Die anschließenden Überlegungen laufen parallel zu dem Vorgehen in Abschn. 24 und können durch Vergleiche nachvollzogen werden. Führt man für $F_w(z)$ die linksprime Zerlegung

$$F_w(z) = \bar{N}^{-1}(z) \cdot \bar{Z}_w(z) \tag{26.22}$$

ein und definiert zusätzlich

$$F_x(z) := \begin{bmatrix} C_1 \\ C_2 \end{bmatrix} \cdot (z \cdot I - A)^{-1} = \bar{N}^{-1}(z) \cdot \bar{Z}_x(z)\,, \tag{26.23}$$

dann ergibt sich analog zur Gl. (24.41) der Zusammenhang

$$\begin{bmatrix} C_1 \\ C_2 \end{bmatrix} \cdot (z \cdot I - A)^{-1} \cdot [K \quad P_2] + \begin{bmatrix} I_{m-\kappa} & 0 \\ 0 & 0_\kappa \end{bmatrix} = \bar{N}^{-1}(z) \cdot \tilde{\bar{N}}(z)\,, \tag{26.24}$$

wobei $\tilde{\tilde{N}}(z)$ die das Filter im Frequenzbereich parametrisierende Polynommatrix darstellt. Als zugehörige Blockdarstellung dient das schon bekannte Bild 24.7, wo formal s durch z zu ersetzen ist.

26.4　Umwandlung der Riccati-Gleichung

Der Filterentwurf im Frequenzbereich beruht auf der stationären Lösung der Riccati-Gleichung (26.13) mit $V(k + 1) \equiv V(k) \equiv V$:

$$V = AVA^{\mathrm{T}} - K\Psi_{\mathrm{r}}K^{\mathrm{T}} - P_2 XP_2^{\mathrm{T}} + G\Psi_{\mathrm{w}}G^{\mathrm{T}} \,. \tag{26.25}$$

Hierin bedeuten K und P_2 die *optimalen* Matrizen nach den Gln. (26.8) und (26.10); auf die Indizierung kann jedoch ebenso wie in Abschn. 24.5 weiterhin verzichtet werden.

Entsprechend dem kontinuierlichen Fall gilt folgende Überlegung: Die Gl. (26.25) enthält nur konstante Matrizen, folglich ist es ohne Nutzen, sie der z-Transformation zu unterwerfen. Um jedoch die mit der Matrix A gegebene *Dynamik des Grundsystems* in den z-Bereich einbringen zu können, modifiziert man Gl. (26.25) durch die Identität

$$V - AVA^{\mathrm{T}} = (z \cdot I - A)V(z^{-1} \cdot I - A^{\mathrm{T}}) + (z \cdot I - A)VA^{\mathrm{T}} + AV(z^{-1} \cdot I - A^{\mathrm{T}}) \,,$$

mit der die stationäre Riccati-Gleichung abgewandelt wird in

$$(z \cdot I - A)V(z^{-1} \cdot I - A^{\mathrm{T}}) + (z \cdot I - A)VA^{\mathrm{T}} + AV(z^{-1} \cdot I - A^{\mathrm{T}}) +$$

$$+ K\bar{\Psi}_{\mathrm{r}}K^{\mathrm{T}} + P_2 XP_2^{\mathrm{T}} = G\Psi_{\mathrm{w}}G^{\mathrm{T}} \,. \tag{26.25a}$$

Multipliziert man nun

von links mit $\begin{bmatrix} C_1 \\ C_2 \end{bmatrix} \cdot (z \cdot I - A)^{-1}$,

von rechts mit $(z^{-1} \cdot I - A^{\mathrm{T}})^{-1}[C_1^{\mathrm{T}} \quad C_2^{\mathrm{T}}]$,

dann erhält man

$$\begin{bmatrix} C_1 \\ C_2 \end{bmatrix} \cdot V[C_1^{\mathrm{T}} \quad C_2^{\mathrm{T}}] + \begin{bmatrix} C_1 \\ C_2 \end{bmatrix} \cdot VA^{\mathrm{T}}(z^{-1} \cdot I - A^{\mathrm{T}})^{-1}[C_1^{\mathrm{T}} \quad C_2^{\mathrm{T}}] +$$

$$+ \begin{bmatrix} C_1 \\ C_2 \end{bmatrix} \cdot (z \cdot I - A)^{-1} AV[C_1^{\mathrm{T}} \quad C_2^{\mathrm{T}}] +$$

$$+ \begin{bmatrix} C_1 \\ C_2 \end{bmatrix} (z \cdot I - A)^{-1}[K\bar{\Psi}_{\mathrm{r}}K^{\mathrm{T}} + P_2 XP_2^{\mathrm{T}}] \cdot (z^{-1} \cdot I - A^{\mathrm{T}})^{-1}[C_1^{\mathrm{T}} \quad C_2^{\mathrm{T}}] =$$

$$= \begin{bmatrix} C_1 \\ C_2 \end{bmatrix} (z \cdot I - A)^{-1} G\Psi_{\mathrm{w}}G^{\mathrm{T}}(z^{-1} \cdot I - A^{\mathrm{T}})^{-1}[C_1^{\mathrm{T}} \quad C_2^{\mathrm{T}}] \tag{26.26}$$

Mit den Gln. (26.8), (26.9) und mit $C_2 V = 0$ geht dieses Zwischenergebnis über in die Form

$$\left\{ \begin{bmatrix} C_1 \\ C_2 \end{bmatrix} \cdot (z \cdot I - A)^{-1} [K \quad P_2] + \begin{bmatrix} I & 0 \\ 0 & 0 \end{bmatrix} \right\} \cdot \begin{bmatrix} \bar{\Psi}_r & 0 \\ 0 & X \end{bmatrix} \cdot$$

$$\cdot \left\{ \begin{bmatrix} K^T \\ P_2^T \end{bmatrix} (z^{-1} \cdot I - A^T)^{-1} [C_1^T \quad C_2^T] + \begin{bmatrix} I & 0 \\ 0 & 0 \end{bmatrix} \right\} =$$

$$= \begin{bmatrix} \Psi_r & 0 \\ 0 & 0 \end{bmatrix} + \begin{bmatrix} C_1 \\ C_2 \end{bmatrix} \cdot (z \cdot I - A)^{-1} G \Psi_w G^T (z^{-1} \cdot I - A^T)^{-1} [C_1^T \quad C_2^T] .$$

$$(26.27)$$

Benutzt man nun noch die Beziehungen (26.21), (26.22) und die Produktform (26.24), so vereinfacht sich das vorstehende Ergebnis zu

$$\bar{N}^{-1}(z) \tilde{\bar{N}}(z) \cdot \begin{bmatrix} \bar{\Psi}_r & 0 \\ 0 & X \end{bmatrix} \cdot \tilde{\bar{N}}^T(z^{-1}) [\bar{N}^T(z^{-1})]^{-1} =$$

$$= \begin{bmatrix} \Psi_r & 0 \\ 0 & 0 \end{bmatrix} + \bar{N}^{-1}(z) \bar{Z}_w(z) \Psi_w \bar{Z}_w^T(z^{-1}) [\bar{N}^T(z^{-1})]^{-1} .$$

Nimmt man an diesem Zwischenergebnis eine Linksmultiplikation mit $\bar{N}(z)$ und eine Rechtsmultiplikation mit $\bar{N}^T(z^{-1})$ vor, so entsteht die der diskreten Riccati-Gleichung entsprechende Polynommatrixgleichung in z:

$$\tilde{\bar{N}}(z) \begin{bmatrix} \bar{\Psi}_r & 0 \\ 0 & X \end{bmatrix} \tilde{\bar{N}}^T(z^{-1}) = \bar{N}(z) \begin{bmatrix} \Psi_r & 0 \\ 0 & 0 \end{bmatrix} \bar{N}^T(z^{-1}) + \bar{Z}_w(z) \Psi_w \bar{Z}_w^T(z^{-1}), \quad (26.28)$$

wobei zur Abkürzung die Matrizen

$$\bar{\Psi}_r = \Psi_r + C_1 V C_1^T \quad \text{und} \tag{26.29}$$

$$X = C_2 \cdot [A V A^T - A V C_1^T \bar{\Psi}_r^{-1} C_1 V A^T + G \Psi_w G^T] \cdot C_2^T \tag{26.30}$$

eingeführt wurden.

Die rechte Seite von Gl. (26.28) entspricht gerade dem kontinuierlichen Fall nach Gl. (24.51), wobei s durch z und $-s$ durch z^{-1} zu ersetzen sind. Wiederum erkennt man an dem entscheidenden Ergebnis (26.28) den übersichtlichen Zusammenhang zwischen dem Filter reduzierter und demjenigen der vollen Ordnung: Wenn nur verrauschte Messungen vorliegen, dann ist die Matrix C_2 im Ansatz des Grundsystems nicht definiert, damit kommt X im Ergebnis nicht vor, und aus Gl. (26.28) entsteht die grundlegende Beziehung für den Entwurf des Filters voller Ordnung im z-Bereich:

$$\tilde{\bar{N}}(z) \bar{\Psi}_r \tilde{\bar{N}}^T(z^{-1}) = \bar{N}(z) \Psi_r \bar{N}^T(z^{-1}) + \bar{Z}_w(z) \Psi_w \bar{Z}_w^T(z^{-1}) . \tag{26.28a}$$

Die Entwurfsgleichung (26.28) führt zu einem stabilen optimalen Filter der reduzierten Ordnung $(n - \kappa)$, wenn die Bedingung

$$\operatorname{Rang} \begin{bmatrix} \bar{\boldsymbol{\Psi}}_{\mathrm{r}} & \boldsymbol{0} \\ \boldsymbol{0} & \boldsymbol{X} \end{bmatrix} = m \tag{26.31}$$

erfüllt ist, und wenn $F_{\mathrm{w}2}(z)$ keine Nullstellen auf dem Einheitskreis in der z-Ebene besitzt. Die Bedingung (26.31) läßt sich allerdings nur überprüfen, wenn die Zeitbereichslösung bekannt ist. Man kann aber zeigen [64], daß die einfacher überprüfbare Bedingung

$$\operatorname{Rang} \begin{bmatrix} \boldsymbol{\Psi}_{\mathrm{r}} & \boldsymbol{0} \\ \boldsymbol{0} & \boldsymbol{C}_2 \boldsymbol{G} \boldsymbol{\Psi}_{\mathrm{w}} \boldsymbol{G}^{\mathrm{T}} \boldsymbol{C}_2^{\mathrm{T}} \end{bmatrix} = m \tag{26.32}$$

zur Sicherstellung der Forderung (26.31) hinreicht. Diese Überprüfung kann man aber direkt im z-Bereich vornehmen, da nach Gl. (24.53a) aus Abschn. 24.5 die Matrix

$$\boldsymbol{C}_2 \boldsymbol{G} = \prod \{ z \cdot F_{\mathrm{w}2}(z) \} \tag{26.33}$$

für den Rang von $\boldsymbol{C}_2 \boldsymbol{G} \boldsymbol{\Psi}_{\mathrm{w}} \boldsymbol{G}^{\mathrm{T}} \boldsymbol{C}_2^{\mathrm{T}}$ entscheidend ist.

26.5 Lösung der Polynommatrixgleichung

Als Pendant zur stationären diskreten Riccati-Gleichung im z-Bereich hat sich durch eine identische Umformung die Polynommatrixgleichung (26.28) ergeben. Sie kann durch „spektrale Faktorisierung" gelöst werden, wofür ein Algorithmus verwendet werden kann [60]. Das Ergebnis dieser Faktorisierung ist eine Polynommatrix $\tilde{\bar{N}}_{\mathrm{R}}(z)$ mit der Eigenschaft

$$\tilde{\bar{N}}_{\mathrm{R}}(z) \tilde{\bar{N}}_{\mathrm{R}}^{\mathrm{T}}(z^{-1}) = \bar{N}(z) \begin{bmatrix} \boldsymbol{\Psi}_{\mathrm{r}} & \boldsymbol{0} \\ \boldsymbol{0} & \boldsymbol{0} \end{bmatrix} \bar{N}^{\mathrm{T}}(z^{-1}) + \bar{Z}_{\mathrm{w}}(z) \boldsymbol{\Psi}_{\mathrm{w}} \bar{Z}_{\mathrm{w}}^{\mathrm{T}}(z^{-1}) . \tag{26.34}$$

Wertet man den Produktansatz (26.24) in entsprechender Weise aus wie in Abschn. 24.4, so kann man zeigen, daß für die Matrix

$$\bar{N}_{\kappa}^{*}(z) = \prod \left\{ \bar{N}(z) \cdot \begin{bmatrix} \boldsymbol{I}_{\mathrm{m}-\kappa} & \boldsymbol{0} \\ \boldsymbol{0} & z^{-1} \boldsymbol{I}_{\kappa} \end{bmatrix} \right\} \tag{26.35}$$

die Beziehungen

$$\Gamma_{\mathrm{z}} \{ \tilde{\bar{N}}(z) \} = \Gamma_{\mathrm{z}} \{ \bar{N}^{*}(z) \} \cdot \begin{bmatrix} \boldsymbol{I}_{\mathrm{m}-\kappa} & \boldsymbol{0} \\ \boldsymbol{C}_2 \boldsymbol{K} & \boldsymbol{I}_{\kappa} \end{bmatrix} \quad \text{und} \tag{26.36}$$

$$\delta_{\mathrm{zj}} \{ \tilde{\bar{N}}(z) \} = \delta_{\mathrm{zj}} \{ \bar{N}_{\kappa}^{*}(z) \}, \quad j = 1, 2, \ldots, m \tag{26.37}$$

gelten; die Symbole Γ_{z} und δ_{zj} haben prinzipiell die gleichen Bedeutungen wie im s-Bereich, erläutert in Abschn. 24.2.

Beim kontinuierlichen Beobachter galt $C_2 K = 0$, und damit konnte die parametrisierende Matrix $\tilde{\tilde{N}}(s)$ sofort aus $\tilde{N}_R(s)$ mit Hilfe von $\bar{N}^{(\kappa)}(s)$ aus dem Ansatz für die Konstantmatrix R gewonnen werden (vgl. Abschn. 24.5).

Betrachtet man das optimale K nach Gl. (26.8), so erkennt man, daß beim reduzierten diskreten Kalman-Filter das Produkt $C_2 K$ nur in Spezialfällen verschwinden wird; folglich muß $C_2 K$ aus der z-Bereichslösung berechnet werden, damit die parametrisierende Matrix $\tilde{\tilde{N}}(z)$ berechnet werden kann. In [63] wird gezeigt, wie dieses Problem zu lösen ist: Danach gilt der Zusammenhang

$$[\Gamma_z\{\bar{N}_\kappa^*(z)\}]^{-1} \cdot \Gamma_z\{\tilde{\tilde{N}}_R(z)\} \cdot \Gamma_z^T\{\tilde{\tilde{N}}_R(z)\} \cdot [\Gamma_z^T\{\bar{N}_\kappa^*(z)\}]^{-1} =$$

$$= \begin{bmatrix} \bar{\Psi}_r & \bar{\Psi}_r K^T C_2^T \\ C_2 K \bar{\Psi}_r & C_2 K \bar{\Psi}_r K^T C_2^T + X \end{bmatrix} . \tag{26.38}$$

Da die Größen auf der linken Seite nach der Faktorisierung bekannt sind, ergibt sich das gesuchte Produkt $C_2 K$ aus der Beziehung

$$\begin{bmatrix} I \\ C_2 K \end{bmatrix} = \begin{bmatrix} \bar{\Psi}_r & \bar{\Psi}_r K^T C_2^T \\ C_2 K \bar{\Psi}_r & C_2 K \bar{\Psi}_r K^T C_2^T + X \end{bmatrix} \cdot \begin{bmatrix} \bar{\Psi}_r^{-1} \\ 0 \end{bmatrix} , \tag{26.39}$$

und damit läßt sich die parametrisierende Matrix $\tilde{\tilde{N}}(z)$ bestimmen:

$$\tilde{\tilde{N}}(z) = \tilde{N}_R(z) \cdot [\Gamma_z\{\tilde{\tilde{N}}_R(z)\}]^{-1} \cdot \Gamma_z\{\bar{N}_\kappa^*(z)\} \cdot \begin{bmatrix} I & 0 \\ C_2 K & I \end{bmatrix} . \tag{26.40}$$

Die äquivalente Zeitbereichsdarstellung gewinnt man über die Polynommatrixgleichung

$$\bar{Z}_x(z)[K \quad P_2] = \tilde{\tilde{N}}(z) - \bar{N}(z) \cdot \begin{bmatrix} I_{m-\kappa} & 0 \\ 0 & 0_\kappa \end{bmatrix} ,$$

wobei $\bar{Z}_x(z)$ aus der Zerlegung nach Gl. (26.23) zu entnehmen ist.

Damit ist der Entwurf diskreter reduzierter Kalman-Filter im z-Bereich abgeschlossen. Bei einer Verwendung zum Reglerentwurf ist das Filter durch die Matrix $\tilde{\tilde{N}}(z)$ vollständig parametrisiert; will man dagegen das Filter zur Rekonstruktion von Zustandsgrößen aus verrauschten Messungen einsetzen, dann macht man von dem aufgezeigten Weg über den Zeitbereich Gebrauch; ein übersichtliches Zahlenbeispiel findet man in der Originalarbeit [63].

Mit der Vorstellung des Kalman-Filterentwurfs für volle und reduzierte Ordnung im

Zeitbereich (t),
Frequenzbereich (s), im
Diskreten (k) und im zugehörigen
Frequenzbereich (z)

ist eine gewisse systemtheoretische Abrundung erreicht, die zum Einarbeiten in spezielle Probleme der weiterführenden Theorie und in technische Anwendungen befähigen sollte.

Epilog: Dynamik und Statistik

Die folgenden reflektierenden Gedankengänge zu dem Stoff und der Zielsetzung des Buches stellen weder eine abschließende Zusammenfassung noch einen nachgeschobenen Teil des Leitfadens für den Leser dar; vielmehr geht es um eine Überleitung zu einer Positionsbestimmung für Autor und Leser, um den Versuch einer Einordnung der behandelten Probleme als Bestandteile einer vielfältigen Grundausbildung, die zurückschauend feste und vorausschauend wandelbare Bestandteile aufweisen sollte.

Ausgangspunkt für die folgenden Überlegungen ist der umfassende Begriff einer Systemtheorie: Sie beschreibt physikalische, technische oder beliebige andere Systeme nicht primär durch die jeweiligen Bauelemente, sondern durch die *Vorgänge*, die sich in ihnen abspielen. „Beschreiben" bedeutet hier verschärft das Aufstellen mathematischer Modelle, und hierbei wird man sehr schnell an eine Grenze geführt, wenn *Musterfunktionen stochastischer Prozesse* ins Spiel kommen. Wir besitzen für diese lediglich *Symbole*, keine direkten analytischen Signalbeschreibungen wie im deterministischen Fall, etwa bei harmonischen oder sprungförmigen Signalen.

Der geläufige Begriff „Einschwingvorgang" ist weitgehend verknüpft mit unserem Anschauungsvermögen, mit der dynamischen Entwicklung eines Systems zwischen zwei Gleichgewichtszuständen, besonders vertraut etwa in Gestalt der Sprungantwort eines Systems. Bei Erregung eines Systems mit einem mittelwertfreien Geräusch ist dieser begriffliche Hintergrund zunächst nicht gegeben bzw. nicht erkennbar; in diesem Sinn steht ein stationäres Geräusch durchaus in einer gewissen Analogie zum „Ruhezustand" eines thermischen Systems mit seinen zufälligen Elementarbewegungen, die durch Mittelung Stationarität für die Definition von Druck und Temperatur als Mittelwerte aufweisen: *„Unruhe im Kleinen, Balance im Großen"*.

Eine hervorgehobene Entwicklungslinie bei der Verknüpfung von Dynamik und Statistik beginnt mit einer statistischen Modellierung im Mikrobereich. Die hierbei angesetzten Markov-Ketten mit ihrer charakteristischen Folge von Aufenthalt – Übergang – Aufenthalt – Übergang – usw. tragen bereits den Kern einer inneren Prozeßdynamik in sich, ohne daß eine Festlegung auf ein bestimmtes System gegeben zu sein braucht. Dies dürfte der tiefere Grund dafür sein, daß derartige Elementarmodelle über die Smoluchowski-Gleichung bis hin zur Fokker-Planck-Gleichung in ihrer allgemeinsten Fassung als Transportgleichung führen, mit der durch Anpassung der Koeffizienten die Phänomene

Wärmeleitung (Energietransport), Diffusion (Stofftransport) und elektrische Leitung (Ladungstransport) gebietsübergreifend erfaßt werden.

Wenn man vorerst sogenannte „komplexe Systeme" außer Betracht läßt, muß man vor eine analytisch praktikable Systemtheorie für stochastische Prozesse im Sinne von „Dynamik und Statistik" die geradezu plakativ anmutende Forderung *„Verknüpfung setzt Trennung voraus"* an den Anfang stellen: Das bedeutet die Beschränkung statistischer Eigenschaften auf die *Signale* und davon deutlich abgegrenzt auf *deterministische Systeme.* Wenn sich diese Abgrenzung verwischt, schwindet die Aussicht auf herkömmliche analytische Verknüpfungen, wobei „herkömmlich" eine weitere, gänzlich anders geartete Abgrenzung andeutet, nämlich gegenüber *komplexen Systemen.*

Eine weitere Entwicklungslinie weist deutlicher in den Bereich ingenieurwissenschaftlicher Fragestellungen wie in der Nachrichtentechnik und in der Regelungstechnik: Wie werden Geräusche von (linearen) Systemen verformt bzw. gefiltert? Es wurde oben schon erwähnt, daß in diesem Zusammenhang zunächst der vertraute Begriff des Einschwingens nicht zum Tragen kommt; er wird jedoch von den Geräuschen selbst verlagert auf das *Einschwingen von Geräuschparametern,* analytisch bestimmt durch die Entwicklungsgleichungen für den linearen Mittelwert und die Kovarianz. Bemerkenswerterweise ist das allgemeinere Problem der dynamischen Entwicklung einer Verteilungsdichtefunktion (in einem linearen System 1. Ordnung) zeitlich schon früher gelöst worden, und hier schließt sich der Kreis der Überlegungen bei der schon genannten Fokker-Planck-Gleichung für die zeitliche und räumliche Entwicklung einer Gaußschen Verteilungsdichtefunktion.

In diesem Zusammenhang muß darauf hingewiesen werden, daß wir uns bei dem Begriff Einschwingvorgang stark auf unsere Anschauung und intuitive Erfahrung stützen. Wir besitzen kein *Formempfindungsvermögen* für die Feinstruktur und Kohärenz von Geräuschen; dessen ungeachtet erwartet man jedoch bei einem wie auch immer vorgenommenen Vergleich zwischen Eingangsrauschen und Ausgangsrauschen *systemeigene Charakteristika* – um es unvoreingenommen zu formulieren. Hier darf man sich von einer wichtigen und letztlich unanschaulichen Eigenschaft der Kreuzkorrelation überraschen lassen: Bei entsprechend hohem Aufwand an Meßzeit liefert sie einen mehr oder weniger brauchbaren Schätzwert für die Impulsantwort des Systems in einem stroboskopartig gedehnten Zeitmaßstab, also eine deterministische Kennfunktion, die sich bei weißem Meßgeräusch theoretisch exakt ergibt.

Mit dem hier umrissenen grundlegenden Rüstzeug aus Dynamik und Statistik kann man sich konkreten technischen Anwendungen widmen, im vorliegenden Buch der modellgestützten optimalen Filterung als einem Problem der allgemeinen *Beobachtertheorie,* die außerhalb der Ingenieurwissenschaften unter allgemeinerer Betrachtungsweise auch Gegenstand der Theoretischen Physik ist.

Wir kommen abschließend zu einigen *neueren Entwicklungen und offenen Fragestellungen.* Unbeantwortet ist noch die Frage, wie umfassend der Begriff der Gleichgewichtsstrukturen ist, die durch Überlagerung sehr zahlreicher

Elementarprozesse zustandekommen. Hier gelangt man zu Grenzfragen der Entstehung von Turbulenzen in Gasen und Flüssigkeiten und schließlich zur „Komplexität" durch die polaren Begriffe *Ordnung und Chaos*, nicht weit entfernt von den klassischen Gegensätzen *Dynamik und Statistik*, aber mit grundsätzlich neuen Phänomenen bei spontanem Systemverhalten, beim Übergang zu chaotischem Verhalten durch destabilisierende Zunahme von Bifurkationen, die wieder in neue Ordnungszustände führen können. Hier werden Modellbildungen besonders kompliziert, weil nichtlineare und nicht mehr voneinander separierbare Phänomene auftreten. Bezugnehmend auf den Stoff des vorliegenden Buches sei vermerkt, daß auch mit stochastisch erregten *nichtlinearen* Systemen umfangreiche Erfahrungen vorliegen, die nicht unbedingt über größere Schwierigkeiten zugänglich sind. Man mag vielleicht nicht erwarten, daß die hier behandelten Verfahren versagen, wenn man lineare zeitinvariante Systeme beibehält, aber nicht Gauß-verteilte Geräusche zuläßt. Das größere Problem beim Übergang zu komplexen Systemen – um darauf zurückzukommen – bereitet das *Verlorengehen der Separierbarkeit* zusammenwirkender Phänomene.

Alle Erscheinungen als zeitliche Entwicklungen, die wir beobachten, einschließlich der Lebensformen, beruhen letztlich auf der Tatsache, daß sich unsere Welt in einem *gleichgewichtsfernen Zustand* befindet, der Entwicklungen durch den Abbau von Ungleichgewichten ermöglicht. Diese Möglichkeiten sind belegt mit *Wahrscheinlichkeiten* für das Entstehen neuer, stabiler Strukturen beim Vorhandensein von Ordnungsparametern; die Systeme durchlaufen insgesamt eine irreversible Entwicklung, wir kennen bisher *nur vorübergehende* Verstöße gegen den universellen Zweiten Hauptsatz (nicht nur der Thermodynamik).

Allgemein eröffnet sich die Suche nach weiteren Systemklassen, die eine Transformation zwischen Dynamik und Statistik (in der zeitnahen analytischen Formulierung von Nicolis und Prigogine) erlauben. Wir kennen heute die große Klasse der Systeme mit *Bruch der Zeitsymmetrie*, von denen ja schon laufend die Rede ist, wir leben in ihnen.

Die hier behandelten Verknüpfungen zwischen Dynamik und Statistik beruhen auf der Ausgangsbasis einer scharfen Trennung, die übrigens kein abstraktes Zugeständnis an eine praktikable systemtheoretische Beschreibung ist, sondern weitgehend wirklichkeitsnahe Züge trägt. Beim Übergang zu komplexen Systemen geht diese Abgrenzung verloren; man betritt Neuland, in welchem eine gute Synthese aus Intuition und wissenschaftlicher Strenge neue Einsichten erwarten läßt.

Anhang

Das Arbeiten mit dem Stoff des vorliegenden Buches setzt bei dem Leser gründliche Kenntnisse der Matrizenrechnung voraus, die üblicherweise in den mathematischen Grundvorlesungen vermittelt werden.

Zu diesem Grundwissen gehört normalerweise nicht mehr der Umgang mit den verschiedenartigen Ableitungen, die im Zusammenspiel zwischen Skalaren, Vektoren und Matrizen auftreten und die zum Arbeiten mit diesem Buch sowie mit weiterführender Literatur parat sein sollten.

Diesen Fragen ist der Anhang gewidmet, aufbauend auf einschlägigen Quellen [28, 40, 82] und ergänzt durch zahlreiche, aus den Grundbeziehungen entwickelte Formeln für die verschiedenen Arten der Differentiation.

A1   Ableitung von Skalaren nach Vektoren und Matrizen

1.1   Ein Skalar f kann sowohl nach einem Spaltenvektor x als auch nach einem Zeilenvektor x^T abgeleitet werden:

$$\frac{\partial f}{\partial x^T} = \left[\frac{\partial f}{\partial x_1} \; \frac{\partial f}{\partial x_2} \cdots \frac{\partial f}{\partial x_n} \right],$$

$$\frac{\partial f}{\partial x} = \left[\frac{\partial f}{\partial x^T} \right]^T$$

1.2   Es sei $f(K)$ eine skalare Funktion der (n, n)-Matrix

$$K = \begin{bmatrix} k_{11} & k_{12} & \cdots & k_{1n} \\ k_{21} & k_{22} & \cdots & k_{2n} \\ \vdots & & & \vdots \\ k_{n1} & k_{n2} & \cdots & k_{nn} \end{bmatrix} = [k_1 \; k_2 \ldots k_n];$$

dann ergibt sich als Ableitung die Matrix

$$\frac{\partial f}{\partial \boldsymbol{K}} = \begin{bmatrix} \dfrac{\partial f}{\partial k_{11}} & \dfrac{\partial f}{\partial k_{12}} & \cdots & \dfrac{\partial f}{\partial k_{1n}} \\[2ex] \dfrac{\partial f}{\partial k_{21}} & \dfrac{\partial f}{\partial k_{22}} & \cdots & \dfrac{\partial f}{\partial k_{2n}} \\[2ex] \vdots & & & \\[2ex] \dfrac{\partial f}{\partial k_{n1}} & \dfrac{\partial f}{\partial k_{n2}} & \cdots & \dfrac{\partial f}{\partial k_{nn}} \end{bmatrix} = \begin{bmatrix} \dfrac{\partial f}{\partial \boldsymbol{k}_1} & \dfrac{\partial f}{\partial \boldsymbol{k}_2} & \cdots & \dfrac{\partial f}{\partial \boldsymbol{k}_n} \end{bmatrix}.$$

A2 Ableitung von Vektoren nach Vektoren

Gegeben seien zwei Spaltenvektoren $\boldsymbol{f}$ und $\boldsymbol{x}$ mit

$$\boldsymbol{f}^{\mathrm{T}} = [f_1 \; f_2 \cdots f_n]\,,$$

$$\boldsymbol{x}^{\mathrm{T}} = [x_1 \; x_2 \ldots x_n]\,,$$

und es bestehen folgende Möglichkeiten:

2.1 Ableitung des Zeilenvektors $\boldsymbol{f}^{\mathrm{T}}$ nach dem Spaltenvektor $\boldsymbol{x}$:

$$\frac{\partial \boldsymbol{f}^{\mathrm{T}}}{\partial \boldsymbol{x}} = \begin{bmatrix} \dfrac{\partial f_1}{\partial x_1} & \dfrac{\partial f_2}{\partial x_1} & \cdots & \dfrac{\partial f_n}{\partial x_1} \\[2ex] \dfrac{\partial f_1}{\partial x_2} & \dfrac{\partial f_2}{\partial x_2} & \cdots & \dfrac{\partial f_n}{\partial x_2} \\[2ex] \vdots & & & \vdots \\[2ex] \dfrac{\partial f_1}{\partial x_n} & \dfrac{\partial f_2}{\partial x_n} & \cdots & \dfrac{\partial f_n}{\partial x_n} \end{bmatrix}$$

2.2 Ableitung des Spaltenvektors $\boldsymbol{f}$ nach dem Zeilenvektor $\boldsymbol{x}^{\mathrm{T}}$:

$$\frac{\partial \boldsymbol{f}}{\partial \boldsymbol{x}^{\mathrm{T}}} = \begin{bmatrix} \dfrac{\partial f_1}{\partial x_1} & \dfrac{\partial f_1}{\partial x_2} & \cdots & \dfrac{\partial f_1}{\partial x_n} \\[2ex] \dfrac{\partial f_2}{\partial x_1} & \dfrac{\partial f_2}{\partial x_2} & \cdots & \dfrac{\partial f_2}{\partial x_n} \\[2ex] \vdots & & & \\[2ex] \dfrac{\partial f_n}{\partial x_1} & \dfrac{\partial f_n}{\partial x_2} & \cdots & \dfrac{\partial f_n}{\partial x_n} \end{bmatrix}$$

2.3   Kettenregel der Differentiation

Für eine Vektorfunktion $f = g(x)$ gilt

$$\frac{\mathrm{d}}{\mathrm{d}x^{\mathrm{T}}} f[g(x)] = \frac{\partial f}{\partial g^{\mathrm{T}}} \cdot \frac{\mathrm{d}g}{\mathrm{d}x^{\mathrm{T}}}$$

A3   Ableitungen nach der Zeit

Für zeitabhängige Vektoren und Matrizen gelten die folgenden Formeln:

$$\frac{\mathrm{d}}{\mathrm{d}t} A^{\mathrm{T}}(t) = \left[\frac{\mathrm{d}}{\mathrm{d}t} A(t)\right]^{\mathrm{T}}$$

$$\frac{\mathrm{d}}{\mathrm{d}t}[A(t)\cdot B(t)] = \dot{A}(t)B(t) + A(t)\dot{B}(t)$$

$$\frac{\mathrm{d}}{\mathrm{d}t}[Ax(t)] = A\dot{x}(t)$$

$$\left.\begin{aligned}\frac{\mathrm{d}}{\mathrm{d}t}[x^{\mathrm{T}}(t)Az(t)] &= \dot{x}^{\mathrm{T}}(t)Az(t) + x^{\mathrm{T}}(t)A\dot{z}(t) \\ &= z^{\mathrm{T}}(t)A^{\mathrm{T}}\dot{x}(t) + x^{\mathrm{T}}(t)A\dot{z}(t)\end{aligned}\right\} \quad \text{Skalar}$$

$$\frac{\mathrm{d}}{\mathrm{d}t}f[x(t), z(t)] = \frac{\partial f}{\partial x^{\mathrm{T}}} \cdot \dot{x}(t) + \frac{\partial f}{\partial z^{\mathrm{T}}} \cdot \dot{z}(t)$$

$$\frac{\mathrm{d}}{\mathrm{d}t}[A^{3}(t)] = \dot{A}(t)A^{2}(t) + A(t)\dot{A}(t)A(t) + A^{2}(t)\dot{A}(t)$$

$$Q(t) = A^{-1}(t) \text{ führt auf } \dot{Q}(t) = -Q(t)\dot{A}(t)Q(t)$$

A4   Anwendungen der allgemeinen Ableitungsvorschriften

4.1   Ableitungen nach Vektoren

Es sei $A = [a_1 \, a_2 \, \ldots \, a_n]$

und $z^{\mathrm{T}}Ax = z^{\mathrm{T}}a_1 x_1 + z^{\mathrm{T}}a_2 x_2 + \ldots + z^{\mathrm{T}}a_n x_n$;

dann entsteht durch Differentiation nach x die einspaltige Matrix

$$\frac{\partial}{\partial x}[z^{\mathrm{T}}Ax] = \begin{bmatrix} z^{\mathrm{T}}a_1 \\ z^{\mathrm{T}}a_2 \\ \vdots \\ z^{\mathrm{T}}a_n \end{bmatrix} = \begin{bmatrix} a_1^{\mathrm{T}}z \\ a_2^{\mathrm{T}}z \\ \vdots \\ a_n^{\mathrm{T}}z \end{bmatrix} = A^{\mathrm{T}}z \, .$$

Entsprechend entsteht aus

$$x^{\mathrm{T}}Az = x^{\mathrm{T}}a_1 z_1 + x^{\mathrm{T}}a_2 z_2 + \ldots + x^{\mathrm{T}}a_{\mathrm{n}} z_{\mathrm{n}}$$

die einspaltige Matrix

$$\frac{\partial}{\partial x}[x^{\mathrm{T}}Az] = [a_1\ a_2\ \ldots\ a_{\mathrm{n}}]\cdot z = A\cdot z\ .$$

Auf diesen Grundlagen findet man die folgenden Ableitungen nach Vektoren:

$$\frac{\partial}{\partial x^{\mathrm{T}}}[z^{\mathrm{T}}Ax] = z^{\mathrm{T}}A$$

$$\frac{\partial}{\partial x^{\mathrm{T}}}[x^{\mathrm{T}}Az] = z^{\mathrm{T}}A^{\mathrm{T}}$$

$$\frac{\partial}{\partial x}[x^{\mathrm{T}}Ax] = [A + A^{\mathrm{T}}]\cdot x \to 2Ax \quad \text{für } A^{\mathrm{T}} = A$$

$$\frac{\partial}{\partial x^{\mathrm{T}}}[x^{\mathrm{T}}Ax] = x^{\mathrm{T}}\cdot [A + A^{\mathrm{T}}] \to 2x^{\mathrm{T}}A \quad \text{für } A^{\mathrm{T}} = A$$

$$\frac{\partial}{\partial x}[(z - Bx)^{\mathrm{T}}A(z - Bx)] = -2B^{\mathrm{T}}A^{\mathrm{T}}\cdot(z - Bx) \quad \text{für } A^{\mathrm{T}} = A$$

4.2 Spurbildung für Matrizen

● Allgmein gelten für quadratische Matrizen die Zusammenhänge

$$\mathrm{spur}\,[A] = \sum_{i=1}^{n} a_{\mathrm{ii}}$$

$$\mathrm{spur}\,[A] = \mathrm{spur}\,[A^{\mathrm{T}}]$$

$$\mathrm{spur}\,[A + B] = \mathrm{spur}\,[A] + \mathrm{spur}\,[B]$$

Für die Matrizen $B(n, m)$, $C(m, n)$ und damit $BC(n, n)$, $CB(m, m)$ gilt

$$\mathrm{spur}\,[BC] = \mathrm{spur}\,[CB] = \mathrm{spur}\,[B^{\mathrm{T}}C^{\mathrm{T}}] = \mathrm{spur}\,[C^{\mathrm{T}}B^{\mathrm{T}}]$$

● Für zwei Vektoren x, z und die Matrix $A(n, n)$ gilt

$$\mathrm{spur}\,[xz^{\mathrm{T}}] = \mathrm{spur}\,[x^{\mathrm{T}}z] = x^{\mathrm{T}}z$$

$$\mathrm{spur}\,[Axz^{\mathrm{T}}] = \mathrm{spur}\,[z^{\mathrm{T}}Ax] = z^{\mathrm{T}}Ax = x^{\mathrm{T}}A^{\mathrm{T}}z$$

● Bei statistischen Anwendungen gelten die folgenden Erwartungswerte für die Zufallsvektoren $x = x(e)$ und $z = z(e)$ in Verbindung mit der Matrix $A(n, n)$:

$$\mathscr{E}\{x^{\mathrm{T}}Ax\} = \mu_{\mathrm{x}}^{\mathrm{T}}A\mu_{\mathrm{x}} + \mathrm{spur}\,[AV_{\mathrm{x}}]\ ,$$

$$\mathscr{E}\{x^{\mathrm{T}}Az\} = \mu_{\mathrm{x}}^{\mathrm{T}}A\mu_{\mathrm{z}} + \mathrm{spur}\,[AV_{\mathrm{xz}}]\ ,$$

dabei sind V_{x} und V_{xz} die zugehörigen Kovarianzmatrizen.

4.3 Ableitungen der Spur von Matrizen

- Ableitungen nach Vektoren

$$\frac{\partial}{\partial x}\,\mathrm{spur}[xz^{\mathrm{T}}] = z$$

$$\frac{\partial}{\partial x^{\mathrm{T}}}\,\mathrm{spur}[xz^{\mathrm{T}}] = z^{\mathrm{T}}$$

$$\frac{\partial}{\partial x}\,\mathrm{spur}[zx^{\mathrm{T}}] = z$$

$$\frac{\partial}{\partial x^{\mathrm{T}}}\,\mathrm{spur}[zx^{\mathrm{T}}] = z^{\mathrm{T}}$$

$$\frac{\partial}{\partial x}\,\mathrm{spur}[Axz^{\mathrm{T}}] = \frac{\partial}{\partial x}\,\mathrm{spur}[z^{\mathrm{T}}Ax] = A^{\mathrm{T}}z$$

$$\frac{\partial}{\partial x}\,\mathrm{spur}[x^{\mathrm{T}}Az] = \frac{\partial}{\partial x}\,[x^{\mathrm{T}}Az] = Az \quad (x^{\mathrm{T}}Az \text{ ist ein Skalar})$$

$$\frac{\partial}{\partial x}\,\mathrm{spur}[x^{\mathrm{T}}Ax] = \frac{\partial}{\partial x}\,[x^{\mathrm{T}}Ax] = [A + A^{\mathrm{T}}]\cdot x \to 2Ax \quad \text{für } A^{\mathrm{T}} = A$$

$$\frac{\partial}{\partial x^{\mathrm{T}}}\,\mathrm{spur}[x^{\mathrm{T}}Ax] = \frac{\partial}{\partial x^{\mathrm{T}}}\,[x^{\mathrm{T}}Ax] = x^{\mathrm{T}}\cdot[A + A^{\mathrm{T}}] \to 2x^{\mathrm{T}}A \quad \text{für } A^{\mathrm{T}} = A$$

- Ableitungen nach einer Matrix

$$\frac{\partial}{\partial K}\,\mathrm{spur}[KA] = A^{\mathrm{T}}$$

$$\frac{\partial}{\partial K}\,\mathrm{spur}[AK^{\mathrm{T}}] = A$$

$$\frac{\partial}{\partial K}\,\mathrm{spur}[KAK^{\mathrm{T}}] = K\cdot[A + A^{\mathrm{T}}] \to 2KA \quad \text{für } A^{\mathrm{T}} = A$$

$$\frac{\partial}{\partial K}\,\mathrm{spur}[BKAK^{\mathrm{T}}B^{\mathrm{T}}] = B^{\mathrm{T}}BK\cdot[A^{\mathrm{T}} + A] \to 2B^{\mathrm{T}}BKA \quad \text{für } A^{\mathrm{T}} = A$$

A5   Programm zur digitalen Realisierung eines Kalman-Filters

Die im Abschn. 25.6 vorgestellten Ergebnisse wurden mit dem nachfolgenden Programm (MatLab) erzielt. Es bildet die Grundlage zu einem weitgehend flexibel gestaltbaren, von H. Henneberger aufbereiteten Hörsaalexperiment in der zweisemestrigen Vorlesung „Systemtheorie für stochastische Prozesse" des Verfassers.

Die verwendeten Symbole sind programmtechnisch angepaßt und gegenüber den Symbolen von Abschn. 25 nachvollziehbar abgewandelt.

```
% Entwurf und Simulation eines diskreten KALMAN-Filters
%
%
% Nach Programmbeendigung stehen für eine weitergehende graphische
% Aufbereitung folgende Größen und Signale zur Verfügung:
%      V    – Elemente der Fehlerkovarianzmatrix
%      K    – KALMAN-Korrektur
%      M    – verbesserte KALMAN-Korrektur
%             (durch Einbeziehung der jeweils neuesten Messung)
%      z, r – Nutz- bzw. Meßgeräusch
%      x    – Zustandsgrößen des Grundsystems
%      xd   – Schätzwert des KALMAN-Beobachters für x
%      xdp  – verbesserter Schätzwert des KALMAN-Beobachters für x
%      e    – Fehlersignal:   e = x − xd
%      ep   – Fehlersignal:  ep = x − xdp

% Hinweise zur Programmimplementierung:
%      – A′ bezeichnet in MatLab die zu A transponierte Matrix
%      – Die seit k → − ∞ bestehende Erregung des Grundsystems wird
%        programmtechnisch durch eine Simulation über eine endliche
%        Dauer ersetzt.

cls
disp ('Berechnung und Simulation des diskreten KALMAN-Filters');
disp ('−− −−−−−−−−−−−−−−−−−−−−−−−−−−−−−−−−−−−−−−−−−−−−−');
disp ('');

% Festlegung der Simulationsdauer     k = k0 . . . 0 . . . kend
   kend   =    400;        % Endzeitpunkt der Simulation
   k0     = −100;          % Vorlauf für die Simulation des
                           % Grundsystems

% Daten des Grundsystems:    x(k + 1) = A * x(k) + G * z(k)
%                            y(k)     = C * x(k) +      r(k)

A  =  [  0.000   1.000
        −0.765   1.750 ];

G  =  [  0.033
         0.100 ];

C  =  [  0.600   0.800 ];
```

```matlab
% Rauschkenngrößen:
  Psi_z = 4;
  Psi_r = 1;


% ------------------------------
% Berechnung des KALMAN-Filters
% ------------------------------

  clear V K M                      % Löschen der alten Variablenwerte
  n = length(G);                   % Systemordnung


% Berechne Anfangswert der Fehlerkovarianzmatrix V(0):
% Annahmen:   1.) Grundsystem wird seit unendlich langer Zeit mit dem
%                  Nutzgeräusch z(k) erregt.
%             2.) KALMAN-Filter wird zum Zeitpunkt k = 0 zugeschaltet
%
% → Berechnung von V(0) über die stationäre Lösung der Kovarianzentwicklungs-
%    gleichung des Zustandsvektors x(k):
%                  Vx(k + 1) = A * Vx(k) * A' + G * Psi_z * G'


  GzG = G * Psi_z * G';
  V(1,:) = (inv(eye(n * n) - kron(A, A)) * GzG(:))';
  Vk = reshape(V(1,:), n, n);


% Lösung der diskreten RICCATI-Differenzengleichung
  disp ('Lösung der diskreten RICCATI-Differenzengleichung ...');
  for k = 2:1:kend + 1,
      Psi_rq = Psi_r + C * Vk * C';
      Vk     = A * Vk * A' - A * Vk * C' * inv(Psi_rq) * C * Vk * A' + GzG;
      V(k,:) = Vk(:)';
  end;


% Bestimmung der optimalen Korrekturmatrizen K(k) und M(k) aus der
% Fehlerkovarianzmatrix V(k)
  disp ('Berechnung der optimalen Korrekturmatrizen K und M ...');
  disp ('');
  for k = 1:1:kend + 1,
      Vk(:) = V(k,:);
      Psi_rq = Psi_r + C * Vk * C';
      Mk = Vk * C' * inv(Psi_rq);
      Kk = A * Mk;
      M(k,:) = Mk(:)';
      K(k,:) = Kk(:)';
  end;
  clear Vk Mk Kk GzG Psi_rq
```

```
% -------------------------------
% Simulation des KALMAN-Filters
% -------------------------------


% Erzeuge gaußverteilte Rauschsignalfolgen z(k) und r(k)
    disp ('Erzeuge diskrete Rauschsignalfolgen z(k) und r(k) ... ');
    rand ('seed', 0);   rand ('normal');
    z0 = sqrt(Psi_z) * rand(abs(k0), 1);
    z  = sqrt(Psi_z) * rand(kend + 1, 1);
    r  = sqrt(Psi_r) * rand(kend + 1, 1);
    rand ('uniform');


% System wird seit "unendlich" langer Zeit mit Nutzgeräusch erregt.
    disp ('Bestimmung des Anfangswertes x(0)');
    [y, x] = dlsim (A, G, C, 0, z0);
    x0 = x (length (z0), :);
    clear x  y  z0


% Simulation des Grundsystems
    disp  ('Simulation des Grundsystems ...');
    [y, x] = dlsim (A, G, C, 0, z, x0);
    x     = x;
    y     = y + r;


% Simulation des KALMAN-Beobachters
    disp ('Simulation des KALMAN-Beobachters ... ');
    clear xd xdp
    Mk (:) = M (1, :);
    xd (:, 1) = zeros (n, 1);              % Anfangswerte für das
    xdp (:, 1) = Mk * y(1);                % KALMAN-Filter
    for k = 2 : 1 : kend + 1,
        Mk (:) = M (k, :);
        xd (:, k) = A * xdp (:, k - 1);
        xdp (:, k) = xd (:, k) + Mk * (y(k) - C * xd (:, k));
    end;
    xd  = xd';
    xdp = xdp';


% Berechne Fehlersignale
    e = x - xd;
    ep = x - xdp;
    clear Vk  Mk  Kk  GzG  Psi_rq  n  x0  k0
```

```
%  ----------
%  Grafikausgabe
%  ----------

%  Generiere Zeitvektor für Grafikausgaben
   k = [0:1:kend]';

   disp('');
   if getkey('Grafische Ausgabe der Größen erwünscht (J/N)','jn')=='J'
      mplot(k,[y'; r'; z']);
      title(['Diskretes KALMAN-Filter mit S/N = ', num2str(Psi_z/Psi_r)]);
      pause;
      mplot(k,[xd(:,1) x(:,1) xd(:,2) x(:,2)]', [-4,4]);
      pause;
      mkplot(k(1:31), [K(1:31,1)'; K(1:31,2)'], [0,0.7]);
      title ('Einschwingvorgang der KALMAN-Korrekturen K(k)');
   end
```

Literaturverzeichnis

1. Sage, A.P., Melsa, J.L.: Estimation Theory with Applications to Communications and Control. R.E. Krieger Publishing Comp. Huntington N.Y. (1979)
2. v. Weizsäcker, C.F.: Aufbau der Physik, Verlag Hanser (1985)
3. Gerthsen–Kneser–Vogel: Physik, Springer-Verlag, Berlin, Heidelberg, New York (1982)
4. Hund, F.: Theoretische Physik III, Verlag B.G. Teubner, Stuttgart (1966)
5. Papoulis, A.: Probability, Random Variables and Stochastic Processes, McGraw Hill Int. Ed. N.Y. (1986)
6. Schlitt, H.: Systemtheorie für regellose Vorgänge, Springer-Verlag, Berlin, Göttingen, Heidelberg (1960)
7. Haken, H.: Synergetik, Springer-Verlag, Berlin, Heidelberg, New York (1982)
8. Nichols, G., Prigogine, I.: Die Erforschung des Komplexen, Verlag Piper, München (1986)
9. Hund, F.: Geschichte der physikalischen Begriffe, Bibliogr. Inst. Mannheim, Bd. 543 (1972)
10. Bendat, J.S., Piersol, A.G.: Random Data: Analysis and Measurement Procedures, Wiley Interscience, N.Y. (1971)
11. Giloi, W.: Simulation und Analyse stochastischer Vorgänge, Verlag R. Oldenbourg, München, Wien (1970)
12. Leondes, C.T. (Herausgeber): Theory and Applications of Kalman Filtering, University California, Los Angeles (1970)
13. Laning, J.H., Battin, R.H.: Random Processes in Automatic Control, McGraw Hill Book Comp. N.Y. (1956)
14. Schüssler, H.W.: Digitale Signalverarbeitung I, Springer-Verlag, Berlin, Heidelberg, New York (1988)
15. Stearns, S.D.: Digitale Verarbeitung analoger Signale, Verlag R. Oldenbourg, München (1979)
16. Wax, N.: Selected Papers on Noise and Stochastic Processes, Dover Publications N.Y. (1954)
17. Hund, F.: Grundbegriffe der Physik, Bibliogr. Institut Mannheim, Bd. 449/449a (1969)
18. Hippe, P., Wurmthaler, Ch.: Zustandsregelung, Springer-Verlag, Berlin, Heidelberg, New York (1985)

19. Schlitt, H.: Regelungstechnik, Physikalisch orientierte Darstellung fachübergreifender Prinzipien, Vogel-Verlag, Würzburg, 2. Auflage (1993)

20. Isermann, R.: Identifikation dynamischer Systeme I, Springer-Verlag, Berlin, Heidelberg, New York (1988)

21. Schlitt, H.: Theorie geregelter Systeme: Stochastische Vorgänge in linearen und nichtlinearen Regelkreisen, Verlag Vieweg, Braunschweig (1968)

22. Friedland, B.: Control System Design, McGraw Hill Book Comp. N.Y. (1986)

23. Langevin, P.: Sur la théorie du mouvement brownien, C.R. Acad. Sci., Paris 146 (1908)

24. Einstein, A.: On the Theory of Brownian Movement, Annalen der Physik 17 (1905)

25. Thom, R.: Structural Stability and Morphogenesis, W.A. Benjamin Readings, Mass. (1975)

26. Newton, G.C., Gould, L.A., Kaiser, J.F.: Analytical Design of Linear Feedback Controls, J. Wiley & Sons, N.Y. (1957)

27. Arnold, L.: Stochastische Differentialgleichungen, Verlag R. Oldenbourg, München (1973)

28. McGarty, T.P.: Stochastic Systems and State Estimation, Wiley & Sons, N.Y. (1974)

29. Unbehauen, R.: Systemtheorie, Verlag R. Oldenbourg, München, Wien, 5. Auflage (1990)

30. Prigogine, I., Stengers, I.: Dialog mit der Natur, Verlag Piper, München, Zürich (1981)

31. Kailath, Th.: A View of Three Decades of Linear Filtering Theory, IEEE Trans. on Inf. Theory, Vol. IT20, Nr. 2 (1974)

32. Wiener, N.: Extrapolation, Interpolation and Smoothing of Stationary Time Series, Technology Press and Wiley, N.Y. (1949)

33. Gilchriest, C.E.: Application of the Phase-Locked Loop to the Telemetry as a Discriminator or Tracking Filter, IEEE Trans. on Telemetry and Remote Control, Vol. TRC-6 (1958)

34. Kalman, R.E.: A New Approach to Linear Filtering and Prediction Problems, Journ. Basic Eng. Vol. 82 (1960)

35. Kalman, R.E., Bucy, R.S.: New Results in Linear Filtering and Prediction Theory, Trans. ASME, Ser. D.J. Basic Eng., Vol. 83 (1961)

36. Kalman, R.E.: Lectures on Controllability and Observability, Lecture Notes, CIME, Bologna (1968)

37. Chi-Tsong, Chen: Linear System Theory and Design, Holt, Rinehart and Winston, Inc., N.Y. (1970)

38. Schlitt, H.: Bemerkungen zu den Riccati-Gleichungen beim Entwurf von Kalman-Filtern, Automatisierungstechnik 38, Nr. 1, Verlag R. Oldenbourg (1990)

39. Schlitt, H.: Eine kompakte Herleitung der Entwurfsgleichungen für das Kalman-Filter, AEÜ, Bd. 43, H.4 (1989)

40. Gelb, A. et al.: Applied Optimal Estimation, MIT Press, Cambridge (1974)

41. Wrzesinski, R.: Wiener- und Kalman-Filter und ihre Bedeutung für die Nachrichtentechnik, AEÜ, Bd. 27, H. 2 (1973)

42. Shannon, C.E., Weaver, W.: The Mathematical Theory of Communication, Urbana/USA (III), (1949)

43. Luenberger, D.G.: Observing the State of a Linear System, IEEE Trans. Milit. Electronics, Mil-8 (1964)

44. Vaughan, D.R.: A Nonrecursive Algebraic Solution of the Discrete Riccati Equation, IEEE Trans. Autom. Control, Vol AC-15, Nr. 5 (1970)

45. Brammer, K., Siffling, G.: Kalman-Filter, Verlag R. Oldenbourg, München (1989)

46. Bass, R.W.: Machine Solution of Higher Order Riccati-Matrix Equations, Techn. Rep. Douglas Aircraft, Santa Monica (1967)

47. Schrick, K.-W.: Anwendungen der Kalman-Filter-Technik, Verlag R. Oldenbourg, München, Wien (1977)

48. Lange, F.H.: Signale und Systeme (3), VEB Verlag Technik, Berlin (1971)

49. Oppelt, W.: Kleines Handbuch technischer Regelvorgänge, Verlag Chemie, Weinheim/Bergstraße (1972)

50. Brockhaus, R.: Flugregelung II, Verlag R. Oldenbourg, München, Wien (1978)

51. Uttam, B.J., O'Halloran, Jr., W.F.: On Observers and Reduced-Order Optimal Filters for Linear Stochastic Systems, Proc. Joint Am. Control Conference (1972)

52. Hippe, P.: Entwurf reduzierter Kalman-Filter im Frequenzbereich, Automatisierungstechnik 37, Nr. 6 (1989)

53. Simon, H.A.: Dynamic Programming Under Uncertainty with a Quadratic Criterion, Econometrica Vol. 24 (1956)

54. Wonham, W.M.: On the Separation Theorem of Stochastic Control, SIAM J. Contr. Vol. 6, Nr. 2 (1968)

55. Wolovich, H.W.: Linear Multivariable Systems, Springer-Verlag, N.Y. (1974)

56. Kučera, V.: New Results in State Estimation and Regulation, Automatica Nr. 17 (1981)

57. Hippe, P.: Entwurf reduzierter Zustandsregler im Frequenzbereich, Automatisierungstechnik 38, Nr. 6 (1990)

58. Rosenbrock, H.H.: State-Space and Multivariable Theory, Nelson, London (1970)

59. Hippe, P., Wurmthaler, Ch.: Frequenzbereichsentwurf für optimale Zustandsregelungen, Automatisierungstechnik 35, Nr. 8 (1987)

60. Ježek, J., Kučera, V.: An Efficient Algorithm for the Matrix Spectral Factorization, Automatica Nr. 21 (1985)

61. Chang, B.C.: Programs for Solving Polynomial Equations, Techn. Rep. Nr. 8209, E. E. Dept., Rice Univ. Texas (1982)

62. Ackermann, J.: Abtastregelung (Bd. I), Springer-Verlag, Berlin, Heidelberg, New York (1983)

63. Hippe, P., Wurmthaler, Ch.: Optimal Reduced Order Estimators in the Frequency Domain: The Discrete-Time Case, Int. J. Contr., Vol. 52, Nr. 5 (1990)

64. Andersen, B.D.O., Moore, J.B.: Optimal Filtering, Englewood Cliffs, Prentice Hall, N.Y. (1979)

65. Oberhofer, A.: Demonstration zum zeitdiskret arbeitenden Kalman-Filter, Inst.-Bericht IRT, Erlangen (1987)

66. Dürr, H.P. (Herausgeber): Physik und Transzendenz, Verlag Scherz (1987)

67. Erbrich, P.: Zufall: Eine naturwissenschaftlich-philosophische Untersuchung, Verlag Kohlhammer, Stuttgart (1988)

68. Jaswinski, A.H.: Stochastic Processes and Filtering Theory, Academic Press N.Y. (1970)

69. Schneeweis, W.G.: Zufallsprozesse in dynamischen Systemen, Springer-Verlag, Berlin, Heidelberg, New York (1974)

70. Gilles, E.D., Nicklaus, E., Polke, M.: Sensortechnik in der Chemie – Status und Trend, atp, 28. Jahrg., H. 10, Verlag R. Oldenbourg (1986)

71. Pagel, P.: Anwendung des Generalized-Likelihood-Ratio-Tests zur Unterdrückung von systematischen Fehlern, Automatisierungstechnik 38, Nr. 5 (1990)

72. Da, R., Brockhaus, R.: Die Anwendung des Faktorisierungsalgorithmus zur Zustandsschätzung eines Flugzeuges, Automatisierungstechnik 38, Nr. 3 (1990)

73. Hausl, K.: Stabilität und Treffergenauigkeit eines digitalen Lenksystems mit Kalman-Filter, Automatisierungstechnik 38, Nr. 5 (1990)

74. Schlitt, H.: Optimale Dimensionierung eines Folgereglers nach dem Wiener'schen Kriterium, Regelungstechnik 10, Nr. 5, Verlag R. Oldenbourg, München (1962)

75. Krebs, V.: Nichtlineare Filterung, Verlag R. Oldenbourg, München, Wien (1980)

76. Booton, R.C.: Nonlinear Control Systems with Random Inputs, Trans. IRE, Vol. CT-1 (1954)

77. Kalman, R.E.: Mathematical Description of Linear Dynamical Systems, SIAM Control, Ser. A, Vol. 1, Nr. 2 (1963)

78. Föllinger, O.: Laplace- und Fourier-Transformation, Hüthig Verlag Heidelberg (1986)

79. Papoulis, A.: The Fourier-Integral and its Applications, McGraw Hill Book Comp. N.Y. (1962)

80. Wagner, R.: Entwurf eines Kalman-Beobachters für Demonstrationszwecke. Studienarbeit (Betreuer F. Dittrich), Institut für Regelungstechnik der Universität Erlangen-Nürnberg (1988)

81. Hund, F.: Geschichte der Quantentheorie, Bibliogr. Institut Mannheim (1975)

82. Csáki, F.: Die Zustandsraum-Methode in der Regelungstechnik, VDI-Verlag, Düsseldorf (1973)

Sachverzeichnis

Springer-Verlag und Umwelt

Als internationaler wissenschaftlicher Verlag sind wir uns unserer besonderen Verpflichtung der Umwelt gegenüber bewußt und beziehen umweltorientierte Grundsätze in Unternehmensentscheidungen mit ein.

Von unseren Geschäftspartnern (Druckereien, Papierfabriken, Verpackungsherstellern usw.) verlangen wir, daß sie sowohl beim Herstellungsprozeß selbst als auch beim Einsatz der zur Verwendung kommenden Materialien ökologische Gesichtspunkte berücksichtigen.

Das für dieses Buch verwendete Papier ist aus chlorfrei bzw. chlorarm hergestelltem Zellstoff gefertigt und im ph-Wert neutral.